B. W. Gnedenko
Lehrbuch der Wahrscheinlichkeitsrechnung

Lehrbuch der Wahrscheinlichkeitsrechnung

von B. W. Gnedenko

Vom Autor autorisierte Ausgabe
In deutscher Sprache herausgegeben von
Prof. Dr. rer. nat. habil. Hans-Joachim Roßberg

Mit 22 Abbildungen und 22 Tabellen

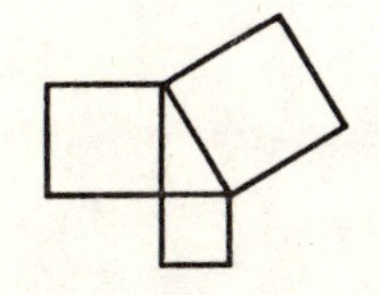

1987
Verlag Harri Deutsch
Thun · Frankfurt/Main

Б. В. Гнеденко
Курс теории вероятностей
Erschienen im Verlag „Nauka“, Moskau

Wissenschaftliche Redaktion nach der 4. überarbeiteten russischen Auflage
unter Zugrundelegung der ersten deutschen Ausgabe:
HANS-JOACHIM ROSSBERG, Leipzig

Der Lösungsanhang für die Aufgaben wurde von Prof. SECKLER zusammengestellt und mit freundlicher Genehmigung des Verlages Chelsea Publishing Company, Inc., aus der dort erschienenen englischen Ausgabe übernommen.

ISBN 3 87144 341 7

Erschienen im Verlag Harri Deutsch, Thun 1987

Gesamtherstellung: VEB Druckerei „Thomas Müntzer“, 5820 Bad Langensalza
Printed in the German Democratic Republic

VORWORT ZUR VIERTEN RUSSISCHEN AUFLAGE

Die neue Auflage unterscheidet sich etwas von den vorhergehenden. Auf Grund von Vorschlägen, die eine Reihe von Lesern an mich herangetragen haben, sind Änderungen vorgenommen worden. Sie sind nicht wesentlich für den Gesamtinhalt, vereinfachen aber die Darstellung und verschärfen die Aussagen. Umfangreichere Änderungen wurden in den Kapiteln I und II angebracht. Des weiteren wurde das letzte Kapitel „Elemente der mathematischen Statistik" durch das Kapitel „Elemente der Theorie der Massenbedienung" ersetzt. Die mathematische Statistik erfordert spezielle Bücher; daher können die wenigen Paragraphen, die einigen wichtigen Problemen dieser bedeutenden und ausgedehnten Wissenschaft gewidmet waren, keine genügend genaue Vorstellung über ihren Inhalt vermitteln. Außerdem verdient die besondere Richtung der Theorie der stochastischen Prozesse Erwähnung, die mit Problemen der Praxis eng verknüpft ist und in der Sowjetunion *Theorie der Massenbedienung* genannt wird.

Ich bin allen Lesern dankbar, die mich auf Ungenauigkeiten in der Darstellung aufmerksam machten und Vorschläge zur Änderung der Struktur des Buches und seines Inhalts an mich herantrugen. Ich benutze gern die Gelegenheit, V. V. Petrov und M. I. Jadrenko dafür zu danken, daß sie mir umfangreiche Bemerkungen zu einer ursprünglichen Fassung des Textes und mögliche Varianten in der Darstellung geschickt haben. Soweit wie möglich habe ich ihre Ratschläge benutzt.

B. Gnedenko

VORWORT ZUR DRITTEN RUSSISCHEN AUFLAGE

Die sieben Jahre, die seit Erscheinen der zweiten russischen Auflage dieses Buches vergangen sind, brachten nicht nur der Entwicklung der Wahrscheinlichkeitsrechnung als mathematischer Wissenschaft bedeutenden Erfolg, sondern auch der Erweiterung und Vertiefung ihrer Verbindung mit der Praxis sowie den Ansichten über den Charakter der Darstellung dieser Disziplin. In diesem Zeitraum erschien eine große Anzahl interessanter grundlegender Lehrbücher für Studenten und Aspiranten an den Universitäten. In erster Linie möchte ich auf solche Bücher hinweisen wie:

M. Loéve, Probability theory, New York 1955;

O. Onicescu, G. Mihoc, C. T. Ionescu-Tulcea, Calcul probabilităţilor şi aplicaţii, Bucureşti 1956;

A. Rényi, Wahrscheinlichkeitsrechnung, Berlin 1962;

H. Richter, Wahrscheinlichkeitstheorie, Berlin/Göttingen/Heidelberg 1956;

M. Fisz, Wahrscheinlichkeitsrechnung und mathematische Statistik, Berlin 1962.

Die Bücher von M. Loéve und H. Richter bringen die Wahrscheinlichkeitsrechnung im Sinne einer abstrakten mathematischen Theorie ohne Bezug auf die anschaulichen Vorstellungen und die Behandlungen angewandter Beispiele. Ich finde, daß Bücher solcher Richtung notwendig sind. Die erste Bekanntschaft mit der Wahrscheinlichkeitsrechnung sollte jedoch auf der Grundlage anschaulicher Vorstellungen und unter ständiger Betonung der Vielfalt ihrer Verbindungen mit der Naturwissenschaft, Technik und anderen Tätigkeitsbereichen des Menschen stattfinden. Deshalb bin ich auch in dieser Auflage weder von meinem Stil der Darstellung noch von den methodologischen Bestrebungen abgegangen.

Im Vergleich zur zweiten Auflage hat sich das Buch etwas verändert. Es sind darin neue Paragraphen hinzugekommen, bei anderen wurde der Inhalt etwas erweitert, und einige festgestellte Druck- und Schreibfehler wurden korrigiert.

Gleichzeitig hielt ich es für notwendig, den kurzen historischen Abriß am Schluß des Buches gegenüber der zweiten Auflage etwas zu verändern und einige Abschnitte neu zu formulieren. Aus zeitlichen Gründen war es mir jedoch nicht möglich, die Geschichte der Wahrscheinlichkeitsrechnung bis in unsere

Tage zu verfolgen, so daß ich mich auf die Anfänge ihrer Entwicklung beschränkt habe.

Ich danke herzlich allen Lesern, die sich die Zeit genommen haben, mir Fehler in der zweiten Auflage mitzuteilen. Ich war nach besten Kräften bestrebt, die mir gegebenen Ratschläge auszuwerten. Sehr dankbar wäre ich, wenn mir auch dieses Mal die Leser ihre Wünsche, kritischen Anregungen und Hinweise auf festgestellte Fehler in der Darstellung mitteilten.

B. Gnedenko

VORWORT ZUR ZWEITEN RUSSISCHEN AUFLAGE

Die vorliegende Auflage unterscheidet sich beträchtlich von der ersten. Ich habe mich bemüht, die Bemerkungen und Wünsche möglichst vollständig zu berücksichtigen, die in den Rezensionen zur ersten Auflage enthalten waren oder mir brieflich und mündlich mitgeteilt wurden. Die wesentlichste Veränderung besteht wohl darin, daß den ersten neun Kapiteln Übungsaufgaben hinzugefügt wurden. Außerdem habe ich mich entschlossen, die Anhänge wegzulassen. Anhang I ging in den Text des ersten, vierten und fünften Kapitels über. Es wurden auch einige weitere Veränderungen an diesen Kapiteln vorgenommen. Beträchtlich erweitert wurde das Kapitel IX, in dem vor allem die Theorie der stationären zufälligen Prozesse ausführlicher dargestellt wurde. Einer bedeutenden Veränderung wurde auch das letzte Kapitel unterzogen, das der mathematischen Statistik gewidmet ist. In diesem Kapitel gibt es einige neue Paragraphen, während ein Teil des Stoffes, der in der ersten Auflage enthalten war, weggelassen wurde. So wurde z. B. der komplizierte Beweis des Satzes von KOLMOGOROFF über die Grenzverteilung für das Maximum der Abweichung der empirischen Verteilungsfunktion von der wahren unterdrückt. Weggelassen wurde ferner der Paragraph über Sequentialanalyse. Die in der ersten Auflage festgestellten Versehen und Fehler wurden verbessert.

Ich benutze die Gelegenheit, um den Kollegen herzlich zu danken, die offen ihre Meinung über die Mängel dieses Buches geäußert und durch ihre Kritik zu ihrer Verbesserung beigetragen haben. Besonderen Dank schulde ich J. W. LINNIK für sein beständiges Interesse an diesem Buch und für die Diskussion des Manuskripts zur zweiten Auflage.

Ich weiß, daß dieses Buch auch in der jetzigen Form nicht frei von Mängeln ist; daher wende ich mich an den Leser mit der Bitte, mir alle Unzulänglichkeiten der zweiten Auflage sowie Wünsche bezüglich des Inhaltes und der Darstellung des Stoffes mitzuteilen. Ich werde jedem dankbar sein, der mir interessante Aufgaben zur Verwendung in diesem Lehrbuch mitteilt.

B. GNEDENKO

AUS DEM VORWORT
ZUR ERSTEN RUSSISCHEN AUFLAGE

Dieser Lehrgang besteht aus zwei Teilen, einem elementaren (Kapitel I—VI) und einem speziellen (Kapitel VII—XI). Die letzten fünf Kapitel können als Grundlage dienen zu Spezialstudien über die Theorie von Summen zufälliger Größen, die Theorie der stochastischen Prozesse und die Elemente der mathematischen Statistik.

Die Wahrscheinlichkeitsrechnung wird in diesem Buch ausschließlich als mathematische Disziplin betrachtet. Daher ist die Darstellung konkreter naturwissenschaftlicher und technischer Resultate hier niemals Selbstzweck. Alle Beispiele im Text des Buches sollen nur die Sätze der allgemeinen Theorie erläutern und auf den Zusammenhang dieser Sätze mit den Aufgaben der Naturwissenschaft hinweisen. Natürlich geben diese Beispiele zugleich Hinweise auf mögliche Anwendungsgebiete der allgemeinen theoretischen Resultate und entwickeln die Fähigkeit, diese Resultate bei praktischen Aufgaben anzuwenden. Eine solche Studienweise gibt dem Leser die Möglichkeit, sich eine eigentümliche wahrscheinlichkeitstheoretische Intuition zu erarbeiten, die es gestattet, die Ergebnisse in großen Zügen vorherzusehen, noch ehe der analytische Apparat angewendet wird. Wir bemerken noch, daß es, besonders am Anfang, unmöglich ist, die Wahrscheinlichkeitsrechnung ohne systematische Lösung von Aufgaben zu studieren.

Die ersten vier Paragraphen des ersten Kapitels stellen eine geringfügige Überarbeitung eines unveröffentlichten Manuskripts von A. N. Kolmogoroff dar.

Ich bin glücklich, an dieser Stelle meinen verehrten Lehrern A. N. Kolmogoroff und A. J. Chintschin danken zu können, die mir durch ihren Rat und Unterredungen über die Kernfragen der Wahrscheinlichkeitsrechnung viel geholfen haben.

B. Gnedenko

AUS DEM VORWORT DES VERFASSERS ZUR ERSTEN DEUTSCHEN AUFLAGE

Im Frühjahr 1954 hielt ich als Gastprofessor an der Humboldt-Universität zu Berlin Vorlesungen über Wahrscheinlichkeitsrechnung. Zur gleichen Zeit bereitete ich die zweite (russische) Auflage des vorliegenden Lehrbuches vor. Deutsche Kollegen machten mir den Vorschlag, dieses Lehrbuch in die deutsche Sprache zu übersetzen, und das Forschungsinstitut für Mathematik der Deutschen Akademie der Wissenschaften und der Akademie-Verlag haben sich freundlicherweise bereit erklärt, die Herausgabe der Übersetzung zu besorgen.

Mein Hörer und Schüler Wolfgang Richter — damals Student der Humboldt-Universität — fertigte die Übersetzung an. Herr Hans Joachim Rossberg — wissenschaftlicher Assistent an der Deutschen Akademie der Wissenschaften — übernahm die Redaktionsarbeit. Er führte diese Arbeit mit der größten Sorgfalt durch, überarbeitete den deutschen Text und überprüfte Formeln und rechnerische Ableitungen. Dabei hat er eine Reihe von Rechenfehlern feststellen und beheben können; seine diesbezüglichen Hinweise habe ich auch bei der Herausgabe der zweiten russischen Auflage berücksichtigt. Ich möchte hiermit dem Forschungsinstitut für Mathematik der Deutschen Akademie der Wissenschaften, dem Akademie-Verlag und den genannten Kollegen für ihre Mühe und ihre sorgfältige Arbeit meinen herzlichsten Dank aussprechen.

Das vorliegende Lehrbuch ist nur eine elementare Einleitung in die Wahrscheinlichkeitsrechnung. Dies rechtfertigt zum Teil die Tatsache, daß einige wichtige Gebiete (wie z. B. Markowsche Ketten) nur kurz, andere überhaupt nicht behandelt werden. Andererseits glaube ich, daß es für den angehenden Mathematiker wichtig ist, Verbindungen zwischen verschiedenen mathematischen Disziplinen und den Zusammenhang zwischen Mathematik und Praxis zu erkennen. Ich habe mich bemüht, diese Seite möglichst klar heraustreten zu lassen. Diesem Zweck dienen u. a. verschiedene im Text behandelte Beispiele und dem Leser empfohlene Aufgaben, von denen viele angewandten Charakter haben. Doch möchte ich gleich bemerken, daß diese Beispiele und Aufgaben hier nur zur Illustration der Theorie dienen und keinen Anspruch erheben, dem Leser konkrete Kenntnisse über Anwendungen der Wahrscheinlichkeitsrechnung in Naturwissenschaften und Technik zu vermitteln. Es kommt noch hinzu, daß wichtige Anwendungsgebiete der Wahrscheinlichkeitsrechnung in dem Buch nicht einmal erwähnt worden sind.

Eingehende Kenntnisse über die in dem Lehrbuch angeschnittenen Gebiete können nur durch das Studium der entsprechenden Zeitschriftenliteratur und

Monographien erworben werden. Für die Theorie der stochastischen Prozesse möchte ich in erster Linie auf die ausführlichen Bücher von A. BLANC-LAPIERRE und R. FORTET und von J. L. DOOB sowie auf den ausgezeichneten Artikel von A. M. JAGLOM (zum Kapitel X) hinweisen. Für den Leser, der stärkeres Interesse für angewandte Aufgaben hat und sich z. B. für Probleme der Massenbedienung interessiert, möchte ich das kürzlich in russischer Sprache erschienene Buch von A. J. CHINTSCHIN „Mathematische Methoden der Theorie der Massenbedienung“ (Trudy Math. Inst. Stekloff **49** (1955)) auf das wärmste empfehlen.

Der kurze historische Abriß am Ende meines Lehrbuches erhebt keinen Anspruch auf Vollständigkeit. Er gibt eine Vorstellung über die Entwicklung der Wahrscheinlichkeitsrechnung in Europa bis zur Mitte des XIX. Jahrhunderts. Eine ausführliche Übersicht über die moderne Entwicklung der Wahrscheinlichkeitsrechnung ist bis jetzt noch nicht geschrieben worden. Der Verfasser hofft, in den folgenden russischen Auflagen des Buches diese Lücke schließen zu können.

Ich würde mich sehr freuen, wenn die Herausgabe der vorliegenden deutschen Übersetzung des Lehrbuches dazu beitrüge, das Interesse des deutschen mathematischen Nachwuchses für das Gebiet der Wahrscheinlichkeitsrechnung zu verstärken.

B. GNEDENKO

INHALTSVERZEICHNIS

EINLEITUNG

Das Ziel dieses Buches ist die Darlegung der Grundlagen der Wahrscheinlichkeitsrechnung, der mathematischen Disziplin, welche die Gesetzmäßigkeiten bei zufälligen Erscheinungen erforscht.

Die Wahrscheinlichkeitsrechnung entstand um die Mitte des 17. Jh. und ist mit den Namen HUYGENS, PASCAL, FERMAT und JACOB BERNOULLI verknüpft. In dem Briefwechsel zwischen PASCAL und FERMAT, der durch Aufgaben hervorgerufen wurde, die mit Glücksspielen zusammenhingen und nicht in den Rahmen der Mathematik jener Zeit paßten, kristallisierten sich allmählich so wichtige Begriffe wie Wahrscheinlichkeit und mathematische Erwartung heraus. Man muß sich klar darüber sein, daß die hervorragenden Gelehrten, die sich mit Aufgaben des Glücksspiels befaßten, auch die wichtige Rolle der Wissenschaft voraussahen, welche die zufälligen Erscheinungen untersucht. Sie waren überzeugt, daß sich bei massenhaften zufälligen Ereignissen klare Gesetzmäßigkeiten herausbilden. Jedoch infolge des niedrigen Entwicklungsstandes der Naturwissenschaft jener Zeit bildeten die Glücksspiele und auch die Fragen von Demographie und Versicherung noch für lange Zeit den einzigen konkreten Gegenstand, anhand dessen man die Begriffe und Methoden der Wahrscheinlichkeitsrechnung entwickeln konnte. Dieser Umstand bestimmte auch den formalen mathematischen Apparat, mit Hilfe dessen sie die in der Wahrscheinlichkeitsrechnung entstehenden Aufgaben lösten: Es wurden ausschließlich elementare arithmetische und kombinatorische Methoden verwendet. Die folgende Entwicklung der Wahrscheinlichkeitsrechnung sowie die weitgehende Heranziehung ihrer Methoden und Resultate bei naturwissenschaftlichen, insbesondere physikalischen Forschungen zeigten, daß die klassischen Begriffe und Methoden auch in der Gegenwart nicht an Interesse verloren haben.

Bedeutende Anforderungen, welche die Naturwissenschaft (Theorie der Beobachtungsfehler, Aufgaben der Lehre vom Schuß, Probleme der Statistik, in erster Linie der Bevölkerungsstatistik) stellte, führten zu der Notwendigkeit einer Weiterentwicklung der Wahrscheinlichkeitsrechnung und der Heranziehung eines komplizierten analytischen Apparates. Eine besonders bedeutende Rolle bei der Entwicklung der analytischen Methoden der Wahrscheinlichkeitsrechnung spielten MOIVRE, LAPLACE und POISSON. In formal-analytischer Beziehung schließt sich dieser Richtung auch die Arbeit des Schöpfers der nichteuklidischen Geometrie, N. I. LOBATSCHEWSKIS, an, die der Theorie der Fehler bei Messungen auf einer Kugel gewidmet war und sich das Ziel setzte, das geometrische System aufzustellen, welches dem Weltall zugrunde liegt.

Von der Mitte des 19. bis fast in die zwanziger Jahre unseres Jahrhunderts ist die Entwicklung der Wahrscheinlichkeitsrechnung in bedeutendem Maße mit den Namen russischer Gelehrter (P. L. Tschebyschews, A. A. Markows, A. M. Ljapunows) verknüpft. Dieser Erfolg der russischen Wissenschaft wurde durch die Tätigkeit W. J. Bunjakowskis vorbereitet, der die Untersuchungen über die Anwendung der Wahrscheinlichkeitsrechnung auf die Statistik, insbesondere auf Versicherungsprobleme und die Bevölkerungsstatistik in Rußland, weitgehend förderte. Von ihm stammt das erste russische Lehrbuch der Wahrscheinlichkeitsrechnung, das einen großen Einfluß auf die Entwicklung des Interesses an dieser Wissenschaft in Rußland ausübte. Die grundlegende, unvergängliche Bedeutung der Arbeiten Tschebyschews, Markows und Ljapunows auf dem Gebiet der Wahrscheinlichkeitsrechnung besteht darin, daß von ihnen der Begriff der zufälligen Größe eingeführt und ausgiebig verwendet wurde. Mit den Resultaten Tschebyschews über das Gesetz der großen Zahl, mit den „Markowschen Ketten" und mit dem Grenzwertsatz von Ljapunow befassen wir uns in den entsprechenden Abschnitten dieses Buches.

Die moderne Entwicklung der Wahrscheinlichkeitsrechnung ist dadurch charakterisiert, daß das Interesse an ihr allgemein gewachsen und der Kreis ihrer praktischen Anwendungen ausgedehnt worden ist. In vielen Ländern gibt es zahlreiche Gelehrte, die wichtige Resultate zur Wahrscheinlichkeitsrechnung beitragen. Bei dieser intensiven wissenschaftlichen Arbeit nimmt die sowjetische Schule der Wahrscheinlichkeitsrechnung einen führenden Platz ein.

Unter den sowjetischen Gelehrten müssen vor allem S. N. Bernstein, A. N. Kolmogoroff und A. J. Chintschin genannt werden. Im Laufe unserer Darlegungen werden wir durch das Wesen der Sache selbst gezwungen sein, den Leser mit den Ideen und Resultaten der Gelehrten unserer Zeit bekannt zu machen, die einen umwälzenden Einfluß auf die Wahrscheinlichkeitsrechnung gehabt haben. So werden wir schon im ersten Kapitel über die fundamentalen Arbeiten S. N. Bernsteins und A. N. Kolmogoroffs über die Grundlegung der Wahrscheinlichkeitsrechnung reden. Im ersten Jahrzehnt unseres Jahrhunderts kam E. Borel auf die Idee, die Wahrscheinlichkeitsrechnung mit der metrischen Theorie der reellen Funktionen zu verknüpfen. In den zwanziger Jahren entwickelten A. J. Chintschin, A. N. Kolmogoroff, E. E. Slutzki, P. Lévy, A. Lomnicki diese Idee, die sich als überaus befruchtend für die Entwicklung dieser Wissenschaft erwies. Insbesondere gelang es gerade auf diesem Wege, abschließende Lösungen für klassische Aufgaben zu finden, die schon von P. L. Tschebyschew gestellt worden waren. Wesentliche Erfolge in dieser Richtung sind mit den Namen Lindeberg, S. N. Bernstein, A. N. Kolmogoroff, A. J. Chintschin, P. Lévy, W. Feller und einigen anderen verknüpft. Die metrische Funktionentheorie, später aber auch die Funktionalanalysis, gestatteten eine wesentliche Erweiterung des Inhalts der Wahrscheinlichkeitsrechnung. In den dreißiger Jahren wurden die Grundlagen für die Theorie der stochastischen (zufälligen) Prozesse geschaffen, die jetzt eine der Hauptforschungsrichtungen in der Wahrscheinlichkeitsrechnung ist. Diese Theorie dient in hervorragender Weise der organischen Synthese mathematischen und naturwissenschaftlichen Denkens, denn es sind hier zwei Aufgaben miteinander verknüpft: Es ist einmal das physikalische Wesen gewisser Kernprobleme der Naturwissenschaften inhaltlich zu erfassen, und sodann eine adäquate mathematische Sprache für die Theorie zu finden.

Eine Idee zur Schaffung einer ähnlichen Theorie hat anscheinend schon A. Poincaré geäußert, und ein erster Ansatz zu ihrer Verwirklichung findet sich bei Bachelier, Fokker, Planck; jedoch ist die streng mathematische Grundlegung der Theorie der stochastischen Prozesse mit den Namen A. N. Kolmogoroff und A. J. Chintschin verbunden.

Es ist wichtig festzustellen, daß sich die Lösung klassischer Aufgaben der Wahrscheinlichkeitsrechnung als eng zusammenhängend mit der Theorie der stochastischen Prozesse erwies. Die Elemente dieses wichtigen neuen Teilgebiets der Wahrscheinlichkeitsrechnung werden wir im zehnten Kapitel darlegen. Wir erwähnen schließlich ein neues Anwendungsgebiet, die Zuverlässigkeitstheorie und die Theorie der Massenbedienung. Gewisse Vorstellungen über den Inhalt dieser Wissenschaftsgebiete geben die Paragraphen 60—64.

In den letzten Jahrzehnten ist die Bedeutung unermeßlich gewachsen, welche die Wahrscheinlichkeitsrechnung in der modernen Naturwissenschaft besitzt. Seit die Molekularvorstellungen vom Aufbau der Materie allgemeine Anerkennung erhielten, begann unausweichlich eine weitgehende Anwendung der Wahrscheinlichkeitsrechnung auch in Physik und Chemie. Vom Standpunkt der Molekularphysik besteht jedes Ding aus einer ungeheuren Anzahl kleiner Teilchen, die sich dauernd in Bewegung befinden und dabei aufeinander einwirken. Dabei ist über die Natur dieser Teilchen, über die zwischen ihnen bestehende Wechselwirkung, die Art ihrer Bewegung usw. wenig bekannt. Im wesentlichen erschöpfen sich unsere Kenntnisse darin, daß die Anzahl der Teilchen, aus denen ein Körper besteht, sehr groß ist und daß sie sich bei einem homogenen Körper in ihren Eigenschaften wenig unterscheiden. Natürlich sind unter solchen Bedingungen die sonst in physikalischen Theorien üblichen mathematischen Forschungsmethoden völlig nutzlos. So können z. B. unter den erwähnten Umständen Differentialgleichungen keine wesentlichen Resultate liefern. In der Tat sind ja weder die Struktur noch die Gesetze der gegenseitigen Wechselwirkung der Teilchen in ausreichendem Maße bekannt, und unter solchen Umständen muß die Anwendung der Theorie der Differentialgleichungen Elemente grober Willkür an sich tragen. Aber sogar wenn man von dieser Schwierigkeit absieht, ergeben sich, wenn man die Bewegung einer großen Menge solcher Teilchen studieren will, so große Schwierigkeiten, daß man sie mit den üblichen Gleichungen der Mechanik nicht überwinden kann.

Es kommt hinzu, daß ein solches Herangehen auch methodologisch unbefriedigend ist. In der Tat besteht die Aufgabe, welche hier vorliegt, nicht darin, die individuelle Bewegung der Teilchen zu studieren, sondern die Gesetzmäßigkeiten herauszufinden, die sich in einer Gesamtheit von einer großen Anzahl von Teilchen ergeben, die sich bewegen und miteinander in Wechselwirkung stehen. Diese Gesetzmäßigkeiten, welche sich dadurch ergeben, daß die zu ihrer Entstehung beitragenden Bestandteile in großen Massen auftreten, haben ihren eigenen Charakter und können nicht durch eine einfache Summation der individuellen Bewegungen erhalten werden. Außerdem erweisen sich diese Gesetzmäßigkeiten innerhalb gewisser Grenzen als unabhängig von den individuellen Besonderheiten der Teilchen, um die es sich jeweils handelt. Natürlich müssen zum Studium dieser neuen Gesetzmäßigkeiten entsprechende neue mathematische Forschungsmethoden gefunden werden.

Welche Forderungen müssen in erster Linie an diese Methoden gestellt werden? Es ist klar, daß sie in erster Linie berücksichtigen müssen, daß die betrachteten Erscheinungen Massencharakter haben. Daher darf für diese Methoden das Vorhandensein einer großen Anzahl aufeinander einwirkender Teilchen keine zusätzliche Erschwerung sein, sondern es muß das Studium der Gesetzmäßigkeiten erleichtern. Ferner darf die Unzulänglichkeit unserer Kenntnisse über die Natur und den Aufbau der Teilchen ihre Wirksamkeit nicht beschränken. Diesen Bedingungen genügen vor allem die Methoden der Wahrscheinlichkeitsrechnung.

Damit das Gesagte nicht falsch verstanden wird, betonen wir noch einmal folgenden Umstand. Wenn wir sagen, daß der Apparat der Wahrscheinlichkeitsrechnung dem Studium der Molekularerscheinungen am besten angepaßt ist, so wollen wir damit nicht behaupten, daß die philosophischen Voraussetzungen für die Anwendbarkeit der Wahrscheinlichkeitsrechnung in unserer ,,ungenügenden Kenntnis" liegen. Das Grundprinzip besteht darin, daß die Massenerscheinungen eigentümliche neue Gesetzmäßigkeiten erzeugen. Beim Studium von Erscheinungen, die durch eine große Anzahl von Molekülen bedingt sind, ist die Kenntnis der Eigenschaften jedes Moleküls nicht notwendig. In der Tat muß man beim Studium der Naturerscheinungen vom Einfluß unwesentlicher Einzelheiten absehen. Eine Betrachtung aller Details und Zusammenhänge, die für die betrachtete Erscheinung gar nicht alle wesentlich sind, führt nur dazu, daß die Erscheinung selbst verdunkelt wird und die Beherrschung infolge der künstlich erschwerten Verhältnisse schwieriger wird.

Der erwähnte Zusammenhang zwischen der Wahrscheinlichkeitsrechnung und den Bedürfnissen der modernen Physik erklärt am besten die Tatsache, daß die Wahrscheinlichkeitsrechnung in den letzten Jahrzehnten zu einem derjenigen Gebiete der Mathematik geworden ist, die sich am schnellsten entwickeln. Neue theoretische Resultate eröffneten neue Möglichkeiten für die Naturwissenschaft, die Methoden der Wahrscheinlichkeitsrechnung zu benutzen. Das allseitige Studium der Naturerscheinungen führt die Wahrscheinlichkeitsrechnung zur Entdeckung neuer Gesetzmäßigkeiten, die vom Zerfall erzeugt werden. Die Wahrscheinlichkeitsrechnung sondert sich nicht von den Interessen anderer Wissenschaften ab, sondern hält Schritt mit der allgemeinen Entwicklung der Naturwissenschaft. Dies bedeutet natürlich nicht, daß die Wahrscheinlichkeitsrechnung nur Hilfsmittel für die Lösung praktischer Aufgaben ist. Die Wahrscheinlichkeitsrechnung ist in den letzten drei Jahrzehnten zu einer strengen mathematischen Disziplin mit eigenen Problemen und Beweismethoden geworden. Dabei erwies es sich zugleich, daß die wichtigsten Probleme der Wahrscheinlichkeitsrechnung im Zusammenhang mit der Lösung verschiedener Aufgaben der Naturwissenschaft stehen.

Wir definierten eingangs die Wahrscheinlichkeitsrechnung als Wissenschaft, welche die zufälligen Erscheinungen studiert. Wir verschieben die Klärung des Begriffs *zufällige Erscheinung* (zufälliges Ereignis) auf das erste Kapitel und beschränken uns hier auf einige Bemerkungen. Im Sinne der landläufigen Vorstellungen und der alltäglichen Praxis ist ein zufälliges Ereignis etwas sehr seltenes, das der gewohnten Ordnung der Dinge, der gesetzmäßigen Entwicklung der Ereignisse zuwiderläuft. In der Wahrscheinlichkeitsrechnung gehen wir von diesen Vorstellungen ab. Die zufälligen Ereignisse, wie sie in der Wahrscheinlichkeitsrechnung betrachtet werden, haben eine Reihe charakteristischer Eigenschaften, insbesondere treten sie bei Massenerscheinungen auf. Unter Massenerscheinungen verstehen wir solche Vorgänge, die in Gesamtheiten stattfinden, die aus einer großen Anzahl von gleichberechtigten oder fast gleichberechtigten Objekten bestehen, und die gerade durch den Massencharakter der Erscheinung bestimmt werden und nur in unbedeutendem Maße von der Natur der einzelnen Objekte abhängen, aus denen sich die Gesamtheit zusammensetzt.

Die Wahrscheinlichkeitsrechnung entwickelt sich wie andere Teile der Mathematik aus den Bedürfnissen der Praxis heraus. Sie gibt in abstrakter Form die Gesetzmäßigkeiten an, die bei zufälligen Erscheinungen von Massencharakter auftreten. Diese Gesetzmäßigkeiten spielen eine unerhört wichtige Rolle in der Physik und in anderen Gebieten der Naturwissenschaft, im Kriegswesen, auf mannigfaltigen technischen Gebieten, in der Wirtschaftslehre usw. In letzter Zeit werden im Zusammenhang mit der breiten Entwicklung von Betrieben, welche Massenartikel produzieren, Ergebnisse der Wahrscheinlichkeitsrechnung nicht nur bei der Prüfung schon fertiger Produkte, sondern, was viel wichtiger ist, zur Organisation des Produktionsprozesses selbst ausgenutzt (statistische Produktionskontrolle).

Der Zusammenhang der Wahrscheinlichkeitsrechnung mit praktischen Bedürfnissen war, wie wir schon erwähnten, eine Hauptursache für ihre schnelle Entwicklung in den letzten drei Jahrzehnten. Viele ihrer Teilgebiete wurden gerade im Zusammenhang mit Bedürfnissen der Praxis entwickelt. Wir wollen hier an das bemerkenswerte Wort P. L. TSCHEBYSCHEWS erinnern: „Die Annäherung von Wissenschaft und Praxis gibt die fruchtbarsten Resultate, und es ist nicht nur die Praxis, die daraus Vorteil zieht; die Wissenschaft selbst entwickelt sich unter dem Einfluß der Praxis, denn diese eröffnet neue Probleme für die Forschung oder neue Seiten an längst bekannten Gegenständen ... Wenn die Theorie viel gewinnt von neuen Anwendungen alter Methoden oder ihrer Weiterentwicklung, so zieht sie doch noch viel größeren Nutzen aus der Erschließung neuer Methoden, und in diesem Fall ist die Wissenschaft der wahrhafte Führer in der Praxis."

I.

DER BEGRIFF DER WAHRSCHEINLICHKEIT

§ 1. Sichere, unmögliche und zufällige Ereignisse

Die Wissenschaft gelangt auf Grund von Beobachtungen und Experimenten zur Formulierung von Gesetzmäßigkeiten, denen der Verlauf der von ihr untersuchten Erscheinungen unterworfen ist. Das einfachste und geläufigste Schema, solche Gesetzmäßigkeiten zu formulieren, ist das folgende:

1. *Jedesmal, wenn alle in einem Komplex $\mathfrak{S}$ zusammengefaßten Bedingungen erfüllt sind, tritt das Ereignis A ein.*

Wird z. B. Wasser bei einem Druck von 760 mm auf 100 °C erhitzt (dies ist der Komplex $\mathfrak{S}$), so geht es in Dampf über (dies ist das Ereignis A). Oder ein anderes Beispiel: Wenn bei einer chemischen Reaktion irgendwelcher Stoffe kein Austausch mit dem umgebenden Mittel stattfindet (dies sind die Bedingungen aus $\mathfrak{S}$), so bleibt die Gesamtmasse der Stoffe unverändert (dies ist das Ereignis A). Letztere Aussage ist das Gesetz von der Erhaltung der Materie. Der Leser kann leicht andere Beispiele ähnlicher Gesetzmäßigkeiten aus der Physik, der Chemie, der Biologie und aus anderen Wissenschaften anführen.

Ein Ereignis, das bei jeder Realisierung des Komplexes $\mathfrak{S}$ eintritt, heißt ein *sicheres* Ereignis. Wenn ein Ereignis A bei Verwirklichung aller Bedingungen von $\mathfrak{S}$ auf keinen Fall eintreten kann, so nennt man es ein *unmögliches* Ereignis.

Unter 1. wird die Sicherheit eines Ereignisses A bei Verwirklichung aller Bedingungen aus $\mathfrak{S}$ ausgesagt. Die Behauptung der Unmöglichkeit irgendeines Ereignisses, wenn alle Bedingungen des Komplexes $\mathfrak{S}$ erfüllt sind, stellt nichts wesentlich Neues dar. Diese läßt sich nämlich leicht auf eine Aussage vom Typus 1. zurückführen: *Die Unmöglichkeit eines Ereignisses A ist gleichwertig mit der Sicherheit des entgegengesetzten Ereignisses $\bar{A}$. Dieses besteht darin, daß das Ereignis A nicht eintritt.*

Aber lange nicht alle realen Erscheinungen ereignen sich nach diesem Schema. Möge z. B. das Ereignis A in dem einmaligen Reißen des Fadens an einer Spindel während einer Zeitspanne von 10 min bestehen (Komplex $\mathfrak{S}$: gegebene Spindel, gegebenes Material, gegebene Qualität und gegebenes Zeitintervall). Bekanntlich kann das Ereignis unter diesen Bedingungen eintreten, es braucht aber nicht einzutreten.

Wir kommen so zu der Notwendigkeit, Ereignisse einer anderen Art zu betrachten, nämlich solche, die bei einem gegebenen Bedingungskomplex eintreten können, aber nicht notwendig einzutreten brauchen. Solche Ereignisse nennt man *zufällige* Ereignisse. Bei Änderung des Bedingungskomplexes kann ein zufälliges Ereignis in ein sicheres oder auch in ein unmögliches übergehen und umgekehrt. Die Eigenschaft eines Ereignisses sicher, zufällig oder unmöglich zu sein, hängt also stets von einer bestimmten Gesamtheit $\mathfrak{S}$ von Bedingungen ab.

Mit der Aussage allein, daß ein Ereignis zufällig ist, kann man nicht viel anfangen. Sie gibt nur einen Hinweis darauf, daß der Komplex $\mathfrak{S}$ von Bedingungen nicht die Gesamtheit aller Ursachen widerspiegelt, die zum Eintreten eines Ereignisses A notwendig und hinreichend sind. Einen solchen Hinweis braucht man nicht als vollständig nutzlos anzusehen, denn er kann Anlaß zu einer weiteren Erforschung der Bedingungen geben, unter denen das Ereignis A auftritt. Nur liefert er selbst noch keine positiven Erkenntnisse.

Für eine Vielzahl von Erscheinungen tritt nun der folgende Sachverhalt ein: Der Komplex $\mathfrak{S}$ von Bedingungen sei mehrfach erfüllt. Jede Realisierung des Komplexes $\mathfrak{S}$ wollen wir einen *Versuch* nennen. Es mögen n Versuche ausgeführt werden. Die Anzahl der Versuche, bei denen das Ereignis A eintritt, sei gleich m. Es zeigt sich, daß in vielen Fällen der Quotient $\frac{m}{n}$ für große n nahezu konstant ist, und sein Wert in der Nähe einer Zahl p bleibt. Diese Zahl kann zu einer quantitativen Charakterisierung der Wahrscheinlichkeit des Ereignisses A (bei gegebenem Komplex $\mathfrak{S}$) dienen.

In solchen Fällen läßt sich außer der einfachen Feststellung der Zufälligkeit des Ereignisses A auch eine quantitative Abschätzung der Möglichkeit seines Auftretens angeben. Diese Abschätzung findet in Sätzen wie etwa dem folgenden ihren Ausdruck.

2. *Die Wahrscheinlichkeit dafür, daß bei Realisierung aller Bedingungen aus $\mathfrak{S}$ das Ereignis A eintritt, ist gleich p.*

Ereignisse dieser zweiten Art heißen *wahrscheinliche* oder *stochastische* Ereignisse. Die stochastischen Ereignisse spielen auf den verschiedensten Gebieten der Wissenschaft eine große Rolle. So gibt es z. B. kein Verfahren, vorauszusagen, ob ein vorgegebenes Radiumatom innerhalb eines gegebenen Zeitintervalles zerfällt oder nicht zerfällt. Man kann jedoch auf Grund der Erfahrung eine Wahrscheinlichkeit des Zerfalls angeben: Ein Radiumatom zerfällt im Verlaufe von t Jahren mit der Wahrscheinlichkeit

$$p = 1 - e^{-0{,}000436\,t}.$$

Der Komplex $\mathfrak{S}$ besteht in diesem Beispiel darin, daß man ein Radiumatom betrachtet, das im Verlaufe einer gewissen Anzahl von Jahren keinen außergewöhnlichen Operationen, wie etwa einer Beschießung durch schnelle Teilchen, unterworfen wird. Die übrigen Existenzbedingungen sind dabei ganz unwesentlich: Es ist z. B. unwichtig, in welches Medium es eingebettet ist und welche

Temperatur dabei herrscht. Das Ereignis A besteht darin, daß das Atom im Verlaufe von t Jahren zerfällt.

Die uns jetzt ganz natürlich erscheinende Idee, daß sich die Wahrscheinlichkeit eines zufälligen Ereignisses A bei bekannten Bedingungen quantitativ mit Hilfe einer gewissen Zahl

$$p = \mathsf{P}(A)$$

abschätzen läßt, erfuhr eine systematische Entwicklung zuerst im 17. Jh. durch die Arbeiten von FERMAT (1601–1665), PASCAL (1623–1662), HUYGENS (1629–1695) und besonders J. BERNOULLI (1654–1705). Ihre Untersuchungen legten den Grundstein für die *Wahrscheinlichkeitsrechnung*. Als mathematische Disziplin hat sich die Wahrscheinlichkeitsrechnung seit dieser Zeit stetig entwickelt und dabei neue wichtige Resultate hervorgebracht. Auch ihre Anwendbarkeit auf die Untersuchungen realer Erscheinungen der verschiedensten Art findet sich ständig von Neuem glänzend bestätigt.

Zweifellos verdient der Begriff der mathematischen Wahrscheinlichkeit eine eingehendere, philosophische Untersuchung. Das spezifisch philosophische Problem, daß einmal durch die Existenz der Wahrscheinlichkeitsrechnung an sich und ferner durch ihre erfolgreiche Anwendung auf Erscheinungen der Umwelt entstand, besteht in folgendem: *Unter welchen Bedingungen hat die quantitative Abschätzung der Wahrscheinlichkeit eines zufälligen Ereignisses A mit Hilfe einer bestimmten Zahl $\mathsf{P}(A)$ — genannt die mathematische Wahrscheinlichkeit des Ereignisses A — eine objektive Bedeutung und welche objektive Bedeutung besitzt diese Abschätzung?* Eine klare Vorstellung von den Beziehungen zwischen den beiden philosophischen Kategorien des Zufälligen und des Notwendigen ist eine unbedingte Voraussetzung für eine erfolgreiche Analyse des Begriffes der mathematischen Wahrscheinlichkeit. Diese Analyse kann jedoch nicht vollständig sein ohne eine Antwort auf die von uns gestellte Frage, unter welchen Bedingungen die Zufälligkeit eine quantitative Abschätzung in Form einer Zahl — der Wahrscheinlichkeit — gestattet.

Jeder Forscher, der sich mit den Anwendungen der Wahrscheinlichkeitsrechnung auf die Physik, die Biologie, die Ballistik, die ökonomische Statistik oder eine beliebige andere konkrete Wissenschaft beschäftigt, geht bei seiner Arbeit im wesentlichen von der Überzeugung aus, daß *die stochastischen Aussagen gewisse objektive Eigenschaften der untersuchten Erscheinungen ausdrücken.* Die Behauptung, daß für irgendeinen Komplex $\mathfrak{S}$ von Bedingungen das Auftreten eines Ereignisses A die Wahrscheinlichkeit p besitzt, ist gleichwertig mit der Behauptung, daß zwischen dem Komplex $\mathfrak{S}$ und dem Ereignis A ein eigentümlicher, aber wohlbestimmter und nichtsdestoweniger objektiver, von dem beobachtenden Subjekt vollkommen unabhängiger Zusammenhang besteht. Die philosophische Aufgabe besteht gerade in der Aufdeckung der Natur dieses Zusammenhanges. Die Schwierigkeit dieser Aufgabe ist auch die Ursache für die paradoxe Erscheinung, daß man selbst unter Gelehrten, die in allgemeinen

Fragen der Philosophie nicht auf einem idealistischen Standpunkt stehen, anstelle einer positiven Lösung des Problems das Bestreben beobachten kann, den Sachverhalt so zu deuten, als hätten die stochastischen Aussagen nur eine Beziehung zu dem Zustand des erkennenden Subjekts (indem sie ein Maß für den Grad seiner Überzeugtheit vom Auftreten des Ereignisses A darstellen usw.).

Die vielfältigen Erfahrungen bei der Anwendung der Wahrscheinlichkeitsrechnung auf den verschiedensten Gebieten lehren, daß gerade die Aufgabe der quantitativen Abschätzung der Wahrscheinlichkeit irgendeines Ereignisses nur unter gewissen ganz bestimmten Bedingungen einen objektiven Sinn hat.

Die oben gegebene Definition der Zufälligkeit eines Ereignisses A bezüglich eines Komplexes $\mathfrak{S}$ von Bedingungen trägt rein negativen Charakter: *Ein Ereignis ist zufällig, wenn es nicht notwendig und nicht unmöglich ist.* Aus der Zufälligkeit eines Ereignisses in diesem rein negativen Sinne folgt noch lange nicht, daß es sinnvoll ist, von seiner Wahrscheinlichkeit als von einer ganz bestimmten, wenn uns vielleicht auch unbekannten Zahl zu sprechen. Anders ausgedrückt stellt nicht nur die Aussage — „das Ereignis A besitzt bezüglich des Komplexes $\mathfrak{S}$ von Bedingungen die bestimmte Wahrscheinlichkeit $\mathsf{P}(A)$" —, sondern auch die einfachere Aussage, daß diese Wahrscheinlichkeit existiert, eine Behauptung dar, die in jedem einzelnen Falle begründet werden muß, oder, wenn sie als Hypothese angenommen wird, einer nachfolgenden Bestätigung bedarf.

Trifft z. B. ein Physiker auf ein neues radioaktives Element, so wird er von vornherein voraussetzen, daß für ein Atom dieses Elements, das sich selbst überlassen ist (d. h. nicht äußeren Einwirkungen von überaus großer Intensität ausgesetzt ist), eine gewisse Wahrscheinlichkeit für den Zerfall während eines Zeitintervalles t existiert, deren Abhängigkeit von der Zeit durch die Formel

$$p = 1 - e^{-\alpha t}$$

beschrieben wird. Er wird sich dann die Aufgabe stellen, den Koeffizienten α zu bestimmen, der die Zerfallsgeschwindigkeit des neuen radioaktiven Elements charakterisiert. Es kann z. B. die Frage gestellt werden, wie die Wahrscheinlichkeit des Zerfalls von äußeren Bedingungen, etwa von der Intensität der kosmischen Strahlung, abhängt. Hierbei muß der Forscher von der Annahme ausgehen, daß jeder *hinreichend bestimmten* Gesamtheit von äußeren Bedingungen ein ganz bestimmter Wert des Koeffizienten α zukommt.

Ebenso steht es auch in allen anderen Fällen, in denen sich die Wahrscheinlichkeitsrechnung bei der Anwendung auf praktische Aufgaben bewährt hat. Die Aufgabe, den realen Inhalt des Begriffes der „mathematischen Wahrscheinlichkeit" von philosophischer Seite aufzuklären, kann man daher von vornherein als hoffnungslos ansehen, wenn man Definitionen fordert, die auf ein beliebiges Ereignis A bei einem beliebigen Komplex von Bedingungen $\mathfrak{S}$ anwendbar sind.

§ 2. Verschiedene Wege zur Definition der Wahrscheinlichkeit

Die Anzahl der verschiedenen von dem einen oder anderen Autor vorgeschlagenen Definitionen der mathematischen Wahrscheinlichkeit ist sehr groß. Wir wollen aber jetzt nicht diese zahlreichen Definitionen mit allen ihren logischen Feinheiten darlegen. Jede wissenschaftliche Definition eines solchen grundlegenden Begriffes wie des Begriffes der Wahrscheinlichkeit ist lediglich eine verfeinerte logische Bearbeitung einer Reihe sehr einfacher Beobachtungen und zweckmäßiger Verfahren, die sich durch lange und erfolgreiche Anwendung in der Praxis bewährt haben. Das Interesse an einer logisch einwandfreien „Begründung" der Wahrscheinlichkeitstheorie entstand historisch später, als man schon längst die Wahrscheinlichkeit verschiedener Ereignisse bestimmt hatte, mit diesen Wahrscheinlichkeiten gerechnet hatte und auch die Resultate der durchgeführten Rechnungen in der Praxis und bei wissenschaftlichen Untersuchungen benutzt hatte. Bei den meisten Versuchen, den allgemeinen Begriff der Wahrscheinlichkeit wissenschaftlich zu definieren, kann man daher leicht die verschiedenen Seiten des konkreten Erkenntnisprozesses studieren, der in jedem einzelnen Falle zur tatsächlichen Bestimmung der Wahrscheinlichkeit des einen oder anderen Ereignisses führt, sei es der Wahrscheinlichkeit für das Auftreten einer 6 bei vier Würfen eines Würfels oder der Wahrscheinlichkeit des radioaktiven Zerfalls oder der Wahrscheinlichkeit, ein Ziel zu treffen. Einige Definitionen gehen von völlig unwesentlichen Eigenschaften der realen Prozesse aus — derartige Definitionen sind gänzlich unfruchtbar. Andere berücksichtigen nur spezielle Gesichtspunkte oder benutzen irgendwelche Verfahren für die praktische Ermittlung der Wahrscheinlichkeit, die nicht in allen Fällen anwendbar sind — solche Definitionen müssen wir trotz ihrer Einseitigkeit eingehender betrachten.

Von dem hier skizzierten Standpunkt aus läßt sich die Mehrzahl der Definitionen der mathematischen Wahrscheinlichkeit in drei Gruppen einteilen:

1. Definitionen der mathematischen Wahrscheinlichkeit als eines quantitativen Maßes für den „Überzeugtheitsgrad" des erkennenden Subjekts.

2. Definitionen, die den Begriff der Wahrscheinlichkeit auf den Begriff der „Gleichmöglichkeit" als ursprünglicheren Begriff zurückführen (die sog. *klassische Definition* der Wahrscheinlichkeit).

3. Definitionen, die von der „relativen Häufigkeit" des Auftretens eines Ereignisses in einer großen Anzahl von Versuchen ausgehen (die *statistische Definition* der Wahrscheinlichkeit). Den Definitionen der zweiten und dritten Gruppe sind die §§ 4 und 7 gewidmet.

Den Schluß dieses Paragraphen benutzen wir zu einer Kritik der Definitionen der ersten Gruppe. Wenn die mathematische Wahrscheinlichkeit ein quantitatives Maß für den Grad der Überzeugtheit des erkennenden Subjekts ist, so erscheint die Wahrscheinlichkeitsrechnung als ein Teilgebiet der Psychologie. Im Enderfolg führt ein konsequentes Festhalten an einer solchen rein subjektivistischen Konzeption über die Wahrscheinlichkeit notwendig zum subjektiven Idealismus. Nimmt man nämlich an, daß die quantitative Abschätzung der Wahrscheinlichkeit nur vom Zustand des erkennenden Subjekts abhängt, so besitzt auch keine aus den wahrscheinlichkeitstheoretischen Aussagen (der Form 2) abgeleitete Aussage einen objektiven, vom erkennenden Subjekt unabhängigen Inhalt. Währenddessen zieht die Wissenschaft aus wahrscheinlichkeitstheoretischen Aussagen der Form 2 viele positive Folgerungen, die sich in ihrer Bedeutung in nichts von Sätzen unterscheiden, die man ohne Anwendung der Wahrscheinlichkeitsrechnung erhält. Z. B. leitet die Physik alle „makroskopischen" Eigenschaften der Gase aus Voraussetzungen über die Wahrscheinlichkeit des Verhaltens der einzelnen Moleküle ab. Schreibt man diesen Aussagen eine objektive, vom erkennenden Subjekt unabhängige Bedeutung zu, so muß man auch in den wahrscheinlichkeitstheoretischen Hypothesen über den Verlauf der „mikroskopischen" molekularen Prozesse, von denen man ausgeht, notwendig etwas mehr sehen, als lediglich die Konstatierung eines psychologischen Zustandes, der in uns beim Nachdenken über die Bewegung der Moleküle wachgerufen wird.

Für den, der die Ansicht vertritt, daß die Außenwelt eine von uns unabhängige Realität besitzt und prinzipiell erkennbar ist, und der außerdem berücksichtigt, daß die wahrscheinlichkeitstheoretischen Aussagen mit Erfolg zur Erforschung der äußeren Welt benutzt werden, muß die Haltlosigkeit einer rein subjektiven Definition der mathematischen Wahrscheinlichkeit absolut klar sein. Mit dem bisher Gesagten könnte man die Beurteilung der Definitionen der ersten Gruppe abschließen, wenn sie nicht gerade die Grundlage zu dem ursprünglichen populären Sinn des Wortes Wahrscheinlichkeit bildeten. Es ist doch in der Tat so, daß in der Umgangssprache die Ausdrücke „wahrscheinlich", „sehr wahrscheinlich", „wenig wahrscheinlich" usw. einfach eine Beziehung des Sprechenden zur Frage der Wahrheit oder Falschheit irgendeines *einzelnen* Urteils ausdrücken. Man muß daher unbedingt einen Umstand hervorheben, den wir bis jetzt noch nicht besonders berücksichtigten. In § 1 richteten wir sehr schnell unsere Aufmerksamkeit auf die stochastischen Gesetzmäßigkeiten der Form 2, wobei wir sie den streng kausalen Gesetzmäßigkeiten der Form 1 gegenüberstellten. Dabei gingen wir in völliger Übereinstimmung mit den erfolgreichen wissenschaftlichen Anwendungen des Begriffes der mathematischen Wahrscheinlichkeit vor, wichen jedoch von Anfang an etwas von dem üblichen „vorwissenschaftlichen" Sinne des Wortes „Wahrscheinlichkeit" ab: Während man bei den wissenschaftlichen Anwendungen der Wahrscheinlichkeitsrechnung in der Praxis stets unter „Wahrscheinlichkeit" die Wahrscheinlichkeit des Auftretens eines gewissen Ereignisses A versteht, wobei es wenigstens *im Prinzip möglich sein soll, den Komplex* $\mathfrak{S}$ *von Bedingungen unbeschränkt oft zu realisieren* (nur in diesem Falle drückt die Gleichung

$$p = \mathsf{P}(A)$$

eine gewisse objektive Gesetzmäßigkeit aus), so spricht man im Umgang gewöhnlich von einer größeren oder kleineren Wahrscheinlichkeit irgendeines wohlbestimmten Urteils. Nehmen wir z. B. die folgenden Aussagen:

a) Jede gerade natürliche Zahl, die größer als zwei ist, läßt sich als Summe zweier Primzahlen darstellen ($4 = 2 + 2$, $6 = 3 + 3$, $8 = 5 + 3$ usw.).

b) Am 7. Mai 1996 fällt in Moskau Schnee.

Dazu kann man folgendes sagen: In bezug auf die Aussage a) weiß man z. Z. bei weitem noch nicht alles, viele halten sie jedoch für sehr wahrscheinlich; eine genaue Antwort auf die Aussage b) wird man sicher erst am 7. Mai 1996 erhalten. Da jedoch der Schnee in Moskau im Mai äußerst selten fällt, muß man z. Z. die Aussage b) für wenig wahrscheinlich halten.

Ähnlichen Aussagen bezüglich der Wahrscheinlichkeit einzelner Tatbestände oder überhaupt irgendwelcher spezieller Urteile kann man in der Tat nur eine subjektive Bedeutung beilegen: Sie spiegeln lediglich eine Beziehung des Sprechenden zu der vorgelegten Frage wider. Spricht man nämlich von der größeren oder kleineren Wahrscheinlichkeit einer bestimmten Aussage, so hat man gewöhnlich nicht die Absicht, die Anwendbarkeit des Prinzips des ausgeschlossenen Dritten einem Zweifel zu unterwerfen, z. B. wird niemand daran zweifeln, daß in Wirklichkeit jede der beiden Aussagen a) und b) entweder wahr oder falsch ist. Wenn auch die sog. Intuitionisten bezüglich der Aussage a) ähnliche Zweifel hegen, so hängt doch in der üblichen Auffassung in jedem Falle die Möglichkeit, von der größeren oder kleineren Wahrscheinlichkeit dieses Satzes zu sprechen, nicht mit Zweifeln an der Anwendbarkeit des Prinzips vom ausgeschlossenen Dritten auf diesen Satz zusammen. Wenn irgendwann einmal die Behauptung a) bewiesen oder widerlegt sein wird, so verlieren alle vorläufigen jetzt ausgesprochenen Abschätzungen ihrer Wahrscheinlichkeit ihren Sinn. Ebenso wird man am 7. Mai 1996 leicht entscheiden können, ob die Aussage b) wahr oder falsch ist: Wenn an diesem Tage Schnee fällt, so verliert die Ansicht, daß dieses Ereignis wenig wahrscheinlich ist, jeglichen Sinn.

Eine vollständige Untersuchung der vielfältigen psychischen Grade des Zweifelns, die zwischen der kategorischen Bejahung und der kategorischen Verneinung einer einzelnen Aussage liegen, würde uns jedoch — so interessant sie auch für die Psychologie wäre — von unserer Hauptaufgabe ablenken, das Wesen der wahrscheinlichkeitstheoretischen Gesetzmäßigkeiten zu erläutern. Diese besitzen — worauf wir schon hinwiesen — eine objektive wissenschaftliche Bedeutung.

§ 3. Der Raum der Elementarereignisse

Im vorhergehenden Paragraphen sahen wir, daß die Definition der mathematischen Wahrscheinlichkeit als eines quantitativen Maßes für den „Überzeugtheitsgrad“ des erkennenden Subjekts nicht den Inhalt des Begriffes der Wahrscheinlichkeit erfaßt. Wir kehren im folgenden zu der Frage zurück, wie man zu den objektiven stochastischen Gesetzmäßigkeiten kommt. Eine einfache und direkte Antwort auf diese Frage wollen die klassische und die statistische Definition der Wahrscheinlichkeit geben. Wir werden später sehen, daß diese beiden Definitionen wesentliche Seiten des realen Inhalts des Begriffes der Wahrscheinlichkeit wiedergeben. Jedoch ist jede von ihnen einzeln genommen unzureichend. Für ein volles Verständnis des Wesens der Wahrscheinlichkeit ist ihre Synthese erforderlich. In den nächsten Paragraphen beschäftigen wir uns ausschließlich mit der klassischen Definition der Wahrscheinlichkeit. Diese geht von der Vorstellung aus, daß die Gleichmöglichkeit eine objektive Eigenschaft ist, die den verschiedenen möglichen Varianten des Verlaufs der zu untersuchenden Erscheinungen auf Grund ihrer realen Symmetrien zukommt. Nur mit einer solchen Vorstellung von der Gleichmöglichkeit werden wir es im folgenden zu tun haben. Die Definition der Wahrscheinlichkeit durch „Gleichmöglichkeit", aufgefaßt in dem rein subjektiven Sinn einer gleichen „Wahrheitsähnlichkeit" für das erkennende Subjekt, ist jedoch nur in ihrer äußeren Form von den Definitionen der Wahrscheinlichkeit durch den „Überzeugtheitsgrad" des erkennenden Subjekts verschieden; letztere haben wir aber von unseren Betrachtungen ausgeschlossen.

Bevor wir zur klassischen Definition des Begriffes der Wahrscheinlichkeit übergehen, machen wir noch einige Vorbemerkungen. Fest vorgegeben sei uns ein Komplex $\mathfrak{S}$ von Bedingungen. Wir wollen dann ein gewisses System S von Ereignissen $A, B, C, \ldots$ betrachten.[1]) Bei jeder Realisierung des Komplexes $\mathfrak{S}$ kann jedes von diesen Ereignissen eintreten, es braucht aber nicht einzutreten. Zwischen den Ereignissen des Systems S können gewisse Beziehungen bestehen, mit denen wir es ständig zu tun haben werden. Wir wollen sie daher zunächst untersuchen.

1. Wenn bei jeder Realisierung des Komplexes $\mathfrak{S}$ von Bedingungen, bei der das Ereignis A eintritt, stets auch das Ereignis B eintritt, so sagen wir, *A ziehe B nach sich*[2]) und schreiben

$$A \subset B$$

oder

$$B \supset A.$$

2. Wenn A das Ereignis B nach sich zieht und gleichzeitig B ein Teilergebnis von A ist, d. h., wenn bei jeder Realisierung des Komplexes $\mathfrak{S}$ die Ereignisse A und B entweder beide auftreten oder beide nicht auftreten, so sagen wir, die Ereignisse A und B seien *gleichwertig*, und bezeichnen diesen Sachverhalt durch das Symbol $A = B$.

3. Das Ereignis, das im gleichzeitigen Auftreten der Ereignisse A und B besteht, nennen wir das *Produkt* der Ereignisse A und B und bezeichnen es mit AB (oder $A \cap B$).

---

[1]) Ereignisse werden im folgenden mit großen lateinischen Buchstaben $A, B, C, D, E, \ldots$ bezeichnet.

[2]) Anstelle von „A zieht B nach sich" sagt man auch „A ist ein Teilereignis von B".

4. Das Ereignis, das darin besteht, daß mindestens eines der Ereignisse A und B eintritt, nennen wir die *Summe* der Ereignisse A und B und schreiben dafür $A + B$ (oder $A \cup B$).

5. Das Ereignis, das darin besteht, daß das Ereignis A eintritt, während B nicht eintritt, nennen wir die *Differenz* der Ereignisse A und B und schreiben dafür $A - B$.

6. Zwei Ereignisse A und $\bar{A}$ heißen *einander entgegengesetzt*, wenn für sie gleichzeitig die beiden folgenden Bedingungen erfüllt sind:

$$A + \bar{A} = U, \qquad A\bar{A} = V.$$

Wird z. B. beim Wurf eines Würfels mit C das Auftreten einer geraden Anzahl von Augen bezeichnet, so ist

$$U - C = \bar{C}$$

das Ereignis, das im Auftreten einer ungeraden Anzahl von Augen besteht.

Wir veranschaulichen jetzt die eingeführten Begriffe mit einfachen Beispielen. Das erste von ihnen ist das sog. VENN-Diagramm.

Der Komplex $\mathfrak{S}$ bestehe z. B. darin, daß auf gut Glück innerhalb des in Abb. 1 gezeichneten Quadrates irgendein Punkt gewählt wird, der auf keinem in dieser Abbildung dargestellten Kreise liegt. Wir bezeichnen mit A das Ereignis ,,der ausgewählte Punkt liegt innerhalb des linken Kreises", und mit B das Ereignis ,,der ausgewählte Punkt liegt innerhalb des rechten Kreises".

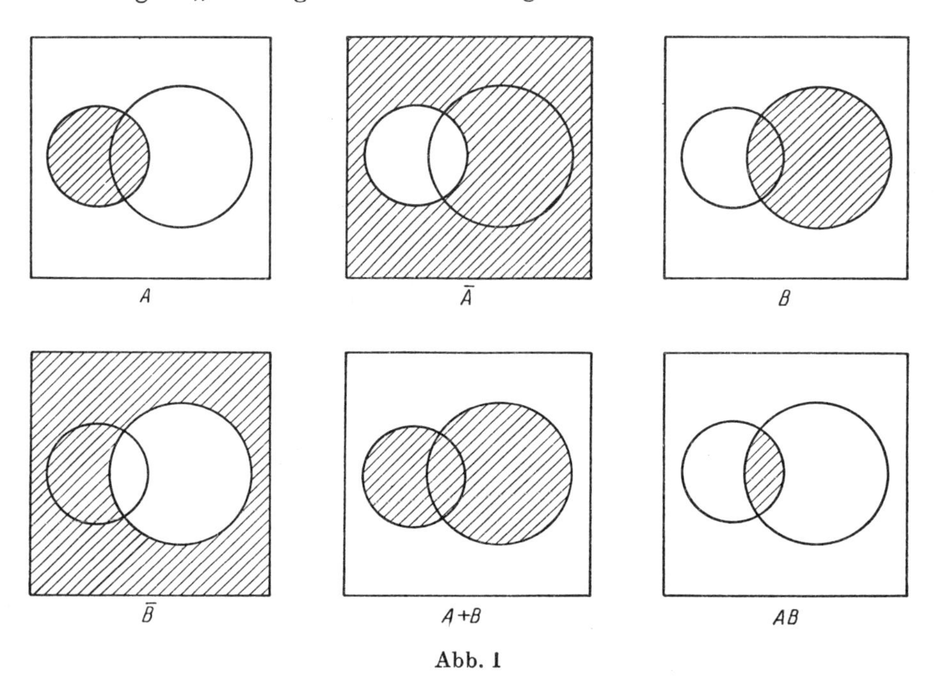

Abb. 1

Dann bestehen die Ereignisse A, $\bar{A}$, B, $\bar{B}$, $A + B$, AB darin, daß der ausgewählte Punkt in das auf den entsprechenden Figuren von Abb. 1 schraffierte Gebiet fällt.

Wir betrachten ein weiteres Beispiel. Der Komplex $\mathfrak{S}$ bestehe darin, daß auf einen Tisch (einmal) ein Würfel geworfen wird, auf dessen Flächen jeweils 1, 2, 3, 4, 5 und 6 Augen markiert sind. Wir bezeichnen mit A das Ereignis, daß auf der oberen Fläche des Würfels 6 Augen erscheinen, mit B das Auftreten von 3 Augen, mit C das Auftreten irgendeiner geraden Anzahl von Augen, mit D das Auftreten irgendeiner Anzahl von Augen, die durch 3 teilbar ist. Dann hängen die Ereignisse A, B, C und D durch die folgenden Beziehungen zusammen:

$$A \subset C, \quad A \subset D, \quad B \subset D, \quad A + B = D, \quad CD = A.$$

Die Definition der Summe und des Produktes zweier Ereignisse läßt sich auf eine beliebige Anzahl von Ereignissen verallgemeinern:

$$A + B + \cdots + N$$

bezeichnet dasjenige Ereignis, das im Auftreten wenigstens eines der Ereignisse $A, B, C, \ldots, N$ besteht, während

$$AB \ldots N$$

dasjenige Ereignis bezeichnet, das im Auftreten aller Ereignisse $A, B, \ldots, N$ besteht.

7. Ein Ereignis heißt *sicher*, wenn es mit Notwendigkeit (bei jeder Realisierung des Komplexes $\mathfrak{S}$) eintreten muß. Bei einem Wurf mit zwei Würfeln ist es z. B. sicher, daß die Summe der Augen nicht kleiner als zwei ist.

Ein Ereignis heißt *unmöglich*, wenn es niemals (bei keiner Realisierung des Komplexes $\mathfrak{S}$ von Bedingungen) eintreten kann. Bei einem Wurf mit zwei Würfeln ist es z. B. unmöglich, daß die Summe der Augen gleich 13 ist.

Offenbar sind alle sicheren Ereignisse einander gleichwertig. Daher schreibt man auch für alle sicheren Ereignisse ein und denselben Buchstaben. Wir benutzen hierfür den Buchstaben U. Ebenso sind alle unmöglichen Ereignisse einander gleichwertig. Wir bezeichnen sie mit dem Buchstaben V.

8. Zwei Ereignisse A und B heißen *unvereinbar*, wenn ihr gleichzeitiges Auftreten unmöglich ist, d. h. wenn

$$AB = V$$

ist. Gilt

$$A = B_1 + B_2 + \cdots + B_n$$

und sind die Ereignisse B_i paarweise unvereinbar, d. h.

$$B_i B_j = V \quad \text{für} \quad i \neq j,$$

dann sagt man, *das Ereignis A lasse sich in die Teilergebnisse $B_1, B_2, \ldots, B_n$ zerlegen.* So läßt sich z. B. beim Wurf eines Würfels das Ereignis C, das im

Auftreten einer geraden Anzahl von Augen besteht, in die Teilereignisse E_2, E_4, E_6 zerlegen, die entsprechend in dem Auftreten von 2, 4 und 6 Augen bestehen.

Die Ereignisse $B_1, B_2, \ldots, B_n$ bilden eine *vollständige Gruppe von Ereignissen*, wenn mindestens eines von ihnen (bei jeder Realisierung des Komplexes $\mathfrak{S}$) eintreten muß, d. h. wenn

$$B_1 + B_2 + \cdots + B_n = U$$

gilt. Besonders wichtig sind für uns im folgenden die *vollständigen Gruppen paarweise unvereinbarer Ereignisse*. Eine solche Gruppe ist z. B. bei einmaligem Wurf eines Würfels das System der Ereignisse

$$E_1, E_2, E_3, E_4, E_5, E_6\,,$$

die entsprechend im Auftreten von 1, 2, 3, 4, 5 und 6 Augen bestehen.

9. In jeder Aufgabe der Wahrscheinlichkeitsrechnung hat man es mit irgendeinem bestimmten Komplex $\mathfrak{S}$ von Bedingungen und mit irgendeinem System S von Ereignissen zu tun, die nach jeder Realisierung des Komplexes eintreten oder nicht eintreten können. Bezüglich dieses Systems macht man zweckmäßigerweise folgende Annahmen:

a) *Gehören dem System S die Ereignisse A und B an, so gehören ihm auch die Ereignisse AB, $A + B$, $A - B$ an.*

b) *Das System enthält die sicheren und die unmöglichen Ereignisse.*

Ein System, das diesen Annahmen genügt, heißt ein *Ereignisfeld*.

In unseren Beispielen ist es immer möglich, solche Ereignisse zu finden, die man nicht in einfachere zerlegen kann. Z. B. das Erscheinen einer bestimmten Fläche beim Spielwürfel oder das Auftreten eines bestimmten Punktes im Quadrat des VENN-Diagramms. Wir wollen solche unzerlegbaren Ereignisse als *Elementarereignisse* bezeichnen.

Beim Aufbau einer mathematischen Wahrscheinlichkeitstheorie ist es in weitem Ausmaß notwendig, die intuitiven Vorstellungen zu formalisieren, mit denen wir bisher zu tun hatten. In der modernen Darstellung der Wahrscheinlichkeitstheorie geht man von der *Menge der Elementarereignisse* oder, wie man jetzt auch sagt, vom *Raum der Elementarereignisse* aus. Die Natur der Elemente dieses Raumes wird dabei nicht im voraus festgelegt, denn es ist wichtig, eine genügend große Auswahl zu besitzen, die alle möglichen Fälle umfaßt. Z. B. können die Elemente dieses Raumes Punkte des euklidischen Raumes, Funktionen einer oder mehrerer Veränderlichen usw. sein. Die Punktmengen des Raumes der Elementarereignisse bilden die zufälligen Ereignisse. Das Ereignis, das aus allen Punkten des Raumes der Elementarereignisse besteht, heißt das *sichere Ereignis*. Alles, was wir in diesem Paragraphen über die Beziehungen zwischen zufälligen Ereignissen gesagt haben, überträgt sich auch auf den formalen Aufbau der Theorie. Wir kommen darauf in § 8 zurück. Im folgenden Paragraphen beschränken wir uns auf Räume von Elementarereignissen, die nur aus einer endlichen Anzahl von Elementen bestehen.

Im Augenblick erwähnen wir nur, daß für zufällige Ereignisse die folgenden Gesetze gelten:

Kommutative Gesetze: $A + B = B + A\,, \qquad AB = BA\,;$

Assoziative Gesetze: $A + (B + C) = (A + B) + C\,,\ A(BC) = (AB)C\,;$

Distributive Gesetze: $A\,(B + C) = AB + AC\,,$

$A + (BC) = (A + B)\ \ (A + C)\,;$

ferner gelten die Identitäten

$$A + A = A\,, \qquad AA = A\,.$$

Den Beweis dieser Gesetze überlassen wir dem Leser. Wenn er bereits mit den Elementen der Mengentheorie vertraut ist, wird er diese mühelos beweisen können.

§ 4. Die klassische Definition der Wahrscheinlichkeit

Die klassische Definition der Wahrscheinlichkeit führt den Begriff der Wahrscheinlichkeit auf den der Gleichwahrscheinlichkeit (Gleichmöglichkeit) von Ereignissen zurück, der als grundlegend gilt und keiner weiteren Definition unterliegt. Z. B. werden beim Wurf eines Würfels, der eine einwandfreie kubische Gestalt besitzt und aus vollkommen homogenem Material gefertigt ist, das Auftreten von 1, 2, 3, 4, 5 und 6 Augen gleichmögliche Ereignisse sein, denn auf Grund der Symmetrie ist keine Seite des Würfels vor einer andern ausgezeichnet.

Im allgemeinen Falle betrachten wir irgendeine Gruppe G, die aus n paarweise unvereinbaren gleichmöglichen Ereignissen (wir nennen sie *elementare* Ereignisse) besteht,

$$E_1,\ E_2,\ \ldots,\ E_n\,,$$

und bilden das System F aus dem unmöglichen Ereignis V, allen Ereignissen E_k der Gruppe G und allen Ereignissen A, die sich in Teilereignisse der Gruppe G zerlegen lassen.

Besteht z. B. die Gruppe G aus den drei Ereignissen E_1, E_2 und E_3, so enthält das System F die Ereignisse[1])

$$V,\ E_1,\ E_2,\ E_3,\ E_1 + E_2,\ E_2 + E_3,\ E_1 + E_3,\ U = E_1 + E_2 + E_3\,.$$

Man prüft leicht nach, daß das System F ein Ereignisfeld ist. Es ist offensichtlich, daß Summe, Differenz und Produkt von Ereignissen aus F wieder in

---

[1]) Durch diese 8 Ereignisse wird das System F erschöpft, wenn man (wie wir es am Ende von § 3 machten) einander gleichwertige Ereignisse nicht unterscheidet. Man zeigt leicht, daß im allgemeinen Falle einer Gruppe G von n Ereignissen das System F aus 2^n Ereignissen besteht.

F liegen. Das unmögliche Ereignis V liegt nach Definition in F, und das sichere Ereignis U liegt ebenfalls in F, da es sich in der Form

$$U = E_1 + E_2 + \cdots + E_n$$

darstellen läßt.

Die klassische Definition der Wahrscheinlichkeit bezieht sich auf die Ereignisse des Systems F und läßt sich folgendermaßen formulieren: *Wenn sich ein Ereignis A in m Teilereignisse zerlegen läßt, die alle zu einer vollständigen Gruppe von n paarweise unvereinbaren und gleichmöglichen Ereignissen gehören, so ist die Wahrscheinlichkeit* $\mathsf{P}(A)$ *des Ereignisses A gleich*

$$\mathsf{P}(A) = \frac{m}{n}.$$

Bei einmaligem Wurf eines Würfels besteht z. B. eine vollständige Gruppe paarweise unvereinbarer und gleichmöglicher Ereignisse aus den Ereignissen

$$E_1, E_2, E_3, E_4, E_5, E_6,$$

die das Auftreten von 1, 2, 3, 4, 5 und 6 Augen bedeuten sollen. Das Ereignis

$$C = E_2 + E_4 + E_6,$$

das im Auftreten einer geraden Anzahl von Augen besteht, läßt sich in drei Teilereignisse zerlegen, die in der vollständigen Gruppe unvereinbarer und gleichmöglicher Ereignisse vorkommen. Die Wahrscheinlichkeit des Ereignisses C ist daher gleich

$$\mathsf{P}(C) = \frac{3}{6} = \frac{1}{2}.$$

Ebenso ist es offensichtlich, daß auf Grund unserer Definition gilt

$$\mathsf{P}(E_i) = \frac{1}{6}, \qquad 1 \leqq i \leqq 6,$$

$$\mathsf{P}(E_1 + E_2) = \frac{2}{6} = \frac{1}{3}$$

usw.

In der Wahrscheinlichkeitsrechnung wird weitgehend folgende Terminologie verwandt, an die wir uns im folgenden oft halten werden. Um festzustellen, ob ein Ereignis A (etwa das Erscheinen einer durch 3 teilbaren Anzahl von Augen) eintritt oder nicht, muß man unbedingt einen Versuch ausführen (d. h. den Komplex $\mathfrak{S}$ von Bedingungen realisieren), der eine Antwort auf die gestellte Frage gibt (in unserem Beispiel muß der Würfel tatsächlich einmal geworfen werden). Eine vollständige Gruppe paarweise unvereinbarer und gleichwahrscheinlicher Ereignisse, die bei einem solchen Versuch eintreten können, heißt eine vollständige Gruppe *möglicher Versuchsergebnisse*. Diejenigen möglichen Versuchsergebnisse, aus denen sich das Ereignis A zusammensetzt, heißen Versuchsergebnisse, die A begünstigen. In Benutzung dieser Terminologie kann man sagen, daß *die Wahrscheinlichkeit* $\mathsf{P}(A)$ *eines*

Ereignisses A gleich dem Verhältnis der Anzahl der für das Ereignis A günstigen zur Anzahl aller möglichen Versuchsergebnisse ist.

Eine solche Definition setzt natürlich voraus, daß die einzelnen möglichen Versuchsergebnisse gleichwahrscheinlich sind.

Betrachten wir z. B. den Wurf zweier Würfel. Wenn es sich um „richtige" Würfel handelt, so ist das Auftreten einer jeden der 36 möglichen Kombinationen der Augenzahlen auf dem ersten und zweiten Würfel gleichwahrscheinlich. Wir sagen daher, die Wahrscheinlichkeit des Auftretens von insgesamt 12 Augen sei gleich $\frac{1}{36}$. Das Auftreten von 11 Augen ist auf zweierlei Art möglich: einmal auf dem ersten Würfel 5 und auf dem anderen 6 und zum anderen Mal auf dem ersten Würfel 6 und auf dem zweiten 5 Augen. Die Wahrscheinlichkeit, daß die Summe der Augenzahl gleich 11 ist, beträgt daher $\frac{2}{36} = \frac{1}{18}$. Der Leser prüft leicht nach, daß die Wahrscheinlichkeiten des Auftretens der einzelnen Anzahlen von Augen in der folgenden Tabelle richtig angegeben sind.

Tabelle 1

Augenzahl	2	3	4	5	6	7	8	9	10	11	12
Wahrscheinlichkeit	$\frac{1}{36}$	$\frac{2}{36}$	$\frac{3}{36}$	$\frac{4}{36}$	$\frac{5}{36}$	$\frac{6}{36}$	$\frac{5}{36}$	$\frac{4}{36}$	$\frac{3}{36}$	$\frac{2}{36}$	$\frac{1}{36}$

Entsprechend unserer Definition wird jedem Ereignis A, das dem oben konstruierten Wahrscheinlichkeitsfeld angehört, eine wohlbestimmte Wahrscheinlichkeit

$$\mathsf{P}(A) = \frac{m}{n}$$

zugeschrieben. Dabei ist m die Anzahl derjenigen Ereignisse E_i der Ausgangsgruppe G, die Teilereignisse von A sind. Auf diese Weise läßt sich die Wahrscheinlichkeit $\mathsf{P}(A)$ als eine *auf dem Wahrscheinlichkeitsfeld F definierte Funktion des Ereignisses A deuten.* Diese Funktion besitzt die folgenden Eigenschaften:

1. *Für jedes Ereignis A des Wahrscheinlichkeitsfeldes F gilt*

$$\mathsf{P}(A) \geqq 0 .$$

2. *Für das sichere Ereignis U gilt*

$$\mathsf{P}(U) = 1 .$$

3. *Läßt sich das Ereignis A in die Teilereignisse B und C zerlegen und gehören alle drei Ereignisse A, B und C dem Feld F an, so ist*

$$\mathsf{P}(A) = \mathsf{P}(B) + \mathsf{P}(C) .$$

Diese Eigenschaft nennt man das *Additionstheorem der Wahrscheinlichkeiten.*

Die Eigenschaft 1 ist evident, denn der Bruch $\frac{m}{n}$ kann nie negativ sein. Eigenschaft 2 ist nicht weniger einleuchtend, da für das sichere Ereignis U alle n möglichen Versuchsergebnisse günstig sind. Daher ist

$$\mathsf{P}(U) = \frac{n}{n} = 1 .$$

Wir beweisen nun die Eigenschaft 3. Für das Ereignis B seien m', für das Ereignis C hingegen m'' Elementarereignisse E_i der Gruppe G günstig. Da die Ereignisse B und C nach Annahme unvereinbar sind, unterscheiden sich diejenigen Ereignisse E_i, die für B günstig sind, von denen, die für C günstig sind. Im ganzen haben wir also $m' + m''$ Elementarereignisse E_i, die für das Auftreten irgendeines der Ereignisse B oder C günstig sind, d. h. die das Ereignis $B + C = A$ begünstigen. Folglich ist

$$\mathsf{P}(A) = \frac{m' + m''}{n} = \frac{m'}{n} + \frac{m''}{n} = \mathsf{P}(B) + \mathsf{P}(C) ,$$

q. e. d.

Wir beschränken uns an dieser Stelle auf einen Hinweis auf einige weitere Eigenschaften der Wahrscheinlichkeit.

4. *Die Wahrscheinlichkeit des dem Ereignis A entgegengesetzten Ereignisses $\bar{A}$ ist gleich*

$$\mathsf{P}(\bar{A}) = 1 - \mathsf{P}(A) .$$

Wegen

$$A + \bar{A} = U$$

ist nämlich auf Grund der bewiesenen Eigenschaft 2

$$\mathsf{P}(A + \bar{A}) = 1 .$$

Da aber die Ereignisse A und $\bar{A}$ miteinander unvereinbar sind, so gilt nach Eigenschaft 3

$$\mathsf{P}(A + \bar{A}) = \mathsf{P}(A) + \mathsf{P}(\bar{A}) .$$

Die beiden letzten Gleichungen beweisen unseren Satz.

5. *Die Wahrscheinlichkeit des unmöglichen Ereignisses ist gleich Null.*

Die Ereignisse U und V sind nämlich unvereinbar, daher ist

$$\mathsf{P}(U) + \mathsf{P}(V) = \mathsf{P}(U) .$$

Hieraus folgt dann aber

$$\mathsf{P}(V) = 0 .$$

6. *Wenn das Ereignis A das Ereignis B nach sich zieht, so ist*

$$\mathsf{P}(A) \leqq \mathsf{P}(B) .$$

Das Ereignis B läßt sich nämlich als Summe der beiden Ereignisse A und $\bar{A}B$ darstellen. Hieraus gewinnen wir auf Grund der Eigenschaften 3 und 1 die Beziehung

$$\mathsf{P}(B) = \mathsf{P}(A + \bar{A}B) = \mathsf{P}(A) + \mathsf{P}(\bar{A}B) \geqq \mathsf{P}(A)\,.$$

7. *Die Wahrscheinlichkeit eines beliebigen Ereignisses liegt zwischen den Zahlen* 0 *und* 1.

Für ein beliebiges Ereignis A gelten nämlich die Beziehungen

$$V \subset A + V = A = AU \subset U;$$

hieraus ergeben sich auf Grund der bisher angeführten Eigenschaften die Ungleichungen

$$0 = \mathsf{P}(V) \leqq \mathsf{P}(A) \leqq \mathsf{P}(U) = 1\,.$$

§ 5. Die klassische Definition der Wahrscheinlichkeit. Beispiele

Wir betrachten nun einige Beispiele für die Berechnung der Wahrscheinlichkeiten von Ereignissen unter Benutzung der klassischen Definition der Wahrscheinlichkeit. Die von uns angeführten Beispiele tragen ausschließlich einen illustrativen Charakter und sind nicht dazu bestimmt, den Leser mit allen wichtigen Methoden der Berechnung von Wahrscheinlichkeiten vertraut zu machen.

Beispiel 1. Aus einem Kartenspiel (36 Karten) greift man auf gut Glück 3 Karten heraus. Gesucht ist die Wahrscheinlichkeit dafür, daß sich unter ihnen genau ein As befindet.

Lösung. Die vollständige Gruppe gleichwahrscheinlicher und unvereinbarer Ereignisse besteht in unserer Aufgabe aus allen möglichen Kombinationen von 3 Karten, ihre Anzahl ist gleich C_{36}^3 [1]). Die Anzahl der günstigen Ereignisse kann man folgendermaßen berechnen. Ein As können wir auf C_4^1 verschiedene Arten wählen, zwei andere Karten (keine Asse) hingegen auf C_{32}^2 verschiedene Arten. Da zu jedem As die beiden übrigen Karten noch auf C_{32}^2 Arten gewählt werden können, so gibt es im ganzen $C_4^1 \cdot C_{32}^2$ günstige Fälle. Die gesuchte Wahrscheinlichkeit ist also gleich

$$p = \frac{C_4^1 \cdot C_{32}^2}{C_{36}^3} = \frac{\frac{4}{1} \cdot \frac{32 \cdot 31}{1 \cdot 2}}{\frac{36 \cdot 35 \cdot 34}{1 \cdot 2 \cdot 3}} = \frac{31 \cdot 16}{35 \cdot 3 \cdot 17} = \frac{496}{1785} \approx 0{,}2778\,,$$

d. h. ein wenig größer als 0,25.

---

[1]) In der internationalen Literatur wird gelegentlich diese Bezeichnung benutzt. Es ist $C_n^k = \binom{n}{k}$ (Anm. d. Red.).

Beispiel 2. Aus einem Kartenspiel (36 Karten) werden auf gut Glück 3 Karten gezogen. Gesucht ist die Wahrscheinlichkeit dafür, daß unter ihnen wenigstens ein As vorkommt.

Lösung. Wir bezeichnen das uns interessierende Ereignis mit dem Buchstaben A. Es läßt sich als Summe der folgenden 3 unvereinbaren Ereignisse darstellen: A_1 — das Auftreten eines einzigen Asses, A_2 — das Auftreten von genau 2 Assen, A_3 — das Auftreten von 3 Assen.

Durch analoge Überlegungen wie bei der Lösung der vorigen Aufgabe stellt man leicht fest, daß die Anzahl der günstigen Fälle für

das Ereignis A_1 gleich $C_4^1 \cdot C_{32}^2$,
,, A_2 ,, $C_4^2 \cdot C_{32}^1$,
,, A_3 ,, $C_4^3 \cdot C_{32}^0$

ist.

Da die Anzahl aller möglichen Fälle gleich C_{36}^3 ist, erhält man

$$\mathsf{P}(A_1) = \frac{C_4^1 \cdot C_{32}^2}{C_{36}^3} = \frac{16 \cdot 31}{3 \cdot 35 \cdot 17} \approx 0{,}2778\,,$$

$$\mathsf{P}(A_2) = \frac{C_4^2 \cdot C_{32}^1}{C_{36}^3} = \frac{3 \cdot 16}{3 \cdot 35 \cdot 17} \approx 0{,}0269\,,$$

$$\mathsf{P}(A_3) = \frac{C_4^3 \cdot C_{32}^0}{C_{36}^3} = \frac{1}{3 \cdot 35 \cdot 17} \approx 0{,}0006\,.$$

Auf Grund des Additionstheorems ist dann

$$\mathsf{P}(A) = \mathsf{P}(A_1) + \mathsf{P}(A_2) + \mathsf{P}(A_3) = \frac{109}{3 \cdot 119} \approx 0{,}3053\,.$$

Dieses Beispiel läßt sich auch noch anders lösen. Das dem Ereignis A entgegengesetzte Ereignis $\bar{A}$ besteht darin, daß unter den herausgegriffenen Karten kein As vorkommt. Offensichtlich kann man aus dem Kartenspiel nach Entfernen der 4 Asse noch auf C_{32}^3 verschiedene Arten drei Karten herausgreifen, folglich erhält man

$$\mathsf{P}(\bar{A}) = \frac{C_{32}^3}{C_{36}^3} = \frac{32 \cdot 31 \cdot 30}{36 \cdot 35 \cdot 34} = \frac{31 \cdot 8}{3 \cdot 17 \cdot 7} \approx 0{,}6947\,.$$

Die gesuchte Wahrscheinlichkeit ist gleich

$$\mathsf{P}(A) = 1 - \mathsf{P}(\bar{A}) \approx 0{,}3053\,.$$

Bemerkung. In beiden Beispielen besagt der Ausdruck „auf gut Glück“, daß alle möglichen Kombinationen von 3 Karten gleichwahrscheinlich sind.

Beispiel 3. Ein aus 36 Karten bestehendes Kartenspiel werde auf gut Glück in zwei gleichgroße Stöße geteilt. Wie groß ist die Wahrscheinlichkeit, daß in beiden Stößen die *gleiche Anzahl* roter und schwarzer Karten vorhanden ist?

Der Ausdruck „auf gut Glück" besagt hier, daß alle möglichen Aufteilungen des Kartenspiels in 2 gleiche Teile gleichwahrscheinlich sind.

Lösung. Wir müssen die Wahrscheinlichkeit dafür suchen, daß unter den auf gut Glück herausgegriffenen 18 Karten 9 rote und 9 schwarze sind.

Aus 36 Karten kann man auf C_{36}^{18} verschiedene Arten 18 Karten auswählen. Für unser Beispiel günstig sind alle die, bei denen von den 18 roten Karten des Spieles gerade 9 und von den 18 schwarzen Karten ebenfalls gerade 9 herausgegriffen werden. 9 rote Karten kann man aber auf C_{18}^{9} verschiedene Arten entnehmen. Da man nach Entnahme eines ganz bestimmten Satzes von 9 roten Karten noch auf C_{18}^{9} verschiedene Arten 9 schwarze ziehen kann, ist die Anzahl der günstigen Fälle gleich $C_{18}^{9} \cdot C_{18}^{9}$. Als gesuchte Wahrscheinlichkeit erhält man also

$$p = \frac{C_{18}^{9} \cdot C_{18}^{9}}{C_{36}^{18}} = \frac{(18!)^4}{36!(9!)^4}.$$

Um uns eine Vorstellung von der Größe dieser Wahrscheinlichkeit zu machen und dabei nicht irgendwelche ermüdende Berechnung anstellen zu müssen, benutzen wir die STIRLINGsche Formel. Nach dieser gilt die folgende asymptotische Gleichung

$$n! \sim \sqrt{2\pi n}\, n^n e^{-n}.$$

Wir haben also

$$18! \approx 18^{18} e^{-18} \sqrt{2\pi \cdot 18},$$

$$9! \approx 9^9 e^{-9} \sqrt{2\pi \cdot 9},$$

$$36! \approx 36^{36} \cdot e^{-36} \sqrt{2\pi \cdot 36}$$

und damit

$$p \approx \frac{(\sqrt{2\pi \cdot 18} \cdot 18^{18} \cdot e^{-18})^4}{\sqrt{2\pi \cdot 36} \cdot 36^{36} \cdot e^{-36} (\sqrt{(2\pi \cdot 9} \cdot 9^9 \cdot e^{-9})^4}$$

Nach einigen einfachen Umformungen bekommen wir schließlich

$$p \approx \frac{2}{\sqrt{18\pi}} \approx \frac{4}{15} \approx 0{,}26.$$

Beispiel 4. Vorgegeben seien n Teilchen, von denen sich jedes mit ein und derselben Wahrscheinlichkeit $\frac{1}{N}$ in jedem von $N\,(N > n)$ Kästchen befinden kann. Gesucht ist die Wahrscheinlichkeit dafür, daß sich

1. in n ausgewählten Kästchen je 1 Teilchen befindet,

2. in beliebigen n Kästchen je 1 Teilchen befindet.

Lösung. Diese Aufgabe spielt in der modernen statistischen Physik eine wichtige Rolle; je nachdem, wie die vollständige Gruppe gleichwahrscheinlicher

Ereignisse gebildet wird, kommt man zu der physikalischen Statistik von BOLTZMANN, BOSE-EINSTEIN oder von FERMI-DIRAC.

In der BOLTZMANNschen Statistik werden zwei beliebige denkbare Verteilungen als gleichwahrscheinlich angesehen: In jedem Kästchen kann sich eine beliebige Anzahl von Teilchen befinden, die von 0 bis n variieren kann; und jede Permutation der Teilchen schafft eine neue Verteilung.

Die Anzahl der möglichen Verteilungen bestimmen wir folgendermaßen: Jedes Teilchen kann sich in jedem der N Kästchen befinden, folglich können sich n Teilchen auf N^n verschiedene Arten auf die Kästchen verteilen.

In der ersten Frage ist die Anzahl der günstigen Fälle offenbar gleich $n!$, also die Wahrscheinlichkeit dafür, daß in n vorher ausgewählte Kästchen je ein Teilchen fällt, gleich

$$p_1 = \frac{n!}{N^n}.$$

In der zweiten Frage ist die Anzahl der günstigen Fälle C_N^n mal so groß, daher ist die Wahrscheinlichkeit dafür, daß in irgend n Kästchen je 1 Teilchen fällt, gleich

$$p_2 = \frac{C_N^n \cdot n!}{N^n} = \frac{N!}{N^n(N-n)!}.$$

In der BOSE-EINSTEINschen Statistik sieht man alle die Fälle als identisch an, die durch Vertauschen der Teilchen ineinander übergehen (wichtig ist nur, wie viele Teilchen in ein Kästchen fallen, jedoch nicht, welche Teilchen es sind). Die vollständige Gruppe gleichwahrscheinlicher Ereignisse besteht aus allen möglichen Verteilungen von n Teilchen auf N Kästchen, wobei man die ganze Klasse von BOLTZMANNschen Verteilungen, die sich nicht durch die Anzahl der auf die einzelnen Kästchen entfallenden Teilchen, sondern nur durch die Teilchen selbst unterscheiden, zu einem einzigen Fall zusammenfaßt. Um eine anschauliche Vorstellung vom Unterschied der BOLTZMANNschen und der BOSE-EINSTEINschen Statistik zu bekommen, betrachten wir ein spezielles Beispiel: $N = 4$, $n = 2$. Alle möglichen Verteilungen lassen sich in diesem Beispiel in Form der folgenden Tabelle zusammenfassen, a und b mögen dabei die beiden Teilchen bezeichnen. In der BOLTZMANNschen Statistik sind alle 16 Möglichkeiten verschiedene gleichwahrscheinliche Ereignisse, in der BOSE-

Tabelle 2

Fall	1	2	3	4	5	6	7	8	9	10	11	12	13	14	15	16
Kästchen	ab				a	a	a				b	b	b			
		ab			b			a	a		a			b	b	
			ab			b		b		a		a		a		b
				ab			b		b	b			a		a	a

EINSTEINschen Statistik dagegen werden die Fälle 5 und 11, 6 und 12, 7 und 13, 8 und 14, 9 und 15, 10 und 16 paarweise identifiziert, so daß wir eine Gruppe von 10 gleichwahrscheinlichen Ereignissen bekommen.

Wir berechnen nun die Anzahl der gleichwahrscheinlichen Fälle in der BOSE-EINSTEINschen Statistik. Dazu bemerken wir, daß man die möglichen Verteilungen der Teilchen auf die verschiedenen Kästchen auf folgende Weise erhalten kann: Wir ordnen die Kästchen auf einer Geraden dicht nebeneinander an, ferner ordnen wir auch die Teilchen eins neben dem anderen auf derselben Geraden in einer Reihe an. Wir betrachten nun alle möglichen Permutationen der n Teilchen und $N - 1$ Trennungswände zwischen den Kästchen (insgesamt $N + n - 1$ Elemente). Wie man sich leicht überlegt, werden auf diese Weise alle möglichen Besetzungen der Kästchen mit Teilchen berücksichtigt, die sich sowohl durch die Anordnung der Teilchen in den Kästchen, als auch durch die Ordnung der Trennungswände unterscheiden.

Die Anzahl dieser Permutationen ist gleich $(N + n - 1)!$. Unter diesen Permutationen kommen aber identische vor: Jede Verteilung der Teilchen auf die Kästchen wird $(N - 1)!$-mal gezählt, da wir unterschieden, welche Zwischenwände zwischen den Kästchen lagen. Außerdem zählten wir jede Verteilung auf die Kästchen $n!$-mal, da wir nicht nur die Anzahl der Teilchen in einem Kästchen, sondern auch die Reihenfolge der Teilchen in diesem Kästchen berücksichtigten. Jede Verteilung auf die Kästchen zählten wir also $n!\,(N - 1)!$-mal. Die Anzahl der im Sinne von BOSE-EINSTEIN verschiedenen Verteilungen der Teilchen auf die Kästchen ist also gleich

$$\frac{(n + N - 1)!}{n!\,(N - 1)!}.$$

Damit haben wir die Anzahl der gleichwahrscheinlichen Ereignisse in der vollständigen Gruppe von Ereignissen gefunden. Nunmehr können wir auch leicht die Fragen unserer Aufgabe beantworten. In der BOSE-EINSTEINschen Statistik sind die Wahrscheinlichkeiten p_1 und p_2 gleich

$$p_1 = \frac{1}{\dfrac{(n + N - 1)!}{n!\,(N - 1)!}} = \frac{n!\,(N - 1)!}{(n + N - 1)!},$$

$$p_2 = \frac{C_N^n}{\dfrac{(n + N - 1)!}{n!\,(N - 1)!}} = \frac{N!\,(N - 1)!}{(N - n)!\,(N + n - 1)!}.$$

Zum Schluß betrachten wir noch die FERMI-DIRACsche Statistik. Nach dieser Statistik kann ein Kästchen entweder mit einem einzigen Teilchen besetzt sein oder mit keinem; Vertauschung der Teilchen schafft keine neue Verteilung.

Die Anzahl der verschiedenen Verteilungen der Teilchen auf die Kästchen läßt sich nun in der FERMI-DIRACschen Statistik leicht berechnen. Das erste Teilchen kann auf N verschiedene Arten angeordnet werden, das zweite nur auf $N - 1$, das dritte auf $N - 2$ und schließlich das n-te auf $(N - n + 1)$

verschiedene Arten. Als verschieden sehen wir hierbei noch die Verteilungen an, die sich nur durch eine Permutation der Teilchen unterscheiden. Daher müssen wir die so gewonnene Zahl durch $n!$ dividieren. n Teilchen können also auf die N Kästchen auf

$$\frac{1}{n!} \cdot N(N-1) \cdots (N-n+1) = \frac{N!}{(N-n)!\, n!}$$

verschiedene gleichwahrscheinliche Arten verteilt werden.

Man überlegt sich leicht, daß in der FERMI-DIRACschen Statistik die gesuchten Wahrscheinlichkeiten gleich

$$p_1 = \frac{(N-n)!\, n!}{N!},$$

$$p_2 = 1$$

sind.

Das betrachtete Beispiel zeigt, wie wichtig es ist, genau festzulegen, welche Ereignisse in der Aufgabe als gleichwahrscheinlich anzusehen sind.

Beispiel 5. An einer Theaterkasse stehen $2n$ Menschen in einer Reihe an. n Leute haben nur Fünfmarkscheine, die übrigen n nur Zehnmarkscheine. Zu Beginn des Kartenverkaufs ist in der Kasse kein Geld vorhanden, jeder Käufer nimmt eine Eintrittskarte zu 5 Mark. Wie groß ist die Wahrscheinlichkeit dafür, daß die Käufer hintereinander abgefertigt werden können, ohne auf Wechselgeld warten zu müssen?

Lösung. Alle möglichen Anordnungen der Käufer sind gleichwahrscheinlich. Uns interessiert aber nicht die Anordnung der Käufer überhaupt, sondern nur die Käufer, die Fünfmarkscheine, und die Käufer, die Zehnmarkscheine haben. Zur Lösung der uns interessierenden Aufgabe benutzen wir folgendes geometrisches Verfahren: Wir betrachten die xy-Ebene und zeichnen auf der Abszissenachse der Punkte $1, 2, \ldots, 2n$ in dieser Reihenfolge ein. Im Koordinatenanfangspunkt liege die Kasse. Jeder Person, die einen Zehnmarkschein besitzt, ordnen wir die Ordinate $+1$ zu und jeder Person mit einem Fünfmarkschein die Ordinate -1. Nun summieren wir von links nach rechts die so definierten Ordinaten in den ganzzahligen Punkten und zeichnen in jedem dieser Punkte die erhaltene Summe ein (s. Abb. 2). Man sieht leicht, daß im Punkt mit der Abszisse $2n$ diese Summe gleich Null ist (es kommt n mal Summand 1 und n mal Summand -1 vor). Wir verbinden jetzt die so erhaltenen einander benachbarten Punkte durch Strecken und den Koordinatenursprung mit dem ersten dieser Punkte von links gerechnet. Den so gewonnenen Streckenzug nennen wir eine Trajektorie. Die Anzahl der verschieden möglichen Trajektorien ist — wie man leicht einsieht — gleich C_{2n}^n (sie ist gleich der Anzahl der möglichen Kombinationen von n Aufwärtsbewegungen unter $2n$ Aufwärts- und Abwärtsbewegungen). Für das uns interessierende Ereignis günstig sind solche und nur solche Trajektorien, die nirgends über der Abszissenachse verlaufen (sonst kommt einmal ein Käufer zur Kasse mit einem Zehnmarkschein, während in der Kasse kein Wechselgeld ist). Wir berechnen nun die Anzahl der Trajektorien, die wenigstens einmal die Gerade $y = 1$ erreichen oder schneiden. Dazu konstruieren wir eine neue Trajektorie folgendermaßen: Bis zur ersten Berührung mit der Geraden $y = 1$ fällt die neue Trajektorie mit der alten zusammen, und vom ersten Berührungspunkt ab ist die neue Trajektorie das Spiegelbild der alten Trajektorie an der Geraden $y = 1$ (s. Abb. 2). Man sieht leicht, daß die neue Trajektorie nur für solche Trajektorien definiert ist, die wenigstens einmal die Gerade $y = 1$ erreichen, für die übrigen Trajektorien (d. h. für die, welche für das uns interessierende Ereignis günstig sind), fällt die neue Trajektorie mit der alten zusammen. Eine neue Trajektorie, die im Punkt $(0, 0)$ beginnt, endet im Punkt $(2n, 2)$. Die neue Trajektorie bewegt sich also zweimal mehr nach oben als nach unten.

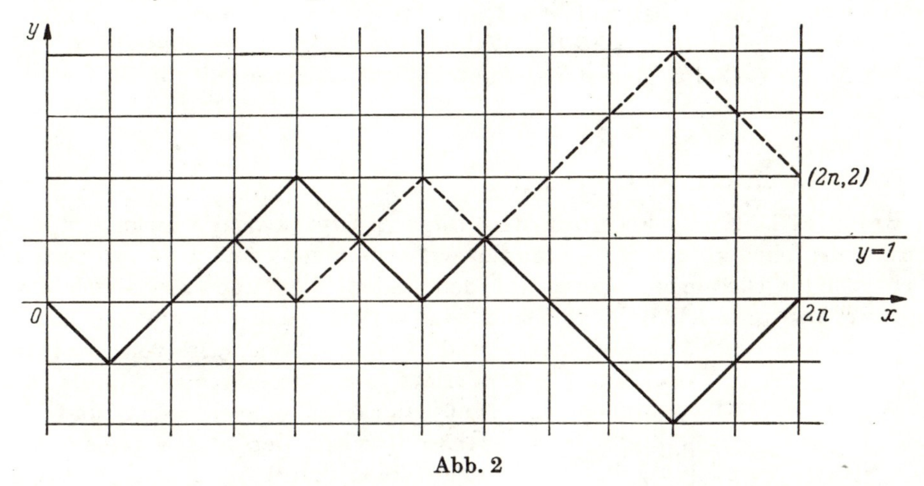

Abb. 2

Dieser Tatbestand zeigt uns, daß die Anzahl der neuen Trajektorien gleich C_{2n}^{n+1} ist (Anzahl er Kombinationen von $n + 1$ Aufwärtsbewegungen unter $2n$ Aufwärts- und Abwärtsbewegungen). Die Anzahl der günstigen Fälle ist also gleich $C_{2n}^{n} - C_{2n}^{n+1}$ und die gesuchte Wahrscheinlichkeit ist gleich

$$p = \frac{C_{2n}^{n} - C_{2n}^{n+1}}{C_{2n}^{n}} = 1 - \frac{n}{n+1} = \frac{1}{n+1}.$$

§ 6. Geometrische Wahrscheinlichkeiten

Schon am Anfang der Entwicklung der Wahrscheinlichkeitsrechnung bemerkte man, daß die klassische Definition der Wahrscheinlichkeit, die auf der Betrachtung endlicher Gruppen gleichwahrscheinlicher Ereignisse beruht, unzureichend ist. Schon damals führten spezielle Beispiele zu einer Abänderung dieser Definition und zu einer Bildung des Begriffs der Wahrscheinlichkeit auch in solchen Fällen, in denen unendlich viele Versuchsergebnisse denkbar sind. Dabei spielte wie vorher der Begriff der „Gleichwahrscheinlichkeit" gewisser Ereignisse eine grundlegende Rolle.

Die allgemeine Aufgabe, die man sich stellte und die zur Erweiterung des Begriffs der Wahrscheinlichkeit führte, läßt sich folgendermaßen formulieren.

Gegeben sei z. B. in einer Ebene ein gewisses Gebiet G. In ihm sei ein anderes Gebiet g mit einer rektifizierbaren Berandung enthalten. Auf das Gebiet G werde auf gut Glück ein Punkt geworfen, und man fragt sich, wie groß die Wahrscheinlichkeit dafür ist, daß der Punkt in das Gebiet g fällt. Dem Ausdruck „der Punkt wird auf gut Glück in das Gebiet G geworfen" kommt dabei folgender Sinn zu: Der geworfene Punkt kann auf einen beliebigen Punkt des Gebietes G fallen, die Wahrscheinlichkeit dafür, daß er auf ein beliebiges Teilgebiet von G fällt, ist dem Maß dieses Teilgebietes (der Länge, dem Flächeninhalt usw.) proportional und hängt nicht von dessen Lage und Form ab.

Damit ist definitionsgemäß die Wahrscheinlichkeit dafür, daß ein auf gut Glück in das Gebiet G geworfener Punkt in das Gebiet g fällt, gleich

$$p = \frac{\operatorname{mes} g}{\operatorname{mes} G}.$$

Wir betrachten einige Beispiele.

Beispiel 1. Aufgabe über die Begegnung. Zwei Personen A und B verabreden, sich an einem bestimmten Ort zwischen 12 und 1 Uhr zu treffen. Der zuerst Gekommene wartet auf den anderen 20 Minuten, danach geht er fort. Wie groß ist die Wahrscheinlichkeit dafür, daß sich die Personen A und B treffen, wenn jede von ihnen im Verlauf der angegebenen Stunde auf gut Glück ankommen kann und die Ankunftszeiten der beiden voneinander unabhängig sind.[1])

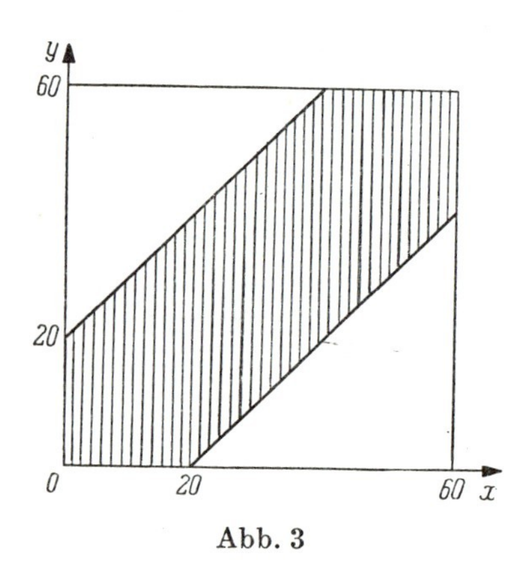

Abb. 3

Lösung. Wir bezeichnen die Ankunftszeit von A mit x und die von B mit y. Damit sich beide treffen, ist notwendig und hinreichend, daß

$$|x - y| \leqq 20$$

ist. Wir stellen x und y als kartesische Koordinaten in einer Ebene dar; als Maßstabseinheit wählen wir eine Minute. Alle möglichen Ereignisse werden durch Punkte eines Quadrats mit den Seitenlängen 60 dargestellt; die für das Treffen günstigen Ereignisse liegen in dem gestrichelten Gebiet (Abb. 3).

[1]) Dies besagt, daß die Ankunftszeit der einen Person auf die Ankunftszeit der anderen keinen Einfluß hat. Der Begriff der Unabhängigkeit von Ereignissen wird in § 9 genauer betrachtet.

Die gesuchte Wahrscheinlichkeit ist gleich dem Verhältnis des Flächeninhalts des gestrichelten Gebiets zum Flächeninhalt des ganzen Quadrats:

$$p = \frac{60^2 - 40^2}{60^2} = \frac{5}{9}.$$ [1])

Einige Ingenieure benutzten diese Begegnungsaufgabe zur Lösung des folgenden Problems der Arbeitsorganisation. Ein Arbeiter bedient mehrere gleichartige Maschinen, von denen jede in zufälligen Zeitpunkten die Aufmerksamkeit des Arbeiters erfordert. Es kann vorkommen, daß zu der Zeit, wo der Arbeiter an einer Maschine beschäftigt ist, sein Eingreifen an anderen Maschinen erforderlich ist. Gesucht ist die Wahrscheinlichkeit dieses Ereignisses, d. h. die mittlere Zeit, die die Maschine auf den Arbeiter warten muß. Wir bemerken jedoch, daß das Schema der Begegnungsaufgabe zur Lösung dieser praktischen Aufgabe wenig geeignet ist, da es überhaupt keine bestimmte Zeit gibt, während der die Maschinen unbedingt die Aufmerksamkeit eines Arbeiters erfordern; außerdem ist die Beschäftigungsdauer des Arbeiters an einer Maschine nicht konstant. Ferner muß man noch auf die Kompliziertheit der Rechnungen in der Aufgabe über die Begegnung für den Fall einer großen Anzahl von Personen (Maschinen) hinweisen. Diese Aufgabe muß man aber gerade sehr oft für eine große Anzahl von Maschinen lösen (in der Textilindustrie bedienen z. B. einige Arbeiter bis zu 280 Maschinen).

Beispiel 2. Das BERTRANDsche Paradoxon. Die Theorie der geometrischen Wahrscheinlichkeiten ist häufig wegen der Willkür in der Bestimmung der Wahrscheinlichkeiten von Ereignissen einer Kritik unterworfen worden. Dabei kamen viele Autoren zu der Überzeugung, daß man für den Fall unendlich vieler möglicher Versuchsergebnisse nicht in der Lage sei, eine objektive, von der Berechnungsmethode unabhängige Bestimmung der Wahrscheinlichkeit durchzuführen. Als besonders markanten Vertreter dieses Skeptizismus kann man den französischen Mathematiker aus dem vorigen Jahrhundert JOSEPH BERTRAND anführen. In seinem Buch über Wahrscheinlichkeitsrechnung bringt er eine Reihe von Aufgaben über geometrische Wahrscheinlichkeiten, in denen das Resultat von der Lösungsmethode abhängt. Als Beispiel führen wir eine dieser Aufgaben an.

Auf gut Glück wird in einem Kreis eine Sehne gezogen. Wie groß ist die Wahrscheinlichkeit dafür, daß ihre Länge die Länge der Seite eines einbeschriebenen gleichseitigen Dreiecks übertrifft?

Lösung 1. Aus Symmetriegründen kann man von vornherein die Richtung der Sehne vorgeben. Wir ziehen einen Durchmesser senkrecht zu dieser Rich-

---

[1]) In § 9 werden wir sehen, daß auf Grund der Unabhängigkeit der Ankunftszeit von A und B die Wahrscheinlichkeit dafür, daß A im Intervall von x bis $x + h$, B im Intervall von y bis $y + s$ ankommt, gleich $\frac{h}{60} \cdot \frac{s}{60}$ ist, sie ist proportional dem Flächeninhalt eines Rechtecks mit den Seiten h und s.

tung. Offenbar übertreffen nur solche Sehnen die Seiten eines gleichseitigen Dreiecks, die den Durchmesser in dem Intervall von einem Viertel bis zu Dreiviertel seiner Länge schneiden. Die gesuchte Wahrscheinlichkeit ist also gleich $\frac{1}{2}$.

Lösung 2. Aus Symmetriegründen kann man von vornherein einen Endpunkt der Sehne auf dem Kreise festhalten. Die Tangente an den Kreis in diesem Punkt und zwei Seiten des einbeschriebenen regelmäßigen Dreiecks mit einer Spitze in diesem Punkte bilden drei Winkel von je 60°. Günstige Fälle sind hier nur die Sehnen, die in den mittleren Winkelraum fallen. Bei dieser Lösungsmethode ist also die gesuchte Wahrscheinlichkeit gleich $\frac{1}{3}$.

Lösung 3. Um die Lage der Sehne festzustellen, genügt es, ihren Mittelpunkt vorzugeben. Damit eine Sehne der Bedingung der Aufgabe genügt, muß sich notwendig ihr Mittelpunkt innerhalb eines Kreises befinden, der konzentrisch zum vorgegebenen Kreis liegt, aber nur den halben Radius besitzt. Der Flächeninhalt dieses kleinen Kreises ist gleich $\frac{1}{4}$ des Flächeninhalts des gegebenen Kreises; die gesuchte Wahrscheinlichkeit ist also gleich $\frac{1}{4}$.

Wir müssen nun eine Erklärung dafür suchen, woher die Mehrdeutigkeit der Lösung unserer Aufgabe kommt. Liegt die Ursache in der prinzipiellen Unmöglichkeit, die Wahrscheinlichkeit in Fällen mit unendlich vielen möglichen Versuchsergebnissen zu bestimmen, oder liegt sie darin, daß wir im Verlaufe der Lösung irgendwelche unzulässigen Annahmen gemacht haben?

Wie man leicht sieht, liegt alles daran, daß als Lösung ein und derselben Aufgabe die Lösungen dreier grundverschiedener Aufgaben angegeben werden, wobei man die Tatsache benutzt, daß in der Bedingung der Aufgabe der Begriff, eine Sehne auf gut Glück zu ziehen, nicht festgelegt ist.

In der ersten Lösung läßt man längs eines Durchmessers einen runden zylindrischen Stab rollen (Abb. 4a). Die Menge aller möglichen Haltepunkte dieses Stabes ist gleich der Menge aller Punkte auf dem Durchmesser. Als gleichwahrscheinlich werden die Ereignisse betrachtet, die darin bestehen, daß der Stillstand in einem Intervall der Länge h erfolgt, wo immer auch dieses Intervall auf dem Durchmesser liegt.

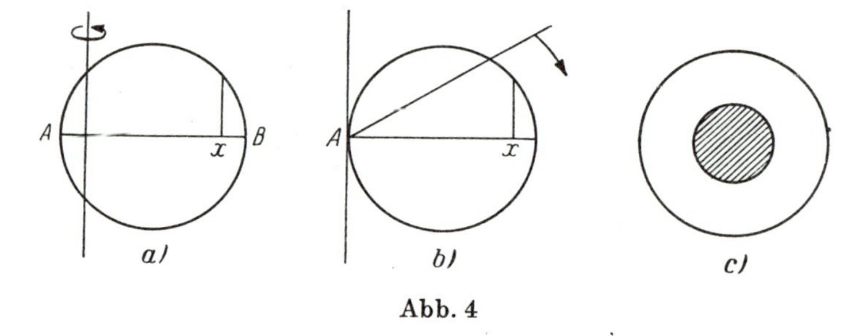

Abb. 4

In der zweiten Lösung läßt man einen durch ein Scharnier in einem Punkt des Kreisumfanges befestigten Stab Schwingungen von höchstens 180° Ausschlag ausführen (Abb. 4b). Als gleichwahrscheinlich wird dabei das Anhalten des Stabes in Kreisbögen gleicher Länge, unabhängig von ihrer Lage, betrachtet. Die Verschiedenheit der Definition der Wahrscheinlichkeit in der ersten und in der zweiten Lösung wird danach völlig klar. Die Wahrscheinlichkeit dafür, daß der Stab im Intervall von A bis x zur Ruhe kommt, ist nach der ersten Lösung gleich $\frac{x}{D}$. Bei der zweiten Lösung ist die Wahrscheinlichkeit dafür, daß die Projektion des anderen Schnittpunktes des Stabes mit dem Kreis in das gleiche Intervall fällt, wie elementare geometrische Überlegungen zeigen, gleich

$$\frac{1}{\pi} \arc\cos \frac{D - 2x}{D} \qquad \text{für} \quad x \leqq \frac{D}{2}$$

und

$$1 - \frac{1}{\pi} \arc\cos \frac{2x - D}{D} \qquad \text{für} \quad x \geqq \frac{D}{2}.$$

Schließlich wird in der letzten Lösung auf gut Glück ein Punkt in das Innere des Kreises geworfen, und wir fragen nach der Wahrscheinlichkeit dafür, daß dieser Punkt in das Innere des kleineren konzentrischen Kreises fällt (Abb. 4c).

Die Verschiedenheit der Aufgabenstellungen in allen drei Fällen ist völlig klar.

Beispiel 3. Die Aufgabe von Buffon. Auf der Ebene werden parallele Geraden gezogen, die voneinander den Abstand $2a$ haben. Auf die Ebene wird auf gut Glück[1]) eine Nadel der Länge $2\,l$ $(l < a)$ geworfen. Gesucht ist die Wahrscheinlichkeit dafür, daß die Nadel irgendeine Gerade schneidet.

Lösung. Wir bezeichnen mit x den Abstand des Mittelpunktes der Nadel von der nächsten Geraden und mit φ den Winkel zwischen der Nadel und dieser Geraden. Die Größen x und φ bestimmen die Lage der Nadel vollständig. Alle möglichen Lagen der Nadel sind durch die Punkte eines Rechtecks mit den Seiten a und π bestimmt. Aus Abb. 5 geht hervor, daß die Nadel dann und nur dann eine Parallele schneidet, wenn

$$x \leqq l \sin \varphi$$

ist. Die gesuchte Wahrscheinlichkeit ist unter unseren Voraussetzungen gleich dem Verhältnis des in Abb. 6 schraffierten Gebietes zum Flächeninhalt des ganzen Rechtecks

$$p = \frac{1}{a\,\pi} \int_0^\pi l \sin \varphi \, d\varphi = \frac{2\,l}{a\,\pi}.$$

[1]) Unter dem Ausdruck „auf gut Glück" ist hier folgendes zu verstehen: Erstens fällt der Mittelpunkt der Nadel auf gut Glück in ein Intervall zwischen zwei Geraden, zweitens ist die Wahrscheinlichkeit dafür, daß der Winkel φ zwischen der Nadel und einer Geraden zwischen φ_1 und $\varphi_1 + \Delta\varphi$ liegt, proportional $\Delta\varphi$ und drittens sind die Größen x und φ unabhängig (s. § 9).

Die Aufgabe von Buffon ist Ausgangspunkt für die Lösung einiger Probleme der Ballistik, die die Größe der Geschosse berücksichtigen.

Die obige Formel kann man zur näherungsweisen experimentellen Bestimmung der Zahl π benutzen. Solche Versuche mit Nadelwürfen wurden ziemlich oft ausgeführt. Wir führen hier nur einige Resultate an, die sich bei solchen Versuchen ergeben haben.

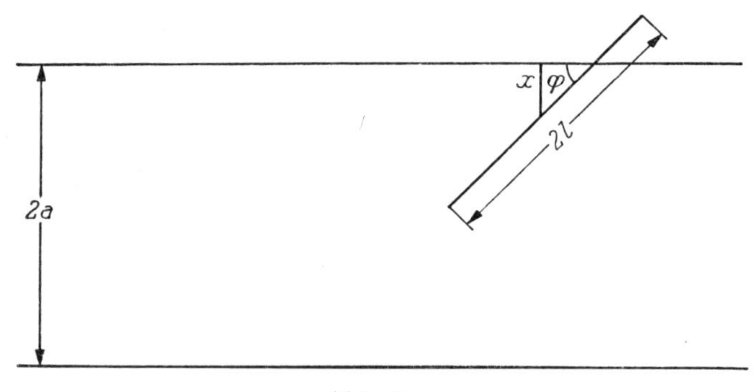

Abb. 5

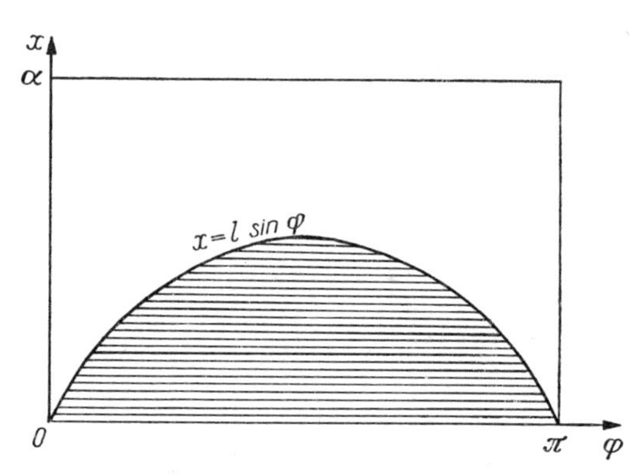

Abb. 6

Experimentator	Jahr	Anzahl der Nadelwürfe	gefundener Näherungswert
Wolf	1850	5000	3,1596
Smith	1855	3204	3,1553
Fox	1894	1120	3,1419
Lazzarini	1901	3408	3,1415929

Da aus unserer Formel

$$\pi = \frac{2l}{a\,p}$$

folgt, so erhalten wir bei einer großen Anzahl n von Würfen

$$\pi \approx \frac{2\,l\,n}{a\,m},$$

wobei m angibt, wie oft dabei eine Gerade geschnitten wurde.

Offensichtlich verdienen die Resultate von Fox und LAZZARINI wenig Vertrauen. In der Tat wird von LAZZARINI der Wert von π auf sechs Stellen hinter dem Komma genau angegeben. Verändert sich die Anzahl des Schneidens (die Zahl m) um eine Einheit, so ändert dies das Ergebnis mindestens in der 4. Stelle hinter dem Komma, wenn n kleiner als 5000 ist. Es ist nämlich ($a \geqq l$)

$$\frac{a\,(m+1)}{2\,l\,n} - \frac{a\,m}{2\,l\,n} = \frac{a}{2\,l\,n} \geqq \frac{1}{2\,n} \geqq 0{,}0001\,.$$

Daher gibt es nur einen einzigen Wert m, bei dem der von LAZZARINI erhaltene Näherungswert für π herauskommt. Die Wahrscheinlichkeit dafür, genau m Überschneidungen zu erhalten, kann aber, wie wir in Kapitel II sehen werden, näherungsweise durch die Formel

$$P_n(m) \approx \frac{1}{\sqrt{2\,\pi\,n\,p\,(1-p)}}\, e^{-\frac{(m-n\,p)^2}{2\,n\,p\,(1-p)}}$$

ausgedrückt werden. Setzen wir der Bestimmtheit halber $a = 2\,l$, so erhalten wir für die Versuche von LAZZARINI bei beliebigem m

$$P_n(m) \leqq \frac{1}{\sqrt{2\,\pi\,n\,p\,(1-p)}} \approx 0{,}03\,.$$

Folglich ist die Wahrscheinlichkeit, das Resultat von LAZZARINI zu erhalten, kleiner als 1/30.

Beispiel 4. Auf einer horizontalen Ebene werden im Abstand $2\,a$ Parallelen gezogen und auf die Ebene werde auf gut Glück[1]) eine konvexe Kontur geworfen, deren Durchmesser kleiner als $2\,a$ ist. Gesucht ist die Wahrscheinlichkeit dafür, daß die Kontur eine der parallelen Geraden schneidet.

Lösung. Wir nehmen zunächst an, daß die konvexe Kontur ein Vieleck mit n Seiten ist. Seine Seiten seien numeriert von 1 bis n. Wenn das Vieleck eine parallele Gerade schneidet, so muß an zwei Seiten ein Schnitt vorliegen. Wir bezeichnen mit $p_{ij} = p_{ji}$ die Wahrscheinlichkeit dafür, daß der Schnitt an der i-ten und j-ten Seite erfolgt. Offenbar kann das Ereignis A, das darin besteht, daß das Vieleck eine der parallelen Geraden schneidet, folgendermaßen als Summe paarweise unvereinbarer Ereignisse dargestellt werden:

$$A = (A_{12} + A_{13} + \cdots + A_{1n}) + (A_{23} + A_{24} + \cdots + A_{2n}) + \cdots \\ + (A_{n-2,\,n-1} + A_{n-2,\,n}) + A_{n-1,\,n}\,.$$

[1]) In diesem Beispiel bedeutet „auf gut Glück", daß wir irgendein mit der Kontur fest verbundenes Intervall nehmen und es auf gut Glück im Sinne des vorigen Beispiels werfen. Man sieht leicht, daß der so bestimmte Begriff des Ausdrucks „auf gut Glück" nicht von der Wahl des Intervalls abhängt.

Hier bezeichnet A_{ij} $(i < j,\ i = 1, 2, \ldots, n;\ j = 1, 2, \ldots, n)$ das Ereignis, daß die i-te und die j-te Seite eine parallele Gerade schneidet. Nach dem Additionstheorem der Wahrscheinlichkeiten ist

$$\begin{aligned} p = \mathsf{P}(A) &= [\mathsf{P}(A_{12}) + \mathsf{P}(A_{13}) + \cdots + \mathsf{P}(A_{1n})] \\ &\qquad + [\mathsf{P}(A_{23}) + \cdots + \mathsf{P}(A_{2n})] + \cdots + \mathsf{P}(A_{n-1,n}) \\ &= (p_{12} + p_{13} + \cdots + p_{1n}) + (p_{23} + p_{24} + \cdots + p_{2n}) + \cdots + p_{n-1,n}\,. \end{aligned}$$

Wenn wir die Gleichung $p_{ij} = p_{ji}$ benutzen, können wir die Wahrscheinlichkeit p auch noch anders schreiben:

$$\begin{aligned} p = \frac{1}{2}\,[(p_{12} + p_{13} + \cdots + p_{1n}) + (p_{21} + p_{23} + \cdots + p_{2n}) + \cdots \\ + (p_{n1} + p_{n2} + \cdots + p_{n,n-1})]\,. \end{aligned}$$

Die Summe $\sum\limits_{j=1}^{n}{}' \, p_{ij}$ mit $p_{ii} = 0$ ist nichts anderes als die Wahrscheinlichkeit dafür, daß die i-te Seite des Vielecks eine der parallelen Geraden schneidet. Bezeichnet man die Länge der i-ten Seite mit $2\,l_i$, so findet man aus der BUFFONschen Aufgabe

$$\sum_{j=1}^{n}{}' \, p_{ij} = \frac{2\,l_i}{\pi\,a};$$

also ist

$$p = \frac{\sum\limits_{i=1}^{n} 2\,l_i}{2\,\pi\,a}\,.$$

Bezeichnet man mit $2\,s$ den Umfang des Vielecks, so findet man schließlich

$$p = \frac{s}{\pi\,a}\,.$$

Wir sehen also, daß die Wahrscheinlichkeit p weder von der Anzahl der Seiten noch von der Länge der Seiten des Vielecks abhängt. Hieraus schließen wir, daß die gefundene Formel auch für eine beliebige konvexe Kontur gültig ist, da wir sie stets als Grenzkurve einer Folge konvexer Vielecke mit unbeschränkt wachsender Anzahl von Seiten betrachten können.

§ 7. Relative Häufigkeit und Wahrscheinlichkeit

Beim Übergang von den einfachen Beispielen zur Betrachtung komplizierter Aufgaben, insbesondere solcher von naturwissenschaftlichem oder technischem Charakter, stößt die klassische Definition der Wahrscheinlichkeit auf unüberwindliche Schwierigkeiten, die prinzipieller Natur sind. Vor allem erhebt sich in der Mehrzahl der Fälle die Frage, ob es möglich ist, in vernünftiger Weise die gleichmöglichen Fälle herauszufinden. So ist es z. B. heute zumindest ziemlich schwierig, auf Grund von Symmetrieüberlegungen, auf denen unsere

Aussagen über die Gleichwahrscheinlichkeit von Ereignissen beruhen, die Wahrscheinlichkeit des Zerfalls eines Atoms einer radioaktiven Substanz während eines bestimmten Zeitintervalls abzuleiten oder die Wahrscheinlichkeit dafür zu bestimmen, daß ein Kind, das geboren werden soll, ein Knabe ist.

Lange Beobachtungen über das Auftreten oder Nichtauftreten eines Ereignisses A bei einer großen Anzahl wiederholter Versuche bei unverändertem Bedingungskomplex $\mathfrak{S}$ zeigen, daß für einen großen Kreis von Erscheinungen die Anzahl des Eintretens des Ereignisses A bestimmten Gesetzmäßigkeiten unterworfen ist. Bezeichnen wir nämlich mit μ die Anzahl des Eintretens des Ereignisses A in n unabhängigen Versuchen, so zeigt es sich, daß das Verhältnis $\frac{\mu}{n}$ bei genügend großem n in der Mehrzahl solcher Beobachtungsserien einen fast konstanten Wert annimmt, wobei größere Abweichungen desto seltener beobachtet werden, je mehr Versuche ausgeführt werden.

Eine derartige *Stabilität der relativen Häufigkeiten* $\left(\text{d. h. der Quotienten } \frac{\mu}{n}\right)$ stellte man zuerst in Erscheinungen der Bevölkerungsstatistik fest. So bemerkte man schon sehr früh, daß für ganze Staaten und für große Städte das Verhältnis der Anzahl der Knabengeburten zur Anzahl aller Geburten von Jahr zu Jahr fast konstant bleibt. Im alten China berechnete man es 2238 Jahre vor unserer Zeitrechnung auf Grund von Aufzeichnungen zu $\frac{1}{2}$. Später erschienen besonders im 17. und 18. Jht. eine Reihe grundlegender Arbeiten, die die Untersuchung der Bevölkerungsstatistik zum Ziel hatten. Es stellte sich heraus, daß es neben der Stabilität des Verhältnisses der Knabengeburten noch weitere stabile Erscheinungen gibt, z. B. den Prozentsatz der Sterblichkeit in einem bestimmten Alter für bestimmte Bevölkerungsgruppen (unter bestimmten materiellen und sozialen Bedingungen), die Verteilung von Personen (bestimmten Geschlechts, Alters und bestimmter Nationalität) der Größe nach, dem Brustumfang nach, der Rückenlänge nach usw.

In seinem bekannten Buch „Versuch einer Philosophie der Wahrscheinlichkeitsrechnung" erzählt LAPLACE von einer sehr bemerkenswerten Episode, die er bei der Untersuchung der Gesetzmäßigkeit der Geburt von Knaben und Mädchen erlebte. Umfassendes statistisches Material, das von ihm untersucht wurde, ergab für London, Petersburg, Berlin und ganz Frankreich fast genau übereinstimmende Verhältnisse der Knabengeburten zur Anzahl aller Geburten. Alle diese Verhältnisse schwankten in einem Zeitraum von 10 Jahren um ein und dieselbe Zahl, die ungefähr gleich $\frac{22}{43}$ ist. Doch führten zur gleichen Zeit die Untersuchungen des statistischen Materials der Stadt Paris für einen Zeitraum von 40 Jahren (von 1745—1784) zu einer anderen Zahl $\frac{25}{49}$. LAPLACE interessierte sich natürlich dafür, woher dieser merkliche Unterschied kam und versuchte, ihn vernünftig zu erklären. Bei einer genaueren Untersuchung des Archivmaterials zeigte es sich, daß in die Anzahl der Geburten in Paris auch alle Findelkinder eingeschlossen waren. Es zeigte sich ferner, daß die Bevölkerung der Pariser Umgebung es vorzog, hauptsächlich Mädchen auszusetzen. Diese Erscheinung sozialer Natur war damals so verbreitet, daß sie das wahre Bild der Geburtenzahl in Paris wesentlich beeinflußte. Als LAPLACE die Findelkinder aus der Anzahl der Geburten ausschloß, zeigte es sich, daß auch für Paris das Verhältnis der Anzahl der Knabengeburten zur Anzahl aller Geburten stabil war und gleichfalls nahe an der Zahl $\frac{22}{43}$ lag, so wie es für die anderen Völker und für Frankreich im ganzen der Fall war.

Zur Zeit von LAPLACE war ein sehr umfangreiches statistisches Material gesammelt worden, das es gestattete, im voraus gesellschaftlich wichtige bevölkerungsstatistische Erscheinungen zu berechnen.

Als abschließende Illustration statistischer Gesetzmäßigkeiten bringen wir eine Tabelle neuerer Daten, aus der man ersehen kann, wie bei einer größeren

Tabelle 3

Monat	1	2	3	4	5	6	7	8	9	10	11	12	im Jahr
Gesamt	7280	6957	7883	7884	7892	7609	7585	7393	7203	6903	6552	7132	88273
Knaben	3743	3550	4017	4173	4117	3944	3964	3797	3712	3512	3392	3761	45682
Mädchen	3537	3407	3866	3711	3775	3665	3621	3596	3491	3391	3160	3371	42591
rel. Häufigkeit der Mädchengeburten	0,486	0,489	0,490	0,471	0,478	0,482	0,462	0,484	0,485	0,491	0,482	0,473	0,4825

Anzahl von Fällen die Verteilung der Neugeborenen auf die beiden Geschlechter in jedem Monat fast konstant ist. Die Daten stammen aus dem Buch von H. CRAMÉR, „Mathematische Methoden der Statistik", und sind die offiziellen Daten der schwedischen Statistik vom Jahre 1935.

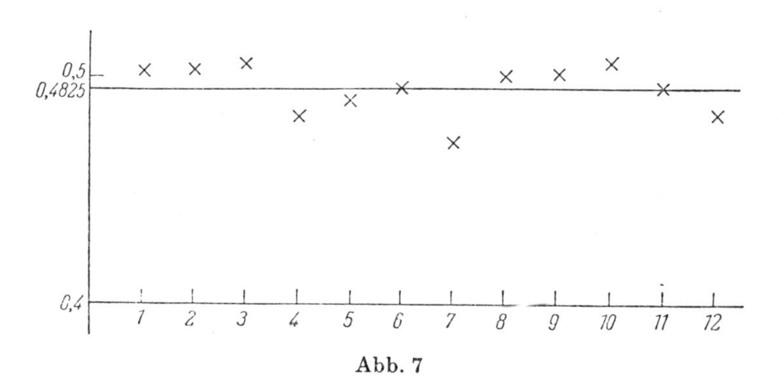

Abb. 7

In Abb. 7 kann man das Abweichen der relativen Häufigkeit der Mädchengeburten in den einzelnen Monaten von der relativen Häufigkeit für das ganze Jahr feststellen.

Man sieht also, daß für solche Fälle, auf die die klassische Definition der Wahrscheinlichkeit anwendbar ist, die relative Häufigkeit um die Wahrscheinlichkeit p des Ereignisses schwankt.

Man besitzt ein umfangreiches Erfahrungsmaterial zur Bestätigung dieser Tatsache. So wurden z. B. Münzen geworfen, so spielte man mit Würfeln, warf Nadeln zur empirischen Bestimmung der Zahl π (s. Beispiel 3, § 6) und anderes mehr. Wir bringen hier einige der gewonnenen Resultate, beschränken uns jedoch auf die Experimente des Wurfs einer Münze [siehe Tabelle unten].

Heutzutage gibt es andere Beispiele, an denen man diese empirische Tatsache nachprüft, der eine so wichtige wissenschaftliche und praktische Bedeutung zukommt. So besitzt in der modernen statistischen Praxis die Tabelle

Tabelle 3

	Anzahl des Anzahl der Würfe	Anzahl des Auftretens des Ereignisses „Kopf“	relative Häufigkeit
Buffon	4040	2048	0,5080
K. Pearson	12000	6019	0,5016
K. Pearson	24000	12012	0,5005

der zufälligen Zahlen eine große Bedeutung, in der jede Ziffer auf gut Glück aus der Gesamtheit der Ziffern 0, 1, 2, . . ., 9 herausgegriffen wurde. In einer dieser Tabellen zufälliger Zahlen kommt unter den ersten 10000 zufälligen Zahlen die Ziffer 7 gerade 968mal vor, d. h., ihre relative Häufigkeit ist gleich 0,0968 (die Wahrscheinlichkeit des Auftretens der Ziffer 7 ist aber gleich 0,1). Zählt man das Auftreten der Ziffer 7 in den Serien zu je 1000 aufeinanderfolgenden zufälligen Zahlen, so erhält man folgende Tabelle:

Tausender	1	2	3	4	5	6	7	8	9	10
Anzahl der vorkommenden Ziffern 7	95	88	95	112	95	99	82	89	111	102
rel. Häufigkeit	0,095	0,088	0,095	0,112	0,095	0,099	0,082	0,089	0,111	0,102

Die relative Häufigkeiten des Auftretens einer 7 in den verschiedenen Gruppen von je 1000 Zahlen schwanken ziemlich stark. Doch liegen sie alle verhältnismäßig nahe an der Wahrscheinlichkeit.

Daß bei einer großen Anzahl von Versuchen für eine Reihe zufälliger Ereignisse die relative Häufigkeit fast konstant bleibt, zwingt uns zu der Annahme, daß vom Beobachter unabhängige Gesetzmäßigkeiten im Ablauf der Erscheinungen wirksam sind, die sich gerade in der Stabilität der relativen Häufigkeiten äußern. Da für Ereignisse, auf die die klassische Definition der Wahrscheinlichkeit anwendbar ist, die relative Häufigkeit der Ereignisse bei einer großen Anzahl von Versuchen in der Regel nahe der Wahrscheinlichkeit liegt, müssen wir auch im allgemeinen Falle annehmen, daß eine gewisse Konstante existiert, in deren Nähe die relative Häufigkeit bleibt. Diese Konstante, die zahlenmäßig die Erscheinung objektiv charakterisiert, nennt man naturgemäß die Wahrscheinlichkeit des untersuchten zufälligen Ereignisses A.

Wir sagen also, ein Ereignis A besitzt eine Wahrscheinlichkeit, wenn dieses Ereignis folgende Besonderheiten besitzt:

a) Man kann zumindest prinzipiell bei ungeänderten Bedingungen $\mathfrak{S}$ unbegrenzt viele voneinander unabhängige Versuche ausführen, in denen das Ereignis A eintreten kann oder nicht.

b) Nach genügend vielen Versuchen wird festgestellt, daß die relative Häufigkeit des Ereignisses A für fast jede größere Gruppe von Beobachtungen nur unwesentlich von einer gewissen (im allgemeinen unbekannten) Konstanten abweicht.

Als Zahlenwert dieser Wahrscheinlichkeit kann man bei einer großen Anzahl von Versuchen angenähert die relative Häufigkeit des Ereignisses A oder eine dieser Frequenz recht nahe Zahl nehmen. Die so bestimmte Wahrscheinlichkeit eines zufälligen Ereignisses heißt die *statistische Wahrscheinlichkeit.*

Offensichtlich haben die relativen Häufigkeiten die folgenden Eigenschaften:

1. Die relative Häufigkeit des sicheren Ereignisses ist gleich Eins;

2. die relative Häufigkeit des unmöglichen Ereignisses ist gleich Null;

3. wenn das zufällige Ereignis C die Summe endlich vieler unvereinbarer Ereignisse $A_1, A_2, \ldots, A_n$ ist, so ist seine relative Häufigkeit gleich der Summe der relativen Häufigkeiten der Teilereignisse.

Naturgemäß muß man im Falle der statistischen Definition von der Wahrscheinlichkeit die folgenden Eigenschaften fordern:

1. Die Wahrscheinlichkeit des sicheren Ereignisses ist gleich Eins;

2. die Wahrscheinlichkeit des unmöglichen Ereignisses ist gleich Null;

3. wenn ein zufälliges Ereignis C die Summe endlich vieler unvereinbarer Ereignisse $A_1, A_2, \ldots, A_n$ ist, die alle eine Wahrscheinlichkeit besitzen, so existiert auch die Wahrscheinlichkeit von C und ist gleich der Summe der Wahrscheinlichkeiten der Teilergebnisse

$$\mathsf{P}(C) = \mathsf{P}(A_1) + \mathsf{P}(A_2) + \cdots + \mathsf{P}(A_n)\,.$$

Diese statistische Definition der Wahrscheinlichkeit trägt eher einen beschreibenden als einen formal mathematischen Charakter. Man muß noch darauf hinweisen, daß sie auch von einem anderen Standpunkt aus unzureichend ist: Sie geht nicht darauf ein, weshalb bei diesen Erscheinungen die relativen Häufigkeiten stabil sind. Damit wollen wir hervorheben, daß in dieser

Richtung noch einige Untersuchungen durchgeführt werden müssen. Es ist jedoch besonders wichtig, daß bei unserer Definition die Wahrscheinlichkeit eine objektive, vom erkennenden Subjekt unabhängige Bedeutung besitzt. Daß wir erst nach einigen Beobachtungen etwas darüber aussagen können, ob das eine oder das andere Ereignis eine Wahrscheinlichkeit besitzt, entwertet unsere Überlegungen keineswegs, da das Erkennen von Gesetzmäßigkeiten niemals aus dem Nichts heraus erfolgen kann, ihm geht stets ein Experiment, eine Beobachtung voraus. Die Gesetzmäßigkeiten selbst existierten jedoch schon, bevor eine experimentierende und denkende Person eingriff, sie waren nur der Wissenschaft noch unbekannt.

Wir sagten bereits, daß wir hier keine formal-mathematische Definition der Wahrscheinlichkeit angeben wollen, wir haben nur unter gewissen Bedingungen ihre Existenz postuliert und eine Methode angegeben, wie sie sich approximativ abschätzen läßt. Jede objektive Eigenschaft einer zu untersuchenden Erscheinung, darunter auch die Wahrscheinlichkeit des Ereignisses A, ist ausschließlich durch die Struktur dieser Erscheinung bestimmt, unabhängig davon, ob ein Experiment ausgeführt wird oder nicht, ob ein experimentierender Intellekt zugegen ist oder nicht. Dennoch haben wir dem Experiment eine wesentliche Bedeutung beigemessen. Erstens gestattet es das Experiment, in der Natur wirkende wahrscheinlichkeitstheoretische Gesetzmäßigkeiten aufzudecken, zweitens kann man mit seiner Hilfe approximativ die unbekannten Wahrscheinlichkeiten der von uns untersuchten Ereignisse bestimmen, und schließlich bietet es die Möglichkeit, die Richtigkeit einiger theoretischer Annahmen nachzuprüfen, die wir bei unseren Untersuchungen machen. Dies wollen wir noch etwas erklären. Stellen wir uns vor, daß einige Überlegungen es nahelegen anzunehmen, daß die Wahrscheinlichkeit eines Ereignisses A gleich p sei. Ferner zeige es sich bei der Durchführung einiger Serien unabhängiger Versuche, daß die relative Häufigkeit in der Mehrzahl der Serien wesentlich von der Größe p abweicht. Dieser Tatbestand läßt natürlich Zweifel an der Richtigkeit unserer apriorischen Überlegungen aufkommen und erfordert eine eingehendere Untersuchung der Voraussetzungen, von denen wir ausgegangen waren. So machen wir z. B. bei einem Würfel die Voraussetzung, daß er geometrisch richtig gebaut und aus homogenem Material angefertigt ist. Aus diesen Voraussetzungen können wir mit Recht schließen, daß bei einem Wurf die Wahrscheinlichkeit des Auftretens einer bestimmten Fläche, z. B. der Fläche mit der Ziffer 5, gleich $\frac{1}{6}$ sein muß. Wenn sich jedoch in mehrfachen Serien von genügend vielen Versuchen (Würfen) systematisch zeigt, daß die Frequenz des Auftretens dieser Fläche merklich von $\frac{1}{6}$ abweicht, so zweifeln wir nicht an der Existenz einer bestimmten Wahrscheinlichkeit für das Auftreten dieser Fläche, sondern an unseren Voraussetzungen über die Richtigkeit des Würfels oder daran, daß unsere Versuche richtig durchgeführt wurden.

Zum Schluß müssen wir noch auf die besonders unter den Naturwissenschaftlern sehr verbreitete Auffassung der Wahrscheinlichkeit von R. v. MISES eingehen. Da die relative Häufigkeit mit immer größer werdender Anzahl der Versuche immer weniger von der Wahrscheinlichkeit p abweicht, muß nach v. MISES

$$p = \lim_{n\to\infty} \frac{\mu}{n}$$

sein. v. MISES schlägt vor, diese Gleichung als Definition des Begriffes der Wahrscheinlichkeit zu verwenden. Nach seiner Meinung ist jede apriorische Definition zum Scheitern verurteilt und nur die von ihm angegebene empirische Definition geeignet, den Interessen der Naturwissenschaft, der Mathematik und der Philosophie gerecht zu werden. Da die klassische Definition nur eine beschränkte Anwendung besitzt, die statistische Definition aber auf alle Fälle, die überhaupt ein wissenschaftliches Interesse verdienen, anwendbar ist, schlägt v. MISES vor, die klassische Definition mit Hilfe der auf der Symmetrie beruhenden Gleichmöglichkeit gänzlich fallen zu lassen. Darüber hinaus hält es v. MISES überhaupt für unnötig, die Struktur der Erscheinungen zu erklären, für die die Wahrscheinlichkeit eine objektive charakteristische Größe ist; ihm genügt die Existenz einer empirischen Stabilität der relativen Häufigkeit.

Die v. MISESsche Theorie geht von einer unendlichen Folge von Versuchsergebnissen aus, einem sog. *Kollektiv*. Jedes Kollektiv muß die folgenden zwei Eigenschaften besitzen.

1. *Existenz der Grenzwerte* der relativen Häufigkeit jener Beobachtungen, bei denen irgendein Merkmal A aufgetreten ist, d. h., ist unter den n ersten Beobachtungen n_A-mal das Merkmal A erschienen, so soll $\lim\limits_{n\to\infty} \frac{n_A}{n}$ existieren.

2. *Regellosigkeit*, d. h. die Bildung des entsprechenden Grenzüberganges innerhalb einer Teilfolge, die durch „Stellenauswahl" aus der Gesamtfolge gewonnen worden ist, führt zum selben Limes; Stellenauswahl ist eine Vorschrift, durch die über die Zugehörigkeit der n-ten Beobachtung zur Teilfolge unabhängig vom Ergebnis dieser n-ten Beobachtung entschieden wird.

Der Aufbau einer mathematischen Theorie, die sich auf diese beiden Forderungen gründet, stieß auf unüberwindliche logische Schwierigkeiten. Die Eigenschaft der Regellosigkeit erwies sich nämlich als unvereinbar mit der Forderung nach Existenz der Limites.

Wir wollen nicht auf Einzelheiten der v. MISESschen Theorie eingehen. Für die Einzelheiten seiner Theorie verweisen wir den Leser auf das v. MISESsche Buch „Wahrscheinlichkeit, Statistik und Wahrheit" und für eine eingehendere Kritik auf zwei Artikel von A. J. CHINTSCHIN[1]).

---

[1]) Die v. MISESsche Lehre über die Wahrscheinlichkeit und die Prinzipien der physikalischen Statistik. Uspechi fiz. Nauk **9** (2), (1929). Die Häufigkeitstheorie von R. VON MISES und die modernen Ideen der Wahrscheinlichkeitstheorie. Voprosi Filosofii (1961) 1, 91–102; 2, 77–89.

Die Erscheinung der statistischen Stabilität der relativen Häufigkeit bei zahlreichen Vorgängen dient als Ausgangspunkt für den Aufbau der mathematischen Wahrscheinlichkeitstheorie. Die Beziehungen, denen die relativen Häufigkeiten unterliegen, dienen als Vorbild für die Grundbeziehungen, denen die Wahrscheinlichkeiten der entsprechenden Ereignisse genügen. Daher wird klar, warum man die Wahrscheinlichkeitstheorie als das Gebiet der Mathematik definieren kann, das sich mit der Untersuchung mathematischer Modelle für zufällige Erscheinungen beschäftigt, die die Eigenschaft der Stabilität der relativen Häufigkeiten besitzen.

§ 8. Axiomatischer Aufbau der Wahrscheinlichkeitsrechnung

Vor nicht allzulanger Zeit war die Wahrscheinlichkeitsrechnung noch keine ausgeprägt mathematische Wissenschaft; in ihr waren die Grundbegriffe noch sehr ungenau definiert. Diese Ungenauigkeit führte nicht selten zu paradoxen Schlüssen (wir erinnern an das BERTRANDsche Paradoxon). Es ist natürlich, daß die Anwendungen der Wahrscheinlichkeitsrechnung auf das Studium der Naturerscheinungen schwach begründet waren und häufig auf eine scharfe und berechtigte Kritik stießen. Man muß jedoch feststellen, daß dies die Naturforscher kaum hinderte und daß ihre naiven wahrscheinlichkeitstheoretischen Verfahrensweisen auf verschiedenen Gebieten der Wissenschaft zu beachtlichen Erfolgen führten. Die Entwicklung der Naturwissenschaft zu Beginn dieses Jahrhunderts stellte an die Wahrscheinlichkeitsrechnung erhöhte Anforderungen. Es wurde notwendig, systematisch die Grundbegriffe der Wahrscheinlichkeitsrechnung zu untersuchen und die Bedingungen herauszustellen, unter denen ihre Resultate anwendbar sind.

In der modernen Mathematik ist es üblich, diejenigen Voraussetzungen als Axiome zu bezeichnen, die man über die Wirklichkeit annimmt und die im Rahmen der jeweiligen Theorie nicht bewiesen werden. Alle übrigen Aussagen dieser Theorie müssen auf rein logischem Wege aus den angenommenen Axiomen gefolgert werden. Die Formulierung der Axiome, d. h. jener Grundannahmen, auf die man eine umfangreiche Theorie aufbaut, stellt nicht das Anfangsstadium der Entwicklung einer mathematischen Wissenschaft dar, sondern erscheint als Resultat eines langen Zusammentragens von Tatsachen und der logischen Analyse der erhaltenen Resultate, deren Ziel es ist, die wirklich grundlegenden Umstände aufzuklären. So war es bei den Axiomen der Geometrie, deren erste Bekanntschaft man beim Studium der Elementarmathematik macht. Auf ähnlichem Wege ging die Wahrscheinlichkeitstheorie vor, bei der die Grundlagen zum axiomatischen Aufbau verhältnismäßig spät gefunden wurden. Der erste Versuch zu einem axiomatischen Aufbau der Wahrscheinlichkeitstheorie als einer logisch vollkommenen Wissenschaft wurde im Jahre 1917 von dem bekannten Mathematiker S. N. BERNSTEIN unternommen. Er ging dabei von einem qualitativen Vergleich der zufälligen Ereignisse nach ihrer größeren oder kleineren Wahrscheinlichkeit aus.

Es gibt noch eine andere Art der Behandlung dieser Frage, die von A. N. Kolmogoroff vorgeschlagen wurde. Sie verknüpft die Wahrscheinlichkeitsrechnung mit der modernen metrischen Funktionentheorie sowie mit der Mengenlehre. Unser Buch folgt dem von Kolmogoroff eingeschlagenen Weg.

Wir werden sehen, daß der axiomatische Aufbau der Grundlagen der Wahrscheinlichkeitsrechnung von den Haupteigenschaften der Wahrscheinlichkeit ausgeht, die wir am Beispiel der klassischen und statistischen Definition kennenlernten. Die axiomatische Definition der Wahrscheinlichkeit schließt somit als Spezialfall sowohl die klassische als auch die statistische Definition ein und vermeidet die Mängel jeder dieser Definitionen. Auf dieser Grundlage gelang es, ein logisch einwandfreies Gebäude der modernen Wahrscheinlichkeitsrechnung zu errichten und gleichzeitig den erhöhten Anforderungen der modernen Naturwissenschaft zu genügen.

In der Axiomatik der Wahrscheinlichkeitsrechnung von Kolmogoroff ist der Begriff des zufälligen Ereignisses kein Grundbegriff, sondern er wird aus elementareren Begriffen aufgebaut. Einer solchen Betrachtungsweise begegneten wir bereits bei der Behandlung einiger Beispiele. So wird in den Aufgaben zur geometrischen Definition der Wahrscheinlichkeit ein Gebiet G des Raumes (der Geraden, der Ebene usw.) betrachtet, in das auf gut Glück ein Punkt geworfen wird. Die zufälligen Ereignisse bestehen dabei darin, daß der Punkt in das eine oder andere Teilgebiet von G fällt. Jedes zufällige Ereignis erscheint als eine Teilmenge der Menge G. Dieser Gedanke liegt der allgemeinen Auffassung eines zufälligen Ereignisses in der Axiomatik von A. N. Kolmogoroff zugrunde.

Kolmogoroff geht von der Menge (dem Raum) U der Elementarereignisse aus. Was die Elemente dieser Menge darstellen, ist für die logische Entwicklung der Wahrscheinlichkeitsrechnung ganz gleichgültig. Ferner betrachtet er ein gewisses System F von Teilmengen der Menge U; die Elemente des Systems F heißen *zufällige Ereignisse*. Bezüglich der Struktur des Systems F werden die drei folgenden Bedingungen als erfüllt vorausgesetzt:

1. F enthält als Element die Menge U.

2. Sind A und B Teilmengen der Menge U und gleichzeitig Elemente von F, so enthält F auch die Mengen $A + B$, AB, $\overline{A}$ und $\overline{B}$ als Elemente.

Dabei verstehen wir unter $A + B$ eine Menge, die sich aus denjenigen Elementen von U zusammensetzt, die entweder in A oder in B oder in A und B liegen; unter AB verstehen wir die Menge von Elementen aus U, die sowohl in A als auch in B liegen; schließlich bezeichnet $\overline{A}$ (bzw. $\overline{B}$) die Menge der Elemente von U, die nicht in A (in B) liegen.

Da F die ganze Menge U als Element enthält, so liegt in F nach der zweiten Bedingung auch $\overline{U}$, d. h., *F enthält die leere Menge als Element.*

Man sieht leicht ein, daß aus der zweiten Forderung folgt, daß zu F die Summe, das Produkt und die Komplemente endlich vieler Ereignisse aus F gehören. Auf diese Weise können die elementaren Operationen mit zufälligen

Ereignissen nicht aus der Menge der zufälligen Ereignisse hinausführen. Wie in § 3 nennen wir das System der Ereignisse F ein Ereignisfeld.

Bei vielen wichtigen Problemen müssen wir vom *Ereignisfeld* noch mehr verlangen, und zwar

3. sind die Teilmengen $A_1, A_2, \ldots, A_n, \ldots$ der Menge U Elemente von F, so sind auch ihre Summe $A_1 + A_2 + \cdots + A_n + \cdots$ und ihr Produkt $A_1 A_2 \ldots A_n \ldots$ Elemente von F.

Die auf die eben beschriebene Weise gebildete Menge F nennt man ein BORELsches *Ereignisfeld*.[1])

Die soeben dargelegte Methode der Definition eines zufälligen Ereignisses entspricht vollkommen der Auffassung, die wir bei der Betrachtung konkreter Beispiele gewonnen hatten. Der größeren Klarheit halber betrachten wir unter diesem Gesichtspunkt zwei Beispiele etwas genauer.

Beispiel 1. Es werde ein Würfel geworfen. Die Menge U der elementaren Ereignisse besteht aus den 6 Elementen $E_1, E_2, E_3, E_4, E_5\, E_6$. E_i bezeichnet hier das Auftreten von i Augen. Die Menge F der zufälligen Ereignisse besteht aus folgenden $2^6 = 64$ Elementen: $(V), (E_1), (E_2), (E_3), (E_4), (E_5), (E_6), (E_1, E_2), (E_1, E_3), \ldots, (E_5, E_6), (E_1, E_2, E_3), \ldots, (E_4, E_5, E_6), (E_1, E_2, E_3, E_4), \ldots, (E_3, E_4, E_5, E_6), (E_1, E_2, E_3, E_4, E_5), \ldots, (E_2, E_3, E_4, E_5, E_6), (E_1, E_2, E_3, E_4, E_5, E_6)$.

Jede Klammer deutet hier an, aus welchen Elementen der Menge U die Teilmenge besteht, die als Element in F auftritt; mit dem Symbol (V) bezeichneten wir die leere Menge.

Beispiel 2. Die Aufgabe über die Begegnung. Die Menge U besteht aus den Punkten des Quadrats $0 \leqq x \leqq 60$, $0 \leqq y \leqq 60$ (vgl. S. 28).

Die Menge F besteht aus allen BORELschen Mengen, die aus Punkten dieses Quadrats gebildet werden. Insbesondere liegt in F die Menge der Punkte des abgeschlossenen Gebiets $|x - y| \leqq 20$ und stellt demnach ein zufälliges Ereignis dar.

Naturgemäß führen wir folgende Definitionen ein:

Wenn zwei zufällige Ereignisse A und B keine gemeinsamen Elemente der Menge U besitzen, so nennen wir sie *unvereinbar*.

Das zufällige Ereignis U heißt das *sichere* Ereignis, das zufällige Ereignis $\overline{U}$ (die leere Menge) das *unmögliche* Ereignis. Die Ereignisse A und $\overline{A}$ heißen einander *entgegengesetzt*.

Wir können nun dazu übergehen, die Axiome zu formulieren, die die Wahrscheinlichkeit definieren.

Axiom 1. *Jedem zufälligen Ereignis A aus dem Wahrscheinlichkeitsfeld F ist eine nichtnegative Zahl $\mathsf{P}(A)$ zugeordnet, die sog. Wahrscheinlichkeit von A.*

Axiom 2. $\mathsf{P}(U) = 1$.

---

[1]) An Stelle des Ausdrucks *Ereignisfeld* sagt man jetzt oft auch *Ereignisalgebra*.

Axiom 3 (Additionsaxiom). *Wenn die Ereignisse $A_1, A_2, \ldots, A_n$ paarweise unvereinbar sind, so ist*

$$\mathsf{P}(A_1 + A_2 + \cdots + A_n) = \mathsf{P}(A_1) + \mathsf{P}(A_2) + \cdots + \mathsf{P}(A_n)\,.$$

Im Rahmen der klassischen Definition der Wahrscheinlichkeit brauchten wir die in den Axiomen 2 und 3 ausgedrückten Eigenschaften nicht zu postulieren, da wir dort diese Eigenschaften beweisen konnten. Die Behauptung des Axioms 1 ist aber in der klassischen Definition der Wahrscheinlichkeit selbst enthalten.

Aus den formulierten Axiomen ziehen wir nun eine Reihe wichtiger elementarer Folgerungen.

Zunächst schließen wir aus der offensichtlichen Gleichung

$$U = V + U$$

und aus Axiom 3, daß

$$\mathsf{P}(U) = \mathsf{P}(V) + \mathsf{P}(U)$$

ist.

Es gilt also:

1. Die Wahrscheinlichkeit des unmöglichen Ereignisses ist gleich Null.

Ähnlich beweist man:

2. Für ein beliebiges Ereignis A gilt

$$\mathsf{P}(\bar{A}) = 1 - \mathsf{P}(A)\,.$$

3. Für jedes zufällige Ereignis A gilt

$$0 \leqq \mathsf{P}(A) \leqq 1\,.$$

4. Wenn das Ereignis A das Ereignis B nach sich zieht, so ist

$$\mathsf{P}(A) \leqq \mathsf{P}(B)\,.$$

5. A und B seien zwei beliebige Ereignisse. Da in den Summen $A + B = A + (B - A\,B)$ und $B = A\,B + (B - A\,B)$ die Summanden unvereinbare Ereignisse sind, ist nach Axiom 3

$$\mathsf{P}(A + B) = \mathsf{P}(A) + \mathsf{P}(B - AB)\,, \qquad \mathsf{P}(B) = \mathsf{P}(AB) + \mathsf{P}(B - AB)\,.$$

Hieraus ergibt sich das Additionstheorem für beliebige Ereignisse A und B

$$\mathsf{P}(A + B) = \mathsf{P}(A) + \mathsf{P}(B) - \mathsf{P}(AB)\,.$$

Da $\mathsf{P}(AB)$ nicht negativ ist, folgt unmittelbar

$$\mathsf{P}(A + B) \leqq \mathsf{P}(A) + \mathsf{P}(B)\,.$$

Durch vollständige Induktion erhalten wir hieraus für beliebige Ereignisse $A_1, A_2, \ldots, A_n$ die Ungleichung

$$\mathsf{P}\,\{A_1 + A_2 + \cdots + A_n\} \leqq \mathsf{P}(A_1) + \mathsf{P}(A_2) + \cdots + \mathsf{P}(A_n)\,.$$

Das KOLMOGOROFFsche Axiomensystem ist *widerspruchsfrei*, da es reale Objekte gibt, die allen diesen Axiomen genügen. Wählt man z. B. für U eine beliebige endliche Menge mit einer endlichen Anzahl von Elementen $U = \{a_1, a_2, \ldots, a_n\}$ und für F die Gesamtheit aller Teilmengen $\{a_{i_1}, a_{i_2}, \ldots, a_{i_s}\}$, $1 \leqq i_1 < i_2 < \cdots < i_s \leqq n$, $0 \leqq s \leqq n$, so kann man die KOLMOGOROFFschen Axiome erfüllen, wenn man $\mathsf{P}(a_i) = p_i$ $(i = 1, 2, \ldots, n)$ und $\mathsf{P}(a_{i_1}, a_{i_2}, \ldots, a_{i_s}) = p_{i_1} + p_{i_2} + \cdots + p_{i_s}$ setzt. Hierbei sind die p_i beliebige nichtnegative Zahlen, die nur der Bedingung $\sum_{i=1}^{n} p_i = 1$ unterworfen sind.

Das KOLMOGOROFFsche Axiomensystem ist nicht vollständig: Sogar für ein und dieselbe Menge U können wir die Wahrscheinlichkeiten in der Menge F verschieden wählen.

So können wir in dem betrachteten Beispiel mit dem Würfel entweder

$$\mathsf{P}(E_1) = \mathsf{P}(E_2) = \cdots = P(E_6) = \frac{1}{6} \tag{1}$$

oder auch

$$\mathsf{P}(E_1) = \mathsf{P}(E_2) = \mathsf{P}(E_3) = \frac{1}{4}, \qquad \mathsf{P}(E_4) = \mathsf{P}(E_5) = \mathsf{P}(E_6) = \frac{1}{12} \tag{2}$$

setzen usw.

Die Unvollständigkeit des Axiomensystems der Wahrscheinlichkeitsrechnung liegt nicht an der unpassenden Wahl der Axiome oder an der ungenügenden Gedankenarbeit bei ihrer Ausarbeitung, sondern im Wesen der Sache: Bei verschiedenen Problemen können nämlich Erscheinungen auftreten, zu deren Studium man die gleichen Mengen von zufälligen Ereignissen zu betrachten hat, jedoch jedesmal mit verschiedenen Wahrscheinlichkeiten. Es können z. B. Würfel vorkommen, von denen der eine „richtig" (mit homogener Dichte) und der andere „falsch" ist. Im ersten Falle wird die Wahrscheinlichkeit durch das System der Gleichungen (1), im zweiten etwa durch das System der Gleichungen (2) gegeben.

Für den weiteren Aufbau der Wahrscheinlichkeitsrechnung braucht man noch eine weitere Voraussetzung, man fordert das Erfülltsein des sog. *erweiterten Additionsaxioms*. Daß man notwendigerweise noch ein neues Axiom einführen muß, erklärt sich daraus, daß man es in der Wahrscheinlichkeitsrechnung ständig mit Ereignissen zu tun hat, die in unendlich viele Teilereignisse zerfallen.

Erweitertes Additionsaxiom. *Wenn das Eintreten eines Ereignisses A gleichwertig damit ist, daß irgendeines der paarweise unvereinbaren Ereignisse $A_1, A_2, A_3, \ldots, A_n, \ldots$ eintritt, so ist*

$$\mathsf{P}(A) = \mathsf{P}(A_1) + \mathsf{P}(A_2) + \cdots + \mathsf{P}(A_n) + \cdots.$$

Wir bemerken, daß das erweiterte Additionsaxiom durch das gleichwertige *Stetigkeitsaxiom* ersetzt werden kann.

Stetigkeitsaxiom. *Besitzt eine Folge von Ereignissen $B_1, B_2, \ldots, B_n, \ldots$ die Eigenschaft, daß jedes folgende das vorhergehende nach sich zieht, und ist das Produkt aller Ereignisse B_n das unmögliche Ereignis, so gilt*

$$\mathsf{P}(B_n) \to 0 \quad \textit{für} \quad n \to \infty .$$

Wir wollen die Äquivalenz der beiden Axiome beweisen.

1. Aus dem erweiterten Additionsaxiom folgt das Stetigkeitsaxiom. Die Ereignisse $B_1, B_2, \ldots, B_n, \ldots$ seien so gewählt, daß

$$B_1 \supset B_2 \supset \cdots \supset B_n \supset \cdots$$

und bei beliebigem $n \geqq 1$

$$\prod_{k \geqq n} B_k = V \tag{3}$$

ist. Offenbar ist

$$B_n = \sum_{k=n}^{\infty} B_k \bar{B}_{k+1} + \prod_{k \geqq n}^{\infty} B_k .$$

Da die in dieser Summe auftretenden Ereignisse paarweise miteinander unvereinbar sind, gilt nach dem erweiterten Additionsaxiom

$$\mathsf{P}(B_n) = \sum_{k=n}^{\infty} \mathsf{P}(B_k \bar{B}_{k+1}) + \mathsf{P}\Big(\prod_{k \geqq n} B_k\Big) .$$

Auf Grund von Bedingung (3) ist aber nun

$$\mathsf{P}\Big(\prod_{k \geqq n} B_k\Big) = 0$$

und daher

$$\mathsf{P}(B_n) = \sum_{k=n}^{\infty} \mathsf{P}(B_k \bar{B}_{k+1}) ,$$

d. h., $\mathsf{P}(B_n)$ ist der Rest der konvergenten Reihe

$$\sum_{k=1}^{\infty} \mathsf{P}(B_k \bar{B}_{k+1}) = \mathsf{P}(B_1) .$$

Daher gilt $\mathsf{P}(B_n) \to 0$ für $n \to \infty$.

2. Aus dem Stetigkeitsaxiom folgt das erweiterte Additionsaxiom. Die Ereignisse $A_1, A_2, \ldots, A_n, \ldots$ seien paarweise unvereinbar, und es sei

$$A = A_1 + A_2 + \cdots + A_n + \cdots .$$

Wir setzen

$$B_n = \sum_{k=n}^{\infty} A_k .$$

Offensichtlich ist $B_{n+1} \subset B_n$. Wenn das Ereignis B_n eingetreten ist, so muß irgendein Ereignis A_i ($i \geqq n$) eingetreten sein. Wegen der Unvereinbarkeit der

Ereignisse A_i sind dann aber die Ereignisse $A_{i+1}, A_{i+2}, \ldots$ sicher nicht eingetreten. Es ist dann also das Eintreten der Ereignisse $B_{i+1}, B_{i+2}, \ldots$ unmöglich und folglich ist das Ereignis $\prod_{k=n}^{\infty} B_k$ unmöglich. Nach dem Stetigkeitsaxiom strebt also $\mathsf{P}(B_n) \to 0$ für $n \to \infty$. Da

$$A = A_1 + A_2 + \cdots + A_n + B_{n+1}$$

ist, folgt nach dem einfachen Additionsaxiom

$$\mathsf{P}(A) = \mathsf{P}(A_1) + \mathsf{P}(A_2) + \cdots + \mathsf{P}(A_n) + \mathsf{P}(B_{n+1})$$
$$= \lim_{n\to\infty} \sum_{k=1}^{n} \mathsf{P}(A_k) = \sum_{k=1}^{\infty} P(A_k) .$$

Zum Schluß heben wir noch einmal hervor, daß vom Standpunkt der Mengenlehre unsere axiomatische Definition der Wahrscheinlichkeit nichts anderes ist als die Einführung eines normierten, volladditiven nichtnegativen Maßes in der Menge U der elementaren Ereignisse, das für alle Elemente der Menge F definiert ist.

Bei der Definition des Begriffs der Wahrscheinlichkeit müssen wir nicht nur die Grundmenge U der Elementarereignisse angeben (in modernen Arbeiten wird sie oft mit dem Buchstaben Ω bezeichnet), sondern auch die Menge F der zufälligen Ereignisse und die auf ihr definierte Funktion P. Die Gesamtheit $\{U, F, \mathsf{P}\}$ heißt *Wahrscheinlichkeitsraum*.

§ 9. Die bedingte Wahrscheinlichkeit und einige einfache grundlegende Formeln

Wir sagten bereits, daß der Definition der Wahrscheinlichkeit eines Ereignisses eine gewisse Gesamtheit von Bedingungen $\mathfrak{S}$ zugrunde liegt. Werden bei der Berechnung der Wahrscheinlichkeit $\mathsf{P}(A)$ außer den Bedingungen $\mathfrak{S}$ keine weiteren Beschränkungen gemacht, so heißen diese Wahrscheinlichkeiten *unbedingte* Wahrscheinlichkeiten.

In einer ganzen Reihe von Fällen aber ist die Wahrscheinlichkeit eines Ereignisses unter der zusätzlichen Voraussetzung zu bestimmen, daß ein Ereignis B mit einer positiven Wahrscheinlichkeit bereits eingetreten ist. Solche Wahrscheinlichkeiten nennen wir *bedingte* Wahrscheinlichkeiten und bezeichnen sie mit $\mathsf{P}(A/B)$; dies soll also die Wahrscheinlichkeit des Ereignisses A unter der Bedingung bedeuten, daß das Ereignis B bereits eingetreten ist. Streng genommen sind die unbedingten Wahrscheinlichkeiten auch bedingte Wahrscheinlichkeiten, da der Ausgangspunkt des Aufbaues unserer Theorie die Voraussetzung der Existenz eines unveränderlichen Komplexes $\mathfrak{S}$ von Bedingungen war.

Beispiel 1. Es werden zwei Würfel geworfen. Wie groß ist die Wahrscheinlichkeit dafür, daß die Summe der geworfenen Augen gleich 8 ist

(Ereignis A), wenn bekannt ist, daß diese Summe eine gerade Zahl ist (Ereignis B).

Alle möglichen Fälle, die beim Wurf zweier Würfel auftreten, schreiben wir in der Tabelle 4 auf. Jedes Kästchen enthält ein mögliches Ereignis: An erster Stelle in der Klammer steht jeweils die Augenzahl des ersten Würfels, an zweiter Stelle die Augenzahl des zweiten.

Tabelle 4

(1,1)	(2,1)	(3,1)	(4,1)	(5,1)	(6,1)
(1,2)	(2,2)	(3,2)	(4,2)	(5,2)	(6,2)
(1,3)	(2,3)	(3,3)	(4,3)	(5,3)	(6,3)
(1,4)	(2,4)	(3,4)	(4,4)	(5,4)	(6,4)
(1,5)	(2,5)	(3,5)	(4,5)	(5,5)	(6,5)
(1,6)	(2,6)	(3,6)	(4,6)	(5,6)	(6,6)

Die Anzahl aller möglichen Fälle ist 36, die der für A günstigen 5. Die unbedingte Wahrscheinlichkeit ist also gleich

$$\mathsf{P}(A) = \frac{5}{36}.$$

Wenn das Ereignis B eingetreten ist, muß sich eine von 18 (und nicht von 36) Möglichkeiten verwirklicht haben. Die bedingte Wahrscheinlichkeit ist also gleich

$$\mathsf{P}(A/B) = \frac{5}{18}.$$

Beispiel 2. Aus einem Kartenspiel werden nacheinander zwei Karten gezogen. Man bestimme a) die unbedingte Wahrscheinlichkeit dafür, daß die zweite Karte ein As ist (ohne daß man weiß, welche Karte zuerst gezogen wurde) und b) die bedingte Wahrscheinlichkeit dafür, daß die zweite Karte ein As ist, wenn zuvor ein As gezogen wurde.

Wir bezeichnen mit A das Ereignis, daß an zweiter Stelle ein As auftritt, mit B das Ereignis, daß ein As an erster Stelle auftritt. Offensichtlich gilt die Gleichung

$$A = AB + A\overline{B}.$$

Auf Grund der Unvereinbarkeit der Ereignisse AB und $A\overline{B}$ haben wir

$$\mathsf{P}(A) = \mathsf{P}(AB) + \mathsf{P}(A\overline{B}).$$

Bei der Entnahme von zwei Karten aus einem Spiel von 36 Karten können $36 \cdot 35$ Fälle eintreten (wenn man die Reihenfolge beachtet). Von ihnen sind für das Ereignis AB $3 \cdot 4$ Fälle, für das Ereignis $A\bar{B}$ $4 \cdot 32$ Fälle günstig. Also ergibt sich

$$\mathsf{P}(A) = \frac{4 \cdot 3}{36 \cdot 35} + \frac{32 \cdot 4}{36 \cdot 35} = \frac{1}{9}.$$

Wenn die erste Karte ein As ist, so bleiben im Spiel noch 35 Karten und unter diesen nur drei Asse. Folglich ist

$$\mathsf{P}(A/B) = \frac{3}{35}.$$

Es ist nicht schwer, für die klassische Definition der Wahrscheinlichkeit die allgemeine Aufgabe der Bestimmung einer bedingten Wahrscheinlichkeit zu lösen. Es seien z. B. von n allein möglichen, unvereinbaren und gleichwahrscheinlichen Ereignissen $A_1, A_2, \ldots, A_n$

m Ereignisse günstig für das Ereignis A,

k Ereignisse günstig für das Ereignis B,

r Ereignisse günstig für das Ereignis AB

(natürlich ist $r \leqq k$, $r \leqq m$). Wenn das Ereignis B eingetreten ist, so bedeutet dies, daß eines der Ereignisse A_j eingetreten ist, die für B günstig sind. Unter dieser Bedingung sind für A diejenigen r und nur diese r Ereignisse A_j günstig, die für AB günstig sind. Also ist

$$\mathsf{P}(A/B) = \frac{r}{k} = \frac{\frac{r}{n}}{\frac{k}{n}} = \frac{\mathsf{P}(A\,B)}{\mathsf{P}(B)}. \tag{1}$$

Ebenso kann man finden, daß

$$\mathsf{P}(B/A) = \frac{\mathsf{P}(A\,B)}{\mathsf{P}(A)} \tag{1'}$$

ist.

Ist $A(B)$ ein unmögliches Ereignis, so verliert die Gleichung (1') [bzw. (1)] ihren Sinn.

Jede der Gleichungen (1), (1') ist mit dem sog. Multiplikationstheorem gleichwertig, gemäß dem

$$\mathsf{P}(AB) = \mathsf{P}(A)\ \mathsf{P}(B/A) = \mathsf{P}(B)\ \mathsf{P}(A/B) \tag{2}$$

ist, d. h., *die Wahrscheinlichkeit des Produkts zweier Ereignisse ist gleich dem Produkt der Wahrscheinlichkeit des einen Ereignisses mit der bedingten Wahrscheinlichkeit des anderen unter der Bedingung, daß das erste eingetreten ist.*

Das Multiplikationstheorem ist auch in dem Falle anwendbar, wo eines der Ereignisse A oder B das unmögliche Ereignis ist, denn in diesem Falle gelten mit $\mathsf{P}(A) = 0$ die Gleichungen $\mathsf{P}(A/B) = 0$ und $\mathsf{P}(AB) = 0$.

Eine *bedingte Wahrscheinlichkeit* hat alle Eigenschaften einer Wahrscheinlichkeit. Man überzeugt sich davon leicht, indem man nachprüft, daß sie allen

Axiomen genügt, die wir im vorangegangenen Paragraphen formuliert haben. In der Tat ist das erste Axiom offensichtlich erfüllt, weil gemäß (1) für jedes Ereignis A eine nichtnegative Funktion $\mathsf{P}(A/B)$ definiert ist. Wenn $A = B$, so ist gemäß der Definition (1)

$$\mathsf{P}(B/B) = \frac{\mathsf{P}(BB)}{\mathsf{P}(B)} = \frac{\mathsf{P}(B)}{\mathsf{P}(B)} = 1 .$$

Das Nachprüfen des dritten Axioms ist ebenfalls ganz leicht, und wir überlassen es dem Leser.

Der Wahrscheinlichkeitsraum für die bedingte Wahrscheinlichkeit wird durch das Tripel

$$\left\{B, FB, \frac{\mathsf{P}(AB)}{\mathsf{P}(B)}\right\}$$

ausgedrückt.

Man nennt ein Ereignis A *unabhängig* von dem Ereignis B, wenn die Gleichung

$$\mathsf{P}(A/B) = \mathsf{P}(A) \tag{3}$$

besteht, d. h., wenn das Eintreten des Ereignisses B nicht die Wahrscheinlichkeit des Ereignisses A ändert.

Wenn das Ereignis A *unabhängig* von B ist, so gilt nach (2) die Gleichung

$$\mathsf{P}(A)\ \mathsf{P}(B/A) = \mathsf{P}(B)\ \mathsf{P}(A) .$$

Hieraus finden wir

$$\mathsf{P}(B/A) = \mathsf{P}(B) , \tag{4}$$

d. h., das Ereignis B ist auch unabhängig von A, d. h., die Unabhängigkeit von Ereignissen ist wechselseitig.

Wenn die Ereignisse A und B unabhängig sind, sind auch die Ereignisse A und $\bar{B}$ unabhängig. Da nämlich

$$\mathsf{P}(B/A) + \mathsf{P}(\bar{B}/A) = 1$$

und nach Voraussetzung $\mathsf{P}(B/A) = \mathsf{P}(B)$ ist, so folgt

$$\mathsf{P}(\bar{B}/A) = 1 - \mathsf{P}(B) = \mathsf{P}(\bar{B}) .$$

Hieraus ziehen wir einen wichtigen Schluß: *Wenn die Ereignisse A und B unabhängig sind, so sind auch die in den Paaren $(\bar{A}, B)$, $(A, \bar{B})$ und $(\bar{A}, \bar{B})$ enthaltenen Ereignisse unabhängig.*

Der Begriff der Unabhängigkeit von Ereignissen spielt in der Wahrscheinlichkeitsrechnung und in ihren Anwendungen eine fundamentale Rolle. Insbesondere wird ein großer Teil der in diesem Buch abgeleiteten Resultate unter der Voraussetzung der Unabhängigkeit der einen oder der anderen betrachteten Ereignisse gewonnen.

In praktischen Problemen greift man selten auf die Gleichungen (3) und (4) zurück, wenn man die Unabhängigkeit gegebener Ereignisse nachprüfen will.

Gewöhnlich benutzt man dazu intuitive auf der Erfahrung beruhende Überlegungen.

So ist z. B. klar, daß das Auftreten des Ereignisses „Zahl" beim Wurf einer Münze die Wahrscheinlichkeit des Auftretens von „Zahl" oder „Wappen" auf einer anderen Münze nicht beeinflußt, wenn diese Münzen nicht gerade während des Wurfes (etwa durch ein starres Verbindungsstück) miteinander gekoppelt sind. Ebenso ändert die Geburt eines Knaben bei einer Mutter nicht die Wahrscheinlichkeit der Geburt eines Knaben (oder Mädchens) bei einer anderen Mutter. Dies sind unabhängige Ereignisse.

Für unabhängige Ereignisse nimmt das Multiplikationstheorem eine besonders einfache Gestalt an; wenn nämlich die Ereignisse A und B unabhängig sind, so ist

$$\mathsf{P}(AB) = \mathsf{P}(A) \cdot \mathsf{P}(B) .$$

Wir verallgemeinern nun den Begriff der Unabhängigkeit von zwei Ereignissen auf eine Gesamtheit von mehreren Ereignissen.

Die Ereignisse $B_1, B_2, \ldots, B_s$ heißen *insgesamt unabhängig*, wenn für jedes Ereignis B_p von ihnen und für beliebige Ereignisse $B_{i_1}, B_{i_2}, \ldots, B_{i_r}$ ($i_1 \neq p, \ldots, i_r \neq p$) von ihnen die Ereignisse B_p und $B_{i_1} B_{i_2} \ldots B_{i_r}$ voneinander unabhängig sind.

Nach dem vorhergehenden ist diese Definition mit der folgenden äquivalent: Für beliebige $1 \leqq i_1 < i_2 < \cdots < i_r \leqq s$ und r ($1 \leqq r \leqq s$) ist

$$\mathsf{P}\{B_{i_1} B_{i_2} \ldots B_{i_r}\} = \mathsf{P}\{B_{i_1}\} \mathsf{P}\{B_{i_2}\} \ldots \mathsf{P}\{B_{i_r}\} .$$

Wir bemerken, daß für die Unabhängigkeit in Gesamtheit von gewissen Ereignissen ihre paarweise Unabhängigkeit nicht ausreicht. Davon überzeugt man sich leicht an dem folgenden einfachen Beispiel. Stellen wir uns vor, die Flächen eines Tetraeders seien gefärbt, die erste rot (A), die zweite grün (B), die dritte blau (C) und die vierte mit allen drei Farben (ABC). Man sieht leicht, daß die Wahrscheinlichkeit dafür, daß die Fläche, auf die das Tetraeder bei einem Wurf fällt, rote Farbe trägt, gleich $\frac{1}{2}$ ist, denn es gibt vier Flächen, und zwei von ihnen tragen rote Farbe. Also ist

$$\mathsf{P}(A) = \frac{1}{2} .$$

Genauso kann man berechnen, daß

$$\mathsf{P}(B) = \mathsf{P}(C) = \mathsf{P}(A/B) = \mathsf{P}(B/C) = \mathsf{P}(C/A)$$
$$= \mathsf{P}(B/A) = \mathsf{P}(C/B) = \mathsf{P}(A/C) = \frac{1}{2}$$

ist, die Ereignisse A, B, C sind also paarweise unabhängig.

Wenn wir jedoch schon wissen, daß die Ereignisse B und C eingetreten sind, so muß notwendig auch das Ereignis A eingetragen sein, d. h., es ist

$$\mathsf{P}(A/BC) = 1 .$$

In ihrer Gesamtheit sind also die Ereignisse A, B, C nicht unabhängig. Dieses Beispiel stammt von S. N. BERNSTEIN.

Die Formel (1'), die wir im Falle der klassischen Definition der Wahrscheinlichkeit aus der Definition der bedingten Wahrscheinlichkeit ableiteten, wird im Falle der axiomatischen Einführung der Wahrscheinlichkeit als Definition benutzt. Somit ist also *im allgemeinen Falle, wenn* $\mathsf{P}(A) > 0$, *nach Definition*

$$\mathsf{P}(B/A) = \frac{\mathsf{P}(A\,B)}{\mathsf{P}(A)}$$

[im Falle $\mathsf{P}(A) = 0$ bleibt die bedingte Wahrscheinlichkeit $\mathsf{P}(B/A)$ unbestimmt]. Dies gestattet es, automatisch alle Definitionen und Resultate dieses Paragraphen auf den allgemeinen Begriff der Wahrscheinlichkeit zu übertragen.

Wir wollen jetzt annehmen, daß das Ereignis B stets mit genau einem der n unvereinbaren Ereignisse $A_1, A_2, \ldots, A_n$ zugleich eintritt. Mit anderen Worten, wir nehmen an, es sei

$$B = \sum_{i=1}^{n} BA_i\,, \tag{5}$$

die Ereignisse BA_i und BA_j mit verschiedenen Indizes i und j sind dabei unvereinbar. Nach dem Additionstheorem der Wahrscheinlichkeiten erhalten wir

$$\mathsf{P}(B) = \sum_{i=1}^{n} \mathsf{P}(BA_i)\,.$$

Unter Benutzung des Multiplikationssatzes finden wir schließlich die Formel

$$\mathsf{P}(B) = \sum_{i=1}^{n} \mathsf{P}(A_i)\;\mathsf{P}(B/A_i)\,.$$

Diese Gleichung heißt die *Formel der totalen Wahrscheinlichkeit* und spielt in der ganzen nun folgenden Theorie eine grundlegende Rolle.

Zur Illustration betrachten wir zwei Beispiele.

Beispiel 3. Gegeben seien 5 Urnen. Von ihnen besitzen

2 Urnen den Inhalt A_1 — je zwei weiße Kugeln und 1 schwarze,

1 Urne den Inhalt A_2 — 10 schwarze Kugeln,

2 Urnen den Inhalt A_3 — je 3 weiße Kugeln und 1 schwarze.

Auf gut Glück werde eine Urne ausgewählt und aus ihr eine Kugel herausgegriffen.

Wie groß ist die Wahrscheinlichkeit dafür, daß die herausgenommene Kugel weiß ist (Ereignis B)?

Da die herausgegriffene Kugel nur aus einer Urne vom Inhalt A_1 oder A_2 oder A_3 sein kann, so ist

$$B = A_1\,B + A_2\,B + A_3\,B\,.$$

Nach der Formel der totalen Wahrscheinlichkeit finden wir

$$\mathsf{P}(B) = \mathsf{P}(A_1)\,\mathsf{P}(B/A_1) + \mathsf{P}(A_2)\,\mathsf{P}(B/A_2) + \mathsf{P}(A_3)\,\mathsf{P}(B/A_3)\,.$$

Nun ist doch aber

$$\mathsf{P}(A_1) = \frac{2}{5}\,, \qquad \mathsf{P}(A_2) = \frac{1}{5}\,, \qquad \mathsf{P}(A_3) = \frac{2}{5}\,,$$

$$\mathsf{P}(B/A_1) = \frac{2}{3}\,, \qquad \mathsf{P}(B/A_2) = 0\,, \qquad \mathsf{P}(B/A_3) = \frac{3}{4}\,.$$

Auf diese Weise erhalten wir schließlich

$$\mathsf{P}(B) = \frac{2}{5}\cdot\frac{2}{3} + \frac{1}{5}\cdot 0 + \frac{2}{5}\cdot\frac{3}{4} = \frac{17}{30}\,.$$

Beispiel 4. Es sei bekannt, daß in einer Telefonzentrale im Zeitintervall t mit der Wahrscheinlichkeit $P_t(k)$ $(k = 0, 1, 2, \ldots)$ k Anrufe erfolgen.

Unter der Annahme, daß die Anzahl der Anrufe in zwei benachbarten Zeitintervallen unabhängige Ereignisse sind, bestimme man die Wahrscheinlichkeit dafür, daß s Anrufe in einem Zeitintervall der Länge $2\,t$ erfolgen.

Lösung. Wir bezeichnen mit A_τ^k das Ereignis, daß k Anrufe in einem Zeitintervall der Länge τ ankommen. Offenbar gilt folgende Gleichung:

$$A_{2t}^s = A_t^0\,A_t^s + A_t^1\,A_t^{s-1} + \cdots + A_t^s\,A_t^0\,;$$

sie besagt, daß man das Ereignis A_{2t}^s als eine Summe von $s + 1$ unvereinbaren Ereignissen auffassen kann, die darin bestehen, daß im ersten Zeitintervall der Länge t i Anrufe und im folgenden Zeitintervall der gleichen Länge $s - i$ $(i = 0, 1, 2, \ldots, s)$ Anrufe erfolgen. Nach dem Additionstheorem der Wahrscheinlichkeiten wird

$$\mathsf{P}(A_{2t}^s) = \sum_{i=0}^{s} \mathsf{P}(A_t^i\,A_t^{s-i})\,.$$

Nach dem Multiplikationssatz der Wahrscheinlichkeiten für unabhängige Ereignisse erhalten wir

$$\mathsf{P}(A_t^i\,A_t^{s-i}) = \mathsf{P}(A_t^i)\,\mathsf{P}(A_t^{s-i}) = P_t(i)\cdot P_t(s-i)\,.$$

Setzt man also

$$P_{2t}(s) = \mathsf{P}(A_{2t}^s)\,,$$

so ist

$$P_{2t}(s) = \sum_{i=0}^{s} P_t(i)\cdot P_t(s-i)\,. \tag{6}$$

Später werden wir sehen, daß unter sehr allgemeinen Bedingungen $P_t(k)$ für $k = 0, 1, 2, \ldots$ durch die Formel

$$P_t(k) = \frac{(a\,t)^k}{k!}\,e^{-a\,t} \tag{7}$$

mit einer gewissen Konstanten a gegeben ist.

Aus Formel (6) finden wir

$$P_{2t}(s) = \sum_{i=0}^{s} \frac{(a\,t)^s e^{-2at}}{i!\,(s-i)!} = (a\,t)^s e^{-2at} \sum_{i=0}^{s} \frac{1}{i!\,(s-i)!}.$$

Nun ist doch aber

$$\sum_{i=0}^{s} \frac{1}{i!\,(s-i)!} = \frac{1}{s!} \sum_{i=0}^{s} \frac{s!}{i!\,(s-i)!} = \frac{1}{s!}(1+1)^s = \frac{2^s}{s!},$$

daher ergibt sich schließlich

$$P_{2t}(s) = \frac{(2\,a\,t)^s e^{-2at}}{s!} \qquad (s = 0, 1, 2, \ldots).$$

Wenn also für ein Zeitintervall der Länge t die Formel (7) gilt, so bleibt diese Formel auch für Zeitintervalle der doppelten Länge und, wie man sich leicht überzeugt, auch für Intervalle einer beliebigen Vielfachheit von t ihrem Charakter nach erhalten.

Wir sind nun in der Lage, die wichtigen *Formeln von* BAYES, oder, wie man auch manchmal sagt, die *Formeln über die Wahrscheinlichkeit von Hypothesen* abzuleiten. Es gelte wie früher die Gleichung (5). Gesucht ist die Wahrscheinlichkeit des Ereignisses A_i, wenn bekannt ist, daß B eingetreten ist. Nach dem Multipliktaionstheorem haben wir

$$\mathsf{P}(A_i\,B) = \mathsf{P}(B)\,\mathsf{P}(A_i/B) = \mathsf{P}(A_i)\,\mathsf{P}(B/A_i).$$

Hieraus folgt

$$\mathsf{P}(A_i/B) = \frac{\mathsf{P}(A_i)\,\mathsf{P}(B/A_i)}{\mathsf{P}(B)};$$

benutzen wir die Formel der totalen Wahrscheinlichkeit, so finden wir hieraus die Formel

$$\mathsf{P}(A_i/B) = \frac{\mathsf{P}(A_i)\,\mathsf{P}(B/A_i)}{\sum_{j=1}^{n} \mathsf{P}(A_j)\,\mathsf{P}(B/A_j)}.$$

Diese Formeln heißen die *Formeln von* BAYES. Das allgemeine Schema ihrer Anwendung zur Lösung praktischer Aufgaben verläuft etwa folgendermaßen: Ein Ereignis B möge unter verschiedenen Bedingungen eintreten können, über die n Hypothesen $A_1, A_2, \ldots, A_n$ gemacht werden können. Aus irgendwelchen Gründen seien bereits die Wahrscheinlichkeiten $\mathsf{P}(A_i)$ dieser Hypothesen vor dem Versuch bekannt. Ferner sei bekannt, daß die Hypothese A_i dem Ereignis B die Wahrscheinlichkeit $\mathsf{P}(B/A_i)$ erteilt. Es werde ein Versuch ausgeführt, in welchem das Ereignis B eintritt. Das führt zu der Notwendigkeit, die Wahrscheinlichkeiten der Hypothesen A_i erneut abzuschätzen; die BAYESschen Formeln lösen dieses Problem quantitativ.

Wir beschränken uns hier auf ein rein schematisches Beispiel, nur um den Charakter der mit Hilfe dieser Formeln zu lösenden Aufgaben zu veranschaulichen.

Beispiel 5. Gegeben seien 5 Urnen folgenden Inhalts:

2 Urnen vom Inhalt A_1 mit je 2 weißen und 3 schwarzen Kugeln,

2 Urnen vom Inhalt A_2 mit je einer weißen Kugel und 4 schwarzen Kugeln,
eine Urne mit dem Inhalt A_3 mit 4 weißen Kugeln und einer schwarzen Kugel.

Aus einer willkürlich ausgewählten Urne werde eine Kugel herausgenommen. Sie sei weiß (das Ereignis B). Wie groß ist nach dem Versuch die Wahrscheinlichkeit (die aposteriorische Wahrscheinlichkeit) dafür, daß die herausgegriffene Kugel aus der Urne vom Inhalt A_3 stammt?

Nach Voraussetzung ist

$$\mathsf{P}(A_1) = \frac{2}{5}, \qquad \mathsf{P}(A_2) = \frac{2}{5}, \qquad \mathsf{P}(A_3) = \frac{1}{5};$$

$$\mathsf{P}(B/A_1) = \frac{2}{5}, \quad \mathsf{P}(B/A_2) = \frac{1}{5}, \quad \mathsf{P}(B/A_3) = \frac{4}{5}.$$

Nach der Bayesschen Formel erhalten wir

$$\mathsf{P}(A_3/B) = \frac{\mathsf{P}(A_3)\,\mathsf{P}(B/A_3)}{\mathsf{P}(A_1)\,\mathsf{P}(B/A_1) + \mathsf{P}(A_2)\,\mathsf{P}(B/A_2) + \mathsf{P}(A_3)\,\mathsf{P}(B/A_3)}$$

$$= \frac{\frac{1}{5}\cdot\frac{4}{5}}{\frac{2}{5}\cdot\frac{2}{5}+\frac{2}{5}\cdot\frac{1}{5}+\frac{1}{5}\cdot\frac{4}{5}} = \frac{4}{10} = \frac{2}{5}.$$

Genauso finden wir

$$\mathsf{P}(A_1/B) = \frac{2}{5}, \quad \mathsf{P}(A_2/B) = \frac{1}{5}.$$

§ 10. Beispiele

Wir bringen hier einige kompliziertere Beispiele für die Anwendung der bisher entwickelten Theorie.

Beispiel 1.[1]) Zwei Spieler A und B führen ein Spiel so lange durch, bis einer von ihnen vollständig ruiniert ist. Das Kapital des ersten sei gleich a M, das Kapital des zweiten b M. Die Wahrscheinlichkeit zu gewinnen, sei in jeder Partie für den Spieler A gleich p, für den Spieler B gleich q; $p + q = 1$ (Remis ist nicht möglich). In jeder Partie ist der Gewinn eines Spielers (also

[1]) In dieser Aufgabe über „den Ruin des Spielers" behalten wir ihre klassische Formulierung bei; sie läßt sich aber auch noch anders, z. B. folgendermaßen formulieren: Ein materielles Teilchen befinde sich auf einer Geraden im Punkte 0 und werde in jeder Sekunde einem zufälligen Stoß unterworfen, auf Grund dessen es sich um einen cm nach rechts mit der Wahrscheinlichkeit p oder um einen cm nach links mit der Wahrscheinlichkeit $q = 1 - p$ bewegt. Wie groß ist die Wahrscheinlichkeit dafür, daß sich das Teilchen rechts vom Punkt mit der Koordinate b ($b > 0$) befindet, ehe es links von dem Punkt mit der Koordinate a zu liegen kommt ($a < 0$, a und b ganze Zahlen)?

der Verlust des anderen) gleich 1 M. Gesucht ist die Wahrscheinlichkeit des Verlierens für jeden der Spieler (die Resultate der einzelnen Partien sollen voneinander unabhängig sein).

Lösung. Bevor wir an die analytische Lösung der Aufgabe herangehen, wollen wir klären, welcher Sinn dem Begriff des elementaren Ereignisses dabei zukommt und wie die Wahrscheinlichkeit des uns interessierenden Ereignisses definiert ist.

Unter einem elementaren Ereignis verstehen wir eine unendliche Folge von Spielergebnissen der einzelnen Partien. Z. B. besteht das Ereignis $(A, \bar{A}, A, \ldots)$ darin, daß alle ungeraden Partien der Spieler A und alle geraden Partien der Spieler B gewinnt. Das zufällige Ereignis, daß der Spieler A ruiniert ist, besteht aus all den elementaren Ereignissen, in denen der Spieler A sein ganzes Kapital früher verspielt hat als der Spieler B. Wir bemerken, daß jedes elementare Ereignis eine abzählbare Folge aus den Buchstaben A und $\bar{A}$ ist. Daher kommen in jedem elementaren Ereignis, das in dem uns interessierenden zufälligen Ereignis (dem Ruin des Spielers A) liegt, nachdem sich das Spiel durch den Ruin des Spielers A als beendet erweist, noch abzählbar oft A und $\bar{A}$ vor.

Wir bezeichnen mit $p_n(N)$ die Wahrscheinlichkeit des Ruins des Spielers A im Verlauf von N Partien, wenn er vor Beginn der ersten Partie n M besaß. Diese Wahrscheinlichkeit läßt sich leicht bestimmen; die Menge der elementaren Ereignisse besteht nur aus endlich vielen Elementen. Die Wahrscheinlichkeit jedes elementaren Ereignisses ist hier natürlich gleich $p^m q^{N-m}$ zu setzen, wo m die Anzahl des Auftretens von A, $N - m$ die Anzahl des Auftretens von $\bar{A}$ unter der Anzahl N des Auftretens dieser beiden Buchstaben bezeichnet. Genauso seien $q_n(N)$ und $r_n(N)$ die Wahrscheinlichkeiten, daß der Spieler B verloren hat, bzw. daß das Spiel nach N Partien noch nicht beendet ist.

Mit wachsendem N nehmen die Zahlen $p_n(N)$ und $q_n(N)$ offenbar nicht ab, und die Zahl $r_n(N)$ wächst nicht. Folglich existieren die Grenzwerte

$$p_n = \lim_{N\to\infty} p_n(N), \quad q_n = \lim_{N\to\infty} q_n(N), \quad r_n = \lim_{N\to\infty} r_n(N).$$

Diese Grenzwerte nennen wir die Wahrscheinlichkeiten dafür, daß A bzw. B verliert, oder daß schließlich das Spiel unentschieden ausgeht, wenn der Spieler A zu Anfang n M und der Spieler B zu Anfang $a + b - n$ M besaß. Da bei beliebigem $N > 0$

$$p_n(N) + q_n(N) + r_n(N) = 1$$

ist, ist im Limes

$$p_n + q_n + r_n = 1.$$

Offensichtlich gilt ferner:

1. wenn der Spieler A bereits am Anfang des Spiels das ganze Kapital besitzt, der Spieler B aber gar nichts hat, so ist

$$p_{a+b} = 0\,, \qquad q_{a+b} = 1\,, \qquad r_{a+b} = 0\,; \tag{1}$$

2. wenn der Spieler A am Anfang des Spiels nichts besitzt und der Spieler B das ganze Kapital besitzt, so ist

$$p_0 = 1\,, \quad q_0 = 0\,, \quad r_0 = 0\,. \tag{1'}$$

Wenn der Spieler A vor einer Partie n M besitzt, so kann sein Ruin auf zwei verschiedene Weisen eintreten: Entweder er gewinnt die nächste Partie und verliert das ganze Spiel, oder er verliert diese Partie und das ganze Spiel. Nach der Formel der totalen Wahrscheinlichkeit ist daher

$$p_n = p \cdot p_{n+1} + q \cdot p_{n-1}\,.$$

Bezüglich p_n haben wir also eine Differenzengleichung gefunden; man sieht leicht, daß man sie folgendermaßen schreiben kann:

$$q\,(p_n - p_{n-1}) = p\,(p_{n+1} - p_n)\,. \tag{2}$$

Wir betrachten zunächst die Lösung dieser Gleichung für $p = q = \frac{1}{2}$. Unter dieser Annahme wird

$$p_{n+1} - p_n = p_n - p_{n-1} = \cdots = p_1 - p_0 = c$$

mit einer Konstanten c. Hieraus finden wir

$$p_n = p_0 + n\,c\,.$$

Da $p_0 = 1$ und $p_{a+b} = 0$ ist, so wird

$$p_n = 1 - \frac{n}{a+b}\,.$$

Die Wahrscheinlichkeit des Ruins des Spielers A ist also gleich

$$p_a = 1 - \frac{a}{a+b} = \frac{b}{a+b}\,.$$

Analog finden wir, daß im Falle $p = \frac{1}{2}$ die Wahrscheinlichkeit des Ruins des Spielers B gleich

$$q_a = \frac{a}{a+b}$$

ist. Hieraus folgt, daß für $p = q = \frac{1}{2}$

$$r_a = 0$$

ist.

Im allgemeinen Falle erhalten wir für $p \neq q$ aus (2) die Formel

$$q^n \prod_{k=1}^{n} (p_k - p_{k-1}) = p^n \prod_{k=1}^{n} (p_{k+1} - p_k) .$$

Nach einigem Kürzen finden wir unter Berücksichtigung der Beziehungen (1′)

$$p_{n+1} - p_n = \left(\frac{q}{p}\right)^n (p_1 - 1) .$$

Wir betrachten die Differenz $p_{a+b} - p_n$; offenbar ist

$$p_{a+b} - p_n = \sum_{k=n}^{a+b-1} (p_{k+1} - p_k) = \sum_{k=n}^{a+b-1} \left(\frac{q}{p}\right)^k (p_1 - 1)$$

$$= (p_1 - 1) \frac{\left(\frac{q}{p}\right)^n - \left(\frac{q}{p}\right)^{a+b}}{1 - \frac{q}{p}} .$$

Da $p_{a+b} = 0$ ist, so wird

$$p_n = (1 - p_1) \frac{\left(\frac{q}{p}\right)^n - \left(\frac{q}{p}\right)^{a+b}}{1 - \frac{q}{p}} ;$$

da aber $p_0 = 1$ ist, ergibt sich die Gleichung

$$1 = (1 - p_1) \frac{\left(\frac{q}{p}\right)^0 - \left(\frac{q}{p}\right)^{a+b}}{1 - \frac{q}{p}} .$$

Eliminieren wir aus den beiden letzten Gleichungen die Größe p_1, so finden wir

$$p_n = \frac{\left(\frac{q}{p}\right)^{a+b} - \left(\frac{q}{p}\right)^n}{\left(\frac{q}{p}\right)^{a+b} - 1} .$$

Hieraus gewinnen wir die Wahrscheinlichkeit des Ruins des Spielers A zu

$$p_a = \frac{q^{a+b} - q^a p^b}{q^{a+b} - p^{a+b}} = \frac{1 - \left(\frac{p}{q}\right)^b}{1 - \left(\frac{p}{q}\right)^{a+b}} .$$

Analog finden wir, daß die Wahrscheinlichkeit des Ruins des Spielers B für $p \neq q$ gleich

$$q_a = \frac{1 - \left(\frac{q}{p}\right)^a}{1 - \left(\frac{q}{p}\right)^{a+b}}$$

ist.

Die letzten beiden Formeln zeigen, daß auch im allgemeinen Falle die Wahrscheinlichkeit eines unentschiedenen Ausgangs des Spiels gleich Null ist:

$$r_a = 0 \,.$$

Aus diesen Formeln können wir folgende Schlüsse ziehen: Ist das Kapital eines der Spieler, z. B. des Spielers B, unvergleichlich größer als das Kapital des Spielers A, so daß man praktisch b im Vergleich zu a als unendlich groß ansehen kann, und sind beide Spieler gleich gewandt, so ist ein Ruin von B praktisch unmöglich. Dies ändert sich schon bedeutend, wenn A besser spielt als B, d. h. wenn $p > q$ ist. Nimmt man $b \sim \infty$ an, so wird

$$q_a \sim 1 - \left(\frac{q}{p}\right)^a$$

und

$$p_a \sim \left(\frac{q}{p}\right)^a .$$

Hieraus schließen wir, daß ein befähigter Spieler sogar mit einem kleinen Kapital kleinere Verlustchancen haben kann als ein Spieler mit großem Kapital, der weniger gewandt ist.

Auf die Aufgabe über den Ruin eines Spielers läßt sich die Lösung gewisser Probleme der Physik und der Technik zurückführen.

Beispiel 2. Gesucht ist die Wahrscheinlichkeit dafür, daß eine Maschine, die im Zeitpunkt t_0 arbeitete, bis zum Zeitpunkt $t_0 + t$ nicht stehen bleibt, wenn man weiß, daß 1. diese Wahrscheinlichkeit nur von der Größe des Zeitintervalls $(t_0, t_0 + t)$ abhängt, 2. die Wahrscheinlichkeit dafür, daß die Maschine im Zeitintervall Δt stehen bleibt, bis auf unendlich kleine Größen höherer Ordnung bezüglich Δt zu Δt proportional ist.[1])

Die Ereignisse, die darin bestehen, daß die Maschine in disjunkten Zeitintervallen stehen bleibt, seien voneinander unabhängig.

Lösung. Wir bezeichnen die gesuchte Wahrscheinlichkeit mit $p(t)$. Die Wahrscheinlichkeit dafür, daß die Maschine im Zeitintervall Δt stehen bleibt, ist gleich

$$1 - p(\Delta t) = a\,\Delta t + o(\Delta t)\,,$$

wo a eine gewisse Konstante ist.

Wir bestimmen die Wahrscheinlichkeit dafür, daß eine Maschine, die im Zeitpunkt t_0 gearbeitet hat, bis zum Zeitpunkt $t_0 + t + \Delta t$ nicht stehen bleibt. Für das Eintreten dieses Ereignisses ist es notwendig, daß die Maschine während der Zeitintervalle der Länge t und Δt nicht stehen geblieben ist. Nach dem Multiplikationssatz ist also

$$p(t + \Delta t) = p(t) \cdot p(\Delta t) = p(t)\,(1 - a\,\Delta t - o(\Delta t))\,.$$

[1]) Um im folgenden anzudeuten, daß eine Größe α im Vergleich zu einer Größe β unendlich klein ist, benutzen wir die Schreibweise $\alpha = o(\beta)$. Ist aber der Quotient α/β dem Betrage nach beschränkt, so schreiben wir $\alpha = O(\beta)$.

Hieraus folgt

$$\frac{p(t + \Delta t) - p(t)}{\Delta t} = - a\, p(t) - o(1)\,. \qquad (3)$$

Hierin gehen wir nun zur Grenze $\Delta t \to 0$ über; da der Grenzwert der rechten Seite der Gleichung (3) existiert, muß auch der Grenzwert der linken Seite existieren. Auf diese Weise finden wir

$$\frac{dp(t)}{dt} = - a\, p(t)\,.$$

Die Lösung dieser Gleichung ist die Funktion

$$p(t) = C\, e^{-a t},$$

wobei die Konstante C noch frei wählbar ist. Sie wird durch die Bedingung $p(0) = 1$ festgelegt. Damit wird schließlich[1])

$$p(t) = e^{-a t}.$$

Die erste Bedingung der Aufgabe legt der Arbeitsorganisation für die Maschine große Beschränkungen auf, jedoch gibt es Produktionszweige, in denen sie mit großer Genauigkeit erfüllt sind. Als Beispiel kann man die Arbeit einer automatischen Textilmaschine anführen. Wir weisen darauf hin, daß man auf die betrachtete Aufgabe eine ganze Reihe anderer Fragen zurückführen kann, z. B. die Frage über die Wahrscheinlichkeitsverteilung der freien Weglänge eines Moleküls in der kinetischen Gastheorie.

Beispiel 3. Bei der Aufstellung von Sterblichkeitstabellen geht man häufig von folgenden Annahmen aus:

1. Die Wahrscheinlichkeit dafür, daß eine Person im Zeitintervall von t bis $t + \Delta t$ stirbt, ist gleich

$$p\,(t, t + \Delta t) = a(t)\, \Delta t + o(\Delta t)\,,$$

wobei $a(t)$ eine nichtnegative stetige Funktion ist.

2. Es werde angenommen, daß der Tod einer Person (oder ihr Weiterleben) in einem betrachteten Zeitintervall (t_1, t_2) nicht davon abhängt, was vor dem Zeitpunkt t_1 war.

3. Die Wahrscheinlichkeit des Todes im Zeitpunkt der Geburt ist gleich Null.

Ausgehend von diesen Voraussetzungen bestimme man die Wahrscheinlichkeit dafür, daß eine Person A stirbt, bevor sie das Alter t erreicht hat.

Lösung. Wir bezeichnen mit $\pi(t)$ die Wahrscheinlichkeit dafür, daß die Person A bis zum Alter t lebt und berechnen $\pi\,(t + \Delta t)$. Offenbar ergibt sich aus den in der Aufgabe angenommenen Voraussetzungen die Gleichung

$$\pi\,(t + \Delta t) = \pi(t)\, \pi\,(t + \Delta t; t)\,,$$

[1]) Wenn man die Überlegung etwas abändert, kann man zeigen, daß dieses Resultat auch dann gilt, wenn man die zweite Bedingung der Aufgabe wegläßt.

dabei bezeichnet $\pi(t + \Delta t; t)$ die Wahrscheinlichkeit dafür, daß die Person A noch bis zum Alter $t + \Delta t$ weiterlebt, falls sie schon das Alter t erreicht hat. Auf Grund der ersten beiden Annahmen ist

$$\pi(t + \Delta t; t) = 1 - p(t, t + \Delta t) = 1 - a(t)\,\Delta t - o(\Delta t) ;$$

daher wird

$$\pi(t + \Delta t) = \pi(t)\,[1 - a(t)\,\Delta t - o(\Delta t)] .$$

Hieraus finden wir, daß $\pi(t)$ der folgenden Differentialgleichung genügt:

$$\frac{d\pi(t)}{dt} = -\,a(t)\,\pi(t) .$$

Die Funktion

$$\pi(t) = e^{-\int\limits_0^t a(z)\,dz}$$

stellt unter Berücksichtigung der dritten Bedingung die Lösung dieser Gleichung dar.

Die Wahrscheinlichkeit dafür, daß die Person A vor Erreichen des Alters t stirbt, ist also gleich

$$1 - \pi(t) = 1 - e^{-\int\limits_0^t a(z)\,dz} .$$

Bei der Aufstellung von Sterblichkeitstabellen für die erwachsene Bevölkerung wird nicht selten die Formel von MAKEHAM benutzt, nach der

$$a(t) = \alpha + \beta\,e^{\gamma t}$$

ist, wo α, β, γ positive Konstanten sind.[1]) Bei der Ableitung dieser Formeln ging man von der Annahme aus, daß ein Erwachsener aus solchen Ursachen sterben kann, die nicht notwendig vom Alter abhängen, und aus solchen, die wohl vom Alter abhängen, wobei die Sterbewahrscheinlichkeit mit wachsendem Alter in einer geometrischen Progression wächst. Unter dieser zusätzlichen Annahme ist

$$\pi(t) = e^{-\alpha t - \frac{\beta}{\gamma}(e^{\gamma t} - 1)} .$$

Beispiel 4. In der modernen Kernphysik wird zur Messung der Intensität einer Teilchenquelle der GEIGER-MÜLLER-Zähler benutzt. Ein Teilchen, das in den Zähler fällt, ruft in ihm eine Entladung hervor, die τ Sekunden anhält, in deren Verlauf der Zähler keine in ihn fallenden Teilchen registriert. Gesucht ist die Wahrscheinlichkeit dafür, daß der Zähler alle Teilchen zählt, die in ihn im Zeitintervall t fallen, wenn die folgenden Bedingungen erfüllt sind:

---

[1]) Ihre Werte werden durch die Bedingungen bestimmt, unter denen sich die untersuchte Personengruppe befindet, vor allem durch soziale Bedingungen.

1. Die Wahrscheinlichkeit dafür, daß im Zeitintervall t in den Zähler k Teilchen fallen, hängt nicht davon ab, wie viele Teilchen vor diesem Zeitintervall in den Zähler gefallen sind;

2. die Wahrscheinlichkeit dafür, daß während eines Zeitintervalls t_0 bis $t_0 + t$ in den Zähler k Teilchen fallen, wird durch die Formel

$$p_k(t_0, t_0 + t) = \frac{(a\,t)^k e^{-at}}{k!}$$

gegeben, wo a eine positive Konstante ist[1]);

3. τ ist eine Konstante.

Lösung. Wir bezeichnen mit $A(t)$ das Ereignis, daß alle im Zeitintervall t in den Zäller fallenden Teilchen gezählt werden. Mit $B_k(t)$ bezeichnen wir das Ereignis, daß in der Zeit t in den Zähler k Teilchen gefallen sind.

Nach der ersten Bedingung der Aufgabe ist für $t \geqq \tau$

$$\mathsf{P}\{A(t + \Delta t)\} = \mathsf{P}\{A(t)\}\,\mathsf{P}\{B_0(\Delta t)\} + \mathsf{P}\{A(t - \tau)\}\,\mathsf{P}\{B_0(\tau)\}\,\mathsf{P}\{B_1(\Delta t)\} + o(\Delta t)$$

und für $0 \leqq t \leqq \tau$

$$\mathsf{P}\{A(t + \Delta t)\} = \mathsf{P}\{A(t)\}\,\mathsf{P}\{B_0(\Delta t)\} + \mathsf{P}\{B_0(t)\}\,\mathsf{P}\{B_1(\Delta t)\} + o(\Delta t)\,.$$

Wir setzen zur Abkürzung $\pi(t) = P\{A(t)\}$; dann ist auf Grund der zweiten und dritten Bedingung der Aufgabe für $0 \leqq t \leqq \tau$

$$\pi(t + \Delta t) = \pi(t)\,e^{-a\,\Delta t} + e^{-a\,\Delta t}\,a\,\Delta t\,e^{-at} + o(\Delta t)$$

und für $t \geqq \tau$

$$\pi(t + \Delta t) = \pi(t)\,e^{-a\,\Delta t} + \pi(t - \tau)\,e^{-a\,\Delta t}\,a\,\Delta t\,e^{-at} + o(\Delta t)\,.$$

Durch Grenzübergang für $\Delta t \to 0$ finden wir, daß für $0 \leqq t \leqq \tau$ die Gleichung

$$\frac{d\pi(t)}{dt} = -\,a\,\pi(t) + a\,e^{-at} \tag{4}$$

und für $t \geqq \tau$ die Gleichung

$$\frac{d\pi(t)}{dt} = -\,a\,[\pi(t) - \pi(t - \tau)\,e^{-a\tau}] \tag{5}$$

besteht.

Aus der Gleichung (4) finden wir, daß für $0 \leqq t \leqq \tau$

$$\pi(t) = e^{-at}\,(c + a\,t)$$

ist. Aus der Bedingung

$$\pi(0) = 1$$

---

[1]) Später erklären wir, weshalb wir in diesem Beispiel und im Beispiel 2 des vorigen Paragraphen annehmen konnten, daß

$$p_k = \frac{(a\,t)^k e^{-at}}{k!}$$

ist.

bestimmen wir die Konstante c. Schließlich wird für $0 \leqq t \leqq \tau$

$$\pi(t) = e^{-a t} (1 + a t) . \tag{6}$$

Für $\tau \leqq t \leqq 2\tau$ läßt sich die Wahrscheinlichkeit $\pi(t)$ aus der Gleichung

$$\begin{aligned} \frac{d\pi(t)}{dt} &= - a [\pi(t) - \pi(t - \tau) e^{-a\tau}] \\ &= - a [\pi(t) - e^{-a(t-\tau)} (1 + a(t - \tau)) e^{-a\tau}] \\ &= - a [\pi(t) - e^{-a t} (1 + a (t - \tau))] \end{aligned}$$

bestimmen. Die Lösung dieser Gleichung ergibt uns

$$\pi(t) = e^{-a t}\left(c_1 + a t + \frac{a^2 (t - \tau)^2}{2!}\right).$$

Die Konstante c_1 läßt sich daraus bestimmen, daß nach (6)

$$\pi(\tau) = e^{-a\tau} (1 + a\tau)$$

ist. Also ist $c_1 = 1$ und für $\tau \leqq t \leqq 2\tau$

$$\pi(t) = e^{-a t}\left[1 + a t + \frac{a^2 (t - \tau)^2}{2!}\right].$$

Durch vollständige Induktion kann man beweisen, daß für $(n - 1)\tau \leqq t \leqq n\tau$ die Gleichung

$$\pi(t) = e^{-a t} \sum_{k=0}^{n} \frac{a^k [t - (k - 1)\tau]^k}{k!}$$

gilt.

Übungen

1. A, B, C seien zufällige Ereignisse. Welche Bedeutung haben die Gleichungen
   a) $ABC = A$; b) $A + B + C = A$?
2. Man vereinfache die Ausdrücke
   a) $(A + B)(B + C)$; b) $(A + B)(A + \overline{B})$;
   c) $(A + B)(\overline{A} + B)(A + \overline{B})$.
3. Man beweise die Gleichungen
   a) $\overline{\overline{A}\,\overline{B}} = A + B$; b) $\overline{\overline{A} + \overline{B}} = AB$;
   c) $\overline{A_1 + A_2 + \cdots + A_n} = \overline{A}_1 \overline{A}_2 \ldots \overline{A}_n$;
   d) $\overline{A_1 A_2 \ldots A_n} = \overline{A}_1 + \overline{A}_2 + \cdots + \overline{A}_n$.
4. Ein vierbändiges Werk stehe auf einem Regal in einer zufälligen Ordnung. Wie groß ist die Wahrscheinlichkeit dafür, daß die Bände in der richtigen Reihenfolge von rechts nach links oder von links nach rechts stehen?
5. Die Zahlen 1, 2, 3, 4, 5 werden auf 5 Karten geschrieben. Auf gut Glück werden nacheinander 3 Karten herausgegriffen und die so ausgewählten Ziffern von links nach rechts aufgeschrieben. Wie groß ist die Wahrscheinlichkeit dafür, daß die so gewonnene dreistellige Zahl gerade ist?

6. In einer Sendung aus N Einzelteilen seien M fehlerhafte Stücke. Auf gut Glück werden aus dieser Sendung n Stück herausgegriffen ($n < N$). Wie groß ist die Wahrscheinlichkeit dafür, daß unter ihnen m fehlerhafte sind ($m \leqq M$)?

7. Die technische Kontrolle prüft eine Sendung, die aus m Stück der ersten Sorte und n Stück der zweiten Sorte besteht. Die Nachprüfung der ersten b aus der Sendung willkürlich herausgegriffenen Stücke zeige, daß sie alle von der zweiten Sorte sind ($b < n$). Wie groß ist die Wahrscheinlichkeit dafür, daß unter den beiden folgenden auf gut Glück aus den noch nicht geprüften Stücken herausgegriffenen wenigstens eines ebenfalls von der zweiten Sorte ist?

8. Unter Benutzung von wahrscheinlichkeitstheoretischen Überlegungen beweise man die Identität ($A > a$)

$$1 + \frac{A-a}{A-1} + \frac{(A-a)(A-a-1)}{(A-1)(A-2)} + \cdots + \frac{(A-a)\dots 2\cdot 1}{(A-1)\dots(a+1)\,a} = \frac{A}{a}.$$

Hinweis: Aus einer Urne, die A Kugeln enthält, unter ihnen a weiße, werden auf gut Glück Kugeln ohne Zurücklegen herausgegriffen. Man bestimme die Wahrscheinlichkeit dafür, daß man früher oder später auf eine weiße Kugel stößt.

9. Aus einem Kasten mit m weißen und n schwarzen Kugeln ($m > n$) wird auf gut Glück eine Kugel nach der anderen herausgegriffen. Wie groß ist die Wahrscheinlichkeit dafür, daß einmal der Zeitpunkt kommt, wo die Anzahl der herausgenommenen schwarzen Kugeln gleich der Anzahl der herausgenommenen weißen Kugeln ist?

10. Jemand schreibt an n Leute Briefe und beschreibt dazu n Briefumschläge. In jeden Umschlag legt er auf gut Glück je einen Brief. Wie groß ist die Wahrscheinlichkeit dafür, daß wenigstens ein Brief in den dafür bestimmten Briefumschlag kommt?

11. In einer Urne liegen n Karten mit den Zahlen von 1 bis n. Die Karten werden auf gut Glück eine nach der anderen herausgenommen. Wie groß ist die Wahrscheinlichkeit dafür, daß wenigstens einmal die Zahl auf der herausgenommenen Karte mit der Anzahl der bis dahin herausgenommenen Karten zusammenfällt?

12. Aus einer Urne mit n weißen und n schwarzen Kugeln wird auf gut Glück[1]) eine gerade Anzahl von Kugeln herausgenommen. Gesucht ist die Wahrscheinlichkeit dafür, daß unter den herausgenommenen Kugeln gleichviele schwarze und weiße sind?

13. Aufgabe des Chevalier de Méré. Was ist wahrscheinlicher: in einem Wurf von 4 Würfeln auf wenigstens einem eine Eins zu erhalten oder bei 24 Würfen von zwei Würfeln wenigstens einmal zwei Einsen zu bekommen?

14. Auf das Intervall $(0, a)$ werden auf gut Glück 3 Punkte geworfen. Gesucht ist die Wahrscheinlichkeit dafür, daß man die Intervalle, die diese Punkte mit dem Nullpunkt bilden, zu einem Dreieck zusammensetzen kann.

15. Ein Stab der Länge l wird in zwei auf gut Glück ausgewählten Punkten zersägt. Wie groß ist die Wahrscheinlichkeit dafür, daß man aus den so gewonnenen Stücken ein Dreieck zusammensetzen kann?

---

[1]) Alle verschiedenen Möglichkeiten des Herausgreifens einer geraden Anzahl von Kugeln seien, unabhängig von der Anzahl der herausgenommenen Kugeln, gleichwahrscheinlich.

16. Auf ein Intervall AB der Länge a wird auf gut Glück ein Punkt geworfen. Auf das Intervall BC der Länge b wird ebenfalls ein Punkt auf gut Glück geworfen. Wie groß ist die Wahrscheinlichkeit dafür, daß man aus den Intervallen

   1. vom Punkt A bis zum ersten geworfenen Punkt,
   2. zwischen den beiden geworfenen Punkten,
   3. vom zweiten geworfenen Punkt bis zum Punkt C

   ein Dreieck zusammensetzen kann?

17. In einer Kugel vom Radius R sind zufällig und unabhängig voneinander N Punkte verteilt,

   a) wie groß ist die Wahrscheinlichkeit dafür, daß der Abstand des Mittelpunktes der Kugel vom nächsten Punkt nicht kleiner als ϱ ist?

   b) gegen welchen Wert strebt die unter a) gefundene Wahrscheinlichkeit, wenn $R \to \infty$ und $\frac{N}{R^3} \to \frac{4}{3}\pi\lambda$?

   Bemerkung: Diese Aufgabe ist der Astronomie entnommen; in der Umgebung der Sonne ist $\lambda \sim 0{,}0063$, wenn R in Parsec gemessen wird.

18. Die Ereignisse $A_1, A_2, \ldots, A_n$ seien unabhängig; $P(A_k) = p_k$. Gesucht ist die Wahrscheinlichkeit dafür, daß

   a) wenigstens eines dieser Ereignisse eintritt,

   b) keines dieser Ereignisse eintritt,

   c) genau eines der Ereignisse eintritt (ganz gleich welches).

19. Man beweise: Sind die beiden Ereignisse A und B unvereinbar und gilt $\mathsf{P}(A) > 0$ und $\mathsf{P}(B) > 0$, so sind die Ereignisse A und B abhängig.

20. $A_1, A_2, \ldots, A_n$ seien zufällige Ereignisse. Man beweise die Formel

$$\mathsf{P}\left\{\sum_{k=1}^{n} A_k\right\} = \sum_{i=1}^{n} P(A_i) - \sum_{1 \leq i < j \leq n} P(A_i A_j) + \sum_{1 \leq i < j < k \leq n} P(A_i A_j A_k) \mp \cdots \pm P(A_1 A_2 \ldots A_n).$$

   Mit Hilfe dieser Formel löse man die Aufgaben 10. und 11.

21. Die Wahrscheinlichkeit dafür, daß ein Molekül, das im Zeitpunkt $t = 0$ mit einem anderen Molekül zusammengestoßen ist und bis zum Zeitpunkt t keine weiteren Stöße erfahren hat, im Zeitintervall zwischen t und $t + \Delta t$ mit einem Molekül zusammenstößt, ist gleich $\lambda\,\Delta t + o(\Delta t)$. Gesucht ist die Wahrscheinlichkeit dafür, daß die Zeit des freien Weges (d. i. die Zeit zwischen zwei aufeinander folgenden Stößen) größer als t ist.

22. Wir wollen annehmen, daß bei der Vermehrung von Bakterien durch Teilung (in 2 Bakterien) die Wahrscheinlichkeit dafür, daß sich eine Bakterie im Zeitintervall Δt teilt, gleich $a\,\Delta t + o(\Delta t)$ ist und nicht von der Zahl der vorhergegangenen Teilungen sowie von der Anzahl der vorhandenen Bakterien abhängt. Gesucht ist die Wahrscheinlichkeit dafür, daß im Zeitpunkt t gerade i Bakterien vorhanden sind, wenn im Zeitpunkt $t = 0$ eine Bakterie da war.

II.

EINE FOLGE UNABHÄNGIGER VERSUCHE

§ 11. Unabhängige Versuche. Die Formel von BERNOULLI

In diesem Kapitel untersuchen wir die grundlegenden Gesetzmäßigkeiten, die eines der wichtigsten Schemata der Wahrscheinlichkeitsrechnung — das Schema einer Folge unabhängiger Versuche — beherrschen. Unter diesem Begriff wollen wir folgendes verstehen.

Unter einem Versuch werden wir die Verwirklichung eines bestimmten Komplexes von Bedingungen verstehen, als deren Resultat dieses oder jenes Elementarereignis des Raumes U der Elementarereignisse erscheinen kann. Das mathematische Modell einer Folge von n Versuchen ist dann ein neuer Raum U_n von Elementarereignissen, der aus den Punkten $(e_1, e_2, \ldots, e_n)$ besteht, wo e_i ein beliebiger Punkt des Raumes U ist, der dem Versuch mit der Nummer i entspricht.

Möge etwa ein Versuch im Werfen eines Spielwürfels bestehen. Der Raum U der Elementarereignisse besteht dann aus sechs Punkten. Der Raum U_3, der drei Versuchen entspricht, besteht aus den 6^3 Punkten (e_1, e_2, e_3).

Möge ein anderer Versuch etwa in der Prüfung der Länge des Zeitintervalls bestehen, in dem ein Halbleitergerät unter einer bestimmten Spannung störungsfrei arbeitet. Der Raum U der Elementarereignisse besteht hier in der Menge der Punkte der Halbgeraden $0 \leqq e < \infty$. Der Raum U_n besteht aus der Menge der Punkte $(e_1, e_2, \ldots, e_n)$, deren Koordinaten nichtnegative Werte annehmen, die gleich den Zeitspannen sind, in denen bzw. die Geräte mit den Nummern $1, 2, \ldots, n$ störungsfrei arbeiten.

Nehmen wir an, daß der Raum U beim s-ten Versuch in k einander ausschließende zufällige Ereignisse $A_1^{(s)}, A_2^{(s)}, \ldots, A_k^{(s)}$ zerlegt ist:

$$A_1^{(s)} + A_2^{(s)} + \cdots + A_k^{(s)} = U\,, \qquad A_i^{(s)} A_j^{(s)} = V$$

$(i \neq j;\ i, j = 1, 2, \ldots, k;\ s = 1, 2, \ldots, n)$. Das Ereignis $A_i^{(s)}$ nennen wir das i-te *Ergebnis* beim s-ten Versuch. Die Wahrscheinlichkeit des i-ten Ergebnisses beim s-ten Versuch bezeichnen wir mit $p_i^{(s)} = P(A_i^{(s)})$.

Wir bezeichnen mit

$$A_{i_1}^{(1)} A_{i_2}^{(2)} \ldots A_{i_n}^{(n)}$$

das Ereignis, welches aus allen Punkten $(e_1, e_2, \ldots, e_n)$ des Raumes U_n besteht, für die

$$e_1 \in A_{i_1}^{(1)}\,,\ e_2 \in A_{i_2}^{(2)}, \ldots, e_n \in A_{i_n}^{(n)}.$$

Wenn im Raum U_n die Gleichung

$$\mathsf{P}\{A_{i_1}^{(1)} A_{i_2}^{(2)} \ldots A_{i_n}^{(n)}\} = p_{i_1}^{(1)} p_{i_2}^{(2)} \ldots p_{i_n}^{(n)}$$

bei beliebigen $i_1, i_2, \ldots, i_n$ $(1 \leqq i_1, i_2, \ldots, i_n \leqq k)$ besteht, so heißen die Versuche *unabhängig*[1]).

Im weiteren werden wir uns auf den Fall beschränken, in dem die Wahrscheinlichkeit des Ereignisses $A_i^{(s)}$ nicht von der Nummer des Versuches abhängt; wir schreiben in diesem Fall $p_i = \mathsf{P}\{A_i^{(s)}\}$ $(i = 1, 2, \ldots, k)$. Da die Ergebnisse $A_i^{(s)}$ unvereinbar sind und stets genau eines von ihnen eintritt, haben wir offensichtlich $\sum p_i = 1$. Dieses Schema wurde erstmals von J. BERNOULLI in dem wichtigen Spezialfall $k = 2$ betrachtet; deshalb trägt dieser Fall den Namen *Schema von* BERNOULLI. Man setzt dabei gewöhnlich $p_1 = p$, $p_2 = 1 - p = q$.

Aus der Definition der unabhängigen Versuche fließt das folgende Resultat.

Satz. *Wenn n gegebene Versuche unabhängig sind, so sind beliebige m von ihnen ebenfalls unabhängig.*

Der Einfachheit halber beschränken wir uns auf den Fall $m = n - 1$, weil der Übergang zum allgemeinen Fall dann keine Mühe bereitet. In der Tat gilt offensichtlich die Gleichung

$$A_{i_1}^{(1)} A_{i_2}^{(2)} \ldots A_{i_{n-1}}^{(n-1)} \sum_{j=1}^{k} A_j^{(n)} = A_{i_1}^{(1)} A_{i_2}^{(2)} \ldots A_{i_{n-1}}^{(n-1)},$$

aus welcher

$$\mathsf{P}\{A_{i_1}^{(1)} A_{i_2}^{(2)} \ldots A_{i_{n-1}}^{(n-1)}\} = \prod_{s=1}^{n-1} \mathsf{P}\{A_{i_s}^{(s)}\} \sum_{j=1}^{k} \mathsf{P}\{A_j^{(n)}\} = \prod_{s=1}^{n-1} \mathsf{P}\{A_{i_s}^{(s)}\}$$

folgt. Nach Definition bedeutet dies, daß die ersten $n - 1$ Versuche unabhängig sind.

Es ist auch nicht schwer, den folgenden Satz zu beweisen, der die Bedingung der Unabhängigkeit von Versuchen aufklärt.

Satz. *Notwendig und hinreichend dafür, daß n Versuche unabhängig sind, ist die Gültigkeit der Bedingung*

$$\mathsf{P}\{A_q^{(i)} / A_{q_1}^{(i_1)} \ldots A_{q_m}^{(i_m)}\} = \mathsf{P}\{A_q^{(i)}\}$$

für beliebige voneinander verschiedene Zahlen $i, i_1, \ldots, i_m$ $(1 \leqq i, i_1, \ldots, i_m \leqq n)$ *und für beliebige* $m, q, q_1, \ldots, q_m$ $(1 \leqq m \leqq n;\ 1 \leqq q, q_1, \ldots, q_m \leqq k)$.

Wir werden diesen Satz hier nicht beweisen, weil die exakte Durchführung des Beweises ziemlich mühselig ist.

---

[1]) Dem Schema einer Folge unabhängiger Versuche kann man auch einen umfassenderen Sinn zulegen, indem man annimmt, daß die Anzahl der möglichen Versuchsergebnisse und ihre Wahrscheinlichkeiten von der Nummer des Versuchs abhängen. Diese allgemeineren Fassungen lassen wir jedoch beiseite.

Die genauere Untersuchung solcher Folgen von Versuchen verdient besondere Beachtung sowohl wegen ihrer unmittelbaren Bedeutung in der Wahrscheinlichkeitsrechnung und deren Anwendungen, als auch auf Grund der im Zuge der Entwicklung der Wahrscheinlichkeitsrechnung aufgetretenen Möglichkeit der Verallgemeinerung jener Gesetzmäßigkeiten, die man zuerst bei der Untersuchung des Schemas einer Folge von unabhängigen Versuchen, insbesondere beim BERNOULLIschen Schema, aufdeckte. Viele Tatsachen, die man an diesem speziellen Schema bemerkte, dienten in der Folge als Leitfaden bei der Untersuchung komplizierterer Schemata. Diese Bemerkung bezieht sich sowohl auf die bisherige als auch auf die heutige Entwicklung der Wahrscheinlichkeitsrechnung. Davon kann man sich im folgenden an den Beispielen des Gesetzes der großen Zahlen und des Satzes von MOIVRE-LAPLACE überzeugen.

Die einfachste Aufgabe, die sich auf das Schema der unabhängigen Versuche bezieht, liegt darin, die Wahrscheinlichkeit $P_n(m)$ dafür zu bestimmen, daß das Ereignis A in n Versuchen m-mal und das entgegengesetzte Ereignis $\bar{A}$ $(n - m)$-mal erscheint.

Wir suchen zunächst die Wahrscheinlichkeit dafür, daß die Ereignisse $A^{(s)}$ bei m bestimmten Versuchen (z. B. bei $s_1, s_2, \ldots, s_m$) auftreten und bei den übrigen $n - m$ nicht auftreten. Nach dem Multiplikationstheorem für unabhängige Ereignisse ist diese Wahrscheinlichkeit gleich

$$p^m q^{n-m} .$$

Nach dem Additionstheorem der Wahrscheinlichkeiten ist die gesuchte Wahrscheinlichkeit $P_n(m)$ gleich der Summe der eben berechneten Wahrscheinlichkeiten über alle verschiedenen Möglichkeiten, daß bei n ausgeführten Versuchen m-mal die Ereignisse $A^{(s)}$ eintreten und $(n - m)$-mal nicht eintreten. Die Anzahl dieser Möglichkeiten ist, wie man aus der Kombinatorik weiß, gleich $C_n^m = \frac{n!}{m!\,(n - m!)}$; die gesuchte Wahrscheinlichkeit ist also gleich

$$P_n(m) = C_n^m \, p^m \, q^{n-m} . \tag{1}$$

Da alle möglichen miteinander unvereinbaren Ergebnisse von n Versuchen darin bestehen, daß die Ereignisse $A^{(s)}$ 0mal, 1mal, 2mal, ..., n-mal eintreten, so ist offensichtlich

$$\sum_{m=0}^{n} P_n(m) = 1 .$$

Diese Beziehungen kann man auch ohne wahrscheinlichkeitstheoretische Überlegungen aus der Gleichung

$$\sum_{m=0}^{n} P_n(m) = (p + q)^n = 1^n = 1$$

ableiten. Man übersieht leicht, daß die Wahrscheinlichkeit $P_n(m)$ gleich dem Koeffizienten von x^m in der Entwicklung des Binoms $(q + p\,x)^n$ nach Potenzen von x ist; auf Grund dieser Eigenschaft heißt die Gesamtheit der Wahrscheinlichkeiten $P_n(m)$ das *Binomialgesetz der Wahrscheinlichkeitsverteilungen.*

Durch geringe Abänderungen unserer Überlegungen überzeugt sich der Leser leicht von der Richtigkeit der folgenden Verallgemeinerung. Wenn bei jedem Versuch k miteinander unvereinbare Ereignisse herauskommen können und die Wahrscheinlichkeit für das Erscheinen des Ereignisses A_i bei jedem dieser Versuche p_i ist, so ist die Wahrscheinlichkeit dafür, daß im Verlauf von n Versuchen m_1-mal A_1, m_2-mal $A_2, \ldots, m_k$-mal A_k auftritt $(m_1 + m_2 + \cdots + m_k = n)$, gleich

$$P_n(m_1, m_2, \ldots, m_k) = \frac{n!}{m_1!\, m_2! \ldots m_k!} p_1^{m_1} p_2^{m_2} \cdots p_k^{m_k}, \tag{1'}$$

und er sieht ferner ohne Mühe, daß diese Wahrscheinlichkeit gleich dem Koeffizienten von $x_1^{m_1} x_2^{m_2} \ldots x_k^{m_k}$ in der Entwicklung des Polynoms

$$(p_1 x_1 + p_2 x_2 + \cdots + p_k x_k)^n$$

nach Potenzen von x ist.

Unser Ziel ist es nun, allgemeinere Aufgaben zu stellen, die mit einem Schema unabhängiger Versuche in Beziehung stehen. Dazu betrachten wir einige Zahlenbeispiele. In diesen Beispielen werden wir die Berechnung der gesuchten Wahrscheinlichkeit nicht ganz bis zu Ende durchführen. Wir wollen dies bis zu dem Augenblick zurückstellen, wo wir geeignetere Methoden zu ihrer Berechnung entwickelt haben.

Beispiel 1. Gegeben seien zwei Gefäße A und B mit dem Volumen 10 cm³. In jedem von ihnen seien $2{,}7 \cdot 10^{22}$ Gasmoleküle enthalten. Diese Gefäße werden nun so miteinander verbunden, daß zwischen ihnen ein freier Austausch der Moleküle möglich ist. Wie groß ist die Wahrscheinlichkeit dafür, daß sich nach 24 Stunden in einem der Gefäße wenigstens ein Zehnmilliardstel mehr Moleküle als in dem anderen befinden.

Für jedes Molekül ist die Wahrscheinlichkeit dafür, daß es sich nach 24 Stunden in dem einen oder anderen Gefäß befindet, ein und dieselbe und gleich $\frac{1}{2}$. Würde man daher $5{,}4 \cdot 10^{22}$ Versuche ausführen, so ist für jeden dieser Versuche die Wahrscheinlichkeit, daß das Molekül in das Gefäß A fällt, gleich $\frac{1}{2}$. Sei nun μ die Anzahl der Moleküle, die in das Gefäß A fällt, dann ist $5{,}4 \cdot 10^{22} - \mu$ die Anzahl der Moleküle, die in das Gefäß B fallen. Wir müssen nun die Wahrscheinlichkeit dafür bestimmen, daß

$$|\mu - (5{,}4 \cdot 10^{22} - \mu)| \geqq \frac{5{,}4 \cdot 10^{22}}{10^{10}} = 5{,}4 \cdot 10^{12}$$

ist, d. h., wir müssen die Wahrscheinlichkeit

$$p = \mathsf{P}\{|\mu - 2{,}7 \cdot 10^{22}| \geqq 2{,}7 \cdot 10^{12}\}$$

finden. Nach dem Additionstheorem ist

$$p = \sum \mathsf{P}\,\{\mu = m\},$$

die Summe wird dabei über alle Werte m erstreckt, für die

$$|m - 2{,}7 \cdot 10^{22}| \geqq 2{,}7 \cdot 10^{12}$$

ist.

Beispiel 2. Die Wahrscheinlichkeit für das Auftreten von Ausschuß bei einer Produktion sei gleich 0,005. Wie groß ist die Wahrscheinlichkeit dafür, daß von 10000 willkürlich herausgegriffenen Erzeugnissen die Anzahl der fehlerhaften Stücke a) gleich 40, b) nicht größer als 70 ist?

In unserem Beispiel ist $n = 10000$, $p = 0{,}005$; aus der Formel (1) finden wir daher

$$\text{a)}\ P_{10000}^{40} = C_{10000}^{40}\,(0{,}995)^{9960}\,(0{,}005)^{40}\,.$$

Die Wahrscheinlichkeit $\mathsf{P}\,\{\mu \leqq 70\}$ dafür, daß die Anzahl der fehlerhaften Stücke nicht größer als 70 ist, ist gleich der Summe der Wahrscheinlichkeiten dafür, daß diese Anzahl gleich 0, 1, 2, ..., 70 ist. Also ist

$$\text{b)}\ \mathsf{P}\,\{\mu \leqq 70\} = \sum_{m=0}^{70} P_n(m) = \sum_{m=0}^{70} C_{10000}^{m}\,(0{,}995)^{10000-m}\,(0{,}005)^{m}\,.$$

Die betrachteten Beispiele zeigen, daß die direkte Berechnung der Wahrscheinlichkeiten nach der Formel (1) [wie auch nach der Formel (1')] häufig große technische Schwierigkeiten bereitet. Es ergibt sich daher die Notwendigkeit, einfache approximative Formeln für die Wahrscheinlichkeiten $P_n(m)$ sowie für Summen der Form

$$\sum_{m=s}^{t} P_n(m)$$

für große Werte von n aufzufinden. Diese Aufgabe werden wir in den §§ 12 und 13 lösen. Wir stellen nun einige elementare Eigenschaften der Wahrscheinlichkeiten $P_n(m)$ bei konstantem n zusammen. Wir beginnen mit der Untersuchung von $P_n(m)$ als einer Funktion von m. Für $0 \leqq m < n$ ist — wie man leicht ausrechnet —

$$\frac{P_n(m+1)}{P_n(m)} = \frac{n-m}{m+1} \cdot \frac{p}{q}\,;$$

hieraus ergibt sich die Ungleichung

$$P_n(m+1) > P_n(m)\,,$$

wenn $(n - m)\,p > (m + 1)\,q$, d. h., wenn $n\,p - q > m$ ist; es ist

$$P_n(m+1) = P_n(m)\,,$$

falls $m = n\,p - q$ und schließlich

$$P_n(m+1) < P_n(m)\,,$$

falls $m > n\,p - q$ ist.

Wir sehen, daß die Wahrscheinlichkeit $P_n(m)$ mit wachsendem m zunächst anwächst, dann ein Maximum erreicht und bei weiterem Wachsen von m wieder fällt. Ist dabei $n\,p - q$ eine ganze Zahl, so nimmt die Wahrscheinlichkeit $P_n(m)$ für zwei Werte m, nämlich für $m_0 = n\,p - q$ und $m_0 = n\,p - q + 1 = n\,p + p$, einen maximalen Wert an. Ist jedoch $n\,p - q$ keine ganze Zahl, so erreicht die Wahrscheinlichkeit $P_n(m)$ ihren maximalen Wert für $m = \overline{m}_0$; $\overline{m}_0$ ist gleich der kleinsten ganzen Zahl, die größer als m_0 ist. Die Zahl $\overline{m}_0$ heißt der *wahrscheinlichste Wert* für μ. Ist $n\,p - q$ eine ganze Zahl, so besitzt – wie wir sahen – μ die zwei wahrscheinlichsten Werte m_0 und $m_0' = m_0 + 1$.

Wir bemerken, daß für $n\,p - q > 0$ die Ungleichungen

$$P_n(0) > P_n(1) > \cdots > P_n(n)$$

und für $n\,p - q = 0$ die Ungleichungen

$$P_n(0) = P_n(1) > P_n(2) > \cdots > P_n(n)$$

bestehen.

Im folgenden werden wir sehen, daß bei großen Werten von n die Wahrscheinlichkeiten $P_n(m)$ nur für solche m merklich von 0 verschieden sind, die in der Nähe des wahrscheinlichsten Wertes μ liegen. Diesen Tatbestand werden wir später beweisen, hier wollen wir das Gesagte bereits durch ein Zahlenbeispiel aufzeigen.

Beispiel 3. Es sei $n = 50$, $p = \frac{1}{3}$.

Es gibt zwei warscheinlichste Werte: $m_0 = n\,p - q = 16$ und $m_0 + 1 = 17$.

Die Werte für die Wahrscheinlichkeiten $P_n(m)$ sind auf vier Stellen hinter dem Komma genau in der folgenden Tabelle angegeben.

Tabelle 5

m	$P_n(m)$	m	$P_n(m)$	m	$P_n(m)$
<5	0,0000	13	0,0679	23	0,0202
5	0,0001	14	0,0898	24	0,0114
6	0,0004	15	0,1077	25	0,0059
7	0,0012	16	0,1178	26	0,0028
8	0,0033	17	0,1178	27	0,0013
9	0,0077	18	0,1080	28	0,0005
10	0,0157	19	0,0910	29	0,0002
11	0,0286	20	0,0705	30	0,0001
12	0,0465	21	0,0503	>30	0,0000
		22	0,0332		

§ 12. Der lokale Grenzwertsatz

Bei der Betrachtung der Zahlenbeispiele des vorigen Paragraphen stellten wir fest, daß für große Werte von n und m die Berechnung der Wahrscheinlichkeiten $P_n(m)$ nach der Formel (1) von § 11 beträchtliche Schwierigkeiten bereitet. Es ergibt sich daher die Notwendigkeit, asymptotische Formeln aufzustellen, die es gestatten, diese Wahrscheinlichkeiten mit hinreichender Genauigkeit zu berechnen. Eine Formel dieser Art wurde zuerst von MOIVRE im Jahre 1730 für einen Spezialfall des BERNOULLIschen Schemas, für $p = q = \frac{1}{2}$, gefunden und später von LAPLACE auf den Fall eines beliebigen, von 0 und 1 verschiedenen p verallgemeinert.

Diese Formel wird allgemein die LAPLACEsche Formel genannt, der historischen Richtigkeit halber nennen wir sie die MOIVRE-LAPLACEsche Formel. Wir beginnen zunächst mit dem Beweis eines analogen Satzes für den allgemeinen Fall eines Schemas unabhängiger Versuche und gewinnen daraus dann als Spezialfall den Satz von MOIVRE-LAPLACE.

Wir führen die Bezeichnung

$$x = \frac{m - n p}{\sqrt{n p q}} \tag{1}$$

ein. Hiernach ist klar ersichtlich, daß die Größe x sowohl von n und p, als auch von m abhängt.

Der lokale Grenzwertsatz von MOIVRE-LAPLACE. *Wenn die Wahrscheinlichkeit für das Auftreten eines Ereignisses A in n unabhängigen Versuchen konstant und gleich p $(0 < p < 1)$ ist, so genügt die Wahrscheinlichkeit $P_n(m)$ dafür, daß in diesen Versuchen das Ereignis A genau m-mal eintritt, für $n \to \infty$ der Beziehung*

$$\sqrt{n p q}\, P_n(m) : \frac{1}{\sqrt{2\pi}} e^{-\frac{1}{2} x^2} \to 1 \tag{2}$$

und zwar gleichmäßig für alle m, für die sich x in einem endlichen Intervall befindet.

Beweis. Wir gehen von der bekannten Formel von STIRLING

$$s! = \sqrt{2 \pi s} \cdot s^s e^{-s} e^{\Theta_s}$$

aus, der man beim Studium der Analysis begegnet; hier genügt der Exponent Θ_s des Restgliedes der Ungleichung

$$|\Theta_s| \leqq \frac{1}{12 s}. \tag{3}$$

Die Formel (1) kann folgendermaßen geschrieben werden

$$m = n p + x \sqrt{n p q}; \tag{1'}$$

hieraus aber folgt

$$n - m = n q - x \sqrt{n p q}. \tag{1''}$$

Die letzten zwei Gleichungen lehren: Wenn x durch zwei beliebige feste Zahlen a und b beschränkt bleibt, so streben m und auch $n-m$ zusammen mit n gegen unendlich. Die STIRLINGsche Formel liefert uns

$$P_n(m) = \frac{n!}{m!\,(n-m)!} p^m q^{n-m} = \sqrt{\frac{n}{2\pi m\,(n-m)}}\, \frac{n^n p^m q^{n-m}}{m^m (n-m)^{n-m}}\, e^{\Theta}, \tag{4}$$

wo $\Theta = \Theta_n - \Theta_m - \Theta_{n-m}$. Vermöge der Abschätzung (3) haben wir

$$|\Theta| < \frac{1}{12}\left(\frac{1}{n} + \frac{1}{m} + \frac{1}{n-m}\right).$$

Wenn $a \leqq x \leqq b$, so genügen die entsprechenden Werte m und $n-m$ den Ungleichungen

$$m \geqq n\,p + a\sqrt{n\,p\,q} = n\,p\left(1 + a\sqrt{\frac{q}{n\,p}}\right),$$

$$n - m \geqq n\,q - b\sqrt{n\,p\,q} = n\,q\left(1 - b\sqrt{\frac{p}{n\,q}}\right),$$

und folglich gilt für alle erwähnten Werte m und $n-m$ die Abschätzung

$$|\Theta| < \frac{1}{12n}\left(1 + \frac{1}{p + a\sqrt{\frac{p\,q}{n}}} + \frac{1}{q - b\sqrt{\frac{p\,q}{n}}}\right). \tag{5}$$

Wie wir hieraus erkennen, strebt die Größe Θ, wie auch immer das Intervall (a, b) gelegen sei, gleichmäßig bezüglich x in diesem Intervall bei $n \to \infty$ gegen 0, und folglich strebt der Faktor e^{Θ} unter diesen Bedingungen gleichmäßig gegen 1.

Wir betrachten jetzt die Größe

$$\begin{aligned}
\lg A_n &= \lg \frac{n^n p^m q^{n-m}}{m^m (n-m)^{n-m}} = \lg\left(\frac{n\,p}{m}\right)^m + \lg\left(\frac{n\,q}{n-m}\right)^{n-m} \\
&= -\,m \lg \frac{m}{n\,p} - (n-m)\lg\frac{n-m}{n\,q} \\
&= -\,(n\,p + x\sqrt{n\,p\,q}) \lg\left(1 + x\sqrt{\frac{q}{n\,p}}\right) \\
&\quad -\,(n\,q - x\sqrt{n\,p\,q}) \lg\left(1 - x\sqrt{\frac{p}{n\,q}}\right).
\end{aligned}$$

Unter den Voraussetzungen des Satzes werden die Größen

$$x\sqrt{\frac{q}{n\,p}} \quad \text{und} \quad x\sqrt{\frac{p}{n\,q}}$$

bei hinreichend großen n beliebig klein; daher können wir die Potenzreihenentwicklung der Funktionen

$$\log\left(1 + x\sqrt{\frac{q}{n\,p}}\right) \quad \text{und} \quad \log\left(1 - x\sqrt{\frac{p}{n\,q}}\right)$$

benutzen. Indem wir uns auf die ersten beiden Glieder beschränken, finden wir

$$\lg\left(1 + x\sqrt{\frac{q}{n\,p}}\right) = x\sqrt{\frac{q}{n\,p}} - \frac{1}{2}\frac{q\,x^2}{n\,p} + O\left(\frac{1}{n^{3/2}}\right),$$

$$\lg\left(1 - x\sqrt{\frac{p}{n\,q}}\right) = -\,x\sqrt{\frac{p}{n\,q}} - \frac{1}{2}\frac{p\,x^2}{n\,q} + O\left(\frac{1}{n^{3/2}}\right).$$

Die Abschätzungen der Restglieder sind gleichmäßig in dem beliebigen endlichen Intervall der Variablen x. Daher gilt

$$\begin{aligned}\lg A_n = &-(n\,p + x\sqrt{n\,p\,q})\left[x\sqrt{\frac{q}{n\,p}} - \frac{1}{2}\frac{q\,x^2}{n\,p} + O\left(\frac{1}{n^{3/2}}\right)\right]\\ &-(n\,q - x\sqrt{n\,p\,q})\left[-\,x\sqrt{\frac{p}{n\,q}} - \frac{1}{2}\frac{p\,x^2}{n\,q} + O\left(\frac{1}{n^{3/2}}\right)\right]\\ = &-\frac{x^2}{2} + O\left(\frac{1}{\sqrt{n}}\right).\end{aligned}$$

Folglich besteht gleichmäßig bezüglich x in dem beliebigen endlichen Intervall $a \leqq x \leqq b$ die Beziehung

$$A_n : e^{-\frac{x^2}{2}} \to 1\,. \tag{6}$$

Weiter haben wir

$$\sqrt{\frac{n}{m\,(n-m)}} = \frac{1}{\sqrt{n\,p\,q}}\sqrt{\frac{1}{\left(1 + x\sqrt{\frac{q}{n\,p}}\right)\left(1 - x\sqrt{\frac{p}{n\,q}}\right)}}. \tag{7}$$

Unter den Voraussetzungen des Satzes strebt der zweite Faktor auf der rechten Seite dieser Gleichung bei $n \to \infty$ gegen 1, und zwar gleichmäßig in jedem endlichen Intervall der Variablen x.

Wie man leicht sieht, liefern die Beziehungen (5), (6) und (7) unseren Satz.

Wir können nun die Rechnungen in den Beispielen des vorhergehenden Paragraphen zu Ende führen.

Beispiel. Im Beispiel 2 des vorigen Paragraphen war $P_n(m)$ für $n = 10000$, $m = 40$, $p = 0{,}005$ zu bestimmen. Nach dem eben bewiesenen Satz ist

$$P_n(m) \sim \frac{1}{\sqrt{2\,\pi\,n\,p\,q}}\, e^{-\frac{1}{2}\left(\frac{m-n\,p}{\sqrt{n\,p\,q}}\right)^2}.$$

In unserem Beispiel ergibt sich

$$\sqrt{n\,p\,q} = \sqrt{10000 \cdot 0{,}005 \cdot 0{,}995} = \sqrt{49{,}75} \approx 7{,}05\,,$$

$$\frac{m - n\,p}{\sqrt{n\,p\,q}} \approx -\,1{,}42\,,$$

folglich ist

$$P_n(m) \approx \frac{1}{7{,}05\sqrt{2\,\pi}}\, e^{-\frac{1{,}42^2}{2}}.$$

Die Funktion

$$\varphi(x) = \frac{1}{\sqrt{2\pi}} e^{-\frac{x^2}{2}}$$

ist tabuliert; eine kurze Tabelle für die Werte dieser Funktion findet sich am Ende des Buches. Aus dieser Tabelle entnehmen wir, daß

$$P_n(m) \approx \frac{0{,}1456}{7{,}05} \approx 0{,}0206$$

ist. Eine genaue Berechnung ohne Benutzung des Satzes von MOIVRE-LAPLACE ergibt

$$P_n(m) \approx 0{,}0197 .$$

Um die Güte der durch den Satz von MOIVRE-LAPLACE gelieferten Approximationen aufzuzeigen und um die bei seinem Beweis durchgeführten analytischen Operationen geometrisch zu veranschaulichen, betrachten wir ein Zahlenbeispiel.

Die Wahrscheinlichkeit p sei gleich 0,2. In den Tabellen 6 bis 9 sind die Werte von m, $x = \frac{m - np}{\sqrt{npq}}$, der Wahrscheinlichkeiten $P_n(m)$, der Größen $\sqrt{npq}\, P_n(m)$ und der Funktion $\varphi(x) = \frac{1}{\sqrt{2\pi}} e^{-\frac{x^2}{2}}$ mit einer Genauigkeit von vier Stellen hinter dem Komma für $n = 4$, 25, 100, 400 zusammengefaßt.

Tabelle 6
$n = 4$

m	0	1	2	3	4
$P_n(m)$	0,4096	0,4096	0,1536	0,0256	0,0016
x	−1,00	0,25	1,50	2,75	4,00
$\sqrt{npq}\, P_n(m)$	0,3277	0,3277	0,1229	0,0205	0,0013
$\varphi(x)$	0,2420	0,3867	0,1295	0,0091	0,0001

Tabelle 7
$n = 25$

m	x	$P_n(m)$	$\sqrt{npq}\, P_n(m)$	$\varphi(x)$	m	x	$P_n(m)$	$\sqrt{npq}\, P_n(m)$	$\varphi(x)$
0	−2,5	0,0037	0,0075	0,0175	8	1,5	0,0623	0,1247	0,1295
1	−2,0	0,0236	0,0472	0,0540	9	2,0	0,0294	0,0589	0,0540
2	−1,5	0,0708	0,1417	0,1295	10	2,5	0,0118	0,0236	0,0175
3	−1,0	0,1358	0,2715	0,2420	11	3,0	0,0040	0,0080	0,0044
4	−0,5	0,1867	0,3734	0,3521	12	3,5	0,0012	0,0023	0,0009
5	0,0	0,1960	0,3920	0,3989	13	4,0	0,0003	0,0006	0,0001
6	0,5	0,1633	0,3267	0,3521	14	4,5	0,0000	0,0000	0,0000
7	1,0	0,1108	0,2217	0,2420	>14	$>4,5$	0,0000	0,0000	0,0000

Tabelle 8

$n = 100$

m	x	$P_n(m)$	$\sqrt{npq}\,P_n(m)$	$\varphi(x)$	m	x	$P_n(m)$	$\sqrt{npq}\,P_n(m)$	$\varphi(x)$
8	−3,00	0,0006	0,0023	0,0044	21	0,25	0,0946	0,3783	0,3867
9	−2,75	0,0015	0,0059	0,0091	22	0,50	0,0849	0,3396	0,3521
10	−2,50	0,0034	0,0134	0,0175	23	0,75	0,0720	0,2879	0,3011
11	−2,25	0,0069	0,0275	0,0317	24	1,00	0,0577	0,2309	0,2420
12	−2,00	0,0127	0,0510	0,0540	25	1,25	0,0439	0,1755	0,1826
13	−1,75	0,0216	0,0863	0,0862	26	1,50	0,0316	0,1266	0,1295
14	−1,50	0,0335	0,1341	0,1295	27	1,75	0,0217	0,0867	0,0862
15	−1,25	0,0481	0,1923	0,1826	28	2,00	0,0141	0,0565	0,0540
16	−1,00	0,0638	0,2553	0,2420	29	2,25	0,0088	0,0351	0,0317
17	−0,75	0,0788	0,3154	0,3011	30	2,50	0,0052	0,0208	0,0175
18	−0,50	0,0909	0,3636	0,3521	31	2,75	0,0029	0,0117	0,0091
19	−0,25	0,0981	0,3923	0,3867	32	3,00	0,0016	0,0063	0,0044
20	−0,00	0,0993	0,3972	0,3989					

Tabelle 9

$n = 400$

m	x	$P_n(m)$	$\sqrt{npq}\,P_n(m)$	$\varphi(x)$	m	x	$P_n(m)$	$\sqrt{npq}\,P_n(m)$	$\varphi(x)$
56	−3,000	0,0004	0,0034	0,0044	81	0,125	0,0492	0,3936	0,3957
57	−2,875	0,0006	0,0051	0,0064	82	0,250	0,0478	0,3828	0,3867
58	−2,750	0,0009	0,0076	0,0091	83	0,375	0,0458	0,3667	0,3719
59	−2,625	0,0014	0,0100	0,0127	84	0,500	0,0432	0,3460	0,3521
60	−2,500	0,0019	0,0156	0,0175	85	0,625	0,0402	0,3215	0,3282
61	−2,375	0,0027	0,0218	0,0238	86	0,750	0,0368	0,2944	0,3011
62	−2,250	0,0037	0,0298	0,0317	87	0,875	0,0332	0,2656	0,2721
63	−2,125	0,0050	0,0399	0,0417	88	1,000	0,0295	0,2362	0,2420
64	−2,000	0,0066	0,0526	0,0540	89	1,125	0,0259	0,2070	0,2119
65	−1,875	0,0085	0,0679	0,0684	90	1,250	0,0223	0,1788	0,1826
66	−1,750	0,0108	0,0862	0,0862	91	1,375	0,0190	0,1523	0,1550
67	−1,625	0,0134	0,1075	0,1065	92	1,500	0,0160	0,1279	0,1295
68	−1,500	0,0164	0,1316	0,1295	93	1,625	0,0132	0,1059	0,1065
69	−1,375	0,0198	0,1583	0,1550	94	1,750	0,0108	0,0865	0,0862
70	−1,250	0,0234	0,1871	0,1827	95	1,875	0,0087	0,0696	0,0684
71	−1,125	0,0271	0,2175	0,2119	96	2,000	0,0069	0,0553	0,0540
72	−1,000	0,0310	0,2484	0,2420	97	2,125	0,0054	0,0433	0,0417
73	−0,875	0,0349	0,2790	0,2721	98	2,250	0,0042	0,0355	0,0317
74	−0,750	0,0385	0,3081	0,3011	99	2,375	0,0032	0,0255	0,0238
75	−0,625	0,0419	0,3349	0,3282	100	2,500	0,0024	0,0192	0,0175
76	−0,500	0,0447	0,3580	0,3521	101	2,625	0,0018	0,0143	0,0127
77	−0,375	0,0471	0,3766	0,3719	102	2,750	0,0013	0,0105	0,0091
78	−0,250	0,0487	0,3899	0,3867	103	2,875	0,0009	0,0075	0,0064
79	−0,125	0,0497	0,3973	0,3957	104	3,000	0,0007	0,0054	0,0044
80	−0,000	0,0498	0,3986	0,3989					

In Abb. 8 stellen die Ordinaten die Werte der Wahrscheinlichkeiten $P_n(m)$ für verschiedene ganzzahlige Werte der Abszisse m dar. Aus der Zeichnung erkennt man, daß die Größen $P_n(m)$ mit wachsendem n gleichmäßig fallen. Damit nicht in der Zeichnung die Punkte $[m, P_n(m)]$ schon für die betrachteten Werte n mit der Abszissenachse praktisch zusammenfallen, wählen wir auf den Koordinatenachsen ganz verschiedene Maßstäbe.

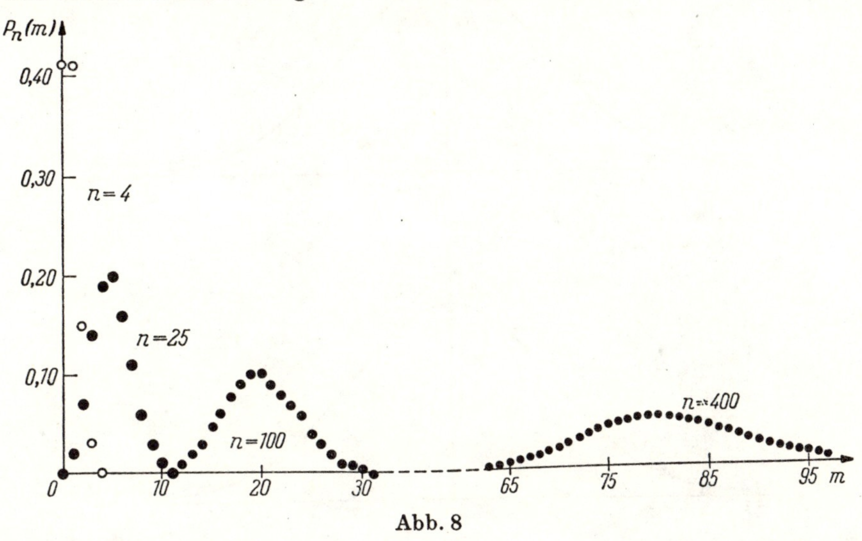

Abb. 8

Betrachtet man anstelle der Abszissen m und der Ordinaten $P_n(m)$ die Abszissen $x_n = \frac{m - n p}{\sqrt{n p q}}$ und die Ordinaten $y_n(m) = \sqrt{n p q}\, P_n(m)$, so bedeutet dies

1. eine Verschiebung des Koordinatenursprungs in den Punkt $(n p, 0)$, der in der Nähe der maximalen Ordinate von $P_n(m)$ liegt,

2. eine Vergrößerung der Maßeinheit auf der Abszissenachse um den Faktor $\sqrt{n p q}$ (mit anderen Worten eine Zusammenstauchung der Zeichnung auf den Abszissenachsen um den Faktor $\sqrt{n p q}$),

3. eine Verkleinerung der Maßeinheit auf der Ordinatenachse um den Faktor $\sqrt{n p q}$, d. h. eine Streckung der Zeichnung längs der Ordinatenachse um den Faktor $\sqrt{n p q}$.

In den Abb. 9a, b, c sind die Kurve $y = \varphi(x)$ und die in der eben beschriebenen Weise transformierten Punkte $[m, P_n(m)]$, d. h. die Punkte $[x_n, y_n(m)]$ dargestellt. Wir sehen, daß schon für $n = 25$ die Punkte $[x_n, y_n(m)]$ in der Zeichnung nahe an den entsprechenden Punkt der Kurve $y = \varphi(x)$ liegen. Diese Annäherung wird noch besser für Werte von n, die größer als 25 sind.

Um eine anschauliche Vorstellung davon zu bekommen, in welchem Maße die asymptotische Formel von Moivre-Laplace für endliche n anwendbar ist,

d. h., inwieweit man das Binomialgesetz für die Berechnung der Wahrscheinlichkeiten $P_n(m)$ durch die Funktion $y = \varphi(x)$ ersetzen darf[1]), bringen wir noch ein Beispiel.

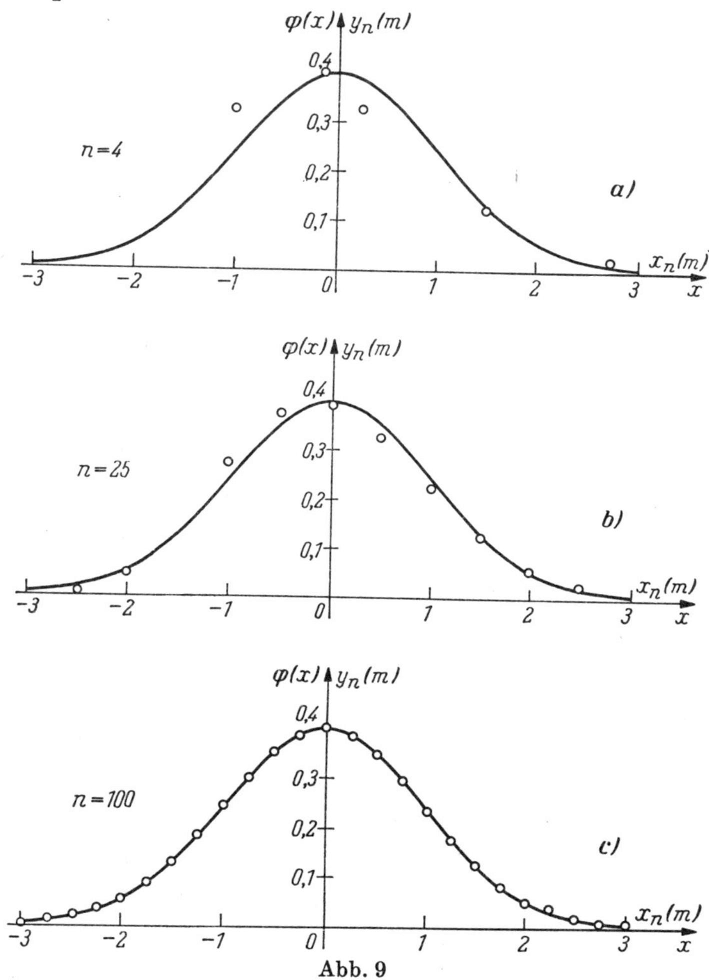

Abb. 9

Der Einfachheit halber betrachten wir den Fall $p = q = \frac{1}{2}$ und nehmen nur solche n, für die der Wert $x_n(m) = 1$ möglich ist; solche n sind z. B. die Zahlen $n = 25, 100, 400, 1165$; für sie ist nämlich $x_n(m) = 1$ für $m = 15, 55, 210, 595$.

Wir setzen zur Abkürzung

$$P_n(m) = P_n$$

1) Sehr genaue Abschätzungen des Restgliedes findet man in der Arbeit von S. N. Bernstein, Rückkehr zu der Frage der Genauigkeit der Laplaceschen Grenzwertformel, Izv. Ak. Nauk SSSR **7** (1943).

und

$$\frac{1}{\sqrt{2\pi n p q}} e^{-\frac{x_n^2(m)}{2}} = Q_n$$

für $p = q = \frac{1}{2}$ und $x_n(m) = 1$.

Auf Grund des lokalen Grenzwertsatzes von MOIVRE-LAPLACE muß der Quotient $\frac{P_n}{Q_n}$ gegen Eins streben. Die Rechnung ergibt für die eben genannten Werte von n (Tab. 10):

Tabelle 10

n	P_n	Q_n	$P_n - Q_n$	P_n/Q_n
25	0,09742	0,09679	0,00063	1,0065
100	0,04847	0,04839	0,00008	1,0030
400	0,024207	0,024194	0,000013	1,0004
1156	0,014236	0,014234	0,000002	1,0001

Indem wir buchstäblich alle Überlegungen wiederholen, die uns zum Beweis des lokalen Satzes von MOIVRE-LAPLACE führten, können wir mühelos den folgenden mehrdimensionalen lokalen Satz erhalten[1]). Ehe wir den Satz formulieren, führen wir die Bezeichnungen

$$q_i = 1 - p_i \qquad (i = 1, 2, \ldots, k),$$

$$x_i = \frac{m_i - n p_i}{\sqrt{n p_i q_i}}$$

ein. Die Größe x_i hängt nicht nur von i (d. h. von p_i) ab, sondern auch von n und m_i, jedoch benutzen wir zur Vereinfachung der Bezeichnungsweise nicht noch weitere Indizes.

Der mehrdimensionale lokale Grenzwertsatz. *Wenn die Wahrscheinlichkeiten $p_1, p_2, \ldots, p_k$ für das Eintreten der entsprechenden Ereignisse $A_1^{(s)}, A_2^{(s)}, \ldots, A_k^{(s)}$ im s-ten Versuch nicht von der Nummer des Versuches abhängen und $0 < p_i < 1$ $(i = 1, 2, \ldots, k)$, so gilt für die Wahrscheinlichkeit $P_n(m_1, m_2, \ldots, m_k)$ dafür, daß bei n unabhängigen Versuchen die Ereignisse $A_i^{(s)}$ $(i = 1, 2, \ldots, k)$ m_i-mal auftreten $(m_1 + m_2 + \cdots + m_k = n)$, die Beziehung*[2])

$$\sqrt{n^{k-1}}\, P_n(m_1, m_2, \ldots, m_k) : \frac{e^{-\frac{1}{2}\sum\limits_{i=1}^{k} q_i x_i^2}}{(2\pi)^{\frac{k-1}{2}} \sqrt{p_1 p_2 \cdots p_k}} \to 1 \qquad (n \to \infty) \tag{8}$$

[1]) Verf. hat dies in früheren Auflagen dieses Buches ausgeführt (Anm. d. Red.).

[2]) Diese Limesbeziehung ist in homogenen Koordinaten geschrieben; die Größen x_i hängen durch die Beziehung $\sum\limits_{i=1}^{k} x_i \sqrt{p_i q_i} = 0$ miteinander zusammen, die man leicht mit Hilfe der Gleichungen $\sum m_i = n$ und $\sum p_i = 1$ ableitet. Wenn wir es erreichen wollen, daß die x_i unabhängige Veränderliche sind, so müssen wir in der Formel (8) eines der Argumente, zum Beispiel x_k, eliminieren.

gleichmäßig für alle m_i $(i = 1, 2, \ldots, k)$, *für welche die* x_i *in beliebigen endlichen Intervallen* $a_i \leqq x_i \leqq b_i$ *enthalten sind.*

§ 13. Der Integralgrenzwertsatz

Den soeben abgeleiteten lokalen Grenzwertsatz benutzen wir zur Ableitung einer weiteren Limesbeziehung der Wahrscheinlichkeitsrechnung, des Integralgrenzwertsatzes.

Integralgrenzwertsatz von MOIVRE-LAPLACE. *Ist* μ *die Anzahl des Eintretens eines Ereignisses in* n *unabhängigen Versuchen, wobei bei jedem dieser Versuche die Wahrscheinlichkeit dieses Ereignisses gleich* p *ist* $(0 < p < 1)$, *so gilt gleichmäßig bezüglich* a *und* b $(-\infty \leqq a < b \leqq +\infty)$ *für* $n \to \infty$ *die Beziehung*

$$\mathsf{P}\left\{a \leqq \frac{\mu - n p}{\sqrt{n p q}} < b\right\} - \frac{1}{\sqrt{2\pi}} \int_a^b e^{-\frac{z^2}{2}} dz \to 0.$$

Beweis. Wir setzen zur Abkürzung

$$P_n(a, b) = \mathsf{P}\left\{a \leqq \frac{\mu - n p}{\sqrt{n p q}} < b\right\}.$$

Diese Wahrscheinlichkeit ist offenbar gleich der Summe $\sum P_n(m)$, erstreckt über alle Werte m mit $a \leqq x_m < b$, wobei $x_m = \dfrac{m - n p}{\sqrt{n p q}}$ gesetzt ist.

Wie definieren nun eine Funktion $y = \Pi_n(x)$ folgendermaßen:

$$y = \Pi_n(x) = \begin{cases} 0 & \text{für } x < x_0 = -\dfrac{n p}{\sqrt{n p q}}, \\ 0 & \text{für } x \geqq x_n + \dfrac{1}{\sqrt{n p q}} = \dfrac{1 + n q}{\sqrt{n p q}}, \\ \sqrt{n p q}\, P_n(m) & \text{für } x_m \leqq x < x_{m+1} \ (m = 0, 1, \ldots, n). \end{cases}$$

Die Wahrscheinlichkeit $P_n(m)$ ist dann offenbar gleich dem von der Kurve $y = \Pi_n(x)$, der x-Achse und den Ordinaten in den Punkten $x = x_m$ und $x = x_{m+1}$ begrenzten Flächeninhalt, d. h.

$$P_n(m) = \sqrt{n p q}\, P_n(m)\,(x_{m+1} - x_m) = \int_{x_m}^{x_{m+1}} \Pi_n(x)\, dx.$$

Hieraus folgt, daß die gesuchte Wahrscheinlichkeit $P_n(a, b)$ gleich der zwischen der Kurve $y = \Pi_n(x)$, der x-Achse und den Ordinaten in den Punkten $x_{\underline{m}}$ und $x_{\overline{m}}$ eingeschlossenen Fläche ist, wobei $\overline{m}$ und $\underline{m}$ durch die Ungleichungen

$$a \leqq x_{\underline{m}} < a + \frac{1}{\sqrt{n p q}}, \qquad b \leqq x_{\overline{m}} < b + \frac{1}{\sqrt{n p q}}$$

bestimmt sind. Also ist

$$P_n(a, b) = \int_{x_{\underline{m}}}^{x_{\overline{m}}} \Pi_n(x)\,dx = \int_a^b \Pi_n(x)\,dx + \int_b^{x_{\overline{m}}} \Pi_n(x)\,dx - \int_a^{x_{\underline{m}}} \Pi_n(x)\,dx\,.$$

Da der maximale Wert der Wahrscheinlichkeit $P_n(m)$ auf den Wert $m_0 = [(n+1)\,p]$ fällt, so tritt der maximale Wert von $\Pi_n(x)$ in dem Intervall

$$0 \leqq \frac{m_0 - n\,p}{\sqrt{n\,p\,q}} \leqq x < \frac{m_0 + 1 - n\,p}{\sqrt{n\,p\,q}} \leqq \frac{2}{\sqrt{n\,p\,q}}$$

auf. In diesem Intervall gilt der lokale Grenzwertsatz von Moivre-Laplace. Für alle hinreichend großen Werte von n gilt daher

$$\max \Pi_n(x) < 2\,\frac{1}{\sqrt{2\,\pi}} \max e^{-\frac{x^2}{2}} = \sqrt{\frac{2}{\pi}}\,.$$

Hieraus gewinnen wir insbesondere die Beziehung

$$|\varrho_n| = \left| \int_b^{x_{\overline{m}}} \Pi_n(x)\,dx - \int_a^{x_{\underline{m}}} \Pi_n(x)\,dx \right| \leqq \int_b^{x_{\overline{m}}} \max \Pi_n(x)\,dx$$

$$+ \int_a^{x_{\underline{m}}} \max \Pi_n(x)\,dx < \sqrt{\frac{2}{\pi}}\,(-\,b + x_{\overline{m}} + x_{\underline{m}} - a) \leqq 2\sqrt{\frac{2}{\pi\,n\,p\,q}}\,;$$

folglich ist

$$\lim_{n \to \infty} \varrho_n = 0\,.$$

$P_n(a, b)$ unterscheidet sich also nur um eine unendlich kleine Größe von $\int_a^b \Pi_n(x)\,dx$.

Wir setzen zunächst voraus, daß a und b endliche Zahlen seien. Unter dieser Voraussetzung ergibt sich aus dem lokalen Grenzwertsatz für $a \leqq x_m < b$ die Gleichung

$$\Pi_n(x_m) = \frac{1}{\sqrt{2\,\pi}}\,e^{-\frac{x_m^2}{2}}\,[1 + \alpha_n(x_m)]\,,$$

wobei $\alpha_n(x_m)$ für $n \to \infty$ gleichmäßig bezüglich x_m gegen Null strebt. Offenbar ist auch für alle Zwischenwerte des Arguments

$$\Pi_n(x) = \frac{1}{\sqrt{2\,\pi}}\,e^{-\frac{x^2}{2}}\,[1 + \alpha_n(x)]\,,$$

wobei $\lim\limits_{n\to\infty} \max\limits_{a \leqq x < b} \alpha_n(x) = 0$ ist. Bei beliebigem m erhalten wir nämlich im Intervall $x_m \leqq x < x_{m+1}$ die Beziehung

$$\Pi_n(x) = \Pi_n(x_m) = \frac{1}{\sqrt{2\,\pi}}\,e^{-\frac{x_m^2}{2}}\,[1 + \alpha_n(x_m)]\,;$$

dabei ist

$$\alpha_n(x) = e^{\frac{x^2 - x_m^2}{2}} [\alpha_n(x_m) + 1] - 1 .$$

Da

$$\frac{x^2 - x_m^2}{2} \leqq |x| \cdot |x - x_m| < \frac{\max(|a|, |b|)}{\sqrt{n p q}}$$

ist, findet man sofort die Beziehung

$$\lim_{n\to\infty} \max_{a<x<b} \alpha_n(x) = 0 .$$

Faßt man alle gefundenen Abschätzungen zusammen, so erhält man die Beziehung

$$P_n(a, b) = \frac{1}{\sqrt{2\pi}} \int_a^b e^{-\frac{x^2}{2}} dx + R_n$$

mit

$$R_n = \frac{1}{\sqrt{2\pi}} \int_a^b e^{-\frac{x^2}{2}} \alpha_n(x)\, dx + \varrho_n .$$

Auf Grund der Ungleichung

$$|R_n| \leqq \max_{a<x<b} |\alpha_n(x)| \cdot \frac{1}{\sqrt{2\pi}} \int_a^b e^{-\frac{x^2}{2}} dx + \varrho_n$$

sieht man sofort, daß

$$\lim_{n\to\infty} R_n = 0$$

gilt. Unter der im Verlauf des Beweises zusätzlich gemachten Voraussetzung haben wir also den Satz bewiesen. Wir müssen uns nun noch von dieser Beschränkung befreien.

Dazu bemerken wir zunächst, daß[1])

$$\frac{1}{\sqrt{2\pi}} \int e^{-\frac{z^2}{2}} dz = 1$$

ist. Daher kann man zu beliebigem $\varepsilon > 0$ ein hinreichend großes A so wählen, daß

$$\frac{1}{\sqrt{2\pi}} \int_{-A}^{A} e^{-\frac{z^2}{2}} dz > 1 - \frac{\varepsilon}{4} ,$$

$$\frac{1}{\sqrt{2\pi}} \int_{-\infty}^{-A} e^{-\frac{z^2}{2}} dz = \frac{1}{\sqrt{2\pi}} \int_{A}^{\infty} e^{-\frac{z^2}{2}} dz < \frac{\varepsilon}{8}$$

[1]) Sind die Integrationsgrenzen im folgenden, wie hier, nicht besonders angegeben, so soll die Integration von $-\infty$ bis $+\infty$ erstreckt werden.

ist. Ferner wählen wir entsprechend dem bereits bewiesenen Teil des Satzes ein hinreichend großes n, so daß für $-A \leqq a < b \leqq A$

$$\left| P_n(a, b) - \frac{1}{\sqrt{2\pi}} \int_a^b e^{-\frac{z^2}{2}} dz \right| < \frac{\varepsilon}{4}$$

gilt. Dann ist offenbar

$$P_n(-A, A) > 1 - \frac{\varepsilon}{2},$$

$$P(-\infty, -A) + P(A, +\infty) = 1 - P(-A, A) < \frac{\varepsilon}{2}.$$

Wir beweisen nun, daß für beliebiges a und b $(-\infty \leqq a < b \leqq +\infty)$

$$\left| P_n(a, b) - \frac{1}{\sqrt{2\pi}} \int_a^b e^{-\frac{z^2}{2}} dz \right| < \varepsilon$$

wird; damit ist dann auch der Beweis des LAPLACEschen Satzes abgeschlossen.

Dazu müssen wir einzeln die verschiedenen möglichen Lagen der Punkte a und b bezüglich des Intervalls $(-A, A)$ auf der Geraden untersuchen. Nehmen wir z. B. den Fall $a \leqq -A$, $b \geqq A$ (die übrigen Fälle überlassen wir dem Leser). In diesem Falle ist

$$\frac{1}{\sqrt{2\pi}} \int_a^b e^{-\frac{z^2}{2}} dz = \frac{1}{\sqrt{2\pi}} \left(\int_a^{-A} + \int_{-A}^{A} + \int_A^b e^{-\frac{z^2}{2}} dz \right),$$

$$P_n(a, b) = P_n(a, -A) + P_n(-A, A) + P_n(A, b).$$

Daher gilt

$$\left| P_n(a, b) - \frac{1}{\sqrt{2\pi}} \int_a^b e^{-\frac{z^2}{2}} dz \right| \leqq \left| P_n(a, -A) - \frac{1}{\sqrt{2\pi}} \int_a^{-A} e^{-\frac{z^2}{2}} dz \right|$$
$$+ \left| P_n(-A, A) - \frac{1}{\sqrt{2\pi}} \int_{-A}^{A} e^{-\frac{z^2}{2}} dz \right| + \left| P_n(A, b) - \frac{1}{\sqrt{2\pi}} \int_A^b e^{-\frac{z^2}{2}} dz \right|$$
$$\leqq P_n(-\infty, -A) + \frac{1}{\sqrt{2\pi}} \int_{-\infty}^{-A} e^{-\frac{z^2}{2}} dz$$
$$+ \left| P_n(-A, A) - \frac{1}{\sqrt{2\pi}} \int_{-A}^{A} e^{-\frac{z^2}{2}} dz \right| + P_n(A, +\infty) + \frac{1}{\sqrt{2\pi}} \int_A^{\infty} e^{-\frac{z^2}{2}} dz$$
$$< \frac{\varepsilon}{2} + \frac{\varepsilon}{4} + \frac{\varepsilon}{8} + \frac{\varepsilon}{8} = \varepsilon.$$

Wir kommen nun zur Ableitung des Integralgrenzwertsatzes für den allgemeinen Fall des Schemas einer Folge von unabhängigen Versuchen. Wie früher bezeichnen μ_i $(i = 1, 2, \ldots, k)$ die Anzahl des Eintretens der Ereignisse $A_i^{(s)} (s = 1, 2, \ldots, n)$ in n aufeinander folgenden Versuchen. In Abhängigkeit vom Zufall können die Zahlen μ_i nur die Werte $0, 1, 2, \ldots, n$ annehmen; da in jedem Versuch nur k Ereignisse möglich und diese Ereignisse unvereinbar sind, muß die Gleichung

$$\mu_1 + \mu_2 + \cdots + \mu_k = n \tag{1}$$

bestehen. Wir sehen nun die Größen $\mu_1, \mu_2, \ldots, \mu_k$ als rechtwinklige Koordinaten eines Punktes in einem k-dimensionalen euklidischen Raum an.

Die Resultate der n Versuche lassen sich daher durch einen Punkt mit ganzzahligen Koordinaten, die zwischen 0 und n liegen, darstellen; solche Punkte wollen wir im folgenden *ganzzahlig* nennen. Die Gleichung (1) zeigt, daß sich die Versuchsergebnisse nicht

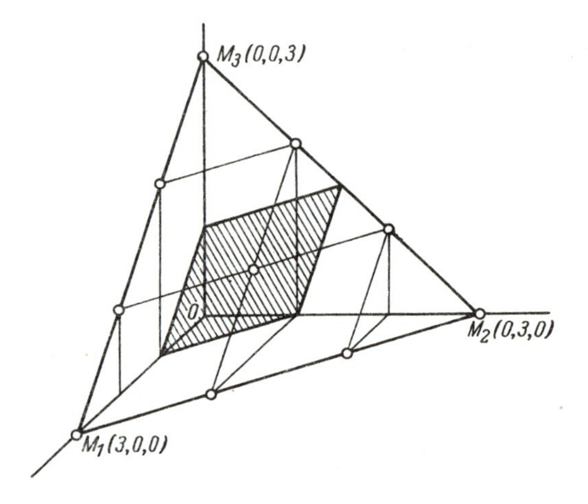

Abb. 10

durch beliebige ganzzahlige Punkte im Hyperkubus $0 \leqq \mu_i \leqq n$ $(i = 1, 2, \ldots, k)$ darstellen lassen, sondern nur durch solche, die sich auf der Hyperebene (1) befinden. In Abb. 10 ist die Lage der möglichen Versuchsergebnisse in der Hyperebene (1) für den Fall $n = 3$, $k = 3$ eingezeichnet.

Wir führen nun eine Koordinatentransformation mit Hilfe der Formel

$$x_i = \frac{\mu_i - n\,p_i}{\sqrt{n\,p_i\,q_i}} \quad (i = 1, 2, \ldots, k;\ q_i = 1 - p_i)$$

durch. Die Gleichung der Hyperebene (1) schreibt sich in den neuen Koordinaten in der folgenden Form:

$$\sum_{i=1}^{k} x_i \sqrt{n\,p_i\,q_i} = 0\,. \tag{2}$$

Die Punkte der Hyperebene (2), in welche die ganzzahligen Punkte der Hyperebene (1) übergehen, wollen wir ebenfalls *ganzzahlig* nennen.

Wir bezeichnen mit $P_n(G)$ die Wahrscheinlichkeit dafür, daß nach n Versuchen die Anzahl μ_i $(i = 1, 2, \ldots, k)$ des Eintretens eines jeden der möglichen Ergebnisse so beschaffen ist, daß der Punkt mit den Koordinaten

$$x_i = \frac{\mu_i - n p_i}{\sqrt{n p_i q_i}}$$

in das Gebiet G fällt.

Es gilt dann der folgende

Satz. *Wenn in dem Schema einer Folge unabhängiger Versuche, wobei in jedem Versuch nur k verschiedene Ergebnisse möglich sind, die Wahrscheinlichkeit eines jeden Ergebnisses von der Nummer des Versuchs nicht abhängt und von 0 und 1 verschieden ist, so gilt für jedes Gebiet G der Hyperfläche (2), für das der $(k-1)$-dimensionale Inhalt seiner Berandung gleich Null ist, gleichmäßig bezüglich G für $n \to \infty$ die Beziehung*

$$P_n\{G\} \to \sqrt{\frac{q_1 q_2 \cdots q_k}{(2\pi)^{k-1} \sum\limits_{i=1}^{k} p_i q_i}} \int\limits_G e^{-\frac{1}{2} \sum q_i x_i^2} \, dv;$$

dabei bezeichnet dv das Volumenelement des Gebietes G, und das Integral wird über das Gebiet G erstreckt.

Bemerkung. Dem eben formulierten Satz haben wir eine Form gegeben, in der alle Veränderlichen $x_1, x_2, \ldots, x_k$ die gleiche Rolle spielen.

In dem Integralsatz von Moivre-Laplace zogen wir es jedoch vor, die Überlegungen nur mit der Veränderlichen $x = x_1$ durchzuführen, indem wir die Gleichartigkeit der Veränderlichen x_1 und x_2 zerstörten. Geometrisch bedeutet dies, daß wir nicht die Versuchsergebnisse selbst (die ganzzahligen Punkte auf der Geraden $x_1 + x_2 = 0$), sondern ihre Projektionen auf die x-Achse betrachteten. Ähnlich können wir durch Zerstörung der Gleichartigkeit im allgemeinen Fall die Integration nicht über das Gebiet G, sondern über dessen Projektion G' auf irgendeine Koordinatenhyperebene, sagen wir auf die Ebene $x_k = 0$, betrachten. Das Volumenelement dv' in der Hyperebene $x_k = 0$ hängt mit dem Volumenelement dv der Hyperebene (2) durch die Beziehung

$$dv' = dv \cos \varphi$$

zusammen, φ ist dabei der Winkel zwischen den erwähnten Hyperebenen. Man rechnet leicht aus, daß

$$\cos \varphi = \frac{\sqrt{p_k q_k}}{\sqrt{\sum p_i q_i}}$$

ist. In der Koordinatenhyperebene ist ein Volumenelement $dv' = dx_1 \, dx_2 \ldots dx_{k-1}$, daher gilt nun die Gleichung

$$\sqrt{\frac{q_1 q_2 \cdots q_k}{(2\pi)^{k-1} \sum p_i q_i}} \int\limits_G e^{-\frac{1}{2} \sum q_i x_i^2} \, dv = \sqrt{\frac{q_1 q_2 \cdots q_{k-1}}{(2\pi)^{k-1} p_k}} \int\limits_{G'} e^{-\frac{1}{2} \sum\limits_1^k q_i x_i^2} \, dx_1 \ldots dx_{k-1}.$$

Im Integranden müssen wir x_k durch die Variablen $x_1, x_2, \ldots, x_{k-1}$ ausdrücken:

$$x_k = -\frac{1}{\sqrt{p_k q_k}} \sum_{i=1}^{k-1} \sqrt{p_i q_i} \, x_i .$$

Nach dieser Substitution erhalten wir

$$\sum_{i=1}^{k} q_i x_i^2 = \sum_{i=1}^{k-1} q_i \left(1 + \frac{p_i}{p_k}\right) x_i^2 + 2 \sum_{1 \leq i < j \leq k-1} x_i x_j \frac{\sqrt{p_i q_i p_j q_j}}{p_k} = Q(x_1, x_2, \ldots, x_{k-1}) .$$

Der Integralgrenzwertsatz läßt sich daher auch anders formulieren, nämlich:

Unter den Bedingungen des Integralgrenzwertsatzes strebt für $n \to \infty$

$$P(G) \to \sqrt{\frac{q_1 q_2 \cdots q_{k-1}}{(2\pi)^{k-1} p_k}} \int_{G'} e^{-\frac{1}{2} Q(x_1, x_2, \ldots, x_{k-1})} dx_1 \, dx_2 \ldots dx_{k-1} . \qquad (3)$$

Es ist klar, daß der Integralsatz von Moivre-Laplace ein Spezialfall des eben bewiesenen Satzes ist: Man kann ihn leicht aus der Formel (3) erhalten.

Dazu braucht man nur zu bemerken, daß im Bernoullischen Schema $k = 2$, $p = p_1$, $q = p_2 = 1 - p$ ist.

Für $k = 3$ nimmt die Formel (3) folgende Gestalt an:

$$P(G) \to \sqrt{\frac{q_1 q_2}{(2\pi)^2 p_3}} \int_{G'} e^{-\frac{1}{2} Q(x_1, x_2)} dx_1 \, dx_2$$

mit

$$p_3 = 1 - p_1 - p_2 ,$$

$$Q(x_1, x_2) = q_1 \left(1 + \frac{p_1}{p_3}\right) x_1^2 + q_2 \left(1 + \frac{p_2}{p_3}\right) x_2^2 + 2 \frac{\sqrt{p_1 q_1 p_2 q_2}}{p_3} x_1 x_2$$

$$= \frac{q_1 q_2}{p_3} \left(x_1^2 + x_2^2 + 2 \sqrt{\frac{p_1 p_2}{q_1 q_2}} x_1 x_2\right) .$$

Eine einfache Rechnung liefert

$$p_3 = 1 - p_1 - p_2 = q_1 q_2 - p_1 p_2 \,[1] ,$$

daher ist

$$Q(x_1, x_2) = \frac{1}{1 - \frac{p_1 p_2}{q_1 q_2}} \left(x_1^2 + x_2^2 + 2 \sqrt{\frac{p_1 p_2}{q_1 q_2}} x_1 x_2\right) .$$

§ 14. Anwendung des Integralsatzes von Moivre-Laplace

Als erste Anwendung des Integralsatzes von Moivre-Laplace schätzen wir die Wahrscheinlichkeit der Ungleichung

$$\left|\frac{\mu}{n} - p\right| < \varepsilon$$

ab, wobei $\varepsilon > 0$ konstant sei.

Es ist

$$\mathsf{P}\left\{\left|\frac{\mu}{n} - p\right| < \varepsilon\right\} = \mathsf{P}\left\{-\varepsilon \sqrt{\frac{n}{p q}} < \frac{\mu - n p}{\sqrt{n p q}} < \varepsilon \sqrt{\frac{n}{p q}}\right\} ,$$

[1]) In der Tat, wegen $p_1 + q_1 = 1$ und $p_2 + q_2 = 1$ ergibt sich: $1 - p_1 - p_2 = q_1 - p_2 = q_1(p_2 + q_2) - p_2(p_1 + q_1) = q_1 q_2 - p_1 p_2$.

und auf Grund des Integralsatzes von MOIVRE-LAPLACE erhalten wir

$$\lim_{n\to\infty} \mathsf{P}\left\{\left|\frac{\mu}{n} - p\right| < \varepsilon\right\} = \frac{1}{\sqrt{2\pi}} \int e^{-\frac{z^2}{2}} dz = 1 .$$

Für jedes konstante $\varepsilon > 0$ strebt also die Wahrscheinlichkeit der Ungleichung $\left|\frac{\mu}{n} - p\right| < \varepsilon$ gegen Eins.

Dieser Tatbestand wurde zuerst von J. BERNOULLI entdeckt; er heißt *Gesetz der großen Zahlen* oder *Satz von* BERNOULLI. Der Satz von BERNOULLI und seine zahlreichen Verallgemeinerungen gehören zu den wichtigsten Sätzen der Wahrscheinlichkeitsrechnung. Auf ihnen beruhen alle Erfolge bei der Anwendung der Wahrscheinlichkeitsrechnung auf die verschiedensten Probleme der Naturwissenschaft und der Technik. Darüber wird in dem Kapitel, das dem Gesetz der großen Zahlen gewidmet ist, mehr zu sagen sein; dort geben wir auch einen Beweis des BERNOULLIschen Satzes durch eine einfachere Methode an, die sich sowohl von der eben entwickelten, wie auch von der von J. BERNOULLI benutzten Methode unterscheidet.

Wir betrachten nun einige typische Aufgaben, in denen der Satz von MOIVRE-LAPLACE zur Anwendung gelangt.

Es werden n unabhängige Versuche ausgeführt, bei jedem von ihnen sei die Wahrscheinlichkeit für das Auftreten eines Ereignisses A gleich p.

I. Gefragt ist nach der Wahrscheinlichkeit dafür, daß die relative Häufigkeit des Auftretens von A von der Wahrscheinlichkeit p um nicht mehr als α abweicht. Diese Wahrscheinlichkeit ist gleich

$$\mathsf{P}\left\{\left|\frac{\mu}{n} - p\right| \leqq \alpha\right\} = \mathsf{P}\left\{-\alpha\sqrt{\frac{n}{pq}} \leqq \frac{\mu - np}{\sqrt{npq}} \leqq \alpha\sqrt{\frac{n}{pq}}\right\}$$

$$\sim \frac{1}{\sqrt{2\pi}} \int\limits_{-\alpha\sqrt{\frac{n}{pq}}}^{\alpha\sqrt{\frac{n}{pq}}} e^{-\frac{x^2}{2}} dx = \frac{2}{\sqrt{2\pi}} \int\limits_{0}^{\alpha\sqrt{\frac{n}{pq}}} e^{-\frac{x^2}{2}} dx .$$

II. Wieviele Versuche muß man mindestens ausführen, damit mit einer Wahrscheinlichkeit, die nicht kleiner als β ist, die relative Häufigkeit von der Wahrscheinlichkeit um nicht mehr als α abweicht? Wir müssen n aus der Ungleichung

$$\mathsf{P}\left\{\left|\frac{\mu}{n} - p\right| \leqq \alpha\right\} \geqq \beta$$

bestimmen. Die auf der linken Seite der Ungleichung auftretende Wahrscheinlichkeit ersetzen wir näherungsweise nach dem MOIVRE-LAPLACEschen Satz durch ein Integral. Zur Bestimmung von n erhält man schließlich die Ungleichung

$$\frac{2}{\sqrt{2\pi}} \int_0^{\alpha\sqrt{\frac{n}{qp}}} e^{-\frac{x^2}{2}} dx \geqq \beta .$$

III. Bei vorgegebener Wahrscheinlichkeit β und gegebener Anzahl von Versuchen n sind die Grenzen für die möglichen Differenzen $\left|\frac{\mu}{n} - p\right|$ zu bestimmen. Mit anderen Worten, wenn β und n bekannt sind, so ist ein α gesucht, für das

$$\mathsf{P}\left\{\left|\frac{\mu}{n} - p\right| < \alpha\right\} = \beta$$

gilt. Die Anwendung des LAPLACEschen Integralsatzes ergibt zur Bestimmung von α die Gleichung

$$\frac{2}{\sqrt{2\pi}} \int_0^{\alpha\sqrt{\frac{n}{pq}}} e^{-\frac{x^2}{2}} dx = \beta .$$

Die numerische Lösung aller betrachteten Aufgaben erfordert die Berechnung des Integrals

$$\Phi(x) = \frac{1}{\sqrt{2\pi}} \int_0^x e^{-\frac{z^2}{2}} dz \tag{1}$$

für beliebige Werte von x sowie die Lösung der umgekehrten Aufgabe — der Berechnung des entsprechenden Argumentes x bei Kenntnis von $\Phi(x)$. Für diese Rechnungen braucht man Spezialtabellen, da sich das Integral (1) für $0 < x < \infty$ nicht in geschlossener Form durch elementare Funktionen ausdrücken läßt. Derartige Tabellen gibt es und sind am Ende unseres Buches zu finden.

Abb. 11 vermittelt eine anschauliche Vorstellung vom Verlauf der Funktion $\Phi(x)$. Mit Hilfe einer Wertetabelle für $\Phi(x)$ kann man nach der Formel $J(a, b) = \Phi(b) - \Phi(a)$ auch das Integral

$$J(a, b) = \frac{1}{\sqrt{2\pi}} \int_a^b e^{-\frac{z^2}{2}} dz$$

berechnen. Die Tafel der Funktion $\Phi(x)$ enthält nur Werte für positive x; für negative x ermittelt man $\Phi(x)$ aus der Gleichung

$$\Phi(-x) = -\Phi(x) .$$

Wir sind nun in der Lage, die Lösung des Beispiels 1, § 11, zu Ende zu führen.

Beispiel 1. Im Beispiel 1, § 11, war die Wahrscheinlichkeit

$$p = \sum \mathsf{P}\,\{\mu = m\}$$

gesucht. Dabei wird die Summe über alle Werte m erstreckt, für die

$$|m - 2{,}7 \cdot 10^{22}| \geqq 2{,}7 \cdot 10^{12}\,,$$

die Anzahl der Versuche betrug dabei $n = 5{,}4 \cdot 10^{22}$, und es war $p = \frac{1}{2}$.

Da

$$p = \mathsf{P}\left\{\frac{|\mu - n\,p|}{\sqrt{n\,p\,q}} \geqq \frac{2{,}7 \cdot 10^{12}}{\sqrt{5{,}4 \cdot 10^{22} \cdot \frac{1}{4}}}\right\} \sim \mathsf{P}\left\{\frac{|\mu - n\,p|}{\sqrt{n\,p\,q}} \geqq 2{,}33 \cdot 10\right\}$$

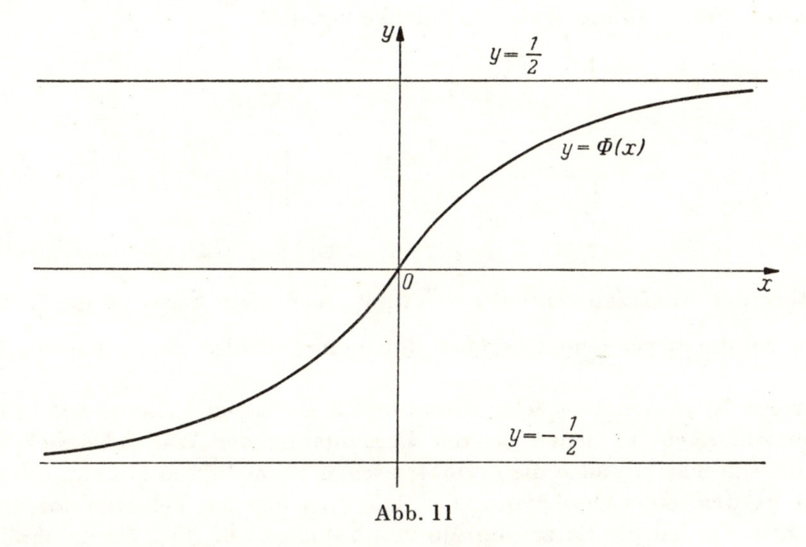

Abb. 11

ist, so ergibt sich auf Grund des LAPLACEschen Satzes

$$p \sim \frac{2}{\sqrt{2\,\pi}} \int\limits_{2{,}33 \cdot 10}^{\infty} e^{-\frac{x^2}{2}}\,dx\,.$$

Wegen

$$\int\limits_{z}^{\infty} e^{-\frac{x^2}{2}}\,dx < \frac{1}{z} \int\limits_{z}^{\infty} x\,e^{-\frac{x^2}{2}}\,dx = \frac{1}{z}\,e^{-\frac{z^2}{2}}$$

ist

$$p < \frac{1}{\sqrt{2\,\pi} \cdot 10}\,e^{-2{,}7 \cdot 100} < 10^{-100}\,.$$

Wie klein diese Wahrscheinlichkeit ist, mag man aus dem folgenden Vergleich entnehmen. Stellen wir uns vor, daß in eine Kugel vom Radius 6000 km, die mit weißem Sand angefüllt sei, ein einziges schwarzes Sandkorn gefallen sei. Die Größe der Sandkörner sei gleich 1 mm³. Dann greife man auf gut Glück aus dieser ganzen Masse ein Sandkorn heraus; wie groß ist die Wahrscheinlichkeit dafür, daß dieses Sandkorn schwarz aussieht?

Man rechnet leicht nach, daß das Volumen einer Kugel vom Radius 6000 km etwas kleiner als 10^{30} mm³ ist, folglich ist die Wahrscheinlichkeit dafür, daß man das schwarze Sandkorn herausgreift um weniger größer als 10^{-30}.

Beispiel 2. Im Beispiel 2, § 11, war die Wahrscheinlichkeit dafür zu bestimmen, daß die Anzahl der fehlerhaften Erzeugnisse nicht größer als 70 ist, wenn die Wahrscheinlichkeit dafür, daß ein Produkt fehlerhaft ist, gleich $p = 0{,}005$ und die Anzahl aller Produkte gleich 10000 ist. Nach dem eben bewiesenen Satz ist diese Wahrscheinlichkeit gleich

$$\mathsf{P}\{\mu \leqq 70\} = \mathsf{P}\left\{-\frac{50}{\sqrt{49{,}75}} \leqq \frac{\mu - n\,p}{\sqrt{n\,p\,q}} \leqq \frac{20}{\sqrt{49{,}75}}\right\}$$

$$= \mathsf{P}\left\{-7{,}09 \leqq \frac{\mu - n\,p}{\sqrt{n\,p\,q}} \leqq 2{,}84\right\} \sim \frac{1}{\sqrt{2\pi}} \int_{-7{,}09}^{2{,}84} e^{-\frac{z^2}{2}} dz$$

$$= \Phi(2{,}84) - \Phi(-7{,}09) = \Phi(2{,}84) + \Phi(7{,}09) = 0{,}9975\,.$$

Der Wert der Funktion $\Phi(x)$ für $x = 7{,}09$ steht nicht mehr in der Tabelle, wir ersetzen ihn durch $\frac{1}{2}$ und begehen dabei einen Fehler, der kleiner als 10^{-10} ist.

Natürlich ist in den Beispielen dieses und des vorigen § ebenso wie in allen anderen Aufgaben, in denen bei der Bestimmung der Wahrscheinlichkeiten $P_n(m)$ für endliche m und n die asymptotischen Formeln von MOIVRE-LAPLACE benutzt werden, eine Abschätzung des dabei begangenen Fehlers erforderlich. Lange Zeit wurden die Sätze von MOIVRE-LAPLACE auf die Lösung ähnlicher Aufgaben ohne irgendwelche befriedigende Abschätzung des Restgliedes angewendet. Man verschaffte sich nur rein empirisch Gewißheit darüber, daß für n von der Ordnung einiger Hunderte oder noch größer sowie für p, die nicht zu nahe an 0 oder 1 liegen, die Benutzung der Sätze von MOIVRE-LAPLACE zu befriedigenden Ergebnissen führt. Heutzutage gibt es jedoch hinreichend genaue Abschätzungen der Fehler, die man bei Benutzung der asymptotischen Formel von MOIVRE-LAPLACE begeht.[1])

Wir verweilen noch etwas bei der Verallgemeinerung des Satzes von BERNOULLI auf das allgemeine Schema einer Folge unabhängiger Versuche. In jedem Versuch seien k verschiedene Ergebnisse möglich, ihre Wahrscheinlichkeiten seien in jedem Versuch gleich $p_1, p_2, \ldots, p_k$; $\mu_1, \mu_2, \ldots, \mu_k$ geben an, wie oft die einzelnen Ergebnisse in einer Folge von n unabhängigen Versuchen aufgetreten sind. Wir bestimmen die Wahrscheinlichkeit für das gleichzeitige

---

[1]) Siehe z. B. die auf Seite 78 zitierte Arbeit von S. N. BERNSTEIN.

Bestehen der Ungleichungen

$$\left|\frac{\mu_1}{n} - p_1\right| < \varepsilon_1\,, \qquad \left|\frac{\mu_2}{n} - p_2\right| < \varepsilon_2\,, \ldots, \qquad \left|\frac{\mu_k}{n} - p_k\right| < \varepsilon_k\,, \tag{2}$$

d. h. der Ungleichungen

$$|x_1| < \varepsilon_1 \sqrt{\frac{n}{p_1 q_1}}\,, \qquad |x_2| < \varepsilon_2 \sqrt{\frac{n}{p_2 q_2}}\,, \ldots, \qquad |x_k| < \varepsilon_k \sqrt{\frac{n}{p_k q_k}}\,.$$

Die letzte dieser Ungleichungen ist eigentlich eine Folgerung aus den vorhergehenden, da nach (2), § 13, die ersten $k - 1$ Ungleichungen aus (2) die Abschätzung

$$|x_k| = \left| - \sum_{i=1}^{k-1} \sqrt{\frac{p_i q_i}{p_k q_k}}\, x_i \right| \leqq \sum_{i=1}^{k-1} \sqrt{\frac{p_i q_i}{p_k q_k}}\, \varepsilon_i \tag{3}$$

ergeben. Nach (14), § 13, besitzt die Wahrscheinlichkeit der ersten $k - 1$ Ungleichungen aus (2) [und somit auch der Ungleichung (3)] als Grenzwert für $n \to \infty$ das Integral

$$\sqrt{\frac{q_1 q_2 \cdots q_{k-1}}{(2\pi)^{k-1} p_k}} \int \cdots \int e^{-\frac{1}{2} Q(x_1, \ldots, x_k)}\, dx_1\, dx_2 \ldots dx_{k-1} = 1\,.$$

§ 15. Der Satz von POISSON

Wir sahen beim Beweis des lokalen Grenzwertsatzes von MOIVRE-LAPLACE, daß die asymptotische Darstellung der Wahrscheinlichkeit $P_n(m)$ durch die Funktion $\frac{1}{\sqrt{2\pi}}\, e^{-\frac{x^2}{2}}$ desto schlechter wird, je mehr die Wahrscheinlichkeit p von $\frac{1}{2}$ abweicht, d. h. desto kleinere Werte von p oder q man zu betrachten hat, und für $p = 0$, $q = 1$ sowie für $p = 1$, $q = 0$, läßt sich diese Darstellung nicht mehr benutzen. Ein beträchtlicher Kreis von Aufgaben erfordert jedoch die Berechnung der Wahrscheinlichkeiten $P_n(m)$ gerade für kleine Werte von p.[1]) In diesem Falle liefert der MOIVRE-LAPLACEsche Satz nur dann ein Ergebnis mit einem unwesentlichen Fehler, wenn die Anzahl n der Versuche sehr groß ist. Es ergibt sich daher die Aufgabe, asymptotische Formeln aufzustellen, die speziell für den Fall kleiner p brauchbar sind. Eine solche Formel wurde von POISSON gefunden.

Wir betrachten eine Folge von Beobachtungsserien, welche die folgenden Eigenschaften besitzen: 1. In der n-ten Serie werden n unabhängige Versuche ausgeführt, wobei in jedem Versuch darauf geachtet wird, ob ein gewisses Ereignis A_n eintritt oder nicht; 2. die Wahrscheinlichkeit dafür, daß das Ereignis A_n eintritt, ist in jedem Versuch der n-ten Serie gleich p_n und hängt nur von der Nummer der Serie ab. μ_n gebe an, wie oft das Ereignis A_n in der n-ten Serie aufgetreten ist.

[1]) Oder auch für kleine Werte von q. Man sieht jedoch leicht, daß sich die Aufgaben der Aufstellung asymptotischer Formeln für $P_n(m)$ bei kleinen Werten von p oder q aufeinander zurückführen lassen.

Satz von Poisson. *Streben die p_n für $n \to \infty$ gegen Null, so gilt*

$$\mathsf{P}\{\mu_n = m\} - \frac{a_n^m}{m!} e^{-a_n} \to 0 \qquad (1)$$

mit $a_n = n\,p_n$.

Beweis. Offenbar ist

$$\begin{aligned} P_n(m) = \mathsf{P}\{\mu_n = m\} &= C_n^m\, p_n^m\,(1-p_n)^{n-m} \\ &= \frac{n!}{m!\,(n-m)!}\left(\frac{a_n}{n}\right)^m \left(1-\frac{a_n}{n}\right)^{n-m} \\ &= \frac{a_n^m}{m!}\left(1-\frac{a_n}{n}\right)^n \frac{\left(1-\frac{1}{n}\right)\left(1-\frac{2}{n}\right)\cdots\left(1-\frac{m-1}{n}\right)}{\left(1-\frac{a_n}{n}\right)^m}. \end{aligned} \qquad (2)$$

m werde nun festgehalten. Dann können wir zu beliebig vorgegebenem $\varepsilon > 0$ ein $A = A(\varepsilon)$ so groß wählen, daß für $a \geqq A$

$$\frac{a^m}{m!} e^{-\frac{1}{2}a} \leqq \frac{\varepsilon}{2}$$

ist.

Wir betrachten zunächst die Zahlen n, für die $a_n \geqq A$ ist. Für diese n gilt auf Grund der Ungleichung $1 - x < e^{-x}$ $(0 < x \leqq 1)$

$$P_n(m) \leqq \frac{a_n^m}{m!} e^{-\frac{n-m}{n}a_n} \leqq \frac{\varepsilon}{2} \quad \text{für} \quad n \geqq 2\,m$$

und

$$\frac{a_n^m}{m!} e^{-a_n} < \frac{\varepsilon}{2}.$$

Daher gilt für diese n

$$\left|P_n(m) - \frac{a_n^m}{m!} e^{-a_n}\right| < \frac{\varepsilon}{2} + \frac{\varepsilon}{2} = \varepsilon.$$

Wir betrachten nun die Zahlen n, für die $a_n \leqq A$ gilt. Da für $a_n \leqq A$ die Beziehung $\lim\limits_{n\to\infty}\left\{\left(1-\frac{a_n}{n}\right)^n - e^{-a_n}\right\} = 0$ gilt, und da bei konstantem m

$$\lim_{n\to\infty} \frac{\left(1-\frac{1}{n}\right)\left(1-\frac{2}{n}\right)\cdots\left(1-\frac{m-1}{n}\right)}{\left(1-\frac{a}{n}\right)^m} = 1$$

ist, so ist auf Grund der Formel (2) für $n \geqq n_0(\varepsilon)$

$$\left|P_n(m) - \frac{a_n^m}{m!} e^{-a_n}\right| < \varepsilon.$$

Wir bemerken, daß der Satz von POISSON auch in dem Falle gilt, wo die Wahrscheinlichkeit des Ereignisses A in jedem Versuch gleich 0 ist. In diesem Falle ist $a_n = 0$.

Wir heben einen Spezialfall des soeben bewiesenen Satzes hervor: $p_n = \frac{a}{n}$, wobei a eine nichtnegative Konstante ist. Man sieht leicht, daß unter dieser Voraussetzung

$$P(m) = \lim_{n\to\infty} P_n(m) = \frac{a^m e^{-a}}{m!} \qquad (m = 0, 1, 2, \ldots).$$

Gerade dieses Grenzresultat gewann POISSON.

Man rechnet leicht nach, daß die Größen $P(m)$ der Gleichung $\sum_m P(m) = 1$ genügen.

Wir untersuchen den Verlauf von $P(m)$ als Funktion von m. Dazu betrachten wir den Quotienten

$$\frac{P(m)}{P(m-1)} = \frac{a}{m}.$$

Für $m > a$ gilt daher $P(m) < P(m-1)$, ist aber $m < a$, so ist $P(m) > P(m-1)$, für $m = a$ schließlich ist $P(m) = P(m-1)$. Hieraus schließen wir, daß die Größe $P(m)$ mit wachsendem m von 0 bis $m_0 = [a]$ wächst und danach wieder fällt. Ist a eine ganze Zahl, so besitzt $P(m)$ zwei maximale Werte: für $m_0 = a$ und für $m_0' = a - 1$. Wir bringen nun einige Beispiele.

Beispiel 1. Die Wahrscheinlichkeit, ins Ziel zu treffen, sei bei jedem Schuß gleich 0,001. Gesucht ist die Wahrscheinlichkeit, mit zwei oder mehr Kugeln ins Ziel zu treffen, wenn die Anzahl der Schüsse $n = 5000$ ist.[1])

Jeder Schuß werde als ein Versuch aufgefaßt und das Ins-Ziel-Treffen als ein Ereignis. Zur Berechnung der Wahrscheinlichkeit $\mathsf{P}\{\mu_n \geqq 2\}$ können wir dann den POISSONschen Satz benutzen. In unserem Beispiel ist

$$a_n = n\,p = 0{,}001 \cdot 5000 = 5.$$

Die gesuchte Wahrscheinlichkeit ergibt sich zu

$$\mathsf{P}\{\mu_n \geqq 2\} = \sum_{m=2}^{\infty} P_n(m) = 1 - P_n(0) - P_n(1).$$

Nach dem POISSONschen Satz ist

$$P_n(0) \sim e^{-5}, \qquad P_n(1) \sim 5\,e^{-5};$$

---

[1]) Im Großen Vaterländischen Krieg waren die Bedingungen unserer Aufgabe in der Praxis gegeben, nämlich beim Beschuß eines Flugzeuges aus Infanteriegewehren. Ein Flugzeug wird nur dann durch eine Kugel abgeschossen, wenn diese gerade auf die verwundbaren Stellen des Flugzeuges — den Motor, den Flieger, den Bezintank u. a. — trifft. Die Wahrscheinlichkeit dafür, daß eine Kugel auf die verwundbaren Stellen bei einem einzigen Schuß fällt, ist sehr klein, in der Regel feuert jedoch eine ganze Abteilung auf das Flugzeug, und die Gesamtzahl der auf das Flugzeug abgegebenen Schüsse ist ganz bedeutend. Dadurch erreicht die Wahrscheinlichkeit dafür, daß eine oder zwei Kugeln treffen, eine beachtliche Größe. Dies wurde auch praktisch beobachtet.

daher ist

$$\mathsf{P}\,\{\mu_n \geqq 2\} \sim 1 - 6\,e^{-5} \approx 0{,}9596\,.$$

Der Maximalwert der Wahrscheinlichkeit $P_n(m)$ wird für $m = 4$ und $m = 5$ angenommen. Diese Wahrscheinlichkeiten sind bis auf vier Stellen hinter dem Komma gleich

$$P(4) = P(5) \approx 0{,}1751\,.$$

Die Berechnung nach einer genauen Formel ergibt bis auf vier Stellen hinter dem Komma $P_{5000}(0) = 0{,}0067$, $P_{5000}(1) = 0{,}0336$, woraus sich

$$\mathsf{P}\,\{\mu_n \geqq 2\} = 0{,}9597$$

ergibt.

Der bei Benutzung der asymptotischen Formel begangene Fehler ist äußerst gering.

Beispiel 2. In einer Spinnerei bedient eine Arbeiterin einige 100 Spindeln, von denen jede einzeln eine Docke Garn spinnt. Bei der Drehung der Spindel reißt in gewissen, vom Zufall abhängigen Zeitintervallen auf Grund der Schwankungen der Fadenspannung und der Ungleichmäßigkeit der Qualität und aus anderen Ursachen der Faden. Für die Produktion ist es nun wichtig zu wissen, wie oft unter verschiedenen Arbeitsbedingungen (Sorte des Garns, Geschwindigkeit der Spindel usw.) der Faden reißen kann.

Angenommen, eine Arbeiterin bedient 800 Spindeln und die Wahrscheinlichkeit für das Reißen des Fadens auf jeder Spindel im Verlauf eines gewissen Zeitintervalls τ sei gleich 0,005. Gesucht ist die wahrscheinlichste Anzahl der Fadenrisse während der Zeit τ und die Wahrscheinlichkeit dafür, daß in dieser Zeit der Faden nicht öfter als 10mal reißt.

In unserem Beispiel ist

$$a_n = n\,p = 800 \cdot 0{,}005 = 4\,,$$

daher ist $P(3) = P(4)$. Der Maximalwert der Wahrscheinlichkeit $P_n(m)$ für das m-malige Abreißen des Fadens in der Zeit τ wird daher bei $m = 3$ und $m = 4$ erreicht.

Nach der POISSONschen Formel haben wir

$$P_{800}(3) \sim \frac{4^3}{3!}\,e^{-4} = 0{,}1954 \sim P_{800}(4) \sim \frac{4^4}{4!}\,e^{-4} = 0{,}1954\,.$$

Genaue Rechnungen ergeben (bis auf vier Stellen hinter dem Komma)

$$P_{800}(3) = 0{,}1956\,,$$

$$P_{800}(4) = 0{,}1959\,.$$

Die Wahrscheinlichkeit dafür, daß die Anzahl der Fadenrisse in der Zeit τ nicht größer als 10 ist, ist gleich

$$\mathsf{P}\,\{\mu_n \leqq 10\} = \sum_{m=0}^{10} P_{800}(m) = 1 - \sum_{m=11}^{\infty} P_{800}(m)\,.$$

Auf Grund des POISSONschen Satzes haben wir

$$P_{800}(m) \approx \frac{4^m}{m!} e^{-4} \qquad (m = 0, 1, 2, \ldots),$$

daher ist

$$\mathsf{P}\{\mu_n \leqq 10\} = 1 - \sum_{m=11}^{\infty} \frac{4^m}{m!} e^{-4}.$$

Nun ist aber

$$\sum_{m=11}^{\infty} \frac{4^m}{m!} e^{-4} > \left(\frac{4^{11}}{11!} + \frac{4^{12}}{12!} + \frac{4^{13}}{13!}\right) e^{-4} = \frac{4^{12} \cdot 14}{11!\,39} e^{-4} = 0{,}00276,$$

andererseits ist

$$\sum_{m=11}^{\infty} \frac{4^m}{m!} e^{-4} < \frac{4^{11}}{11!} e^{-4} + \frac{4^{12}}{12!} e^{-4} + \frac{4^{13}}{13!} e^{-4} \left[1 + \frac{4}{14} + \left(\frac{4}{14}\right)^2 + \cdots\right]$$

$$= \frac{4^{12} \cdot 24}{11!\,35} e^{-4} = 0{,}00284,$$

es ist also

$$0{,}99716 \leqq \mathsf{P}\{\mu_n \leqq 10\} \leqq 0{,}99724.$$

Ebenso wie bei der Benutzung des Satzes von MOIVRE-LAPLACE erhebt sich die Frage nach einer Abschätzung des Fehlers, den man begeht, wenn man die genaue Formel zur Berechnung von $P_n(m)$ durch die asymptotische POISSONsche Formel ersetzt.

Aus der Gleichung

$$P_n(0) = \left(1 - \frac{a_n}{n}\right)^n = e^{n \log\left(1 - \frac{a_n}{n}\right)}$$

$$= \exp\left\{-n \sum_{k=1}^{\infty} \frac{1}{k} \left(\frac{a_n}{n}\right)^k\right\} = e^{-a_n}(1 - R_n)$$

mit

$$R_n = 1 - \exp\left\{-n \sum_{k=2}^{\infty} \frac{1}{k} \left(\frac{a_n}{n}\right)^k\right\}$$

finden wir diese Abschätzung leicht für den Fall $m = 0$. Da nämlich bei beliebigen positiven x

$$0 < 1 - e^{-x} < x$$

ist, so gilt für beliebige a_n und n

$$0 < R_n < n \sum_{k=2}^{\infty} \frac{1}{k} \left(\frac{a_n}{n}\right)^k.$$

Nun ist aber

$$\sum_{k=2}^{\infty} \frac{1}{k} \left(\frac{a_n}{n}\right)^k \leqq \frac{a_n^2}{2\,n^2} + \frac{1}{3} \sum_{k=3}^{\infty} \left(\frac{a_n}{n}\right)^k$$

$$= \frac{a_n^2}{2\,n^2} + \frac{a_n^3}{3\,n^3\left(1 - \frac{a_n}{n}\right)} = \frac{a_n^2}{6\,n^2} \cdot \frac{3\,n - a_n}{n - a_n} < \frac{a_n^2}{2\,n\,(n - a_n)},$$

so daß wir schließlich die Ungleichung

$$0 < R_n < \frac{a_n^2}{2(n - a_n)}$$

erhalten. Da R_n nichtnegativ ist, schließen wir, daß wir beim Ersetzen von $P_n(0)$ durch e^{-a_n} die Wahrscheinlichkeit $P_n(0)$ nur wenig vergrößern.

§ 16. Illustration des Schemas unabhängiger Versuche

Um zu zeigen, wie man die bisherigen Resultate für Zwecke der Naturwissenschaften anwendet, betrachten wir schematisiert das Problem der zufälligen Irrfahrten eines Teilchens auf einer geraden Linie. Diese Aufgabe kann als Prototyp realer physikalischer Aufgaben der Theorie der Diffusion, der BROWNschen Bewegung u. a. betrachtet werden.

Stellen wir uns vor, daß ein Teilchen, das sich zunächst an der Stelle $x = 0$ befindet, in bestimmten Augenblicken zufällige Stöße erfährt, durch die es eine Verschiebung nach rechts oder nach links um eine Maßeinheit erleidet. In jedem dieser Augenblicke verschiebt es sich also mit der Wahrscheinlichkeit 1/2 um eine Einheit nach rechts oder mit der gleichen Wahrscheinlichkeit um eine Einheit nach links. Nach n Stößen möge das Teilchen sich um den Abstand μ verschoben haben. Es ist klar, daß wir es in dieser Aufgabe mit dem BERNOULLIschen Schema in seiner reinsten Form zu tun haben. Daraus folgt, daß wir für alle n und m die Wahrscheinlichkeit dafür berechnen können, daß $\mu = m$ ist. Es ist nämlich

$$\mathsf{P}\{\mu = m\} = \begin{cases} C_n^{\frac{m+n}{2}} \left(\frac{1}{2}\right)^n & \text{für} \quad -n \leqq m \leqq n\,, \\ 0 & \text{für} \quad |m| > n\,. \end{cases}$$

Für große Werte von n ist — wie leicht aus dem lokalen Grenzwertsatz von MOIVRE-LAPLACE folgt —

$$\mathsf{P}\{\mu = m\} \sim \frac{\sqrt{2}}{\sqrt{\pi n}} e^{-\frac{m^2}{2n}}. \tag{1}$$

Die gewonnene Formel können wir folgendermaßen interpretieren. Zu Anfang sei eine große Anzahl von Teilchen vorhanden, die die Koordinate $x = 0$ besitzen. Alle diese Teilchen beginnen sich unabhängig voneinander auf der Geraden unter der Einwirkung zufälliger Stöße zu verschieben. Nach n Stößen ist der Anteil der Teilchen, die sich um den Abstand m verschoben haben, durch die Formel (1) gegeben.

Es versteht sich, daß wir es hier nur mit idealisierten Bedingungen für die Bewegung von Teilchen zu tun haben und daß sich die wirklichen Moleküle unter sehr viel komplizierten Bedingungen bewegen. Jedoch liefert das gewonnene Resultat ein richtiges qualitatives Bild der Erscheinung.

In der Physik betrachtet man noch kompliziertere Beispiele zufälliger Bewegungen. Wir beschränken uns auf eine rein schematische Betrachtung des Einflusses 1. einer spiegelnden Wand, 2. einer absorbierenden Wand.

Stellen wir uns vor, daß sich im Abstand s rechts vom Punkt $x = 0$ eine spiegelnde Wand befindet; fällt also ein Teilchen in irgendeinem Augenblick auf diese Wand, so schlägt es bei dem folgenden Stoß mit der Wahrscheinlichkeit Eins die Richtung ein, aus der es gekommen war.

Der Anschaulichkeit halber stellen wir die Lage eines Teilchens in der Ebene (x, t) dar. Der Weg eines Teilchens bildet dann einen Streckenzug in dieser Ebene. Bei jedem Stoß bewegt sich das Teilchen um eins nach „oben“ und um eine Einheit nach rechts oder nach links $\left(\text{jedesmal wenn } x < s \text{ ist, mit der Wahrscheinlichkeit } \frac{1}{2}\right)$. Ist aber $x = s$, so bewegt sich das Teilchen bei dem nächsten Stoß um eine Einheit nach links.

Zur Berechnung der Wahrscheinlichkeit $\mathsf{P}\{\mu = m\}$ gehen wir folgendermaßen vor: Wir denken uns die Wand zunächst entfernt und gestatten dem Teilchen, sich frei zu bewegen, als wäre keine Wand vorhanden. In der Abbildung 12 sind solche idealisierten Wege eingezeichnet, die zu den Punkten A

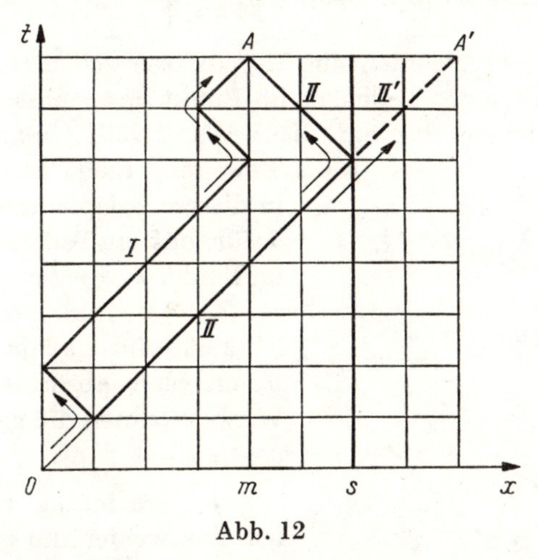

Abb. 12

und A' führen, die symmetrisch zur spiegelnden Wand liegen. Ein reales Teilchen, das sich unter dem Einfluß der spiegelnden Wand bewegt, erreicht dann und nur dann den Punkt A, wenn es unter den idealisierten Bedingungen (ohne spiegelnde Wand) entweder den Punkt A oder den Punkt A' erreicht. Die Wahrscheinlichkeit dafür, daß das Teilchen im idealisierten Falle den Punkt A erreicht, ist offenbar gleich

$$\mathsf{P}\{\mu = m\} = \frac{n!}{\left(\frac{m+n}{2}\right)!\left(\frac{n-m}{2}\right)!}\left(\frac{1}{2}\right)^n .$$

Ebenso ist die Wahrscheinlichkeit dafür, daß das Teilchen den Punkt A' erreicht, gleich

$$P\{\mu = 2s - m\} = \frac{n!}{\left(s + \frac{n-m}{2}\right)!\left(\frac{n+m}{2} - s\right)!}\left(\frac{1}{2}\right)^n$$

(die Abszisse des Punktes A' ist gleich $2s - m$).

Folglich ist die gesuchte Wahrscheinlichkeit gleich

$$P_n(m, s) = \mathsf{P}\{\mu = m\} + \mathsf{P}\{\mu = 2s - m\}.$$

Unter Benutzung des lokalen Grenzwertsatzes von MOIVRE-LAPLACE finden wir

$$P_n(m, s) \sim \frac{2}{\sqrt{2\pi n}}\left\{e^{-\frac{m^2}{2n}} + e^{-\frac{(2s-m)^2}{2n}}\right\}.$$

Dies ist eine bekannte Formel aus der Theorie der BROWNschen Bewegung. Sie erhält eine symmetrische Gestalt, wenn man den Koordinatenursprung in den Punkt $x = s$ verlegt, also mit Hilfe der Substitution $z = x - s$ zu einer neuen Koordinate z übergeht. Dann erhalten wir die Formel

$$P_n(z = k) = P_n\{k + s, s\} \sim \frac{2}{\sqrt{2\pi n}}\left\{e^{-\frac{(k+s)^2}{2n}} + e^{-\frac{(k-s)^2}{2n}}\right\}.$$

Wir kommen nun zur Betrachtung der dritten schematisierten Aufgabe, in der sich auf dem Wege des Teilchens im Punkt $x = s$ eine absorbierende Wand befindet. Ein Teilchen, das auf diese Wand fällt, nimmt an der weiteren Bewegung nicht mehr teil. Offenbar ist in diesem Beispiel die Wahrscheinlichkeit dafür, daß ein Teilchen sich nach n Stößen im Punkt ($x = m$ ($m < s$) befindet, kleiner als $P_n(m)$ d. h. kleiner als die Wahrscheinlichkeit dafür, daß das Teilchen auf diesen Punkt ohne absorbierende Wand fällt). Wir bezeichnen die gesuchte Wahrscheinlichkeit mit $\overline{P}_n(m, s)$.

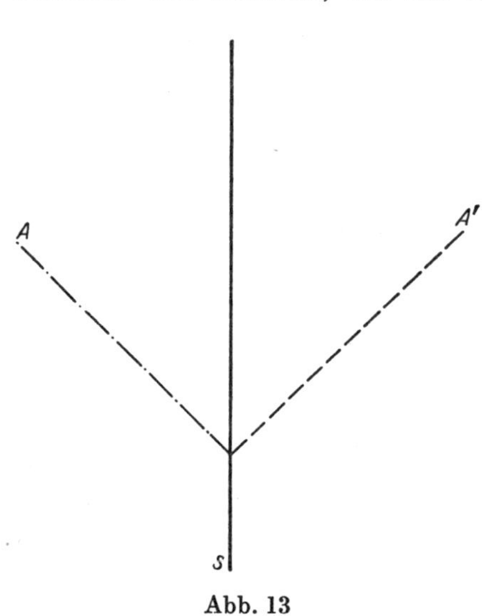

Abb. 13

Zur Berechnung von $\overline{P}_n(m, s)$ denken wir uns wieder die absorbierende Wand fort und lassen das Teilchen auf einer Geraden sich frei bewegen. Ein Teilchen, das zu irgendeinem Zeitpunkt an die Stelle $x = s$ gelangt, befindet sich in dem folgenden Augenblick mit ein und derselben Wahrscheinlichkeit rechts und links von der Geraden $x = s$. Es kann also das Teilchen, nachdem es sich auf der Geraden $x = s$ befunden hat, mit ein und derselben Wahrscheinlichkeit entweder auf den Punkt $A(m, n)$ oder auf den Punkt A' $(2s - m, n)$ fallen. Zum Punkt

A' kann das Teilchen aber nur dann gelangen, wenn es vorher einmal die Stellung $x = s$ innehatte. Daher gibt es zu jedem zum Punkt A' führenden Weg einen bezüglich der Geraden $x = s$ symmetrisch gelegenen Weg, der zum Punkt A führt. Ebenso gibt es zu jedem in der tatsächlichen Bewegung verbotenen Weg zum Punkt A einen bezüglich der Geraden $x = s$ symmetrischen Weg, der zum Punkt A' führt. Dabei bemerken wir, daß wir die Symmetrie der Wege erst von dem Augenblick in Betracht ziehen, wo sich ein Teilchen auf der Geraden $x = s$ befunden hat. Wir müssen daher bei der Lösung unserer Aufgabe von den in der idealisierten Bewegung zum Punkt A führenden Wegen alle die Wege weglassen, die zum Punkt A' führen. Folglich ist

$$\overline{P}_n(m, s) = \mathsf{P}\{\mu = m\} - \mathsf{P}\{\mu = 2s - m\},$$

und auf Grund des lokalen Grenzwertsatzes von MOIVRE-LAPLACE haben wir schließlich

$$\overline{P}_n(m, s) \sim \frac{2}{\sqrt{2\pi n}}\left\{e^{-\frac{m^2}{2n}} - e^{-\frac{(2s-m)^2}{2n}}\right\}.$$

Übungen

1. Ein Arbeiter bedient 12 gleiche Maschinen. Die Wahrscheinlichkeit dafür, daß eine Maschine die Aufmerksamkeit des Arbeiters im Verlauf eines Zeitintervalls der Länge τ erfordert, sei gleich $\frac{1}{3}$. Wie groß ist die Wahrscheinlichkeit dafür, daß
   a) 4 Maschinen in der Zeit τ zugleich die Aufmerksamkeit des Arbeiters erfordern;
   b) die Anzahl der Maschinen, die in der Zeit τ die Aufmerksamkeit des Arbeiters erfordern, zwischen 3 und 6 einschließlich liegt?

2. In einer Familie sind 10 Kinder. Unter der Annahme, daß die Wahrscheinlichkeit der Geburt eines Knaben und der eines Mädchens je gleich $\frac{1}{2}$ ist, bestimme man die Wahrscheinlichkeit dafür, daß in der Familie
   a) 5 Knaben und 5 Mädchen sind;
   b) die Anzahl der Knaben zwischen 3 und 8 liegt.

3. Es sitzen 4 Menschen beieinander. Die Geburtstage von 3 von ihnen liegen alle in einem Monat, der Geburtstag des vierten liege in einem der übrigen 11 Monate. Es werde angenommen, daß die Wahrscheinlichkeit der Geburt im Verlauf jedes Monats für jede Person gleich $\frac{1}{12}$ ist. Nun bestimme man die Wahrscheinlichkeit dafür, daß
   a) die genannten 3 Personen im Januar und die vierte Person im Oktober geboren wurden;
   b) 3 Personen in irgendeinem Monat geboren sind und die vierte in einem der übrigen 11 geboren ist.

4. Es werde 14400mal eine Münze geworfen; dabei zeige sich 7428mal der Kopf der Münze. Wie groß ist die Wahrscheinlichkeit dafür, daß die Anzahl des Auftretens des Kopfes so stark oder noch stärker von np abweicht, wenn die Münze symmetrisch ist $\left(\text{d. h. die Wahrscheinlichkeit des Auftretens des Kopfes sei bei jedem Versuch gleich } \frac{1}{2}\right)$?

5. An ein Elektrizitätsnetz sind n Geräte angeschlossen, jedes mit der Leistung a kW. In jedem Zeitpunkt wird von jedem Gerät mit der Wahrscheinlichkeit p Energie verbraucht. Gesucht ist die Wahrscheinlichkeit dafür, daß die zu einem gegebenen Zeitpunkt ausgenutzte Leistung
   a) kleiner ist als $n\,a\,p$;
   b) größer als $r\,n\,a\,p$ $(0 < r \leqq 1)$ unter der Bedingung, daß $n\,p$ groß ist.

6. An einer Hochschule studieren 730 Studenten. Die Wahrscheinlichkeit dafür, daß der Geburtstag eines willkürlich herausgegriffenen Studenten auf einen bestimmten Tag des Jahres fällt, sei gleich $\frac{1}{365}$ für jeden der 365 Tage. Man bestimme
   a) die wahrscheinlichste Anzahl von Studenten, die am 1. Januar geboren sind;
   b) die Wahrscheinlichkeit dafür, daß 3 Stundenten ein und denselben Geburtstag haben.

7. Es sei bekannt, daß die Wahrscheinlichkeit der Produktion von fehlerhaften Bohrern gleich 0,02 ist. Die Bohrer werden in Schachteln zu je 100 Stück verpackt. Wie groß ist die Wahrscheinlichkeit dafür, daß
   a) in einer Schachtel keine fehlerhaften Bohrer sind;
   b) die Anzahl der fehlerhaften Bohrer in einer Schachtel nicht größer als 3 ist?
   c) Wieviele Bohrer muß man in eine Schachtel packen, daß mit einer Wahrscheinlichkeit nicht kleiner als 0,9 in ihr wenigstens 100 einwandfrei sind?
   (Hinweis: Man benutze die POISSONsche Verteilung).

8. In einer Versicherungsgesellschaft seien 10000 Personen gleichen Alters und gleicher sozialer Stellung versichert. Die Sterbewahrscheinlichkeit im Verlaufe eines Jahres sei für jede Person gleich 0,006. Jeder Versicherte bezahlt am 1. Januar M 12,— Versicherungsbeitrag und seine Verwandten erhalten im Sterbefalle von der Gesellschaft M 10000,—. Wie groß ist die Wahrscheinlichkeit dafür, daß die Gesellschaft
   a) mit Verlust arbeitet;
   b) einen Gewinn von nicht weniger als M 40000,—, M 60000,—, M 80000,— erzielt?

9. Man beweise: Sind P und P' die Wahrscheinlichkeiten der wahrscheinlichsten Anzahl des Eintretens eines Ereignisses A in n bzw. $n + 1$ unabhängigen Versuchen [in jedem Versuch sei $P(A) = p$], so ist $P' \leqq P$. Das Gleichheitszeichen ist ausgeschlossen, wenn $(n + 1)\,p$ keine ganze Zahl ist.

10. Im BERNOULLIschen Schema sei $p = \frac{1}{2}$. Man beweise:

a)
$$\frac{1}{2\sqrt{n}} \leqq P_{2n}(n) \leqq \frac{1}{\sqrt{2n+1}};$$

b)
$$\lim_{n\to\infty} \frac{P_{2n}(n \pm h)}{P_{2n}(n)} = e^{-z^2}, \qquad \text{wenn} \qquad \lim_{n\to\infty} \frac{h}{\sqrt{n}} = z \qquad (0 \leqq z < \infty)\,.$$

11. Man beweise, daß für $n\,p\,q \geqq 25$

$$P_n(m) = \frac{1}{\sqrt{2\,n\,p\,q}}\, e^{-\frac{t^2}{2}} \left[1 + \frac{(q-p)(t^3 - 3t)}{6\sqrt{n\,p\,q}}\right] + \Delta\,,$$

wo

$$t = \frac{m - n\,p}{\sqrt{n\,p\,q}}, \qquad |\Delta| < \frac{0{,}15 + 0{,}25\,|p - q|}{(n\,p\,q)^{3/2}}\, |t|\, e^{-\frac{3}{2}\sqrt{n\,p\,q}}$$

ist.

12. Es werden n unabhängige Versuche ausgeführt. Die Wahrscheinlichkeit dafür, daß das Ereignis A im i-ten Versuch eintritt, sei gleich p_i; $P_n(m)$ sei die Wahrscheinlichkeit dafür, daß in n Versuchen das Ereignis A m mal eintritt. Man beweise, daß

a)
$$\frac{P_n(1)}{P_n(0)} \geqq \frac{P_n(2)}{P_n(1)} \geqq \cdots \geqq \frac{P_n(n)}{P_n(n-1)};$$

b) $P_n(m)$ zunächst wächst und später abnimmt. [Wenn $P_n(0)$ oder $P_n(n)$ selbst noch nicht maximal sind.]

13. Man beweise, daß für $x > 0$ die Funktion $\int\limits_x^\infty e^{-\frac{z^2}{2}} dz$ den Ungleichungen

$$\frac{x}{1+x^2} e^{-\frac{1}{2}x^2} \leqq \int\limits_x^\infty e^{-\frac{1}{2}z^2} dz \leqq \frac{1}{x} e^{-\frac{1}{2}x^2}$$

genügt.

14. Aufgabe von S. Banach. Ein Mathematiker hat 2 Schachteln Streichhölzer bei sich. Jedesmal, wenn er sich ein Streichholz anzünden will, nimmt er auf gut Glück eine der Schachteln. Man bestimme die Wahrscheinlichkeit dafür, daß, wenn der Mathematiker eine leere Schachtel herausnimmt, in der anderen Schachtel noch r Streichhölzer sind ($r = 0, 1, 2, \ldots, n$; n ist die Anzahl der Streichhölzer, die anfangs in jeder Schachtel waren).

15. An eine elektrische Leitung seien n Geräte angeschlossen. Die Wahrscheinlichkeit dafür, daß ein Gerät, das im Zeitpunkt t Energie abnimmt, bis zum Zeitpunkt $t + \Delta t$ die Energieentnahme einstellt, sei gleich $\alpha \Delta t + o(\Delta t)$. Wenn im Zeitpunkt t ein Gerät keine Energie verbraucht, so sei die Wahrscheinlichkeit dafür, daß es bis zum Zeitpunkt $t + \Delta t$ eingeschaltet wird, gleich $\beta \Delta t + o(\Delta t)$. $P_r(t)$ sei die Wahrscheinlichkeit dafür, daß im Zeitpunkt t gerade r Geräte Energie verbrauchen. Man stelle Differentialgleichungen auf, denen die $P_r(t)$ genügen müssen.
Bemerkung: Man kann leicht konkrete Beispiele angeben, in denen die Bedingungen dieser Aufgabe realisiert sind: im Straßenbahnverkehr, Werkbänke in einer Fabrik mit automatischer Abschaltung u. a.

16. Ein Arbeiter bedient n gleiche automatische Werkbänke. Wenn im Zeitpunkt t eine Werkbank arbeitet, so sei die Wahrscheinlichkeit dafür, daß sie bis zum Zeitpunkt $t + \Delta t$ die Aufmerksamkeit des Arbeiters erfordert, gleich $\alpha \Delta t + o(\Delta t)$. Wenn im Zeitpunkt t der Arbeiter an irgendeiner Werkbank beschäftigt ist, so sei die Wahrscheinlichkeit dafür, daß er bis zum Zeitpunkt $t + \Delta t$ seine Arbeit an dieser Maschine beendet hat, gleich $\beta \Delta t + o(\Delta t)$. $P_r(t)$ seien die Wahrscheinlichkeiten dafür, daß im Zeitpunkt t gerade $n - r$ Werkbänke arbeiten, daß der Arbeiter an einer Werkbank beschäftigt ist und $r - 1$ stillstehen und darauf warten, von dem Arbeiter bedient zu werden [$P_0(t)$ sei die Wahrscheinlichkeit dafür, daß alle Werkbänke arbeiten]. Man stelle Differentialgleichungen für die Wahrscheinlichkeiten $P_r(t)$ auf.
Bemerkung: Ganz analog kann man leicht Differentialgleichungen für die etwas kompliziertere Aufgabe aufstellen, wo N Werkbänke von einer Brigade von k Arbeitern bedient werden. Für praktische Zwecke ist der Vergleich der Wirtschaftlichkeit der beiden Systeme der Arbeitsorganisation recht wichtig. Zu diesem Zweck muß man die Wahrscheinlichkeiten $P_r(t)$ für $t \to \infty$ betrachten, d. h. die Arbeitsorganisation nach längerer Arbeit. Es zeigt sich, daß die Arbeit einer Brigade, die $k \cdot n$ Werkbänke bedient, erfolgreicher ist als die Bedienung von n Werkbänken durch einen Arbeiter, und zwar sowohl im Sinne einer bestmöglichen Ausnutzung der Arbeitszeit der Werkbänke als auch der Arbeitszeit des Arbeiters.

III.

MARKOWSCHE KETTEN

§ 17. Definition einer MARKOWschen Kette. Die Übergangsmatrix

Die direkte Verallgemeinerung des Schemas der unabhängigen Versuche ist das Schema der sog. MARKOW*schen Ketten*, die zuerst von dem bekannten russischen Mathematiker A. A. MARKOW systematisch untersucht wurden. Wir beschränken uns hier auf eine Darstellung der Elemente dieser Theorie.

Stellen wir uns vor, daß eine Folge von Versuchen ausgeführt wird, wobei in jedem Versuch nur genau eins der k unvereinbaren Ereignisse $A_1^{(s)}, A_2^{(s)}, \ldots, A_k^{(s)}$ eintreten kann (der obere Index bezeichnet wie im vorigen Kapitel die Nummer des Versuchs). Wir sagen, eine Folge von Versuchen bilde eine MARKOW*sche Kette*, genauer eine *einfache* MARKOWsche Kette, wenn die *Wahrscheinlichkeit für das Eintreten des Ereignisses* $A_i^{(s+1)}$ $(i = 1, 2, \ldots, k)$ *im* $(s+1)$*-ten Versuch* $(s = 1, 2, 3, \ldots)$ *nur davon abhängt, welches Ereignis im* s*-ten Versuch eintrat, und sich nicht ändert, wenn man zusätzlich weiß, welche Ereignisse in früheren Versuchen eingetreten waren.*

Häufig gebraucht man zur Darstellung der Theorie der MARKOWschen Ketten eine andere Terminologie. Man spricht dann von einem physikalischen System S, das sich in jedem Zeitpunkt in einem der Zustände $A_1, A_2, \ldots, A_k$ befinden kann und seinen Zustand nur in den vorgegebenen Zeitpunkten $t_1, t_2, \ldots, t_n, \ldots$ ändert. Für eine MARKOWsche Kette hängt die Wahrscheinlichkeit dafür, daß sich das System im Zeitpunkt τ $(t_s < \tau < t_{s+1})$ in irgendeinem Zustand A_i $(i = 1, 2, \ldots, k)$ befindet, nur davon ab, in welchem Zustand sich das System im Zeitpunkt t $(t_{s-1} < t < t_s)$ befunden hat, und sie ändert sich nicht, wenn man die Zustände in noch früheren Zeitpunkten kennt.

Zur Illustration betrachten wir zwei schematische Beispiele.

Beispiel 1. Stellen wir uns vor, daß sich ein auf einer Geraden befindliches Teilchen längs dieser Geraden unter dem Einfluß zufälliger Stöße bewegt, die zu den Zeitpunkten $t_1, t_2, t_3, \ldots$ erfolgen. Das Teilchen kann sich in den Punkten mit den ganzzahligen Koordinaten $a, a+1, a+2, \ldots, b$ befinden; in den Punkten a und b seien spiegelnde Wände angebracht. Jeder Stoß verschiebt das Teilchen nach rechts mit der Wahrscheinlichkeit p und nach links mit der Wahrscheinlichkeit $q = 1 - p$, wenn sich das Teilchen nicht gerade an einer Wand befindet. Liegt das Teilchen aber an einer der beiden Wände, so führt es jeder Stoß um eine Maßeinheit in das Innere des Raumes zwischen den Wänden zurück. Wir sehen, das angeführte Beispiel der Irrfahrt eines Teilchens stellt eine typische MARKOWsche Kette dar. Genauso könnte man den Fall betrachten, wo das Teilchen von einer Wand oder von beiden Wänden absorbiert wird.

Beispiel 2. Im BOHRschen Modell eines Wasserstoffatoms kann sich das Elektron auf einer der zugelassenen Kugelschalen befinden. Wir bezeichnen mit A_i das Ereignis, daß sich das Elektron auf der i-ten Kugelschale befindet. Wir setzen ferner voraus, daß eine Zustandsänderung des Atoms nur in den Zeitpunkten $t_1, t_2, t_3, \ldots$ erfolgen kann (in Wirklichkeit sind diese Augenblicke selbst Zufallsgrößen). Die Wahrscheinlichkeit für den Übergang von der i-ten Kugelschale auf die j-te zum Zeitpunkt t_s hängt nur von i und j ab (die Differenz $j-i$ hängt von dem Energiequantum ab, um das sich die Ladung des Atoms im Zeitpunkt t_s geändert hat), und nicht davon, auf welchen Kugelschalen sich das Elektron früher befunden hat.

Das letzte Beispiel stellt eine MARKOWsche Kette mit einer (natürlich nur im Prinzip möglichen) unendlichen Anzahl von Zuständen dar; dieses Beispiel würde dem realen Sachverhalt sehr viel näher kommen, wenn sich die Zeitpunkte des Übergangs unseres Systems in einen neuen Zustand stetig ändern könnten.

Wir beschränken uns im folgenden auf die Darstellung der einfachsten Tatbestände für *homogene* MARKOW*sche Ketten*. Für diese hängt die bedingte Wahrscheinlichkeit für das Auftreten des Ereignisses $A_j^{(s+1)}$ im $(s+1)$-ten Versuch unter der Bedingung, daß im s-ten Versuch das Ereignis $A_j^{(s)}$ eingetreten war, nicht von der Nummer des Versuchs ab. Diese Wahrscheinlichkeit nennen wir *Übergangswahrscheinlichkeit* und bezeichnen sie mit dem Buchstaben p_{ij}; in dieser Schreibweise bezeichnet der erste Index stets das Resultat des vorhergehenden Versuchs, der zweite Index gibt an, in welchen Zustand das System im nachfolgenden Zeitpunkt übergeht.

Ein vollständiges wahrscheinlichkeitstheoretisches Bild der möglichen Änderungen, die beim Übergang von einem Versuch zu dem unmittelbar folgenden eintreten können, vermittelt die aus den Übergangswahrscheinlichkeiten gebildete Matrix

$$\pi_1 = \begin{pmatrix} p_{11} & p_{12} \cdots p_{1k} \\ p_{21} & p_{22} \cdots p_{2k} \\ \multicolumn{2}{c}{\cdots\cdots\cdots\cdots} \\ p_{k1} & p_{k2} \cdots p_{kk} \end{pmatrix}.$$

Wir nennen sie die *Übergangsmatrix*. Welchen Bedingungen müssen die Elemente dieser Matrix genügen? Vor allem müssen sie als Wahrscheinlichkeiten nichtnegative Zahlen sein, d. h., für alle i und j muß

$$0 \leqq p_{ij} \leqq 1$$

sein. Ferner ergibt sich aus der Forderung, daß beim Übergang aus einem Zustand $A_j^{(s)}$ im s-ten Versuch das System unbedingt in genau einen Zustand

$A_j^{(s+1)}$ im $(s+1)$-ten Versuch übergehen soll, die Gleichung

$$\sum_{j=1}^{k} p_{ij} = 1 \qquad (i = 1, 2, \ldots, k)\,.$$

Die Summe der Elemente jeder Zeile der Übergangsmatrix ist also gleich Eins. Zur Veranschaulichung betrachten wir noch einige weitere Beispiele.

Beispiel 3. Unser System S möge die drei Zustände A_1, A_2, A_3 annehmen können; der Übergang aus dem einen Zustand in den anderen vollziehe sich nach dem Schema der homogenen Markowschen Kette; die Übergangswahrscheinlichkeiten seien durch die Matrix

$$\pi_1 = \begin{pmatrix} 1/2 & 1/6 & 1/3 \\ 1/2 & 0 & 1/2 \\ 1/3 & 1/3 & 1/3 \end{pmatrix}$$

gegeben.

Wie wir sehen, kann das System, wenn es sich im Zustand A_1 befindet, beim nächsten Schritt mit der Wahrscheinlichkeit $^1/_2$ im selben Zustand verbleiben, mit der Wahrscheinlichkeit $^1/_6$ in den Zustand A_2 und mit der Wahrscheinlichkeit $^1/_3$ in den Zustand A_3 übergehen. Wenn sich das System im Zustand A_2 befindet, so kann es sich nach dem Übergang mit gleicher Wahrscheinlichkeit nur in dem Zustand A_1 oder A_3 befinden, das Verbleiben im Zustand A_2 ist unmöglich. Die letzte Zeile der Matrix zeigt, daß das System aus dem Zustand A_3 in jeden anderen mit der gleichen Wahrscheinlichkeit $^1/_3$ übergehen kann.

Beispiel 4. Wir schreiben die Übergangsmatrix für ein Teilchen auf, das sich zwischen zwei spiegelnden Wänden bewegt (vgl. Beispiel 1). Der Aufenthalt des Teilchens im Punkt mit der Koordinate a sei das Ereignis A_1, der Aufenthalt im Punkt $a+1$ das Ereignis $A_2, \ldots,$ der Aufenthalt im Punkt b das Ereignis A_s $(s = b - a + 1)$; dann lautet die Übergangsmatrix

$$\pi_1 = \begin{pmatrix} 0 & 1 & 0 \ldots & 0 & 0 \\ q & 0 & p \ldots & 0 & 0 \\ 0 & q & 0 \ldots & 0 & 0 \\ \cdots & \cdots & \cdots & \cdots & \cdots \\ 0 & 0 & 0 \ldots & 1 & 0 \end{pmatrix}.$$

Beispiel 5. Wir schreiben auch die Übergangsmatrix für ein Teilchen auf, das sich zwischen zwei absorbierenden Wänden bewegt. Die Bezeichnung der Ereignisse und die übrigen Bedingungen sind dieselben wie im vorangegangenen Beispiel. Der Unterschied besteht nur darin, daß das Teilchen, wenn es in die Zustände A_1 und A_s gerät, mit der Wahrscheinlichkeit 1 dort verbleibt:

$$\pi_2 = \begin{pmatrix} 1 & 0 & 0 & 0 \ldots & 0 \\ q & 0 & p & 0 \ldots & 0 \\ 0 & q & 0 & p \ldots & 0 \\ \cdots & \cdots & \cdots & \cdots & \cdots \\ 0 & 0 & 0 & 0 \ldots & 1 \end{pmatrix}.$$

Unsere erste Aufgabe in der Theorie der MARKOWschen Ketten besteht in der Bestimmung der Wahrscheinlichkeit für den Übergang aus dem Zustand $A_i^{(s)}$ im s-ten Versuch in den Zustand $A_j^{(s+n)}$ nach n Versuchen. Wir bezeichnen diese Wahrscheinlichkeit durch $P_{ij}(n)$.

Wir betrachten irgendeinen dazwischen liegenden Versuch mit der Nummer $s + m$. In diesem Versuch kann irgendeines der möglichen Ereignisse A_r^{s+m} $(1 \leqq r \leqq k)$ eintreten. Die Wahrscheinlichkeit eines solchen Übergangs ist mit den oben eingeführten Bezeichnungen gleich $P_{ir}(m)$. Die Wahrscheinlichkeit für den Übergang aus dem Zustand $A_r^{(s+m)}$ in den Zustand $A_j^{(s+n)}$ ist aber gleich $P_{rj}(n - m)$. Nach der Formel der totalen Wahrscheinlichkeit ist dann

$$P_{ij}(n) = \sum_{r=1}^{k} P_{ir}(m) \cdot P_{rj}(n - m) . \tag{1}$$

Wir bezeichnen mit π_n die Übergangsmatrix nach n Versuchen

$$\pi_n = \begin{pmatrix} P_{11}(n) & P_{12}(n) & \ldots & P_{1k}(n) \\ \ldots & \ldots & \ldots & \ldots \\ P_{k1}(n) & P_{k2}(n) & \ldots & P_{kk}(n) \end{pmatrix}.$$

Nach (1) besteht zwischen den Matrizen π_s mit verschiedenen Indizes die Beziehung

$$\pi_n = \pi_m \cdot \pi_{n-m} \qquad (0 < m < n) .$$

Insbesondere finden wir für $n = 2$

$$\pi_2 = \pi_1 \cdot \pi_1 = \pi_1^2 ;$$

für $n = 3$

$$\pi_3 = \pi_1 \cdot \pi_2 = \pi_2 \cdot \pi_1 = \pi_1^3 ;$$

und allgemein bei beliebigem n

$$\pi_n = \pi_1^n .$$

Wir vermerken noch einen Spezialfall der Formel (1): Für $m = 1$ ist

$$P_{ij}(n) = \sum_{r=1}^{k} p_{ir} P_{rj}(n - 1) .$$

Beispiel 6. Eine einfache Rechnung zeigt, daß in den Beispielen 4 und 5 dieses Paragraphen die Übergangsmatrizen für zwei Schritte folgende Form haben:

Bei spiegelnden Wänden $(s \geqq 5)$

$$\begin{pmatrix} q & 0 & p & 0 & 0 & \ldots & 0 & 0 & 0 \\ 0 & q + pq & 0 & p^2 & 0 & \ldots & 0 & 0 & 0 \\ q^2 & 0 & 2pq & 0 & p^2 & \ldots & 0 & 0 & 0 \\ \ldots & \ldots & \ldots & \ldots & \ldots & \ldots & \ldots & \ldots & \ldots \\ 0 & 0 & 0 & 0 & 0 & \ldots & q & 0 & p \end{pmatrix},$$

bei absorbierenden Wänden

$$\begin{pmatrix} 1 & 0 & 0 & 0 \ldots & 0 \\ q & pq & 0 & p^2 \ldots & 0 \\ q^2 & 0 & 2pq & p^2 \ldots & 0 \\ \ldots & \ldots & \ldots & \ldots & \ldots \\ 0 & 0 & 0 & 0 \ldots & 1 \end{pmatrix}.$$

Es ist intuitiv klar, daß das Teilchen zwischen den spiegelnden Wänden in einer großen Zahl von Schritten die Möglichkeit hat, sich in jedem Punkt zwischen den Wänden aufzuhalten. Bei absorbierenden Wänden ist, je mehr Schritte das System vollzieht, die Wahrscheinlichkeit für die Absorption um so größer.

§ 18. Klassifizierung der möglichen Zustände

Wir erläutern hier eine Klassifizierung der Zustände, die fast gleichzeitig von A. N. KOLMOGOROFF für MARKOWsche Ketten mit einer abzählbaren Zustandsmenge und von W. DOEBLIN für MARKOWsche Ketten mit einer endlichen Zustandsmenge erklärt worden sind.

Ein Zustand A_i heißt *unwesentlich*, wenn ein Zustand A_j und ein n existieren, so daß $P_{ij}(n) > 0$, aber $P_{ji}(m) = 0$ für alle m. Die unwesentlichen Zustände haben also die Eigenschaft, daß das System aus ihnen mit positiver Wahrscheinlichkeit in einen gewissen anderen Zustand gelangen kann, daß es aber aus diesem anderen Zustand nicht in den unwesentlichen (Anfangs-) Zustand zurückkehren kann. Von den Beispielen des vorhergehenden Paragraphen betrachten wir das fünfte, das sich zwischen absorbierenden Wänden bewegende Teilchen. Wie man leicht sieht, sind hier alle Zustände mit Ausnahme von A_1 und A_s unwesentlich. In der Tat kann das Teilchen, wenn es sich in einem von A_1 und A_s verschiedenen Zustand befindet, mit positiver Wahrscheinlichkeit in einer endlichen Anzahl von Schritten nach A_1 und nach A_s gelangen, aber aus diesen Zuständen kann es in keinen anderen übergehen.

Alle nicht unwesentlichen Zustände heißen *wesentlich*. Aus der Definition folgt, daß, wenn die Zustände A_i und A_j wesentlich sind, solche natürliche Zahlen m und n existieren, daß zusammen mit der Ungleichung $P_{ij}(m) > 0$ auch die Ungleichung $P_{ji}(n) > 0$ erfüllt ist. Wenn für die Zustände A_i und A_j mit gewissen Zahlen m und n diese beiden Ungleichungen gelten, so nennt man sie *kommunizierend*. Wenn A_i und A_j einerseits und A_j und A_k andererseits kommunizieren, so kommunizieren auch A_i und A_k. Daher zerfallen alle wesentlichen Zustände in Klassen, so daß alle Zustände einer Klasse kommunizieren, aber Übergänge zwischen verschiedenen Klassen unmöglich sind. In den Beispielen 3 und 4 des vorangegangenen Paragraphen sind alle Zustände wesentlich und in beiden Fällen gibt es nur eine einzige Klasse von Zuständen.

Da für einen wesentlichen Zustand A_i und einen unwesentlichen A_j bei beliebigem m die Gleichung $P_{ij}(m) = 0$ gilt, so können wir folgendes erschließen: Wenn das System in einen Zustand einer bestimmten Klasse von wesentlichen Zuständen fällt, so kann es diese Klasse nicht mehr verlassen. Im Beispiel 5 gibt es zwei Klassen von wesentlichen Zuständen, und jede von ihnen besteht nur aus einem einzigen Element; die eine Klasse besteht aus dem Zustand A_1, die andere aus dem Zustand A_s.

Wir wollen den Mechanismus des Übergangs aus einem Zustand in einen anderen Zustand derselben Klasse genauer betrachten. Dazu fassen wir irgendeinen wesentlichen Zustand A_i ins Auge und bezeichnen mit M_i die Menge aller ganzen Zahlen m, für die $P_{ii}(m) > 0$ ist. Auf Grund der Definition der wesentlichen Zustände kann diese Menge nicht leer sein. Wenn die Zahlen m und n zur Menge M_i gehören, so liegt, wie man leicht sieht, auch die Summe $m + n$ in dieser Menge. Wir bezeichnen mit d_i den größten gemeinsamen Teiler aller Zahlen von M_i. Natürlich besteht M_i nur aus ganzzahligen Vielfachen von d_i.[1]) Die Zahl d_i heißt die *Periode des Zustandes* A_i.

Es seien A_i und A_j zwei zur selben Klasse gehörende Zustände. Nach dem Vorangegangenen gibt es solche Zahlen m und n, für die $P_{ij}(m) > 0$ und $P_{ji}(n) > 0$. Natürlich gehört die Zahl $m + n$ zu M_i, und folglich ist sie durch d_i teilbar. Es sei τ eine beliebige hinreichend große Zahl, dann gehört $\tau\, d_j$ zu M_j, d. h. $P_{jj}(\tau\, d_j) > 0$. Wegen

$$P_{ii}(m + \tau\, d_j + n) \geqq P_{ij}(m) \cdot P_{jj}(\tau\, d_j)\, P_{ji}(n) > 0$$

gehören alle Zahlen $m + \tau\, d_j + n$ bei hinreichend großem τ zu M_i. Da aber die Zahl $m + n$ durch d_i teilbar ist, muß auch $\tau\, d_j$ den Faktor d_i enthalten. Da τ willkürlich ist, ist also d_j durch d_i teilbar. Durch ähnliche Überlegungen kann man zeigen, daß d_i durch d_j teilbar ist; also folgt $d_i = d_j$. Alle Zustände ein und derselben Klasse haben also dieselbe Periode, die wir im weiteren mit d bezeichnen.

Dieses Resultat gestattet folgenden Schluß: Für zwei Zustände A_i und A_j, die zur selben Klasse gehören, gelten die Ungleichungen $P_{ij}(m) < 0$ und $P_{ji}(n) > 0$ nur dann, wenn m und $-n$ gleich sind modulo d.[2]) Wenn wir einen bestimmten Zustand A_α unserer Klasse herausgreifen, so können wir daher jedem Zustand A_i dieser Klasse eine bestimmte Zahl $\beta(i)$ $(1 \leqq \beta(i) \leqq d)$ zuordnen, so daß die Ungleichung $P_{\alpha i}(n) > 0$ nur für solche Werte möglich ist, die der Kongruenz $n \equiv \beta(i) \pmod{d}$ genügen. Alle Zustände A_i, denen dieselbe Zahl β zugeordnet ist, fassen wir zur Unterklasse S_β zusammen. Unsere Klasse von wesentlichen Zuständen zerfällt somit in d Unterklassen S_β. Diese Unterklassen haben die Eigenschaft, daß das System aus einem Zustand, der zu S_β gehört, beim nächsten Schritt nur in einen Zustand von $S_{\beta+1}$ übergehen kann. Wenn $\beta = d$, so geht das System in einen Zustand der Unterklasse S_1 über.

Es möge A_i zur Unterklasse S_β und A_j zur Unterklasse S_γ gehören. Nach dem bisherigen ist klar, daß die Wahrscheinlichkeit $P_{ij}(n)$ nur dann von 0 verschie-

[1]) Es zeigt sich, daß zu M_i alle genügend großen Vielfachen von d_i gehören.

[2]) Mit anderen Worten, wenn die Summe $m + n$ durch d teilbar ist.

den sein kann, wenn $n \equiv \gamma - \beta \pmod{d}$. Wenn n dieser Gleichung genügt und hinreichend groß ist, so ist die Ungleichung $P_{ij}(n) > 0$ tatsächlich erfüllt.

Zur Veranschaulichung betrachten wir das Beispiel 4 des vorangegangenen Paragraphen. Wie wir sahen, bilden die Zustände des Systems eine Klasse. Aus einem beliebigen Zustand A_i kann das System mit positiver Wahrscheinlichkeit nach zwei Schritten (und auch erst nach mindestens zwei Schritten) in eben diesen Zustand zurückkehren, d. h. $d = 2$.

Daher verteilen sich die Zustände des Systems auf zwei Unterklassen S_1 und S_2. Wir zählen zur Unterklasse S_1 alle Zustände mit ungeradem Index, zur Unterklasse S_2 alle Zustände mit geradem Index. Natürlich kann das System aus dem Zustand von S_1 in einem Schritt nur in einen Zustand von S_2 übergehen; entsprechend kann es aus S_2 in einem Schritt nur in einen Zustand von S_1 übergehen.

§ 19. Ein Satz über Grenzwahrscheinlichkeiten

Satz. *Sind für irgendein $s > 0$ alle Elemente der Übergangsmatrix π_s positiv, so gibt es konstante Zahlen p_j $(j = 1, 2, \ldots, k)$ derart, daß unabhängig vom Index i die Gleichungen*

$$\lim_{n\to\infty} P_{ij}(n) = p_j$$

bestehen.

Beweis. Die Beweisidee ist überaus einfach: Man stellt zunächst fest, daß die größte der Wahrscheinlichkeiten $P_{ij}(n)$ mit wachsendem n nicht wachsen und die kleinste nicht abnehmen kann. Ferner wird gezeigt, daß das Maximum der Differenz $P_{ij}(n) - P_{lj}(n)$ $(i, l = 1, 2, \ldots, k)$ für $n \to \infty$ gegen Null strebt. Damit ist dann der Beweis des Satzes offenbar beendet. Denn auf Grund des bekannten Satzes über den Grenzwert einer monotonen beschränkten Folge schließen wir aus den ersten beiden Eigenschaften der Wahrscheinlichkeiten $P_{ij}(n)$, daß

$$\lim_{n\to\infty} \min_{1\leq i\leq k} P_{ij}(n) = \bar{p}_j$$

und

$$\lim_{n\to\infty} \max_{1\leq i\leq k} P_{ij}(n) = \bar{\bar{p}}_j$$

existieren. Da auf Grund der dritten angegebenen Eigenschaft

$$\lim_{n\to\infty} \max_{1\leq i,l\leq k} |P_{ij}(n) - P_{lj}(n)| = 0$$

ist, so ist schließlich

$$\bar{p}_j = \bar{\bar{p}}_j = p_j \,.$$

Wir kommen nun zur Ausführung des entworfenen Plans. Wir bemerken zunächst, daß für $n > 1$ die Ungleichung

$$P_{ij}(n) = \sum_{l=1}^{k} p_{il} P_{lj}(n-1) \geq \min_{1\leq l\leq k} P_{lj}(n-1) \sum_{l=1}^{k} p_{il} = \min_{1\leq l\leq k} P_{lj}(n-1)$$

besteht. Diese Ungleichung gilt für jedes i, insbesondere für das, bei dem

$$P_{ij}(n) = \min_{1 \leqq l \leqq k} P_{lj}(n)$$

ist. Folglich ist

$$\min_{1 \leqq i \leqq k} P_{ij}(n) \geqq \min_{1 \leqq i \leqq k} P_{ij}(n-1) .$$

Analog zeigt man, daß

$$\max_{1 \leqq i \leqq k} P_{ij}(n) \leqq \max_{1 \leqq i \leqq k} P_{ij}(n-1)$$

ist.

Wir können $n > s$ annehmen und dürfen somit nach Formel (1), § 18,

$$P_{ij}(n) = \sum_{r=1}^{k} P_{ir}(s) \cdot P_{rj}(n-s)$$

schreiben.

Wir betrachten die Differenz

$$P_{ij}(n) - P_{lj}(n) = \sum_{r=1}^{k} P_{ir}(s) P_{rj}(n-s) - \sum_{r=1}^{k} P_{lr}(s) \cdot P_{rj}(n-s)$$

$$= \sum_{r=1}^{k} [P_{ir}(s) - P_{lr}(s)]\, P_{rj}(n-s) . \tag{1}$$

Die positiven Differenzen $P_{ir}(s) - P_{lr}(s)$ bezeichnen wir mit $\beta_{il}^{(r)}$, die nicht positiven Differenzen mit $-\beta_{il}'^{(r)}$. Nun ist

$$\sum_{r=1}^{k} P_{ir}(s) = \sum_{r=1}^{k} P_{lr}(s) = 1 ,$$

somit ergibt sich die Beziehung

$$\sum_{r=1}^{k} [P_{ir}(s) - P_{lr}(s)] = \sum_{(r)} \beta_{il}^{(r)} - \sum_{(r)} \beta_{il}'^{(r)} = 0 . \tag{2}$$

Daraus folgt

$$h_{il} = \sum_{(r)} \beta_{il}^{(r)} = \sum_{(r)} \beta_{il}'^{(r)} .$$

Da nach Voraussetzung für alle i und r $(i, r = 1, 2, 3, \ldots, k)$ $P_{ir}(s) > 0$ ist, so gilt

$$\sum_{(r)} \beta_{il}^{(r)} < \sum_{r=1}^{k} P_{ir}(s) = 1 ,$$

folglich ist

$$0 \leqq h_{il} < 1 .$$

Es sei

$$h = \max_{1 \leqq i, l \leqq k} h_{il} .$$

Da die Anzahl der möglichen Versuchsergebnisse endlich ist, so genügt die Größe h zusammen mit den Größen h_{il} der Ungleichung

$$0 \leqq h < 1 . \tag{3}$$

Aus (1) finden wir für beliebige i und l $(i, l = 1, 2, \ldots, k)$

$$\begin{aligned} |P_{ij}(n) - P_{lj}(n)| &= \Big|\sum_{(r)} \beta_{il}^{(r)} P_{rj}(n-s) - \sum_{(r)} \beta_{il}^{\prime(r)} P_{rj}(n-s)\Big| \\ &\leqq \Big|\max_{1\leqq r\leqq k} P_{rj}(n-s) \sum_{(r)} \beta_{il}^{(r)} - \min_{1\leqq r\leqq k} P_{rj}(n-s) \sum_{r} \beta_{il}^{\prime(r)}\Big| \\ &\leqq h\Big|\max_{1\leqq r\leqq k} P_{rj}(n-s) - \min_{1\leqq r\leqq k} P_{rj}(n-s)\Big| \\ &= h \max_{1\leqq i,l\leqq k} |P_{ij}(n-s) - P_{lj}(n-s)| \end{aligned}$$

und weiter

$$\max_{1\leqq i,l\leqq k} |P_{ij}(n) - P_{lj}(n)| \leqq h \max_{1\leqq i,l\leqq k} |P_{ij}(n-s) - P_{lj}(n-s)| \,.$$

Wenden wir diese Ungleichung $\left[\frac{n}{s}\right]$-mal an, so finden wir

$$\begin{aligned} &\max_{1\leqq i,l\leqq k} |P_{ij}(n) - P_{lj}(n)| \\ &\qquad \leqq h^{\left[\frac{n}{s}\right]} \max_{1\leqq i,l\leqq k} \left|P_{ij}\left(n - \left[\frac{n}{s}\right]s\right) - P_{lj}\left(n - \left[\frac{n}{s}\right]s\right)\right| . \end{aligned}$$

Da aber stets

$$|P_{ij}(m) - P_{lj}(m)| \leqq 1$$

ist, so ist natürlich auch

$$\max_{1\leqq i,l\leqq k} |P_{ij}(n) - P_{lj}(n)| \leqq h^{\left[\frac{n}{s}\right]} .$$

Für $n \to \infty$ strebt auch $\left[\frac{n}{s}\right]$ gegen ∞, daher ergibt sich hieraus auf Grund von (3) die Beziehung

$$\lim_{n\to\infty} \max_{1\leqq i,l\leqq k} |P_{ij}(n) - P_{lj}(n)| = 0 \,.$$

Aus dem Bewiesenen schließen wir noch, daß

$$\sum_{j=1}^{k} p_j = 1$$

ist, denn es ist

$$\sum_{j=1}^{k} p_j = \lim_{n\to\infty} \sum_{j=1}^{k} P_{ij}(n) = \lim_{n\to\infty} 1 = 1 \,.$$

Die Größen p_j kann man also als die Wahrscheinlichkeiten für das Eintreten des Ereignisses $A_j^{(n)}$ im n-ten Versuch ansehen, wenn n groß ist.

Der physikalische Sinn des bewiesenen Satzes ist klar: Die Wahrscheinlichkeit dafür, daß sich ein System im Zustand A_j befindet, hängt praktisch nicht davon ab, in welchem Zustand es sich lange Zeit vorher befunden hat und strebt für $n \to \infty$ gegen einen bestimmten Grenzwert.

Der letzte Satz wurde zuerst von A. A. Markow, dem Schöpfer der Theorie der kettenförmigen Abhängigkeiten, bewiesen; er bildete das erste streng bewiesene Resultat unter den sog. Ergodensätzen, die in der modernen Physik eine wichtige Rolle spielen.

Man kann beweisen, daß der Ergodensatz gilt, wenn alle möglichen Zustände des Systems eine wesentliche Klasse bilden.

§ 20. Verallgemeinerung des Satzes von Moivre-Laplace auf Folgen von Versuchen mit kettenförmiger Abhängigkeit

Wir richten jetzt unsere Aufmerksamkeit auf Folgen von Versuchen, als deren Resultat das Ereignis E auftreten oder nicht auftreten kann. Wir setzen dabei voraus, daß die Versuche nicht unabhängig, sondern durch eine einfache Markowsche Kette miteinander verknüpft sind. Wenn beim Versuch mit der Nummer k das Ereignis E aufgetreten ist, so sei die Wahrscheinlichkeit dafür, daß im folgenden Versuch (mit der Nummer $k + 1$) von neuem das Ereignis E erscheint, gleich α; die Wahrscheinlichkeit dafür, daß im $(k + 1)$-ten Versuch das Ereignis $\bar{E}$ erscheint, sei gleich $1 - \alpha$. Wenn aber beim Versuch mit der Nummer k das Ereignis $\bar{E}$ aufgetreten ist, so sei β die Wahrscheinlichkeit für das Auftreten von E im $(k + 1)$-ten Versuch und $1 - \beta$ die Wahrscheinlichkeit für das Auftreten von $\bar{E}$ im $(k + 1)$-ten Versuch. Die Übergangswahrscheinlichkeiten sind daher in unserem Falle gegeben durch die Matrix

$$\begin{pmatrix} \alpha & 1 - \alpha \\ \beta & 1 - \beta \end{pmatrix}.$$

Im weiteren setzen wir voraus, daß α und β verschieden von 0 und 1 sind; anderenfalls liegt kein ernsthaftes Problem vor. Es versteht sich, daß unser Schema eine natürliche Verallgemeinerung des Schemas der unabhängigen Versuche ist, das von J. Bernoulli untersucht wurde und das wir im vorhergehenden Kapitel betrachtet haben.

Durch die Angabe der Übergangsmatrix ist unsere Versuchsfolge noch nicht völlig bestimmt, da dem ersten Versuch kein anderer vorausgeht und infolgedessen die Wahrscheinlichkeiten für das Auftreten der Ereignisse E und $\bar{E}$ im ersten Versuch noch unbestimmt sind. Wir bezeichnen daher mit p_1 die Wahrscheinlichkeit des Erscheinens von E im ersten Versuch und durch $q_1 = 1 - p_1$ die Wahrscheinlichkeit des Erscheinens von $\bar{E}$ im selben ersten Versuch.

Wir lösen zunächst die beiden folgenden Aufgaben: 1. Die Wahrscheinlichkeit dafür zu finden, daß im k-ten Versuch das Ereignis E erscheint; 2. die Wahrscheinlichkeit dafür zu finden, daß das Ereignis E im j-ten Versuch auftritt, wenn im i-ten Versuch $(i < j)$ das Ereignis E erschien.

Wir bezeichnen mit p_k die Wahrscheinlichkeit für das Auftreten von E im k-ten Versuch und setzen $q_k = 1 - p_k$. Offensichtlich kann im k-ten Versuch das Ereignis E auf zwei einander ausschließende Weisen auftreten: Im $(k - 1)$-ten

Versuch kann nämlich schon das Ereignis E auftreten, das im k-ten Versuch wiederkehrt; es kann aber auch im $(k-1)$-ten Versuch das Ereignis $\overline{E}$ auftreten, worauf im k-ten Versuch das Ereignis E folgt. Nach der Formel von der totalen Wahrscheinlichkeit finden wir

$$p_k = p_{k-1}\,\alpha + q_{k-1}\,\beta\,.$$

Wir setzen $q_{k-1} = 1 - p_{k-1}$ und finden mit der Abkürzung $\delta = \alpha - \beta$

$$p_k = p_{k-1}\,\delta + \beta\,.$$

Insbesondere gilt bei $k = 2$

$$p_2 = p_1\,\delta + \beta$$

und bei $k = 3$

$$p_3 = p_2\,\delta + \beta = p_1\,\delta^2 + \beta\,(1 + \delta)\,.$$

Wie man leicht sieht, gilt bei beliebigem $k > 1$

$$\begin{aligned} p_k &= p_1\,\delta^{k-1} + \beta\,(1 + \delta + \cdots + \delta^{k-2}) \\ &= \left(p_1 - \frac{\beta}{1-\delta}\right)\delta^{k-1} + \frac{\beta}{1-\delta}. \end{aligned} \tag{1}$$

Unter unseren Voraussetzungen bezüglich α und β gilt $|\delta| < 1$. Aus Gleichung (1) folgt daher bei $k \to \infty$

$$p_k \to \frac{\beta}{1-\delta}\,.$$

Bemerkenswert ist, daß der Limes von p_k nicht von p_1 abhängt. Wir führen die Bezeichnungen

$$p = \frac{\beta}{1-\delta} = \frac{\beta}{1-\alpha+\beta}\,, \qquad q = 1 - p = \frac{1-\alpha}{1-\delta}$$

ein und können schreiben

$$p_k = p + (p_1 - p)\,\delta^{k-1}\,. \tag{1'}$$

Wir bezeichnen jetzt mit $p_j^{(i)}$ die Wahrscheinlichkeit für das Auftreten des Ereignisses E im j-ten Versuch, wenn dieses Ereignis schon im i-ten auftrat. Auf demselben Wege, den wir eben beschritten haben, kann man sich davon überzeugen, daß die Wahrscheinlichkeit $p_j^{(i)}$ für alle $j > i + 1$ der Differenzengleichung

$$p_j^{(i)} = p_{j-1}^{(i)}\,\delta + \beta$$

genügt. Es ist aber $p_{i+1}^{(i)} = \alpha$, und daher finden wir wie im schon durchgeführten Beispiel

$$p_j^{(i)} = \alpha\,\delta^{j-i-1} + \beta\,(1 + \delta + \cdots + \delta^{j-i-2}) = \frac{\beta}{1-\delta} + \frac{1-\alpha}{1-\delta}\,\delta^{j-i} \tag{2}$$

oder

$$p_j^{(i)} = p + q\,\delta^{j-i}\,. \tag{2'}$$

Wir gehen jetzt über zur Berechnung der Wahrscheinlichkeit für das m-malige Auftreten des Ereignisses E unter n Versuchen. Zu diesem Zweck zerlegen wir die gesuchte Wahrscheinlichkeit, die wir wie früher mit $P_n(m)$ bezeichnen, in vier Summanden:

$$P_n(m) = P_n(m, EE) + P_n(m, E\bar{E}) + P_n(m, \bar{E}E) + P_n(m, \bar{E}\bar{E}) .$$

Der erste dieser Summanden bezeichnet die Wahrscheinlichkeit für das m-malige Erscheinen des Ereignisses E in n Versuchen, wobei beim ersten und beim letzten Versuch E auftritt. Die Bedeutung der übrigen Summanden ist jetzt ohne weitere Erläuterung klar. Zur Berechnung von $P_n(m, EE)$ betrachten wir zunächst die folgende Anordnung der Versuchsergebnisse:

in den ersten τ_1 Versuchen erscheint das Ereignis E,

in weiteren s_1 Versuchen erscheint das Ereignis $\bar{E}$,

in weiteren τ_2 Versuchen erscheint das Ereignis E,

. . . .

in weiteren s_{k-1} Versuchen erscheint das Ereignis $\bar{E}$,

in weiteren τ_k Versuchen erscheint das Ereignis E.

Die Wahrscheinlichkeit dieses Versuchsergebnisses ist, wie man leicht sieht,

$$\begin{aligned} &p_1 \alpha^{\tau_1 - 1} (1 - \alpha) (1 - \beta)^{s_1 - 1} \beta \ldots \beta \cdot \alpha^{\tau_k - 1} \\ &\qquad = p_1 \alpha^{\tau_1 + \tau_2 + \cdots + \tau_k - k} (1 - \alpha)^{k-1} (1 - \beta)^{s_1 + \cdots + s_{k-1} - k + 1} \beta^{k-1} . \end{aligned}$$

Wegen

$$\sum_{i=1}^{k} \tau_i = m , \qquad \sum_{i=1}^{k-1} s_i = n - m$$

ist diese Wahrscheinlichkeit gleich

$$p_1 \alpha^{m-k} (1 - \alpha)^{k-1} (1 - \beta)^{n-m-k+1} \beta^{k-1} .$$

Sie hängt also nur von m, n und k, nicht aber von den Zahlen τ_j und s_j ab. Da die Zahl m auf C_{m-1}^{k-1} verschiedene Weisen in k ganzzahlige positive Summanden und $n-m$ auf C_{n-m-1}^{k-2} verschiedene Weisen in $k-1$ positive ganzzahlige Summanden zerlegt werden kann, so ist die Wahrscheinlichkeit für das m-malige Auftreten des Ereignisses E, wobei E in k Gruppen und $\bar{E}$ in $(k - 1)$ Gruppen erscheint, gleich

$$p_1 C_{m-1}^{k-1} C_{n-m-1}^{k-2} \alpha^{m-k} (1 - \alpha)^{k-1} (1 - \beta)^{n-m-k+1} \beta^{k-1} .$$

Da k einen beliebigen Wert zwischen 2 und m annehmen kann, gilt

$$P_n(m, EE) = p_1 \sum_{k=2}^{m} C_{m-1}^{k-1} \alpha^{m-k} (1 - \alpha)^{k-1} C_{n-m-1}^{k-2} (1 - \beta)^{n-m-k+1} \beta^{k-1} .$$

Auf ähnliche Weise finden wir

$$P_n(m, E\bar{E}) = p_1 \sum_{k=1}^{m} C_{m-1}^{k-1} \alpha^{m-k} (1-\alpha)^k C_{n-m-1}^{k-1} (1-\beta)^{n-m-k} \beta^{k-1},$$

$$P_n(m, \bar{E}E) = q_1 \sum_{k=1}^{m} C_{m-1}^{k-1} \alpha^{m-k} (1-\alpha)^{k-1} C_{n-m-1}^{k-1} (1-\beta)^{n-m-k} \beta^{k},$$

$$P_n(m, \bar{E}\bar{E}) = q_1 \sum_{k=2}^{m+1} C_{m-1}^{k-2} \alpha^{m-k+1} (1-\alpha)^{k-1} C_{n-m-1}^{k-1} (1-\beta)^{n-m-k} \beta^{k-1}.$$

Zur Abschätzung dieser vier Wahrscheinlichkeiten betrachten wir den Ausdruck

$$A_{mn} = \sum_{k=1}^{m} C_m^k \alpha^{m-k} (1-\alpha)^k C_{n-m}^k (1-\beta)^{n-m-k} \beta^k$$

und führen die Variablen z, u, v durch

$$\left.\begin{aligned} m &= np + z\sqrt{\frac{m\alpha(1-\alpha) + (n-m)\beta(1-\beta)}{(1-\alpha+\beta)^2}}, \\ k = m(1-\alpha) &+ u\sqrt{m\alpha(1-\alpha)}, \quad k = (n-m)\beta + v\sqrt{(n-m)\beta(1-\beta)} \end{aligned}\right\} \quad (3)$$

ein. Die Rechnung führen wir unter der Voraussetzung

$$u = o(m^{1/6}), \quad v = o(n^{\gamma})$$

durch, wo γ eine Zahl ist, die den Ungleichungen $0 < \gamma < 1/6$ genügt. Die Größe A_{mn} zerlegen wir in drei Summanden

$$A_{mn} = \Sigma_1 + \Sigma_2 + \Sigma_3,$$

indem wir setzen

$$\Sigma_1 = \sum_{k=1}^{m(1-\alpha)-u_1\sqrt{m\alpha(1-\alpha)}}, \quad \Sigma_2 = \sum_{k=m(1-\alpha)-u_1\sqrt{m\alpha(1-\alpha)}}^{m(1-\alpha)+u_1\sqrt{m\alpha(1-\alpha)}},$$

$$\Sigma_3 = \sum_{k=m(1-\alpha)+u_1\sqrt{m\alpha(1-\alpha)}}^{m}.$$

Wir behandeln zuerst die mittlere Summe. Indem wir wörtlich die Überlegungen wiederholen, die uns zum Beweis des lokalen Satzes von MOIVRE-LAPLACE führten, finden wir

$$C_m^k \alpha^{m-k} (1-\alpha)^k = \frac{1}{\sqrt{2\pi\alpha(1-\alpha)m}} e^{-\frac{u^2}{2}} (1+\omega_n),$$

$$C_{n-m}^k \beta^k (1-\beta)^{n-m-k} = \frac{1}{\sqrt{2\pi\beta(1-\beta)(n-m)}} e^{-\frac{v^2}{2}} (1+\omega_n'').$$

Die Größen ω_n' und ω_n'' sind innerhalb der gewählten Grenzen unendlich klein.[1])

[1]) Der in § 12 angegebene Beweis dieses Satzes zeigt nämlich, daß die dort verwendeten Variablen x_i nicht notwendig beschränkten Intervallen (a_i, b_i) angehören müssen und daß der Satz auch noch unter den hier für u bzw. v getroffenen weiteren Voraussetzungen gilt (Anm. d. Red.).

Daher gilt

$$\sum_2 = \frac{1}{2\pi\sqrt{m(n-m)\alpha\beta(1-\alpha)(1-\beta)}} \sum_{u=-u_1}^{u_1} e^{-\frac{u^2+v^2}{2}} (1+\omega_n')(1+\omega_n'') .$$

Nun ist aber

$$\frac{1}{\sqrt{m\alpha(1-\alpha)}} \sum_{u=-u_1}^{u_1} e^{-\frac{u^2+v^2}{2}} = \int_{-u_1}^{u_1} e^{-\frac{u^2+v^2}{2}} du\,(1+\omega_n''')$$

und daher

$$\sum_2 = \frac{1}{2\pi\sqrt{(n-m)\beta(1-\beta)}} \int_{-u_1}^{u_1} e^{-\frac{u^2+v^2}{2}} du\,(1+\omega_n) .$$

Da u_1 zusammen mit n gegen ∞ strebt, kann man schreiben

$$\sum_2 = \frac{1}{2\pi\sqrt{(n-m)\beta(1-\beta)}} \int_{-\infty}^{\infty} e^{-\frac{u^2+v^2}{2}} du\,(1+\bar{\omega}_n) .$$

Nach Definition sind u und v durch die Relation

$$m(1-\alpha) + u\sqrt{m\alpha(1-\alpha)} = (n-m)\beta + v\sqrt{(n-m)\beta(1-\beta)}$$

miteinander verknüpft. Setzt man hier m gemäß (3) ein, so folgt nach offensichtlichen Vereinfachungen

$$z\sqrt{m\alpha(1-\alpha) + (n-m)\beta(1-\beta)} + u\sqrt{m\alpha(1-\alpha)} = v\sqrt{(n-m)\beta(1-\beta)}$$

oder

$$v = \frac{1}{\sqrt{(n-m)\beta(1-\beta)}} \left[z\sqrt{m\alpha(1-\alpha) + (n-m)\beta(1-\beta)} + u\sqrt{m\alpha(1-\alpha)}\right].$$

Daher gilt

$$u^2 + v^2 = z^2 + \frac{m\alpha(1-\alpha) + (n-m)\beta(1-\beta)}{(n-m)\beta(1-\beta)} \times \left[u + z\sqrt{\frac{m\alpha(1-\alpha)}{m\alpha(1-\alpha) + (n-m)\beta(1-\beta)}}\right]^2$$

und folglich

$$\sum_2 = \frac{1}{\sqrt{2\pi[m\alpha(1-\alpha) + (n-m)\beta(1-\beta)]}} e^{-\frac{z^2}{2}} (1+\bar{\omega}_n) .$$

Nach (3) gilt

$$m\alpha(1-\alpha) + (n-m)\beta(1-\beta) = np\alpha(1-\alpha) + nq\beta(1-\beta) + O(z\sqrt{n})$$
$$= npq(1+\alpha-\beta)(1-\alpha+\beta) + O(z\sqrt{n}) ,$$

und so erhalten wir

$$\sum_2 = \frac{1}{\sqrt{2\pi npq(1+\alpha-\beta)(1-\alpha+\beta)}} e^{-\frac{z^2}{2}} (1+\bar{\omega}_n') .$$

Zur Abschätzung der Summe Σ_1 führen wir die Bezeichnung

$$u_i = C_m^i \alpha^{m-i} (1-\alpha)^i C_{n-m}^i (1-\beta)^{n-m-i} \beta^i$$

ein. Der Quotient

$$\frac{u_i}{u_{i+1}} = \frac{(i+1)^2}{(m-i)(n-m-i)} \frac{\alpha(1-\beta)}{(1-\alpha)\beta}$$

wächst mit wachsendem i und bleibt für nicht zu großes i kleiner als 1. Es sei $j = m(1-\alpha) - u_1 \sqrt{m\alpha(1-\alpha)}$, $v_j = u_j$, $v_{j-1} = u_{j-1}$, $\frac{v_{j-1}}{v_j} = \varkappa$ und für $i = 1, \ldots, j-2$ $v_i = v_j \varkappa^{j-i}$.
Natürlich ist

$$\Sigma_1 < v_1 + v_2 + \cdots + v_j < v_j \frac{1}{1-\varkappa}.$$

Nach unseren früheren Berechnungen gilt

$$v_j = \frac{1}{2\pi\sqrt{m(n-m)\alpha\beta(1-\alpha)(1-\beta)}} e^{-\frac{u_1^2+v_1^2}{2}} (1+\omega_n')(1+\omega_n''),$$

und es ist $\varkappa < \frac{1}{2}$ für genügend großes n; daher ist

$$\Sigma_1 = o(1).$$

Auf ähnlichem Wege überzeugt man sich, daß

$$\Sigma_2 = o(1).$$

Der Summand Σ_2 ist also für $A_n(m)$ bestimmend. Der Vergleich von $A_n(m)$ mit den gesuchten Wahrscheinlichkeiten führt auf

$$P_n(m, EE) = \frac{p_1\beta}{\sqrt{2\pi[m\alpha(1-\alpha) + (n-m)\beta(1-\beta)]}} e^{-\frac{z^2}{2}} (1+\overline{\omega}_n'),$$

$$P_n(m, E\overline{E}) = \frac{p_1(1-\alpha)}{\sqrt{2\pi[m\alpha(1-\alpha) + (n-m)\beta(1-\beta)]}} e^{-\frac{z^2}{2}} (1+\overline{\omega}_n'),$$

$$P_n(m, \overline{E}E) = \frac{q_1\beta}{\sqrt{2\pi[m\alpha(1-\alpha) + (n-m)\beta(1-\beta)]}} e^{-\frac{z^2}{2}} (1+\overline{\omega}_n'),$$

$$P_n(m, \overline{E}\overline{E}) = \frac{q_1(1-\alpha)}{\sqrt{2\pi[m\alpha(1-\alpha) + (n-m)\beta(1-\beta)]}} e^{-\frac{z^2}{2}} (1+\overline{\omega}_n').$$

Durch Addition dieser Ausdrücke folgt

$$P_n(m) = \frac{1}{\sqrt{2\pi npq\frac{1+\alpha-\beta}{1-\alpha+\beta}}} e^{-\frac{z^2}{2}} (1+\overline{\omega}_n').$$

Damit ist der lokale Satz bewiesen.

Wenn für die Übergangswahrscheinlichkeiten α und β die Gleichung $\alpha = \beta$ gilt, so geht das Schema der Versuche, zwischen denen eine kettenförmige

Abhängigkeit besteht, in das BERNOULLIsche Schema über, und unser Satz ist kein anderer als der von MOIVRE-LAPLACE.

Aus dem lokalen Satz kann man auf dem üblichen Wege auch den folgenden Integralgrenzwert gewinnen:

Bei beliebigen z_1, z_2 *gilt*

$$P\left\{z_1 \leqq \frac{m - n p}{\sqrt{n p q \frac{1 + \alpha - \beta}{1 - \alpha + \beta}}} \leqq z_2\right\} = \frac{1}{\sqrt{2\pi}} \int_{z_1}^{z_2} e^{-\frac{z^2}{2}} dz + \omega_n .$$

Die Größe ω_n strebt mit wachsendem n gleichmäßig bezüglich z_1 und z_2 gegen Null.

Übungen

1. Die Übergangswahrscheinlichkeiten seien durch die Matrix

$$\pi_1 = \begin{pmatrix} \frac{1}{3} & \frac{1}{4} & \frac{5}{12} \\ \frac{1}{3} & \frac{1}{4} & \frac{5}{12} \\ \frac{1}{3} & \frac{1}{4} & \frac{5}{12} \end{pmatrix}$$

gegeben. Wie groß ist die Anzahl der Zustände? Man bestimme die Übergangswahrscheinlichkeiten nach zwei Schritten.

2. Ein Elektron kann sich in Abhängigkeit von der Energie auf einer von abzählbar vielen verschiedenen Bahnen befinden. Es geht von der i-ten Bahn in die j-te im Verlauf einer Sekunde mit der Wahrscheinlichkeit $c_i e^{-a|i-j|}$ über. Man bestimme a) die Wahrscheinlichkeiten für den Übergang im Verlauf von zwei Sekunden, b) die Konstanten c_i.

3. Die Übergangswahrscheinlichkeiten seien durch die Matrix

$$\begin{pmatrix} 0 & \frac{1}{2} & \frac{1}{2} \\ \frac{1}{2} & 0 & \frac{1}{2} \\ \frac{1}{2} & \frac{1}{2} & 0 \end{pmatrix}$$

gegeben. Ist in diesem Falle der Ergodensatz von MARKOW anwendbar? Wenn ja, dann bestimme man die Grenzwahrscheinlichkeiten.

IV.

ZUFALLSGRÖSSEN UND VERTEILUNGSFUNKTIONEN

§ 21. Grundeigenschaften der Verteilungsfunktionen

Einer der grundlegenden Begriffe der Wahrscheinlichkeitsrechnung ist der Begriff der Zufallsgröße. Bevor wir ihre formale Definition angeben, bringen wir einige Beispiele.

Die Anzahl der kosmischen Teilchen, die im Verlaufe eines bestimmten Zeitabschnitts auf einen bestimmten Teil der Erde auftreffen, ist in Abhängigkeit von vielen zufälligen Faktoren merklichen Schwankungen unterworfen.

Die Zahl der Anrufe von Fernsprechteilnehmern innerhalb einer bestimmten Zeit ist ebenfalls eine Zufallsgröße und nimmt den einen oder den anderen Wert in Abhängigkeit von mannigfachen zufälligen Umständen an.

Der Abstand des Treffpunktes eines Geschosses vom Mittelpunkt einer Zielscheibe ist durch eine große Anzahl verschiedener Ursachen bestimmt, die einen zufälligen Charakter tragen. Im Enderfolg muß man beim Schießen mit einer Streuung des Geschosses in der Umgebung des Zieles rechnen und die Abweichungen als Zufallsgrößen ansehen.

Die Geschwindigkeit eines Gasmoleküls ist nicht unveränderlich, sondern sie ändert sich in Abhängigkeit von Zusammenstößen mit anderen Molekülen. Die Anzahl dieser Stöße kann auch innerhalb eines sehr kurzen Zeitintervalls recht beachtlich sein. Wenn man die Geschwindigkeit eines Moleküls in einem gegebenen Zeitpunkt kennt, so kann man nicht mit voller Bestimmtheit ihren Wert — sagen wir — nach 0,01 oder nach 0,001 s angeben. Die Geschwindigkeitsänderung der Moleküle trägt einen zufälligen Charakter.

Diese Beispiele zeigen in hinreichendem Maße, daß man es in den verschiedensten Gebieten der Wissenschaft und der Technik mit Zufallsgrößen zu tun hat. Es ergibt sich also die natürliche und dabei sehr wichtige Aufgabe, Methoden zur Untersuchung von Zufallsgrößen zu erarbeiten.

Trotz der Vielfalt des konkreten Inhalts der von uns angeführten Beispiele sind sie jedoch vom mathematischen Standpunkt aus gesehen alle von der gleichen Bauart. Denn in jedem Beispiel haben wir es mit einer Größe zu tun, die auf die eine oder andere Weise die zu untersuchende Erscheinung charakterisiert. Jede dieser Größen ist unter dem Einfluß zufälliger Umstände verschiedener Werte fähig. Man kann nie vorhersagen, welchen Wert die Größe annehmen wird, da sie sich ganz zufällig von Versuch zu Versuch ändert.

Um nun über eine Zufallsgröße Bescheid zu wissen, ist es vor allem nötig, die Werte zu kennen, die sie annehmen kann. Doch der Wertevorrat einer Zufallsgröße reicht allein noch nicht aus, um wesentliche Aussagen über sie zu machen. Betrachtet man nämlich im dritten Beispiel das Gas bei verschiedenen Temperaturen, so bleiben die an sich möglichen Geschwindigkeiten der Moleküle dieselben, während der Zustand des Gases jedesmal ein anderer ist. Zur Vorgabe einer Zufallsgröße genügt es also nicht allein zu wissen, welche Werte sie annehmen kann, sondern man muß auch wissen, wie oft, d. h. mit welcher Wahrscheinlichkeit, sie diese Werte annimmt.

Die Vielfalt der Zufallsgrößen ist sehr groß. Die Anzahl der von ihnen angenommenen Werte kann endlich, abzählbar oder auch überzählbar sein; die Werte können diskret verteilt sein oder ein Intervall ganz ausfüllen oder in einem Intervall überall dicht liegen, ohne dieses Intervall ganz auszufüllen. Um die Wahrscheinlichkeiten der Werte der Zufallsgrößen — so verschiedenartig diese auch sein mögen — durch ein und dasselbe Verfahren wiedergeben zu können, führt man in der Wahrscheinlichkeitsrechnung den *Begriff der Verteilungsfunktion einer Zufallsgröße* ein.

Es sei ξ eine Zufallsgröße und x eine beliebige reelle Zahl. Die Wahrscheinlichkeit dafür, daß ξ einen Wert annimmt, der kleiner als x ist, nennt man die *Verteilungsfunktion der Wahrscheinlichkeiten* der Zufallsgröße ξ

$$F(x) = \mathsf{P}\{\xi < x\}\,.$$

Im folgenden werden wir in der Regel Zufallsgrößen mit griechischen und die von ihnen angenommenen Werte mit lateinischen Buchstaben bezeichnen.

Fassen wir noch einmal, bei der qualitativen Beschreibung verweilend, zusammen: Eine *Zufallsgröße* ist eine Größe, deren Werte vom Zufall abhängen und für die eine Wahrscheinlichkeitsverteilungsfunktion existiert.[1])

Wir betrachten nun einige Beispiele von Verteilungsfunktionen.

Beispiel 1. Wir bezeichnen mit μ die Anzahl des Eintretens eines Ereignisses A in einer Folge von n unabhängigen Versuchen, die Wahrscheinlichkeit für das Eintreten des Ereignisses A sei bei jedem Versuch konstant und gleich p. In Abhängigkeit vom Zufall kann μ alle ganzzahligen Werte von 0 bis n einschließlich annehmen. Auf Grund der Ergebnisse des Kapitels II ist

$$P_n(m) = \mathsf{P}\{\mu = m\} = C_n^m\, p^m\, q^{n-m}\,.$$

Die Verteilungsfunktion der Größe μ ist folgendermaßen definiert

$$F(x) = \begin{cases} 0 & \text{für} \quad x \leqq 0\,, \\ \sum\limits_{k<x} P_n(k) & \text{für} \quad 0 < x \leqq n\,, \\ 1 & \text{für} \quad x > n\,. \end{cases}$$

Die Verteilungsfunktion ist also eine Treppenfunktion mit Sprüngen in den Punkten $x = 0, 1, 2, \ldots, n$; der Sprung im Punkt $x = k$ beträgt $P_n(k)$.

Dieses Beispiel zeigt, daß auch das sog. BERNOULLIsche Schema in die allgemeine Theorie der Zufallsgröße einbezogen werden kann.

---

[1]) Auf Seite 120 findet man eine mehr formalisierte Definition einer Zufallsgröße.

Beispiel 2. Eine Zufallsgröße ξ möge die Werte 0, 1, 2, ... mit den Wahrscheinlichkeiten

$$p_n = \mathsf{P}\{\xi = n\} = \frac{\lambda^n e^{-\lambda}}{n!} \qquad (n = 0, 1, 2, \ldots)$$

annehmen, $\lambda > 0$ sei dabei eine Konstante. Die Verteilungsfunktion der Größe ξ stellt eine Treppe mit unendlich vielen Stufen, mit Sprüngen in allen nichtnegativen ganzzahligen Punkten dar. Die Größe des Sprunges im Punkt $x = n$ ist gleich p_n; für $x \leqq 0$ ist $F(x) = 0$. Von der in diesem Beispiel betrachteten Zufallsgröße ξ sagt man, sie sei nach dem POISSON*schen Gesetz* verteilt.

Beispiel 3. Wir nennen eine Zufallsgröße *normal verteilt*, wenn ihre Verteilungsfunktion die Gestalt

$$\Phi(x) = C \int_{-\infty}^{x} e^{-\frac{(z-a)^2}{2\sigma^2}} dz$$

hat, wobei $C > 0$, $\sigma > 0$ und a Konstante sind. Wir werden später einen Zusammenhang zwischen den Konstanten C und σ herstellen und die wahrscheinlichkeitstheoretische Bedeutung der Parameter a und σ erklären. Normal verteilte Zufallsgrößen spielen in der Wahrscheinlichkeitsrechnung und in ihren Anwendungen eine überaus wichtige Rolle. Wir werden uns davon noch bei vielen Gelegenheiten überzeugen können.

In den ersten beiden Beispielen konnten die Zufallsgrößen nur endlich oder abzählbar viele Werte annehmen (diskrete Größen). Die nach dem normalen Gesetz verteilten Zufallsgrößen können hingegen Werte aus jedem beliebigen Intervall annehmen. Wie wir nämlich später sehen werden, ist die Wahrscheinlichkeit dafür, daß eine normal verteilte Zufallsgröße Werte aus dem Intervall $x_1 \leqq x < x_2$ annimmt, gleich

$$\Phi(x_2) - \Phi(x_1) = C \int_{x_1}^{x_2} e^{-\frac{(z-a)^2}{2\sigma^2}} dz\,,$$

sie ist also bei beliebigen x_1 und x_2 ($x_1 \neq x_2$) positiv.

Nach diesen vorbereitenden Bemerkungen mehr intuitiven Charakters kommen wir nun zu einer streng formalen Festlegung des Begriffs einer Zufallsgröße.

Bei der Definition der Zufallsgröße gehen wir — den allgemeinen Begriff des zufälligen Ereignisses benutzend — von der Menge U der Elementarereignisse aus, der Menge F der zufälligen Ereignisse und dem auf ihr definierten Wahrscheinlichkeitsmaß $\mathsf{P}\{A\}$. Unser Ausgangspunkt ist also mit anderen Worten der Wahrscheinlichkeitsraum $\{U, F, \mathsf{P}\}$. Jedem Elementarereignis e ordnen wir eine Zahl

$$\xi = f(e)$$

zu.

Wir nennen ξ eine zufällige Größe, wenn die Funktion $f(e)$ bezüglich der in der Menge U eingeführten Wahrscheinlichkeit P meßbar ist. Anders ausgedrückt fordern wir, daß für jeden Wert x $(-\infty < x < +\infty)$ die Menge A_x der e mit der Eigenschaft $f(e) < x$ zur Menge F der zufälligen Ereignisse gehört und folglich für sie die Wahrscheinlichkeit

$$\mathsf{P}\{\xi < x\} = \mathsf{P}\{A_x\} = F(x)$$

existiert, die wir die Verteilungsfunktion der zufälligen Größe ξ nannten.

Beispiel 4. Wir betrachten wieder eine Folge von n unabhängigen Versuchen. In jedem dieser Versuche sei die Wahrscheinlichkeit des Eintretens eines Ereignisses A konstant und gleich p. In diesem Beispiel bestehen die elementaren Ereignisse aus allen Möglichkeiten des Eintretens oder Nichteintretens der Ereignisse A in n Versuchen. Eine der elementaren Ereignisse besteht z. B. darin, daß das Ereignis A in jedem Versuch auftritt. Im ganzen gibt es, wie man leicht nachrechnet, 2^n elementare Ereignisse.

Wir definieren die Funktion $\mu = f(e)$ des elementaren Ereignisses e folgendermaßen: Sie sei gleich der Anzahl des Auftretens des Ereignisses A im elementaren Ereignis e. Nach den Ergebnissen des Kapitels II ist

$$\mathsf{P}\{\mu = k\} = P_n(k) = C_n^k\, p^k\, q^{n-k}\,.$$

Die Meßbarkeit der Funktion $\mu = f(e)$ im Wahrscheinlichkeitsfeld ist unmittelbar klar. Hieraus schließen wir nach unserer Definition, daß μ eine Zufallsgröße ist.

Beispiel 5. Es werden drei Beobachtungen der Lage eines sich auf einer Geraden bewegenden Moleküls ausgeführt. Die Menge der elementaren Ereignisse besteht aus den Punkten des dreidimensionalen euklidischen Raumes R_3. Die Menge der zufälligen Ereignisse F besteht aus den Borelschen Mengen des Raumes R_3.

Für jedes zufällige Ereignis A definieren wir die Wahrscheinlichkeit $\mathsf{P}\{A\}$ mit Hilfe der Gleichung

$$\mathsf{P}\{A\} = \frac{1}{(\sigma\sqrt{2\pi})^2}\iiint\limits_A e^{-\frac{1}{2\sigma^2}[(x_1-a)^2+(x_2-a)^2+(x_3-a)^2]}\,dx_1\,dx_2\,dx_3\,.$$

Wir betrachten nun die Funktion $\xi = f(e)$ des durch die Gleichung

$$\xi = \frac{1}{3}(x_1 + x_2 + x_3)$$

definierten elementaren Ereignisse $e = (x_1, x_2, x_3)$. Diese Funktion ist bezüglich der eingeführten Wahrscheinlichkeit meßbar, ξ ist daher eine Zufallsgröße.

Ihre Verteilungsfunktion ist gleich

$$F(x) = \mathsf{P}\{\xi < x\} = \frac{1}{(\sigma\sqrt{2\pi})^3} \iiint\limits_{x_1+x_2+x_3<3x} e^{-\frac{1}{2\sigma^2}\sum_{k=1}^{3}(x_k-a)^2} dx_1\,dx_2\,dx_3$$

$$= \frac{1}{\sigma\sqrt{\frac{2}{3}\pi}} \int\limits_{-\infty}^{x} e^{-\frac{3(z-a)^2}{2\sigma^2}} dz\,.$$

Von dem eben entwickelten Standpunkt aus laufen die Operationen an Zufallsgrößen auf bekannte Operationen mit Funktionen hinaus. Sind ξ_1 und ξ_2 Zufallsgrößen, d. h., sind bezüglich der eingeführten Wahrscheinlichkeit die Funktionen

$$\xi_1 = f_1(e)\,, \qquad \xi_2 = f_2(e)$$

meßbar, so ist auch eine beliebige Borelsche Funktion dieser beiden eine Zufallsgröße. Z. B. ist

$$\zeta = \xi_1 + \xi_2$$

bezüglich der eingeführten Wahrscheinlichkeit meßbar und daher eine Zufallsgröße.

In § 24 kommen wir hierauf noch einmal zurück und leiten eine Reihe für die Theorie und die Anwendungen wichtiger Resultate ab. Insbesondere werden wir dort eine Formel für die Verteilungsfunktion einer Summe auf Grund der Verteilungsfunktionen der Summanden gewinnen.

Mit Hilfe der Verteilungsfunktion einer Zufallsgröße ξ kann man nun bei beliebigen x_1 und x_2 die Wahrscheinlichkeit für die Ungleichung $x_1 \leqq \xi < x_2$ angeben. Bezeichnet man mit A das Ereignis, welches darin besteht, daß ξ Werte kleiner als x_2 annimmt, mit B das Ereignis, welches darin besteht, daß $\xi < x_1$ ist, und schließlich mit C das Ereignis $x_1 \leqq \xi < x_2$, so besteht offensichtlich die folgende Gleichung

$$A = B + C\,.$$

Da die Ereignisse B und C unvereinbar sind, gilt

$$\mathsf{P}(A) = \mathsf{P}(B) + \mathsf{P}(C)\,.$$

Nun ist aber

$$\mathsf{P}(A) = F(x_2)\,, \quad \mathsf{P}(B) = F(x_1)\,, \quad \mathsf{P}(C) = \mathsf{P}\{x_1 \leqq \xi < x_2\}\,,$$

daher ist

$$\mathsf{P}\{x_1 \leqq \xi < x_2\} = F(x_2) - F(x_1)\,. \tag{1}$$

Da definitionsgemäß die Wahrscheinlichkeit eine nichtnegative Zahl ist, so ergibt sich aus der Gleichung (1), daß bei beliebigen x_1 und x_2 ($x_2 > x_1$) die Ungleichung

$$F(x_2) \geqq F(x_1)$$

besteht, d. h., *die Verteilungsfunktion einer beliebigen Zufallsgröße ist eine monotone nichtfallende Funktion.*

Ferner genügt offenbar bei beliebigen x die Verteilungsfunktion $F(x)$ der Ungleichung

$$0 \leqq F(x) \leqq 1 . \tag{2}$$

Wir sagen, eine Verteilungsfunktion $F(x)$ besitze an der Stelle $x = x_0$ einen *Sprung*, wenn

$$F(x_0 + 0) - F(x_0 - 0) = C_0 > 0$$

ist.

Eine Verteilungsfunktion kann höchstens abzählbar viele Sprungstellen besitzen. Sie kann nämlich höchstens einen Sprung besitzen, der größer als $\frac{1}{2}$ ist, sie kann nicht mehr als drei Sprünge besitzen, deren Größe zwischen $\frac{1}{4}$ und $\frac{1}{2}$ schwankt $\left(\frac{1}{4} < C_0 \leqq \frac{1}{2}\right)$. Allgemein kann sie von den Sprüngen zwischen $\frac{1}{2^n}$ und $\frac{1}{2^{n-1}}$ nicht mehr als 2^n-1 besitzen. Es ist dann ganz klar, daß wir alle Sprünge numerieren können, indem wir sie, angefangen von den größten Werten, der Größe nach anordnen; gleiche Werte werden so oft wiederholt, wie sie als Sprünge der Verteilungsfunktion $F(x)$ auftreten.

Wir stellen nun noch einige allgemeine Eigenschaften der Verteilungsfunktionen zusammen. Wir definieren $F(-\infty)$ und $F(+\infty)$ durch die Gleichungen

$$F(-\infty) = \lim_{n\to+\infty} F(-n) , \qquad F(+\infty) = \lim_{n\to\infty} F(+n)$$

und beweisen, daß

$$F(-\infty) = 0 , \qquad F(+\infty) = 1$$

ist.

Die Ungleichung $\xi < +\infty$ ist sicher erfüllt, daher ist

$$\mathsf{P}\{\xi < +\infty\} = 1 .$$

Wir bezeichnen nun mit Q_k das Ereignis $k - 1 \leqq \xi < k$. Da das Ereignis $\xi < +\infty$ mit der Summe der Ereignisse Q_k äquivalent ist, so ist auf Grund des erweiterten Additionsaxioms

$$\mathsf{P}\{\xi < +\infty\} = \sum_{k=-\infty}^{\infty} \mathsf{P}\{Q_k\}.$$

Folglich ist für $n \to \infty$

$$\sum_{k=1-n}^{n} \mathsf{P}\{Q_k\} = \sum_{k=1-n}^{n} [F(k) - F(k-1)] = F(n) - F(-n) \to 1 .$$

Beachtet man hierbei die Ungleichung (2), so gewinnt man für $n \to \infty$ die Beziehungen

$$F(-n) \to 0 , \quad F(+n) \to 1 .$$

Eine Verteilungsfunktion ist linksseitig stetig.

Wir wählen eine beliebige monoton wachsende Folge

$$x_0 < x_1 < x_2 < \cdots < x_n < \cdots$$

aus, die gegen x konvergiert.

Mit A_n bezeichnen wir das Ereignis $\{x_n \leqq \xi < x\}$. Dann ist für $i > j$ $A_i \subset A_j$, und das Produkt aller Ereignisse A_n ist das unmögliche Ereignis. Auf Grund des Stetigkeitsaxioms muß

$$\lim_{n\to\infty} \mathsf{P}(A_n) = \lim_{n\to\infty} \{F(x) - F(x_n)\} = F(x) - \lim_{n\to\infty} F(x_n)$$

$$= F(x) - F(x-0) = 0$$

sein, q. e. d.

Genauso kann man beweisen, daß

$$\mathsf{P}\,\{\xi \leqq x\} = F(x+0)$$

ist.

Wir sehen also, *daß jede Verteilungsfunktion eine monotone nichtfallende, linksseitig stetige Funktion ist, die den Bedingungen* $F(-\infty) = 0$ *und* $F(+\infty) = 1$ *genügt.* Es gilt auch die Umkehrung: *Jede Funktion, die den aufgezählten Bedingungen genügt, läßt sich als Verteilungsfunktion einer Zufallsgröße deuten.*

Während jedoch jede Zufallsgröße ihre Verteilungsfunktion eindeutig festlegt, gibt es beliebig viele verschiedene Zufallsgrößen, die ein und dieselbe Verteilungsfunktion besitzen. Nimmt z. B. ξ jeden der beiden Werte $+1$ und -1 mit der Wahrscheinlichkeit $\frac{1}{2}$ an und ist $\eta = -\xi$, so ist doch sicherlich immer ξ verschieden von η. Trotzdem besitzen beide Zufallsgrößen ein und dieselbe Verteilungsfunktion

$$F(x) = \begin{cases} 0 & \text{für} \quad x \leqq -1\,, \\ \frac{1}{2} & \text{für} \quad -1 < x \leqq 1\,, \\ 1 & \text{für} \quad x > 1\,. \end{cases}$$

§ 22. Stetige und diskrete Verteilungen

Manchmal charakterisiert man das Verhalten einer Zufallsgröße nicht durch Vorgabe ihrer Verteilungsfunktion, sondern auf irgendeine andere Art. Jede solche Charakterisierung heißt ein Verteilungsgesetz der Zufallsgröße, wenn es möglich ist, nach bestimmten Regeln aus ihr die Verteilungsfunktion zu bestimmen. Ein solches Verteilungsgesetz ist z. B. die Intervallfunktion $P\{x_1, x_2\}$, welche die Wahrscheinlichkeit der Ungleichung $x_1 \leqq \xi < x_2$ angibt. Kennt man $P\{x_1, x_2\}$, so kann man nach der Formel

$$F(x) = P\{-\infty, x\}$$

die entsprechende Verteilungsfunktion aufstellen. Wir wissen bereits, daß man bei beliebigen x_1 und x_2 auch die Funktion $P\{x_1, x_2\}$ aus $F(x)$ finden kann:

$$P\{x_1, x_2\} = F(x_2) - F(x_1)\,.$$

Es erweist sich häufig als zweckmäßig, als Verteilungsgesetz die Mengenfunktion $P\{E\}$ zu nehmen, die für alle BORELschen Mengen definiert ist und die Wahrscheinlichkeit dafür angibt, daß die Zufallsgröße ξ einen Wert annimmt, der zur Menge E gehört. Die Wahrscheinlichkeit $P\{E\}$ ist auf Grund des erweiterten Additionsaxioms eine volladditive Mengenfunktion, d. h., läßt sich E als Vereinigung endlich oder abzählbar vieler paarweise disjunkter Mengen E_k darstellen, so ist

$$P(E) = \sum P\{E_k\}.$$

Aus der Vielfalt der Zufallsgrößen wählen wir zunächst solche aus, die nur endlich oder abzählbar viele Werte annehmen können. Solche Größen wollen wir *diskrete* Zufallsgrößen nennen. Eine diskrete Zufallsgröße ξ möge mit positiven Wahrscheinlichkeiten die Werte $x_1, x_2, x_2, \ldots$ annehmen.[1]) Um die Größe ξ wahrscheinlichkeitstheoretisch vollständig zu charakterisieren, genügt es, die Wahrscheinlichkeiten $p_k = \mathsf{P}\,\{\xi = x_k\}$ zu kennen. Mit Hilfe der Wahrscheinlichkeiten p_k kann man offenbar die Verteilungsfunktion $F(x)$ durch die Gleichung

$$F(x) = \sum p_k$$

gewinnen, dabei wird die Summe über alle Indizes erstreckt, für die $x_k < x$ ist.

Die Verteilungsfunktion einer beliebigen diskreten Größe ist unstetig, sie wächst in Sprüngen an denjenigen Stellen x, die mögliche Werte von ξ sind. Die Größe des Sprunges von $F(x)$ an der Stelle x ist — wie wir schon früher erläuterten — gleich der Differenz $F\,(x + 0) - F(x)$.

Sind zwei mögliche Werte der Größe ξ durch ein Intervall voneinander getrennt, in dem keine anderen möglichen Werte ξ liegen, so ist in diesem Intervall die Verteilungsfunktion $F(x)$ konstant. Besitzt ξ endlich viele mögliche Werte, z. B. n, so stellt die Verteilungsfunktion eine Treppenfunktion mit $n + 1$ Konstanz-Intervallen dar. Hat jedoch ξ abzählbar viele mögliche Werte, so können diese auch überall dicht liegen, so daß die Verteilungsfunktion eventuell überhaupt kein Konstanz-Intervall besitzt. Zum Beispiel besitze ξ als mögliche Werte alle rationalen Zahlen und nur diese. Diese Zahlen seien irgendwie numeriert: $r_1, r_2, \ldots$ und die Wahrscheinlichkeiten $\mathsf{P}\,\{\xi = r_k\} = p_k$ seien durch die Gleichung $p_k = \frac{1}{2^k}$ definiert. In diesem Beispiel sind alle rationalen Punkte Unstetigkeitsstellen der Verteilungsfunktion.

Als zweite wichtige Klasse von Zufallsgrößen sondern wir die Größen aus, für die eine nichtnegative Funktion $p(x)$ existiert, die für alle x der Gleichung

$$F(x) = \int_{-\infty}^{x} p(z)\,dz$$

genügt. Zufallsgrößen mit dieser Eigenschaft wollen wir *stetig* nennen. Die Funktion $p(x)$ heißt die *Dichte der Wahrscheinlichkeitsverteilung*.

[1]) Diese und nur diese Werte x_n nennen wir *mögliche Werte* der diskreten Zufallsgröße ξ.

Die Wahrscheinlichkeitsdichte besitzt die folgenden Eigenschaften:

1. $p(x) \geqq 0$.

2. Sie genügt bei beliebigen x_1 und x_2 der Gleichung

$$\mathsf{P}\,\{x_1 \leqq \xi < x_2\} = \int_{x_1}^{x_2} p(x)\,dx\,.$$

Ist insbesondere $p(x)$ im Punkte x stetig, so ist bis auf unendlich kleine Größen höherer Ordnung $\mathsf{P}\,\{x \leqq \xi < x + dx\} = p(x)\,dx$.

3. $\int_{-\infty}^{\infty} p(x)\,dx = 1$.

Beispiele stetiger Zufallsgrößen sind die normal und gleichmäßig verteilten Größen.[1])

B e i s p i e l. Wir wollen das Normalgesetz etwas näher betrachten. Seine Wahrscheinlichkeitsdichte ist gleich

$$p(x) = C \cdot e^{-\frac{(x-a)^2}{2\sigma^2}}\,.$$

Die Konstante C läßt sich mit Hilfe der Eigenschaft 3 bestimmen. Es ist nämlich

$$C \int e^{-\frac{(x-a)^2}{2\sigma^2}}\,dx = 1\,.$$

Durch die Variablensubstitution $\frac{x-a}{\sigma} = z$ bringen wir die Gleichung auf die Form

$$C\,\sigma \int e^{-\frac{z^2}{2}}\,dz = 1\,.$$

Das Integral auf der linken Seite dieser Gleichung ist unter dem Namen POISSON*sches Integral* bekannt; es ist

$$\int e^{-\frac{z^2}{2}}\,dz = \sqrt{2\,\pi}\,.$$

Wir finden also

$$C = \frac{1}{\sigma\sqrt{2\,\pi}}\,.$$

Folglich gilt für die normale Verteilung

$$p(x) = \frac{1}{\sigma\sqrt{2\,\pi}}\,e^{-\frac{(x-a)^2}{2\sigma^2}}\,.$$

Die Funktion $p(x)$ besitzt ein Maximum an der Stelle $x = a$ und Wendepunkte an den Stellen $x = a \pm \sigma$. Die Abszissenachse ist ihre Asymptote für

[1]) Eine Zufallsgröße heißt *gleichmäßig verteilt*, wenn ihre Verteilungsfunktion in einem gewissen Intervall (a, b) linear von 0 bis 1 wächst, links vom Punkt a gleich Null und rechts von b gleich Eins ist.

$x \to \pm \infty$. Um den Einfluß des Parameters σ auf die Gestalt der Kurve der Wahrscheinlichkeitsdichte zu veranschaulichen, stellen wir in Abb. 14 den Verlauf von $p(x)$ für $a = 0$ und 1. $\sigma^2 = \frac{1}{4}$, 2. $\sigma^2 = 1$, 3. $\sigma^2 = 4$ dar. Wir sehen, je kleiner der Wert σ ist, desto größer ist das Maximum von $p(x)$ und desto schärfer fällt die Kurve $p(x)$ ab. Dies besagt insbesondere, daß für zwei normal verteilte Zufallsgrößen mit dem Parameter $a = 0$ die Wahrscheinlichkeit für das Auftreten eines Wertes aus dem Intervall $(-\alpha, \alpha)$ für diejenige Zufallsgröße größer ist, die das kleinere σ hat. Wir können σ also als ein Maß dafür

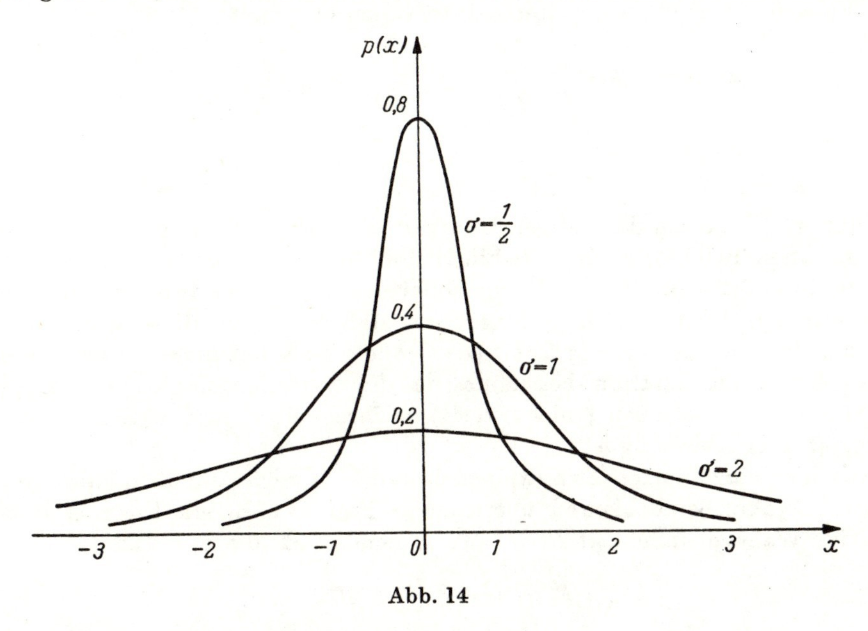

Abb. 14

ansehen, wie verstreut die Werte der Größe ξ liegen. Für $a \neq 0$ sehen die Kurven der Wahrscheinlichkeitsdichten alle genauso aus, sie sind nur in Abhängigkeit vom Vorzeichen des Parameters a nach rechts ($a > 0$) oder nach links ($a < 0$) verschoben.

Neben den diskreten und den stetigen Zufallsgrößen gibt es natürlich noch andere Zufallsgrößen. Außer den Größen, die sich in einigen Intervallen stetig, in anderen Intervallen diskret verhalten, gibt es noch Größen, die in keinem Intervall diskret oder stetig sind. Zu diesen Zufallsgrößen zählen z. B. alle die, deren Verteilungsfunktionen stetig sind, jedoch nur auf einer Menge vom LEBESGUEschen Maß Null wachsen. Als Beispiel führen wir die Zufallsgröße ξ an, deren Verteilungsfunktion die bekannte CANTORsche Kurve ist. Wir wollen uns kurz an ihre Konstruktion erinnern. Die Größe ξ nimmt nur Werte zwischen Null und Eins an. Folglich genügt ihre Verteilungsfunktion den Gleichungen

$$F(x) = 0 \quad \text{für} \quad x \leqq 0\,, \qquad F(x) = 1 \quad \text{für} \quad x > 1\,.$$

Innerhalb des Intervalls (0, 1) nimmt ξ nur Werte im ersten und dritten Drittel an, in jedem mit der Wahrscheinlichkeit $\frac{1}{2}$. Folglich ist

$$F(x) = \frac{1}{2} \quad \text{für} \quad \frac{1}{3} < x \leqq \frac{2}{3}.$$

In den Intervallen $\left(0, \frac{1}{3}\right)$ und $\left(\frac{2}{3}, 1\right)$ nimmt ξ wiederum nur Werte im ersten und dritten Drittel an, diesmal mit der Wahrscheinlichkeit $\frac{1}{4}$. Damit ist die Funktion $F(x)$ in zwei weiteren Intervallen bestimmt:

$$F(x) = \frac{1}{4} \quad \text{für} \quad \frac{1}{9} < x \leqq \frac{2}{9},$$

$$F(x) = \frac{3}{4} \quad \text{für} \quad \frac{7}{9} < x \leqq \frac{8}{9}.$$

Weiter wird in jedem der übrigen Intervalle dasselbe Verfahren wiederholt und bis ins Unendliche fortgesetzt. Schließlich ist die Funktion $F(x)$ auf abzählbar vielen Intervallen definiert. Übriggeblieben ist auf dem Intervall (0, 1) nur eine nirgends dichte perfekte Menge vom Maß Null. Auf diese Menge setzen wir die Funktion $F(x)$ stetig fort. Die Größe ξ ist somit nicht durch eine diskrete Verteilungsfunktion bestimmt, da die Verteilungsfunktion stetig ist, gleichzeitig ist aber auch ξ nicht stetig, da ihre Verteilungsfunktion nicht das Integral ihrer Ableitung ist.

Alle hier eingeführten Definitionen lassen sich leicht auf den Fall der bedingten Wahrscheinlichkeiten übertragen. Besitzt z. B. ein Ereignis B eine positive Wahrscheinlichkeit $P(B) > 0$, so nennen wir die Funktion

$$F(x/B) = \mathsf{P}\,\{\xi < x/B\}$$

die *bedingte Verteilungsfunktion* der Zufallsgröße ξ unter der Bedingung B. $F(x/B)$ besitzt offensichtlich alle Eigenschaften einer gewöhnlichen Verteilungsfunktion.

§ 23. Mehrdimensionale Verteilungsfunktionen

Für das Folgende brauchen wir neben dem Begriff der Zufallsgröße den Begriff des Zufallsvektors oder — wie man häufig sagt — einer mehrdimensionalen Zufallsgröße.

Wir betrachten den Wahrscheinlichkeitsraum $\{U, F, \mathsf{P}\}$, auf dem die n zufälligen Größen

$$\xi_1 = f_1(e), \quad \xi_2 = f_2(e), \ldots, \quad \xi_n = f_n(e)$$

definiert seien. Den Vektor $(\xi_1, \xi_2, \ldots, \xi_n)$ nennen wir eine *n-dimensionale Zufallsgröße.*

Wir betrachten nun den Zufallsvektor $(\xi_1, \xi_2, \ldots, \xi_n)$. Mit

$$\{\xi_1 < x_1,\ \xi_2 < x_2, \ldots,\ \xi_n < x_n\}$$

bezeichnen wir die Menge der Elementarereignisse e, für die zugleich alle Ungleichungen

$$f_1(e) < x_1,\ f_2(e) < x_2, \ldots,\ f_n(e) < x_n$$

erfüllt sind. Dieses Ereignis ist das Produkt der Ereignisse

$$\{f_1(e) < x_1\},\ \{f_2(e) < x_2\},\ \ldots,\ \{f_n(e) < x_n\},$$

und daher gehört es zur Menge F, d. h.

$$\{\xi_1 < x_1,\ \xi_2 < x_2, \ldots,\ \xi_n < x_n\} \in F .$$

Folglich existiert bei beliebiger Wahl der Zahlen $x_1, x_2, \ldots, x_n$ die Wahrscheinlichkeit

$$F(x_1, x_2, \ldots, x_n) = \mathsf{P}\{\xi_1 < x_1, \xi_2 < x_2, \ldots, \xi_n < x_n\} .$$

Diese Funktion von n Veränderlichen nennen wir die *n-dimensionale Verteilungsfunktion des Zufallsvektors* $(\xi_1, \xi_2, \ldots, \xi_n)$.

Im weiteren benutzen wir eine geometrische Vorstellung und betrachten die Größen $\xi_1, \xi_2, \ldots, \xi_n$ als Koordinaten eines Punktes in einem n-dimensionalen euklidischen Raum. Die Lage des Punktes $(\xi_1, \ldots, \xi_n)$ hängt offensichtlich vom Zufall ab, und die Funktion $F(x_1, \ldots, x_n)$ gibt bei dieser Interpretation die Wahrscheinlichkeit dafür an, daß der Punkt $(\xi_1, \ldots, \xi_n)$ in das Parallelepiped $\xi_1 < x_1, \ldots, \xi_n < x_n$ mit zu den Koordinatenachsen parallelen Kanten fällt.

Mit Hilfe der Verteilungsfunktion kann man leicht die Wahrscheinlichkeit dafür berechnen, daß der Punkt $(\xi_1, \ldots, \xi_n)$ innerhalb des Parallelepipeds

$$a_i \leqq \xi_i < b_i \qquad (i = 1, 2, \ldots, n)$$

liegt; a_i und b_i bezeichnen dabei beliebige Konstanten. Man rechnet leicht nach, daß

$$\mathsf{P}\,\{a_1 \leqq \xi_1 < b_1, a_2 \leqq \xi_2 < b_2, \ldots, a_n \leqq \xi_n < b_n\}$$
$$= F(b_1, b_2, \ldots, b_n) - \sum_{i=1}^{n} p_i + \sum_{i<j} p_{ij} \mp \cdots + (-1)^n F(a_1, a_2, \ldots, a_n) \quad (1)$$

ist, mit $p_{ij\ldots k}$ ist dabei der Wert der Funktion $F(c_1, c_2, \ldots, c_n)$ an der Stelle $c_i = a_i,\ c_j = a_j, \ldots, c_k = a_k$ bezeichnet, die übrigen c_s sind gleich den b_s. Den Beweis dieser Formel überlassen wir dem Leser. Wir bemerken, daß insbesondere $F(x_1, \ldots, x_{k-1}, +\infty, x_{k+1}, \ldots, x_n)$ die Wahrscheinlichkeit dafür angibt, daß folgendes System von Ungleichung erfüllt ist:

$$\xi_1 < x_1, \xi_2 < x_2, \ldots, \xi_{k-1} < x_{k-1}, \xi_{k+1} < x_{k+1}, \ldots, \xi_n < x_n .$$

Da nach dem erweiterten Additionsaxiom

$$\mathsf{P}\{\xi_1 < x_1, \ldots, \xi_{k-1} < x_{k-1}, \xi_{k+1} < x_{k+1}, \ldots, \xi_n < x_n\}$$
$$= \sum_{s=-\infty}^{\infty} \mathsf{P}\{\xi_1 < x_1, \ldots, \xi_{k-1} < x_{k-1}, s \leqq \xi_k < s+1, \xi_{k+1} < x_{k+1}, \ldots, \xi_n < x_n\}$$
$$= F(x_1, \ldots, x_{k-1}, \infty, x_{k+1}, \ldots, x_n)$$

ist, stellt $F(x_1, \ldots, x_{k-1}, +\infty, x_{k+1}, \ldots, x_n)$ die Verteilungsfunktion der $(n-1)$-dimensionalen Zufallsgröße $(\xi_1, \xi_2, \ldots, \xi_{k-1}, \xi_{k+1}, \ldots, \xi_n)$ dar. Wenn wir diesen Prozeß fortsetzen, können wir die k-dimensionalen Verteilungsfunktionen beliebiger Gruppen von k Größen $\xi_{i_1}, \xi_{i_2}, \ldots, \xi_{i_k}$ $(i_1 < i_2 < \cdots < i_k)$ nach der Formel

$$F_k(x_{i_1}, x_{i_2}, \ldots, x_{i_k}) = \mathsf{P}\{\xi_{i_1} < x_{i_1}, \ldots, \xi_{i_k} < x_{i_k}\} = F(c_1, c_2, \ldots, c_n)$$

bestimmen; dabei ist $c_s = x_s$ für $s = i_r$ $(1 \leqq r \leqq k)$, und in allen anderen Fällen ist $c_s = +\infty$. Insbesondere ist die Verteilungsfunktion der Zufallsgröße ξ_k gleich

$$F_k(x_k) = F(c_1, c_2, \ldots, c_n)\,,$$

wobei alle c_i $(i \neq k)$ gleich $+\infty$ sind, aber $c_k = x_k$ ist.

Ähnlich, wie man das Verhalten einer eindimensionalen Zufallsgröße auch noch auf andere Weise als nur durch die Verteilungsfunktion charakterisieren kann, lassen sich mehrdimensionale Zufallsgrößen etwa durch eine auf der Menge aller Borelschen Mengen des n-dimensionalen Raumes definierte volladditive nichtnegative Mengenfunktion $\Phi\{E\}$ definieren. Diese Funktion definieren wir als die Wahrscheinlichkeit dafür, daß der Punkt $(\xi_1, \ldots, \xi_n)$ auf die Menge E fällt. Diese Methode, eine n-dimensionale Zufallsgröße zu charakterisieren, muß man für die natürlichste und vom theoretischen Standpunkt für die erfolgreichste Methode halten.

Wir betrachten einige Beispiele.

Beispiel 1. Ein Zufallsvektor $(\xi_1, \ldots, \xi_n)$ heißt *gleichmäßig verteilt* im Parallelepiped $a_i \leqq \xi_i < b_i$ $(1 \leqq i \leqq n)$, wenn die Wahrscheinlichkeit dafür, daß der Punkt $(\xi_1, \xi_2, \ldots, \xi_n)$ in irgendein im Innern des Parallelepipeds gelegenes Gebiet fällt, dem Volumen dieses Gebietes proportional ist, und die Wahrscheinlichkeit, daß der Punkt überhaupt in das Parallelepiped fällt, ein sicheres Ereignis ist.

Die Verteilungsfunktion der gesuchten Größe hat die Gestalt

$$F(x_1, \ldots, x_n) = \begin{cases} 0\,, & \text{wenn } x_i \leqq a_i \text{ für irgendein } i\,, \\ \prod_{i=1}^{n} \dfrac{c_i - a_i}{b_i - a_i}\,, & \text{wobei } c_i = x_i, \text{ wenn } a_i \leqq x_i \leqq b_i\,, \\ & \text{und } \quad c_i = b_i, \text{ wenn } x_i > b_i\,. \end{cases}$$

Beispiel 2. Eine zweidimensionale Zufallsgröße (ξ_1, ξ_2) heißt *normal verteilt*, wenn ihre Verteilungsfunktion gleich

$$F(x, y) = C \int_{-\infty}^{x} \int_{-\infty}^{y} e^{-Q(u,v)} \, du \, dv$$

ist; $Q(x, y)$ bezeichnet dabei eine positiv definite quadratische Form von $x - a$ und $y - b$ mit konstanten Zahlen a und b.

Bekanntlich läßt sich jede positiv definite quadratische Form von $x - a$ und $y - b$ in der Gestalt

$$Q(x, y) = \frac{(x-a)^2}{2A^2} - r \frac{(x-a)(y-b)}{AB} + \frac{(y-b)^2}{2B^2}$$

schreiben; A und B sind dabei positive, r, a und b beliebige feste reelle Zahlen, r ist nur der Bedingung $-1 \leqq r \leqq +1$ unterworfen.

Man sieht leicht, daß für $r^2 \neq 1$ jede der Zufallsgrößen ξ_1 und ξ_2 dem eindimensionalen Normalgesetz unterworfen ist. Es ist nämlich

$$F_1(x_1) = \mathsf{P}\{\xi_1 < x_1\} = F(x_1, +\infty) = C \int_{-\infty}^{x_1} \int e^{-Q(x,y)} \, dx \, dy$$

$$= C \int_{-\infty}^{x_1} e^{-\frac{(x-a)^2}{2A^2}(1-r^2)} \int e^{-\frac{1}{2}\left[\frac{y-b}{B} - \frac{r(x-a)}{A}\right]^2} dy \, dx .$$

Da

$$\int e^{-\frac{1}{2}\left[\frac{y-b}{B} - r\frac{x-a}{A}\right]^2} dy = B\sqrt{2\pi}$$

ist, so ist

$$F_1(x_1) = B\,C\sqrt{2\pi} \int_{-\infty}^{x_1} e^{-\frac{(x-a)^2}{2A^2}(1-r^2)} \, dx . \tag{2}$$

Die Konstante C läßt sich durch A, B und r ausdrücken. Diese Abhängigkeit läßt sich aus der Bedingung $F(+\infty) = 1$ ermitteln. Wir haben

$$1 = B\,C\sqrt{2\pi} \int e^{-\frac{(x-a)^2}{2A^2}(1-r^2)} \, dx = \frac{A\,B\,C\sqrt{2\pi}}{\sqrt{1-r^2}} \int e^{-\frac{z^2}{2}} \, dz = \frac{2\,A\,B\,C\,\pi}{\sqrt{1-r^2}} .$$

Hieraus gewinnt man

$$C = \frac{\sqrt{1-r^2}}{2\pi A B} .$$

Ist $r^2 \neq 1$, so setzen wir

$$A = \sigma_1 \sqrt{1-r^2}, \quad B = \sigma_2 \sqrt{1-r^2} .$$

In diesen neuen Bezeichnungen sieht das Normalgesetz dann folgendermaßen aus:

$$F(x_1, x_2) = \frac{1}{2\pi\sigma_1\sigma_2\sqrt{1-r^2}} \int_{-\infty}^{x_1}\int_{-\infty}^{x_2} e^{-\frac{1}{2(1-r^2)}\left[\frac{(x-a)^2}{\sigma_1^2} - 2r\frac{(x-a)(y-b)}{\sigma_1\sigma_2} + \frac{(y-b)^2}{\sigma_2^2}\right]} dx\,dy\,.$$

Die wahrscheinlichkeitstheoretische Bedeutung der in diese Formel eingehenden Parameter wird im folgenden Kapitel erklärt.

Für $r^2 = 1$ verliert die Gleichung (2) ihren Sinn. In diesem Fall sind ξ_1 und ξ_2 linear miteinander verknüpft.

Ähnlich wie im eindimensionalen Falle kann man auch für mehrdimensionale Verteilungsfunktionen eine Reihe von Eigenschaften zusammenstellen. Wir formulieren sie lediglich und überlassen dem Leser die entsprechenden Beweise. Eine Verteilungsfunktion ist

1. in bezug auf jedes ihrer Argumente eine monotone nichtabnehmende Funktion,

2. bezüglich jedes Argument linksseitig stetig

und genügt

3. den Beziehungen

$$F(+\infty, +\infty, \ldots, +\infty) = 1\,,$$
$$\lim_{x_k \to -\infty} F(x_1, x_2, \ldots, x_n) = 0 \qquad (1 \leqq k \leqq n)$$

bei beliebigen Werten der übrigen Argumente.

Im eindimensionalen Falle haben wir gesehen, daß die aufgezählten Eigenschaften notwendig und hinreichend waren, damit die Funktion $F(x)$ eine Verteilungsfunktion einer Zufallsgröße war. Im mehrdimensionalen Falle sind diese Bedingungen nicht mehr hinreichend. Damit eine Funktion $F(x_1, x_2, \ldots, x_n)$ eine Verteilungsfunktion ist, muß man den aufgezählten drei Bedingungen noch die folgende hinzufügen:

4. Für beliebige a_i und b_i $(i = 1, 2, \ldots, n)$ ist der Ausdruck (1) nichtnegativ.

Daß diese Bedingung nicht notwendig erfüllt zu sein braucht, auch wenn eine Funktion $F(x_1, \ldots, x_n)$ die Eigenschaften 1—3 besitzt, zeigt das folgende Beispiel. Es sei

$$F(x, y) = \begin{cases} 0, \text{ wenn } x \leqq 0 \text{ oder } x + y \leqq 1 \text{ oder wenn } y \leqq 0\,, \\ 1 \text{ im übrigen Teil der Ebene.} \end{cases}$$

Diese Funktion genügt den Forderungen 1—3, jedoch ist

$$F(1, 1) - F\left(1, \frac{1}{2}\right) - F\left(\frac{1}{2}, 1\right) + F\left(\frac{1}{2}, \frac{1}{2}\right) = -1\,; \tag{3}$$

die vierte Bedingung ist also nicht erfüllt.

Die Funktion $F(x, y)$ kann keine Verteilungsfunktion sein, denn auf Grund der Beziehung (1) ist der Ausdruck (3) gleich der Wahrscheinlichkeit dafür, daß der Punkt (ξ_1, ξ_2) in das Rechteck $\frac{1}{2} \leqq \xi_1 < 1$, $\frac{1}{2} \leqq \xi_2 < 1$ fällt.

Wenn eine Funktion $p(x_1, x_2, \ldots, x_n)$ derart existiert, daß für beliebige $x_1, x_2, \ldots, x_n$ die Gleichung

$$F(x_1, x_2, \ldots, x_n) = \int_{-\infty}^{x_1} \int_{-\infty}^{x_2} \cdots \int_{-\infty}^{x_n} p(z_1, z_2, \ldots, z_n)\, dz_n \ldots dz_2\, dz_1$$

besteht, dann heißt diese Funktion die *Wahrscheinlichkeitsdichte* des Zufallsvektors $(\xi_1, \xi_2, \ldots, \xi_n)$. Man sieht leicht, daß die Wahrscheinlichkeitsdichte die folgenden Eigenschaften besitzt:

1. $p(x_1, x_2, \ldots, x_n) \geqq 0$.

2. Die Wahrscheinlichkeit dafür, daß der Punkt $(\xi_1, \xi_2, \ldots, \xi_n)$ in ein Gebiet G fällt, ist gleich

$$\int \cdots \int_G p(x_1, \ldots, x_n)\, dx_n \ldots dx_1 .$$

Ist die Funktion $p(x_1, x_2, \ldots, x_n)$ insbesondere im Punkt $(x_1, \ldots, x_n)$ stetig, so ist die Wahrscheinlichkeit dafür, daß der Punkt $(\xi_1, \xi_2, \ldots, \xi_n)$ in das Parallelepiped $x_k \leqq \xi_k < x_k + dx_k$ $(k = 1, 2, \ldots, n)$ fällt, bis auf unendlich kleine Größen höherer Ordnung durch

$$p(x_1, x_2, \ldots, x_n)\, dx_1\, dx_2 \ldots dx_n$$

gegeben.

Beispiel 3. Als Beispiel einer n-dimensionalen Zufallsgröße, die eine Dichte besitzt, führen wir eine in einem n-dimensionalen Gebiet G gleichmäßig verteilte Größe an. Bezeichnet V das n-dimensionale Volumen des Gebietes G, so ist die Dichte gleich

$$p(x_1, x_2, \ldots, x_n) = \begin{cases} 0, & \text{wenn } (x_1, x_2, \ldots, x_n) \notin G, \\ \frac{1}{V}, & \text{wenn } (x_1, x_2, \ldots, x_n) \in G. \end{cases}$$

Beispiel 4. Die Dichte für das zweidimensionale normale Verteilungsgesetz ist durch die Formel

$$p(x, y) = \frac{1}{2\pi\sigma_1\sigma_2\sqrt{1 - r^2}}\, e^{-\frac{1}{2(1-r^2)}\left[\frac{(x-a)^2}{\sigma_1^2} - 2r\frac{(x-a)(y-b)}{\sigma_1\sigma_2} + \frac{(y-b)^2}{\sigma_2^2}\right]}$$

gegeben.

Wir bemerken, daß die Dichte der Normalverteilung auf jeder Ellipse

$$\frac{(x-a)^2}{\sigma_1^2} - 2r\frac{(x-a)(y-b)}{\sigma_1\sigma_2} + \frac{(y-b)^2}{\sigma_2^2} = \lambda^2 \tag{4}$$

einen konstanten Wert annimmt; λ bezeichnet dabei irgendeine Konstante. Die Ellipsen (4) heißen aus diesem Grunde die *Ellipsen gleicher Wahrscheinlichkeit*.

Wir suchen nun die Wahrscheinlichkeit für das Auftreffen des Punktes (ξ_1, ξ_2) innerhalb der Ellipse (4). Nach der Definition der Dichte ist

$$P(\lambda) = \iint_{G(\lambda)} p(x, y)\, dx\, dy\,, \tag{5}$$

dabei ist mit $G(\lambda)$ das durch die Ellipse (4) begrenzte Gebiet bezeichnet. Zur Berechnung des Integrals führen wir Polarkoordinaten ein:

$$x - a = \varrho \cos \Theta\,,$$

$$y - b = \varrho \sin \Theta\,.$$

Das Integral (5) sieht dann folgendermaßen aus:

$$P(\lambda) = \frac{1}{2\pi\sigma_1\sigma_2\sqrt{1-r^2}} \int_0^{2\pi} \int_0^{\lambda/s\sqrt{1-r^2}} e^{-\frac{\varrho^2 s^2}{2}} \varrho\, d\varrho\, d\Theta\,,$$

dabei steht der Kürze halber s^2 für

$$s^2 = \frac{1}{1-r^2}\left[\frac{\cos^2\Theta}{\sigma_1^2} - 2r\frac{\cos\Theta\sin\Theta}{\sigma_1\sigma_2} + \frac{\sin^2\Theta}{\sigma_2^2}\right].$$

Die Integration über ϱ ergibt

$$P(\lambda) = \frac{1 - e^{-\frac{\lambda^2}{2(1-r^2)}}}{2\pi\sigma_1\sigma_2\sqrt{1-r^2}} \int_0^{2\pi} \frac{d\Theta}{s^2}\,.$$

Die Integration über Θ kann man nach den Regeln der Integration trigonometrischer Funktionen ausführen: Dies ist jedoch gar nicht nötig, da sie durch wahrscheinlichkeitstheoretische Überlegungen von selbst mit erledigt wird.

Es ist nämlich

$$P(+\infty) = 1 = \frac{1}{2\pi\sigma_1\sigma_2\sqrt{1-r^2}} \int_0^{2\pi} \frac{d\Theta}{s^2}\,.$$

Hieraus gewinnt man die Gleichung

$$\int_0^{2\pi} \frac{d\Theta}{s^2} = 2\pi\sigma_1\sigma_2\sqrt{1-r^2}$$

und erhält schließlich

$$P(\lambda) = 1 - e^{-\frac{\lambda^2}{2(1-r^2)}}\,.$$

Die Normalverteilung spielt in vielen Fragen der Anwendung eine außerordentliche große Rolle. Es zeigt sich, daß viele praktisch wichtige Zufallsgrößen eine normale Verteilung aufweisen. So bewies z. B. die sehr große Erfahrung des artilleristischen Schießens unter den verschiedensten Bedingungen, daß beim Schuß aus einer Kanone mit bestimmter Zieleinstellung die Streuung der Geschosse auf der Ebene dem Normalgesetz unterworfen ist. In Kapitel VIII werden wir sehen, daß sich diese „Universalität" des Normalgesetzes dadurch erklären läßt, daß jede Zufallsgröße, die sich als Summe einer sehr großen Anzahl unabhängiger Zufallsgrößen darstellen läßt, von denen jede auf die Summe nur einen unbedeutenden Einfluß hat, fast nach dem Normalgesetz verteilt ist.

Der wichtigste Begriff der Wahrscheinlichkeitsrechnung — die Unabhängigkeit von Ereignissen — behält seine Bedeutung auch für die Zufallsgrößen. Entsprechend der Definition der Unabhängigkeit von Ereignissen wollen wir die Zufallsgrößen $\xi_1, \xi_2, \ldots, \xi_n$ *unabhängig* nennen, wenn für eine beliebige Gruppe $\xi_{i_1}, \xi_{i_2}, \ldots, \xi_{i_k}$ $(i_1 < i_2 < \cdots < i_k)$ dieser Größen die Gleichung

$$\mathsf{P}\{\xi_{i_1} < x_{i_1}, \xi_{i_2} < x_{i_2}, \ldots, \xi_{i_k} < x_{i_k}\} = \mathsf{P}\{\xi_{i_1} < x_{i_1}\}\, \mathsf{P}\{\xi_{i_2} < x_{i_2}\} \ldots \mathsf{P}\{\xi_{i_k} < x_{i_k}\}$$

bei beliebigen $x_{i_1}, x_{i_2}, \ldots, x_{i_k}$ und beliebigem k $(1 \leqq k \leqq n)$ besteht. Insbesondere muß für beliebige $x_1, x_2, \ldots, x_n$ die Gleichung

$$\mathsf{P}\{\xi_1 < x_1, \xi_2 < x_2, \ldots, \xi_n < x_n\} = \mathsf{P}\{\xi_1 < x_1\}\, \mathsf{P}\{\xi_2 < x_2\} \ldots \mathsf{P}\{\xi_n < x_n\}$$

oder, in Verteilungsfunktionen geschrieben, die Gleichung

$$F(x_1, x_2, \ldots, x_n) = F_1(x_1) \cdot F_2(x_2) \ldots F_n(x_n)$$

bestehen; dabei bezeichnet $F_k(x_k)$ die Verteilungsfunktion der Größe ξ_k.

Man sieht leicht ein, daß auch die umgekehrte Aussage richtig ist: Wenn die Verteilungsfunktion $F(x_1, x_2, \ldots, x_n)$ eines Systems von Zufallsgrößen $\xi_1, \xi_2, \ldots, \xi_n$ die Gestalt

$$F(x_1, x_2, \ldots, x_n) = F_1(x_1)\, F_2(x_2) \ldots F_n(x_n)$$

hat und die Funktionen $F_k(x_k)$ den Beziehungen

$$F_k(+\infty) = 1 \qquad (k = 1, 2, \ldots, n)$$

genügen, so sind die Größen $\xi_1, \xi_2, \ldots, \xi_n$ unabhängig und die Funktionen $F_1(x_1), F_2(x_2), \ldots, F_n(x_n)$ stellen ihre Verteilungsfunktionen dar.

Den Nachweis der Richtigkeit dieser Aussage überlassen wir dem Leser.

Wenn die unabhängigen Zufallsgrößen $\xi_1, \xi_2, \ldots, \xi_n$ die Verteilungsdichten $p_1(x), p_2(x), \ldots, p_n(x)$ besitzen, so besitzt die n-dimensionale Größe $(\xi_1, \xi_2, \ldots, \xi_n)$ die Verteilungsdichte

$$p(x_1, x_2, \ldots, x_n) = p_1(x_1)\, p_2(x_2) \ldots p_n(x_n)\,.$$

Beispiel 5. Wir betrachten eine n-dimensionale Zufallsgröße, deren Komponenten $\xi_1, \xi_2, \ldots, \xi_n$ voneinander unabhängige, nach dem Normalgesetz

$$F_k(x_k) = \frac{1}{\sigma_k \sqrt{2\pi}} \int_{-\infty}^{x_k} e^{-\frac{(z-a_k)^2}{2\sigma_k^2}}\, dz$$

verteilte Zufallsgrößen sind.

Die entsprechende Verteilungsfunktion ist

$$F(x_1, x_2, \ldots, x_n) = (2\pi)^{-\frac{n}{2}} \prod_{k=1}^{n} \sigma_k^{-1} \int_{-\infty}^{x_k} e^{-\frac{(z-a_k)^2}{2\sigma_k^2}} dz ,$$

die n-dimensionale Verteilungsdichte der Größe $(\xi_1, \xi_2, \ldots, \xi_n)$

$$p(x_1, x_2, \ldots, x_n) = \frac{(2\pi)^{-\frac{n}{2}}}{\sigma_1 \sigma_2 \ldots \sigma_n} e^{-\frac{1}{2} \sum_{k=1}^{n} \frac{(x_k - a_k)^2}{\sigma_k^2}} . \tag{6}$$

Für $n = 2$ sieht diese Formel so aus:

$$p(x_1, x_2) = \frac{1}{2\pi\sigma_1\sigma_2} e^{-\frac{(x_1-a_1)^2}{2\sigma_1^2} - \frac{(x_2-a_2)^2}{2\sigma_2^2}} .$$

Ein Vergleich dieser Funktion mit der Dichte des zweidimensionalen Normalgesetzes (Beispiel 4) zeigt, daß für unabhängige Zufallsgrößen ξ_1 und ξ_2 der Parameter r gleich 0 ist.

Für $n = 3$ läßt sich die Formel (6) als Wahrscheinlichkeitsdichte der Geschwindigkeitskomponenten ξ_1, ξ_2, ξ_3 eines Moleküls in bezug auf die Koordinatenachsen deuten (MAXWELLsche Verteilung), wenn man nur voraussetzt, daß

$$\sigma_1^2 = \sigma_2^2 = \sigma_3^2 = \frac{1}{h\,m}$$

ist, mit der Molekülmasse m und einer Konstanten h.

§ 24. Funktionen von Zufallsgrößen

Mit unserem jetzigen Wissen über Verteilungsfunktionen können wir an die Lösung der folgenden Aufgabe herangehen: Zu bestimmen ist auf Grund der vorgelegten Verteilungsfunktion $F(x_1, x_2, \ldots, x_n)$ einer Gesamtheit von Zufallsgrößen $\xi_1, \xi_2, \ldots, \xi_n$ die Verteilungsfunktion $\Phi(y_1, y_2, \ldots, y_n)$ der Größen $\eta_1 = f_1(\xi_1, \xi_2, \ldots, \xi_n)$, $\eta_2 = f_2(\xi_1, \xi_2, \ldots, \xi_n)$, $\ldots$, $\eta_k = f_k(\xi_1, \ldots, \xi_n)$.

Die allgemeine Lösung dieser Aufgabe ist äußerst einfach, erfordert jedoch eine Erweiterung des Integralbegriffs. Um nicht in rein analytische Probleme abzuschweifen, beschränken wir unsere Betrachtungen auf die wichtigsten Spezialfälle: auf die diskreten und die stetigen Zufallsgrößen. Im folgenden Paragraphen findet man die Definition und die Haupteigenschaften des STIELTJES-Integrals; dort werden wir dann die wichtigsten Resultate dieses Paragraphen in voller Allgemeinheit wiedergeben.

Wir betrachten zunächst den Fall, daß der n-dimensionale Vektor $(\xi_1, \ldots, \xi_n)$ eine Wahrscheinlichkeitsdichte $p(x_1, x_2, \ldots, x_n)$ besitzt. Aus dem früheren ersieht man, daß die gesuchte Verteilungsfunktion durch die Gleichung

$$\Phi(y_1, y_2, \ldots, y_k) = \int \cdots \int_D p(x_1, x_2, \ldots, x_n)\, dx_1\, dx_2 \ldots dx_n$$

bestimmt wird; das Integrationsgebiet D ist dabei durch die Ungleichungen

$$f_i(x_1, x_2, \ldots, x_n) < y_i \qquad (i = 1, 2, \ldots, k)$$

festgelegt.

Im Falle diskreter Zufallsgrößen läßt sich die Lösung mit Hilfe einer ebenfalls über das Gebiet D erstreckten n-dimensionalen Summe angeben.

Diese kurze Bemerkung über die Lösung unserer allgemeinen Aufgabe wenden wir nun auf einige wichtige Spezialfälle an.

Die Verteilungsfunktion einer Summe. Gesucht sei die Verteilungsfunktion der Summe

$$\eta = \xi_1 + \xi_2 + \cdots + \xi_n,$$

wenn die Wahrscheinlichkeitsdichte $p(x_1, x_2, \ldots, x_n)$ des Vektors $(\xi_1, \xi_2, \ldots, \varsigma_n)$ bekannt ist. Die gesuchte Funktion ist gleich der Wahrscheinlichkeit dafür, daß der Punkt $(\xi_1, \xi_2, \ldots, \xi_n)$ in den Halbraum $\xi_1 + \xi_2 + \cdots + \xi_n < y$ fällt, also ist

$$\Phi(y) = \int_{\sum x_k < y} \cdots \int p(x_1, x_2, \ldots, x_n)\, dx_1\, dx_2 \ldots dx_n\,.$$

Den Fall $n = 2$ wollen wir etwas näher untersuchen. Die obige Formel sieht in diesem Falle folgendermaßen aus:

$$\Phi(y) = \iint_{x_1+x_2<y} p(x_1, x_2)\, dx_1\, dx_2 = \int \int_{-\infty}^{y-x_1} p(x_1, x_2)\, dx_1\, dx_2\,. \tag{1}$$

Wenn die Größen ξ_1 und ξ_2 unabhängig sind, ist $p(x_1, x_2) = p_1(x_1)\, p_2(x_2)$ und die Gleichung (1) läßt sich in der folgenden Form schreiben:

$$\begin{aligned}\Phi(y) &= \int dx_1 \int_{-\infty}^{y-x_1} p_1(x_1)\, p_2(x_2)\, dx_2 = \int dx_1 \int_{-\infty}^{y} p_1(x_1)\, p_2(z - x_1)\, dz \\ &= \int_{-\infty}^{y} dz \left\{\int p_1(x_1)\, p_2(z - x_1)\, dx_1\right\}.\end{aligned} \tag{2}$$

Im allgemeinen Fall ergibt die Formel (1)

$$\Phi(y) = \int_{-\infty}^{y} dx_1 \int p(z, x_1 - z)\, dz\,. \tag{3}$$

Durch diese Gleichungen wird folgendes gezeigt: Wenn die mehrdimensionale Verteilung der Summanden eine Wahrscheinlichkeitsdichte besitzt, so gilt das gleiche auch von der Summe. Die Wahrscheinlichkeitsdichte der Summe läßt sich im Falle unabhängiger Summanden in der Form

$$p(y) = \int p_1(z)\, p_2(y - z)\, dz \tag{4}$$

schreiben.[1])

Wir betrachten nun einige Beispiele.

---

[1]) Diese Bildung wird meist als *Faltungsformel* für Verteilungsdichten bezeichnet (Anm. d. Red.).

Beispiel 1. ξ_1 und ξ_2 seien zwei unabhängige und im Intervall (a, b) gleichmäßig verteilte Zufallsgrößen. Gesucht ist die Wahrscheinlichkeitsdichte der Summe $\eta = \xi_1 + \xi_2$.

Die Wahrscheinlichkeitsdichten von ξ_1 und ξ_2 sind gleich

$$p_1(x) = p_2(x) = \begin{cases} 0, & \text{wenn } x \leqq a \text{ oder } x > b\,, \\ \dfrac{1}{b-a}, & \text{wenn } a < x \leqq b\,. \end{cases}$$

Aus der Formel (4) finden wir

$$p_\eta(y) = \int_a^b p_1(z)\, p_2(y-z)\, dz = \frac{1}{b-a}\int_a^b p_2(y-z)\, dz\,.$$

Da für $y < 2a$

$$y - z < 2a - z < a$$

und für $y > 2b$

$$y - z > 2b - z > b$$

ist, können wir schließen, daß für $y < 2a$ und $y > 2b$

$$p_\eta(y) = 0$$

ist. Es sei nun $2a < y < 2b$. Der Integrand ist nur für solche Werte z von Null verschieden, die den Ungleichungen

$$a < y - z < b$$

oder, was dasselbe ist, den Ungleichungen

$$y - b < z < y - a$$

genügen. Da $y > 2a$ ist, so ist $y - a > a$. Offenbar ist $y - a \leqq b$ für $y \leqq a + b$. Folglich ist für $2a < y \leqq a + b$

$$p_\eta(y) = \int_a^{y-a} \frac{dz}{(b-a)^2} = \frac{y-2a}{(b-a)^2}\,.$$

Genauso findet man für $a + b < y \leqq 2b$

$$p_\eta(y) = \int_{y-b}^{b} \frac{dz}{(b-a)^2} = \frac{2b-y}{(b-a)^2}\,.$$

Fassen wir alle gewonnenen Resultate zusammen, so finden wir

$$p_\eta(y) = \begin{cases} 0 & \text{für } y \leqq 2a \text{ und } y > 2b\,, \\ \dfrac{y-2a}{(b-a)^2} & \text{für } 2a < y \leqq a+b\,, \\ \dfrac{2b-y}{(b-a)^2} & \text{für } a+b < y \leqq 2b\,. \end{cases} \tag{5}$$

Die Funktion $p_\eta(y)$ heißt das SIMPSONsche *Verteilungsgesetz*.

Die Rechnungen vereinfachen sich in dem betrachteten Beispiel erheblich, wenn man geometrische Überlegungen zu Hilfe nimmt. Wir stellen wie üblich ξ_1 und ξ_2 als rechtwinklige Koordinaten in der Ebene dar. Dann ist die Wahrscheinlichkeit der Ungleichung $\xi_1 + \xi_2 < y$ für $2a < y \leqq a + b$ gleich der

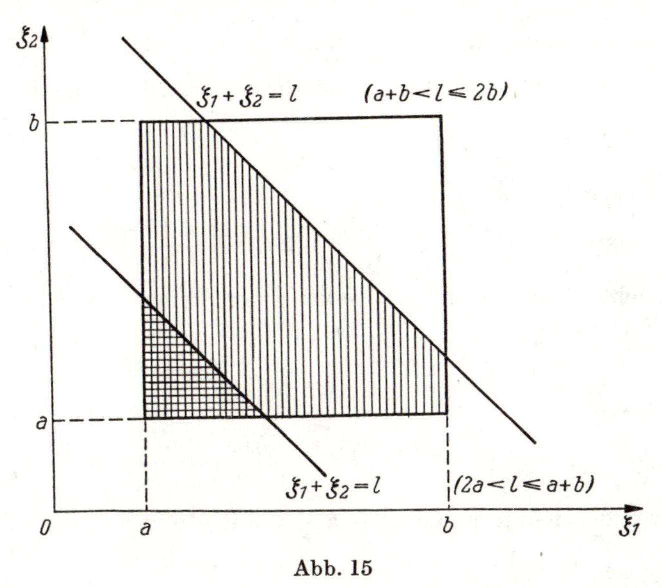

Abb. 15

Wahrscheinlichkeit dafür, daß η in das doppelt schraffierte rechtwinklige Dreieck fällt (Abb. 15). Diese Wahrscheinlichkeit ist, wie man leicht nachrechnet, gleich

$$F_\eta(y) = \frac{(y - 2a)^2}{2(a - b)^2}.$$

Für $a + b < y \leqq 2b$ ist die Wahrscheinlichkeit der Ungleichung $\xi_1 + \xi_2 < y$ gleich der Wahrscheinlichkeit, daß $\eta = \xi_1 + \xi_2$ in die ganze gestrichelte Figur fällt. Diese Wahrscheinlichkeit ist gleich

$$F_\eta(y) = 1 - \frac{(2b - y)^2}{2(b - a)^2}.$$

Differentiation nach y ergibt die Formel (5).

Im Zusammenhang mit diesem Beispiel ist die folgende Bemerkung recht interessant.

Allgemeine Fragen der Geometrie führten N. I. Lobatschewski auf die folgende Aufgabe: Gegeben sei eine Gruppe von n unabhängigen Zufallsgrößen $\xi_1, \xi_2, \ldots, \xi_n$ (Beobachtungsfehler); gesucht ist die Wahrscheinlichkeitsverteilung ihres arithmetischen Mittels.

Er löste diese Aufgabe nur für den Fall, daß alle Fehler gleichmäßig im Intervall $(-1, 1)$ verteilt sind. Dabei zeigte es sich, daß die Wahrscheinlichkeit dafür, daß der Fehler des arithmetischen Mittels in den Grenzen von $-x$ bis x liegt, gleich

$$P_n(x) = 1 - \frac{1}{2^{n-1}} \sum (-1)^r \frac{[n - n x - 2 r]^n}{r!\,(n-r)!}$$

ist; die Summe wird dabei über alle ganzen r von $r = 0$ bis $r = \left[\frac{n - n x}{2}\right]$ erstreckt.

Beispiel 2. Eine zweidimensionale Zufallsgröße (ξ_1, ξ_2) sei nach dem Normalgesetz

$$p(x, y) = \frac{1}{2\pi\sigma_1\sigma_2\sqrt{1-r^2}} \times \exp\left\{-\frac{1}{2(1-r^2)}\left(\frac{(x-a)^2}{\sigma_1^2} - 2r\frac{(x-a)(y-b)}{\sigma_1\sigma_2} + \frac{(y-b)^2}{\sigma_2^2}\right)\right\}$$

verteilt. Gesucht ist die Verteilungsfunktion der Summe $\eta = \xi_1 + \xi_2$.

Nach der Formel (3) ist

$$p_\eta(y) = \frac{1}{2\pi\sigma_1\sigma_2\sqrt{1-r^2}} \times \int \exp\left\{-\frac{1}{2(1-r^2)}\left(\frac{(z-a)^2}{\sigma_1^2} - 2r\frac{(z-a)(y-z-b)}{\sigma_1\sigma_2} + \frac{(y-z-b)^2}{\sigma_2^2}\right)\right\}dz\,.$$

Bezeichnen wir der Kürze halber $y - a - b$ mit v und $z - a$ mit u, dann ist

$$p_\eta(y) = \frac{1}{2\pi\sigma_1\sigma_2\sqrt{1-r^2}} \times \int \exp\left\{-\frac{1}{2(1-r^2)}\left(\frac{u^2}{\sigma_1^2} - 2r\frac{u(v-u)}{\sigma_1\sigma_2} + \frac{(v-u)^2}{\sigma_2^2}\right)\right\} du\,.$$

Ferner ist

$$\begin{aligned}\frac{u^2}{\sigma_1^2} - 2r\frac{u(v-u)}{\sigma_1\sigma_2} + \frac{(v-u)^2}{\sigma_2^2} &= u^2\frac{\sigma_1^2 + 2r\sigma_1\sigma_2 + \sigma_2^2}{\sigma_1^2\sigma_2^2} - 2uv\frac{\sigma_1 + r\sigma_2}{\sigma_1\sigma_2^2} + \frac{v^2}{\sigma_2^2}\\ &= \left[u\frac{\sqrt{\sigma_1^2 + 2r\sigma_1\sigma_2 + \sigma_2^2}}{\sigma_1\sigma_2} - \frac{v}{\sigma_2}\frac{\sigma_1 + r\sigma_2}{\sqrt{\sigma_1^2 + 2r\sigma_1\sigma_2 + \sigma_2^2}}\right]^2 + \frac{v^2}{\sigma_2^2}\left(1 - \frac{(\sigma_1 + r\sigma_2)^2}{\sigma_1^2 + 2r\sigma_1\sigma_2 + \sigma_2^2}\right)\\ &= \left[u\frac{\sqrt{\sigma_1^2 + 2r\sigma_1\sigma_2 + \sigma_2^2}}{\sigma_1\sigma_2} - \frac{v}{\sigma_2}\frac{\sigma_1 + r\sigma_2}{\sqrt{\sigma_1^2 + 2r\sigma_1\sigma_2 + \sigma_2^2}}\right]^2 + \frac{v^2(1-r^2)}{\sigma_1^2 + 2r\sigma_1\sigma_2 + \sigma_2^2}\,.\end{aligned}$$

Mit der Abkürzung

$$t = \frac{1}{\sqrt{1-r^2}}\left[u\frac{\sqrt{\sigma_1^2 + 2r\sigma_1\sigma_2 + \sigma_2^2}}{\sigma_1\sigma_2} - \frac{v}{\sigma_2}\frac{\sigma_1 + r\sigma_2}{\sqrt{\sigma_1^2 + 2r\sigma_1\sigma_2 + \sigma_2^2}}\right]$$

läßt sich daher der Ausdruck für $p_\eta(y)$ in die Gestalt

$$p_\eta(y) = \frac{\exp\left\{-\frac{v^2}{2(\sigma_1^2 + 2r\sigma_1\sigma_2 + \sigma_2^2)}\right\}}{2\pi\sqrt{\sigma_1^2 + 2r\sigma_1\sigma_2 + \sigma_2^2}} \int e^{-\frac{t^2}{2}}\,dt$$

bringen. Da

$$v = y - a - b \quad \text{und} \quad \int e^{-\frac{t^2}{2}} dt = \sqrt{2\pi}$$

ist, wird

$$p_\eta(y) = \frac{1}{\sqrt{2\pi(\sigma_1^2 + 2r\sigma_1\sigma_2 + \sigma_2^2)}} e^{-\frac{(y-a-b)^2}{2(\sigma_1^2+2r\sigma_1\sigma_1+\sigma_2^2)}}.$$

Wenn insbesondere die Zufallsgrößen ξ_1 und ξ_2 unabhängig sind, ist $r = 0$, und es gilt

$$p_\eta(y) = \frac{1}{\sqrt{2\pi(\sigma_1^2 + \sigma_2^2)}} e^{-\frac{(y-a-b)^2}{2(\sigma_1^2+\sigma_2^2)}}.$$

Damit haben wir folgendes Resultat gewonnen: *Die Summe der Komponenten eines normal verteilten Zufallsvektors ist nach dem Normalgesetz verteilt.*

Interessant ist die Bemerkung, daß im Falle der Unabhängigkeit der Summanden auch die umgekehrte Aussage richtig ist (Satz von H. CRAMÉR): *Wenn die Summe zweier unabhängiger Zufallsgrößen nach dem Normalgesetz verteilt ist, so ist auch jeder Summand nach dem Normalgesetz verteilt.* Wir halten uns nicht bei dem Beweis dieses Satzes auf, da er kompliziertere mathematische Hilfsmittel erfordert.

Beispiel 3. Die χ^2-Verteilung. $\xi_1, \xi_2, \ldots, \xi_n$ seien unabhängige Zufallsgrößen, die nach ein und demselben Normalgesetz mit den Parametern a und σ verteilt seien.

Die Verteilungsfunktion der Größe

$$\chi^2 = \frac{1}{\sigma^2} \sum_{k=1}^{n} (\xi_k - a)^2$$

heißt die *χ^2-Verteilung.*

Diese Verteilung spielt in verschiedenen Fragen der Statistik eine wichtige Rolle.

Wir berechnen jetzt die Verteilungsfunktion der Größe $\zeta = \frac{\chi}{\sqrt{n}}$. Sie wird sich als unabhängig von a und σ erweisen.

Offensichtlich ist für negative Werte des Arguments die Verteilungsfunktion $\Phi(y)$ der Größe ζ gleich 0; für positive Werte von y ist die Funktion $\Phi(y)$ gleich der Wahrscheinlichkeit dafür, daß der Punkt $(\xi_1, \ldots, \xi_n)$ in die Kugel

$$\sum_{k=1}^{n} (x_k - a)^2 = y^2 \cdot n \cdot \sigma^2$$

fällt. Es ist also

$$\Phi(y) = \int_{\sum x_i^2 < y^2 n} \cdots \int \left(\frac{1}{\sqrt{2\pi}}\right)^n e^{-\sum_{i=1}^{n} \frac{x_i^2}{2}} dx_1\, dx_2 \ldots dx_n.$$

Zur Berechnung dieses Integrals gehen wir zu Kugelkoordinaten über, d. h., wir führen die Substitution

$$
\begin{aligned}
x_1 &= \varrho \cos \Theta_1 \cos \Theta_2 \ldots \cos \Theta_{n-1}\,, \\
x_2 &= \varrho \cos \Theta_1 \cos \Theta_2 \ldots \sin \Theta_{n-1}\,, \\
&\cdots\cdots\cdots\cdots \\
x_n &= \varrho \sin \Theta_1
\end{aligned}
$$

durch. Nach dieser Substitution erhalten wir

$$
\begin{aligned}
\Phi(y) &= \int\limits_{-\frac{\pi}{2}}^{\frac{\pi}{2}} \cdots \int\limits_{-\frac{\pi}{2}}^{\frac{\pi}{2}} \int\limits_{0}^{y\sqrt{n}} \frac{1}{(\sqrt{2\pi})^n} e^{-\frac{\varrho^2}{2}} \varrho^{n-1} D(\Theta_1 \ldots \Theta_{n-1})\, d\varrho\, d\Theta_{n-1} \ldots d\Theta_1 \\
&= C_n \int\limits_0^{y\sqrt{n}} e^{-\frac{\varrho^2}{2}} \varrho^{n-1}\, d\varrho\,;
\end{aligned}
$$

die Konstante

$$
C_n = \frac{1}{(\sqrt{2\pi})^n} \int\limits_{-\frac{\pi}{2}}^{\frac{\pi}{2}} \cdots \int\limits_{-\frac{\pi}{2}}^{\frac{\pi}{2}} D(\Theta_1 \ldots \Theta_{n-1})\, d\Theta_{n-1} \ldots d\Theta_1
$$

hängt dabei nur von n ab.

Diese Konstante läßt sich leicht berechnen, wenn man die Gleichung

$$
\Phi(+\infty) = 1 = C_n \int\limits_0^{\infty} e^{-\frac{\varrho^2}{2}} \varrho^{n-1}\, d\varrho = C_n\, \Gamma\left(\frac{n}{2}\right) \cdot 2^{\frac{n}{2}-1}
$$

heranzieht.

Hieraus findet man

$$
\Phi(y) = \frac{1}{2^{\frac{n}{2}-1}\, \Gamma\left(\frac{n}{2}\right)} \int\limits_0^{y\sqrt{n}} \varrho^{n-1} e^{-\frac{\varrho^2}{2}}\, d\varrho\,.
$$

Die Verteilungsdichte der Zufallsgröße ζ ist für $y \geqq 0$ gleich

$$
\varphi(y) = \frac{\sqrt{2n}}{\Gamma\left(\frac{n}{2}\right)} \left(\frac{y\sqrt{n}}{\sqrt{2}}\right)^{n-1} e^{-\frac{ny^2}{2}}\,. \tag{6}
$$

Hieraus erhalten wir insbesondere für $n = 1$ eine gegenüber der normalen Ausgangsverteilung verdoppelte Verteilungsdichte

$$\varphi(y) = \sqrt{\frac{2}{\pi}}\, e^{-\frac{y^2}{2}} \qquad (y \geqq 0)\,.$$

Für $n = 3$ erhalten wir das bekannte MAXWELLsche Gesetz

$$\varphi(y) = \frac{3\sqrt{6}}{\sqrt{\pi}}\, y^2\, e^{-\frac{3y^2}{2}}\,.$$

Durch analoge Rechnungen wie eben oder direkt aus der Formel (6) kann man die Verteilungsdichte der Größe χ^2 ableiten. Für $x \geqq 0$ ist diese Dichte gleich

$$p_n(x) = \frac{x^{\frac{n}{2}-1}\, e^{-\frac{x}{2}}}{2^{\frac{n}{2}}\,\Gamma\left(\frac{n}{2}\right)}\,. \tag{6'}$$

Die Zahl n nennt man den Parameter der χ^2-Verteilung. Die in der Praxis häufig benutzten mit χ^2 zusammenhängenden Verteilungen haben wir in der folgenden Tabelle zusammengestellt.

Größe	Verteilungsdichte für $x \geqq 0$
$\chi^2 = \frac{1}{\sigma^2}\sum_{k=1}^{n}(\xi_k - a)^2$	$\frac{x^{\frac{n}{2}-1}\, e^{-\frac{x}{2}}}{2^{\frac{n}{2}}\,\Gamma\left(\frac{n}{2}\right)}$
$\frac{1}{n}\chi^2 = \frac{1}{n\sigma^2}\sum_{k=1}^{n}(\xi_k - a)^2$	$\frac{\left(\frac{n}{2}\right)^{\frac{n}{2}}}{\Gamma\left(\frac{n}{2}\right)}\, x^{\frac{n}{2}-1}\, e^{-\frac{nx}{2}}$
$\chi = \sqrt{\frac{1}{\sigma^2}\sum_{k=1}^{n}(\xi_k - a)^2}$	$\frac{2}{2^{\frac{n}{2}}\,\Gamma\left(\frac{n}{2}\right)}\, x^{n-1}\, e^{-\frac{x^2}{2}}$
$\zeta = \frac{\chi}{\sqrt{n}} = \sqrt{\frac{1}{n\sigma^2}\sum_{k=1}^{n}(\xi_k - a)^2}$	$\frac{\sqrt{2n}}{\Gamma\left(\frac{n}{2}\right)}\left(\frac{x\sqrt{n}}{\sqrt{2}}\right)^{n-1} e^{-\frac{nx^2}{2}}$

Beispiel 4. Die Verteilungsfunktion eines Quotienten. Die Verteilungsdichte der Größe (ξ, η) sei gleich $p(x, y)$. Gesucht ist die Verteilungsfunktion des Quotienten $\zeta = \frac{\xi}{\eta}$.

Definitionsgemäß ist

$$F_\zeta(x) = \mathsf{P}\left\{\frac{\xi}{\eta} < x\right\}.$$

Stellt man ξ und η als Koordinaten eines Punktes in der Ebene dar, so ist $F_\zeta(x)$ gleich der Wahrscheinlichkeit dafür, daß der Punkt (ξ, η) in das Gebiet fällt, dessen Punkte mit ihren Koordinaten der Ungleichung $\frac{\xi}{\eta} < x$ genügen. In Abb. 16 ist dieses Gebiet schraffiert.

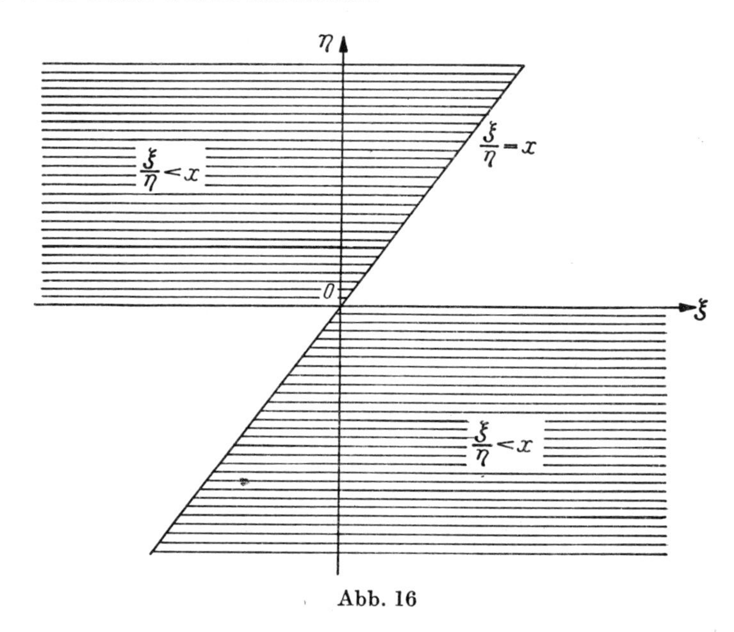

Abb. 16

Nach der allgemeinen Formel ist die gesuchte Wahrscheinlichkeit gleich

$$F_\zeta(x) = \int_0^\infty \int_{-\infty}^{zx} p(y, z)\, dy\, dz + \int_{-\infty}^0 \int_{zx}^\infty p(y, z)\, dy\, dz\,. \tag{7}$$

Sind ξ und η unabhängig voneinander und sind $p_1(x)$ und $p_2(x)$ ihre Verteilungsdichten, so ergibt sich hieraus die Beziehung

$$F_\zeta(x) = \int_0^\infty F_1(x\,z)\, p_2(z)\, dz + \int_{-\infty}^0 [1 - F_1(x\,z)]\, p_2(z)\, dz\,. \tag{7'}$$

Wenn wir (7) differenzieren, so finden wir

$$p_\zeta(x) = \int_0^\infty z\, p(z\,x, z)\, dz - \int_{-\infty}^0 z\, p(z\,x, z)\, dz = \int_{-\infty}^\infty |z|\, p\,(z\,x, z)\, dz\,. \tag{8}$$

Sind insbesondere ξ und η unabhängig, erhalten wir

$$p_\zeta(x) = \int_0^\infty z\, p_1(z\,x)\, p_2(z)\, dz - \int_{-\infty}^0 z\, p_1(z\,x)\, p_2(z)\, dz\,. \tag{8'}$$

Beispiel 5. Eine Zufallsgröße (ξ, η) sei nach dem Normalgesetz

$$p(x, y) = \frac{1}{2\pi\sigma_1\sigma_2\sqrt{1-r^2}} \exp\left\{-\frac{1}{2(1-r^2)}\left[\frac{x^2}{\sigma_1^2} - 2r\frac{x\,y}{\sigma_1\sigma_2} + \frac{y^2}{\sigma_2^2}\right]\right\}$$

verteilt. Gesucht ist die Verteilungsfunktion des Quotienten $\zeta = \frac{\xi}{\eta}$.

Nach Formel (8) ergibt sich

$$p_\zeta(x) = \frac{1}{2\pi\sigma_1\sigma_2\sqrt{1-r^2}}\left[\int_0^\infty - \int_{-\infty}^0\right] z \exp\left\{-\frac{z^2}{2(1-r^2)}\left[\frac{\sigma_2^2 x^2 - 2r\sigma_1\sigma_2 x + \sigma_1^2}{\sigma_1^2\sigma_2^2}\right]\right\} dz$$

$$= \frac{1}{\pi\sigma_1\sigma_2\sqrt{1-r^2}}\int_0^\infty z\exp\left\{-\frac{z^2}{2(1-r^2)}\cdot\frac{\sigma_2^2x^2 - 2r\sigma_1\sigma_2x + \sigma_1^2}{\sigma_1^2\sigma_2^2}\right\} dz\,.$$

Wir führen nun die Variablensubstitution

$$u = \frac{z^2}{2(1-r^2)}\,\frac{\sigma_2^2x^2 - 2r\sigma_1\sigma_2x + \sigma_1^2}{\sigma_1^2\sigma_2^2}$$

durch; dann nimmt $p_\zeta(x)$ folgende Form an:

$$p_\zeta(x) = \frac{\sigma_1\sigma_2\sqrt{1-r^2}}{\pi(\sigma_2^2x^2 - 2r\sigma_1\sigma_2x + \sigma_1^2)}\int_0^\infty e^{-u}\,du = \frac{\sigma_1\sigma_2\sqrt{1-r^2}}{\pi(\sigma_2^2x^2 - 2r\sigma_1\sigma_2x + \sigma_1^2)}\,.$$

Sind die Größen ξ und η unabhängig, so ist insbesondere

$$p_\zeta(x) = \frac{\sigma_1\sigma_2}{\pi(\sigma_1^2 + \sigma_2^2x^2)}\,.$$

Die Verteilungsdichte der Größe ζ heißt das CAUCHY*sche Gesetz*.

Beispiel 6. Die STUDENTsche Verteilung. Gesucht ist die Verteilungsfunktion des Quotienten $\zeta = \frac{\xi}{\eta}$ mit den unabhängigen Zufallsgrößen ξ und η; ξ sei nach dem Normalgesetz

$$p_\xi(x) = \sqrt{\frac{n}{2\pi}}\, e^{-\frac{n x^2}{2}}$$

und $\eta = \frac{\chi}{\sqrt{n}}$ (siehe Beispiel 3) nach dem Gesetz

$$p_\eta(x) = \frac{\sqrt{2n}}{\Gamma\left(\frac{n}{2}\right)}\left(\frac{y\sqrt{n}}{\sqrt{2}}\right)^{n-1} e^{-\frac{n y^2}{2}}$$

verteilt. Nach Formel (8′) ist

$$p_\zeta(x) = \int_0^\infty z \sqrt{\frac{n}{2\pi}}\, e^{-\frac{n z^2 x^2}{2}} \frac{\sqrt{2n}}{\Gamma\left(\frac{n}{2}\right)} \left(\frac{z\sqrt{n}}{\sqrt{2}}\right)^{n-1} e^{-\frac{n z^2}{2}} dz$$

$$= \frac{1}{\sqrt{\pi}\,\Gamma\left(\frac{n}{2}\right)} \int_0^\infty \left(\frac{z\sqrt{n}}{\sqrt{2}}\right)^{n-1} e^{-\frac{n z^2}{2}(x^2+1)}\, n\, z\, dz\,.$$

Mit Hilfe der Substitution

$$u = \frac{n z^2}{2}(x^2 + 1)$$

finden wir

$$p_\zeta(x) = \frac{(x^2+1)^{-\frac{n+1}{2}}}{\sqrt{\pi}\,\Gamma\left(\frac{n}{2}\right)} \int_0^\infty u^{\frac{n-1}{2}} e^{-u}\, du = \frac{\Gamma\left(\frac{(n+1)}{2}\right)}{\sqrt{\pi}\,\Gamma\left(\frac{n}{2}\right)} (x^2 + 1)^{-\frac{n+1}{2}}.$$

Die Wahrscheinlichkeitsverteilungsdichte

$$p_\zeta(x) = \frac{\Gamma\left(\frac{n+1}{2}\right)}{\sqrt{\pi}\,\Gamma\left(\frac{n}{2}\right)} (1 + x^2)^{-\frac{n+1}{2}}$$

trägt die Bezeichnung STUDENT*sches Gesetz*[1]).

Für $n = 1$ geht das STUDENTsche Gesetz in das CAUCHYsche Gesetz über.

Beispiel 7. Drehung der Koordinatenachsen. Gegeben sei die Verteilungsfunktion einer zweidimensionalen Zufallsgröße (ξ, η). Gesucht ist die Verteilungsfunktion der Größen

$$\xi' = \xi \cos\alpha + \eta \sin\alpha\,, \qquad \eta' = -\xi \sin\alpha + \eta \cos\alpha\,. \tag{9}$$

Wir bezeichnen mit $F(x, y)$ und $\Phi(x, y)$ die Verteilungsfunktionen der Größen (ξ, η) und (ξ', η'). Wenn wir (ξ, η) und (ξ', η') als rechtwinklige Koordinaten eines Punktes auf der Ebene darstellen, sehen wir sofort, daß man das Koordinatensystem $\xi' O \eta'$ aus dem System $\xi O \eta$ durch eine Drehung des letzteren um den Winkel α erhalten kann. Wir beschränken uns auf den Fall $0 < \alpha < \frac{\pi}{2}$ und überlassen dem Leser die Ableitung analoger Formeln für die übrigen Werte von α.

Die Koordinaten eines Punktes M seien im System $\xi O \eta$ gleich x und y, im System $\xi' O \eta'$ gleich x' und y'. $F(x, y)$ ist dann gleich der Wahrscheinlichkeit dafür, daß der Punkt (ξ, η) in das Innere des von den Halbgeraden AM und

1) STUDENT ist das Pseudonym des englischen Statistikers GOSSET, der als erster dieses Gesetz auf empirischem Wege fand.

BM begrenzten rechten Winkels fällt (Abb. 17); die Funktion $\Phi(x', y')$ ist gleich der Wahrscheinlichkeit dafür, daß der Punkt (ξ, η) in das Innere des von den Halbgeraden CM und DM begrenzten rechten Winkels fällt. Die Gleichungen der Geraden CM und DM sind im Koordinatensystem $\xi O \eta$

$$\eta = (\xi - x) \tan \alpha + y$$

und

$$\eta = -(\xi - x) \operatorname{cotan} \alpha + y .$$

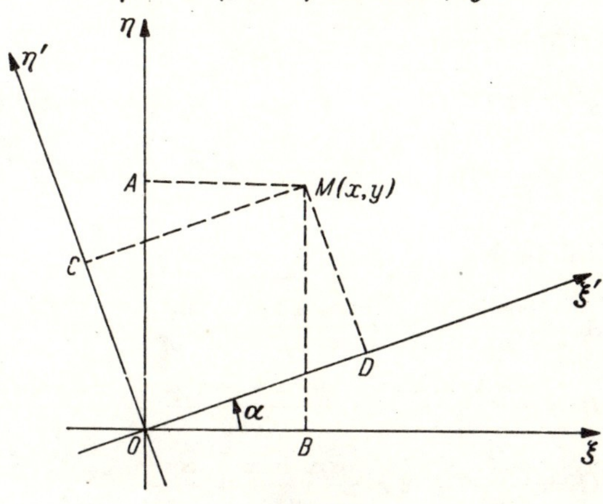

Abb. 17

Da (x, y) und (x', y') durch die Gleichungen

$$x' = x \cos \alpha + y \sin \alpha , \qquad y' = -x \sin \alpha + y \cos \alpha$$

miteinander verknüpft sind, kann man diese Gleichung auch so beschreiben:

$$\eta = \xi \tan \alpha + \frac{y'}{\cos \alpha} ,$$

$$\eta = -\xi \operatorname{cotan} \alpha + \frac{x'}{\sin \alpha} .$$

Nach dem Früheren ist

$$\Phi(x', y') = \int \int p(\xi, \eta) \, d\eta \, d\xi ,$$

das Integral wird über das Innere des Winkels CMD erstreckt. Man sieht leicht, daß

$$\Phi(x', y') = \int_{-\infty}^{x} \int_{-\infty}^{\xi \tan \alpha + \frac{y'}{\cos \alpha}} p(\xi, \eta) \, d\eta \, d\xi + \int_{x}^{\infty} \int_{-\infty}^{-\xi \operatorname{cotan} \alpha + \frac{x'}{\sin \alpha}} p(\xi, \eta) \, d\eta \, d\xi$$

ist.

Wenn wir diese Gleichung nach x' und nach y' differenzieren, so finden wir

$$\pi(x', y') = \frac{\partial \Phi(x', y')}{\partial x' \, \partial y'} = p(x, y)$$

$$= p\,(x' \cos \alpha - y' \sin \alpha, x' \sin \alpha + y' \cos \alpha) . \qquad (10)$$

Beispiel 8. Die zweidimensionale Zufallsgröße (ξ, η) sei nach dem Normalgesetz

$$p(x, y) = \frac{1}{2\pi\sigma_1\sigma_2\sqrt{1-r^2}} \exp\left\{-\frac{1}{2(1-r^2)}\left[\frac{x^2}{\sigma_1^2} - 2r\frac{xy}{\sigma_1\sigma_2} + \frac{y^2}{\sigma_2^2}\right]\right\}$$

verteilt. Gesucht ist die Verteilungsdichte der Zufallsgrößen

$$\xi' = \xi\cos\alpha + \eta\sin\alpha, \qquad \eta' = -\xi\sin\alpha + \eta\cos\alpha.$$

Nach Gleichung (10) ist

$$\pi(x', y') = p(x'\cos\alpha - y'\sin\alpha,\ x'\sin\alpha + y'\cos\alpha)$$

$$= \frac{1}{2\pi\sigma_1\sigma_2\sqrt{1-r^2}} \exp\left\{-\frac{1}{2(1-r^2)}[A x'^2 - 2B x' y' + C y'^2]\right\},$$

dabei steht zur Abkürzung

$$A = \frac{\cos^2\alpha}{\sigma_1^2} - 2r\frac{\cos\alpha\sin\alpha}{\sigma_1\sigma_2} + \frac{\sin^2\alpha}{\sigma_2^2},$$

$$B = \frac{\cos\alpha\sin\alpha}{\sigma_1^2} - r\frac{\sin^2\alpha - \cos^2\alpha}{\sigma_1\sigma_2} - \frac{\cos\alpha\sin\alpha}{\sigma_2^2},$$

$$C = \frac{\sin^2\alpha}{\sigma_1^2} + 2r\frac{\cos\alpha\sin\alpha}{\sigma_1\sigma_2} + \frac{\cos^2\alpha}{\sigma_2^2}.$$

Aus dieser Formel schließen wir, daß eine Drehung der Koordinatenachsen eine normale Verteilung wieder in eine normale überführt.

Ist der Winkel α so gewählt, daß

$$\tan 2\alpha = \frac{2r\sigma_1\sigma_2}{\sigma_1^2 - \sigma_2^2}$$

ist, so ist $B = 0$ und

$$\pi(x', y') = \frac{1}{2\pi\sigma_1\sigma_2\sqrt{1-r^2}}\, e^{-\frac{A x'^2}{2(1-r^2)} - \frac{C y'^2}{2(1-r^2)}}.$$

Diese Gleichung besagt, daß jede normalverteilte zweidimensionale Zufallsgröße durch eine Drehung des Koordinatensystems auf ein System zweier normalverteilter unabhängiger Zufallsgrößen zurückgeführt werden kann. Dieses Ergebnis läßt sich auch auf n-dimensionale Zufallsgrößen übertragen.

Man kann noch einen schärferen Satz beweisen, der die normale Wahrscheinlichkeitsverteilung erschöpfend charakterisiert. Auf der Ebene sei eine nichtausgeartete (d. h. nicht auf einer Geraden konzentrierte) Wahrscheinlichkeitsverteilung gegeben. Diese Wahrscheinlichkeitsverteilung ist dann und nur dann eine normale Wahrscheinlichkeitsverteilung, wenn man auf der Ebene zwei verschiedene Koordinatensysteme $\xi_1 O \xi_2$ und $\eta_1 O \eta_2$ so wählen kann, daß die Koordinaten ξ_1 und ξ_2 sowie η_1 und η_2, aufgefaßt als Zufallsgrößen mit der vorgegebenen Wahrscheinlichkeitsverteilung, unabhängig sind.

§ 25. Das STIELTJES-Integral

In den folgenden Kapiteln wird der Begriff des STIELTJES-Integrals wesentlich benutzt. Um das Studium der folgenden Paragraphen zu erleichtern, geben wir die Definition und die Grundeigenschaften des STIELTJES-Integrals an, ohne uns bei den Beweisen aufzuhalten.

Gegeben sei eine im Intervall (a, b) definierte Funktion $f(x)$ und eine ebenfalls dort definierte nichtabnehmende Funktion $F(x)$ von beschränkter Variation. Wir wollen noch genauer voraussetzen, daß die Funktion $F(x)$ linksseitig stetig sei. Sind a und b endlich, so zerlegen wir das Intervall (a, b) durch die Punkte $a = x_0 < x_1 < x_2 < \cdots < x_n = b$ in endlich viele Teilintervalle (x_i, x_{i+1}) und bilden die Summe

$$\sum_{i=1}^{n} f(\tilde{x}_i)\,[F(x_i) - F(x_{i-1})]\,,$$

x_i ist dabei eine beliebige Zahl aus dem Intervall (x_{i-1}, x_i). Nun lassen wir die Anzahl der Unterteilungspunkte unbeschränkt wachsen und lassen gleichzeitig die maximale Länge der Teilintervalle gegen Null gehen. Wenn dabei die obige Summe einem bestimmten Grenzwert

$$J = \lim_{n\to\infty} \sum_{i=1}^{n} f(\tilde{x}_i)\,[F(x_i) - F(x_{i-1})] \tag{1}$$

zustrebt, so heißt dieser das STIELTJES-*Integral* der Funktion $f(x)$ mit der integrierenden Funktion $F(x)$, und man schreibt

$$J = \int_a^b f(x)\,dF(x)\,. \tag{2}$$

Wenn das Integrationsintervall unendlich ist, so definiert man das uneigentliche STIELTJES-Integral wie üblich: Man betrachtet das Integral über ein beliebiges endliches Intervall (a, b); die Größen a und b läßt man dann auf irgendeine Weise gegen $-\infty$ bzw. $+\infty$ streben. Wenn dabei der Grenzwert

$$\lim_{\substack{a\to-\infty\\ b\to\infty}} \int_a^b f(x)\,dF(x)$$

existiert, so heißt dieser das STIELTJES-Integral der Funktion $f(x)$ bezüglich der Funktion $F(x)$ im Intervall $(-\infty, +\infty)$, und man schreibt

$$\int f(x)\,dF(x)\,.$$

Ist die Funktion $f(x)$ stetig und beschränkt, so kann man beweisen, daß der Limes der Summe (1) sowohl im Falle endlicher als auch im Falle unendlicher Integrationsgrenzen existiert.

In einigen Fällen existiert das STIELTJES-Integral auch für unbeschränkte Funktionen $f(x)$. Für die Wahrscheinlichkeitsrechnung ist die Betrachtung gerade dieser Integrale von besonderem Interesse (Erwartungswert, Dispersion, Momente usw.).

Wir bemerken, daß *das Integral der Funktion $f(x)$ dann und nur dann existiert, wenn mit derselben Belegungsfunktion $F(x)$ das Integral von $|f(x)|$ existiert.*

Für die Zwecke der Wahrscheinlichkeitsrechnung braucht man auch eine Erweiterung des STIELTJESschen Integralbegriffs auf den Fall, daß die Funktion $f(x)$ endlich oder abzählbar viele Unstetigkeitsstellen besitzt. Man kann beweisen, daß jede beschränkte Funktion mit endlich oder abzählbar vielen Unstetigkeitsstellen, insbesondere jede Funktion von beschränkter Variation, bezüglich jeder Belegungsfunktion von beschränkter Variation integrierbar ist. Dabei muß man nur die Definition des STIELTJES-Integrals etwas ändern, man braucht nämlich bei der Bildung des Grenzwertes (1) nur solche Unterteilungen des Integrationsintervalls zu betrachten, bei denen jede Unstetigkeitsstelle von $f(x)$ in der Menge der Unterteilungspunkte bei fast jeder (d. h. höchstens mit Ausnahme von endlich vielen) Teilung vorkommt.

Bei der Festlegung der Integrationsgrenzen muß man darauf achten, ob die beiden Grenzen des Integrationsintervalls mit in die Integration einbezogen werden oder nicht. Aus der Definition des STIELTJES-Integrals erhalten wir nämlich die folgende Gleichung ($a - 0$ besagt, daß a in das Integrationsintervall einbezogen wird, $a + 0$ soll andeuten, daß a ausgeschlossen wird)

$$\begin{aligned}\int_{a-0}^{b} f(x)\, dF(x) &= \lim_{n\to\infty} \sum_{i=1}^{n} f(\tilde{x}_i)\,[F(x_i) - F(x_{i-1})] \\ &= \lim_{n\to\infty} \sum_{i=2}^{n} f(\tilde{x}_i)\,[F(x_i) - F(x_{i-1})] + \lim_{x_1\to x_0=a} f(\tilde{x}_1)\,[F(x_1) - F(x_0)] \\ &= \int_{a+0}^{b} f(x)\, dF(x) + f(a)\,[F(a+0) - F(a)]\,.\end{aligned}$$

Ist also $f(a) \neq 0$ und besitzt die Funktion $F(x)$ an der Stelle $x = a$ einen Sprung, so ist

$$\int_{a-0}^{b} f(x)\, dF(x) - \int_{a+0}^{b} f(x)\, dF(x) = f(a)\,[F(a+0) - F(a-0)]\,.$$

Dieser Umstand weist darauf hin, daß das STIELTJES-Integral über ein auf einen Punkt reduziertes Intervall von Null verschieden sein kann. Wenn keine anderen Verabredungen getroffen werden, so soll im folgenden stets der rechte Endpunkt des Intervalls ausgeschlossen, der linke Endpunkt in das Integrationsintervall mit einbezogen werden. Es gilt dann die folgende Gleichung

$$\int_{a}^{b} dF(x) = F(b) - F(a)\,.$$

Nach Definition ist nämlich

$$\int_{a}^{b} dF(x) = \lim_{n\to\infty} \sum_{i=1}^{n} [F(x_i) - F(x_{i-1})] = \lim_{n\to\infty} [F(x_n) - F(x_0)] = F(b) - F(a)$$

[wir erinnern uns daran, daß $F(x)$ definitionsgemäß linksseitig stetig ist und demnach $F(b) = \lim_{\varepsilon\to 0} F(b - \varepsilon)$ ist].

Ist insbesondere $F(x)$ die Verteilungsfunktion einer Zufallsgröße ξ, so ist

$$\int_a^b dF(x) = F(b) - F(a) = \mathsf{P}\{a \leqq \xi < b\},$$

$$\int_{-\infty} dF(x) = F(b) = \mathsf{P}\{\xi < b\}.$$

$F(x)$ besitze nun eine Ableitung $p(x)$ und sei selbst das Integral dieser Ableitung. Dann gilt nach dem Mittelwertsatz für eine bestimmte Stelle $\tilde{x}_i$ aus (x_{i-1}, x_i) die Formel

$$F(x_i) - F(x_{i-1}) = p(\tilde{x}_i)(x_i - x_{i-1}).$$

Mit den so bestimmten $\tilde{x}_i$ ergibt sich nun die Gleichung

$$\int_a^b f(x)\,dF(x) = \lim_{n\to\infty} \sum_{i=1}^n f(\tilde{x}_i)[F(x_i) - F(x_{i-1})]$$
$$= \lim_{n\to\infty} \sum_{i=1}^n f(\tilde{x}_i)\,p(\tilde{x}_i)(x_i - x_{i-1}) = \int_a^b f(x)\,p(x)\,dx.$$

Wir sehen, daß sich in diesem Falle das STIELTJES-Integral auf ein gewöhnliches Integral zurückführen läßt.

Besitzt $F(x)$ an der Stelle $x = c$ einen Sprung, so erhalten wir für eine Zerlegung, bei der $x_k < c < x_{k+1}$ für einen gewissen Index k ist, die Beziehung

$$\int_a^b f(x)\,dF(x) = \lim_{n\to\infty} \sum_{i=1}^k f(\tilde{x}_i)[F(x_i) - F(x_{i-1})]$$
$$+ f(c)[F(x_{k+1}) - F(x_k)] + \lim_{n\to\infty} \sum_{i=k+2}^n f(\tilde{x}_i)[F(x_i) - F(x_{i-1})]$$
$$= \int_a^c f(x)\,dF(x) + \int_{c+0}^b f(x)\,dF(x) + f(c)[F(c+0) - F(c-0)].$$

Wenn sich die Funktion $F(x)$ insbesondere nur in den Punkten $c_1, c_2, \ldots, c_n, \ldots$ ändert, so ist

$$\int_a^b f(x)\,dF(x) = \sum_{n=1}^{\infty} f(c_n)[F(c_n+0) - F(c_n-0)],$$

und das STIELTJES-Integral ist auf eine gewöhnliche Reihe zurückgeführt.

Wir zählen nun die Haupteigenschaften des STIELTJES-Integrals auf, die wir im folgenden benötigen werden. Den Beweis kann der Leser durch Zurückgehen auf die Definition des STIELTJES-Integrals leicht selbst durchführen, wenn er daneben noch die in der Theorie des gewöhnlichen Integrals benutzten Gedankengänge anwendet.

1. Für $a < c_1 < c_2 < \cdots < c_n < b$ ist

$$\int_a^b f(x)\,dF(x) = \sum_{i=0}^n \int_{c_i}^{c_{i+1}} f(x)\,dF(x) \qquad [a = c_0,\ b = c_{n+1}].$$

2. Ein konstanter Faktor kann vor das Integralzeichen gezogen werden:

$$\int_a^b c\,f(x)\,dF(x) = c\int_a^b f(x)\,dF(x)\,.$$

3. Das Integral einer Summe von Funktionen ist gleich der Summe der Integrale ihrer Summanden:

$$\int_a^b \sum_{i=1}^n f_i(x)\,dF(x) = \sum_{i=1}^n \int_a^b f_i(x)\,dF(x)\,.$$

4. Ist $f(x) \geqq 0$, $F(x)$ eine nichtabnehmende Funktion und $b > a$, so ist

$$\int_a^b f(x)\,dF(x) \geqq 0\,.$$

5. Sind $F_1(x)$ und $F_2(x)$ monotone Funktionen mit beschränkter Variation und sind c_1 und c_2 beliebige Konstanten, so gilt die Gleichung

$$\int_a^b f(x)\,d\,[c_1 F_1(x) + c_2 F_2(x)] = c_1\int_a^b f(x)\,dF_1(x) + c_2\int_a^b f(x)\,dF_2(x)\,.$$

6. Ist (bei konstantem c) $F(x) = \int_c^x g(u)\,dG(u)$ mit einer stetigen Funktion $g(u)$ und einer nichtabnehmenden Funktion $G(u)$ von beschränkter Variation, so ist

$$\int_a^b f(x)\,dF(x) = \int_a^b f(x)\,g(x)\,dG(x)\,.$$

Mit Hilfe des Begriffes des STIELTJES-Integrals sind die allgemeinen Formeln für die Verteilungsfunktion der Summe zweier unabhängiger Summanden und (unter der Voraussetzung $\mathsf{P}\,\{\xi_2 = 0\} = 0$) des Quotienten $\frac{\xi_1}{\xi_2}$ zweier unabhängiger Zufallsgrößen ξ_1 und ξ_2 durch

$$F(x) = \int F_1\,(x - z)\,dF_2(z) = \int F_2\,(x - z)\,dF_1(z)\ ^{1)}$$

bzw.

$$F(x) = \int_0^\infty F_1(x\,z)\,dF_2(z) + \int_{-\infty}^0 [1 - F_1(x\,z)]\,dF_2(z)$$

gegeben.

Übungen

1. Man beweise: Ist $F(x)$ eine Verteilungsfunktion, so sind bei beliebigem $h \neq 0$ die Funktionen

$$\Phi(x) = \frac{1}{h}\int_x^{x+h} F(z)\,dz \qquad \text{und} \qquad \Psi(x) = \frac{1}{2\,h}\int_{x-h}^{x+h} F(z)\,dz$$

ebenfalls Verteilungsfunktionen.

[1]) Dies ist die *Faltungsformel* für Verteilungsfunktionen (Anm. d. Red.).

2. Eine Zufallsgröße ξ besitze die Verteilungsfunktion $F(x)$ [$p(x)$ sei ihre Verteilungsdichte]. Gesucht ist die Verteilungsfunktion (Verteilungsdichte) der Zufallsgrößen
   a) $\eta = a\,\xi + b$, a, b reelle Zahlen;
   b) $\eta = \xi^{-1}$ $(\mathbf{P}\,\{\xi = 0\} = 0)$;
   c) $\eta = \tan \xi$;
   d) $\eta = \cos \xi$;
   e) $\eta = f(\xi)$; $f(\xi)$ sei dabei eine stetige monotone Funktion ohne Konstanzintervalle.
3. Vom Punkt $(0, a)$ sei eine Gerade unter dem Winkel φ gegen die y-Achse gezogen. Gesucht ist die Verteilungsfunktion der Abszisse des Schnittpunktes dieser Geraden mit der x-Achse, wenn
   a) der Winkel φ im Intervall $\left(0, \frac{\pi}{2}\right)$ gleichmäßig verteilt ist;
   b) der Winkel φ im Intervall $\left(-\frac{\pi}{2}, \frac{\pi}{2}\right)$ gleichmäßig verteilt ist.
4. Auf einen Kreis mit dem Radius R, dessen Mittelpunkt mit dem Koordinatenursprung zusammenfällt, werde aufs Geratewohl ein Punkt geworfen [mit anderen Worten, der Polarwinkel des Treffpunkts sei im Intervall $(-\pi, \pi)$ gleichmäßig verteilt]. Gesucht ist die Verteilungsdichte
   a) der Abszisse des Treffpunkts;
   b) der Länge der Sehne, die den Treffpunkt mit dem Punkt $(-R, 0)$ verbindet.
5. Auf das Intervall der Ordinatenachse zwischen den Punkten $(0, 0)$ und $(0, R)$ wird aufs Geratewohl ein Punkt geworfen [d. h. die Ordinate dieses Punktes sei im Intervall $(0, R)$ gleichmäßig verteilt]. Durch den Treffpunkt werde die zur y-Achse senkrechte Sehne zum Kreis $x^2 + y^2 = R^2$ gezogen. Gesucht ist die Verteilung der Länge dieser Sehne.
6. Der Durchmesser eines Kreises werde angenähert gemessen. Unter der Annahme, daß die gemessenen Werte gleichmäßig im Intervall (a, b) verteilt seien, bestimme man die Verteilung der Werte der Kreisfläche.
7. Die Verteilungsdichte einer Zufallsgröße ξ sei durch die Gleichung
$$p(x) = \frac{a}{e^{-x} + e^{x}}$$
   gegeben. Man bestimme
   a) die Konstante a;
   b) die Wahrscheinlichkeit dafür, daß in zwei unabhängigen Versuchen ξ Werte unterhalb von 1 annimmt.
8. Die Verteilungsfunktion eines Zufallsvektors (ξ, η) habe die Gestalt
   a) $F(x, y) = F_1(x) \cdot F_2(y) + F_3(x)$;
   b) $F(x, y) = F_1(x) \cdot F_2(y) + F_3(x) + F_4(y)$.
   Können die Funktionen $F_3(x)$ und $F_4(x)$ ganz beliebig gewählt werden? Sind die Komponenten ξ und η unabhängig oder nicht?
9. Auf das Intervall $(0, a)$ werden auf gut Glück zwei Punkte geworfen [d. h. ihre Abszissen seien im Intervall $(0, a)$ gleichmäßig verteilt]. Gesucht ist die Verteilungsfunktion des Abstandes der beiden Punkte.
10. Auf das Intervall $(0, a)$ werden n Punkte geworfen. Unter der Annahme, daß die Punkte zufällig geworfen werden [d. h., daß jeder von ihnen von den übrigen Punkten unabhängig sei und im Intervall $(0, a)$ gleichmäßig verteilt sei], suche man
    a) die Verteilungsdichte des k-ten Punktes von links;
    b) die gemeinsame Verteilungsdichte des k-ten und des m-ten Punktes von links $(k < m)$.

11. An einer Zufallsgröße ξ mit einer stetigen Verteilungsfunktion werden n unabhängige Versuche ausgeführt, die Versuchsergebnisse seien die Werte $x_1, x_2, \ldots, x_n$. Gesucht ist die Verteilungsfunktion der Zufallsgrößen

    a) $\eta_n = \max(x_1, x_2, \ldots, x_n)$;
    b) $\xi_n = \min(x_1, x_2, \ldots, x_n)$;
    c) des der Größe nach k-ten Versuchsergebnisses.
    d) Man bestimme die gemeinsame Verteilung des der Größe nach k-ten und m-ten Versuchsergebnisses.

12. Die Verteilungsfunktion der Zufallsvektoren $(\xi_1, \xi_2, \ldots, \xi_n)$ sei $F(x_1, x_2, \ldots, x_n)$. Bei einem Versuch mögen die Komponenten des Vektors die Werte $(z_1, z_2, \ldots, z_n)$ annehmen. Gesucht ist die Verteilungsfunktion der Zufallsgrößen

$$\text{a) } \xi = \max(z_1, z_2, \ldots, z_n),$$
$$\text{b) } \eta = \min(z_1, z_2, \ldots, z_n).$$

13. Eine Zufallsgröße ξ besitze eine stetige Verteilungsfunktion $F(x)$. Wie ist die Zufallsgröße $\eta = F(\xi)$ verteilt?

14. Die Zufallsgrößen ξ und η seien unabhängig. Ihre Verteilungsdichten seien durch die Gleichungen

$$p_\xi(x) = p_\eta(x) = 0 \qquad \text{für } x \leqq 0,$$
$$p_\xi(x) = c_1 x^\alpha e^{-\beta x}, \quad p_\eta(x) = c_2 x^\gamma e^{-\beta x} \qquad \text{für } x > 0$$

gegeben. Gesucht sind 1. die Konstanten c_1 und c_2, 2. die Verteilungsdichte der Summe $\xi + \eta$.

15. Man bestimme die Verteilungsfunktion der Summe zweier unabhängiger Größen ξ und η, von denen die erste im Intervall $(-h, h)$ gleichmäßig verteilt ist und die zweite $F(x)$ als Verteilungsfunktion besitzt.

16. Die Verteilungsdichte des Zufallsvektors (ξ, η, ζ) sei gleich

$$p(x, y, z) = \begin{cases} \dfrac{6}{(1 + x + y + z)^4} & \text{für } x > 0, y > 0, z > 0, \\ 0 & \text{sonst.} \end{cases}$$

Man bestimme die Verteilung der Größe $\xi + \eta + \zeta$.

17. Man bestimme die Verteilung der Summe zweier unabhängiger Zufallsgrößen ξ_1 und ξ_2, deren Verteilungen durch die folgenden Bedingungen gegeben sind:

    a) $F_1(x) = \dfrac{1}{2} + \dfrac{1}{\pi} \arctan x, \quad F_2(x) = \dfrac{1}{2} + \dfrac{1}{\pi} \arctan x$;
    b) ξ_1 und ξ_2 sind gleichmäßig verteilt in den Intervallen $(-5, 1)$ bzw. $(1, 5)$;
    c) $p_1(x) = p_2(x) = \dfrac{1}{2a} e^{-\frac{|x|}{a}}$.

18. Die Verteilungsdichten zweier unabhängiger Zufallsgrößen ξ und η seien durch die Funktionen gegeben:

$$\text{a) } p_\xi(x) = p_\eta(x) = \begin{cases} 0 & \text{für } x \leqq 0, \\ a e^{-a x} & \text{für } x > 0 \ (a > 0); \end{cases}$$

$$\text{b) } p_\xi(x) = p_\eta(x) = \begin{cases} 0 & \text{für } x < 0, \quad x > a, \\ \dfrac{1}{a} & \text{für } 0 \leqq x \leqq a. \end{cases}$$

Man bestimme die Verteilungsdichte der Größe $\zeta = \dfrac{\xi}{\eta}$.

19. Man bestimme die Verteilungsfunktion des Produkts zweier unabhängiger Zufallsgrößen ξ und η mit Hilfe ihrer Verteilungsfunktionen $F_1(x)$ und $F_2(x)$.

20. Die unabhängigen Zufallsgrößen ξ und η seien im Intervall $(-a, a)$ gleichmäßig verteilt. Man bestimme die Verteilungsfunktion ihres Produkts.

21. Die Seiten ξ und η eines Dreiecks stellen unabhängige Zufallsgrößen dar. Mit Hilfe ihrer Verteilungsfunktionen $F_\xi(x)$ und $F_\eta(x)$ bestimme man die Verteilungsfunktionen der dritten Seite, wenn der Winkel zwischen den beiden Seiten ξ und η den konstanten Wert α besitzt.

22. Man beweise: Wenn die Größen ξ und η unabhängig sind und ihre Verteilungsdichte durch die Formel

$$p_\xi(x) = p_\eta(x) = \begin{cases} 0 & \text{für } x \leqq 0\,, \\ e^{-x} & \text{für } x > 0 \end{cases}$$

gegeben ist, so sind auch die Größen $\xi + \eta$ und $\frac{\xi}{\eta}$ unabhängig.

23. Man beweise: Sind ξ und η normal verteilt mit den Parametern $a_1 = a_2 = 0, \sigma_1 = \sigma_2 = \sigma$ und unabhängig, so sind die Größen

$$\zeta = \xi^2 + \eta^2 \quad \text{und} \quad \delta = \frac{\xi}{\eta}$$

unabhängig.

24. Man beweise: Sind ξ und η unabhängig und nach dem χ^2-Gesetz verteilt mit den Parametern n bzw. m, so sind die Größen $\zeta = \xi + \eta$ und $\delta = \frac{\xi}{\eta}$ unabhängig.

25. Die Zufallsgrößen $\xi_1, \xi_2, \ldots, \xi_n$ seien unabhängig, sie mögen alle die gleiche Verteilungsdichte besitzen:

$$p(x) = \frac{1}{\sigma\sqrt{2\pi}} e^{-\frac{(x-a)^2}{2\sigma^2}}\,.$$

Gesucht ist die gemeinsame Verteilungsdichte der Größen

$$\eta = \sum_{k=1}^{n} \xi_k \quad \text{und} \quad \zeta = \sum_{k=1}^{m} \xi_k \,(m < n)\,.$$

26. Man beweise, daß eine Verteilungsfunktion die folgenden Eigenschaften besitzt:

$$\lim_{x\to\infty} x \int_x^\infty \frac{1}{z}\, dF(z) = 0\,, \qquad \lim_{x\to+0} x \int_x^\infty \frac{1}{z}\, dF(z) = 0\,,$$

$$\lim_{x\to-\infty} x \int_{-\infty}^x \frac{1}{z}\, dF(z) = 0\,, \qquad \lim_{x\to-0} x \int_{-\infty}^x \frac{1}{z}\, dF(z) = 0\,.$$

27. An einer Zufallsgröße ξ, die eine stetige Verteilungsfunktion $F(x)$ besitzt, werden zwei Serien unabhängiger Versuche ausgeführt; die Versuchsergebnisse seien (der Größe nach in jeder Serie angeordnet)

$$x_1 < x_2 < \cdots < x_M\,, \qquad y_1 < y_2 < \cdots < y_N\,.$$

Wie groß ist die Wahrscheinlichkeit der Ungleichungen

$$y_\mu < x_{m+1} < y_{\mu+1}\,,$$

wenn m und μ vorgegebene Zahlen sind $(0 \leqq m < M,\ 0 < \mu < N)$?

28. Eine Zufallsgröße ξ besitze eine stetige Verteilungsfunktion $F(x)$. Bei n unabhängigen Messungen nehme die Zufallsgröße ξ die Werte $x_1 < x_2 < \cdots < x_n$ an (die wir der Größe nach geordnet haben). Man bestimme die Verteilungsdichte der Größe

$$\eta = \frac{F(x_n) - F(x_2)}{F(x_n) - F(x_1)}\,.$$

V.

ZAHLENMÄSSIGE CHARAKTERISIERUNG DER ZUFALLSGRÖSSEN

Im vorigen Kapitel sahen wir, daß die Verteilungsfunktion einer Zufallsgröße diese am vollständigsten charakterisiert. Die Verteilungsfunktion gibt nämlich gleichzeitig an, welche Werte die Zufallsgröße annehmen kann und mit welchen Wahrscheinlichkeiten sie dies tut. In einer Reihe von Fällen braucht man jedoch von einer Zufallsgröße nur sehr viel weniger zu wissen, gefordert wird nur eine summarische Vorstellung von dieser Größe. Für die Wahrscheinlichkeitsrechnung und ihre Anwendungen spielen gewisse konstante Zahlen eine große Rolle, die man nach bestimmten Regeln aus den Verteilungsfunktionen der Zufallsgrößen erhält. Unter diesen Konstanten, die zu einer allgemeinen quantitativen Charakterisierung der Zufallsgröße dienen, sind die mathematische Erwartung, die Dispersion und die Momente der verschiedenen Ordnungen von besonderer Wichtigkeit.

§ 26. Die mathematische Erwartung

Wir beginnen mit der Betrachtung des folgenden schematischen Beispiels: Wir nehmen an, daß man beim Schießen aus einem Geschütz zur Zerstörung eines Zieles mit der Wahrscheinlichkeit p_1 ein Geschoß, mit der Wahrscheinlichkeit p_2 zwei Geschosse, mit der Wahrscheinlichkeit p_3 drei Geschosse usw. benötigt. Außerdem sei bekannt, daß n Geschosse zur Zerstörung dieses Zieles sicher ausreichen. Es sei also

$$p_1 + p_2 + \cdots + p_n = 1 .$$

Gefragt ist nach der Anzahl der Geschosse, die im Mittel zur Zerstörung des erwähnten Zieles erforderlich sind.

Um auf diese Frage antworten zu können, gehen wir folgendermaßen vor. Wir nehmen an, es sei eine sehr große Anzahl von Schießversuchen unter den oben angegebenen Bedingungen ausgeführt worden. Dann können wir auf Grund des Bernoullischen Satzes behaupten, daß die relative Häufigkeit der Schießversuche, bei denen zur Zerstörung des Zieles nur ein Geschoß notwendig war, ungefähr gleich p_1 ist. Genauso braucht man zwei Geschosse bei ungefähr $100\,p_2$ % der Schießversuche usw. „Im Mittel" braucht man also zur Zerstörung des Zieles ungefähr

$$1 \cdot p_1 + 2 \cdot p_2 + \cdots + n \cdot p_n$$

Geschosse.

Analoge Aufgaben der Berechnung des Mittelwertes einer Zufallsgröße ergeben sich bei den vielfältigsten Problemen. Daher führt man in der Wahrscheinlichkeitsrechnung eine besondere Konstante ein, die *mathematische Erwartung*. Wir definieren sie in Anlehnung an das soeben betrachtete Beispiel zunächst für diskrete Zufallsgrößen.

$$x_1, x_2, \ldots, x_n, \ldots$$

sollen die möglichen Werte einer diskreten Zufallsgröße bezeichnen.

$$p_1, p_2, \ldots, p_n, \ldots$$

seien die ihnen entsprechenden Wahrscheinlichkeiten.

Wenn die Reihe $\sum_{n=1}^{\infty} x_n p_n$ absolut konvergiert, so heißt ihre Summe die *mathematische Erwartung* (*Erwartungswert*) der Zufallsgröße ξ und wird mit $\mathsf{M}\,\xi$ bezeichnet.[1])

Für stetige Zufallsgrößen ergibt sich naturgemäß folgende Definition: Wenn eine Zufallsgröße stetig ist und wenn $p(x)$ ihre Verteilungsdichte darstellt, so bezeichnet man als den *Erwartungswert* der Größe ξ das Integral

$$\mathsf{M}\,\xi = \int x\, p(x)\, dx\,, \tag{1}$$

sobald nur ein Integral

$$\int |x|\, p(x)\, dx$$

existiert.

Ist ξ eine beliebige Zufallsgröße mit der Verteilungsfunktion $F(x)$, so nennt man das Integral

$$\mathsf{M}\,\xi = \int x\, dF(x) \tag{2}$$

den Erwartungswert von ξ. Unter Benutzung der Definition des STIELTJES-Integrals können wir den Begriff der mathematischen Erwartung leicht geometrisch deuten: Die mathematische Erwartung ist gleich der Differenz der Flächen, die einmal zwischen der Ordinatenachse, der Geraden $y = 1$ und der Kurve $y = F(x)$ im Intervall $(0, +\infty)$ und zum anderen zwischen der Abszissenachse, der Kurve $y = F(x)$ und der Ordinatenachse im Intervall $(-\infty, 0)$ eingeschlossen sind. In Abb. 18 sind die entsprechenden Flächen schraffiert, ferner ist angegeben, mit welchen Vorzeichen man in der Summe jede der Flächen zu versehen hat. Diese geometrische Veranschaulichung gestattet es nun, die mathematische Erwartung folgendermaßen zu schreiben:

$$\mathsf{M}\,\xi = -\int_{-\infty}^{0} F(x)\, dx + \int_{0}^{\infty} \bigl(1 - F(x)\bigr)\, dx\,. \tag{3}$$

Mit Hilfe dieser Formel gelingt es in vielen Fällen, die mathematische Erwartung fast ohne Rechnung zu erhalten. So ist zum Beispiel für eine nach dem am Ende von § 22 angegebenen Gesetz verteilte Zufallsgröße die mathematische Erwartung gleich 1/2.

---

[1]) In der deutschen Literatur wird sie vielfach mit $E(\xi)$ bezeichnet (Anm. d. Red.).

Wir bemerken, daß von den früher betrachteten Zufallsgrößen die nach dem CAUCHYschen Gesetz (Beispiel 5, § 23) verteilten Zufallsgrößen keinen Erwartungswert besitzen.

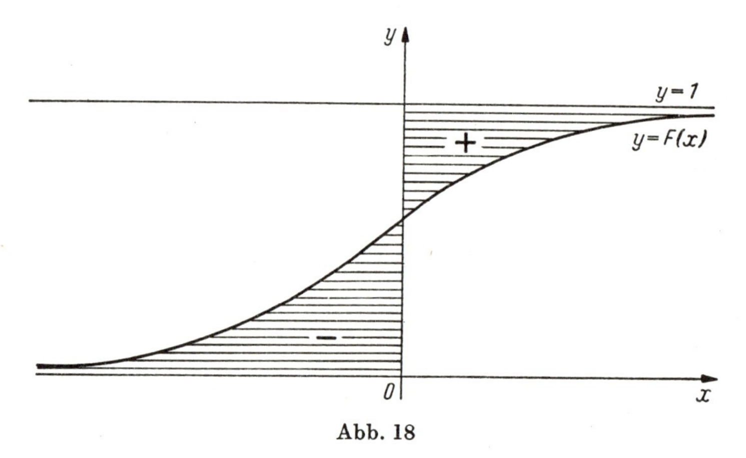

Abb. 18

Wir betrachten nun einige Beispiele.

Beispiel 1. Gesucht ist die mathematische Erwartung einer nach dem Normalgesetz

$$p(x) = \frac{1}{\sigma\sqrt{2\pi}} \exp\left(-\frac{(x-a)^2}{2\sigma^2}\right)$$

verteilten Zufallsgröße ξ.

Nach Formel (2) finden wir

$$\mathsf{M}\,\xi = \int x \frac{1}{\sigma\sqrt{2\pi}} \exp\left(-\frac{(x-a)^2}{2\sigma^2}\right) dx\,.$$

Durch die Substitution $z = \frac{x-a}{\sigma}$ bringen wir das zu berechnende Integral auf die Gestalt

$$\mathsf{M}\,\xi = \frac{1}{\sqrt{2\pi}} \int (\sigma z + a)\, e^{-\frac{z^2}{2}} dz = \frac{\sigma}{\sqrt{2\pi}} \int z\, e^{-\frac{z^2}{2}} dz + \frac{a}{\sqrt{2\pi}} \int e^{-\frac{z^2}{2}} dz.$$

Da

$$\int e^{-\frac{z^2}{2}} dz = \sqrt{2\pi} \qquad \text{und} \qquad \int z\, e^{-\frac{z^2}{2}} dz = 0$$

ist, bekommen wir

$$\mathsf{M}\,\xi = a\,.$$

Wir haben damit ein wichtiges Resultat gewonnen, das die wahrscheinlichkeitstheoretische Bedeutung eines der im Normalgesetz auftretenden Parameter aufdeckt: *Der Parameter a im normalen Verteilungsgesetz ist gleich der mathematischen Erwartung.*

Beispiel 2. Gesucht ist die mathematische Erwartung einer im Intervall (a, b) gleichmäßig verteilten Zufallsgröße ξ.

Wir finden

$$\mathsf{M}\,\xi = \int_a^b x \frac{dx}{b-a} = \frac{b^2 - a^2}{2\,(b-a)} = \frac{a+b}{2}.$$

Wir sehen, daß die mathematische Erwartung mit der Mitte des Intervalls der möglichen Werte der Zufallsgröße zusammenfällt.

Beispiel 3. Gesucht ist die mathematische Erwartung einer nach dem Poissonschen Gesetz

$$\mathsf{P}\,\{\xi = k\} = \frac{a^k\, e^{-a}}{k!} \qquad (k = 0, 1, 2, \ldots)$$

verteilten Zufallsgröße ξ. Wir erhalten

$$\mathsf{M}\,\xi = \sum_{k=0}^{\infty} k \cdot \frac{a^k\, e^{-a}}{k!} = \sum_{k=1}^{\infty} k \cdot \frac{a^k\, e^{-a}}{k!} = a\, e^{-a} \sum_{k=1}^{\infty} \frac{a^{k-1}}{(k-1)!} = a\, e^{-a} \sum_{k=0}^{\infty} \frac{a^k}{k!} = a\,.$$

Ist $F(x/B)$ die bedingte Verteilungsfunktion einer Zufallsgröße ξ, so heißt das Integral

$$\mathsf{M}(\xi/B) = \int x\, dF(x/B) \tag{4}$$

die *bedingte mathematische Erwartung der Zufallsgröße* ξ *bezüglich des Ereignisses* B.

$B_1, B_2, \ldots, B_n$ sei eine vollständige Gruppe unvereinbarer Ereignisse, $F(x/B_1), F(x/B_2), \ldots, F(x/B_n)$ seien die diesen Ereignissen entsprechenden bedingten Verteilungsfunktionen der Größe ξ. Bezeichnen wir mit $F(x)$ die unbedingte Verteilungsfunktion dieser Größe, so finden wir auf Grund der Formel der totalen Wahrscheinlichkeit den Ausdruck

$$F(x) = \sum_{k=1}^{n} \mathsf{P}(B_k)\, F(x/B_k)\,.$$

Diese Gleichung zusammen mit (4) führt uns auf die Formel

$$\mathsf{M}\,\xi = \sum_{k=1}^{n} \mathsf{P}(B_k)\, \mathsf{M}(\xi/B_k)\,;$$

dies läßt sich offensichtlich auch noch anders schreiben:

$$\mathsf{M}\,\xi = \mathsf{M}\,\{\mathsf{M}(\xi/B_k)\}\,. \tag{5}$$

Diese eben gefundene Formel vereinfacht in vielen Fällen wesentlich die Berechnung der mathematischen Erwartungen.

Beispiel 4. Ein Arbeiter bedient n gleichartige Maschinen, die geradlinig im gegenseitigen Abstand a angeordnet seien (Abb. 19). Wir nehmen an, daß der Arbeiter eine Maschine bedient, indem er an sie herantritt, wenn sie seine Aufmerksamkeit erfordert. Gesucht ist der mittlere Weg, die mathematische Erwartung der Weglänge zwischen den Maschinen.

Wir numerieren die Maschinen von links nach rechts von 1 bis n und bezeichnen mit B_k das Ereignis, daß der Arbeiter sich bei der Maschine mit der

Nummer k befindet. Da alle Werkbänke nach Voraussetzung von der gleichen Art sind, ist die Wahrscheinlichkeit $p_i^{(k)}$ dafür, daß die nächste Maschine, welche die Aufmerksamkeit des Arbeiters erfordert, die Nummer i trägt, gleich $\frac{1}{n}$ $(1 \leqq i \leqq n)$. Die Weglänge ist in diesem Falle gleich

$$\lambda_i^{(k)} = \begin{cases} (k - i)\, a & \text{für} \quad k \geqq i\,, \\ (i - k)\, a & \text{für} \quad k < i\,. \end{cases}$$

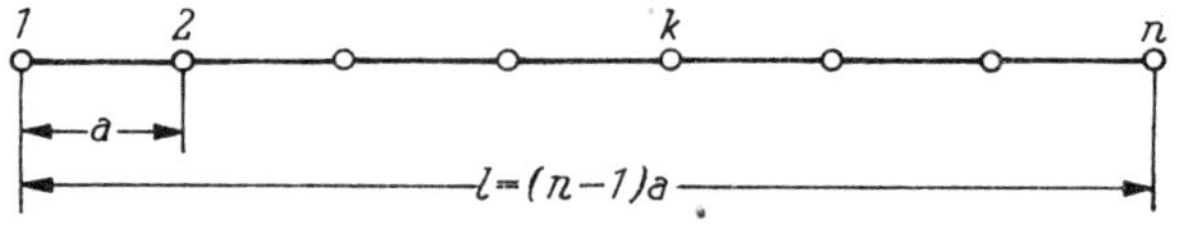

Abb. 19

Nach Definition ist

$$\begin{aligned} \mathsf{M}(\lambda/B_k) &= \frac{1}{n}\left(\sum_{i=1}^{k} (k - i)\, a + \sum_{i=k+1}^{n} (i - k)\, a\right) \\ &= \frac{a}{n}\left(\frac{k\,(k-1)}{2} + \frac{(n-k)\,(n-k+1)}{2}\right) \\ &= \frac{a}{2\,n}\,[2\,k^2 - 2\,(n+1)\,k + n\,(n+1)]\,. \end{aligned}$$

Die Wahrscheinlichkeit dafür, daß sich der Arbeiter an der k-ten Maschine befindet, ist gleich $\frac{1}{n}$; auf Grund der Formel (5) finden wir daher den Ausdruck

$$\mathsf{M}\,\lambda = \sum_{k=1}^{n} \frac{a}{2\,n^2}\,[2\,k^2 - 2\,(n+1)\,k + n\,(n+1)]\,.$$

Bekanntlich ist

$$\sum_{k=1}^{n} k^2 = \frac{n\,(n+1)\,(2\,n+1)}{6}\,,$$

also ist

$$\mathsf{M}\,\lambda = \frac{a\,(n^2-1)}{3\,n} = \frac{l}{3}\left(1 + \frac{1}{n}\right).$$

Dabei bezeichnet $l = (n-1)\,a$ den Abstand zwischen den beiden äußersten Maschinen.

Unter der *mathematischen Erwartung einer n-dimensionalen Zufallsgröße* $(\xi_1, \xi_2, \ldots, \xi_n)$ versteht man die Gesamtheit der n Integrale

$$a_k = \int\int \cdots \int x_k\, dF(x_1, \ldots, x_k, \ldots, x_n) = \int x\, dF_k(x) = \mathsf{M}\,\xi_k\,,$$

$F_k(x)$ bezeichnet dabei die Verteilungsfunktion der Größe ξ_k.[1])

---

[1]) Wir geben hier keine formale Definition des n-dimensionalen Stieltjes-Integrals an, einmal, weil wir praktisch nur diskrete und stetige Zufallsgrößen betrachten werden, und zum anderen, weil für die Wahrscheinlichkeitsrechnung im wesentlichen nicht die allgemeine Theorie der Stieltjes-Integrale, sondern die Theorie des abstrakten Lebesgue-Integrals erforderlich ist (s. darüber genauer Kapitel I der Monographie von Gnedenko und Kolmogoroff, Grenzverteilungen von Summen unabhängiger Zufallsgrößen, 2. Aufl., Berlin 1960).

Beispiel 5. Die Verteilungsdichte einer zweidimensionalen Zufallsgröße (ξ_1, ξ_2) sei durch die Formel

$$p(x_1, x_2) = \frac{1}{2\pi\sigma_1\sigma_2\sqrt{1-r^2}} \exp\left\{-\frac{1}{2(1-r)^2}\left[\frac{(x_1-a)^2}{\sigma_1^2} - \frac{2r(x_1-a)(x_2-b)}{\sigma_1\sigma_2} + \frac{(x_2-b)^2}{\sigma_2^2}\right]\right\}$$

gegeben (zweidimensionale Normalverteilung); man bestimme ihren Erwartungswert.

Nach Definition ist

$$a_1 = \iint x_1\, p(x_1, x_2)\, dx_1\, dx_2 = \int x_1\, p_1(x_1)\, dx_1$$

und

$$a_2 = \iint x_2\, p(x_1, x_2)\, dx_1\, dx_2 = \int x_2\, p_2(x_2)\, dx_2 .$$

Im Beispiel 2, § 23, sahen wir, daß

$$p_1(x_1) = \frac{1}{\sigma_1\sqrt{2\pi}} \exp\left\{-\frac{(x_1-a)^2}{2\sigma_1^2}\right\}, \quad p_2(x_2) = \frac{1}{\sigma_2\sqrt{2\pi}} \exp\left\{-\frac{(x_2-b)^2}{2\sigma_2^2}\right\}$$

ist. Mit Hilfe der Ergebnisse des Beispiels 1 dieses Paragraphen erhalten wir daher

$$a_1 = a, \quad a_2 = b .$$

Damit können wir auch für die zweidimensionale Normalverteilung die wahrscheinlichkeitstheoretische Bedeutung der Parameter a und b angeben.

§ 27. Die Dispersion

Als *Dispersion* einer Zufallsgröße ξ bezeichnet man die mathematische Erwartung des Quadrats der Abweichung der Größe ξ von $\mathsf{M}\,\xi$. Die Dispersion wollen wir mit dem Symbol $\mathsf{D}\,\xi$ bezeichnen. Nach Definition ist

$$\mathsf{D}\,\xi = \mathsf{M}\,(\xi - \mathsf{M}\,\xi)^2 = \int_0^\infty x\, dF_\eta(x) ; \tag{1}$$

dabei ist mit $F_\eta(x)$ die Verteilungsfunktion der Zufallsgröße $\eta = (\xi - \mathsf{M}\,\xi)^2$ bezeichnet.

Bei der praktischen Berechnung benutzt man häufig eine andere Formel, nämlich

$$\mathsf{D}\,\xi = \int (z - \mathsf{M}\,\xi)^2\, dF_\xi(z) . \tag{2}$$

Die Äquivalenz der Formel (1) und (2) ergibt sich unmittelbar aus dem folgenden allgemeinen Satz.

Satz 1. *Ist $F_\xi(x)$ die Verteilungsfunktion der Größe ξ und $f(x)$ eine stetige Funktion, so ist*

$$\mathsf{M}\,f(\xi) = \int f(x)\, dF_\xi(x) .$$

Beim Beweis dieses Satzes beschränken wir uns auf den Spezialfall, daß

$$f(x) = (x - a)^k$$

ist. Den vollständigen Beweis dieses Satzes bringen wir in § 29.

Wir setzen

$$G(x) = \mathsf{P}\,\{(\xi - a)^k < x\}\ ;$$

nach Definition ist dann

$$\mathsf{M}\,(\xi - a)^k = \int_{-\infty}^{\infty} x\, dG(x)\,.$$

Ist k eine ungerade Zahl, so ist $(\xi - a)^k$ eine nicht abnehmende Funktion von ξ, daher ist

$$\begin{aligned} G(x) = \mathsf{P}\,\{(\xi - a)^k < x\} &= \mathsf{P}\left\{\xi - a < \sqrt[k]{x}\right\} \\ &= \mathsf{P}\left\{\xi < a + \sqrt[k]{x}\right\} = F\left(a + \sqrt[k]{x}\right). \end{aligned}$$

Für ungerades k ist also

$$\mathsf{M}\,(\xi - a)^k = \int x\, dF\left(a + \sqrt[k]{x}\right).$$

Man rechnet leicht nach, daß durch die Substitution $z = a + \sqrt[k]{x}$ dieses Integral in

$$\mathsf{M}\,(\xi - a)^k = \int_{-\infty}^{\infty} (z - a)^k\, dF(z)$$

übergeht.

Ist k gerade, so ist $(\xi - a)^k$ eine nichtnegative Größe, folglich ist $G(x) = 0$ für $x \leqq 0$. Für positive x ist

$$\begin{aligned} G(x) &= \mathsf{P}\,\{(\xi - a)^k < x\} = \mathsf{P}\left\{a - \sqrt[k]{x} < \xi < a + \sqrt[k]{x}\right\} \\ &= F\left(a + \sqrt[k]{x}\right) - F\left(a - \sqrt[k]{x} + 0\right), \end{aligned}$$

folglich ist bei geraden k

$$\mathsf{M}\,(\xi - a)^k = \int_0^{\infty} x\, dF\left(a + \sqrt[k]{x}\right) - \int_0^{\infty} x\, dF\left(a - \sqrt[k]{x} + 0\right).$$

Durch die Substitutionen $z = a + \sqrt[k]{x}$ im ersten Integral und $z = a - \sqrt[k]{x}$ im zweiten bringen wir $\mathsf{M}\,(\xi - a)^k$ auf die Gestalt

$$\mathsf{M}\,(\xi - a)^k = \int_{-\infty}^{\infty} (x - a)^k\, dF(x)\,.$$

Für die Praxis erweist sich häufig eine andere Schreibweise der Formel (2) als zweckmäßig.

Da

$$(z - \mathsf{M}\,\xi)^2 = z^2 - 2\,z\,\mathsf{M}\,\xi + (\mathsf{M}\,\xi)^2 \quad \text{und} \quad \mathsf{M}\,\xi = \int z\,dF_\xi(z)$$

ist, läßt sich die Formel (2) in der Gestalt

$$\mathsf{D}\,\xi = \int z^2\,dF_\xi(z) - \left(\int z\,dF_\xi(z)\right)^2 = \mathsf{M}\,\xi^2 - (\mathsf{M}\,\xi)^2 \tag{3}$$

schreiben.

Da die Dispersion eine nichtnegative Größe ist, schließen wir aus der letzten Beziehung auf die Ungleichung

$$\int z^2\,dF_\xi(z) \geqq \left(\int z\,dF_\xi(z)\right)^2.$$

Diese Ungleichung ist ein Spezialfall der SCHWARZschen Ungleichung.

Ähnlich wie im Falle der mathematischen Erwartung besitzen nicht alle Zufallsgrößen eine Dispersion. So besitzt z. B. das früher betrachtete CAUCHYsche Gesetz (Beispiel 5, § 24) keine endliche Dispersion.

Nun sollen einige Beispiele für die Berechnung der Dispersion folgen.

Beispiel 1. Gesucht ist die Dispersion einer im Intervall (a, b) gleichmäßig verteilten Zufallsgröße ξ.

In unserem Beispiel ist

$$\int x^2\,dF_\xi(x) = \int_a^b \frac{x^2}{b-a}\,dx = \frac{b^3 - a^3}{3\,(b-a)} = \frac{b^2 + a\,b + a^2}{3}.$$

Im vorigen Paragraphen fanden wir

$$\mathsf{M}\,\xi = \frac{a+b}{2}.$$

Damit ergibt sich

$$\mathsf{D}\,\xi = \frac{a^2 + a\,b + b^2}{3} - \left(\frac{a+b}{2}\right)^2 = \frac{(b-a)^2}{12}.$$

Wir sehen, daß die Dispersion nur von der Länge des Intervalls (a, b) abhängt und eine mit der Länge zunehmende Funktion ist. Je größer das Intervall der von der Zufallsgröße angenommenen Werte ist, d. h., je weiter ihre Werte verstreut liegen, desto größer ist die Dispersion. Die Dispersion ist also ein *Maß für die Streuung* der Werte einer Zufallsgröße um ihre mathematische Erwartung.

Beispiel 2. Gesucht ist die Dispersion einer nach dem Normalgesetz

$$p(x) = \frac{1}{\sigma\sqrt{2\,\pi}} \exp\left\{-\frac{(x-a)^2}{2\,\sigma^2}\right\}$$

verteilten Zufallsgröße ξ.

Es ist $\mathsf{M}\,\xi = a$, daher finden wir

$$\mathsf{D}\,\xi = \int (x-a)^2\, p(x)\, dx = \frac{1}{\sigma\sqrt{2\pi}} \int (x-a)^2\, e^{-\frac{(x-a)^2}{2\sigma^2}}\, dx\,.$$

Unter dem Integralzeichen führen wir mit

$$z = \frac{x-a}{\sigma}$$

eine Variablensubstitution durch, es ergibt sich

$$\mathsf{D}\,\xi = \frac{\sigma^2}{\sqrt{2\pi}} \int z^2\, e^{-\frac{z^2}{2}}\, dz\,.$$

Durch partielle Integration finden wir

$$\int z^2\, e^{-\frac{z^2}{2}}\, dz = \Big|_{-\infty}^{\infty} - z\, e^{-\frac{z^2}{2}} + \int e^{-\frac{z^2}{2}}\, dz = \sqrt{2\pi}\,.$$

Damit ist also schließlich

$$\mathsf{D}\,\xi = \sigma^2\,.$$

Auf diese Weise haben wir auch die wahrscheinlichkeitstheoretische Bedeutung des zweiten im Normalgesetz auftretenden Parameters gefunden. Wir sehen, daß *das normale Verteilungsgesetz vollständig durch die mathematische Erwartung und die Dispersion bestimmt ist.* Dieser Umstand wird in den theoretischen Untersuchungen weitgehend ausgenutzt.

Wir bemerken, daß man im Falle einer normal verteilten Zufallsgröße aus der Dispersion auf die Streuung ihrer Werte schließen kann. Obwohl bei beliebigen positiven Werten der Dispersion die normal verteilten Zufallsgrößen alle reelle Werte annehmen können, ist jedoch die Streuung der Werte einer Zufallsgröße um so kleiner, je kleiner die Dispersion ist; es wird hierbei nämlich die Wahrscheinlichkeit der nahe an der mathematischen Erwartung gelegenen Werte größer. Diesen Tatbestand hatten wir im vorigen Kapitel bei unserer ersten Bekanntschaft mit dem Normalgesetz bereits festgestellt.

Beispiel 3. Gesucht ist die Dispersion der im Beispiel 4, § 26, betrachteten Zufallsgröße λ.

Mit den Bezeichnungen des Beispiels 4 finden wir

$$\begin{aligned}\mathsf{M}(\lambda^2/B_k) &= \frac{1}{n}\left(\sum_{i=1}^{k} (k-i)^2\, a^2 + \sum_{i=k+1}^{n} (i-k)^2\, a^2\right)\\ &= \frac{a^2}{6\,n}\,[(k-1)\cdot k\,(2\,k-1) + (n-k)\,(n-k+1)\,(2\,n-2\,k+1)]\\ &= \frac{a^2}{6}\,[6\,k^2 - 6\,(n+1)\,k + (2\,n+1)\,(n+1)]\end{aligned}$$

und damit

$$\mathsf{M}(\lambda^2) = \frac{1}{n} \sum_{k=1}^{n} \mathsf{M}(\lambda^2/B_k)$$

$$= \frac{a^2}{6\,n} [n\,(n+1)\,(2\,n+1) - 3\,(n+1)^2\,n + n\,(n+1)\,(2\,n+1)] = \frac{a^2}{6}(n^2-1)\,.$$

Hieraus ergibt sich

$$\mathsf{D}(\lambda) = \mathsf{M}(\lambda^2) - (\mathsf{M}\,\lambda)^2 = \frac{a^2}{6}(n^2-1) - \frac{a^2\,(n^2-1)^2}{9\,n^2}$$

$$= \frac{a^2\,(n^2-1)\,(n^2+2)}{18\,n^2} = \frac{l^2}{18}\left(1 + \frac{2}{n} + \frac{4}{n^2} + \frac{6}{n^2\,(n-1)}\right).$$

Als *Dispersion einer n-dimensionalen Zufallsgröße* $(\xi_1, \xi_2, \ldots, \xi_n)$ bezeichnet man die Gesamtheit der n^2 durch die Formel

$$b_{jk} = \int\int \cdots \int (x_j - \mathsf{M}\,\xi_j)\,(x_k - \mathsf{M}\,\xi_k)\,dF(x_1, x_2, \ldots, x_n) \tag{4}$$

$$(1 \leqq k \leqq n\,, \quad 1 \leqq j \leqq n)$$

definierten Konstanten. Da bei beliebigen reellen t_j $(1 \leqq j \leqq n)$

$$\int \cdots \int \left\{\sum_{j=1}^{n} t_j\,(x_j - \mathsf{M}\,x_j)\right\}^2 dF(x_1, x_2, \ldots, x_n) = \sum_{j=1}^{n} \sum_{k=1}^{n} b_{jk}\,t_j\,t_k \geqq 0$$

ist, genügen — wie man aus der Theorie der quadratischen Formen weiß — die Größen b_{jk} den Ungleichungen

$$\begin{vmatrix} b_{11} & b_{12} \ldots b_{1k} \\ b_{21} & b_{22} \ldots b_{2k} \\ \ldots & \ldots \\ b_{k1} & b_{k2} \ldots b_{kk} \end{vmatrix} \geqq 0 \quad \text{für} \quad k = 1, 2, \ldots, n\,.$$

Offenbar ist

$$b_{kk} = \mathsf{D}\,\xi_k\,.$$

Die Größen b_{jk} heißen für $k \neq j$ die *gemischten Zentralmomente zweiter Ordnung* der Größen ξ_j und ξ_k; offenbar ist $b_{jk} = b_{kj}$.

In der statistischen Literatur werden die b_{jk} oft Kovarianzen von ξ_j und ξ_k genannt und mit dem Symbol cov (ξ_j, ξ_k) bezeichnet.

Die Funktion

$$r_{ij} = \frac{b_{ij}}{\sqrt{b_{ii}\,b_{jj}}}$$

der Momente zweiter Ordnung heißt der *Korrelationskoeffizient* zwischen den Größen ξ_i und ξ_j.

Der Wert des Korrelationskoeffizienten liegt zwischen den Grenzen $(-1, +1)$.

Da nämlich

$$\mathsf{D}\left(\frac{\xi_i}{\sqrt{b_{ii}}} \pm \frac{\xi_j}{\sqrt{b_{jj}}}\right) = 2\,(1 \pm r_{ij}) \geqq 0$$

ist, ergibt sich die Ungleichung

$$-1 \leqq r_{ij} \leqq 1\,.$$

Die Werte ± 1 werden nur in dem Falle angenommen, wo ξ_i und ξ_j linear voneinander abhängen. Die Gleichung $r_{ij} = 1$ ist nämlich dann und nur dann möglich, wenn

$$\mathsf{D}\left(\frac{\xi_i}{\sqrt{b_{ii}}} - \frac{\xi_j}{\sqrt{b_{jj}}}\right) = 0$$

ist. Die Dispersion kann nur für solche Zufallsgrößen verschwinden, die mit der Wahrscheinlichkeit Eins irgendeinen konstanten Wert annehmen. Ist also $r_{ij} = 1$, so muß

$$\frac{\xi_i}{\sqrt{b_{ii}}} - \frac{\xi_j}{\sqrt{b_{jj}}} = c$$

sein, und damit wird

$$\xi_i = \sqrt{\frac{b_{ii}}{b_{jj}}}\,\xi_j + \alpha \qquad (\alpha = c\sqrt{b_{ii}})\,.$$

Ist andererseits $r_{ij} = -1$, so folgt genauso

$$\xi_i = -\sqrt{\frac{b_{ii}}{b_{jj}}}\,\xi_j + \alpha\,.$$

Wenn umgekehrt $\xi_i = a\,\xi_j + b$, so folgt $a = \pm\sqrt{\frac{b_{ii}}{b_{jj}}}$; die eben durchgeführten Schlüsse lassen sich dann auch rückwärts verfolgen.

Für unabhängige Zufallsgrößen ξ_j und ξ_i ist der Korrelationskoeffizient gleich Null.

Der umgekehrte Schluß ist falsch. Der Korrelationskoeffizient zwischen den Größen ξ und η kann verschwinden, auch wenn diese Zufallsgrößen abhängig sind. Es sei z. B. $\eta = \xi^2$ und ξ symmetrisch zum Punkt $x = 0$ verteilt mit endlichem vierten Moment.

Dann ist $\mathsf{M}\,\xi = 0$, $\mathsf{M}\,\xi\,\eta = \mathsf{M}\,\xi^3 = 0$ und folglich $\mathsf{M}\,(\xi - \mathsf{M}\,\xi)\,(\eta - \mathsf{M}\,\eta) = 0$, d. h. $r_{\xi\eta} = 0$.

Beispiel 4. Gesucht ist die Dispersion der zweidimensionalen Zufallsgröße (ξ_1, ξ_2), die nach dem nicht ausgearteten Normalgesetz

$$p(x, y) = \frac{1}{2\,\pi\,\sigma_1\,\sigma_2\sqrt{1 - r^2}} \times \exp\left\{-\frac{1}{2\,(1 - r^2)}\left[\frac{(x-a)^2}{\sigma_1^2} - 2\,r\,\frac{(x-a)\,(y-b)}{\sigma_1\,\sigma_2} + \frac{(y-b)^2}{\sigma_2^2}\right]\right\}$$

verteilt ist.

Nach Formel (4) und den Resultaten des Beispiels 2 dieses Paragraphen und des Beispiels 1 aus § 26 finden wir

$$\mathsf{D}\,\xi_1 = \sigma_1^2\,, \qquad \mathsf{D}\,\xi_2 = \sigma_2^2\,.$$

Ferner ist

$$b_{12} = b_{21} = \iint (x-a)\,(y-b)\,p(x,y)\,dx\,dy$$

$$= \frac{1}{2\pi\,\sigma_1\,\sigma_2\sqrt{1-r^2}} \int e^{-\frac{(y-b)^2}{2\sigma_2^2}}\,dy$$

$$\times \int (x-a)\,(y-b)\exp\left\{-\frac{1}{2(1-r^2)}\left(\frac{x-a}{\sigma_1} - r\,\frac{y-b}{\sigma_2}\right)^2\right\} dx\,.$$

Durch die Substitution

$$z = \frac{1}{\sqrt{1-r^2}}\left(\frac{x-a}{\sigma_1} - r\,\frac{y-b}{\sigma_2}\right), \qquad t = \frac{y-b}{\sigma_2}$$

geht der Ausdruck für b_{12} über in

$$b_{12} = b_{21} = \frac{1}{2\pi}\iint \left(\sigma_1\,\sigma_2\sqrt{1-r^2}\,t\,z + r\,\sigma_1\,\sigma_2\,t^2\right) e^{-\frac{t^2}{2}-\frac{z^2}{2}}\,dz\,dt$$

$$= \frac{r\,\sigma_1\sigma_2}{2\pi}\int t^2\,e^{-\frac{t^2}{2}}\,dt\int e^{-\frac{z^2}{2}}\,dz + \frac{\sigma_1\,\sigma_2\sqrt{1-r^2}}{2\pi}\int t\,e^{-\frac{t^2}{2}}\,dt\int z\,e^{-\frac{z^2}{2}}\,dz = r\,\sigma_1\,\sigma_2\,.$$

Hieraus finden wir die Beziehung

$$r = \frac{\iint (x-a)\,(y-b)\,p(x,y)\,dx\,dy}{\sigma_1\,\sigma_2} = \frac{\mathsf{M}\{(\xi_1 - \mathsf{M}\,\xi_1)\,(\xi_2 - \mathsf{M}\,\xi_2)\}}{\sqrt{\mathsf{D}\,\xi_1\,\mathsf{D}\,\xi_2}}\,.$$

Der Parameter r ist also der Korrelationskoeffizient zwischen den Komponenten des Zufallsvektors (ξ_1, ξ_2).

Wir sehen, daß *das zweidimensionale Normalgesetz* ebenso wie das eindimensionale *durch Vorgabe der mathematischen Erwartung und der Dispersion*, d. h. durch Vorgabe der 5 Größen $\mathsf{M}\,\xi_1$, $\mathsf{M}\,\xi_2$, $\mathsf{D}\,\xi_1$, $\mathsf{D}\,\xi_2$, r *vollständig bestimmt ist.*

§ 28. Sätze über die mathematische Erwartung und die Dispersion

Satz 1. *Die mathematische Erwartung einer Konstanten ist gleich dieser Konstanten.*

Beweis. Eine Konstante C können wir als eine diskrete Zufallsgröße ansehen, die nur den einen Wert C mit der Wahrscheinlichkeit 1 annehmen kann; daher ist

$$\mathsf{M}\;C = C\cdot 1 = C\,.$$

Satz 2. *Die mathematische Erwartung der Summe zweier Zufallsgrößen ist gleich der Summe ihrer mathematischen Erwartungen*:

$$\mathsf{M}\,(\xi + \eta) = \mathsf{M}\,\xi + \mathsf{M}\,\eta\,.$$

Beweis. Wir betrachten zunächst den Fall diskreter Zufallsgrößen ξ und η. $a_1, a_2, \ldots, a_n, \ldots$ seien die möglichen Werte der Größe ξ und $p_1, p_2, \ldots, p_n, \ldots$ ihre Wahrscheinlichkeiten; $b_1, b_2, \ldots, b_k, \ldots$ seien die möglichen Werte der Größe η und $q_1, q_2, \ldots, q_k, \ldots$ die Wahrscheinlichkeiten dieser Werte. Die möglichen Werte der Größen $\xi + \eta$ haben die Gestalt $a_n + b_k$ $(k, n = 1, 2, \ldots)$. Wir bezeichnen mit p_{nk} die Wahrscheinlichkeit dafür, daß ξ den Wert a_n und η den Wert b_k annimmt. Nach Definition der mathematischen Erwartung ist

$$\mathsf{M}(\xi + \eta) = \sum_{n,k=1}^{\infty} (a_n + b_k)\, p_{nk} = \sum_{n=1}^{\infty} \sum_{k=1}^{\infty} (a_n + b_k)\, p_{nk}$$
$$= \sum_{n=1}^{\infty} a_n \left(\sum_{k=1}^{\infty} p_{nk} \right) + \sum_{k=1}^{\infty} b_k \left(\sum_{n=1}^{\infty} p_{nk} \right).$$

Nach dem Satz über die totale Wahrscheinlichkeit haben wir

$$\sum_{k=1}^{\infty} p_{nk} = p_n \quad \text{und} \quad \sum_{n=1}^{\infty} p_{nk} = q_k\,;$$

folglich ist

$$\sum_{n=1}^{\infty} a_n \sum_{k=1}^{\infty} p_{nk} = \sum_{n=1}^{\infty} a_n\, p_n = \mathsf{M}\,\xi$$

und

$$\sum_{k=1}^{\infty} b_k \sum_{n=1}^{\infty} p_{nk} = \sum_{k=1}^{\infty} b_k\, q_k = \mathsf{M}\,\eta\,.$$

Der Beweis des Satzes ist damit für den Fall diskreter Summanden beendet.

Ebenso finden wir in dem Falle, in welchem eine zweidimensionale Verteilungsdichte $p(x, y)$ des Zufallsvektors (ξ_1, ξ_2) existiert, auf Grund der Formel (3), § 24:

$$\begin{aligned} \mathsf{M}\,\zeta &= \mathsf{M}(\xi + \eta) = \int x\, dF_\zeta(x) = \int x \left(\int p\,(z, x - z)\, dz\right) dx \\ &= \iint x\, p\,(z, x - z)\, dz\, dx = \iint (z + y)\, p(z, y)\, dz\, dy \\ &= \iint z\, p(z, y)\, dz\, dy + \iint y\, p(z, y)\, dz\, dy \\ &= \int z\, p_\xi(z)\, dz + \int y\, p_\eta(y)\, dy = \mathsf{M}\,\xi + \mathsf{M}\,\eta\,. \end{aligned}$$

Folgerung 1. *Die mathematische Erwartung der Summe endlich vieler Zufallsgrößen ist gleich der Summe ihrer mathematischen Erwartungen*:

$$\mathsf{M}(\xi_1 + \xi_2 + \cdots + \xi_n) = \mathsf{M}\,\xi_1 + \mathsf{M}\,\xi_2 + \cdots + \mathsf{M}\,\xi_n\,.$$

Auf Grund des eben bewiesenen Satzes ist nämlich

$$\begin{aligned} \mathsf{M}(\xi_1 + \xi_2 + \cdots + \xi_n) &= \mathsf{M}\,\xi_1 + \mathsf{M}(\xi_2 + \xi_3 + \cdots + \xi_n) \\ = \mathsf{M}\,\xi_1 + \mathsf{M}\,\xi_2 + \mathsf{M}(\xi_3 + \cdots + \xi_n) &= \cdots = \mathsf{M}\,\xi_1 + \mathsf{M}\,\xi_2 + \cdots + \mathsf{M}\,\xi_n\,. \end{aligned}$$

Folgerung 2. *μ sei eine Zufallsgröße, die nur ganzzahlige Werte annehmen kann. Die Zufallsgrößen $\xi_1, \xi_2, \ldots$ mögen nicht von μ abhängen, die mathematische Erwartung von μ sei endlich, und die Reihe*

$$\sum_{k=1}^{\infty} \mathsf{M}|\xi_k|\; \mathsf{P}\,\{\mu \geqq k\}$$

konvergiere. Dann existiert die mathematische Erwartung der Summe

$$\zeta_\mu = \xi_1 + \xi_2 + \cdots + \xi_\mu$$

und ist gleich

$$\mathsf{M}\,\zeta_\mu = \sum_{j=1}^{\infty} \mathsf{M}\,\xi_j\,\mathsf{P}\,\{\mu \geqq j\}\,.$$

Beweis. Die bedingte mathematische Erwartung unter der Bedingung $\mu = k$ ist gleich

$$\mathsf{M}\,\{\zeta_\mu/\mu = k\} = \mathsf{M}\,\xi_1 + \mathsf{M}\,\xi_2 + \cdots + \mathsf{M}\,\xi_k\,.$$

Die unbedingte mathematische Erwartung ist gleich

$$\mathsf{M}\,\zeta_\mu = \sum_{k=1}^{\infty} \mathsf{M}\,\{\zeta_\mu/\mu = k\} \cdot \mathsf{P}\,\{\mu = k\} = \sum_{k=1}^{\infty} \mathsf{P}\,\{\mu = k\} \sum_{j=1}^{k} \mathsf{M}\,\xi_j$$

$$= \sum_{j=1}^{\infty} \mathsf{M}\,\xi_j \sum_{k=j}^{\infty} \mathsf{P}\,\{\mu = k\} = \sum_{j=1}^{\infty} \mathsf{M}\,\xi_j\,\mathsf{P}\,\{\mu \geqq j\}\,.$$

Wenn die Summanden $\xi_1, \xi_2, \xi_3, \ldots$ gleichverteilt sind, d. h., wenn $\mathsf{P}\,\{\xi_1 < x\} = \mathsf{P}\,\{\xi_2 < x\} = \cdots = F(x)$ ist, so ist

$$\mathsf{M}\,\zeta_\mu = \mathsf{M}\,\xi_1 \cdot \mathsf{M}\,\mu\,,$$

denn es gilt die Beziehung

$$\mathsf{M}\,\zeta_\mu = \sum_{k=1}^{\infty} \mathsf{P}\,\{\mu = k\} \sum_{j=1}^{k} \mathsf{M}\,\xi_j = \mathsf{M}\,\xi_1 \sum_{k=1}^{\infty} k\,\mathsf{P}\,\{\mu = k\} = \mathsf{M}\,\xi_1 \cdot \mathsf{M}\,\mu\,.$$

Beispiel 1. Die Anzahl der kosmischen Teilchen, die auf ein gegebenes Flächenstück fallen, ist eine Zufallsgröße μ, die dem POISSONschen Gesetz mit einem Parameter a unterworfen ist. Jedes der Teilchen trage eine vom Zufall abhängige Energie ξ. Gesucht ist die mittlere Energie $\mathfrak{E}$, die das Flächenstück in der Zeiteinheit aufnimmt.

Nach Folgerung 2 ist

$$\mathsf{M}\,\mathfrak{E} = \mathsf{M}\,\xi \cdot \mathsf{M}\,\mu = a\,\mathsf{M}\,\xi\,.$$

Beispiel 2. Auf irgendein Ziel wird solange geschossen, bis n Treffer erzielt sind. Unter der Annahme, daß die Schüsse unabhängig voneinander ausgeführt werden und daß die Treffwahrscheinlichkeit bei jedem Schuß gleich p ist, bestimme man die mathematische Erwartung des Verbrauchs an Geschossen.

Wir bezeichnen mit ξ_k die Anzahl der Geschosse, die zwischen dem $(k-1)$-ten und k-ten Treffer verbraucht werden. Offenbar ist der Verbrauch von Geschossen bei n Treffern gleich

$$\xi = \xi_1 + \xi_2 + \cdots + \xi_n\,,$$

folglich ist

$$\mathsf{M}\,\xi = \mathsf{M}\,\xi_1 + \mathsf{M}\,\xi_2 + \cdots + \mathsf{M}\,\xi_n\,.$$

Nun ist aber

$$\mathsf{M}\,\xi_1 = \mathsf{M}\,\xi_2 = \cdots = \mathsf{M}\,\xi_n$$

und

$$\mathsf{M}\,\xi_1 = \sum_{k=1}^{\infty} k\,q^{k-1}\,p = \frac{p}{(1-q)^2} = \frac{1}{p}\,,$$

folglich ist

$$\mathsf{M}\,\xi = \frac{n}{p}\,.$$

Satz 3. *Die mathematische Erwartung des Produktes zweier unabhängigen Zufallsgrößen ξ und η ist gleich dem Produkt ihrer mathematischen Erwartungen.*

Beweis. ξ und η seien diskrete Zufallsgrößen, $a_1, a_2, \ldots, a_k, \ldots$ seien die möglichen Werte von ξ und $p_1, p_2, \ldots, p_k, \ldots$ die Wahrscheinlichkeiten dieser Werte; $b_1, b_2, \ldots, b_n, \ldots$ seien die möglichen Werte von η und $q_1, q_2, \ldots, q_n, \ldots$ deren Wahrscheinlichkeiten. Dann ist die Wahrscheinlichkeit dafür, daß ξ den Wert a_k und η den Wert b_n annimmt, gleich $p_k\,q_n$. Nach der Definition der mathematischen Erwartung ist

$$\begin{aligned}\mathsf{M}\,\xi\,\eta &= \sum_{k,\,n} a_k\,b_n\,p_k\,q_n = \sum_{k=1}^{\infty}\sum_{n=1}^{\infty} a_k\,b_n\,p_k\,q_n\\ &= \left(\sum_{k=1}^{\infty} a_k\,p_k\right)\left(\sum_{n=1}^{\infty} b_n\,q_n\right) = \mathsf{M}\,\xi\,\mathsf{M}\,\eta\,.\end{aligned}$$

Nur wenig komplizierter ist der Beweis für den Fall stetiger Größen. Seine Durchführung überlassen wir dem Leser.

Den Beweis des Satzes im allgemeinen Fall führen wir in § 29 durch.

Folgerung 1. *Ein konstanter Faktor kann vor das Zeichen der mathematischen Erwartung gezogen werden:*

$$\mathsf{M}\,C\,\xi = C\,\mathsf{M}\,\xi\,.$$

Diese Aussage ist evident, denn wie auch immer ξ aussehen mag, stets kann man die Konstante C und die Größe ξ als unabhängige Größen ansehen.

Satz 4. *Die Dispersion einer Konstanten ist gleich Null*

Beweis. Nach Satz 1 ist

$$\mathsf{D}\,C = \mathsf{M}\,(C - \mathsf{M}\,C)^2 = \mathsf{M}\,(C - C)^2 = \mathsf{M}\,0 = 0\,.$$

Satz 5. *Ist c eine Konstante, so ist*

$$\mathsf{D}\,c\,\xi = c^2\,\mathsf{D}\,\xi\,.$$

Beweis. Auf Grund der Folgerung aus Satz 3 gilt

$$\begin{aligned}\mathsf{D}\,c\,\xi &= \mathsf{M}\,[c\,\xi - \mathsf{M}\,c\,\xi]^2 = \mathsf{M}\,[c\,\xi - c\,\mathsf{M}\,\xi]^2\\ &= \mathsf{M}\,c^2\,[\xi - \mathsf{M}\,\xi]^2 = c^2\,\mathsf{M}\,[\xi - \mathsf{M}\,\xi]^2 = c^2\,\mathsf{D}\,\xi\,.\end{aligned}$$

Satz 6. *Die Dispersion der Summe zweier unabhängigen Zufallsgrößen ξ und η ist gleich der Summe ihrer Dispersionen:*

$$\mathsf{D}\,(\xi + \eta) = \mathsf{D}\,\xi + \mathsf{D}\,\eta\,.$$

Beweis. Es ist nämlich

$$D(\xi+\eta) = M[\xi+\eta-M(\xi+\eta)]^2 = M[(\xi-M\xi)+(\eta-M\eta)]^2$$
$$= D\xi + D\eta + 2M(\xi-M\xi)(\eta-M\eta).$$

Die Größen ξ und η sind unabhängig, das gleiche trifft daher auch für die Größen $\xi - M\xi$ und $\eta - M\eta$ zu; hieraus folgt

$$M(\xi-M\xi)(\eta-M\eta) = M(\xi-M\xi)\cdot M(\eta-M\eta) = 0.$$

Folgerung 1. *Sind $\xi_1, \xi_2, \ldots, \xi_n$ Zufallsgrößen, von denen jede von der Summe der vorhergehenden unabhängig ist, so ist*

$$D(\xi_1+\xi_2+\cdots+\xi_n) = D\xi_1 + D\xi_2 + \cdots + D\xi_n.$$

Folgerung 2. *Die Dispersion der Summe endlich vieler paarweise unabhängigen Zufallsgrößen $\xi_1, \xi_2, \ldots, \xi_n$ ist gleich der Summe ihrer Dispersionen.*

Beweis. Es ist doch

$$D(\xi_1+\xi_2+\cdots+\xi_n) = M\left(\sum_{k=1}^{n}(\xi_k - M\xi_k)\right)^2$$
$$= M\sum_{j=1}^{n}\sum_{k=1}^{n}(\xi_k - M\xi_k)(\xi_j - M\xi_j) = \sum_{k=1}^{n}\sum_{j=1}^{n} M(\xi_k - M\xi_k)(\xi_j - M\xi_j)$$
$$= \sum_{k=1}^{n} D\xi_k + \sum_{k\neq j} M(\xi_k - M\xi_k)(\xi_j - M\xi_j).$$

Aus der Unabhängigkeit eines beliebigen Paares der Größen ξ_k und ξ_j $(k \neq j)$ ergibt sich für $k \neq j$

$$M(\xi_k - M\xi_k)(\xi_j - M\xi_j) = 0.$$

Damit ist der Beweis offensichtlich beendet.

Beispiel 3. Als *normierte Abweichung* einer Zufallsgröße bezeichnet man den Quotienten

$$\frac{\xi - M\xi}{\sqrt{D\xi}}.$$

Wir wollen beweisen, daß

$$D\left(\frac{\xi - M\xi}{\sqrt{D\xi}}\right) = 1$$

ist. ξ und $M\xi$ sind ja, als Zufallsgrößen betrachtet, unabhängig; daher gilt auf Grund der Sätze 5 und 6 die Beziehung

$$D\left(\frac{\xi - M\xi}{\sqrt{D\xi}}\right) = \frac{D\xi + D(-M\xi)}{D\xi} = \frac{D\xi}{D\xi} = 1.$$

Beispiel 4. Sind ξ und η unabhängige Zufallsgrößen, so gilt die Gleichung

$$D(\xi - \eta) = D\xi + D\eta.$$

Auf Grund der Sätze 6 und 7 ist nämlich $\mathsf{D}(-\eta) = (-1)^2 \mathsf{D}\,\eta = \mathsf{D}\,\eta$ und $\mathsf{D}(\xi - \eta) = \mathsf{D}\,\xi + \mathsf{D}\,\eta$.

Beispiel 5. Mit Hilfe der Sätze 2 und 6 berechnet man nun sehr einfach die mathematische Erwartung und die Dispersion der Zahl μ, die angibt, wie oft ein Ereignis A in n unabhängigen Versuchen eintritt.

p_k sei die Wahrscheinlichkeit des Eintretens des Ereignisses A im k-ten Versuch. Wir bezeichnen mit μ_k die Anzahl des Eintretens des Ereignisses A im k-ten Versuch. μ_k ist offensichtlich eine Zufallsgröße, die die Werte 0 und 1 mit den entsprechenden Wahrscheinlichkeiten $q_k = 1 - p_k$ und p_k annimmt.

Die Größe μ läßt sich also in Form der Summe

$$\mu = \mu_1 + \mu_2 + \cdots + \mu_n$$

darstellen. Da

$$\mathsf{M}\,\mu_k = 0 \cdot q_k + 1 \cdot p_k = p_k$$

und

$$\mathsf{D}\,\mu_k = \mathsf{M}\,\mu_k^2 - (\mathsf{M}\,\mu_k)^2 = 0 \cdot q_k + 1 \cdot p_k - p_k^2 = p_k(1 - p_k) = p_k\,q_k$$

ist, so kann man auf Grund der bewiesenen Sätze auf die Gleichungen

$$\mathsf{M}\,\mu = p_1 + p_2 + \cdots + p_n$$

und

$$\mathsf{D}\,\mu = p_1\,q_2 + \cdots + p_n\,q_n$$

schließen. Für das BERNOULLIsche Schema ist $p_k = p$ und somit

$$\mathsf{M}\,\mu = n\,p \quad \text{und} \quad \mathsf{D}\,\mu = n\,p\,q\,.$$

Wir bemerken, daß sich hieraus die Beziehungen

$$\mathsf{M}\,\frac{\mu}{n} = p\,, \qquad \mathsf{D}\,\frac{\mu}{n} = \frac{p\,q}{n}$$

ergeben.

Beispiel 6. Wir suchen die mathematische Erwartung und die Dispersion der Anzahl des Eintretens des Ereignisses E bei Versuchen, die durch eine homogene MARKOWsche Kette miteinander verknüpft sind (vgl. § 20).

Wie eben bezeichnen wir mit μ_k die Anzahl des Eintretens des Ereignisses E im k-ten Versuch. Die Anzahl des Eintretens dieses Ereignisses in n Versuchen ist gleich der Summe

$$\mu = \mu_1 + \mu_2 + \cdots + \mu_k\,.$$

Es gilt

$$\mathsf{M}\,\mu - \sum_{k=1}^{n} \mathsf{M}\,\mu_k = \sum_{k=1}^{n} p_k\,.$$

Nach Formel (1′), § 20, ist

$$p_k = p + (p_1 - p)\,\delta^{k-1}\,.$$

Daher gilt

$$\mathsf{M}\,\mu = n\,p + \sum_{k=1}^{n} (p_1 - p)\,\delta^{k-1} = n\,p + (p_1 - p)\,\frac{1 - \delta^n}{1 - \delta}\,.$$

Nach Definition ist

$$\mathsf{D}\,\mu = \mathsf{M}\,(\mu - \mathsf{M}\,\mu)^2 = \mathsf{M}\left[\sum_{k=1}^{n}(\mu_k - p_k)\right]^2$$

$$= \sum_{k=1}^{n}\mathsf{M}\,(\mu_k - p_k)^2 + 2\sum_{j>i}\mathsf{M}\,(\mu_i - p_i)\,(\mu_j - p_j)\,.$$

Nun ist aber

$$\mathsf{D}\,\mu_k = p_k\,q_k = p\,q + (q - p)\,(p_1 - p)\,\delta^{k-1} - (p_1 - p)^2\,\delta^{2k-2}\,,$$

wo

$$q_k = 1 - p_k = q - (p_1 - p)\,\delta^{k-1}\,.$$

Weiter ist

$$\mathsf{M}\,(\mu_i - p_i)\,(\mu_j - p_j) = \mathsf{M}\,\mu_i\,\mu_j - p_i\,p_j\,.$$

Die Wahrscheinlichkeit für die Gleichung $\mu_i\,\mu_j = 1$ ist offensichtlich gleich $p_i\,p_j^{(i)}$, und daher ist

$$\mathsf{M}\,(\mu_i - p_i)\,(\mu_j - p_j) = p_i\,(p_j^{(i)} - p_j)\,.$$

Indem wir die Formeln (1′) und (2′), § 20, benutzen, finden wir

$$\mathsf{M}\,(\mu_i - p_i)\,(\mu_j - p_j) = p\,q\,\delta^{j-i} + (p_1 - p)\,(q - p)\,\delta^{j-1} - (p_1 - p)^2\,\delta^{i+j-2}\,.$$

Es ist also

$$\sum_{k=1}^{n}\mathsf{D}\,\mu_k = n\,p\,q + (q - p)\,(p_1 - p)\,\frac{1 - \delta^n}{1 - \delta} - (p_1 - p)^2\,\frac{1 - \delta^{2n}}{1 - \delta^2}$$

und

$$\sum_{j>i}^{\infty}\mathsf{M}\,(\mu_i - p_i)\,(\mu_j - p_j) = n\,p\,q\,\frac{\delta}{1 - \delta} - p\,q\,\frac{\delta}{1 - \delta}\left(-1 + \frac{1 - \delta^n}{1 - \delta}\right)$$

$$+ \frac{(p_1 - p)\,(q - p)}{1 - \delta}\left(\frac{\delta - \delta^n}{1 - \delta} - n\,\delta^n\right) - \frac{(p_1 - p)^2}{1 - \delta}\cdot\frac{\delta\,(1 - \delta^{n-1})\,(1 - \delta^n)}{1 - \delta^2}\,.$$

Es gilt deshalb

$$\mathsf{D}\,\mu = n\,p\,q\,\frac{1 + \delta}{1 - \delta} + a_n\,,$$

wo a_n eine Größe ist, die bei wachsendem n beschränkt bleibt.

§ 29. Definition des Erwartungswertes in der KOLMOGOROFFschen Axiomatik

Dieser Paragraph kann beim ersten Durchlesen des Buches übergangen werden, denn er stellt erhöhte Anforderungen an die Kenntnisse des Lesers auf dem Gebiet der Integrationstheorie. Die hier dargelegte allgemeine Auffassung ist eine naturgemäße Weiterentwicklung des von A. N. KOLMOGOROFF geschaffenen Aufbaus der Begriffe zufälliges Ereignis, Wahrscheinlichkeit und Zufallsgröße (siehe die §§ 9 und 21). In dieser Auffassung reduziert sich der Begriff des Erwartungswertes naturgemäß auf ein abstraktes LEBESGUEsches Integral.

Der Erwartungswert einer Zufallsgröße $\xi = f(e)$ ist definitionsgemäß das Integral

$$\mathsf{M}\,\xi = \int_U f(e)\, P\{de\} \,.$$

Die bedingte mathematische Erwartung unter der Bedingung B ist gleich

$$\mathsf{M}\,\{\xi|B\} = \int_U f(e)\, \mathsf{P}\,\{de|B\} \,.$$

Man beweist leicht, daß diese Definition der folgenden äquivalent ist,

$$\mathsf{M}\{\xi|B\} = \int_B f(e)\, \mathsf{P}\{de\} \cdot \frac{1}{\mathsf{P}\{B\}} \,,$$

die häufig für die praktische Anwendung besser geeignet ist.

Wenn ein Ereignis B sich als Vereinigung endlich oder abzählbar vieler disjunkter Ereignisse B_k darstellen läßt,

$$B = B_1 + B_2 + \cdots \,,$$

so ist

$$\int_B f(e)\, \mathsf{P}\{de\} = \sum_k \int_{B_k} f(e)\, \mathsf{P}\{de\} \,.$$

Nützlich ist auch folgende Bemerkung: Während wir früher beim Beweis des Satzes über die mathematische Erwartung einer Summe ziemlich lange Überlegungen durchführen mußten, ist jetzt dieser Satz einfach eine Folgerung der Formel

$$\int (f + g)\, \mathsf{P}(de) = \int f\, \mathsf{P}(de) + \int g\, \mathsf{P}(de) \,.$$

Für unabhängige Zufallsgrößen ξ und η bewiesen wir früher die Formel

$$\mathsf{M}\,(\xi \cdot \eta) = \mathsf{M}\,\xi \cdot \mathsf{M}\,\eta \tag{1}$$

nur für diskrete und stetige Zufallsgrößen.

Im allgemeinen Falle führen wir zunächst diskrete Zufallsgrößen ξ_n und η_n durch die Formeln

$$\xi_n = \frac{m}{n} \quad \text{für} \quad \frac{m}{n} \leqq \xi < \frac{m+1}{n} \,,$$

$$\eta_n = \frac{k}{n} \quad \text{für} \quad \frac{k}{n} \leqq \eta < \frac{k+1}{n}$$

ein. Dann ist

$$\mathsf{M}\,(\xi_n \cdot \eta_n) = \mathsf{M}\,\xi_n \cdot \mathsf{M}\,\eta_n \,.$$

Nach den bekannten Sätzen über den Grenzübergang unter dem Integralzeichen erhalten wir leicht die Beziehungen

$$\lim \mathsf{M}\,\xi_n = \mathsf{M}\,\xi \,, \quad \lim \mathsf{M}\,\eta_n = \mathsf{M}\,\eta \,, \quad \lim \mathsf{M}\,(\xi_n \cdot \eta_n) = \mathsf{M}\,(\xi \cdot \eta) \,.$$

Damit ist die Formel (1) im allgemeinen Fall bewiesen.

Alles dies wenden wir nun zur Ableitung einer Formel an, die ein Resultat des § 28 (Folgerung 2 aus Satz 2) verallgemeinert. Diese Formel werden wir aus dem folgenden Satz gewinnen, der von A. N. KOLMOGOROFF und J. W. PROCHOROW bewiesen wurde.

Gegeben sei eine Folge von Zufallsgrößen

$$\xi_1, \xi_2, \ldots, \xi_n, \ldots,$$

und

$$\zeta_\nu = \xi_1 + \xi_2 + \cdots + \xi_\nu$$

bezeichne die Summe der ν ersten Größen. Die Anzahl ν der Summanden sei selbst eine Zufallsgröße.

Wir bezeichnen mit S_m das Ereignis $\nu = m$ und setzen

$$p_m = \mathsf{P}\{S_m\}, \quad P_n = \mathsf{P}\{\nu \geqq n\} = \sum_{m=n}^{\infty} p_m .$$

Satz. *Sind für $n > m$ die Zufallsgröße ξ_n und das Ereignis S_m unabhängig, existieren ferner die Erwartungswerte*

$$a_n = \mathsf{M}\,\xi_n$$

(*und sind infolgedessen die Größen $c_n = \mathsf{M}|\xi_n|$ endlich*) *und konvergiert schließlich die Reihe*

$$\sum_{n=1}^{\infty} c_n P_n ,$$

so existiert der Erwartungswert der Größe ζ_ν und ist gleich

$$\mathsf{M}\,\zeta_\nu = \sum_{n=1}^{\infty} p_n A_n ,$$

wobei

$$A_n = \mathsf{M}\,\zeta_n = a_1 + a_2 + \cdots + a_n$$

gesetzt ist.

Beweis. Auf Grund unserer Voraussetzung ist

$$\sum_{n=1}^{\infty} p_n A_n = \sum_{n=1}^{\infty} P_n a_n .$$

Da ξ_n nicht von dem Ereignis $\{\nu < n\}$ abhängt, hängt es auch nicht von dem entgegengesetzten Ereignis $\{\nu \geqq n\}$ ab, daher ist

$$a_n = \mathsf{M}\,\xi_n = \mathsf{M}\,\{\xi_n/\nu \geqq n\} .$$

Beachtet man diese Gleichungen sowie die früher angeführten Eigenschaften der bedingten mathematischen Erwartungen, so können wir folgende Gleichungskette schreiben;

$$\sum_{n=1}^{\infty} p_n A_n = \sum_{n=1}^{\infty} \mathsf{P}\,\{\nu \geqq n\}\,\mathsf{M}\,\{\xi_n/\nu \geqq n\} = \sum_{n=1}^{\infty} \int_{\{\nu \geqq n\}} \xi_n\, \mathsf{P}(de)$$

$$= \sum_{n=1}^{\infty} \sum_{m=n}^{\infty} \int_{\{\nu = m\}} \xi_n\, \mathsf{P}\{de\} .$$

Da aber die Größe $|\xi_n|$ und das Ereignis $(\nu \geqq n)$ ebenfalls unabhängig voneinander sind, so ist

$$\sum_{n=1}^{\infty} \sum_{m=n}^{\infty} \left| \int_{\{\nu=m\}} \xi_n \, \mathsf{P}(de) \right| \leqq \sum_{n=1}^{\infty} \sum_{m=n}^{\infty} \int_{S_m} |\xi_n| \, \mathsf{P}(de)$$

$$= \sum_{n=1}^{\infty} \int_{\{\nu \geqq n\}} |\xi_n| \, \mathsf{P}\{de\} = \sum_{n=1}^{\infty} \mathsf{P}\,\{\nu \geqq n\}\, \mathsf{M}\,\{|\xi_n|/\nu \geqq n\}$$

$$= \sum_{n=1}^{\infty} \mathsf{P}\,\{\nu \geqq n\}\, \mathsf{M}|\xi_n| = \sum_{n=1}^{\infty} P_n c_n < +\infty .$$

Die eben durchgeführte Abschätzung gestattet es, die Gleichung

$$\sum_{n=1}^{\infty} \sum_{m=n}^{\infty} \int_{S_m} \xi_n \, \mathsf{P}(de) = \sum_{m=1}^{\infty} \sum_{n=1}^{m} \int_{S_m} \xi_n \, \mathsf{P}(de) = \sum_{m=1}^{\infty} \int_{S_m} \zeta_m \, \mathsf{P}(de)$$

aufzuschreiben. Da

$$\mathsf{M}\,\zeta_\nu = \int_U \zeta_\nu \, \mathsf{P}(de) = \sum_{m=1}^{\infty} \int_{S_m} \zeta_m \, \mathsf{P}(de)$$

ist, beweist die vorige Gleichung unseren Satz.

Folgerung. *Ist unter den Bedingungen des eben bewiesenen Satzes* $a = a_1 = a_2 = \cdots$, *so ist*

$$\mathsf{M}\,\zeta_\nu = a\,\mathsf{M}\,\nu = a \sum_{n=1}^{\infty} n\, p_n .$$

§ 30. Momente

Als *Moment k-ter Ordnung einer Zufallsgröße* ξ bezeichnet man den Erwartungswert der Größe $(\xi - a)^k$:

$$\nu_k(a) = \mathsf{M}\,(\xi - a)^k . \tag{1}$$

Für $a = 0$ heißt dieses Moment das *Anfangsmoment*. Man sieht leicht, daß das Anfangsmoment erster Ordnung der Erwartungswert der Größe ξ ist.

Ist $a = \mathsf{M}\,\xi$, so heißt dieses Moment das *Zentralmoment*. Man sieht leicht, daß das Zentralmoment erster Ordnung gleich 0, das Zentralmoment zweiter Ordnung aber nichts anderes als die Dispersion ist.

Die Anfangsmomente wollen wir mit ν_k, die Zentralmomente mit μ_k bezeichnen; in beiden Fällen gibt der Index die Ordnung des Moments an.

Für das zweite Moment $\nu_2(a)$ haben wir offenbar die Gleichung

$$\nu_2(a) = \mathsf{M}\,(\xi - a)^2 = \mathsf{M}\,(\xi - \mathsf{M}\,\xi)^2 + (a - \mathsf{M}\,\xi)^2 ;$$

wie hieraus ersichtlich, nimmt $\nu_2(a)$ sein Minimum bei $a = \mathsf{M}\,\xi$ an.

Zwischen den Zentralmomenten und den Anfangsmomenten besteht ein einfacher Zusammenhang. Es ist nämlich

$$\mu_n = \mathsf{M}\,(\xi - \mathsf{M}\,\xi)^n = \sum_{k=0}^{n} C_n^k\,(-\,\mathsf{M}\,\xi)^{n-k}\,\mathsf{M}\,\xi^k = \sum_{k=0}^{n} C_n^k\,(-\,\mathsf{M}\,\xi)^{n-k}\,\nu_k . \tag{2}$$

Da $\nu_1 = \mathsf{M}\,\xi$ ist, so haben wir die Beziehung

$$\mu_n = \sum_{k=2}^{n} (-1)^{n-k} C_n^k \nu_k \nu_1^{n-k} + (-1)^{n-1} (n-1) \nu_1^n . \tag{3}$$

Diesen Zusammenhang zwischen den Momenten wollen wir für die ersten vier Werte von n aufschreiben:

$$\left.\begin{aligned} \mu_0 &= 1 , \\ \mu_1 &= 0 , \\ \mu_2 &= \nu_2 - \nu_1^2 , \\ \mu_3 &= \nu_3 - 3\,\nu_2 \nu_1 + 2\,\nu_1^3 , \\ \mu_4 &= \nu_4 - 4\,\nu_3 \nu_1 + 6\,\nu_2 \nu_1^2 - 3\,\nu_1^4 . \end{aligned}\right\} \tag{3'}$$

Diese ersten Momente spielen in der Statistik eine besonders wichtige Rolle.

Die Größe

$$m_k = \mathsf{M}\,|\xi - a|^k \tag{4}$$

heißt das *absolute Moment* k-ter Ordnung.

Nach Satz 1, § 27, ist

$$\nu_k(a) = \int (x - a)^k \, dF(x) . \tag{5}$$

Wir hatten oben verabredet, daß eine Zufallsgröße ξ nur dann eine mathematische Erwartung besitzt, wenn das auftretende Integral absolut konvergiert. Es ist daher klar, daß das Moment k-ter Ordnung einer Zufallsgröße ξ dann und nur dann existiert, wenn das Integral

$$\int |x|^k \, dF_\xi (x)$$

konvergiert. Wenn also eine Zufallsgröße ξ ein Moment k-ter Ordnung besitzt, so folgt aus dieser Bemerkung, daß sie auch die Momente aller positiven Ordnungen kleiner als k besitzt. Da nämlich für $r < k$ und $|x| > 1$ stets $|x|^k > |x|^r$ ist, erhalten wir die Beziehung

$$\begin{aligned} \int |x|^r \, dF_\xi(x) &= \int_{|x| \leq 1} |x|^r \, dF_\xi(x) + \int_{|x| > 1} |x|^r \, dF_\xi(x) \\ &\leq \int_{|x| \leq 1} |x|^r \, dF_\xi(x) + \int_{|x| > 1} |x|^k \, dF_\xi(x) . \end{aligned}$$

Das erste Integral auf der rechten Seite der Ungleichung ist wegen der endlichen Integrationsgrenzen und der Beschränktheit des Integranden endlich. Das zweite Integral konvergiert nach Voraussetzung.

Beispiel. Man bestimme die Zentralmomente und die absoluten Zentralmomente einer nach dem Normalgesetz

$$p(x) = \frac{1}{\sigma \sqrt{2\pi}} \exp\left\{-\frac{(x-a)^2}{2\sigma^2}\right\}$$

verteilten Zufallsgröße.

Wir erhalten

$$\mu_k = \frac{1}{\sigma\sqrt{2\pi}} \int (x-a)^k \exp\left\{-\frac{(x-a)^2}{2\sigma^2}\right\} dx = \frac{\sigma^k}{\sqrt{2\pi}} \int x^k e^{-\frac{x^2}{2}} dx .$$

Da bei ungeraden k der Integrand eine ungerade Funktion ist, ergibt sich

$$\mu_k = 0 .$$

Bei geraden k ist

$$\mu_k = m_k = \sqrt{\frac{2}{\pi}}\,\sigma^k \int_0^\infty x^k e^{-\frac{x^2}{2}} dx .$$

Durch die Substitution $x^2 = 2z$ bringen wir dieses Integral auf die Gestalt

$$\mu_k = m_k = \sqrt{\frac{2}{\pi}}\,\sigma^k\, 2^{\frac{k-1}{2}} \int_0^\infty z^{\frac{k-1}{2}} e^{-z} dz = \sqrt{\frac{2}{\pi}}\,\sigma^k\, 2^{\frac{k-1}{2}}\, \Gamma\left(\frac{k+1}{2}\right)$$

$$= \sigma^k (k-1)(k-3)\ldots 1 = \sigma^k \frac{k!}{2^{k/2}\left(\frac{k}{2}\right)!} .$$

Bei ungeraden k ist das absolute Moment gleich

$$m_k = \sqrt{\frac{2}{\pi}}\,\sigma^k \int_0^\infty x^k e^{-\frac{x^2}{2}} dx = \sqrt{\frac{2}{\pi}}\,\sigma^k\, 2^{\frac{k-1}{2}}\, \Gamma\left(\frac{k+1}{2}\right)$$

$$= \sqrt{\frac{2}{\pi}}\, 2^{\frac{k-1}{2}} \left(\frac{k-1}{2}\right)!\, \sigma^k .$$

Die Momente der Verteilungsfunktionen können nicht willkürliche Größen sein, denn bei beliebigen Konstanten $t_0, t_1, \ldots, t_n$ ist die quadratische Form

$$J_n = \int \left(\sum_{k=0}^{n} t_k (x-a)^k\right)^2 dF(x) = \sum_{j=0}^{n} \sum_{k=0}^{n} \nu_{k+j}(a)\, t_k\, t_j \geqq 0$$

stets nichtnegativ; daher müssen die ersten $\nu_j(a)$ den folgenden Ungleichungen genügen:

$$\begin{vmatrix} \nu_0(a) & \nu_1(a) & \ldots & \nu_k(a) \\ \nu_1(a) & \nu_2(a) & \ldots & \nu_{k+1}(a) \\ \ldots & \ldots & \ldots & \ldots \\ \nu_k(a) & \nu_{k+1}(a) & \ldots & \nu_{2k}(a) \end{vmatrix} \geqq 0 \qquad (k = 0, 1, 2, \ldots, n) .$$

Analogen Ungleichungen sind auch die absoluten Momente unterworfen. Über die absoluten Momente beweisen wir noch den folgenden Satz.

Satz. *Wenn eine Zufallsgröße ξ ein absolutes Moment der Ordnung k besitzt, so ist mit*

$$m_t = \mathsf{M}\,|\xi - a|^t$$

für beliebige t und τ $(0 < t < \tau < k)$

$$\sqrt[t]{m_t} \leqq \sqrt[\tau]{m_\tau} \leqq \sqrt[k]{m_k}$$

(a sei eine beliebige reelle Zahl).

Beweis. Wir beweisen den Satz zunächst für den Fall, daß t, τ und k rationale Zahlen sind. Es sei also

$$t = \frac{p}{q}, \qquad \tau = \frac{s}{q}, \qquad k = \frac{w}{q};$$

auf Grund der Voraussetzungen unseres Satzes ist dabei

$$p < s < w\,.$$

Sei nun r irgendeine ganze positive Zahl kleiner als w. Wir betrachten die nichtnegative quadratische Form

$$m_{\frac{r-1}{q}}\, u^2 + 2\, m_{\frac{r}{q}}\, u\, v + m_{\frac{r+1}{q}}\, v^2 = \int \left[u\, |x - a|^{\frac{r-1}{2q}} + v\, |x - a|^{\frac{r+1}{2q}} \right]^2 dF(x)\,.$$

Als Bedingung dafür, daß sie nichtnegativ ist, hat man bekanntlich die Ungleichung

$$m^2_{\frac{r}{q}} \leqq m_{\frac{r-1}{q}} \cdot m_{\frac{r+1}{q}}\,.$$

Diese läßt sich offenbar auch folgendermaßen schreiben:

$$m^{2r}_{\frac{r}{q}} \leqq m^r_{\frac{r-1}{q}} \cdot m^r_{\frac{r+1}{q}}\,.$$

Gibt man r nacheinander die Werte von 1 bis r, so erhält man eine Folge von Ungleichungen

$$m^2_{\frac{1}{q}} \leqq m_0\, m_{\frac{2}{q}}\,,$$

$$m^{2\cdot 2}_{\frac{2}{q}} \leqq m^2_{\frac{1}{q}}\, m^2_{\frac{3}{q}}\,,$$

. . . .

$$m^{2r}_{\frac{r}{q}} \leqq m^r_{\frac{r-1}{q}}\, m^r_{\frac{r+1}{q}}\,.$$

Wir bemerken, daß stets

$$m_0 = 1$$

gilt; wenn wir nun die aufgestellten Ungleichungen miteinander multiplizieren, so erhalten wir nach einigem Kürzen die Ungleichung

$$m^{r+1}_{\frac{r}{q}} \leqq m^r_{\frac{r+1}{q}}\,.$$

Es ist also

$$m_{\frac{r}{q}}^{\frac{1}{\frac{r}{q}}} \leqq m_{\frac{r+1}{q}}^{\frac{1}{\frac{r+1}{q}}}$$

oder auch

$$m_{\frac{r}{q}}^{\frac{q}{r}} \leqq m_{\frac{r+1}{q}}^{\frac{q}{r+1}}.$$

Diese Ungleichung beweist offenbar den Satz im Falle rationaler t, τ und k. Da die Funktion m_t bezüglich des Arguments t im Bereich $0 \leqq t \leqq k$ stetig ist, überzeugt man sich durch Grenzübergang leicht von der Richtigkeit des Satzes für beliebige t, τ und k.

Wir bemerken noch, daß in dem eben bewiesenen Satz folgende wichtige Eigenschaft der Momente mit enthalten ist:

$$m_1 \leqq m_2^{\frac{1}{2}} \leqq m_3^{\frac{1}{3}} \leqq \cdots \leqq m_k^{\frac{1}{k}} \leqq m_{k+1}^{\frac{1}{k+1}} \leqq \cdots .$$

In den Beispielen der früheren Paragraphen bestimmen die beiden ersten Momente einer Zufallsgröße vollständig ihre Verteilungsfunktion, wenn nur vorher die Form dieser Funktion bekannt war (so verhielt es sich im Falle der normalen, der Poissonschen und der gleichmäßigen Verteilung). In der mathematischen Statistik spielen jedoch auch Verteilungsgesetze eine wesentliche Rolle, die von mehr als zwei Parametern abhängen. Wenn man von vornherein weiß, daß eine Zufallsgröße einem Gesetz ganz bestimmter Form unterworfen ist, und nur die Werte der Parameter noch unbekannt sind, so lassen sich diese unbekannten Parameter in den wichtigsten Fällen durch die ersten Momente bestimmen. Wenn man jedoch nicht weiß, zu welchem Typus die Verteilungsfunktion gehört, so gibt nicht nur die Kenntnis der ersten Momente, sondern sogar die Kenntnis aller ganzzahligen Momente im allgemeinen keine Möglichkeit, diese Funktion zu bestimmen. Man kann nämlich Beispiele anführen, in denen für verschiedene Verteilungsfunktionen alle Momente ganzzahliger Ordnung übereinstimmen. Im Zusammenhang damit erhebt sich die folgende Frage (das *Momentenproblem*): Gegeben sei eine Folge konstanter Zahlen

$$c_0 = 1, c_1, c_2, c_3, \ldots$$

1. Unter welchen Bedingungen existiert eine Verteilungsfunktion $F(x)$ derart, daß für alle n die Gleichungen

$$c_n = \int x^n \, dF(x)$$

bestehen,

2. wann ist diese Funktion eindeutig bestimmt?

Heute ist diese Aufgabe vollständig gelöst. Wir verweilen jedoch nicht länger bei ihr, da sie über den Rahmen dieses Buches hinausgeht.

Wir geben noch die Definition einiger Zahlencharakteristiken von zufälligen Größen, die in Theorie und Anwendungen oft gebraucht werden.

Mediane oder *Zentralwert* der Verteilung $F(x)$ heißt der Argumentwert m, für den die Ungleichungen

$$F(m) \leqq \frac{1}{2} \leqq F(m+0)$$

bestehen.

Wenn die Funktion $F(x)$ stetig ist, so gibt es mindestens eine Zahl m mit der Eigenschaft

$$F(m) = \frac{1}{2}.$$

Wenn die Kurve $y = F(x)$ und die Gerade $y = \frac{1}{2}$ ein gemeinsames Intervall haben, so kann man jeden beliebigen Punkt dieses Intervalls als Mediane ansehen.

Die Mediane existiert für jede beliebige Verteilungsfunktion, während die mathematische Erwartung nicht immer vorhanden zu sein braucht.

Die Mediane besitzt die folgende Eigenschaft:

Satz. *Das absolute Moment* $\mathsf{M}\,|\xi - c|$ *nimmt für eine stetige Verteilungsfunktion* $F(x)$ *seinen Minimalwert an, wenn* c *gleich der Mediane der Verteilung ist.*

Beweis. Die Behauptung folgt unmittelbar aus den folgenden, leicht zu gewinnenden Gleichungen:

$$\mathsf{M}\,|\xi - c| = \begin{cases} \mathsf{M}\,|\xi - m| + 2\int\limits_m^c (c - x)\, dF(x), & \text{wenn } c > m, \\ \mathsf{M}\,|\xi - m| + 2\int\limits_c^m (x - c)\, dF(x), & \text{wenn } c < m, \end{cases}$$

denn die zweiten Summanden sind in beiden Fällen positiv bei $c \neq m$.

Die Mediane der Normalverteilung ist gleich der mathematischen Erwartung.

Ebenso wie im Fall der Mediane definiert man für eine beliebige Zahl p $(0 < p < 1)$ die Quantile der Ordnung p einer Verteilung. Wir beschränken uns hier auf den Fall stetiger Verteilungen. Eine Quantile der Ordnung p ist eine Wurzel der Gleichung $F(x) = p$. Offenbar ist eine Quantile der Ordnung $\frac{1}{2}$ eine Mediane. Wenn für eine Verteilung die Quantilen für eine große Anzahl von p-Werten bekannt sind, z. B. für $p = 0{,}1;\ 0{,}2;\ \ldots;\ 0{,}9$ (diese Quantilen heißen *Decilen*), so geben sie eine ziemlich gute Vorstellung über die Eigenschaften der Verteilung.

Wenn eine zufällige Größe stetig ist, wenn also ihre Verteilungsfunktion eine Dichte besitzt, so nennt man jene Werte der Variablen, an denen die Dichte Maxima annimmt, die Modalwerte. Bei der Normalverteilung fallen Modalwert, Mediane und mathematische Erwartung zusammen.

Unter den übrigen zahlenmäßigen Charakteristiken einer Zufallsgröße spielen die sog. *Semiinvarianten* eine wesentliche Rolle. Ihre Definition stellen wir bis zum Kapitel VII zurück, hier bemerken wir nun folgendes. Bei der Addition unabhängiger Zufallsgrößen ist das Moment einer Summe im allgemeinen nicht gleich der Summe der Momente der Summanden. Für das Moment der Summe zweier unabhängiger Zufallsgrößen ξ und η gilt die Gleichung

$$\mathsf{M}(\xi+\eta)^n = \sum_{k=0}^{n} C_n^k \,\mathsf{M}\,\xi^k\,\mathsf{M}\,\eta^{n-k}\,.$$

Die Semiinvarianten verschiedener Ordnungen besitzen die Eigenschaft, daß bei der Addition unabhängiger Summanden die Semiinvariante der Summe gleich der Summe der Semiinvarianten der Summanden derselben Ordnung ist. Es zeigt sich, daß die Semiinvariante einer beliebigen Ordnung k eine rationale Funktion der Momente von der Ordnung kleiner oder gleich k ist.

Übungen

1. Eine Zufallsgröße ξ nehme nur ganze nichtnegative Werte mit den Wahrscheinlichkeiten

   a) $\mathsf{P}\{\xi = k\} = \dfrac{a^k}{(1+a)^{k+1}}$, $a > 0$ ist eine Konstante (PASCALsche Verteilung),

   b) $\mathsf{P}\{\xi = k\} = \left(\dfrac{\alpha}{1+\alpha\beta}\right)^k \dfrac{1\,(1+\beta)\ldots(1+(k-1)\,\beta)}{k!}\,p_0$ für $k > 0$

   (POLYAsche Verteilung),

   $$p_0 = \mathsf{P}\{\xi = 0\} = (1+\alpha\beta)^{-\frac{1}{\beta}}, \quad \alpha > 0, \quad \beta > 0$$

   an. Man bestimme $\mathsf{M}\,\xi$ und $\mathsf{D}\,\xi$.

2. μ sei die Anzahl des Eintretens eines Ereignisses A in n unabhängigen Versuchen, in jedem Versuch sei $P(A) = p$. Gesucht ist

   a) $\mathsf{M}\,\mu^3$, b) $\mathsf{M}\,\mu^4$, c) $\mathsf{M}\,|\mu - n\,p|$.

3. Die Wahrscheinlichkeit für das Eintreten eines Ereignisses A im i-ten Versuch sei gleich p_i. μ sei die Anzahl des Eintretens des Ereignisses A in den ersten n unabhängigen Versuchen. Man bestimme

   a) $\mathsf{M}\,\mu$, b) $\mathsf{D}\,\mu$, c) $\mathsf{M}\left(\mu - \sum_{i=1}^{n} p_i\right)^3$, d) $\mathsf{M}\left(\mu - \sum_{i=1}^{n} p_i\right)^4$.

4. Man beweise, daß unter den Bedingungen der vorigen Aufgabe das Maximum von $\mathsf{D}\,\mu$ bei gegebenem Wert $a = \frac{1}{n}\sum_{i=1}^{n} p_i$ im Falle $p_1 = p_2 = \cdots = p_n = a$ angenommen wird.

5. μ sei die Anzahl des Eintretens eines Ereignisses A in n unabhängigen Versuchen, wobei in jedem Versuch $P(A) = p$ ist. Ferner sei η gleich Null oder Eins in Abhängigkeit davon, ob μ gerade oder ungerade ist. Man bestimme $\mathsf{M}\,\eta$.

6. Die Verteilungsdichte einer Zufallsgröße ξ sei gleich

   $$p(x) = \frac{1}{2\,\alpha}\,e^{-\frac{|x-a|}{\alpha}}$$

   (LAPLACEsche Verteilung). Man bestimme $\mathsf{M}\,\xi$ und $\mathsf{D}\,\xi$.

7. Die Verteilungsdichte des absoluten Betrages der Geschwindigkeit eines Moleküls wird durch das MAXWELLsche Gesetz

$$p(x) = \frac{4\,x^2}{\alpha^3\sqrt{\pi}}\, e^{-\frac{x^2}{\alpha^2}} \qquad \text{für } x > 0$$

und $p(x) = 0$ für $x < 0$ ($\alpha > 0$, konstant) gegeben. Gesucht ist die mittlere Geschwindigkeit eines Moleküls und ihre Dispersion, die mittlere kinetische Energie eines Moleküls (die Molekülmasse sei gleich m) und die Dispersion der kinetischen Energie.

8. Die Wahrscheinlichkeitsdichte dafür, daß sich ein Teilchen bei der BROWNschen Bewegung zum Zeitpunkt t im Abstand x von einer reflektierenden Wand befindet, wenn es sich im Zeitpunkt $t_0 = 0$ im Abstand x_0 davon befunden hat, wird durch die Formel

$$p(x) = \frac{1}{2\sqrt{\pi D t}}\left[e^{-\frac{(x+x_0)^2}{4Dt}} + e^{-\frac{(x-x_0)^2}{4Dt}}\right] \qquad \text{für } x \geqq 0$$

gegeben; für $x < 0$ ist $p(x) = 0$.

Man bestimme die mathematische Erwartung und die Dispersion der Verschiebungsgröße des Moleküls in der Zeit von $t = 0$ bis t.

9. Man beweise, daß für eine beliebige Zufallsgröße ξ, deren mögliche Werte sich im Intervall (a, b) befinden, die folgenden Ungleichungen erfüllt sind:

$$a \leqq \mathsf{M}\,\xi \leqq b\,, \qquad \mathsf{D}\,\xi \leqq \left(\frac{b-a}{2}\right)^2.$$

10. $x_1, x_2, \ldots, x_k$ seien die möglichen Werte einer Zufallsgröße ξ. Man beweise, daß für $n \to \infty$ die Beziehungen

$$\text{a)}\ \frac{\mathsf{M}\,\xi^{n+1}}{\mathsf{M}\,\xi^n} \to \max_{1 \leq j \leq k} x_j\,, \qquad \text{b)}\ \sqrt[n]{\mathsf{M}\,\xi^n} \to \max_{1 \leq j \leq k} x_j$$

bestehen.

11. $F(x)$ sei die Verteilungsfunktion von ξ. Man beweise, daß unter der Annahme der Existenz von $\mathsf{M}\,\xi$ die Beziehung

$$\mathsf{M}\,\xi = \int_0^\infty [1 - F(x) - F(-x)]\,dx$$

besteht und daß für die Existenz von $\mathsf{M}\,\xi$ die Beziehungen

$$\lim_{x\to-\infty} x\,F(x) = \lim_{x\to+\infty} x\,[1 - F(x)] = 0$$

notwendig sind.

12. Auf das Intervall (0, 1) werden auf gut Glück zwei Punkte geworfen. Gesucht ist die mathematische Erwartung und die Dispersion des Abstands zwischen ihnen, sowie die mathematische Erwartung der n-ten Potenz dieser Größe.

13. Eine Zufallsgröße ξ sei logarithmisch normal verteilt, d. h., für $x > 0$ sei die Verteilungsdichte von ξ gleich

$$p(x) = \frac{1}{\beta\,x\sqrt{2\pi}}\, e^{-\frac{1}{2\beta^2}(\ln x - \alpha)^2} \qquad \text{für } x > 0$$

[für $x \leqq 0$ ist $p(x) = 0$]. Man bestimme $\mathsf{M}\,\xi$ und $\mathsf{D}\,\xi$.
(A. N. KOLMOGOROFF zeigte, daß die Korngrößen bei der Zerkleinerung von Materialien nach dem logarithmisch normalen Gesetz verteilt sind.)

14. Eine Zufallsgröße ξ sei normal verteilt. Man bestimme $\mathsf{M}\,|\xi - a|$ mit $a = \mathsf{M}\,\xi$.

15. In einem Kasten sind 2^n Kärtchen enthalten, die Nummer i ($i = 0, 1, \ldots, n$) stehe auf C_n^i von ihnen. Nun werden auf gut Glück m Kärtchen herausgegriffen; s bezeichne die Summe der auf ihnen angegebenen Nummern. Man bestimme $\mathsf{M}\,s$ und $\mathsf{D}\,s$.

16. Die Zufallsgrößen ξ und η seien unabhängig und normal verteilt mit ein und denselben Parametern a und σ. Man bestimme den Korrelationskoeffizienten der Größen $\alpha\,\xi + \beta\,\eta$, $\alpha\,\xi - \beta\,\eta$ und ihre gemeinsame Verteilung.

17. Der Zufallsvektor (ξ, η) sei normal verteilt; es sei ferner $\mathsf{M}\,\xi = a$, $\mathsf{M}\,\eta = b$, $\mathsf{D}\,\xi = \sigma_1^2$, $\mathsf{D}\,\eta = \sigma_2^2$, R sei der Korrelationskoeffizient zwischen ξ und η. Man beweise, daß $R = \cos q\,\pi$ ist mit $q = \mathsf{P}\{(\xi - a)(\eta - b) < 0\}$.

18. x_1, x_2 seien die Ergebnisse zweier unabhängigen Beobachtungen an einer normal verteilten Zufallsgröße ξ. Man beweise die Beziehung $\mathsf{M}\max(x_1, x_2) = a + \frac{\sigma}{\sqrt{\pi}}$ mit $a = \mathsf{M}\,\xi$, $\sigma^2 = \mathsf{D}\,\xi$.

19. Der Zufallsvektor (ξ, η) sei normal verteilt, es sei ferner $\mathsf{M}\,\xi = \mathsf{M}\,\eta = 0$, $\mathsf{D}\,\xi = \mathsf{D}\,\eta = 1$, $\mathsf{M}\,\xi\,\eta = R$. Man beweise die Beziehung

$$\mathsf{M}\max(\xi, \eta) = \sqrt{\frac{1 - R}{\pi}}.$$

20. Als Maß für die Ungleichmäßigkeit der Baumwolle bezüglich ihrer Länge nimmt man die Größe

$$\lambda = \frac{a'' - a'}{a}.$$

Dabei ist a die mathematische Erwartung der Faserlänge, a'' ist die mathematische Erwartung der Länge der Fasern, deren Länge größer als a ist, a' ist die mathematische Erwartung der Länge der Fasern, deren Länge kleiner als a ist. Man suche einen Zusammenhang zwischen den Größen

a) λ, a und $\mathsf{M}\,|\xi - a|$;

b) λ, a und σ, wenn die Faserlänge ξ normal verteilt ist.

VI.

DAS GESETZ DER GROSSEN ZAHLEN

§ 31. Massenerscheinungen und das Gesetz der großen Zahlen

Die umfangreichen von der Menschheit angesammelten Erfahrungen zeigen, daß Erscheinungen, die eine Wahrscheinlichkeit nahe Eins besitzen, fast immer eintreten. Ebenso treten Ereignisse, deren Wahrscheinlichkeit sehr klein, mit anderen Worten sehr nahe an Null ist, sehr selten ein. Dieser Tatbestand spielt für viele praktische Schlußfolgerungen aus der Wahrscheinlichkeitsrechnung eine grundlegende Rolle, da die erwähnte Erfahrungstatsache es in der Praxis gestattet, wenig wahrscheinliche Ereignisse für praktisch unmöglich und Ereignisse mit Wahrscheinlichkeiten nahe an Eins für praktisch sicher anzunehmen. Doch kann man auf die ganz natürliche Frage, wie groß eine Wahrscheinlichkeit sein muß, damit ein Ereignis für praktisch unmöglich halten kann, keine eindeutige Antwort geben. Das ist auch verständlich, da man im praktischen Leben die Wichtigkeit der Ereignisse berücksichtigen muß, mit denen man es zu tun bekommt. Wenn es sich z. B. zeigt, daß bei einer Messung des Abstandes zwischen zwei Ortschaften dieser Abstand gleich 5340 m und der Fehler dieser Messung mit der Wahrscheinlichkeit 0,02 größer oder gleich 20 m ist, so können wir die Möglichkeit eines großen Fehlers vernachlässigen und annehmen, daß der Abstand wirklich gleich 5340 m ist. In diesem Beispiel halten wir also, ein Ereignis mit der Wahrscheinlichkeit 0,02 für unwesentlich und berücksichtigen es nicht in der praktischen Tätigkeit. Gleichzeitig kann es möglich sein, daß man in anderen Fällen Wahrscheinlichkeiten von 2% und noch kleinere nicht vernachlässigen darf. Wenn es sich z. B. beim Bau eines großen Wasserkraftwerkes, das einen beträchtlichen Aufwand an Material und Menschenkraft erfordert, zeigt, daß die Wahrscheinlichkeit einer Hochwasserkatastrophe unter den betrachteten Bedingungen gleich 0,02 ist, so wird man diese Wahrscheinlichkeit für sehr groß halten und sie bei der Projektierung der Station unbedingt berücksichtigen und nicht vernachlässigen, wie wir es im vorigen Beispiel taten. So können uns also nur die Erfordernisse der Praxis Kriterien dafür liefern, wann wir das eine oder andere Ereignis für praktisch unmöglich oder praktisch sicher halten können.

Gleichzeitig muß man jedoch bemerken, daß jedes beliebige Ereignis, das eine positive Wahrscheinlichkeit besitzt, wie klein auch immer diese Wahrscheinlichkeit sein mag, dennoch eintreten kann; und wenn die Anzahl der Versuche, in denen es stets mit ein und derselben Wahrscheinlichkeit eintreten kann, sehr groß ist, so wird die Wahrscheinlichkeit dafür, daß das Ereignis bei diesen vielen Versuchen wenigsten einmal eintritt, doch sehr nahe an Eins sein. Diesen Umstand muß man beachten. Wenn jedoch die Wahrscheinlichkeit eines Ereignisses sehr klein ist, so ist kaum zu erwarten, daß es in einem vorher bestimmten Versuch eintritt. Wenn also jemand behauptet, daß bei der ersten Austeilung der Karten unter vier Partner jeder nur Karten von einer Farbe erhält, so wird man natürlich den Verdacht hegen, daß sich der Geber der Karten bei der Verteilung von irgendwelchen Gesichtspunkten leiten läßt, daß etwa die Karten in einer dem Geber bekannten Anordnung liegen. Diese Überzeugung gründet sich darauf, daß die Wahrscheinlichkeit eines solchen Ereignisses bei gutem Mischen der Karten gleich $(9!)^4 4!/36! < 1{,}1 \cdot 10^{-18}$, also winzig klein ist. Dennoch kann natürlich einmal eine solche Verteilung der Karten eintreten. Dieses Beispiel illustriert hinreichend den Unterschied zwischen den Begriffen der praktischen Unmöglichkeit und der sozusagen kategorischen Unmöglichkeit.

Aus all dem wird verständlich, daß im praktischen Leben, ja auch in den allgemein-theoretischen Aufgaben, die Ereignisse mit Wahrscheinlichkeiten nahe an Eins oder Null eine große Bedeutung haben. Es wird hieraus klar, daß eine der Hauptaufgaben der Wahrscheinlichkeitsrechnung die Aufstellung von Gesetzmäßigkeiten sein muß, die mit Wahrscheinlichkeiten nahe an Eins gelten; eine besondere Rolle müssen dabei die Gesetzmäßigkeiten spielen, die sich als Resultat der Wirkung einer sehr großen Anzahl unabhängiger oder schwach abhängiger zufälliger Faktoren ergeben. Das Gesetz der großen Zahlen ist einer dieser Sätze der Wahrscheinlichkeitsrechnung, und zwar der wichtigste.

Unter dem Gesetz der großen Zahlen könnte man jetzt natürlich die Gesamtheit aller Sätze verstehen, die mit einer Wahrscheinlichkeit beliebig nahe an Eins behaupten, daß ein gewisses Ereignis eintritt, das von einer unbeschränkt wachsenden Anzahl zufälliger Ereignisse abhängt, von denen jedes auf dieses Ereignis nur einen unwesentlichen Einfluß nimmt. Diese allgemeine Vorstellung von den Sätzen vom Typus des Gesetzes der großen Zahlen läßt sich auch noch etwas genauer formulieren: Gegeben sei eine Folge von Zufallsgrößen

$$\xi_1, \xi_2, \ldots, \xi_n, \ldots . \tag{1}$$

Wir betrachten die Zufallsgrößen ζ_n, die gewisse vorgegebene symmetrische Funktionen der ersten n Größen der Folge (1) sind:

$$\zeta_n = f_n(\xi_1, \xi_2, \ldots, \xi_n) .$$

Wenn eine Folge von Konstanten $a_1, a_2, \ldots, a_n, \ldots$ existiert derart, so daß bei beliebigem $\varepsilon > 0$ die Beziehung

$$\lim_{n \to \infty} \mathsf{P}\{|\zeta_n - a_n| < \varepsilon\} = 1 \tag{2}$$

besteht, so ist die Folge (1) dem Gesetz der großen Zahlen mit vorgegebenen Funktionen f_n unterworfen.

Gewöhnlich legt man jedoch in den Begriff des Gesetzes der großen Zahlen einen viel bestimmteren Inhalt. Man beschränkt sich nämlich auf den Fall, daß f_n das arithmetische Mittel der Größen $\xi_1, \xi_2, \ldots, \xi_n$ ist.

Wenn in der Beziehung (2) alle Größen a_n gleich ein und derselben Größe a sind, so sagt man, die Zufallsgrößen ζ_n *konvergieren in Wahrscheinlichkeit* gegen a. In diesen Begriffen besagt die Beziehung (2), daß $\zeta_n - a_n$ in Wahrscheinlichkeit gegen 0 konvergiert.

Wenn wir eine einzelne Erscheinung beobachten, so beobachten wir sie mit allen ihren individuellen Besonderheiten, so daß diejenigen Gesetzmäßigkeiten nicht erkennbar werden, die bei der Beobachtung einer großen Anzahl analoger Erscheinungen auftreten. Daß die für das Wesen eines Prozesses als Ganzes nicht ausschlaggebenden Faktoren, die nur in einzelnen Realisierungen bemerkbar werden, sich bei der Betrachtung des Mittels aus einer großen Anzahl von Beobachtungen gegenseitig auslöschen, wurde schon früh erkannt. In der Folge wurde dieses empirische Resultat immer häufiger festgestellt, doch in der Regel ohne den Versuch, eine theoretische Erklärung dafür zu finden. Viele Autoren brauchten eine solche Erklärung übrigens auch nicht, da das Vorhandensein von Gesetzmäßigkeiten sowohl in den Erscheinungen der Natur wie in den gesellschaftlichen Erscheinungen für sie nichts anderes war als das Walten einer göttlichen Ordnung.

Einige Autoren haben bis heute die Aussagekraft des Gesetzes der großen Zahlen herabgesetzt und seine methodologische Bedeutung entstellt, indem sie es einfach als eine in der Erfahrung zu beobachtende Gesetzmäßigkeit erklärten. Der bleibende wissenschaftliche Wert der Untersuchungen von Tschebyschew, Markow und anderen Forschern auf dem Gebiete des Gesetzes der großen Zahlen besteht nicht darin, daß sie die empirische Stabilität der Mittelwerte feststellten, sondern darin, daß sie die allgemeinen Bedingungen fanden, welche die statistische Stabilität der Mittel mit Notwendigkeit zur Folge haben.

Zur Veranschaulichung der Wirkungsweise des Gesetzes der großen Zahlen führen wir das folgende schematische Beispiel an. Nach der heutigen physikalischen Anschauung besteht jedes Gas aus einer ungeheuren Menge einzelner Teilchen, die sich in einer unaufhörlichen ungeordneten Bewegung befinden. Von jedem einzelnen Molekül kann man nicht von vornherein sagen, mit welcher Geschwindigkeit es sich bewegen wird, und an welcher Stelle es sich zu einem vorgegebenen Zeitpunkt befinden wird. Jedoch können wir für ein Gas, das sich unter bestimmten Bedingungen befindet, denjenigen Teil der Moleküle abschätzen, die sich mit einer vorgegebenen Geschwindigkeit bewegen werden, oder den Anteil derjenigen, die sich in einem vorgegebenen Volumen befinden werden. Gerade das wollen aber auch die Physiker wissen. Die Zustandsgrößen eines Gases — Druck, Temperatur, Zähigkeit u. a. — werden nicht durch das komplizierte Verhalten eines einzigen Moleküls, sondern durch das Zusammenwirken aller Moleküle bestimmt. So ist z. B. der Druck eines Gases gleich der summarischen Einwirkung der Moleküle, die in der Zeiteinheit auf die Flächeneinheit auftreffen. Die Anzahl und die Geschwindigkeiten der auftreffenden Moleküle ändern sich in Abhängigkeit vom Zufall. Nach dem Gesetz der großen Zahlen (in der Form von Tschebyschew) muß jedoch der Druck fast konstant sein. Dieser „ausgleichende“ Einfluß des Gesetzes der großen Zahlen läßt sich in den physikalischen Erscheinungen ausnahmslos beobachten. Man braucht nur daran zu erinnern, daß, etwa unter den üblichen Bedingungen, sogar äußerst genaue Messungen nur sehr schwer eine Abweichung vom PASCALschen Gesetz über den hydrostatischen Druck feststellen lassen. Den Gegnern des molekularen Aufbaues der Materie diente diese durchweg gute Übereinstimmung der Resultate der Theorie mit der Erfahrung sogar als originelles Argument: Wenn die Materie einen molekularen Aufbau besäße, so müßte man auch Abweichungen vom PASCALschen Gesetz feststellen können. Diese Abweichungen, die sog. Fluktuationen des Druckes, konnte man auch tatsächlich beobachten, wenn man eine verhältnismäßig kleine Anzahl von Molekülen isolierte, wodurch sich der Einfluß der einzelnen Moleküle schon nicht mehr vollständig ausglich und noch hinreichend stark blieb.

§ 32. Das Gesetz der großen Zahlen in der TSCHEBYSCHEWschen Form

Wir kommen nun zur Formulierung und zum Beweis der Sätze von TSCHEBYSCHEW, MARKOW und anderen; die dabei benutzte Methode stammt von TSCHEBYSCHEW.

Die TSCHEBYSCHEWsche Ungleichung. *Für eine beliebige Zufallsgröße ξ, die eine endliche Dispersion besitzt, gilt für jedes $\varepsilon > 0$ die Ungleichung*

$$\mathsf{P}\,\{|\xi - \mathsf{M}\,\xi| \geqq \varepsilon\} \leqq \frac{\mathsf{D}\,\xi}{\varepsilon^2}. \tag{1}$$

Beweis. Bezeichnet $F(x)$ die Verteilungsfunktion der Zufallsgröße ξ, so ist

$$\mathsf{P}\,\{|\xi - \mathsf{M}\,\xi| \geqq \varepsilon\} = \int\limits_{|x - \mathsf{M}\xi| \geqq \varepsilon} dF(x)\,.$$

Da im Integrationsgebiet

$$\frac{|x - \mathsf{M}\,\xi|}{\varepsilon} \geqq 1$$

ist, erhalten wir

$$\int\limits_{|x - \mathsf{M}\,\xi| \geqq \varepsilon} dF(x) \leqq \frac{1}{\varepsilon^2} \int\limits_{|x - \mathsf{M}\,\xi| \geqq \varepsilon} (x - \mathsf{M}\,\xi)^2\, dF(x)\,.$$

Wir vergröbern diese Ungleichung nur, wenn wir die Integration über alle Werte x erstrecken

$$\int\limits_{|x - \mathsf{M}\xi| \geqq \varepsilon} dF(x) \leqq \frac{1}{\varepsilon^2} \int (x - \mathsf{M}\,\xi)^2\, dF(x) = \frac{\mathsf{D}\,\xi}{\varepsilon^2}\,.$$

Die TSCHEBYSCHEWsche Ungleichung ist damit bewiesen.

Satz von TSCHEBYSCHEW. *Ist $\xi_1, \xi_2, \ldots, \xi_n, \ldots$ eine Folge paarweise unabhängiger Zufallsgrößen, deren Dispersionen gleichmäßig beschränkt sind,*

$$\mathsf{D}\,\xi_1 \leqq C\,, \quad \mathsf{D}\,\xi_2 \leqq C, \ldots, \mathsf{D}\,\xi_n \leqq C, \ldots,$$

so ist bei beliebig vorgegebenem konstantem $\varepsilon > 0$

$$\lim_{n\to\infty} \mathsf{P}\left\{\left|\frac{1}{n}\sum_{k=1}^{n} \xi_k - \frac{1}{n}\sum_{k=1}^{n} \mathsf{M}\,\xi_k\right| < \varepsilon\right\} = 1\,. \tag{2}$$

Beweis. Wir wissen, daß unter den Bedingungen des Satzes

$$\mathsf{D}\left(\frac{1}{n}\sum_{k=1}^{n}\xi_k\right)=\frac{1}{n^2}\sum_{k=1}^{n}\mathsf{D}\,\xi_k$$

und demnach auch

$$\mathsf{D}\left(\frac{1}{n}\sum_{k=1}^{n}\xi_k\right)\leqq\frac{C}{n}$$

ist. Auf Grund der TSCHEBYSCHEWschen Ungleichung ist

$$\mathsf{P}\left\{\left|\frac{1}{n}\sum_{k=1}^{n}\xi_k-\frac{1}{n}\sum_{k=1}^{n}\mathsf{M}\,\xi_k\right|<\varepsilon\right\}\geqq 1-\frac{\mathsf{D}\left(\frac{1}{n}\sum_{k=1}^{n}\xi_k\right)}{\varepsilon^2}\geqq 1-\frac{C}{n\,\varepsilon^2}\,.$$

Gehen wir nun zum Grenzwert für $n\to\infty$ über, so erhalten wir die Beziehung

$$\lim_{n\to\infty}\mathsf{P}\left\{\left|\frac{1}{n}\sum_{k=1}^{n}\xi_k-\frac{1}{n}\sum_{k=1}^{n}\mathsf{M}\,\xi_k\right|<\varepsilon\right\}\geqq 1\,.$$

Da aber die Wahrscheinlichkeit nicht größer als Eins sein kann, ergibt sich hieraus die Behauptung des Satzes.

Es seien noch einige wichtige Spezialfälle des TSCHEBYSCHEWschen Satzes angeführt.

1. Satz von BERNOULLI. *Es sei μ die Anzahl des Eintretens eines Ereignisses A in n unabhängigen Versuchen, in jedem dieser Versuche sei die Wahrscheinlichkeit für das Eintreten des Ereignisses A gleich p. Dann ist bei beliebigem $\varepsilon>0$*

$$\lim_{n\to\infty}\mathsf{P}\left\{\left|\frac{\mu}{n}-p\right|<\varepsilon\right\}=1\,. \tag{3}$$

Beweis. Führt man die Zufallsgrößen μ_k ein, die gleich der Anzahl des Eintretens des Ereignisses A beim k-ten Versuch sind, so hat man

$$\mu=\mu_1+\mu_2+\cdots+\mu_n\,.$$

Da aber

$$\mathsf{M}\,\mu_k=p\,,\qquad \mathsf{D}\,\mu_k=p\,q\leqq\frac{1}{4}$$

ist, ist der Satz von BERNOULLI ein einfacher Spezialfall des TSCHEBYSCHEWschen Satzes.

Da man in der Praxis häufig Näherungswerte für unbekannte Wahrscheinlichkeiten allein aus der Erfahrung bestimmen muß, führte man zum Nachweis der Übereinstimmung des BERNOULLIschen Satzes mit der Erfahrung eine große Anzahl von Versuchen aus. Dabei betrachtete man Ereignisse, deren Wahrscheinlichkeiten man aus irgendwelchen Überlegungen heraus als bekannt annehmen kann, für die man leicht Versuche ausführen kann, und bei denen die Unabhängigkeit der Versuche sowie die Konstanz der Wahrscheinlichkeiten in jedem Versuch gesichert ist. Alle genaueren Untersuchungen ergaben eine aus-

Tabelle 11

Nr. des Versuchs	Anzahl der roten Karten	Anzahl der günstigen Fälle	relative Häufigkeit	Nr. des Versuchs	Anzahl der roten Karten	Anzahl der günstigen Fälle	relative Häufigkeit
1	8	0	0,00	51	9	13	0,25
2	9	1	0,50	52	8	13	0,25
3	11	1	0,33	53	7	13	0,25
4	9	2	0,50	54	9	14	0,26
5	11	2	0,40	55	7	14	0,26
6	8	2	0,33	56	9	15	0,27
7	11	2	0,29	57	9	16	0,28
8	9	3	0,37	58	11	16	0,28
9	8	3	0,33	59	8	16	0,27
10	7	3	0,30	60	8	16	0,27
11	12	3	0,27	61	8	16	0,26
12	10	3	0,25	62	10	16	0,26
13	9	4	0,31	63	12	16	0,25
14	13	4	0,29	64	9	17	0,27
15	12	4	0,27	65	11	17	0,26
16	8	4	0,25	66	12	17	0,26
17	11	4	0,23	67	11	17	0,26
18	10	4	0,22	68	8	17	0,25
19	8	4	0,21	69	10	17	0,25
20	11	4	0,20	70	8	17	0,25
21	12	4	0,19	71	7	17	0,24
22	10	4	0,18	72	9	18	0,25
23	10	4	0,17	73	10	18	0,25
24	9	5	0,21	74	8	18	0,24
25	9	6	0,24	75	11	18	0,24
26	14	6	0,23	76	8	18	0,24
27	9	7	0,26	77	9	19	0,25
28	10	7	0,25	78	9	20	0,26
29	10	7	0,24	79	5	20	0,26
30	7	7	0,23	80	8	20	0,25
31	10	7	0,22	81	7	20	0,25
32	7	7	0,22	82	10	20	0,24
33	8	7	0,21	83	9	21	0,25
34	10	7	0,21	84	6	21	0,24
35	9	8	0,23	85	10	21	0,25
36	9	9	0,25	86	10	21	0,24
37	10	9	0,24	87	9	22	0,25
38	10	9	0,24	88	7	22	0,25
39	8	9	0,23	89	7	22	0,25
40	7	9	0,22	90	10	22	0,24
41	9	10	0,24	91	8	22	0,24
42	10	10	0,24	92	8	22	0,24
43	10	10	0,23	93	10	22	0,24
44	9	11	0,25	94	8	22	0,23
45	8	11	0,24	95	11	22	0,23
46	7	11	0,24	96	9	23	0,24
47	12	11	0,23	97	9	24	0,25
48	9	12	0,25	98	10	24	0,25
49	6	12	0,25	99	7	24	0,24
50	7	12	0,24	100	7	24	0,24

gezeichnete Übereinstimmung mit der Theorie. Wir führen hier die Resultate einiger solcher leicht ausführbarer Experimente an.

Ein Kartenspiel aus 36 Karten werde 100 mal auf gut Glück in zwei gleiche Teile geteilt. In der Tabelle 11 findet man die Resultate dieses Experiments. In der ersten Spalte steht die Nummer des Versuchs, in der zweiten die Anzahl der in einer der Hälften auftretenden roten Karten, in der dritten die Anzahl der Fälle unter den bereits ausgeführten Versuchen, in denen die roten und schwarzen Karten sich in beiden Stößen in gleicher Anzahl vorfanden, in der vierten Spalte findet man schließlich die Werte der relativen Häufigkeiten.

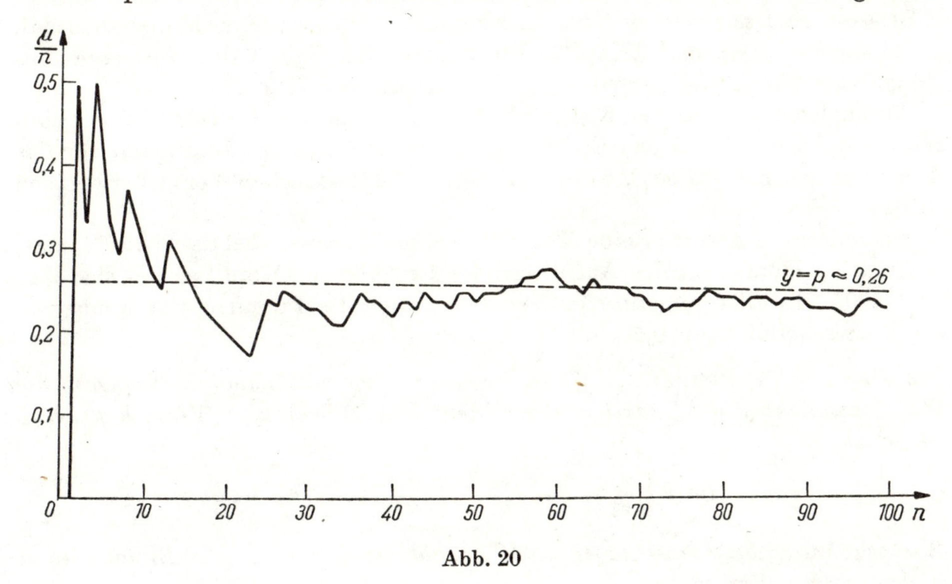

Abb. 20

Im Beispiel 3, § 5, wurde berechnet, daß die Wahrscheinlichkeit, in einer Hälfte gleich viel schwarze und rote Karten zu finden, gleich

$$p = \frac{(18!)^4}{36!\,(9!)^4} \sim 0{,}26$$

ist.

Die Kurve in Abb. 20 stellt anschaulich die Änderung der relativen Häufigkeit $\frac{\mu}{n}$ in Abhängigkeit von der Anzahl der Versuche dar. Am Anfang, wo die Anzahl der Versuche noch nicht groß ist, weicht die Kurve bisweilen recht merklich von der Geraden $y = p \sim 0{,}26$ ab. Danach kommt sie mit wachsender Anzahl der Versuche im großen und ganzen dieser Geraden immer näher.

In dem betrachteten Falle erhält man (für $n = 100$) eine recht bemerkenswerte Abweichung der relativen Häufigkeit von der Wahrscheinlichkeit (die Differenz beträgt ungefähr 0,02). Nach dem Satz von LAPLACE ist die Wahrscheinlichkeit für das Auftreten einer solchen oder noch größeren Abweichung gleich

$$\mathsf{P}\left\{\left|\frac{\mu}{n} - p\right| \geqq 0{,}02\right\} = \mathsf{P}\left\{\left|\frac{\mu - n\,p}{\sqrt{n\,p\,q}}\right| \geqq 0{,}02\sqrt{\frac{n}{p\,q}}\right\} \sim 1 - 2\,\Phi\left\{0{,}02\sqrt{\frac{n}{p\,q}}\right\}$$

$$= 1 - 2\,\Phi\left(0{,}02\sqrt{\frac{100}{0{,}26\cdot 0{,}74}}\right) = 1 - 2\,\Phi(0{,}455) \sim 0{,}65\,.$$

Wenn also das angegebene Experiment noch sehr oft wiederholt wird, so wird man ungefähr in zwei von drei Fällen eine Abweichung feststellen, die nicht kleiner als die in unserem Versuch erhaltene sein wird.

Buffon, ein französischer Naturforscher des 18. Jh., warf eine Münze 4040 mal, dabei warf er 2048 mal „Kopf". Die relative Häufigkeit des Auftretens des Ereignisses „Kopf" im Buffonschen Versuch ist ungefähr gleich 0,507.

Der englische Statistiker K. Pearson warf eine Münze 12000 mal und beobachtete dabei 6019 mal das Ereignis „Kopf". Die relative Häufigkeit für das Auftreten des Ereignisses „Kopf" in diesem Pearsonschen Versuch ist gleich 0,5016.

Ein anderes Mal warf er eine Münze 24000 mal, „Kopf" fiel dabei 12012 mal; die relative Häufigkeit des Auftretens des Ereignisses „Kopf" erwies sich hier als 0,5005. In allen angeführten Versuchen wich die Frequenz nur wenig von der Wahrscheinlichkeit 0,5 ab.

2. Satz von Poisson. *Wenn in einer Folge unabhängiger Versuche die Wahrscheinlichkeit des Eintretens eines Ereignisses A beim k-ten Versuch gleich p_k ist, so ist*

$$\lim_{n\to\infty} \mathsf{P}\left\{\left|\frac{\mu}{n} - \frac{p_1 + p_2 + \cdots + p_n}{n}\right| < \varepsilon\right\} = 1\,.$$

Wie gewöhnlich bezeichnet dabei μ die Anzahl des Eintretens des Ereignisses A in den ersten n Versuchen.

Wenn wir die Zufallsgrößen μ_k einführen, die gleich der Anzahl des Eintretens des Ereignisses A beim k-ten Versuch sind und die Beziehungen

$$\mathsf{M}\,\mu_k = p_k\,, \qquad \mathsf{D}\,\mu_k = p_k\,q_k \leqq \frac{1}{4}$$

beachten, so überzeugen wir uns leicht davon, daß der Satz von Poisson ein Spezialfall des Tschebyschewschen Satzes ist.

3. *Eine Folge paarweise unabhängiger Zufallsgrößen $\xi_1, \xi_2, \ldots, \xi_n, \ldots$ genüge den Bedingungen*

$$\mathsf{M}\,\xi_1 = \mathsf{M}\,\xi_2 = \cdots = \mathsf{M}\,\xi_n = \cdots = a$$

und

$$\mathsf{D}\,\xi_1 \leqq C\,, \quad \mathsf{D}\,\xi_2 \leqq C, \ldots, \mathsf{D}\,\xi_n \leqq C, \ldots\,;$$

dann ist bei beliebigem $\varepsilon > 0$

$$\lim_{n\to\infty} \mathsf{P}\left\{\left|\frac{1}{n}\sum_{k=1}^{n} \xi_k - a\right| < \varepsilon\right\} = 1\,.$$

Dieser Spezialfall des TSCHEBYSCHEWschen Satzes gibt die Grundlage für die Regel des arithmetischen Mittels, die in der Meßlehre ständig benutzt wird. Angenommen, es solle eine physikalische Größe a gemessen werden. Wird die Messung n mal unter den gleichen Bedingungen ausgeführt, so erhält der Beobachter die Resultate $x_1, x_2, \ldots, x_n$, die nicht alle miteinander übereinstimmen. Als Näherungswert für a nimmt man gewöhnlich das arithmetische Mittel aus den Versuchsergebnissen

$$a \approx \frac{x_1 + x_2 + \cdots + x_n}{n}.$$

Wenn in der Messung kein systematischer Fehler steckt, d. h., wenn

$$\mathsf{M}\, x_1 = \mathsf{M}\, x_2 = \cdots = \mathsf{M}\, x_n = a$$

ist, und wenn der Beobachtung des Wertes keine Unsicherheit (z. B. durch beschränkte Ablesegenauigkeit am Meßgerät) anhaftet, so können wir nach dem Gesetz der großen Zahlen auf die angegebene Weise für hinreichend große Werte n mit einer Wahrscheinlichkeit beliebig nahe an Eins einen Wert erhalten, welcher der gesuchten Größe a beliebig nahe kommt.

Im Falle gleichverteilter unabhängiger Summanden kann man mit Hilfe der TSCHEBYSCHEWschen Ungleichung noch ein schärferes Resultat ableiten.

Satz von A. J. CHINTSCHIN. *Wenn die Zufallsgrößen $\xi_1, \xi_2, \ldots$ unabhängig und gleichverteilt (nach der Verteilungsfunktion $F(x)$) sind und eine endliche mathematische Erwartung besitzen ($a = \mathsf{M}\, \xi_n$), so ist für $n \to \infty$*

$$\mathsf{P}\left\{\left|\frac{1}{n}\sum_{k=1}^{n} \xi_k - a\right| < \varepsilon\right\} \to 1 .$$

Beweis. Beim Beweis benutzen wir ein Verfahren, das als erster A. A. MARKOW im Jahre 1907 verwandte und die Bezeichnung *Methode der Verkürzung* erhielt. Dieses Verfahren wird in der modernen Wahrscheinlichkeitsrechnung häufig benutzt.

Wir definieren neue Zufallsgrößen auf folgende Weise: $\delta > 0$ sei festgehalten, und für $k = 1, 2, \ldots, n$ sei

$$\eta_k = \xi_k, \zeta_k = 0, \quad \text{wenn } |\xi_k| < \delta\, n \text{ ist;}$$
$$\eta_k = 0, \zeta_k = \xi_k, \quad \text{wenn } |\xi_k| \geqq \delta\, n \text{ ist.}$$

Offenbar ist bei beliebigem k $(1 \leqq k \leqq n)$

$$\xi_k = \eta_k + \zeta_k .$$

Die Größen η_k besitzen mathematische Erwartungen und endliche Dispersionen:

$$a_n = \mathsf{M}\, \eta_k = \int_{-\delta n}^{\delta n} x\, dF(x) ,$$

$$\mathsf{D}\, \eta_k = \int_{-\delta n}^{\delta n} x^2\, dF(x) - a_n^2 \leqq \delta\, n \int_{-\delta n}^{\delta n} |x|\, dF(x) \leqq \delta\, b\, n ,$$

wobei $b = \int_{-\infty}^{+\infty} |x|\, dF(x)$.

Da für $n \to \infty$

$$a_n \to a ,$$

ist bei beliebig vorgegebenem $\varepsilon > 0$ für genügend großes n

$$|a_n - a| < \varepsilon . \tag{4}$$

Auf Grund der TSCHEBYSCHEWschen Ungleichung ist

$$\mathsf{P}\left\{\left|\frac{1}{n}\sum_{k=1}^{n}\eta_k - a_n\right| \geqq \varepsilon\right\} \leqq \frac{b\,\delta}{\varepsilon^2} .$$

Nach Ungleichung (4) folgt hieraus

$$\mathsf{P}\left\{\left|\frac{1}{n}\sum_{k=1}^{n}\eta_k - a\right| \geqq 2\,\varepsilon\right\} \leqq \frac{b\,\delta}{\varepsilon^2} .$$

Ferner ist

$$\mathsf{P}\,\{\zeta_k \neq 0\} = \int\limits_{|x| \geqq \delta n} dF(x) \leqq \frac{1}{\delta n} \int\limits_{|x| \geqq \delta n} |x|\, dF(x) ;$$

die rechte Seite läßt sich für hinreichend großes n auf Grund der Existenz der mathematische Erwartung kleiner als $\frac{\delta}{n}$ machen. Nun ist aber

$$\mathsf{P}\left\{\sum_{k=1}^{n}\zeta_k \neq 0\right\} \leqq \sum_{k=1}^{n}\mathsf{P}\{\zeta_k \neq 0\} \leqq \delta ,$$

daher wird

$$\mathsf{P}\left\{\left|\frac{1}{n}\sum_{k=1}^{n}\xi_k - a\right| \geqq 2\,\varepsilon\right\} \leqq \mathsf{P}\left\{\left|\frac{1}{n}\sum_{k=1}^{n}\eta_k - a\right| \geqq 2\,\varepsilon\right\} + \mathsf{P}\left\{\sum_{k=1}^{n}\zeta_k \neq 0\right\} \leqq \frac{b\delta}{\varepsilon^2} + \delta.$$

Da ε und δ beliebig sind, läßt sich die rechte Seite kleiner als jede beliebig vorgegebene Zahl machen; der Satz ist damit bewiesen.

Wir formulieren nun noch einen Satz von A. A. MARKOW, der eine evidente Folgerung aus der TSCHEBYSCHEWschen Ungleichung ist.

Satz von MARKOW. *Wenn eine Folge von Zufallsgrößen* $\xi_1, \xi_2, \ldots$ *für* $n \to \infty$ *der Beziehung*

$$\frac{1}{n^2}\,\mathsf{D}\left(\sum_{k=1}^{n}\xi_k\right) \to 0 \tag{5}$$

genügt, so ist bei beliebigem konstantem ε

$$\lim_{n\to\infty}\mathsf{P}\left\{\left|\frac{1}{n}\sum_{k=1}^{n}\xi_k - \frac{1}{n}\sum_{k=1}^{n}\mathsf{M}\,\xi_k\right| < \varepsilon\right\} = 1 .$$

Wenn die Zufallsgrößen paarweise unabhängig sind, läßt sich die MARKOWsche Bedingung folgendermaßen schreiben: Für $n \to \infty$ ist

$$\frac{1}{n^2}\sum_{k=1}^{n}\mathsf{D}\,\xi_k \to 0 .$$

Hieraus ersieht man, daß der Satz von TSCHEBYSCHEW ein Spezialfall des MARKOWschen Satzes ist.

Als unmittelbare Folgerung aus dem Satz von MARKOW erhalten wir jetzt einen Satz, der ebenfalls auf MARKOW zurückgeht.

Satz. *Sei μ die Anzahl des Eintretens des Ereignisses E in n Versuchen, die durch eine homogene* MARKOW*sche Kette miteinander verknüpft sind*; $p_1, p_2, \ldots$ *seien die Wahrscheinlichkeiten für das Eintreten von E im ersten, zweiten usw. Versuch (gemäß dem Schema von* § 20); *dann gilt bei beliebigem* $\varepsilon > 0$

$$\lim_{n\to\infty} \mathsf{P}\left\{\left|\frac{\mu}{n} - \frac{1}{n}\sum_{k=1}^{n} p_k\right| < \varepsilon\right\} = 1 . \qquad (6)$$

Der Beweis dieses Satzes ist offensichtlich auf Grund der Resultate des Beispiels 6, § 28.

Die Resultate dieses Beispiels besagen aber auch, daß

$$\frac{1}{n}\sum_{k=1}^{n} p_k = p + o(1) ,$$

und deshalb ist (6) gleichbedeutend mit der Gleichung

$$\lim_{n\to\infty} \mathsf{P}\left\{\left|\frac{\mu}{n} - p\right| < \varepsilon\right\} = 1 .$$

In dieser Formulierung stellt der angeführte Satz offensichtlich eine Verallgemeinerung des Satzes von BERNOULLI dar.

§ 33. Eine notwendige und hinreichende Bedingung für das Gesetz der großen Zahlen

Wir wiesen bereits darauf hin, daß das Gesetz der großen Zahlen einer der grundlegenden Sätze der Wahrscheinlichkeitsrechnung ist. Hiernach ist es verständlich, warum soviel Nachdruck darauf gelegt wird, die allgemeinsten Bedingungen zu ermitteln, denen die Größen $\xi_1, \xi_2, \ldots, \xi_n, \ldots$ genügen müssen, damit für sie das Gesetz der großen Zahlen gilt.

Die Geschichte des Problems ist die folgende. Um das Jahr 1700 fand JAKOB BERNOULLI den Satz, der heute seinen Namen trägt. Der Satz von BERNOULLI wurde 1713 nach dem Tode des Autors in dem Traktat „Ars conjectandi" (die Kunst, Vermutungen aufzustellen) zum erstenmal veröffentlicht. Danach bewies am Anfang des 19. Jh. POISSON einen analogen Satz unter allgemeineren Bedingungen. Bis zur Mitte des 19. Jh. wurden keine weiteren Erfolge erzielt. Im Jahre 1866 fand der große russische Mathematiker P. N. TSCHEBYSCHEW die von uns im vorigen Paragraphen dargelegte Methode, später bemerkte A. A. MARKOW, daß man mit Hilfe der TSCHEBYSCHEWschen Überlegung ein noch allgemeineres Resultat erhalten kann (siehe § 32).

Weitere Bemühungen führten zu keinen prinzipiellen Erfolgen. Erst im Jahre 1926 fand A. N. KOLMOGOROFF notwendige und hinreichende Bedingungen dafür, daß eine Folge paarweise unabhängiger Zufallsgrößen $\xi_1, \xi_2, \ldots, \xi_n, \ldots$ dem Gesetz der großen Zahlen unterworfen ist. Im Jahre 1928 zeigte A. J. CHINTSCHIN, daß die Existenz des Erwartungswertes $\mathsf{M}\,\xi_n$ eine hinreichende Bedingung für die Anwendbarkeit des Gesetzes der großen Zahlen darstellt, wenn die Zufallsgrößen ξ_n nicht nur unabhängig sind, sondern auch die gleiche Verteilungsfunktion besitzen.

In den letzten Jahren wurde viel Mühe darauf verwandt, Bedingungen festzustellen, die man abhängigen Größen auferlegen muß, damit für sie das Gesetz der großen Zahlen gilt. Der Satz von MARKOW gehört zu den Sätzen dieser Art.

Unter Benutzung der TSCHEBYSCHEWschen Methode kann man leicht eine Bedingung gewinnen, die der MARKOWschen Bedingung analog, aber nicht nur hinreichend, sondern auch notwendig für die Anwendbarkeit des Gesetzes der großen Zahlen auf eine Folge von beliebigen Zufallsgrößen ist.

Satz. *Eine Folge*

$$\xi_1, \xi_2, \xi_3, \ldots$$

(eventuell auch voneinander abhängiger) Zufallsgrößen genügt bei beliebigem positivem ε *dann und nur dann der Beziehung*

$$\lim_{n\to\infty} \mathsf{P}\left\{\left|\frac{1}{n}\sum_{k=1}^{n}\xi_k - \frac{1}{n}\sum_{k=1}^{n}\mathsf{M}\,\xi_k\right| < \varepsilon\right\} = 1\,, \tag{1}$$

wenn für $n \to \infty$

$$\mathsf{M}\,\frac{\left(\sum\limits_{k=1}^{n}(\xi_k - \mathsf{M}\,\xi_k)\right)^2}{n^2 + \left(\sum\limits_{k=1}^{n}(\xi_k - \mathsf{M}\,\xi_k)\right)^2} \to 0 \tag{2}$$

gilt.

Beweis. Wir setzen zunächst voraus, daß die Bedingung (2) erfüllt sei, und zeigen, daß in diesem Falle auch (1) erfüllt ist. Wir bezeichnen mit $\Phi_n(x)$ die Verteilungsfunktion der Größe

$$\eta_n = \frac{1}{n}\sum_{k=1}^{n}(\xi_k - \mathsf{M}\,\xi_k)\,.$$

Man prüft leicht die folgende Kette von Ungleichungen nach:

$$\begin{aligned}\mathsf{P}\left\{\left|\frac{1}{n}\sum_{k=1}^{n}(\xi_k - \mathsf{M}\,\xi_k)\right| \geqq \varepsilon\right\} &= \mathsf{P}\left\{|\eta_n| \geqq \varepsilon\right\}\\ &= \int\limits_{|x|\geqq\varepsilon} d\Phi_n(x) \leqq \frac{1+\varepsilon^2}{\varepsilon^2}\int\limits_{|x|\geqq\varepsilon}\frac{x^2}{1+x^2}\,d\Phi_n(x)\\ &\leqq \frac{1+\varepsilon^2}{\varepsilon^2}\int\frac{x^2}{1+x^2}\,d\Phi_n(x) = \frac{1+\varepsilon^2}{\varepsilon^2}\,\mathsf{M}\,\frac{\eta_n^2}{1+\eta_n^2}\,.\end{aligned}$$ [1]

Diese Ungleichung beweist, daß die Bedingung unseres Satzes hinreichend ist.

[1]) Die letzte Gleichung schreiben wir auf Grund der Formel

$$\mathsf{M}\,f(\xi) = \int f(x)\,dF_\xi(x)$$

(siehe Satz 1, § 27).

Wir zeigen nun, daß die Bedingung (2) auch notwendig ist. Man sieht leicht, daß

$$\begin{aligned} \mathsf{P}\{|\eta_n| \geqq \varepsilon\} &= \int\limits_{|x| \geqq \varepsilon} d\Phi_n(x) \geqq \int\limits_{|x| \geqq \varepsilon} \frac{x^2}{1+x^2}\, d\Phi_n(x) \\ &= \int \frac{x^2}{1+x^2}\, d\Phi_n(x) - \int\limits_{|x|<\varepsilon} \frac{x^2}{1+x^2}\, d\Phi_n(x) \\ &\geqq \int \frac{x^2}{1+x^2}\, d\Phi_n(x) - \varepsilon^2 = \mathsf{M}\frac{\eta_n^2}{1+\eta_n^2} - \varepsilon^2 \end{aligned} \tag{3}$$

ist. Folglich ist

$$0 \leqq \mathsf{M}\frac{\eta_n^2}{1+\eta_n^2} \leqq \varepsilon^2 + \mathsf{P}\{|\eta_n| \geqq \varepsilon\}\,.$$

Wählt man zunächst ε hinreichend klein und danach n hinreichend groß, so läßt sich die rechte Seite der letzten Ungleichung beliebig klein machen.

Wir bemerken, daß alle im vorigen Paragraphen bewiesenen Sätze sich leicht aus dem soeben bewiesenen allgemeinen Satz ergeben. Da nämlich bei beliebigem n und beliebigem ξ_k die Ungleichung

$$\frac{\eta_n^2}{1+\eta_n^2} \leqq \eta_n^2 = \left[\frac{1}{n}\sum_{k=1}^{n}(\xi_k - \mathsf{M}\,\xi_k)\right]^2$$

besteht, so ergibt sich hieraus, falls die Dispersionen existieren, die Ungleichung

$$\mathsf{M}\frac{\eta_n^2}{1+\eta_n^2} \leqq \frac{1}{n^2}\,\mathsf{D}\sum_{k=1}^{n}\xi_k\,.$$

Wenn also die Markowsche Bedingung erfüllt ist, so ist auch die Bedingung (2) erfüllt, und die Folge $\xi_1, \xi_2, \ldots, \xi_n, \ldots$ ist dem Gesetz der großen Zahlen unterworfen.

Wir müssen jedoch bemerken, daß in komplizierteren Fällen, in denen von den Größen ξ_k nicht die Existenz der Dispersionen verlangt wird, sich der bewiesene Satz zur tatsächlichen Nachprüfung der Anwendbarkeit des Gesetzes der großen Zahlen sehr wenig eignet, da sich die Bedingung (2) nicht auf die einzelnen Summanden, sondern auf ihre Summen bezieht. Wenn man jedoch keine Voraussetzungen über die Größen ξ_k und gewisse Beziehungen zwischen ihnen macht, kann man, wie es scheint, nicht damit rechnen, daß es gelingt, notwendige und hinreichende Bedingungen zu finden, die außerdem noch für die Anwendung bequem sind.

Der praktischen Anwendung der eben bewiesenen Sätze steht eine prinzipielle Schwierigkeit entgegen: Dürfen wir annehmen, daß die von uns untersuchte Erscheinung oder der betreffende Produktionsprozeß unter der Wirkung unabhängiger Ursachen vor sich geht? Widerspricht nicht gerade der Begriff der Unabhängigkeit unseren Grundvorstellungen über die gegenseitigen Beziehungen zwischen den Erscheinungen der äußeren Welt? Bei der mathematischen Untersuchung irgendeiner Naturerscheinung, eines technischen Prozesses oder irgendeiner gesellschaftlichen Erscheinung müssen wir vor allem unsere Voraussetzungen auf Grund einer tiefen Untersuchung des Wesens der Erscheinung selbst, ihrer qualitativen Besonderheiten treffen. Wir müssen die Veränderungen der äußeren Bedingungen berücksichtigen, unter denen die zu untersuchende Erscheinung vor sich geht und den mathematischen Apparat und die Voraussetzungen, die seiner Anwendung zugrunde liegen, abändern, sobald wir beobachten, daß sich die Bedingungen der Realisierung der Erscheinung geändert haben.

Wenn wir die unwesentlichen Zusammenhänge zwischen den Ursachen weglassen, unter deren Einfluß sich die untersuchte Erscheinung vollzieht, besteht die Möglichkeit, nur noch mit unabhängigen Zufallsgrößen zu arbeiten. Inwieweit es uns gelungen ist, die Erscheinung zu schematisieren, und inwieweit es uns gelungen ist, den mathematischen Apparat zu ihrer Untersuchung aufzubauen, können wir anhand der Übereinstimmung der von uns geschaffenen Theorie mit der Praxis beurteilen. Wenn unsere theoretischen Resultate wesentlich von der Erfahrung abweichen, müssen wir die Voraussetzungen überprüfen, insbesondere wenn es um die Anwendbarkeit des Gesetzes der großen Zahlen geht; man muß dann möglicherweise die Voraussetzung über die vollständige Unabhängigkeit der wirkenden Ursachen fallenlassen und zur Voraussetzung ihrer Abhängigkeit übergehen.

Wir sagten bereits, daß die bisher gewonnene Erfahrung bezüglich der Anwendung der Sätze, die im Zusammenhang mit dem Gesetz der großen Zahlen stehen, beweist, daß die Bedingung der Unabhängigkeit in vielen wichtigen Aufgaben der Naturwissenschaft und Technik ausreichend ist.

§ 34. Das starke Gesetz der großen Zahlen

Nicht selten zieht man aus dem Satz von Bernoulli den völlig unbegründeten Schluß, daß die relative Häufigkeit eines Ereignisses A bei unbeschränktem Anwachsen der Anzahl der Versuche gegen die Wahrscheinlichkeit des Ereignisses A strebt. In Wirklichkeit stellt der Satz von Bernoulli jedoch nur die Tatsache fest, daß für eine hinreichend große Anzahl von Versuchen n die Wahrscheinlichkeit einer einzigen Ungleichung

$$\left|\frac{\mu}{n} - p\right| < \varepsilon$$

bei beliebigem $\eta > 0$ größer als $1 - \eta$ gemacht werden kann. Im Jahre 1909 bemerkte der französische Mathematiker E. Borel einen tieferliegenden Satz, das sog. *starke Gesetz der großen Zahlen*. Zur Formulierung und zum Beweis des Satzes von Borel sowie allgemeinerer Sätze von A. N. Kolmogoroff müssen wir einen neuen wichtigen Begriff einführen — den *Begriff der Konvergenz einer Folge von Zufallsgrößen*.

Gegeben sei eine Folge von Zufallsgrößen, die auf ein und derselben Menge U von Elementarereignissen definiert sind:

$$\xi_n = f_n(e) \quad (e \in U)\,. \tag{1}$$

Wir betrachten die Menge A aller elementaren Ereignisse e, für welche die Folge $f_n(e)$ konvergiert. $f(e)$ bezeichne den Limes von $f_n(e)$ im Punkte e. Bezeichnet man mit A^r_{nk} die Menge aller e, für welche die Ungleichung

$$|f_{n+k}(e) - f(e)| < \frac{1}{r} \tag{2}$$

erfüllt ist, so wird offensichtlich

$$A = \prod_{r=1}^{\infty} \sum_{n=1}^{\infty} \prod_{k=1}^{\infty} A^r_{nk}\,. \tag{3}$$

Wenn nämlich die Folge der Funktionen $f_n(e)$ im Punkte e konvergiert, so muß 1. die Ungleichung (2) für alle k bei genügend großem n erfüllt sein, 2. müssen diese Ungleichungen von einem gewissen n ab erfüllt sein, 3. müssen sie bei beliebigem r für genügend großes n gelten. Die Gleichung (3) faßt symbolisch diese drei Forderungen zu einer zusammen. Auf Grund der Gleichung (3) und der Definition eines zufälligen Ereignisses gehört die Untermenge A zum Wahrscheinlichkeitsfeld. Wir definieren nun die Zufallsgröße ξ folgendermaßen: Ist $e \in A$, so ist $\xi = f(e)$, ist aber $e \in \overline{A}$, so sei $\xi = 0$.

Ist die Wahrscheinlichkeit des zufälligen Ereignisses A gleich Eins, so sagt man, *die Folge der Zufallsgrößen ξ_n konvergiere gegen die Zufallsgröße ξ fast sicher* (oder auch — *konvergiere mit der Wahrscheinlichkeit Eins*).[1])

Wenn eine Folge ξ_n fast sicher gegen ξ konvergiert, so schreiben wir dafür

$$\mathsf{P}\,\{\xi_n \to \xi\} = 1\,. \tag{4}$$

Offenbar läßt sich diese Gleichung auch noch anders schreiben:

$$\mathsf{P}\,\{\xi_n \not\to \xi\} = 0\,. \tag{4'}$$

Dieser Ausdruck besagt, daß die Wahrscheinlichkeit dafür, daß sich eine Zahl r derart angeben läßt, daß für alle n und für wenigstens einen Wert $k = k(n)$ die Ungleichung

$$|\xi_{n+k} - \xi| \geqq \frac{1}{r}$$

gilt, gleich Null ist.

---

[1]) Der Begriff der *fast sicheren Konvergenz* entspricht genau dem Begriff der *Konvergenz fast überall* in der Theorie der reellen Funktionen.

In der Wahrscheinlichkeitsrechnung spielt ebenfalls eine große Rolle die sog. *Konvergenz in Wahrscheinlichkeit*: Eine Folge von Zufallsgrößen ξ_n konvergiert gegen eine Zufallsgröße ξ in Wahrscheinlichkeit, wenn bei beliebig vorgegebenem $\varepsilon > 0$ die Wahrscheinlichkeit der Ungleichung

$$|\xi_n - \xi| \leqq \varepsilon$$

für $n \to \infty$ gegen Eins strebt.

Die *Konvergenz in Wahrscheinlichkeit* ist das Analogon der *Konvergenz* einer Funktionenfolge *dem Maße nach*, wie sie in der Theorie der reellen Funktionen betrachtet wird.

Das Gesetz der großen Zahlen sagt offenbar aus, daß unter gewissen Bedingungen die Summen $\frac{1}{n}\sum_{k=1}^{n}(\xi_k - \mathsf{M}\,\xi_k)$ in Wahrscheinlichkeit gegen 0 konvergieren.

Wir geben nun eine hinreichende Bedingung dafür an, daß eine Folge von Zufallsgrößen mit der Wahrscheinlichkeit Eins konvergiert.

Hilfssatz. *Wenn bei beliebigem ganzem positivem r die Reihe*

$$\sum_{n=1}^{\infty} \mathsf{P}\left\{|\xi_n - \xi| \geqq \frac{1}{r}\right\} \tag{5}$$

konvergiert, so gilt die Beziehung (4) *oder, was dasselbe ist,* (4′).

Beweis. Wir bezeichnen mit E_n^r das Ereignis, daß die Ungleichung

$$|\xi_n - \xi| \geqq \frac{1}{r}$$

erfüllt ist. Ferner setzen wir

$$S_n^r = \sum_{k=1}^{\infty} E_{n+k}^r \, .$$

Aus der Beziehung

$$\mathsf{P}\{S_n^r\} \leqq \sum_{k=1}^{\infty} \mathsf{P}\{E_{n+k}^r\} = \sum_{l=n+1}^{\infty} \mathsf{P}\left\{|\xi_l - \xi| \geqq \frac{1}{r}\right\}$$

leiten wir mit Hilfe der Voraussetzung (5) die Gleichung

$$\lim_{n\to\infty} \mathsf{P}\{S_n^r\} = 0 \tag{6}$$

ab. Sei nun

$$S_r = S_1^r \, S_2^r \, S_3^r \dots .$$

Da das Ereignis S^r jedes der Ereignisse S_n^r zur Folge hat, erhalten wir nach (6)

$$\mathsf{P}(S^r) = 0 \, . \tag{7}$$

Schließlich setzen wir

$$S = S^1 + S^2 + S^3 + \cdots .$$

Wie man leicht nachprüft, bedeutet dieses Ereignis, daß sich ein r finden läßt derart, daß bei beliebiger Wahl von n ($n = 1, 2, 3, \dots$) jedesmal für wenigstens ein k [$k = k(n)$] die Ungleichungen

$$|\xi_{n+k} - \xi| \geqq \frac{1}{r}$$

bestehen. Da

$$\mathsf{P}(S) \leqq \sum_{r=1}^{\infty} \mathsf{P}\{S^r\}$$

ist, folgt nach (7)

$$\mathsf{P}\{S\} = 0 \, ,$$

q. e. d.

Wenn wir wörtlich die Überlegungen des soeben durchgeführten Beweises wiederholen, können wir einen etwas schärferen Satz gewinnen:

Wenn eine Folge von ganzen Zahlen $1 = n_1 < n_2 < \cdots$ *derart existiert, daß die Reihe*

$$\sum_{k=1}^{\infty} \mathsf{P}\left\{\max_{n_k \leqq n < n_{k+1}} |\xi_n - \xi| \leqq \frac{1}{r}\right\}$$

bei beliebigem ganzem positivem r *konvergiert, so konvergiert die Folge der Zufallsgrößen* $\xi_1, \xi_2, \ldots$ *fast sicher gegen* ξ.

Wir gehen nun zur Anwendung des eingeführten Begriffs und des bewiesenen Hilfssatzes über.

Satz von E. Borel. μ *sei die Anzahl des Eintretens eines Ereignisses* A *in* n *unabhängigen Versuchen; in jedem dieser Versuche möge das Ereignis* A *mit der Wahrscheinlichkeit* p *eintreten können. Dann ist für* $n \to \infty$

$$\mathsf{P}\left\{\frac{\mu}{n} \to p\right\} = 1\,.$$

Beweis. Auf Grund unseres Hilfssatzes brauchen wir zum Beweis des Satzes nur die Konvergenz der Reihe

$$\sum_{n=1}^{\infty} \mathsf{P}\left\{\left|\frac{\mu}{n} - p\right| \geqq \frac{1}{r}\right\} \tag{8}$$

bei beliebigem natürlichem r nachzuweisen. Dazu bemerken wir, daß man auf dieselbe Weise, wie wir das Tschebyschewsche Lemma (§ 32) bewiesen haben, auch zeigen kann: Für jede Zufallsgröße, für die $\mathsf{M}(\xi - \mathsf{M}\,\xi)^4$ existiert, gilt die Ungleichung

$$\mathsf{P}\{|\xi - \mathsf{M}\,\xi| \geqq \varepsilon\} \leqq \frac{1}{\varepsilon^4}\mathsf{M}(\xi - \mathsf{M}\,\xi)^4\,.$$

Es ist also

$$\mathsf{P}\left\{\left|\frac{\mu}{n} - p\right| \geqq \frac{1}{r}\right\} \leqq r^4\,\mathsf{M}\left(\frac{\mu}{n} - p\right)^4.$$

Wie wir es nun schon mehrfach getan haben, führen wir Hilfsgrößen μ_i ein, die gleich der Anzahl des Eintretens des Ereignisses A im i-ten Versuch sind. Da

$$\frac{\mu}{n} - p = \frac{1}{n}\sum_{i=1}^{n}(\mu_i - p)$$

ist, ergibt sich

$$\mathsf{M}\left(\frac{\mu}{n} - p\right)^4 = \frac{1}{n^4}\sum_{i=1}^{n}\sum_{j=1}^{n}\sum_{k=1}^{n}\sum_{l=1}^{n}\mathsf{M}(\mu_i - p)(\mu_j - p)(\mu_k - p)(\mu_l - p)\,. \tag{9}$$

Wegen $\mathsf{M}(\mu_i - p) = 0$ verschwinden in dieser Summe alle Summanden, in denen wenigstens einer der Faktoren $(\mu_i - p)$ in erster Potenz auftritt. Demnach sind in dieser Summe nur die Summanden der Form $\mathsf{M}(\mu_i - p)^4$ und $\mathsf{M}(\mu_i - p)^2(\mu_s - p)^2$ von Null verschieden. Es ist

$$\mathsf{M}(\mu_i - p)^4 = p\,q\,(p^3 + q^3)$$

und

$$\mathsf{M}(\mu_i - p)^2 (\mu_s - p)^2 = p^2 q^2 \qquad (i \neq s)\,.$$

Die Anzahl der Summanden von der ersten Art ist gleich n, die Anzahl der Summanden der zweiten Art ist gleich $3\,n\,(n-1)$; i kann nämlich mit j, k oder l zusammenfallen und dabei einen der n Werte von 1 bis n annehmen; s kann dagegen nur einen von $n - 1$ Werten annehmen (wegen $s \neq i$).

Es ist also

$$\mathsf{M}\left(\frac{\mu}{n} - p\right)^4 = \frac{p\,q}{n^4}\,[n\,(p^3 + q^3) + 3\,p\,q\,(n^2 - n)] < \frac{1}{4\,n^2}\,,$$

womit die Konvergenz der Reihe (8) nachgewiesen ist. Der Satz ist damit bewiesen.

Der Satz von Borel stellt den Ausgangspunkt einer bedeutenden Forschungsrichtung dar, die die Bedingungen untersucht, unter denen das sog. starke Gesetz der großen Zahlen erfüllt ist.

Wir sagen, *eine Folge von Zufallsgrößen*

$$\xi_1, \xi_2, \xi_3, \ldots$$

ist dem starken Gesetz der großen Zahlen unterworfen, wenn mit der Wahrscheinlichkeit Eins für $n \to \infty$

$$\frac{1}{n}\sum_{k=1}^{n} \xi_k - \frac{1}{n}\sum_{k=1}^{n} \mathsf{M}\,\xi_k \to 0$$

geht.

Eine sehr allgemeine und zugleich einfache hinreichende Bedingung für die Gültigkeit des starken Gesetzes der großen Zahlen liefert ein Satz von A. N. Kolmogoroff, dessen Beweis sich auf eine interessante Verallgemeinerung der Tschebyschewschen Ungleichung gründet.

Die Ungleichung von Kolmogoroff. *Wenn die insgesamt unabhängigen Zufallsgrößen $\xi_1, \xi_2, \ldots, \xi_n$ endliche Dispersionen besitzen, so ist die Wahrscheinlichkeit des gleichzeitigen Eintretens der Ungleichungen*

$$\left|\sum_{s=1}^{k} (\xi_s - \mathsf{M}\,\xi_s)\right| < \varepsilon \qquad (k = 1, 2, \ldots, n)$$

nicht kleiner als

$$1 - \frac{1}{\varepsilon^2}\sum_{k=1}^{n} \mathsf{D}\,\xi_k\,.$$

Beweis. Wir benutzen die Bezeichnungen

$$\eta_k = \xi_k - \mathsf{M}\,\xi_k\,, \qquad S_k = \sum_{j=1}^{k} \eta_j\,.$$

Weiter bezeichnen wir mit E_k das Ereignis

$$|S_j| < \varepsilon \quad \text{für} \quad j \leqq k - 1 \quad \text{und} \quad |S_k| \geqq \varepsilon\,. \tag{10}$$

Das Ereignis E_0 bestehe darin, daß $|S_j| < \varepsilon$ für $j \leqq n$. Das Ereignis, welches darin besteht, daß für mindestens ein k ($1 \leqq k \leqq n$) die Ungleichungen

$$|S_k| \geqq \varepsilon \qquad (k = 1, 2, \ldots, n)$$

erfüllt sind (mit anderen Worten, daß $\max\limits_{1 \leqq k \leqq n} |S_k| \geqq \varepsilon$), ist gleichbedeutend mit dem Ereignis $\sum\limits_{k=1}^{n} E_k$; wegen der Unvereinbarkeit der Ereignisse E_k gilt daher

$$\mathsf{P}\left\{\max_{1 \leqq k \leqq n} |S_k| \geqq \varepsilon\right\} = \sum_{k=1}^{n} \mathsf{P}(E_k).$$

Gemäß (5), § 26, haben wir auch

$$\mathsf{D}\, S_n = \sum_{k=0}^{n} \mathsf{P}(E_k) \cdot \mathsf{M}(S_n^2/E_k) \geqq \sum_{k=1}^{n} \mathsf{P}(E_k) \cdot \mathsf{M}(S_n^2/E_k).$$

Offensichtlich ist außerdem

$$\begin{aligned} \mathsf{M}(S_n^2/E_k) &= \mathsf{M}\,\{S_k^2 + 2 \sum_{j>k} S_k \eta_j + \sum_{j>k} \eta_j^2 + 2 \sum_{j>h>k} \eta_j \eta_h / E_k\} \\ &\geqq \mathsf{M}\,\{S_k^2 + 2 \sum_{j>k} S_k \eta_j + 2 \sum_{j>h>k} \eta_j \eta_h / E_k\}. \end{aligned}$$

Nun hat aber das Eintreten des Ereignisses E_k nur einen Einfluß auf die ersten k der Größen ξ_i, während die folgenden unter dieser Bedingung unabhängig voneinander und auch unabhängig von S_k bleiben; daher ist

$$\mathsf{M}(S_k \eta_j / E_k) = \mathsf{M}(S_k/E_k) \cdot \mathsf{M}(\eta_j/E_k) = 0$$

und

$$\mathsf{M}(\eta_j \eta_h / E_k) = 0 \qquad (h \neq j, h > k, j > k \geqq 1).$$

Außerdem besteht zufolge (10) die Ungleichung

$$\mathsf{M}(S_k^2/E_k) \geqq \varepsilon^2 \qquad (k \geqq 1).$$

Daraus folgern wir

$$\mathsf{D}\, S_n \geqq \varepsilon^2 \sum_{k=1}^{n} \mathsf{P}\{E_k\}.$$

Demnach finden wir schließlich

$$\sum_{k=1}^{n} \mathsf{P}\{E_k\} = \mathsf{P}\{\max_{1 \leqq k \leqq n} |S_k| \geqq \varepsilon\} \leqq \frac{1}{\varepsilon^2} \mathsf{D}\, S_n.$$

Die Ungleichung von KOLMOGOROFF ist damit bewiesen.

Satz von KOLMOGOROFF. *Wenn für die Folge von insgesamt unabhängigen zufälligen Größen die Bedingung*

$$\sum_{n=1}^{\infty} \frac{\mathsf{D}\, \xi_n}{n^2} < +\infty$$

erfüllt ist, so ist sie dem starken Gesetz der großen Zahlen unterworfen.

Beweis. Wir setzen

$$S_n = \sum_{k=1}^{n} (\xi_k - \mathsf{M}\,\xi_k)\,, \qquad v_n = \frac{1}{n} S_n\,.$$

Dann betrachten wir die Wahrscheinlichkeit

$$P_m = \mathsf{P}\left\{\max |v_n| \geqq \varepsilon,\, 2^m \leqq n < 2^{m+1}\right\}\,.$$

Da

$$P_m \leqq \mathsf{P}\left\{\max |S_n| \geqq 2^m\,\varepsilon,\, 2^m \leqq n < 2^{m+1}\right\}\,,$$

haben wir wegen der Ungleichung von KOLMOGOROFF

$$P_m \leqq \frac{1}{(2^m\,\varepsilon)^2} \sum_{j<2^{m+1}} \mathsf{D}\,\xi_j\,.$$

Infolge der Bemerkung, die wir zum Hilfssatz des vorliegenden Paragraphen gemacht haben, genügt es für den Beweis unseres Satzes, die Konvergenz der Reihe

$$\sum_{m=1}^{\infty} P_m$$

zu sichern. Nach dem Vorangegangenen aber ist

$$\sum_{m=1}^{\infty} P_m \leqq \sum_{m=1}^{\infty} \frac{1}{(2^m\,\varepsilon)^2} \sum_{j<2^{m+1}} \mathsf{D}\,\xi_j = \frac{1}{\varepsilon^2} \sum_{j=1}^{\infty} \mathsf{D}\,\xi_j \sum_j 2^{-2m}\,,$$

wo sich die Summe $\sum_j$ über jene Werte m erstreckt, für die $2^{m+1} > j$.

Wir bestimmen die ganze Zahl ϱ durch die Ungleichungen

$$2^\varrho \leqq j < 2^{\varrho+1}\,,$$

so daß

$$\sum_{k=1}^{n} \mathsf{P}\{E_k\} = \mathsf{P}\{\max_{1\leqq k\leqq n} |S_k| \geqq \varepsilon\} \leqq \frac{1}{\varepsilon^2}\,\mathsf{D}\,S_n\,,$$

folglich gilt

$$\sum_{m=1}^{\infty} P_m \leqq \frac{16}{3\,\varepsilon^2} \sum_{j=1}^{\infty} \frac{\mathsf{D}\,\xi_j}{j^2}\,.$$

Damit ist der Satz bewiesen.

In dem bewiesenen Satz ist offenbar folgendes Resultat enthalten:

Folgerung. *Wenn die Dispersionen der Zufallsgrößen ξ_k durch ein und dieselbe Konstante C beschränkt sind, so ist die Folge der voneinander unabhängigen Zufallsgrößen $\xi_1, \xi_2, \xi_3, \ldots$ dem starken Gesetz der großen Zahlen unterworfen.*

Wir sehen also, daß das starke Gesetz der großen Zahlen nicht nur für das BERNOULLIsche Schema mit einer konstanten Wahrscheinlichkeit für das Eintreten eines Ereignisses A in jedem der Versuche gilt (Satz von BOREL), sondern auch im Falle des POISSONschen Schemas, wo die Wahrscheinlichkeit des Ereignisses A von der Nummer des Versuchs abhängt.

Der bewiesene Satz gestattet es, als Folgerung ein abschließendes Resultat zu gewinnen, das auch von A. N. KOLMOGOROFF stammt.

Satz. *Die Existenz der mathematischen Erwartung ist eine notwendige und hinreichende Bedingung für die Anwendbarkeit des starken Gesetzes der großen Zahlen auf eine Folge gleichverteilter und insgesamt unabhängiger Zufallsgrößen.*[1][2]

Beweis. Wir beschränken uns darauf, nur die eine Richtung des Satzes zu beweisen. Aus der Existenz der mathematischen Erwartung folgt die Endlichkeit des Integrals $\int |x|\, dF(x)$, wobei $F(x)$ die Verteilungsfunktion der Zufallsgrößen ξ_n bezeichnet.

Daher ist

$$\sum_{n=1}^{\infty} \mathsf{P}\{|\xi| > n\} = \sum_{n=1}^{\infty} \sum_{k \geqq n} \mathsf{P}\{k < |\xi| \leqq k+1\}$$

$$= \sum_{k=1}^{\infty} k\, \mathsf{P}\{k < |\xi| \leqq k+1\} \leqq \sum_{k=0}^{\infty} \int_{k<|x|\leqq k+1} |x|\, dF(x) < \int |x|\, dF(x) < \infty. \quad (11)$$

Wir betrachten die Zufallsgrößen

$$\xi_n^* = \begin{cases} \xi_n \text{ für } |\xi_n| \leqq n, \\ 0 \text{ für } |\xi_n| > n. \end{cases}$$

Dann erhalten wir

$$\mathsf{D}\,\xi_n^* \leqq \mathsf{M}\,\xi_n^{*2} \int_{-n}^{+n} x^2\, dF(x) \leqq \sum_{k=0}^{n} (k+1)^2\, \mathsf{P}\{k < |\xi| \leqq k+1\}$$

und

$$\sum_{n=1}^{\infty} \frac{\mathsf{D}\,\xi_n^*}{n^2} \leqq \sum_{n=1}^{\infty} \sum_{k=0}^{n} \frac{(k+1)^2}{n^2} \mathsf{P}\{k < |\xi| \leqq k+1\}$$

$$\leqq \sum_{k=0}^{\infty} \mathsf{P}\{k < |\xi| \leqq k+1\} (k+1)^2 \sum_{n \geqq k}^{\infty} \frac{1}{n^2}.$$

Da

$$\sum_{n \geqq k}^{\infty} \frac{1}{n^2} < \frac{1}{k^2} + \frac{1}{k} < \frac{2}{k}$$

---

[1]) Hier bedarf es der folgenden Definition: Eine Folge $\xi_1, \xi_2, \ldots$ von Zufallsgrößen heißt *dem starken Gesetz der großen Zahlen* unterworfen, wenn es eine Konstante c gibt, so daß $\mathsf{P}\left\{\lim\limits_{n\to\infty} \frac{1}{n}(\xi_1 + \cdots + \xi_n) = c\right\} = 1$ (Anm. d. Red.).

[2]) Ein interessantes Gegenstück zu dieser Aussage geht auf A. EHRENFEUCHT und M. FISZ zurück. (Bull. Acad. Polon. Sci. 8 (1960) 583–585): Die Folge von gleichverteilten und insgesamt unabhängigen Zufallsgrößen $\xi_1, \xi_2, \ldots$ unterliegt dem Gesetz der großen Zahlen in der Form

$$\lim_{n\to\infty} \mathsf{P}\left\{\left|\frac{1}{n}(\xi_1 + \cdots + \xi_n) - a\right| > a\right\} = 0$$

dann und nur dann, wenn die zugehörige charakteristische Funktion $\varphi(t)$ bei $t = 0$ differenzierbar und $\varphi'(0) = i\,a$ ist (Anm. d. Red.).

ist, so finden wir auf Grund von (11)

$$\sum_{n=1}^{\infty} \frac{\mathsf{D}\,\xi_n^*}{n^2} < \infty,$$

d. h., die ξ_n^* genügen dem starken Gesetz der großen Zahlen.

Es bleibt also nur noch zu zeigen, daß damit der Satz bereits bewiesen ist. Dazu genügt es nachzuweisen, daß die Wahrscheinlichkeit wenigstens einer Ungleichung

$$\xi_n \neq \xi_n^*$$

für $n \geqq N$ mit $N \to \infty$ gegen Null strebt. In der Tat ist

$$\mathsf{P}\,\{\xi_n \neq \xi_n^* \text{ für irgendein } n \geqq N\} \leqq \sum_{n \geqq N} \mathsf{P}\,\{\xi_n \neq \xi_n^*\}$$

$$= \sum_{n \geqq N} \mathsf{P}\,\{|\xi_n| > n\} \leqq \sum_{n=N}^{\infty} (n - N + 1)\,\mathsf{P}\{n \leqq |\xi_n| < n + 1\}$$

$$\leqq \sum_{n=N}^{\infty} n \int\limits_{n \leqq |x| < n+1} dF(x) \leqq \sum_{n=N}^{\infty} \int\limits_{n \leqq |x| < n+1} |x|\,dF(x) = \int\limits_{|x| \geqq N} |x|\,dF(x)\,.$$

Auf Grund der Bedingung des Satzes läßt sich die rechte Seite dieser Ungleichung für hinreichend großes N kleiner als jede vorgegebene Zahl machen.

Die prinzipielle Bedeutung des starken Gesetzes der großen Zahlen in der Wahrscheinlichkeitsrechnung und in ihren Anwendungen ist sehr groß. Nehmen wir nämlich für den Augenblick einmal an, daß, sagen wir im Falle gleichverteilter Summanden, die einen endlichen Erwartungswert besitzen, das starke Gesetz nicht gelte. Dann kann man mit einer Wahrscheinlichkeit beliebig nahe an Eins behaupten, daß sich die Augenblicke wiederholen werden, in denen das arithmetische Mittel der Beobachtungsergebnisse weit vom Erwartungswert entfernt ist. Und dies würde selbst in solchen Fällen eintreten, wo die Beobachtung ohne systematischen Fehler und mit großer Genauigkeit durchgeführt würde. Könnte man unter diesen Bedingungen annehmen, daß das arithmetische Mittel aus den Beobachtungsergebnissen sich der zu messenden Größe annähert, dürften wir unter diesen Bedingungen annehmen, daß man das arithmetische Mittel als einen Näherungswert der zu messenden Größe ansehen kann? Das ist zweifelhaft.

Übungen

1. Man beweise: Existiert $\mathsf{M}\,e^{a\xi}$ für eine Zufallsgröße ξ ($a > 0$, konstant), so ist

$$\mathsf{P}\{\xi \geqq \varepsilon\} \leqq \frac{\mathsf{M}\,e^{a\xi}}{e^{a\varepsilon}}\,.$$

2. $f(x) > 0$ sei eine nicht abnehmende Funktion. Man beweise: Existiert $\mathsf{M}f(|\xi - \mathsf{M}\,\xi|)$, so ist

$$\mathsf{P}\,\{|\xi - \mathsf{M}\,\xi| \geqq \varepsilon\} \leqq \frac{\mathsf{M}f(|\xi - \mathsf{M}\,\xi|)}{f(\varepsilon)}.$$

3. Eine Folge unabhängiger und gleichverteilter Zufallsgrößen $\{\xi_k\}$ werde durch die Gleichungen

a) $\mathsf{P}\{\xi_k = 2^{-n-2\log n - 2\log\log n}\} = \dfrac{1}{2^{n-1}} \qquad (n \geqq 2;\ k = 1, 2, 3, \ldots)$,

b) $\mathsf{P}\{\xi_k = n\} = \dfrac{c}{n^2 \log^2 n} \qquad \left(n \geqq 2;\ c^{-1} = \sum\limits_{n=2}^{\infty} \dfrac{1}{n^2 \log^2 n}\right)$

definiert. Man beweise, daß auf diese Folgen das Gesetz der großen Zahlen anwendbar ist.

4. Man beweise, daß auf die Folge der unabhängigen Zufallsgrößen $\{\xi_n\}$,

$$\mathsf{P}\{\xi_n = n^\alpha\} = \mathsf{P}\{\xi_n = -n^\alpha\} = \frac{1}{2}$$

das Gesetz der großen Zahlen dann und nur dann anwendbar ist, wenn $\alpha < \frac{1}{2}$ ist.

5. Man beweise: Gilt für unabhängige Zufallsgrößen $\xi_1, \xi_2, \ldots, \xi_n, \ldots$ die Beziehung

$$\max_{1 \leqq k \leqq n} \int_{|x| \geqq A} |x|\, dF_k(x) \to 0 \text{ für } A \to \infty,$$

so ist auf die Folge $\{\xi_n\}$ das Gesetz der großen Zahlen anwendbar.
Hinweis: Man benutze die beim Beweis des Satzes von Chintschin angewandte Methode.

6. Unter Benutzung des Ergebnisses der vorigen Aufgabe beweise man: Gibt es für eine Folge unabhängiger Zufallsgrößen $\{\xi_n\}$ solche Zahlen $\alpha > 1$ und β, daß $\mathsf{M}|\xi_n|^\alpha \leqq \beta$, so ist auf die Folge $\{\xi_n\}$ das Gesetz der großen Zahlen anwendbar (Satz von A. A. Markow).

7. Gegeben sei eine Folge von Zufallsgrößen $\xi_1, \xi_2, \ldots$ mit den Eigenschaften $\mathsf{D}\,\xi_n \leqq C$ und $R_{ij} \to 0$ für $|i - j| \to \infty$ (R_{ij} ist der Korrelationskoeffizient zwischen ξ_i und ξ_j). Man beweise, daß auf diese Folge das Gesetz der großen Zahlen anwendbar ist (Satz von S. N. Bernstein).

VII.

CHARAKTERISTISCHE FUNKTIONEN

Wir sahen in den früheren Kapiteln, daß in der Wahrscheinlichkeitsrechnung die Methoden und der Rechenapparat ganz verschiedener Gebiete der Analysis weitgehend benutzt werden. Eine einfache Lösung sehr vieler Aufgaben der Wahrscheinlichkeitsrechnung, besonders derer, die mit der Summierung unabhängiger Zufallsgrößen zusammenhängen, gelingt mit Hilfe der charakteristischen Funktionen. Die Theorie dieser Funktionen ist in der Analysis entwickelt und unter dem Namen FOURIER-Transformationen bekannt. Das vorliegende Kapitel ist der Darlegung der Grundeigenschaften der charakteristischen Funktionen gewidmet.

§ 35. Definitionen und einfachste Eigenschaften der charakteristischen Funktionen

Unter der *charakteristischen Funktion* einer Zufallsgröße ξ versteht man die mathematische Erwartung der Zufallsgröße $e^{it\xi}$[1]. Ist $F(x)$ die Verteilungsfunktion der Größe ξ, so ist die charakteristische Funktion nach Satz 1, § 27, gleich

$$f(t) = \int e^{itx}\, dF(x)\,. \tag{1}$$

Wir verabreden für das folgende, die charakteristische Funktion und die ihr entsprechende Verteilungsfunktion mit ein und demselben Buchstaben zu bezeichnen, wobei wir für die charakteristische Funktion kleine, für die Verteilungsfunktion große Buchstaben wählen.

Für reelle t ist $|e^{itx}| = 1$; daher existiert das Integral (1) für alle Verteilungsfunktionen; folglich läßt sich zu jeder Zufallsgröße eine charakteristische Funktion bestimmen.

Satz 1. *Eine charakteristische Funktion ist auf der ganzen reellen Achse gleichmäßig stetig und genügt den folgenden Beziehungen:*

$$f(0) = 1\,, \quad |f(t)| \leqq 1 \quad (-\infty < t < \infty)\,. \tag{2}$$

Beweis. Die Beziehungen (2) ergeben sich unmittelbar aus der Definition der charakteristischen Funktion. Nach (1) ist nämlich

$$f(0) = \int 1 \cdot dF(x) = 1$$

[1] t ist ein reeller Parameter. Die mathematische Erwartung einer komplexen Zufallsgröße $\xi + i\eta$ definiert man als $\mathsf{M}\,\xi + i\,\mathsf{M}\,\eta$. Man prüft leicht nach, daß die Sätze 1, 2 und 3, § 28, auch in diesem Fall richtig sind.

und

$$|f(t)| = |\int e^{itx}\, dF(x)| \leqq \int |e^{itx}|\, dF(x) = \int dF(x) = 1 .$$

Es bleibt nur noch die gleichmäßige Stetigkeit der Funktion $f(t)$ zu beweisen. Dazu betrachten wir die Differenz

$$f(t+h) - f(t) = \int e^{itx}(e^{ixh} - 1)\, dF(x)$$

und schätzen ihren Betrag ab. Wir erhalten

$$|f(t+h) - f(t)| \leqq \int |e^{ixh} - 1|\, dF(x) .$$

Es sei nun ε eine beliebige vorgegebene positive Zahl; wir wählen ein A so groß, daß

$$\int\limits_{|x|>A} dF(x) < \frac{\varepsilon}{4}$$

ist und wählen h so klein, daß für $|x| < A$

$$|e^{ixh} - 1| < \frac{\varepsilon}{2}$$

gilt. Dann ist

$$|f(t+h) - f(t)| \leqq \int\limits_{-A}^{A} |e^{ixh} - 1|\, dF(x) + 2 \int\limits_{|x| \geqq A} dF(x) \leqq \varepsilon .$$

Diese Ungleichung beweist unseren Satz.

Satz 2. *Ist die Zufallsgröße η durch $\eta = a\,\xi + b$ mit den Konstanten a und b gegeben, so ist*

$$f_\eta(t) = f_\xi(a\,t)\, e^{ibt} ;$$

$f_\eta(t)$ und $f_\xi(t)$ bezeichnen hier die charakteristischen Funktionen der Größen η und ξ.

Der Beweis ist trivial, denn es gilt

$$f_\eta(t) = \mathsf{M}\, e^{it\eta} = \mathsf{M}\, e^{it(a\xi+b)} = e^{itb}\, \mathsf{M}\, e^{ita\xi} = e^{itb} f_\xi(a\,t) .$$

Satz 3. *Die charakteristische Funktion der Summe zweier unabhängiger Zufallsgrößen ist gleich dem Produkt ihrer charakteristischen Funktionen.*

Beweis. Es seien ξ und η unabhängige Zufallsgrößen, und es sei $\zeta = \xi + \eta$. Dann ist es evident, daß mit ξ und η auch die Zufallsgrößen $e^{it\xi}$ und $e^{it\eta}$ unabhängig sind. Hieraus ergibt sich die Gleichung

$$\mathsf{M}\, e^{it\zeta} = \mathsf{M}\, e^{it(\xi+\eta)} = \mathsf{M}\, e^{it\xi}\, e^{it\eta} = \mathsf{M}\, e^{it\xi}\, \mathsf{M}\, e^{it\eta} ,$$

womit unser Satz bewiesen ist.

Folgerung. *Ist*

$$\xi = \xi_1 + \xi_2 + \cdots + \xi_n$$

und jeder Summand unabhängig von der Summe der vorhergehenden, so ist die charakteristische Funktion der Größe ξ gleich dem Produkt der charakteristischen Funktionen der Summanden.

Bei der Anwendung der charakteristischen Funktionen kommt in bedeutendem Maße die in Satz 3 formulierte Eigenschaft zum Tragen. Die Addition unabhängiger Zufallsgrößen führt — wie wir in § 24 sahen — zu einer sehr komplizierten Operation — der Faltung der Verteilungsfunktionen der Summanden. Für die charakteristischen Funktionen läßt sich diese komplizierte Operation durch eine sehr einfache — nämlich die Multiplikation der charakteristischen Funktionen — ersetzen.

Satz 4. *Besitzt eine Zufallsgröße ξ ein absolutes Moment n-ter Ordnung, so ist die charakteristische Funktion der Größe ξ n-mal differenzierbar, und für $k \leqq n$ ist*

$$f^{(k)}(0) = i^k \mathsf{M}\, \xi^k . \tag{3}$$

Beweis. Die k-malige ($k \leqq n$) formale Differentiation der charakteristischen Funktion führt uns auf die Gleichung

$$f^{(k)}(t) = i^k \int x^k e^{itx} \, dF(x) . \tag{4}$$

Nun gilt aber

$$\left|\int x^k e^{itx} \, dF(x)\right| \leqq \int |x|^k \, dF(x) ,$$

und daher ist auf Grund der Voraussetzung unseres Satzes die linke Seite dieser Ungleichung beschränkt. Hieraus folgen die Existenz des Integrals (4) und die Rechtfertigung für die durchgeführte Differentiation. Setzen wir in (4) $t = 0$, so finden wir

$$f^{(k)}(0) = i^k \int x^k \, dF(x) .$$

Die mathematische Erwartung und die Dispersion lassen sich sehr einfach mit Hilfe der Ableitungen des Logarithmus der charakteristischen Funktionen ausdrücken. Setzen wir

$$\psi(t) = \log f(t) ,$$

dann ist

$$\psi'(t) = \frac{f'(t)}{f(t)}$$

und

$$\psi''(t) = \frac{f''(t) \cdot f(t) - [f'(t)]^2}{f^2(t)} .$$

Wenn wir beachten, daß $f(0) = 1$ ist, so finden wir unter Berücksichtigung der Gleichung (3)

$$\psi'(0) = f'(0) = i \mathsf{M}\, \xi$$

und

$$\psi''(0) = f''(0) - [f'(0)]^2 = i^2 \mathsf{M}\, \xi^2 - [i \mathsf{M}\, \xi]^2 = - \mathsf{D}\, \xi .$$

Hieraus gewinnen wir die Beziehungen

$$\left.\begin{aligned} \mathsf{M}\,\xi &= \frac{1}{i}\,\psi'(0) \\ \text{und} \qquad \mathsf{D}\,\xi &= -\,\psi''(0)\,. \end{aligned}\right\} \tag{5}$$

Die k-te Ableitung des Logarithmus der charakteristischen Funktion im Punkt 0, multipliziert mit i^k, heißt die *Semiinvariante k-ter Ordnung der Zufallsgröße*.

Aus Satz 3 folgt unmittelbar, daß sich bei der Addition unabhängiger Zufallsgrößen ihre Semiinvarianten addieren.

Wir sahen eben, daß die ersten beiden Semiinvarianten die mathematische Erwartung und die Dispersion sind, d. h. ein Moment erster Ordnung und eine rationale Funktion der Momente der ersten und zweiten Ordnung. Durch Ausrechnung überzeugt man sich leicht davon, daß die Semiinvariante einer beliebigen Ordnung k eine (ganze) rationale Funktion der ersten k Momente ist. Als Beispiel führen wir die expliziten Ausdrücke der Semiinvarianten dritter und vierter Ordnung an:

$$i^3\,\psi'''(0) = -\,\{\mathsf{M}\,\xi^3 - 3\,\mathsf{M}\,\xi^2 \cdot \mathsf{M}\,\xi + 2\,[\mathsf{M}\,\xi]^3\}\,,$$
$$i^4\,\psi^{\mathrm{IV}}(0) = \mathsf{M}\,\xi^4 - 4\,\mathsf{M}\,\xi^3\,\mathsf{M}\,\xi - 3\,[\mathsf{M}\,\xi^2]^2 + 12\,\mathsf{M}\,\xi^2\,[\mathsf{M}\,\xi]^2 - 6\,[\mathsf{M}\,\xi]^4\,.$$

Wir betrachten nun einige Beispiele von charakteristischen Funktionen.

Beispiel 1. Eine Zufallsgröße ξ sei nach dem Normalgesetz mit der mathematischen Erwartung a und der Dispersion σ^2 verteilt. Die charakteristische Funktion der Größe ξ ist gleich

$$\varphi(t) = \frac{1}{\sigma\sqrt{2\,\pi}} \int e^{itx - \frac{(x-a)^2}{2\sigma^2}}\, dx\,.$$

Die Substitution

$$z = \frac{x-a}{\sigma} - i\,t\,\sigma$$

führt $\varphi(t)$ in

$$\varphi(t) = e^{iat - \frac{\sigma^2 t^2}{2}} \frac{1}{\sqrt{2\,\pi}} \int\limits_{-\infty - it\sigma}^{\infty - it\sigma} e^{-\frac{z^2}{2}}\, dz$$

über. Es ist bekannt, daß bei beliebigem reellem α

$$\int\limits_{-\infty - i\alpha}^{\infty - i\alpha} e^{-\frac{z^2}{2}}\, dz = \sqrt{2\,\pi}$$

ist, folglich ist

$$\varphi(t) = e^{iat - \frac{\sigma^2 t^2}{2}}\,.$$

Unter Benutzung von Satz 4 rechnet man mühelos die Zentralmomente der Normalverteilung aus und kommt so auf ganz anderem Wege zum Ergebnis des in § 30 betrachteten Beispiels.

Beispiel 2. Gesucht ist die charakteristische Funktion einer nach dem Poissonschen Gesetz verteilten Zufallsgröße ξ.

Nach Voraussetzung nimmt die Größe ξ nur ganzzahlige Werte an. Es ist

$$\mathsf{P}\{\xi = k\} = \frac{\lambda^k e^{-\lambda}}{k!} \qquad (k = 0, 1, 2, \ldots)$$

($\lambda > 0$ ist dabei konstant).

Die charakteristische Funktion der Größe ξ ist gleich

$$f(t) = \mathsf{M}\, e^{it\xi} = \sum_{k=0}^{\infty} e^{ikt}\, \mathsf{P}\{\xi = k\} = \sum_{k=0}^{\infty} e^{itk} \frac{\lambda^k}{k!} e^{-\lambda}$$

$$= e^{-\lambda} \sum_{k=0}^{\infty} \frac{(\lambda e^{it})^k}{k!} = e^{-\lambda+\lambda e^{it}} = e^{\lambda(e^{it}-1)}.$$

Nach (5) gewinnen wir hieraus

$$\mathsf{M}\,\xi = \frac{1}{i}\psi'(0) = \lambda, \qquad \mathsf{D}\,\xi = -\psi''(0) = \lambda.$$

Die erste dieser Gleichungen hatten wir schon früher (§ 26, Beispiel 3) direkt erhalten.

Beispiel 3. Eine Zufallsgröße ξ sei im Intervall $(-a, a)$ gleichmäßig verteilt. Die charakteristische Funktion ist gleich

$$f(t) = \int_{-a}^{a} e^{itx} \frac{dx}{2a} = \frac{\sin at}{at}.$$

Beispiel 4. Gesucht ist die charakteristische Funktion der Größe μ, die gleich der Anzahl des Eintretens eines Ereignisses A in n unabhängigen Versuchen ist. Die Wahrscheinlichkeit für das Eintreten des Ereignisses A sei bei jedem Versuch gleich p.

Die Größe μ läßt sich als Summe

$$\mu = \mu_1 + \mu_2 + \cdots + \mu_n$$

von n unabhängigen Zufallsgrößen darstellen, von denen jede nur die beiden Werte 0 und 1 beziehungsweise mit den Wahrscheinlichkeiten $q = 1 - p$ und p annehmen kann. Die Größe μ_k nimmt den Wert 1 an, wenn das Ereignis A im k-ten Versuch eintritt, und wird gleich 0, wenn das Ereignis A im k-ten Versuch nicht eintritt.

Die charakteristische Funktion der Größe μ_k ist gleich

$$f_k(t) = \mathsf{M}\, e^{it\mu_k} = e^{it\cdot 0} q + e^{it\cdot 1} p = q + p\, e^{it}.$$

Nach Satz 3 ist die charakteristische Funktion der Größe μ gleich

$$f(t) = \prod_{k=1}^{n} f_k(t) = (q + p\, e^{it})^n.$$

Wir bestimmen nun noch die charakteristische Funktion der Größe $\eta = \frac{\mu - np}{\sqrt{npq}}$. Nach Satz 2 ist sie gleich

$$f_\eta(t) = e^{-it\sqrt{\frac{np}{q}}} f\left(\frac{t}{\sqrt{npq}}\right) = e^{-it\sqrt{\frac{np}{q}}}\left(q + p\,e^{i\frac{t}{\sqrt{npq}}}\right)^n$$

$$= \left(q\,e^{-it\sqrt{\frac{p}{nq}}} + p\,e^{it\sqrt{\frac{q}{np}}}\right)^n.$$

Beispiel 5. Die charakteristischen Funktionen genügen der Gleichung $f(-t) = \overline{f(t)}$.

In der Tat ist ja

$$f(-t) = \int e^{-itx}\,dF(x) = \overline{\int e^{itx}\,dF(x)} = \overline{f(t)}\,.$$

§ 36. Umkehrformel und Eindeutigkeitssatz

Wir sahen, daß man zu der Verteilungsfunktion einer jeden Zufallsgröße ξ stets eine charakteristische Funktion finden kann; für uns ist es wichtig, daß auch die umgekehrte Behauptung richtig ist: Durch die Vorgabe der charakteristischen Funktion ist die Verteilungsfunktion eindeutig bestimmt.

Satz 1. *Es seien $f(t)$ und $F(x)$ die charakteristische Funktion und die Verteilungsfunktion einer Zufallsgröße ξ. Sind x_1 und x_2 Stetigkeitsstellen der Funktion $F(x)$, so ist*

$$F(x_2) - F(x_1) = \frac{1}{2\pi} \lim_{c\to\infty} \int_{-c}^{c} \frac{e^{-itx_1} - e^{-itx_2}}{it} f(t)\,dt\,. \tag{1}$$

Beweis. Aus der Definition der charakteristischen Funktionen folgt, daß das Integral

$$J_c = \frac{1}{2\pi} \int_{-c}^{c} \frac{e^{-itx_1} - e^{-itx_2}}{it} f(t)\,dt$$

gleich

$$J_c = \frac{1}{2\pi} \int_{-c}^{c} \int \frac{1}{it} \left[e^{it(z-x_1)} - e^{it(z-x_2)}\right] dF(z)\,dt$$

ist. Hier kann man die Reihenfolge der Integrationen vertauschen, da bezüglich z das Integral absolut konvergiert und bezüglich t die Integrationsgrenzen endlich sind. Auf diese Weise erhalten wir

$$J_c = \frac{1}{2\pi}\int\left[\int_{-c}^{c}\frac{e^{it(z-x_1)} - e^{it(z-x_2)}}{it}\,dt\right]dF(z)$$

$$= \frac{1}{2\pi}\int\left[\int_{0}^{c}\frac{e^{it(z-x_1)} - e^{-it(z-x_1)} - e^{it(z-x_2)} + e^{-it(z-x_2)}}{it}\,dt\right]dF(z)$$

$$= \frac{1}{\pi}\int_{-\infty}^{\infty}\int_{0}^{c}\left[\frac{\sin t\,(z-x_1)}{t} - \frac{\sin t\,(z-x_2)}{t}\right]dt\,dF(z)\,.$$

Nun weiß man aus der Analysis, daß für $c \to \infty$

$$\frac{1}{\pi}\int_0^c \frac{\sin\alpha t}{t}\,dt \to \begin{cases} \frac{1}{2}\,, & \text{wenn } \alpha > 0\,,\\ -\frac{1}{2}\,, & \text{wenn } \alpha < 0\,. \end{cases} \tag{2}$$

Diese Konvergenz ist gleichmäßig bezüglich α in jedem Gebiet $\alpha > \delta > 0$ (bzw. $\alpha < -\delta$) und für $|\alpha| \leqq \delta$ ist für alle c

$$\left|\frac{1}{\pi}\int_0^c \frac{\sin\alpha t}{t}\,dt\right| < 1\,. \tag{3}$$

Wir wollen nun den Fall annehmen, daß $x_2 > x_1$ ist, und zerlegen das Integral J_c in die Summe

$$J_c = \int_{-\infty}^{x_1-\delta} + \int_{x_1-\delta}^{x_1+\delta} + \int_{x_1+\delta}^{x_2-\delta} + \int_{x_2-\delta}^{x_2+\delta} + \int_{x_2+\delta}^{\infty} \psi(c, z; x_1, x_2)\,dF(z)\,;$$

dabei ist zur Abkürzung

$$\psi(c, z; x_1, x_2) = \frac{1}{\pi}\int_0^c\left\{\frac{\sin t\,(z-x_1)}{t} - \frac{\sin t\,(z-x_2)}{t}\right\}dt$$

gesetzt und $\delta > 0$ so gewählt, daß $x_1 + \delta < x_2 - \delta$ ist.

Im Gebiet $-\infty < z < x_1 - \delta$ bestehen die Ungleichungen $z - x_1 < -\delta$ und $z - x_2 < -\delta$. Auf Grund von (2) schließen wir daher, daß für $c \to \infty$

$$\int_{-\infty}^{x_1-\delta} \psi(c, z; x_1, x_2)\,dF(z) \to 0$$

strebt. Analog gilt für $x_2 + \delta < z < +\infty$ und $c \to \infty$ die Beziehung

$$\int_{x_2+\delta}^{\infty} \psi(c, z; x_1, x_2)\,dF(z) \to 0\,.$$

Da im Gebiet $x_1 + \delta < z < x_2 - \delta$ die Ungleichungen $z - x_1 > \delta$ und $z - x_2 < \delta$ gelten, so ist ferner nach (2) für $c \to \infty$

$$\int_{x_1+\delta}^{x_2-\delta} \psi(c, z; x_1, x_2)\, dF(z) \to \int_{x_1+\delta}^{x_2-\delta} dF(z) = F(x_2 - \delta) - F(x_1 + \delta).$$

Nach (3) können wir schließlich folgende Abschätzungen benutzen:

$$\left| \int_{x_1-\delta}^{x_1+\delta} \psi(c, z; x_1, x_2)\, dF(z) \right| < 2 \int_{x_1-\delta}^{x_1+\delta} dF(z) = 2\,[F(x_1 + \delta) - F(x_1 - \delta)]$$

und

$$\left| \int_{x_2-\delta}^{x_2+\delta} \psi(c, z; x_1, x_2)\, dF(z) \right| < 2 \int_{x_2-\delta}^{x_2+\delta} dF(z) = 2\,[F(x_2 + \delta) - F(x_2 - \delta)].$$

Auf diese Weise finden wir bei beliebigem $\delta > 0$ die Beziehungen

$$\overline{\lim_{c\to\infty}}\, J_c = F(x_2 - \delta) - F(x_1 + \delta) + R_1(\delta, x_1, x_2)$$

und

$$\underline{\lim_{c\to\infty}}\, J_c = F(x_2 - \delta) - F(x_1 + \delta) + R_2(\delta, x_1, x_2),$$

dabei gilt die Ungleichung

$$|R_i(\delta, x_1, x_2)| < 2\,\{F(x_1 + \delta) - F(x_1 - \delta) + F(x_2 + \delta) - F(x_2 - \delta)\}$$
$$(i = 1, 2).$$

Nun strebe δ gegen 0. Da x_1 und x_2 Stetigkeitsstellen der Funktion $F(x)$ sind, ergeben sich hieraus die Gleichungen

$$\lim_{\delta\to 0} F(x_1 + \delta) = \lim_{\delta\to 0} F(x_1 - \delta) = F(x_1)$$

und

$$\lim_{\delta\to 0} F(x_2 + \delta) = \lim_{\delta\to 0} F(x_2 - \delta) = F(x_2).$$

Da J_c nicht von δ abhängt, ist

$$\lim_{c\to\infty} J_c = F(x_2) - F(x_1).$$

Die Gleichung (1) nennt man die *Umkehrformel*. Wir benutzen diese Formel zur Ableitung des folgenden wichtigen Satzes (des *Eindeutigkeitssatzes*).

Satz 2. *Die Verteilungsfunktion ist durch ihre charakteristische Funktion eindeutig bestimmt.*

Beweis. Aus Satz 1 folgt in der Tat unmittelbar, daß an jeder Stetigkeitsstelle der Funktion $F(x)$ die Formel

$$F(x) = \frac{1}{2\pi} \lim_{y\to-\infty} \lim_{c\to\infty} \int_{-c}^{+c} \frac{e^{-ity} - e^{-itx}}{it} f(t)\, dt$$

gilt; der Limes bezüglich y wird dabei über die Menge der y genommen, die Stetigkeitsstellen der Funktion $F(x)$ sind.

Als Anwendung des letzten Satzes beweisen wir die folgenden Aussagen.

Beispiel 1. Wenn die unabhängigen Zufallsgrößen ξ_1 und ξ_2 normal verteilt sind, so ist ihre Summe $\xi = \xi_1 + \xi_2$ ebenfalls normal verteilt.

Ist nämlich

$$\mathsf{M}\,\xi_1 = a_1,\ \mathsf{D}\,\xi_1 = \sigma_1^2; \qquad \mathsf{M}\,\xi_2 = a_2,\ \mathsf{D}\,\xi_2 = \sigma_2^2\,,$$

so sind die charakteristischen Funktionen der Größen ξ_1 und ξ_2 gleich,

$$f_1(t) = e^{i a_1 t - \frac{1}{2}\sigma_1^2 t^2}, \qquad f_2(t) = e^{i a_2 t - \frac{1}{2}\sigma_2^2 t^2}.$$

Nach Satz 3, § 35, ist die charakteristische Funktion $f(t)$ der Summe gleich

$$f(t) = f_1(t) \cdot f_2(t) = e^{i t(a_1 + a_2) - \frac{1}{2}(\sigma_1^2 + \sigma_2^2) t^2}.$$

Dies ist die charakteristische Funktion des Normalgesetzes mit der mathematischen Erwartung $a = a_1 + a_2$ und der Dispersion $\sigma^2 = \sigma_1^2 + \sigma_2^2$. Auf Grund des Eindeutigkeitssatzes schließen wir hieraus, daß die Verteilungsfunktion der Größe ξ normal ist.

Der umgekehrte, von H. Cramér bewiesene Satz, den wir in § 24 formulierten, läßt sich mit Hilfe der charakteristischen Funktionen folgendermaßen formulieren: *Sind $f_1(t)$ und $f_2(t)$ charakteristische Funktionen und ist*

$$f_1(t) \cdot f_2(t) = e^{-\frac{t^2}{2}},$$

so ist

$$f_1(t) = e^{i a t - \sigma^2 \frac{t^2}{2}}, \qquad f_2(t) = e^{-i a t - \frac{(1-\sigma^2) t^2}{2}} \qquad (0 \leqq \sigma \leqq 1)\,.$$

Beispiel 2. Die unabhängigen Zufallsgrößen ξ_1 und ξ_2 seien nach dem Poissonschen Gesetz verteilt; es sei

$$\mathsf{P}\{\xi_1 = k\} = \frac{\lambda_1^k\, e^{-\lambda_1}}{k!}, \qquad \mathsf{P}\{\xi_2 = k\} = \frac{\lambda_2^k\, e^{-\lambda_2}}{k!}.$$

Wir beweisen, daß die Zufallsgrößen $\xi = \xi_1 + \xi_2$ nach dem Poissonschen Gesetz mit dem Parameter $\lambda = \lambda_1 + \lambda_2$ verteilt ist.

Im Beispiel 2 des vorigen Paragraphen sahen wir, daß die charakteristischen Funktionen der Zufallsgrößen ξ_1 und ξ_2 gleich

$$f_1(t) = e^{\lambda_1 (e^{it} - 1)}, \qquad f_2(t) = e^{\lambda_2 (e^{it} - 1)}$$

sind. Nach Satz 3 des vorigen Paragraphen ist die charakteristische Funktion der Summe $\xi = \xi_1 + \xi_2$ gleich

$$f(t) = f_1(t) \cdot f_2(t) = e^{(\lambda_1 + \lambda_2)(e^{it} - 1)},$$

d. h. charakteristische Funktion eines POISSONschen Gesetzes. Nach dem Eindeutigkeitssatz ist die einzige Verteilung, die $f(t)$ als charakteristische Funktion besitzt, das POISSONsche Gesetz mit

$$\mathsf{P}\{\xi = k\} = \frac{(\lambda_1 + \lambda_2)^k e^{-(\lambda_1+\lambda_2)}}{k!} \quad (k \geqq 0).$$

D. A. RAIKOW bewies den umgekehrten tiefer liegenden Satz: Wenn die Summe zweier unabhängiger Zufallsgrößen nach dem POISSONschen Gesetz verteilt ist, so ist jeder Summand ebenfalls nach dem POISSONschen Gesetz verteilt.

Beispiel 3. Die charakteristische Funktion ist dann und nur dann reell, wenn ihre zugehörige Verteilungsfunktion symmetrisch ist, d. h., wenn für beliebige x die Verteilungsfunktion der Gleichung

$$F(x) = 1 - F(-x + 0)$$

genügt.

Wenn die Verteilungsfunktion symmetrisch ist, so ist ihre charakteristische Funktion reell. Dies beweist man durch einfaches Nachrechnen:

$$\begin{aligned} f(t) &= \int e^{itx}\, dF(x) \\ &= -\int_0^\infty e^{-itx}\, dF(-x+0) + \int_0^\infty e^{itx}\, dF(x) + F(+0) - F(-0) \\ &= \int_0^\infty (e^{-itx} + e^{itx})\, dF(x) + F(+0) - F(-0) \\ &= 2\int_0^\infty \cos tx\, dF(x) + F(+0) - F(-0) = \int \cos tx\, dF(x). \end{aligned}$$

(Wir erinnern hier daran, daß wir die untere Grenze in das Integrationsintervall einbeziehen und die obere Grenze ausschließen wollten.)

Zum Beweis der Umkehrung betrachten wir die Zufallsgröße $\eta = -\xi$. Die Verteilungsfunktion der Größe η ist gleich

$$G(x) = \mathsf{P}\{\eta < x\} = \mathsf{P}\{\xi > -x\} = 1 - F(-x+0).$$

Die charakteristischen Funktionen der Größen ξ und η hängen durch die Beziehung

$$g(t) = \mathsf{M}\, e^{it\eta} = \mathsf{M}\, e^{-it\xi} = \overline{\mathsf{M}\, e^{it\xi}} = \overline{f(t)}$$

miteinander zusammen. Da nach Voraussetzung $f(t)$ reell ist, ist $\overline{f(t)} = f(t)$ und somit

$$g(t) = f(t).$$

Aus dem Eindeutigkeitssatz schließen wir nun, daß die Verteilungsfunktionen der Größen ξ und η übereinstimmen, d. h., daß

$$F(x) = 1 - F(-x+0)$$

ist, q.e.d.

Wir bringen hier noch den Beweis der folgenden Tatsache.

Satz 3. *Wenn die charakteristische Funktion $f(t)$ integrierbar über die ganze Achse ist, so ist die ihr entsprechende Verteilungsfunktion $F(x)$ absolut stetig, ihre Ableitung $p(x)$ ist stetig, und es gilt*

$$p(x) = F'(x) = \frac{1}{2\pi} \int_{-\infty}^{\infty} e^{-itx} f(t)\, dt .$$

Beweis. Wenn die Funktion $f(t)$ über die ganze Achse integrierbar ist, so hat auch die Funktion $\frac{e^{-itx_1} - e^{-itx_2}}{it} f(t)$ diese Eigenschaft; daher läßt sich die Umkehrformel in der folgenden Weise schreiben:

$$F(x_2) - F(x_1) = \frac{1}{2\pi} \int_{-\infty}^{\infty} \frac{e^{-itx_1} - e^{-itx_2}}{it} f(t)\, dt .$$

Wir wählen jetzt h so, daß $x_1 = x - h$ und $x_2 = x + h$ Stetigkeitspunkte von $F(x)$ sind. Nach leichten Umformungen gelangen wir zu der Gleichung

$$F(x+h) - F(x-h) = 2h \cdot \frac{1}{2\pi} \int_{-\infty}^{\infty} \frac{\sin th}{th} e^{-itx} f(t)\, dt . \tag{4}$$

Wegen $\frac{\sin th}{th} \leqq 1$ ist

$$F(x+h) - F(x-h) \leqq 2h \cdot \frac{1}{2\pi} \int_{-\infty}^{\infty} |f(t)|\, dt .$$

Diese Ungleichung liefert beim Grenzübergang $h \to 0$

$$F(x+0) - F(x-0) = 0 .$$

Daher ist $F(x)$ absolut stetig. Jetzt können wir (4) in der Form

$$\frac{F(x+h) - F(x-h)}{2h} = \frac{1}{2\pi} \int_{-\infty}^{\infty} \frac{\sin th}{th} e^{-itx} f(t)\, dt \tag{5}$$

schreiben. Da der Integrand bei $h \to 0$ gegen $e^{-itx} f(t)$ strebt, gilt nach dem bekannten Satz von Lebesgue

$$\lim_{h\to 0} \frac{1}{2\pi} \int_{-\infty}^{\infty} \frac{\sin th}{th} e^{-itx} f(t)\, dt = \frac{1}{2\pi} \int_{-\infty}^{\infty} e^{-itx} f(t)\, dt .$$

Hiernach existiert der Limes der rechten Seite der Gleichung (5); es muß also auch der Limes der linken Seite vorhanden sein. Daher gilt bei jedem Wert von x

$$p(x) = \lim_{h\to\infty} \frac{F(x+h) - F(x-h)}{2h} = \frac{1}{2\pi} \int_{-\infty}^{\infty} e^{-itx} f(t)\, dt .$$

Aus obigen Rechnungen folgt nun

$$|p(x+h)-p(x)| \leqq \frac{1}{\pi}\int_{-\infty}^{\infty}\left|\sin\frac{t\,h}{2}\right| |f(t)|\,dt\,.$$

Um das Integral auf der rechten Seite abzuschätzen, schreiben wir es in Form folgender Summe

$$\frac{1}{\pi}\int_{|t|<A}\left|\sin\frac{t\,h}{2}\right| |f(t)|\,dt + \frac{1}{\pi}\int_{|t|>A}\left|\sin\frac{t\,h}{2}\right| |f(t)|\,dt\,.$$

Es sei $\varepsilon > 0$ vorgegeben; dann läßt sich A so wählen, daß

$$\frac{1}{\pi}\int_{|t|>A}|f(t)|\,dt < \frac{\varepsilon}{2}\,.$$

Das Integral über das Intervall $|t| \leqq A$ kann durch Wahl eines genügend kleinen h kleiner als $\frac{\varepsilon}{2}$ gemacht werden. Damit ist der Satz vollständig bewiesen.

§ 37. Die Sätze von Helly

Für das Folgende benötigen wir zwei rein analytische Sätze — den ersten und den zweiten Satz von Helly.

Wir wollen sagen, eine Folge nicht abnehmender Funktionen

$$F_1(x),\ F_2(x),\ \ldots,\ F_n(x),\ \ldots$$

konvergiere im wesentlichen gegen eine nicht abnehmende Funktion $F(x)$, wenn sie für $n \to \infty$ gegen letztere an jeder Stetigkeitsstelle konvergiert.

Im weiteren wollen wir stets annehmen, daß die Funktionen $F_n(x)$ der zusätzlichen Bedingung

$$F_n(-\infty) = 0$$

genügen, und werden dies nicht mehr besonders hervorheben.

Wir bemerken sofort, daß es für die Konvergenz im wesentlichen hinreichend ist, daß die Funktionenfolge auf einer überall dichten Menge D gegen die Funktion $F(x)$ konvergiert. Es sei x ein beliebiger Punkt, und x' und x'' seien irgend zwei Punkte der Menge D mit $x' \leqq x \leqq x''$. Dann gilt

$$F_n(x') \leqq F_n(x) \leqq F_n(x'')\,,$$

folglich ist

$$\lim_{n\to\infty} F_n(x') \leqq \varliminf_{n\to\infty} F_n(x) \leqq \varlimsup_{n\to\infty} F_n(x) \leqq \lim_{n\to\infty} F(x'')\,.$$

Da aber nach Voraussetzung

$$\lim_{n\to\infty} F_n(x') = F(x') \qquad \text{und} \qquad \lim_{n\to\infty} F_n(x'') = F(x'')$$

gilt, so ist auch

$$F(x') \leqq \underline{\lim}_{n\to\infty} F_n(x) \leqq \overline{\lim}_{n\to\infty} F_n(x) \leqq F(x'') .$$

Die mittleren Glieder in diesen Ungleichungen hängen aber nicht von x' und x'' ab, daher ist

$$F(x-0) \leqq \underline{\lim}_{n\to\infty} F_n(x) \leqq \overline{\lim}_{n\to\infty} F_n(x) \leqq F(x+0) .$$

Wenn die Funktion $F(x)$ im Punkt x stetig ist, so ist

$$F(x-0) = F(x) = F(x+0) .$$

Somit ist an allen Stetigkeitsstellen der Funktion $F(x)$

$$\lim_{n\to\infty} F_n(x) = F(x) .$$

Erster Satz von Helly. *Jede Folge von gleichmäßig beschränkten, nicht abnehmenden Funktionen*

$$F_1(x), F_2(x), \ldots, F_n(x), \ldots \tag{1}$$

enthält wenigstens eine Teilfolge

$$F_{n_1}(x), F_{n_2}(x), \ldots, F_{n_k}(x), \ldots,$$

die im wesentlichen gegen eine gewisse nicht abnehmende Funktion $F(x)$ konvergiert.

Beweis. D sei irgendeine abzählbare überall dichte Punktmenge $x_1', x_2', \ldots, x_n', \ldots$. Wir bilden die Werte der Funktionen (1) im Punkt x_1:

$$F_1(x_1'), F_2(x_1'), \ldots, F_n(x_1'), \ldots .$$

Da die Menge dieser Werte nach Voraussetzung beschränkt ist, so enthält sie wenigstens eine Teilfolge

$$F_{11}(x_1'), F_{12}(x_1'), \ldots, F_{1n}(x_1'), \ldots \tag{2}$$

die gegen einen gewissen Grenzwert $G(x_1')$ konvergiert. Wir betrachten nun die Menge der Zahlen

$$F_{11}(x_2'), F_{12}(x_2'), \ldots, F_{1n}(x_2'), \ldots .$$

Da auch diese Menge beschränkt ist, so existiert in ihr eine Teilfolge, die gegen einen Grenzwert $G(x_2')$ konvergiert. Wir können also aus der Folge (2) eine Folge

$$F_{21}(x), F_{22}(x), \ldots, F_{2n}(x), \ldots \tag{3}$$

auswählen, für die gleichzeitig $\lim_{n\to\infty} F_{2n}(x_1') = G(x_1')$ und $\lim_{n\to\infty} F_{2n}(x_2') = G(x_2')$ ist.

Diese Auswahl von Teilfolgen

$$F_{k1}(x), F_{k2}(x), \ldots, F_{kn}(x), \ldots, \tag{4}$$

für die gleichzeitig die Gleichungen $\lim_{n\to\infty} F_{kn}(x_r') = G(x_r')$ für alle $r \leqq k$ gelten, setzen wir weiter fort. Wir bilden nun die Diagonalfolge

$$F_{11}(x),\ F_{22}(x),\ \ldots,\ F_{nn}(x)\ \ldots\,. \tag{5}$$

Als Teilfolge von (2) gilt für sie die Beziehung $\lim\limits_{n\to\infty} F_{nn}(x_1') = G(x_1')$. Da die ganze Diagonalfolge nur mit Ausnahme des ersten Gliedes aus der Folge (3) ausgewählt war, gilt weiter $\lim\limits_{n\to\infty} F_{nn}(x_2') = G(x_2')$. Allgemein ist die ganze Diagonalfolge bis auf die $k - 1$ ersten Glieder der Folge (4) entnommen; daher gilt für sie für jedes k die Beziehung $\lim\limits_{n\to\infty} F_{nn}(x_k') = G(x_k')$. Das gewonnene Resultat läßt sich folgendermaßen formulieren: Die Folge (1) enthält wenigstens eine Teilfolge, die in allen Punkten x_k' der Menge D gegen eine auf der Menge D definierte Funktion $G(x)$ konvergiert. Da die Funktionen $F_{nn}(x)$ nicht abnehmen und gleichmäßig beschränkt sind, ist offensichtlich auch die Funktion $G(x)$ nicht abnehmend und beschränkt.

Es ist dann klar, daß man die auf der Menge D definierte Funktion $G(x)$ so fortsetzen kann, daß sie auf der ganzen Geraden $-\infty < x < \infty$ definiert ist und dabei beschränkt und nicht abnehmend bleibt.

Die Folge (5) konvergiert gegen diese Funktion auf der überall dichten Menge D; folglich konvergiert sie im wesentlichen gegen sie. Dies war gerade zu zeigen. Wir bemerken, daß die durch Fortsetzung der Funktion G gewonnene Funktion nicht linksseitig stetig zu sein braucht. Wir können jedoch ihre Werte in den Unstetigkeitsstellen so abändern, daß die Funktion diese Eigenschaft erhält. Die Teilfolge F_{nn} konvergiert im wesentlichen auch gegen die so „korrigierte" Funktion.

Zweiter Satz von HELLY. *$f(x)$ sei eine stetige Funktion; die Folge*

$$F_1(x),\ F_2(x),\ \ldots,\ F_n(x),\ \ldots$$

nicht abnehmender, gleichmäßig beschränkter Funktionen konvergiere im wesentlichen gegen die Funktion $F(x)$ auf dem endlichen Intervall $a \leqq x \leqq b$; a und b seien Stetigkeitsstellen der Funktion $F(x)$; dann gilt die Gleichung

$$\lim_{n\to\infty} \int_a^b f(x)\, dF_n(x) = \int_a^b f(x)\, dF(x)\,.$$

Beweis. Aus der Stetigkeit der Funktion $f(x)$ folgt, daß man zu jedem noch so kleinen positiven konstanten ε eine Einteilung des Intervalls $a \leqq x \leqq b$ durch die Punkte $x_0 = a, x_1, \ldots, x_N = b$ in die Teilintervalle (x_k, x_{k+1}) so finden kann, daß in jedem Intervall (x_k, x_{k+1}) die Ungleichung $|f(x) - f(x_k)| < \varepsilon$ erfüllt ist. Unter Benutzung dieses Tatbestandes können wir eine Hilfsfunktion $f_\varepsilon(x)$ einführen, die nur endlich viele Werte annimmt:

$$f_\varepsilon(x) = f(x_k) \quad \text{für} \quad x_k \leqq x < x_{k+1}\,.$$

Offenbar ist für alle x im Intervall $a \leqq x \leqq b$ die Ungleichung

$$|f(x) - f_\varepsilon(x)| < \varepsilon$$

erfüllt. Dabei können wir von vornherein die Teilpunkte $x_1, x_2, \ldots, x_{N-1}$ so wählen, daß sie Stetigkeitsstellen der Funktion $F(x)$ sind. Auf Grund der Konvergenz der Funktionen $F_1(x), F_2(x), \ldots$ gegen die Funktion $F(x)$ sind für hinreichend große n in allen Teilpunkten die Ungleichungen

$$|F(x_k) - F_n(x_k)| < \frac{\varepsilon}{M N} \tag{6}$$

erfüllt; M bezeichnet dabei die Größe $\max\limits_{a \leqq x \leqq b} |f(x)|$.

Ohne weiteres ist klar, daß

$$\left|\int_a^b f(x)\, dF(x) - \int_a^b f(x)\, dF_n(x)\right| \leqq \left|\int_a^b f(x)\, dF(x) - \int_a^b f_\varepsilon(x)\, dF(x)\right|$$
$$+ \left|\int_a^b f_\varepsilon(x)\, dF(x) - \int_a^b f_\varepsilon(x)\, dF_n(x)\right| + \left|\int_a^b f_\varepsilon(x)\, dF_n(x) - \int_a^b f(x)\, dF_n(x)\right|$$

ist. Man rechnet leicht nach, daß die Größe des ersten Summanden auf der rechten Seite nicht $\varepsilon\,[F(b) - F(a)]$ und die des dritten nicht $\varepsilon\,[F_n(b) - F_n(a)]$ übertrifft. Der zweite Summand ist gleich

$$\left|\sum_{k=0}^{N-1} f(x_k)\,[F(x_{k+1}) - F(x_k)] - \sum_{k=0}^{N-1} f(x_k)\,[F_n(x_{k+1}) - F_n(x_k)]\right|$$
$$= \left|\sum_{k=0}^{N-1} f(x_k)\,[F(x_{k+1}) - F_n(x_{k+1})] - \sum_{k=0}^{N-1} f(x_k)\,[F(x_k) - F_n(x_k)]\right|;$$

für genügend große n wird er also nicht größer als $2\,\varepsilon$, wie man aus der Ungleichung (6) ersieht. Auf Grund der gleichmäßigen Beschränktheit der Funktionen $F_n(x)$ läßt sich die Summe

$$\varepsilon\,[F(b) - F(a)] + \varepsilon\,[F_n(b) - F_n(a)] + 2\,\varepsilon$$

mit ε beliebig klein machen.

Der verallgemeinerte zweite Satz von Helly. *Wenn die Funktion $f(x)$ auf der ganzen Geraden $-\infty < x < \infty$ stetig und beschränkt ist, und die Folge gleichmäßig beschränkter nicht abnehmender Funktionen*

$$F_1(x), F_2(x), \ldots, F_n(x), \ldots$$

im wesentlichen gegen die Funktion $F(x)$ konvergiert und wenn

$$\lim_{n\to\infty} F_n(-\infty) = F(-\infty)\,, \qquad \lim_{n\to\infty} F_n(+\infty) = F(+\infty)$$

ist, so gilt die Gleichung

$$\lim_{n\to\infty} \int f(x)\, dF_n(x) = \int f(x)\, dF(x)\,.$$

Beweis. Es sei $A < 0$ und $B > 0$; wir setzen

$$J_1 = \left| \int_{-\infty}^{A} f(x)\, dF(x) - \int_{-\infty}^{A} f(x)\, dF_n(x) \right|,$$

$$J_2 = \left| \int_{A}^{B} f(x)\, dF(x) - \int_{A}^{B} f(x)\, dF_n(x) \right|,$$

$$J_3 = \left| \int_{B}^{\infty} f(x)\, dF(x) - \int_{B}^{\infty} f(x)\, dF_n(x) \right|.$$

Offenbar ist

$$\left| \int f(x)\, dF(x) - \int f(x)\, dF_n(x) \right| \leqq J_1 + J_2 + J_3 .$$

Die Größen J_1 und J_3 kann man beliebig klein machen, wenn man nur A und B dem Betrag nach genügend groß macht, es so einrichtet, daß A und B Stetigkeitsstellen der Funktion $F(x)$ sind und n genügend groß wählt. Sei nämlich $M = \sup\limits_{-\infty < x < \infty} |f(x)|$; dann ist

$$J_1 \leqq M\,[F(A) + F_n(A)]\,,$$

$$J_3 \leqq M\,[F(+\infty) - F(B)] + M\,[F_n(+\infty) - F_n(B)]\,.$$

Nun ist aber

$$\lim_{A \to -\infty} F(A) = 0\,, \quad \lim_{B \to \infty} F(B) = F(+\infty)\,.$$

Da nach Voraussetzung

$$\lim_{n \to \infty} F_n(A) = F(A)\,, \quad \lim_{n \to \infty} F_n(B) = F(B)$$

ist, ist unsere Behauptung über J_1 und J_3 bewiesen. Die Größe J_2 läßt sich für hinreichend großes n auf Grund des HELLYschen Satzes für ein endliches Intervall beliebig klein machen.

Der Satz ist damit bewiesen.

§ 38. Grenzwertsätze für charakteristische Funktionen

Für die Anwendung der charakteristischen Funktionen auf die Ableitung asymptotischer Formeln der Wahrscheinlichkeitsrechnung sind zwei Grenzwertsätze äußerst wichtig, ein direkter und dessen Umkehrung. Diese Sätze sagen aus, daß die zwischen den Verteilungsfunktionen und den charakteristischen Funktionen bestehende Zuordnung nicht nur eindeutig, sondern sogar stetig ist.

Der direkte Grenzwertsatz. *Wenn die Folge von Verteilungsfunktionen*

$$F_1(x), F_2(x), \ldots, F_n(x), \ldots$$

im wesentlichen gegen die Verteilungsfunktion $F(x)$ konvergiert, so konvergiert die Folge der entsprechenden charakteristischen Funktionen

$$f_1(t), f_2(t), \ldots, f_n(t), \ldots$$

gegen die charakteristische Funktion $f(t)$ von $F(x)$. Diese Konvergenz ist in jedem endlichen Intervall gleichmäßig.

Beweis. Da

$$f_n(t) = \int e^{itx}\, dF_n(x)\,, \qquad f(t) = \int e^{itx}\, dF(x)$$

ist und die Funktion e^{itx} auf der ganzen Geraden $-\infty < t < \infty$ stetig und beschränkt ist, gilt nach dem verallgemeinerten zweiten HELLYschen Satz für $n \to \infty$

$$f_n(t) \to f(t)\,.$$

Die Behauptung, daß diese Konvergenz in jedem endlichen Intervall gleichmäßig ist, läßt sich wörtlich mit denselben Überlegungen nachprüfen, wie sie beim Beweis des zweiten HELLYschen Satzes durchgeführt wurden.

Umkehrung des direkten Grenzwertsatzes. *Wenn die Folge der charakteristischen Funktionen*

$$f_1(t), f_2(t), \ldots, f_n(t), \ldots \tag{1}$$

gegen eine stetige Funktion $f(t)$ konvergiert, so konvergiert die Folge der entsprechenden Verteilungsfunktionen

$$F_1(x), F_2(x), \ldots, F_n(x), \ldots \tag{2}$$

im wesentlichen gegen eine gewisse Verteilungsfunktion $F(x)$ (auf Grund des direkten Grenzwertsatzes ist $f(t) = \int e^{itx}\, dF(x)$).

Beweis. Auf Grund des ersten HELLYschen Satzes schließen wir, daß die Folge (2) eine Teilfolge

$$F_{n_1}(x), F_{n_2}(x), \ldots, F_{n_k}(x), \ldots \tag{3}$$

enthalten muß, die im wesentlichen gegen eine nicht abnehmende Funktion $F(x)$ konvergiert. Dabei versteht es sich, daß man die Funktion $F(x)$ als linksseitig stetig annehmen kann:

$$\lim_{x' \to x-0} F(x') = F(x)\,.$$

Im allgemeinen braucht die Funktion $F(x)$ keine Verteilungsfunktion zu sein, da dazu noch die Bedingungen $F(-\infty) = 0$ und $F(+\infty) = 1$ erfüllt sein müßten. Für die Folge

$$F_n(x) = \begin{cases} 0 & \text{für} \quad x \leqq -n\,, \\ \frac{1}{2} & \text{für} \quad -n < x \leqq n\,, \\ 1 & \text{für} \quad x > n \end{cases}$$

z. B. ist die Limesfunktion $F(x) = \frac{1}{2}$, folglich sind $F(-\infty)$ und $F(+\infty)$ beide gleich $\frac{1}{2}$. Unter den Bedingungen unseres Satzes ist jedoch — wie sofort gezeigt wird — $F(-\infty) = 0$ und $F(+\infty) = 1$.

Wäre dies nämlich nicht der Fall, so hätten wir — wenn wir beachten, daß für die Limesfunktion unbedingt $F(-\infty) \geqq 0$ und $F(+\infty) \leqq 1$ sein muß — die Ungleichung

$$\delta = F(+\infty) - F(-\infty) < 1 .$$

Wir nehmen nun irgendeine positive Zahl ε, die kleiner als $1 - \delta$ ist. Da nach Voraussetzung des Satzes die Folge der charakteristischen Funktion (1) gegen die Funktion $f(t)$ konvergiert, so ist $f(0) = 1$. Da darüber hinaus die Funktion $f(t)$ stetig ist, kann man eine hinreichend kleine positive Zahl τ so wählen, daß für sie die Ungleichung

$$\frac{1}{2\tau}\left|\int_{-\tau}^{\tau} f(t)\, dt\right| > 1 - \frac{\varepsilon}{2} > \delta + \frac{\varepsilon}{2} \tag{4}$$

besteht. Gleichzeitig kann man aber $X > \frac{4}{\tau\varepsilon}$ und ein so großes K wählen, daß für $k > K$

$$\delta_k = F_{n_k}(X) - F_{n_k}(-X) < \delta + \frac{\varepsilon}{4}$$

ist. Da $f_{n_k}(t)$ eine charakteristische Funktion ist, so ist

$$\int_{-\tau}^{\tau} f_{n_k}(t)\, dt = \int \left[\int_{-\tau}^{\tau} e^{itx}\, dt\right] dF_{n_k}(x) .$$

Das auf der rechten Seite dieser Gleichung stehende Integral kann man folgendermaßen abschätzen. Einerseits ist wegen $|e^{itx}| = 1$

$$\left|\int_{-\tau}^{\tau} e^{itx}\, dt\right| \leqq 2\tau .$$

Andererseits ist

$$\int_{-\tau}^{\tau} e^{itx}\, dt = \frac{2}{x} \sin \tau x ,$$

und da $|\sin \tau x| \leqq 1$ ist, so erhalten wir für $|x| > X$ die Ungleichung

$$\left|\int_{-\tau}^{\tau} e^{itx}\, dt\right| < \frac{2}{X} .$$

Wenden wir nun die erste Abschätzung für $|x| \leqq X$ und die zweite für $|x| > X$ an, so bekommen wir die Ungleichung

$$\left|\int_{-\tau}^{\tau} f_{n_k}(t)\,dt\right| \leqq \left|\int_{|x|\leqq X}\left(\int_{-\tau}^{\tau} e^{itx}\,dt\right) dF_{n_k}(x)\right| + \left|\int_{|x|>X}\left(\int_{-\tau}^{\tau} e^{itx}\,dt\right) dF_{n_k}(x)\right| < 2\,\tau\,\delta_k + \frac{2}{X},$$

folglich ist

$$\frac{1}{2\,\tau}\left|\int_{-\tau}^{\tau} f_{n_k}(t)\,dt\right| < \delta + \frac{\varepsilon}{2}.$$

Diese Ungleichung strebt im Grenzfall gegen

$$\frac{1}{2\,\tau}\left|\int_{-\tau}^{\tau} f(t)\,dt\right| \leqq \delta + \frac{\varepsilon}{2},$$

was offensichtlich der Ungleichung (4) widerspricht.

Die Funktion $F(x)$, gegen die die Folge $F_{n_k}(x)$ im wesentlichen konvergiert, ist also eine Verteilungsfunktion; nach dem direkten Grenzwertsatz ist ihre charakteristische Funktion $f(t)$. Um den Beweis des Satzes abzuschließen, müssen wir noch beweisen, daß auch die ganze Folge (2) im wesentlichen gegen die Funktion $F(x)$ konvergiert. Angenommen, es wäre nicht so, dann ließe sich eine Teilfolge von Funktionen

$$F_{n_1'}(x),\ F_{n_2'}(x),\ \ldots,\ F_{n_k'}(x),\ \ldots \tag{5}$$

finden, die im wesentlichen gegen eine Funktion $F^*(x)$ konvergiert, die von $F(x)$ in wenigstens einer Stetigkeitsstelle verschieden ist. Nach dem bereits Bewiesenen muß $F^*(x)$ eine Verteilungsfunktion mit der charakteristischen Funktion $f(t)$ sein. Dann ist nach dem Eindeutigkeitssatz

$$F^*(x) = F(x)\,,$$

dies widerspricht unserer Annahme.

Wir bemerken, daß die Bedingungen des Satzes in jedem der beiden folgenden Fälle erfüllt sind:

1. Die Folge charakteristischer Funktionen $f_n(t)$ konvergiert gleichmäßig in jedem endlichen Intervall gegen eine gewisse Funktion $f(t)$.

2. Die Folge charakteristischer Funktionen $f_n(t)$ konvergiert gegen die charakteristische Funktion $f(t)$.

Beispiel. Als Beispiel für die Anwendung der Grenzwertsätze betrachten wir den Beweis des Integralsatzes von Moivre-Laplace.

Im Beispiel 4, § 35, haben wir die charakteristische Funktion der Zufallsgröße $\eta = \frac{\mu - n p}{\sqrt{n p q}}$ bestimmt:

$$f_n(t) = \left(q e^{-it\sqrt{\frac{p}{nq}}} + p e^{it\sqrt{\frac{q}{np}}}\right)^n .$$

Die Entwicklung in eine MacLaurinsche Reihe ergibt

$$q e^{-it\sqrt{\frac{p}{nq}}} + p e^{it\sqrt{\frac{q}{np}}} = 1 - \frac{t^2}{2n}(1 + R_n),$$

dabei ist

$$R_n = 2 \sum_{k=3}^{\infty} \frac{1}{k!}\left(\frac{it}{\sqrt{n}}\right)^{k-2} \frac{p q^k + q(-p)^k}{\sqrt{(p q)^k}} .$$

Da für $n \to \infty$ die Beziehung

$$R_n \to 0$$

besteht, so ist

$$f_n(t) = \left[1 - \frac{t^2}{2n}(1 + R_n)\right]^n \to e^{-\frac{t^2}{2}} .$$

Auf Grund der Umkehrung des direkten Grenzwertsatzes ergibt sich hieraus bei beliebigem x für $n \to \infty$ die Beziehung

$$\mathsf{P}\left\{\frac{\mu - n p}{\sqrt{n p q}} < x\right\} \to \frac{1}{\sqrt{2\pi}} \int_{-\infty}^{x} e^{-\frac{z^2}{2}} dz .$$

Aus der Stetigkeit der Grenzfunktion leitet man leicht ab, daß diese Konvergenz bezüglich x gleichmäßig ist.

§ 39. Positiv definite Funktionen

Das Ziel dieses Paragraphen ist es, eine erschöpfende Beschreibung der Klasse der charakteristischen Funktionen zu geben. Der unten angeführte Hauptsatz wurde gleichzeitig von A. J. Chintschin und S. Bochner gefunden und von Bochner zuerst veröffentlicht.

Zur Formulierung und zum Beweis dieses Satzes müssen wir zunächst einen neuen Begriff einführen. Wir sagen, eine stetige Funktion $f(t)$ eines reellen Arguments t sei *positiv definit* im Intervall $-\infty < t < \infty$, wenn für beliebige reelle Zahlen $t_1, t_2, \ldots, t_n$, für beliebige komplexe Zahlen $\xi_1, \xi_2, \ldots, \xi_n$ und jede natürliche Zahl n die Ungleichung

$$\sum_{k=1}^{n} \sum_{j=1}^{n} f(t_k - t_j)\, \bar{\xi}_j\, \xi_k \geqq 0 \tag{1}$$

erfüllt ist.

Wir rechnen nun einige einfachste Eigenschaften der positiv definiten Funktionen aus.

1. $f(0) \geqq 0$. Wir setzen $n = 1, t_1 = 0, \xi_1 = 1$; dann folgt aus der Bedingung (1) die Ungleichung

$$\sum_{k=1}^{n} \sum_{j=1}^{n} f(t_k - t_j)\, \xi_k \overline{\xi_j} = f(0) \geqq 0 .$$

2. Für beliebige reelle t gilt

$$f(-t) = \overline{f(t)} .$$

Zum Beweis setzen wir in (1) $n = 2$, $t_1 = 0$, $t_2 = t$ und ξ_1, ξ_2 beliebig an. Nach Voraussetzung erhalten wir

$$\begin{aligned} 0 &\leqq \sum_{k=1}^{2} \sum_{j=1}^{2} f(t_k - t_j)\, \xi_k \overline{\xi_j} \\ &= f(0-0)\, \xi_1 \overline{\xi_1} + f(0-t)\, \xi_1 \overline{\xi_2} + f(t-0)\, \xi_2 \overline{\xi_1} + f(t-t)\, \xi_2 \overline{\xi_2} \\ &= f(0)\,(|\xi_1|^2 + |\xi_2|^2) + f(-t)\, \xi_1 \overline{\xi_2} + f(t)\, \overline{\xi_1}\, \xi_2 , \end{aligned} \tag{2}$$

die Größe

$$f(-t)\, \xi_1 \overline{\xi_2} + f(t)\, \overline{\xi_1}\, \xi_2$$

muß daher reell sein. Setzen wir also $f(-t) = \alpha_1 + i\,\beta_1$, $f(t) = \alpha_2 + i\,\beta_2$, $\xi_1 \overline{\xi_2} = \gamma + i\,\delta$, $\overline{\xi_1}\, \xi_2 = \gamma - i\,\delta$, so muß die Gleichung

$$\alpha_1 \delta + \beta_1 \gamma - \alpha_2 \delta + \beta_2 \gamma = 0$$

gelten. Da ξ_1 und ξ_2 und damit auch γ und δ beliebig sind, so muß

$$\alpha_1 - \alpha_2 = 0 , \quad \beta_1 + \beta_2 = 0$$

sein. Hieraus folgt unsere Behauptung.

3. Für beliebige reelle t ist

$$|f(t)| \leqq f(0) .$$

Wir setzen in der Ungleichung (2) $\xi_1 = f(t)$, $\xi_2 = -|f(t)|$; dann ist nach dem vorigen

$$2 f(0)\, |f(t)|^2 - |f(t)|^2\, |f(t)| - |f(t)|^2\, |f(t)| \geqq 0 .$$

Hieraus erhalten wir für $|f(t)| \neq 0$ die Ungleichung

$$f(0) \geqq |f(t)| .$$

Ist aber $|f(t)| = 0$, so ist auf Grund der Eigenschaft 1

$$f(0) \geqq |f(t)| .$$

Aus dem Bewiesenen folgt u. a.: Ist für eine positiv definite Funktion $f(0) = 0$, so ist $f(t) = 0$.

Satz von Bochner-Chintschin. *Eine stetige Funktion $f(t)$, die der Bedingung $f(0) = 1$ genügt, ist dann und nur dann eine charakteristische Funktion, wenn sie positiv definit ist.*

Beweis. In der einen Richtung ist der Satz trivial. Ist nämlich

$$f(t) = \int e^{itx}\, dF(x)$$

mit einer gewissen Verteilungsfunktion $F(x)$, so erhalten wir bei beliebigem ganzem n, beliebigen reellen $t_1, t_2, \ldots, t_n$ und komplexen Zahlen $\xi_1, \xi_2, \ldots, \xi_n$

$$\sum_{k=1}^{n} \sum_{j=1}^{n} f(t_k - t_j)\, \xi_k \overline{\xi_j} = \sum_{k=1}^{n} \sum_{j=1}^{n} \left\{ \int e^{ix(t_k - t_j)}\, dF(x) \right\} \xi_k \overline{\xi_j}$$

$$= \int \sum_{k=1}^{n} \sum_{j=1}^{n} e^{ix(t_k - t_j)}\, \xi_k \overline{\xi_j}\, dF(x)$$

$$= \int \left(\sum_{k=1}^{n} e^{it_k x}\, \xi_k \right) \left(\sum_{j=1}^{n} e^{-it_j x}\, \overline{\xi_j} \right) dF(x)$$

$$= \int \left| \sum_{k=1}^{n} e^{it_k x}\, \xi_k \right|^2 dF(x) \geqq 0 \,.$$

Um zu zeigen, daß die Bedingungen des Satzes hinreichend sind, müssen wir einige komplizierte Überlegungen durchführen.

Die folgenden Darlegungen entnehmen wir einem Buch von J. W. Linnik. Sie beruhen wesentlich auf dem Satz 3, § 36, den Grenzwertsätzen für charakteristische Funktionen und dem folgenden

Lemma. *Wenn die Funktion $f(t)$ meßbar, beschränkt und integrierbar in einem Intervall $(-T, T)$ ist und*

$$p(x) = \int_{-T}^{T} e^{-itx} f(t)\, dt \geqq 0 \,, \tag{3}$$

so ist die Funktion $p(x)$ auf der ganzen Achse integrierbar.

Beweis. Da die Funktion $p(x)$ stetig ist, kann man sie über jedes endliche Intervall integrieren. Wir setzen

$$G(x) = \int_{-x}^{x} p(z)\, dz \,.$$

Diese Funktion ist nicht abnehmend, weil $p(z)$ nicht negativ ist; zum Beweis des Lemmas genügt es daher, die Beschränktheit von $G(x)$ zu zeigen. Zu diesem Zweck betrachten wir die Funktion

$$F(x) = \frac{1}{x} \int_{x}^{2x} G(u)\, du \,.$$

Natürlich ist

$$F(x) \geqq \frac{G(x)}{x} \int_{x}^{2x} du = G(x) \,,$$

und es genügt daher die Beschränktheit der Funktion $F(x)$ zu beweisen.

Wie man leicht sieht, ist

$$G(x) = 2 \int_{-T}^{T} \frac{\sin x t}{t} f(t)\, dt$$

und daher

$$F(x) = \frac{4}{x} \int_{-T}^{T} \frac{\sin^2 x t}{t^2} f(t)\, dt - \frac{4}{x} \int_{-T}^{T} \frac{\sin^2 \frac{x t}{2}}{t^2} f(t)\, dt .$$

Es sei $M = \sup |f(z)|$; dann ist

$$\frac{4}{x} \int_{-T}^{T} \frac{\sin^2 x t}{t^2} f(t)\, dt < 4 M \int_{-\infty}^{\infty} \frac{\sin^2 u}{u^2}\, du .$$

Offensichtlich gilt auch

$$\frac{4}{x} \int_{-T}^{T} \frac{\sin^2 \frac{x t}{2}}{t^2} f(t)\, dt < 2 M \int_{-\infty}^{\infty} \frac{\sin^2 u}{u^2}\, du .$$

Damit ist die Beschränktheit der Funktionen $F(x)$ und $G(x)$ bewiesen.

Wir setzen jetzt die Funktion $f(t)$ als positiv definit und stetig voraus, und es sei $f(0) = 1$. Wir betrachten für ein $z > 0$ die Funktion

$$p_z(x) = \frac{1}{2 \pi z} \int_0^z \int_0^z f(u - v)\, e^{-i u x} e^{+i v x}\, du\, dv .$$

Sie ist nicht negativ, da $f(t)$ positiv definit ist (das Doppelintegral ist der Grenzwert der entsprechenden Summen). Wenn wir in dem Doppelintegral die Substitution

$$t = u - v , \qquad z = u$$

ausführen, so finden wir nach elementaren Umformungen

$$p_z(x) = \frac{1}{2 \pi} \int_{-z}^{z} \left(1 - \frac{|t|}{z}\right) f(t)\, e^{-i t x}\, dt .$$

Da die Funktion $p_z(x)$ nichtnegativ und in der Form (3) darstellbar ist, können wir das eben bewiesene Lemma auf sie anwenden; $p_z(x)$ ist also über die ganze Achse integrierbar. Die Funktion $f(t)$ ist stetig, und daher gilt nach Satz 3, § 36,

$$\left(1 - \frac{|t|}{z}\right) f(t) = \int_{-\infty}^{\infty} p_z(x)\, e^{i t x}\, dx$$

für alle t ($|t| \leqq z$). Insbesondere gilt für $t = 0$

$$\int_{-\infty}^{\infty} p_z(x)\, dx = f(0) = 1 .$$

Daher ist $p_z(x)$ die Dichte einer gewissen Wahrscheinlichkeitsverteilung, und $\left(1 - \frac{|t|}{z}\right) f(t)$ ist die entsprechende charakteristische Funktion. Bei $z \to \infty$ strebt die Funktion

$$\left(1 - \frac{|t|}{z}\right) f(t)$$

gleichmäßig in jedem Intervall von t gegen die Funktion $f(t)$. Daher ist $f(t)$ eine charakteristische Funktion, und unser Satz ist vollständig bewiesen.

§ 40. Die charakteristischen Funktionen mehrdimensionaler Zufallsgrößen

In diesem Paragraphen stellen wir ohne Beweise die Haupteigenschaften der charakteristischen Funktionen mehrdimensionaler Zufallsgrößen zusammen.

Unter der charakteristischen Funktion einer n-dimensionalen Zufallsgröße $(\xi_1, \xi_2, \ldots, \xi_n)$ versteht man die mathematische Erwartung der Größe $e^{i(t_1 \xi_1 + t_2 \xi_2 + \cdots + t_n \xi_n)}$, $t_1, t_2, \ldots, t_n$ sind dabei reelle Veränderliche:

$$f(t_1, t_2, \ldots, t_n) = \mathsf{M} \exp\left(i \sum_{k=1}^{n} t_k \xi_k\right). \tag{1}$$

Ist $F(x_1, x_2, \ldots, x_n)$ die Verteilungsfunktion der Größe $(\xi_1, \xi_2, \ldots, \xi_n)$, so ist — wie wir von früher her wissen[1]) —

$$f(t_1, t_2, \ldots, t_n) = \int \cdots \int \exp\left(i \sum_{k=1}^{n} t_k x_k\right) dF(x_1, \ldots, x_n) . \tag{2}$$

Ähnlich wie im eindimensionalen Falle ist die charakteristische Funktion einer n-dimensionalen Zufallsgröße in dem ganzen Raum $(-\infty < t_j < +\infty$, $1 \leqq j \leqq n)$ gleichmäßig stetig und genügt den folgenden Beziehungen:

$$f(0, 0, \ldots, 0) = 1 ,$$

$$|f(t_1, t_2, \ldots, t_n)| \leqq 1 \qquad (-\infty < t_k < +\infty, k = 1, 2, \ldots, n) ,$$

$$f(-t_1, -t_2, \ldots, -t_n) = \overline{f(t_1, t_2, \ldots, t_n)} .$$

Mit Hilfe der charakteristischen Funktion $f(t_1, t_2, \ldots, t_n)$ einer Zufallsgröße $(\xi_1, \xi_2, \ldots, \xi_n)$ findet man leicht die charakteristische Funktion einer beliebigen k-dimensionalen $(k < n)$ Größe $(\xi_{j_1}, \xi_{j_2}, \ldots, \xi_{j_k})$, deren Komponenten die Größen ξ_s $(1 \leqq s \leqq n)$ sind. Dazu braucht man in der Formel (2) nur alle Argu-

---

[1]) Vergleiche Satz 1, § 27, und die Bemerkung über mehrdimensionale STIELTJES-Integrale in § 26.

mente t_s mit $s \neq j_r$ $(1 \leqq r \leqq k)$ gleich 0 zu setzen. So ist z. B. die charakteristische Funktion der Größe ξ_1 gleich

$$f_1(t_1) = f(t_1, 0, \ldots, 0)\,.$$

Aus der Definition ergibt sich folgendes: Sind die Komponenten einer Größe $(\xi_1, \xi_2, \ldots, \xi_n)$ *unabhängige* Zufallsgrößen, so ist ihre charakteristische Funktion gleich dem Produkt der charakteristischen Funktionen der Komponenten

$$f(t_1, t_2, \ldots, t_n) = f(t_1) \cdot f(t_2) \cdots f(t_n)\,.$$

Ebenso wie im eindimensionalen Falle gestatten die mehrdimensionalen charakteristischen Funktionen die Bestimmung der Momente der verschiedenen Ordnungen.

So ist z. B.

$$\mathsf{M}\, \xi_1^{k_1} \xi_2^{k_2} \ldots \xi_n^{k_n} = \int \int \cdots \int x_1^{k_1} x_2^{k_2} \ldots x_n^{k_n}\, dF(x_1, x_2, \ldots, x_n)$$

$$= (i)^{\sum_1^n k_j} \left[\frac{\partial^{k_1+k_2+\cdots+k_n} f(t_1, t_2, \ldots, t_n)}{\partial t_1^{k_1}\, \partial t_2^{k_2} \ldots \partial t_n^{k_n}}\right]_{t_1=t_2=\cdots=t_n=0}.$$

Für die Berechnung der charakteristischen Funktionen ist die Kenntnis des folgenden Satzes sehr nützlich; den Beweis führt der Leser leicht selbst durch.

Satz 1. *Ist die charakteristische Funktion der Größe* $(\xi_1, \xi_2, \ldots, \xi_n)$ *gleich* $f(t_1, t_2, \ldots, t_n)$, *so ist die charakteristische Funktion der Größen* $(\sigma_1 \xi_1 + \alpha_1, \sigma_2 \xi_2 + \alpha_2, \ldots, \sigma_n \xi_n + \alpha_n)$, *wobei* a_j *und* σ_j $(1 \leqq j \leqq n)$ *reelle Konstanten sind, gleich*

$$\exp\left(i \sum_{k=1}^{n} \alpha_k t_k\right) \cdot f(\sigma_1 t_1, \sigma_2 t_2, \ldots, \sigma_n t_n)\,.$$

Beispiel 1. Wir berechnen die charakteristische Funktion einer nach dem Normalgesetz verteilten zweidimensionalen Zufallsgröße:

$$p(x, y) = \frac{1}{2\pi\sqrt{1-r^2}} \exp\left\{-\frac{1}{2(1-r^2)}\left[x^2 - 2rxy + y^2\right]\right\}. \tag{3}$$

Auf Grund der Formel (2) ist

$$f(t_1, t_2) = \int \int e^{i(t_1 x + t_2 y)}\, p(x, y)\, dx\, dy\,.$$

Durch Variablensubstitution können wir $f(t_1, t_2)$ auf die Gestalt

$$f(t_1, t_2) = e^{-\frac{1}{2}(t_1^2 + 2rt_1t_2 + t_2^2)} \frac{1}{2\pi} \int\int e^{-\frac{1}{2}(u^2+v^2)}\, du\, dv = e^{-\frac{1}{2}(t_1^2 + 2rt_1t_2 + t_2^2)}$$

bringen.

Beispiel 2. Unter Anwendung von Satz 1 finden wir die charakteristische Funktion eines nach dem Normalgesetz verteilten Vektors (η_1, η_2):

$$p(x, y) = \frac{1}{2\pi\sigma_1\sigma_2\sqrt{(1-r^2)}}$$

$$\times \exp\left\{-\frac{1}{2(1-r^2)}\left[\frac{(x-a)^2}{\sigma_1^2} - 2r\frac{(x-a)(y-b)}{\sigma_1\sigma_2} + \frac{(y-b)^2}{\sigma_2^2}\right]\right\}. \tag{4}$$

Setzen wir $\eta_1 = \sigma_1 \xi_1 + a$, $\eta_2 = \sigma_2 \xi_2 + b$, so ist die Größe (ξ_1, ξ_2) nach dem Gesetz (3) verteilt. Nach Satz 1 ist die charakteristische Funktion der Größe (η_1, η_2) gleich

$$\varphi(t_1, t_2) = \exp\left[i\, a\, t_1 + i\, b\, t_2 - \frac{1}{2}(\sigma_1^2 t_1^2 + 2\, \sigma_1 \sigma_2\, r\, t_1 t_2 + \sigma_2^2 t_2^2)\right].$$

Aus der Definition der charakteristischen Funktion ergibt sich der folgende Satz.

Satz 2. *Ist $f(t_1, t_2, \ldots, t_n)$ die charakteristische Funktion der Größe $(\xi_1, \xi_2, \ldots, \xi_n)$, so ist die charakteristische Funktion der Summe $\xi_1 + \xi_2 + \cdots + \xi_n$ gleich*

$$f(t) = f(t, t, \ldots, t)\,.$$

Bemerkung.

$$f(t) = f(tt_1, tt_2, \ldots, tt_n)$$

ist die charakteristische Funktion der Summe $t_1 \xi_1 + t_2 \xi_2 + \cdots + t_n \xi_n$.

Beispiel 3. Wir wenden den Satz 2 zur Bestimmung der Verteilungsfunktion der Summe $\eta_1 + \eta_2$ an, wobei (η_1, η_2) nach dem Gesetz (4) verteilt sei.

Nach Satz 2 ist die charakteristische Funktion der Summe $\eta_1 + \eta_2$ gleich

$$f(t) = \exp\left[i\, t\, (a + b) - \frac{t^2}{2}(\sigma_1^2 + 2\, r\, \sigma_1 \sigma_2 + \sigma_2^2)\right].$$

Wir wissen (Beispiel 1, § 35), daß dies die charakteristische Funktion des Normalgesetzes mit der mathematischen Erwartung $a + b$ und der Dispersion $\sigma_1^2 + 2\, r\, \sigma_1 \sigma_2 + \sigma_2^2$ ist. Dieses Resultat haben wir früher direkt gewonnen (§ 24, Beispiel 2).

Wir sahen zu Beginn dieses Kapitels, daß die charakteristische Funktion der Summe unabhängiger Zufallsgrößen gleich dem Produkt der charakteristischen Funktionen der Summanden ist. Wir wollen nun zeigen, daß diese Eigenschaft nur ein notwendiges, aber kein hinreichendes Kriterium für die Unabhängigkeit von Zufallsgrößen ist. Zu diesem Zweck betrachten wir eine zweidimensionale Zufallsgröße (ξ, η), deren Verteilungsdichte in der Form

$$p(x, y) = p_1(x)\, p_2(y) + \varphi(x)\, \psi(y) - \varphi(y)\, \psi(x)$$

darstellbar ist, wobei $p_1(x)$ und $p_2(x)$ eindimensionale Verteilungsdichten und $\varphi(x)$ und $\psi(x)$ $(\varphi(x) \neq \psi(x))$ ungerade integrierbare Funktionen sind. Man sieht leicht, daß solche Verteilungsdichten existieren.

Die Funktion

$$p(x, y) = \frac{1}{4}\, e^{-|x|-|y|} \{1 + x\, y\, e^{-2|x|-|y|} - x\, y\, e^{-|x|-2|y|}\}$$

ist ein Beispiel dieser Art. Für beliebige x, y genügt sie der Ungleichung $p(x, y) > 0$, und außerdem ist

$$\int_{-\infty}^{\infty} \int_{-\infty}^{\infty} p(x, y)\, dx\, dy = 1\,.$$

Die Zufallsgrößen ξ und η sind abhängig, denn ihre gemeinsame Verteilungsdichte läßt sich nicht als Produkt zweier Faktoren darstellen, von denen der eine nur von x und der andere nur von y abhängt. Die Verteilungsdichte der Komponente ξ ist gleich

$$p_\xi(x) = \int_{-\infty}^{\infty} p(x, y)\, dy = p_1(x)\,,$$

die Verteilungsdichte der Komponente η ist gleich

$$p_\eta(y) = \int_{-\infty}^{\infty} p(x, y)\, dx = p_2(y)\,.$$

Die zweidimensionale charakteristische Funktion des Vektors (ξ, η) ist gleich

$$f(t, \tau) = f_1(t)\, f_2(\tau) + \int_{-\infty}^{\infty} \int_{-\infty}^{\infty} e^{itx+i\tau y}\, \varphi(x)\, \psi(y)\, dx\, dy - \int_{-\infty}^{\infty} \int_{-\infty}^{\infty} e^{itx+i\tau y}\, \psi(x)\, \varphi(y)\, dx\, dy$$

mit

$$f_1(t) = \int_{-\infty}^{\infty} e^{itx}\, p_1(x)\, dx\,, \qquad f_2(\tau) = \int_{-\infty}^{\infty} e^{i\tau y}\, p_2(y)\, dy\,.$$

In unserem speziellen Beispiel ist die charakteristische Funktion des Vektors (ξ, η) gleich

$$f(t, \tau) = \frac{1}{(1 + t^2)(1 + \tau^2)} + 24\, t\, \tau \left[\frac{1}{(4 + t^2)(9 + \tau^2)} - \frac{1}{(9 + t^2)(4 + \tau^2)}\right].$$

Nach Satz 2 ist die charakteristische Funktion der Summe $\xi + \eta$ ganz allgemein gleich

$$f(t, t) = f_1(t)\, f_2(t)\,,$$

d. h. gleich dem Produkt der charakteristischen Funktionen der Summanden. Damit haben wir gezeigt, daß es abhängige Zufallsgrößen gibt, für die die charakteristische Funktion der Summe gleich dem Produkt der charakteristischen Funktionen der Summanden ist.

Wichtig ist, daß auch im mehrdimensionalen Falle folgender Satz gilt:

Satz 3. *Die Verteilungsfunktion $F(x_1, x_2, \ldots, x_n)$ ist durch ihre charakteristische Funktion eindeutig bestimmt.*

Der Beweis dieses Satzes beruht auf der Umkehrformel.

Satz 4. *Ist $f(t_1, t_2, \ldots, t_n)$ die charakteristische Funktion und $F(x_1, x_2, \ldots, x_n)$ die Verteilungsfunktion der Zufallsgröße $(\xi_1, \xi_2, \ldots, \xi_n)$, so ist*

$$\mathsf{P}\,\{a_k \leqq \xi_k < b_k,\ k = 1, 2, \ldots, n\} = \lim_{T\to\infty} \frac{1}{(2\pi)^n} \int_{-T}^{T}\int_{-T}^{T} \cdots \int_{-T}^{T} \prod_{k=1}^{n} \frac{e^{it_k a_k} - e^{it_k b_k}}{i\, t_k} f(t_1, \ldots, t_n)\, dt_1\, dt_2 \ldots dt_n\,,$$

a_k und b_k sind dabei beliebige reelle Zahlen, die nur der folgenden Bedingung unterworfen sind: Die Wahrscheinlichkeit dafür, daß $(\xi_1, \ldots, \xi_n)$ auf den Rand des Parallelepipeds $a_k \leqq \xi_k < b_k$ $(k = 1, 2, \ldots, n)$ fällt, ist gleich Null.

Genauso wie im eindimensionalen Falle gilt auch hier der direkte Grenzwertsatz und seine Umkehrung. Wir halten uns dabei nicht weiter auf.

Beispiel 4. Man sagt, eine n-dimensionale Zufallsgröße $(\xi_1, \xi_2, \ldots, \xi_n)$ besitze eine *nicht ausgeartete* (eigentliche) *n-dimensionale Normalverteilung*, wenn ihre Verteilungsdichte von der Form

$$p(x_1, x_2, \ldots, x_n) = C\, e^{-\frac{1}{2} Q(x_1, x_2, \ldots, x_n)}$$

ist, wobei

$$Q(x_1, x_2, \ldots, x_n) = \sum_{ij} b_{ij}\,(x_i - a_i)\,(x_j - a_j)$$

eine positiv definite quadratische Form, C, a_i und b_{ij} reelle Konstante sind.

Einfache Rechnungen zeigen[1]), daß

$$C = \left(\sqrt{2\pi}\right)^{-n} \sqrt{D}$$

mit

$$D = \begin{vmatrix} b_{11} & b_{12} & \ldots & b_{1n} \\ b_{21} & b_{22} & \ldots & b_{2n} \\ \cdot & \cdot & \cdot & \cdot \\ b_{n1} & b_{n2} & \ldots & b_{nn} \end{vmatrix}$$

ist. Wir bezeichnen mit D_{ij} die dem Element b_{ij} entsprechende Unterdeterminante von D, dann ist

$$\mathsf{M}\,\xi_j = a_j,\ \sigma_j^2 = \mathsf{D}\,\xi_j = \frac{D_{jj}}{D} \qquad (j = 1, 2, \ldots, n)\,,$$

$$r_{ij} = \frac{\mathsf{M}\,(\xi_i - a_i)\,(\xi_j - a_j)}{\sigma_i\,\sigma_j} = \frac{D_{ij}}{\sqrt{D_{ii}\,D_{jj}}} \qquad (i, j = 1, 2, \ldots, n)\,.$$

Die Determinante D und ihre Hauptminoren sind positiv.

Mit den üblichen Rechnungen prüft man leicht nach, daß die charakteristische Funktion der Größe $(\xi_1, \xi_2, \ldots, \xi_n)$ gleich

$$f(t_1, t_2, \ldots, t_n) = e^{i \sum\limits_{j=1}^{n} a_j t_j - \frac{1}{2} \sum\limits_{k=1}^{n} \sum\limits_{j=1}^{n} \sigma_j \sigma_k r_{jk} t_j t_k}$$

ist. Somit ist die *n-dimensionale Normalverteilung durch Vorgabe der mathematischen Erwartung und der Dispersion vollständig bestimmt.* Aus dem Ausdruck für die charakteristische Funktion einer n-dimensionalen normal verteilten Zufallsgröße ersehen wir, daß die Verteilung der Größe

$$(\xi_{i_1}, \xi_{i_2}, \ldots, \xi_{i_k})$$

bei beliebigen $1 \leqq i_1 < i_2 < \cdots < i_k \leqq n$ eine k-dimensionale Normalverteilung ist.

---

[1]) Das allgemeine Verfahren bei Berechnungen ähnlicher Art besteht darin, daß man durch Variablensubstitution die Form Q in eine Summe von Quadraten überführt und alle Rechnungen in den neuen Veränderlichen durchführt.

Übungen

1. Es ist zu beweisen, daß die Funktionen

$$f_1(t) = \sum_{k=0}^{\infty} a_k \cos k\,t\,, \qquad f_2(t) = \sum_{k=0}^{\infty} a_k\, e^{i\lambda_k t}$$

mit $a_k \geqq 0$ und $\sum_{k=0}^{\infty} a_k = 1$ charakteristische Funktionen sind; man bestimme die zugehörigen Wahrscheinlichkeitsverteilungen.

2. Man bestimme die charakteristische Funktion für die folgenden Wahrscheinlichkeitsdichten:

a) $p(x) = \dfrac{a}{2}\, e^{-a|x|}$;

b) $p(x) = \dfrac{a}{\pi\,(a^2 + x^2)}$;

c) $p(x) = \begin{cases} 0 & \text{für } |x| \geqq a\,, \\ \dfrac{a - |x|}{a^2} & \text{für } |x| \leqq a\,; \end{cases}$

d) $p(x) = \dfrac{2\sin^2 \dfrac{a\,x}{2}}{\pi\,a\,x^2}$.

Bemerkung: Der aufmerksame Leser wird feststellen, daß die Beispiele a) und b) sowie c) und d) sozusagen einander invers sind.

3. Man beweise, daß die Funktionen

$$\varphi_1(t) = \frac{1}{\operatorname{ch}\,t}\,, \qquad \varphi_2(t) = \frac{t}{\operatorname{sh}\,t}\,, \qquad \varphi_3(t) = \frac{1}{\operatorname{ch}^2 t}$$

bzw. die charakteristischen Funktionen der Verteilungsdichten

$$p_1(x) = \frac{1}{2\operatorname{ch}\dfrac{\pi\,x}{2}}\,, \qquad p_2(x) = \frac{\pi}{4\operatorname{ch}^2\dfrac{\pi\,x}{2}}\,, \qquad p_3(x) = \frac{x}{2\operatorname{sh}\dfrac{\pi\,x}{2}}$$

sind.

4. Man bestimme die Wahrscheinlichkeitsverteilungen der Zufallsgrößen, deren charakteristische Funktionen gleich

a) $\cos t$, b) $\cos^2 t$, c) $\dfrac{1}{1 + i\,t}$, d) $\dfrac{\sin a\,t}{a\,t}$

sind.

5. Es ist zu beweisen, daß die durch die Gleichungen

$$f(t) = f(-t)\,, \qquad f(t + 2\,a) = f(t)\,, \qquad f(t) = \frac{a - t}{a} \qquad \text{für } 0 \leqq t \leqq a$$

definierte Funktion eine charakteristische Funktion ist.

Bemerkung: Die charakteristischen Funktionen der Beispiele 2d und 5 besitzen die folgende bemerkenswerte Eigenschaft:

$$f_2(t) = f_5(t) \qquad \text{für } |t| \leqq a\,,$$
$$f_2(t) \neq f_5(t) \qquad \text{für } |t| > a \text{ und } t \neq \pm 2\,a, \ldots .$$

Es existieren also charakteristische Funktionen, deren Werte auf einem beliebig großen Intervall $[-a, +a]$ zusammenfallen und die nicht identisch gleich sind. Das erste Beispiel von zwei solchen charakteristischen Funktionen stammt von B. W. GNEDENKO. M. G. KREIN gab notwendige und hinreichende Bedingungen an, unter denen aus der Gleichheit zweier charakteristischer Funktionen auf irgendeinem Intervall $[-a, +a]$ ihre identische Gleichheit folgt.

6. Man beweise, daß man unabhängige Zufallsgrößen ξ_1, ξ_2, ξ_3 derart finden kann, daß die Wahrscheinlichkeitsverteilungen von ξ_2 und ξ_3 verschieden, die Verteilungsfunktionen der Summen $\xi_1 + \xi_2$ und $\xi_1 + \xi_3$ jedoch gleich sind.
Hinweis: Man benutze die Resultate der Beispiele 2d und 5.

7. Man beweise: Ist $f(t)$ eine charakteristische Funktion, die für $|t| \geqq a$ gleich Null ist, so ist auch die durch die Gleichungen

$$\varphi(t) = \begin{cases} f(t) & \text{für } |t| \leqq a\,, \\ \varphi(t + 2a) & \text{für } -\infty < t < \infty\,, \end{cases}$$

definierte Funktion $\varphi(t)$ eine charakteristische Funktion.
Hinweis: Man benutze den Satz von BOCHNER–CHINTSCHIN.

8. Man beweise: Ist $f(t)$ eine charakteristische Funktion, so ist auch

$$\varphi(t) = e^{f(t)-1}$$

eine charakteristische Funktion.

9. Man beweise: Ist $f(t)$ eine charakteristische Funktion, so ist auch

$$\varphi(t) = \frac{1}{t}\int_0^t f(z)\,dz$$

eine charakteristische Funktion.

10. Man beweise, daß für eine beliebige relle charakteristische Funktion $\varphi(t)$ die Ungleichung

$$1 - \varphi(2t) \leqq 4\,\{1 - \varphi(t)\}\,,$$

und somit für jede beliebige charakteristische Funktion die Ungleichung

$$1 - |f(2t)|^2 \leqq 4\,\{1 - |f(t)|^2\}$$

besteht.

11. Man beweise, daß für eine beliebige reelle charakteristische Funktion die Ungleichung

$$1 + \varphi(2t) \geqq 2\,\{\varphi(t)\}^2$$

gilt.

12. Man beweise: Ist $F(x)$ eine Verteilungsfunktion und $f(t)$ die ihr entsprechende charakteristische Funktion, so gilt für beliebige Werte von x die Gleichung

$$\lim_{T\to\infty}\frac{1}{2T}\int_{-T}^{T} f(t)\,e^{-itx}\,dt = F(x+0) - F(x-0)\,.$$

13. Man beweise: Ist $F(x)$ eine Verteilungsfunktion, $f(t)$ die ihr entsprechende charakteristische Funktion, und sind x_ν die Abszissen der Sprungstellen der Funktion $F(x)$, so ist

$$\lim_{T\to\infty}\frac{1}{2T}\int_{-T}^{T} |f(t)|^2\,dt = \sum_\nu \{F(x_\nu + 0) - F(x_\nu - 0)\}^2\,.$$

14. Man beweise: Besitzt eine Zufallsgröße eine Verteilungsdichte, so konvergiert ihre charakteristische Funktion für $t \to \infty$ gegen Null.

15. Die Zufallsgröße ξ sei nach dem POISSONschen Gesetz verteilt; $\mathsf{M}\,\xi = \lambda$. Man beweise, daß für $\lambda \to \infty$ die Verteilung der Größe $\frac{\xi - \lambda}{\sqrt{\lambda}}$ gegen die Normalverteilung mit der mathematischen Erwartung 0 und der Dispersion 1 strebt.

16. Die Zufallsgröße ξ besitze die Wahrscheinlichkeitsdichte

$$p(x) = \begin{cases} 0 & \text{für } x \leqq 0\,, \\ \dfrac{\beta^\alpha}{\Gamma(\alpha)}\, x^{\alpha-1}\, e^{-\beta x} & \text{für } x > 0\,. \end{cases}$$

Man beweise, daß für $\alpha \to \infty$ die Verteilung der Größe $\frac{\beta\,\xi - \alpha}{\sqrt{\alpha}}$ gegen die Normalverteilung mit den Parametern $a = 0$, $\sigma = 1$ konvergiert.
Bemerkung: Die Ergebnisse der Aufgaben 15 und 16 gestatten es, zur Ermittlung der Wahrscheinlichkeiten $\mathsf{P}\,\{a \leqq \xi < b\}$ für große Werte λ (bzw. α) die Tabellen der Normalverteilung zu benutzen. Es zeigt sich, daß besonders für die χ^2-Verteilung die angegebene Limesbeziehung schon für $n \geqq 30$ eine sehr gute Genauigkeit ergibt. Diese Tatsache wird in der Statistik ständig ausgenutzt.

17. Man beweise: Ist $\varphi(t)$ eine charakteristische Funktion und $\Psi(t)$ so gewählt, daß für eine gewisse Folge $\{h_n\}$ ($h_n \to \infty$ für $n \to \infty$) die Produkte

$$\varphi(t)\,\Psi(h_n\,t) = f_n(t)$$

ebenfalls charakteristische Funktionen sind, so ist die Funktion $\Psi(t)$ eine charakteristische Funktion.

VIII.

KLASSISCHE GRENZWERTSÄTZE

§ 41. Aufgabenstellung

Der Integralgrenzwertsatz von MOIVRE-LAPLACE, den wir in Kapitel II bewiesen haben, bildete den Ausgangspunkt einer Vielzahl von Untersuchungen, die sowohl für die Wahrscheinlichkeitsrechnung selbst als auch für ihre zahlreichen Anwendungen in der Naturwissenschaft, in den technischen und ökonomischen Wissenschaften eine fundamentale Bedeutung besitzen. Um uns eine Vorstellung davon zu verschaffen, in welcher Richtung diese Untersuchungen lagen, geben wir dem Satz von MOIVRE-LAPLACE eine etwas andere Form. Bezeichnen wir — wie wir es schon häufig taten — mit μ_k die Anzahl des Auftretens des Ereignisses A beim k-ten Versuch, so ist die Anzahl des Auftretens des Ereignisses A in n aufeinanderfolgenden Versuchen gleich $\sum_{k=1}^{n} \mu_k$. Ferner haben wir in Beispiel 5, § 28, berechnet, daß $\mathsf{M} \sum_{k=1}^{n} \mu_k = n\,p$ und $\mathsf{D} \sum_{k=1}^{n} \mu_k = n\,p\,q$ ist. Der Satz von MOIVRE-LAPLACE läßt sich daher folgendermaßen schreiben: Für $n \to \infty$ gilt

$$\mathsf{P}\left\{a \leqq \frac{\sum_{k=1}^{n}(\mu_k - \mathsf{M}\mu_k)}{\sqrt{\sum_{k=1}^{n} \mathsf{D}\,\mu_k}} < b\right\} \to \frac{1}{\sqrt{2\,\pi}} \int_a^b e^{-\frac{z^2}{2}}\,dz\,. \tag{1}$$

In Worten läßt sich das so formulieren: Die Wahrscheinlichkeit dafür, daß die Summe der Abweichung unabhängiger Zufallsgrößen, die die beiden Werte 0 und 1 mit den Wahrscheinlichkeiten q und $p = 1 - q$ $(0 < p < 1)$ annehmen, von ihren mathematischen Erwartungen, dividiert durch die Quadratwurzel aus der Summe der Dispersion der Summanden, zwischen den Grenzen a und b liegt, strebt bei unbeschränktem Wachsen der Anzahl der Summanden gleichmäßig bezüglich a und b gegen das Integral $\frac{1}{\sqrt{2\,\pi}} \int_a^b e^{-\frac{z^2}{2}}\,dz$.

Es erhebt sich nun die folgende Frage: Inwieweit ist die Gültigkeit der Beziehung (1) durch die spezielle Wahl der Summanden μ_k bedingt, besteht sie nicht auch noch unter schwächeren Voraussetzungen über die Verteilungsfunktionen der Summanden? Die Formulierung dieser Aufgabe sowie ihre Lösung stellen eines der bedeutendsten Verdienste von Tschebyschew und seiner Schüler A. A. Markow und A. M. Ljapunow dar. Ihre Untersuchungen zeigten, daß man den Summanden nur ganz allgemeine Beschränkungen aufzuerlegen braucht. Sie bestehen darin, daß die einzelnen Summanden auf die Summe einen nur verschwindend geringen Einfluß ausüben dürfen. Im folgenden Paragraphen werden wir diese Bedingung genau formulieren. Der Grund für die außerordentliche Bedeutung dieser Resultate für die Anwendungen liegt im Wesen der Massenerscheinungen. Die Untersuchung der Gesetzmäßigkeiten dieser Erscheinungen ist aber — wie wir schon früher bemerkten — der Gegenstand der Wahrscheinlichkeitsrechnung.

Die Anwendung der Ergebnisse der Wahrscheinlichkeitsrechnung in Naturwissenschaft und Technik vollzieht sich in vielen wichtigen Fällen folgendermaßen. Man nimmt an, daß ein Prozeß unter dem Einfluß einer großen Anzahl unabhängig voneinander wirkender zufälliger Faktoren vor sich geht, von denen jeder einzelne den Verlauf der Erscheinung oder des Prozesses verschwindend gering verändert. Der Forscher, den nur die Untersuchung des Prozesses als Ganzes und nicht die Wirkung der einzelnen Faktoren interessiert, beobachtet nur die summarische Wirkung dieser Faktoren. Hier zwei typische Beispiele:

Beispiel 1. Es werde irgendeine Messung ausgeführt. Auf das Resultat wirkt unvermeidlich eine große Anzahl von Faktoren ein, die in der Messung Fehler verursachen. Solche Fehler können durch das Meßgerät hervorgerufen werden, das sich auf Grund verschiedener atmosphärischer oder mechanischer Einflüsse ein klein wenig verändern kann. Ferner gehörer hierher auch die persönlichen Fehler des Beobachters (die persönliche Gleichung), die durch sein individuelles Hör- oder Sehvermögen bedingt sind und die sich in Abhängigkeit von dem psychischen oder physischen Zustand des Beobachters ebenfalls unwesentlich verändern können usw. Jeder dieser Faktoren ruft nur einen kleinen Fehler hervor. Doch auf die Messung selbst wirken schließlich alle diese Fehler zusammen ein, man beobachtet einen „summarischen" Fehler. Anders ausgedrückt, der tatsächlich beobachtete Meßfehler ist eine Zufallsgröße, welche die Summe einer ungeheuren Anzahl in ihrer Größe verschwindend kleiner und untereinander unabhängiger Zufallsgrößen ist. Und obwohl diese letzteren wie auch ihre Verteilungsfunktionen unbekannt sind, ist ihr Einfluß auf das Meßresultat merklich und muß daher untersucht werden.

Beispiel 2. Bei einer Massenproduktion, wie sie in vielen Zweigen der Industrie vorkommt, werden große Mengen gleichartiger Gegenstände hergestellt. Wir achten nun auf irgendein zahlenmäßig zu erfassendes Merkmal (Größe, Gewicht usw.) des uns interessierenden Produkts. Da das Produkt den technischen Normen entsprechen soll, wird für dieses Merkmal ein bestimmter Sollwert vorgeschrieben sein. Praktisch wird man jedoch stets eine gewisse Abweichung von diesem Sollwert beobachten. In einem gut eingerichteten Produktionsprozeß können diese Abweichungen nur durch zufällige Ursachen hervorgerufen werden, von denen jede nur einen unmerklichen Effekt hervorruft. Ihre summarische Einwirkung zeigt jedoch eine merkliche Abweichung von der Norm.

Ähnliche Beispiele kann man in beliebiger Anzahl anführen.

Es ergibt sich also die Aufgabe, die Gesetzmäßigkeiten zu untersuchen, die den Summen einer großen Anzahl unabhängiger Zufallsgrößen zu eigen sind. Jede dieser Zufallsgrößen soll dabei nur einen kleinen Einfluß auf die Summe nehmen. Diese letzte Forderung werden wir später noch genauer fassen. Anstatt die Summe einer sehr großen, jedoch endlichen Anzahl von Summanden zu untersuchen, werden wir eine Folge von Summen mit einer immer größer werdenden Anzahl von Summanden betrachten und annehmen, daß die Lösungen der uns interessierenden Aufgaben durch die Grenzverteilungsfunktionen für die Folge der Verteilungsfunktionen dieser Summen gegeben sind. Ein solcher Übergang von einer endlichen Fragestellung zu einer Grenzwertaufgabe ist sowohl für die moderne Mathematik als auch für viele Gebiete der Naturwissenschaft üblich geworden.

Wir betrachten also die folgende Aufgabe: Gegeben sei eine Folge unabhängiger Zufallsgrößen

$$\xi_1, \xi_2, \ldots, \xi_n, \ldots,$$

von denen wir voraussetzen, daß sie endliche mathematische Erwartungen und Dispersionen besitzen. Wir benutzen im folgenden einige Abkürzungen:

$$a_k = \mathsf{M}\,\xi_k\,, \quad b_k^2 = \mathsf{D}\,\xi_k\,, \quad B_n^2 = \sum_{k=1}^{n} b_k^2 = \mathsf{D} \sum_{k=1}^{n} \xi_k\,.$$

Gefragt ist nach den Bedingungen, die man den Größen ξ_k auferlegen muß, damit die Verteilungsfunktionen der Summen

$$\frac{1}{B_n} \sum_{k=1}^{n} (\xi_k - a_k) \tag{2}$$

gegen das Normalgesetz konvergieren. Im folgenden Paragraphen werden wir sehen, daß hierfür die LINDEBERG*sche Bedingung* hinreichend ist: *Bei beliebigem* $\tau > 0$ *ist*

$$\lim_{n\to\infty} \frac{1}{B_n^2} \sum_{k=1}^{n} \int\limits_{|x-a_k>\tau B_n} (x - a_k)^2\, dF_k(x) = 0\ ;$$

F_k *bezeichnet dabei die Verteilungsfunktion der Größe* ξ_k.

Wir wollen den Inhalt dieser Bedingung etwas erläutern.

Wir bezeichnen mit A_k das Ereignis

$$|\xi_k - a_k| > \tau\, B_n \qquad (k = 1, 2, \ldots, n)$$

und schätzen die Wahrscheinlichkeit

$$\mathsf{P}\,\{\max_{1\leq k\leq n} |\xi_k - a_k| > \tau\, B_n\}$$

ab. Da

$$\mathsf{P}\{\max_{1\leqq k\leqq n} |\xi_k - a_k| > \tau B_n\} = \mathsf{P}\{A_1 + A_2 + \cdots + A_n\}$$

und

$$\mathsf{P}\{A_1 + A_2 + \cdots + A_n\} \leqq \sum_{k=1}^{n} \mathsf{P}\{A_k\}$$

ist, so finden wir mit

$$\mathsf{P}\{A_k\} = \int\limits_{|x-a_k|>\tau B_n} dF_k(x) \leqq \frac{1}{(\tau B_n)^2} \int\limits_{|x-a_k|>\tau B_n} (x-a_k)^2\, dF_k(x)$$

die Ungleichung

$$\mathsf{P}\{\max_{1\leqq k\leqq n} |\xi_k - a_k| \geqq \tau B_n\} \leqq \frac{1}{\tau^2 B_n^2} \sum_{k=1}^{n} \int\limits_{|x-a_k|>\tau B_n} (x-a_k)^2\, dF_k(x)\,.$$

Auf Grund der LINDEBERGschen Bedingungen strebt die letzte Summe für $n \to \infty$ bei beliebigem konstanten $\tau > 0$ gegen 0. Die LINDEBERGsche Bedingung ist also eine eigentümliche Forderung dafür, daß die Summanden $\frac{1}{B_n}(\xi_k - a_k)$ in der Summe (2) gleichmäßig klein sind.

Wir heben noch einmal hervor, daß die Bedeutung der für die Konvergenz der Verteilungsfunktionen der Summen (2) gegen das Normalgesetz hinreichenden Bedingungen bereits durch die Untersuchungen von A. A. MARKOW und A. N. LJAPUNOW vollständig aufgeklärt worden ist.

§ 42. Der Satz von LJAPUNOW

Wir beweisen zunächst, daß die LINDEBERGsche Bedingung hinreichend ist.

Satz. *Wenn eine Folge unabhängiger Zufallsgrößen $\xi_1, \xi_2, \ldots, \xi_n, \ldots$ bei beliebigem konstantem $\tau > 0$ der LINDEBERGschen Bedingung*

$$\lim_{n\to\infty} \frac{1}{B_n^2} \sum_{k=1}^{n} \int\limits_{|x-a_k|>\tau B_n} (x-a_k)^2\, dF_k(x) = 0 \tag{1}$$

genügt, so gilt für $n \to \infty$ gleichmäßig bezüglich x die Beziehung

$$\mathsf{P}\left\{\frac{1}{B_n}\sum_{k=1}^{n}(\xi_k - a_k) < x\right\} \to \frac{1}{\sqrt{2\pi}} \int\limits_{-\infty}^{x} e^{-\frac{z^2}{2}}\, dz\,. \text{[1][2]} \tag{2}$$

---

[1]) Dieser Satz wird oft auch als *zentraler Grenzwertsatz* bezeichnet (Anm. d. Red.).

[2]) Die Gleichmäßigkeit der Beziehung (2) ist eine Folge der einfachen allgemeinen Tatsache: Wenn die Verteilungsfunktionen $F_n(x)$ bei $n \to \infty$ gegen eine stetige Grenzverteilung konvergieren, so ist die Konvergenz gleichmäßig für alle x (Anm. d. Red.).

Beweis. Zur Abkürzung führen wir die Bezeichnungen

$$\xi_{nk} = \frac{\xi_k - a_k}{B_n}, \qquad F_{nk}(x) = \mathsf{P}\{\xi_{nk} < x\}$$

ein. Offenbar ist

$$\mathsf{M}\,\xi_{nk} = 0, \qquad \mathsf{D}\,\xi_{nk} = \frac{1}{B_n^2}\,\mathsf{D}\,\xi_k$$

und somit

$$\sum_{k=1}^{n} \mathsf{D}\,\xi_{nk} = 1. \tag{2'}$$

Man überzeugt sich leicht, daß sich die LINDEBERGsche Bedingung mit diesen Bezeichnungen folgendermaßen schreiben läßt:

$$\lim_{n\to\infty} \sum_{k=1}^{n} \int_{|x|>\tau} x^2\, dF_{nk}(x) = 0. \tag{1'}$$

Die charakteristische Funktion der Summe

$$\frac{1}{B_n}\sum_{k=1}^{n}(\xi_k - a_k) = \sum_{k=1}^{n}\xi_{nk}$$

ist gleich

$$\varphi_n(t) = \prod_{k=1}^{n} f_{nk}(t).$$

Wir müssen beweisen, daß

$$\lim_{n\to\infty}\varphi_n(t) = e^{-\frac{t^2}{2}}$$

ist. Dazu stellen wir zunächst fest, daß die Faktoren $f_{nk}(t)$ für $n \to \infty$ gleichmäßig bezüglich k $(1 \leqq k \leqq n)$ gegen Eins streben. Beachtet man nämlich die Gleichung $\mathsf{M}\,\xi_{nk} = 0$, so findet man

$$f_{nk}(t) - 1 = \int (e^{itx} - 1 - itx)\, dF_{nk}(x).$$

Da bei beliebigem reellem α[1])

$$|e^{i\alpha} - 1 - i\alpha| \leqq \frac{\alpha^2}{2} \tag{3}$$

[1]) Diese Ungleichung und eine ganze Reihe ihr ähnlicher Ungleichungen kann man auf folgendem Wege ableiten. Aus

$$|e^{i\alpha} - 1| = \left|\int_0^{\alpha} e^{ix}\,dx\right| \leqq \alpha \qquad (\alpha > 0)$$

ergibt sich die Ungleichung

$$|e^{i\alpha} - 1 - i\alpha| = \left|\int_0^{\alpha}(e^{ix} - 1)\,dx\right| \leqq \frac{\alpha^2}{2}.$$

Aus letzterer folgt weiter

$$\left|e^{i\alpha} - 1 - i\alpha + \frac{\alpha^2}{2}\right| = \left|\int_0^{\alpha}|e^{ix} - 1 - ix|\,dx\right| \leqq \int_0^{\alpha}|e^{ix} - 1 - ix|\,dx \leqq \int_0^{\alpha}\frac{x^2}{2}\,dx = \frac{\alpha^3}{6} \tag{3'}$$

usw.

ist, so haben wir die Ungleichung

$$|f_{nk}(t) - 1| \leqq \frac{t^2}{2} \int x^2 \, dF_{nk}(x) .$$

Es sei nun ε eine beliebige positive Zahl; dann ist offensichtlich

$$\int x^2 \, dF_{nk}(x) = \int\limits_{|x| \leqq \varepsilon} x^2 \, dF_{nk}(x) + \int\limits_{|x| > \varepsilon} x^2 \, dF_{nk}(x) \leqq \varepsilon^2 + \int\limits_{|x| > \varepsilon} x^2 \, dF_{nk}(x) .$$

Der letzte Summand läßt sich nach (1′) bei hinreichend großen n kleiner als ε^2 machen. Daher ist für alle hinreichend großen n gleichmäßig bezüglich k ($1 \leqq k \leqq n$) und t in einem beliebigen endlichen Intervall $|t| \leqq T$

$$|f_{nk}(t) - 1| \leqq \varepsilon^2 T^2 .$$

Hieraus schließen wir, daß gleichmäßig bezüglich k ($1 \leqq k \leqq n$) und t ($|t| \leqq T$) die Beziehung

$$\lim_{n \to \infty} f_{nk}(t) = 1 \tag{4}$$

besteht und daß bei hinreichend großem n für alle t aus einem beliebigen endlichen Intervall $|t| \leqq T$ die Ungleichung

$$|f_{nk}(t) - 1| < \frac{1}{2} \tag{5}$$

erfüllt ist. Wir können daher im Intervall $|t| \leqq T$ die folgende Darstellung benutzen (log bezeichnet den Hauptwert des Logarithmus)

$$\log \varphi_n(t) = \sum_{k=1}^{n} \log f_{nk}(t) = \sum_{k=1}^{n} \log [1 + (f_{nk}(t) - 1)] = \sum_{k=1}^{n} (f_{nk}(t) - 1) + R_n \tag{6}$$

mit

$$R_n = \sum_{k=1}^{n} \sum_{s=2}^{\infty} \frac{(-1)^s}{s} (f_{nk}(t) - 1)^s .$$

Setzen wir

$$\sum_{k=1}^{n} (f_{nk}(t) - 1) = -\frac{t^2}{2} + \varrho_n(t) , \tag{7}$$

so haben wir jetzt nur noch

$$\lim_{n \to \infty} R_n = 0 , \quad \lim_{n \to \infty} \varrho_n = 0 \tag{8}$$

zu zeigen.

Nach (5) ist

$$|R_n| \leqq \sum_{k=1}^{n} \sum_{s=2}^{\infty} \frac{1}{2} |f_{nk}(t) - 1|^s = \frac{1}{2} \sum_{k=1}^{n} \frac{|f_{nk}(t) - 1|^2}{1 - |f_{nk}(t) - 1|} \leqq \sum_{k=1}^{n} |f_{nk}(t) - 1|^2 .$$

Da

$$\sum_{k=1}^{n} |f_{nk}(t) - 1| = \sum_{k=1}^{n} \left| \int (e^{itx} - 1 - i t x) \, dF_{nk}(x) \right| \leqq \frac{t^2}{2} \sum_{k=1}^{n} \int x^2 \, dF_{nk}(x) = \frac{t^2}{2}$$

ist, erhalten wir schließlich die Abschätzung

$$|R_n| \leqq \frac{t^2}{2} \max_{1 \leqq k \leqq n} |f_{nk}(t) - 1| .$$

Aus (4) folgt nun die erste Beziehung (8).

Die in (7) eingeführte Funktion $\varrho_n(t)$ hat offenbar die Gestalt

$$\varrho_n = \frac{t^2}{2} + \sum_{k=1}^{n} \int (e^{itx} - 1 - i\,t\,x)\, dF_{nk}(x) .$$

Es sei $\varepsilon > 0$ beliebig; dann ist nach (2′)

$$\varrho_n = \sum_{k=1}^{n} \int\limits_{|x| \leqq \varepsilon} \left(e^{itx} - 1 - i\,t\,x - \frac{(i\,t\,x)^2}{2}\right) dF_{nk}(x)$$

$$+ \sum_{k=1}^{n} \int\limits_{|x| > \varepsilon} \left(\frac{t^2 x^2}{2} + e^{itx} - 1 - i\,t\,x\right) dF_{nk}(x) .$$

Die Ungleichungen (3) und (3′) gestatten die folgende Abschätzung:

$$|\varrho_n| \leqq \frac{|t|^3}{6} \sum_{k=1}^{n} \int\limits_{|x| \leqq \varepsilon} |x|^3\, dF_{nk}(x) + t^2 \sum_{k=1}^{n} \int\limits_{|x| > \varepsilon} x^2\, dF_{nk}(x)$$

$$\leqq \frac{|t|^3}{6}\, \varepsilon \sum_{k=1}^{n} \int\limits_{|x| \leqq \varepsilon} x^2\, dF_{nk}(x) + t^2 \sum_{k=1}^{n} \int\limits_{|x| > \varepsilon} x^2\, dF_{nk}(x)$$

$$= \frac{|t|^3}{6}\, \varepsilon + t^2 \left(1 - \frac{|t|}{6}\, \varepsilon\right) \sum_{k=1}^{n} \int\limits_{|x| > \varepsilon} x^2\, dF_{nk}(x) .$$

Vermöge (2′) kann man den ersten Summanden für alle $|t| \leqq T$ durch

$$\frac{|T|^3}{6}\, \varepsilon$$

abschätzen. Nach Bedingung (1′) läßt sich der zweite Summand für alle $|t| < T$ bei beliebigem $\varepsilon > 0$ kleiner als ein beliebiges $\eta > 0$ machen, indem man n hinreichend groß wählt. Folglich haben wir die zweite Beziehung (8) gewonnen, und der Satz ist damit bewiesen.

Nebenbei ergibt sich, daß (8) gleichmäßig für alle $|t| \leqq T$ besteht. Infolge des direkten Grenzwertsatzes (§ 38) gilt dies jedoch ganz allgemein.

Folgerung. *Wenn die unabhängigen Zufallsgrößen $\xi_1, \xi_2, \ldots, \xi_n, \ldots$ gleich verteilt sind und eine endliche von Null verschiedene Dispersion besitzen, so gilt für $n \to \infty$ gleichmäßig in x die Beziehung*

$$\mathsf{P}\left\{\frac{1}{B_n} \sum_{k=1}^{n} (\xi_k - \mathsf{M}\,\xi_k) < x\right\} \to \frac{1}{\sqrt{2\pi}} \int\limits_{-\infty}^{x} e^{-\frac{z^2}{2}}\, dz .$$

Beweis. Es genügt nachzuprüfen, ob unter den gestellten Voraussetzungen die LINDEBERGsche Bedingung erfüllt ist. Dazu bemerken wir, daß in unserem Fall

$$B_n = b\sqrt{n}$$

ist, wobei b die Dispersion eines einzelnen Summanden bezeichnet. Wir setzen $\mathsf{M}\,\xi_k = a$; dann gelten offensichtlich die folgenden Gleichungen:

$$\sum_{k=1}^{n} \frac{1}{B_n^2} \int\limits_{|x-a|>\tau B_n} (x-a)^2\, dF_k(x)$$

$$= \frac{1}{n\,b^2}\, n \int\limits_{|x-a|>\tau B_n} (x-a)^2\, dF_1(x) = \frac{1}{b^2} \int\limits_{|x-a|>\tau B_n} (x-a)^2\, dF_1(x)\,.$$

Da die Dispersion positiv und nach Voraussetzung endlich ist, strebt das Integral auf der rechten Seite der letzten Gleichung für $n \to \infty$ gegen Null.

Satz von LJAPUNOW. *Wenn man für eine Folge unabhängiger Zufallsgrößen* $\xi_1, \xi_2, \ldots, \xi_n, \ldots$ *eine positive Zahl* $\delta > 0$ *so wählen kann, daß für* $n \to \infty$ *die Beziehung*

$$\frac{1}{B_n^{2+\delta}} \sum_{k=1}^{n} \mathsf{M}\, |\xi_k - a_k|^{2+\delta} \to 0 \tag{9}$$

besteht, so gilt für $n \to \infty$ *gleichmäßig in* x

$$\mathsf{P}\left\{\frac{1}{B_n} \sum_{k=1}^{n} (\xi_k - a_k) < x\right\} \to \frac{1}{\sqrt{2\pi}} \int_{-\infty}^{x} e^{-\frac{z^2}{2}}\, dz\,.$$

Beweis. Es genügt wieder nachzuweisen, daß aus der LJAPUNOWschen Bedingung (9) die LINDEBERGsche Bedingung folgt. Dies ergibt sich jedoch aus der folgenden Kette von Ungleichungen

$$\frac{1}{B_n^2} \sum_{k=1}^{n} \int\limits_{|x-a_k|>\tau B_n} (x-a_k)^2\, dF_k(x)$$

$$\leqq \frac{1}{B_n^2 (\tau B_n)^\delta} \sum_{k=1}^{n} \int\limits_{|x-a_k|>\tau B_n} |x-a_k|^{2+\delta}\, dF_k(x) \leqq \frac{1}{\tau^\delta}\, \frac{\sum_{k=1}^{n} \int |x-a_k|^{2+\delta}\, dF_k(x)}{B_n^{2+\delta}}\,.$$

§ 43. Der lokale Grenzwertsatz

Wir führen nun hinreichende Bedingungen für die Anwendung eines weiteren klassischen Grenzwertsatzes — des *lokalen Grenzwertsatzes* — an. Dabei beschränken wir uns nur auf den Fall unabhängiger Summanden, die ein und dieselbe Wahrscheinlichkeitsverteilung besitzen.

Wir wollen sagen, eine diskrete Zufallsgröße ξ besitze eine *gitterförmige Verteilung*, wenn es Zahlen a und $h > 0$ derart gibt, daß sich alle möglichen Werte von ξ in der Form $a + k h$ darstellen lassen, wobei der Parameter k beliebige ganze Werte annehmen kann ($-\infty < k < \infty$).

Gitterförmig sind z. B. die POISSONsche Verteilung, die BERNOULLIsche Verteilung und andere.

Die Bedingungen dafür, daß die Verteilung einer Zufallsgröße ξ gitterförmig ist, wollen wir nun mit Hilfe der charakteristischen Funktionen ausdrücken. Dazu beweisen wir folgenden Hilfssatz.

Hilfssatz. *Eine Zufallsgröße ξ besitzt dann und nur dann eine gitterförmige Verteilung, wenn für ein gewisses $t \neq 0$ der absolute Betrag ihrer charakteristischen Funktion gleich Eins ist.*

Beweis. Wenn ξ gitterförmig verteilt und p_k die Wahrscheinlichkeit der Gleichung $\xi = a + k h$ ist, so ist die charakteristische Funktion der Größe ξ gleich

$$f(t) = \sum_{k=-\infty}^{\infty} p_k e^{it(a+kh)} = e^{iat} \sum_{k=-\infty}^{\infty} p_k e^{itkh} .$$

Hieraus finden wir die Beziehung

$$f\left(\frac{2\pi}{h}\right) = e^{2\pi i \frac{a}{h}} \sum_{k=-\infty}^{\infty} p_k e^{2\pi i k} = e^{2\pi i \frac{a}{h}} .$$

Wir sehen also, daß für jede gitterförmige Verteilung

$$\left| f\left(\frac{2\pi}{h}\right)\right| = 1$$

ist. Wir setzen nun voraus, daß für ein gewisses $t_1 \neq 0$

$$|f(t_1)| = 1$$

sei und beweisen, daß dann ξ eine gitterförmige Verteilung besitzt. Letztere Gleichung besagt nämlich, daß für ein gewisses Θ

$$f(t_1) = e^{i\Theta}$$

ist. Es ist also

$$\int e^{it_1 x}\, dF(x) = e^{i\Theta}$$

und somit

$$\int e^{i(t_1 x - \Theta)}\, dF(x) = 1 .$$

Hieraus ergibt sich die Gleichung

$$\int \cos(t_1 x - \Theta)\, dF(x) = 1 .$$

Diese Gleichung ist nur dann möglich, wenn die Funktion $F(x)$ nur für solche Werte x wachsen kann, für die

$$\cos(t_1 x - \Theta) = 1$$

ist. Dies bedeutet, daß die möglichen Werte von ξ die Gestalt

$$x = \frac{\Theta}{t_1} + k \frac{2\pi}{t_1}$$

haben müssen, q. e. d.

Die Zahl h nennen wir den *Schritt der Verteilung.*

Der Schritt der Verteilung h ist *maximal,* wenn es für keine Zahlen b ($-\infty < b < +\infty$) und $h_1 > h$ gelingt, alle möglichen Werte von ξ in der Form $b + k h_1$ darzustellen.

Um den Unterschied zwischen den Begriffen des Verteilungsschrittes und des maximalen Verteilungsschrittes zu veranschaulichen, betrachten wir folgendes Beispiel. ξ möge alle ungeraden Zahlen als Werte annehmen, offenbar lassen sich alle Werte von ξ in der Form $a + k h$ mit $a = 0$, $h = 1$ schreiben. Der Schritt h ist jedoch nicht maximal, denn alle möglichen Werte ξ lassen sich auch in der Form $b + k h_1$ mit $b = 1$, $h_1 = 2$ darstellen. Die Bedingung dafür, daß ein Verteilungsschritt maximal ist, läßt sich auch noch anders ausdrücken.

1. Ein Verteilungsschritt h ist dann und nur dann maximal, wenn der größte gemeinsame Teiler der paarweisen Differenzen aller möglichen Werte von ξ gleich h ist.

2. Ein Verteilungsschritt h ist dann und nur dann maximal, wenn der absolute Betrag der charakteristischen Funktion im Intervall $0 < |t| < \frac{2\pi}{h}$ kleiner als Eins und für $t = \frac{2\pi}{h}$ gleich Eins ist.

Letztere Behauptung ergibt sich sofort aus dem eben bewiesenen Hilfssatz. Ist nämlich für $0 < t_1 < \frac{2\pi}{h}$

$$|f(t_1)| = 1 ,$$

so muß nach dem Bewiesenen die Größe $\frac{2\pi}{t_1}$ ein Verteilungsschritt sein. Da aber

$$h < \frac{2\pi}{t_1}$$

ist, kann der Schritt h nicht maximal sein.

Hieraus schließen wir: Ist h ein maximaler Verteilungsschritt, so läßt sich zu jedem $\varepsilon > 0$ eine Zahl $c_0 > 0$ finden derart, daß für alle t im Intervall $\varepsilon \leqq |t| \leqq \frac{2\pi}{h} - \varepsilon$ die Ungleichung

$$|f(t)| \leqq e^{-c_0} \tag{1}$$

besteht.

Es seien nun die Zufallsgrößen $\xi_1, \xi_2, \ldots, \xi_n, \ldots$ unabhängig und gitterförmig verteilt; sie mögen alle ein und dieselbe Verteilungsfunktion $F(x)$ besitzen. Wir betrachten die Summe

$$\zeta_n = \xi_1 + \xi_2 + \cdots + \xi_n .$$

Offenbar ist auch diese eine gitterförmige Zufallsgröße, und ihre möglichen Werte lassen sich in der Form $n a + k h$ aufschreiben. Wir bezeichnen mit $P_n(k)$ die Wahrscheinlichkeit der Gleichung

$$\zeta_n = n a + k h ;$$

insbesondere ist $P_1(k) = \mathsf{P}\{\xi_1 = a + k h\} = p_k$.

Wir setzen zur Abkürzung

$$z_{nk} = \frac{a n + k h - A_n}{B_n},$$

wobei $A_n = \mathsf{M}\,\zeta_n$, $B_n^2 = \mathsf{D}\,\zeta_n = n\,\mathsf{D}\,\xi_1$ ist.

Wir können nun den folgenden Satz beweisen, der offensichtlich den lokalen Grenzwertsatz von MOIVRE-LAPLACE verallgemeinert.

Satz[1]). *Die unabhängigen gitterförmigen Zufallsgrößen*

$$\xi_1, \xi_2, \ldots, \xi_n, \ldots$$

mögen ein und dieselbe Verteilungsfunktion $F(x)$ besitzen, ihre mathematische Erwartung und Dispersion sei endlich; dann besteht gleichmäßig bezüglich k $(-\infty < k < \infty)$ für $n \to \infty$ die Beziehung

$$\frac{B_n}{h} P_n(k) - \frac{1}{\sqrt{2\pi}} e^{-\frac{z_{nk}^2}{2}} \to 0,$$

dann und nur dann, wenn der Verteilungsschritt h maximal ist.

Beweis. Die Notwendigkeit der Bedingung des Satzes ist fast evident. Wenn nämlich der Schritt h nicht maximal ist, dann besitzen die möglichen Werte der Summe $\zeta_n = \sum_{k=1}^{n} \xi_k$ systematische Lücken: Die Differenz zwischen zwei benachbarten möglichen Werten der Summe kann nicht kleiner als d sein, wenn d der größte gemeinsame Teiler der Differenzen der möglichen Werte von ξ_n ist. Wenn h kein maximaler Schritt ist, so ist $d > h$ für alle Werte n.

Etwas kompliziertere Überlegungen erfordert der Beweis, daß die Bedingung des Satzes auch hinreichend ist.

Die charakteristische Funktion der Größe ξ_k $(k = 1, 2, 3, \ldots)$ ist gleich

$$f(t) = \sum_{k=-\infty}^{\infty} p_k e^{iat+itkh} = e^{iat} \sum_{k=-\infty}^{\infty} p_k e^{itkh},$$

die charakteristische Funktion der Summe ζ_n ist

$$f^n(t) = e^{iant} \sum_{k=-\infty}^{\infty} P_n(k) e^{itkh}.$$

[1]) Dieser Satz wurde von B. W. GNEDENKO bewiesen (Anm. d. Red.).

Multipliziert man die letzte Gleichung mit $e^{-iant-itkh}$ und integriert sie in den Grenzen von $-\frac{\pi}{h}$ bis $\frac{\pi}{h}$, so findet man die Gleichung

$$\frac{2\pi}{h} P_n(k) = \int_{-\frac{\pi}{h}}^{\frac{\pi}{h}} f^n(t)\, e^{-iant-itkh}\, dt\,.$$

Wenn man beachtet, daß

$$h\,k = B_n z_{nk} + A_n - a\,n$$

ist (anstelle von z_{nk} wollen wir von nun ab nur noch z schreiben), so erhält man die Gleichung

$$\frac{2\pi}{h} P_n(k) = \int_{-\frac{\pi}{h}}^{\frac{\pi}{h}} f^{*n}(t) e^{-itzB_n}\, dt\,,$$

wobei

$$f^*(t) = e^{-\frac{itA_n}{n}} f(t)$$

gesetzt ist. Setzt man schließlich $x = t\,B_n$, so findet man

$$\frac{2\pi B_n}{h} P_n(k) = \int_{-\frac{\pi B_n}{h}}^{\frac{\pi B_n}{h}} e^{-izx} f^{*n}\left(\frac{x}{B_n}\right) dx\,.$$

Man rechnet leicht nach, daß

$$\frac{1}{\sqrt{2\pi}} e^{-\frac{z^2}{2}} = \frac{1}{2\pi}\int e^{-izx-\frac{x^2}{2}}\, dx$$

ist. Wir stellen nun die Differenz

$$R_n = 2\pi\left[\frac{B_n}{h} P_n(k) - \frac{1}{\sqrt{2\pi}} e^{-\frac{z^2}{2}}\right]$$

in Form einer Summe von vier Integralen

$$R_n = J_1 + J_2 + J_3 + J_4$$

dar, mit

$$J_1 = \int_{-A}^{A} e^{-izx}\left[f^{*n}\left(\frac{x}{B_n}\right) - e^{-\frac{x^2}{2}}\right] dx\,,$$

$$J_2 = -\int_{|x|>A} e^{-izx-\frac{x^2}{2}}\, dx\,,$$

$$J_3 = \int_{\varepsilon B_n \leqq |x| \leqq \frac{\pi B_n}{h}} e^{-izx} f^{*n}\left(\frac{x}{B_n}\right) dx\,,$$

$$J_4 = \int_{A \leqq |x| < \varepsilon B_n} e^{-izx} f^{*n}\left(\frac{x}{B_n}\right) dx\,.$$

$A > 0$ sei dabei eine hinreichend große, $\varepsilon > 0$ eine hinreichend kleine konstante Zahl, deren genauere Werte wir später wählen werden.

Auf Grund der Folgerung aus dem im vorigen Paragraphen bewiesenen Satz gilt gleichmäßig bezüglich t in jedem endlichen Intervall die Beziehung

$$f^{*n}\left(\frac{t}{B_n}\right) \to e^{-\frac{t^2}{2}} \qquad (n \to \infty)\,.$$

Hieraus folgt aber bei beliebigem konstanten A

$$J_1 \to 0 \qquad (n \to \infty)\,.$$

Das Integral J_2 schätzt man mit Hilfe der Ungleichungen

$$|J_2| \leqq \int_{|x|>A} e^{-\frac{x^2}{2}}\, dx \leqq \frac{2}{A}\int_{A}^{\infty} x\, e^{-\frac{x^2}{2}}\, dx = \frac{2}{A}\, e^{-\frac{A^2}{2}}$$

ab. Ist A hinreichend groß gewählt, läßt sich J_2 beliebig klein machen.

Aus Ungleichung (1) erhalten wir

$$|J_3| \leqq \int_{\varepsilon B_n \leqq |x| \leqq \frac{\pi B_n}{h}} \left|f^*\left(\frac{x}{B_n}\right)\right|^n dx \leqq e^{-n c_0}\, 2\, B_n \left(\frac{\pi}{h} - \varepsilon\right).$$

Daraus folgt

$$J_3 \to 0 \qquad (n \to \infty)\,.$$

Zur Abschätzung des Integrals J_4 bemerken wir, daß die Existenz einer Dispersion die Existenz der zweiten Ableitung der Funktion $f^*(t)$ nach sich zieht. Wir dürfen also in der Umgebung des Punktes $t = 0$ nach (3), § 35, die Darstellung

$$f^*(t) = 1 - \frac{\sigma^2 t^2}{2} + o(t^2)$$

benutzen, und für $|t| \leqq \varepsilon$ erhalten wir bei hinreichend kleinem ε die Abschätzung

$$|f^*(t)| < 1 - \frac{\sigma^2 t^2}{4} < e^{-\frac{\sigma^2 t^2}{4}}.$$

Dann ist für $|x| \leqq \varepsilon B_n$

$$\left|f^*\left(\frac{x}{B_n}\right)\right|^n < e^{-\frac{n\sigma^2 t^2}{4 B_n^2}} = e^{-\frac{t^2}{4}}$$

und schließlich

$$|J_4| \leqq 2 \int_A^{\varepsilon B_n} e^{-\frac{t^2}{4}} dt < 2 \int_A^{\infty} e^{-\frac{t^2}{4}} dt .$$

Durch Wahl eines hinreichend großen A läßt es sich erreichen, daß das Integral J_4 beliebig klein wird. Der Satz ist damit bewiesen.

Es gibt noch einen weiteren Fall, in dem man die Frage nach dem lokalen Verhalten der Verteilungsfunktionen der Summen stellen kann. Dies ist der Fall der stetigen Verteilung.

Hier ergibt sich folgendes Problem: Wann konvergieren die Verteilungsdichten der normierten Summen gegen die Dichte einer Normalverteilung, wenn die entsprechenden Verteilungsfunktionen gegen die Normalverteilung konvergieren?

Diese Frage erhält in dem folgenden Satz eine erschöpfende Antwort.

Satz. *Die unabhängigen Zufallsgrößen*

$$\xi_1, \xi_2, \ldots, \xi_n, \ldots$$

mögen ein und dieselbe Verteilungsfunktion $F(x)$ besitzen; ihre mathematische Erwartung und Dispersion sei endlich, und von einem gewissen n_0 an besitze die Zufallsgröße

$$s_n = \frac{1}{\sqrt{n \, \mathsf{D} \, \xi_1}} \sum_{k=1}^{n} (\xi_k - \mathsf{M} \, \xi_k)$$

eine Verteilungsdichte $p_n(x)$. Es gilt genau dann gleichmäßig bezüglich x $(-\infty < x < +\infty)$ für $n \to \infty$

$$p_n(x) - \frac{1}{\sqrt{2\pi}} e^{-\frac{x^2}{2}} \to 0,$$

wenn es eine Zahl $n_1 > 0$ gibt derart, daß die Funktion $p_{n_1}(x)$ beschränkt ist.

Wir bringen hier nicht den Beweis dieses Satzes, da er im wesentlichen nur die soeben bereits durchgeführten Überlegungen wiederholt und sich auf die in der Bemerkung zur Aufgabe 2, Kap. 7, formulierten Sätze A und B stützt.

Übungen

1. Man beweise, daß für $n \to \infty$

$$\frac{\sqrt{n^n}}{\sqrt{2^n}\,\Gamma\left(\frac{n}{2}\right)} \int\limits_0^{1+t\sqrt{\frac{z}{n}}} z^{\frac{n}{2}-1} e^{-\frac{nz}{2}} dz \to \frac{1}{\sqrt{2\pi}} \int\limits_{-\infty}^{t} e^{-\frac{z^2}{2}} dz .$$

Hinweis: Man wende den Satz von Ljapunow auf die χ^2-Verteilung an.

2. Die Zufallsgrößen

$$\xi_n = \begin{cases} -\,n^\alpha \text{ mit der Wahrscheinlichkeit } \frac{1}{2}, \\ +\,n^\alpha \text{ mit der Wahrscheinlichkeit } \frac{1}{2} \end{cases}$$

seien unabhängig. Man beweise, daß für $\alpha > -\frac{1}{2}$ auf sie der Satz von Ljapunow anwendbar ist.

3. Man beweise:

$$e^{-n} \sum_{k=0}^{n} \frac{n^k}{k!} \to \frac{1}{2} \qquad \text{für } n \to \infty .$$

Hinweis: Man benutze den Satz von Ljapunow und wende ihn auf das Poissonsche Gesetz mit $a = 1$ an.

4. Die Wahrscheinlichkeit des Eintretens eines Ereignisses A im i-ten Versuch sei gleich p_i, μ die Anzahl des Eintretens des Ereignisses A in n unabhängigen Versuchen. Man beweise, daß

$$\mathsf{P}\left\{\frac{\mu - \sum\limits_{k=1}^{n} p_k}{\sqrt{\sum\limits_{i=1}^{n} p_i q_i}} < x\right\} \to \frac{1}{\sqrt{2\pi}} \int\limits_{-\infty}^{x} e^{-\frac{z^2}{2}} dz$$

dann und nur dann, wenn $\sum\limits_{i=1}^{\infty} p_i q_i = \infty$.

5. Man beweise, daß unter den Bedingungen der vorigen Aufgabe die Forderung

$$\sum_{i=1}^{\infty} p_i q_i = +\infty$$

auch für den lokalen Grenzwertsatz hinreichend ist.

IX.

DIE THEORIE DER UNBESCHRÄNKT TEILBAREN VERTEILUNGSGESETZE

Lange Zeit galt die Auffindung der allgemeinsten Bedingungen, unter denen die Verteilungsfunktionen von Summen unabhängiger Zufallsgrößen gegen das Normalgesetz konvergieren, als die zentrale Aufgabe der Wahrscheinlichkeitsrechnung. Sehr allgemeine Bedingungen, die für diese Konvergenz hinreichend sind, fand A. N. LJAPUNOW (siehe Kap. VIII).

Die Versuche, die Bedingungen von LJAPUNOW zu erweitern, waren erst in den letzten Jahren von Erfolg gekrönt, als man die Bedingungen fand, die nicht nur hinreichend, sondern bei sehr naturgemäßen Beschränkungen auch notwendig sind.

Parallel mit dem Abschluß der klassischen Problematik entstand und entwickelte sich eine neue Richtung in der Theorie der Grenzwertsätze für Summen unabhängiger Zufallsgrößen, die mit der Entstehung und der Entwicklung der Theorie des stochastischen Prozesses eng verknüpft ist. In erster Linie erhob sich die Frage, welche Gesetze, außer dem normalen, Grenzgesetze von Summen unabhängiger Zufallsgrößen sein können.

Es zeigte sich, daß die Klasse der Grenzgesetze bei weitem nicht durch das Normalgesetz erschöpft wird. Man stellte sich daher die Aufgabe, Bedingungen zu finden, die man den Summanden auferlegen muß, damit die Verteilungsfunktionen der Summen gegen das eine oder das andere Grenzgesetz konvergieren.

Ziel dieses Kapitels ist die Darlegung einiger Untersuchungen der letzten Jahre, die den Grenzwertsätzen für Summen unabhängiger Zufallsgrößen gewidmet sind. Dabei beschränken wir uns auf den Fall, daß die Summanden endliche Dispersionen besitzen. Ohne diese Beschränkung erfordert die Behandlung dieser Aufgabe umständlichere Rechnungen; den Leser, der sich für die Lösung dieser Aufgabe interessiert, verwiesen wir auf die zitierte Monographie von GNEDENKO und KOLMOGOROFF. Als einfache Folgerung der darzulegenden allgemeinen Sätze erhalten wir die erwähnte notwendige und hinreichende Bedingung für die Konvergenz der Verteilungsfunktionen der Summen gegen das Normalgesetz.

§ 44. Unbeschränkt teilbare Gesetze und ihre Haupteigenschaften

Ein Verteilungsgesetz $\Phi(x)$ heißt *unbeschränkt teilbar*, wenn sich für jede natürliche Zahl n eine nach dem Gesetz $\Phi(x)$ verteilte Zufallsgröße als Summe von n unabhängigen Zufallsgrößen $\xi_1, \xi_2, \ldots, \xi_n$ mit ein und demselben Verteilungsgesetz $\Phi_n(x)$ (das von der Anzahl n der Summanden abhängt) darstellen läßt.

Diese Definition ist offensichtlich mit der folgenden gleichwertig: Ein Gesetz $\Phi(x)$ heißt unbeschränkt teilbar, wenn bei beliebigem n seine charakteristische Funktion die n-te Potenz einer anderen charakteristischen Funktion ist.

Die Untersuchungen der letzten Jahre haben gezeigt, daß die unbeschränkt teilbaren Gesetze in verschiedenen Problemen der Wahrscheinlichkeitsrechnung eine wesentliche Rolle spielen. Insbesondere zeigt es sich, daß die Klasse der Grenzgesetze für Summen unabhängiger Zufallsgrößen mit der Klasse der unbeschränkt teilbaren Gesetze zusammenfällt.

Wir kommen nun zur Darlegung der von uns für das folgende benötigten Eigenschaften der unbeschränkt teilbaren Gesetze. Wir beweisen zunächst, daß das normale und das POISSONsche Gesetz unbeschränkt teilbar ist. Die charakteristische Funktion des Normalgesetzes mit der mathematischen Erwartung a und der Dispersion σ^2 ist

$$\varphi(t) = e^{iat - \frac{1}{2}\sigma^2 t^2}$$

Bei beliebigem n ist die n-te Wurzel aus $\varphi(t)$ wieder die charakteristische Funktion eines Normalgesetzes, diesmal mit der mathematischen Erwartung $\frac{a}{n}$ und der Dispersion $\frac{\sigma^2}{n}$.

Wir wollen den uns früher begegneten Begriff des POISSONschen Gesetzes etwas verallgemeinern und wollen sagen, eine Zufallsgröße sei nach dem POISSONschen Gesetz verteilt, wenn sie nur die Werte $a\,k + b$ mit reellen Konstanten a und b annehmen kann ($k = 0, 1, 2, \ldots$) und wenn

$$\mathsf{P}\{\xi = a\,k + b\} = \frac{e^{-\lambda}\lambda^k}{k!} \tag{1}$$

mit einer gewissen positiven Konstanten λ ist. Die charakteristische Funktion des Gesetzes (1) ist, wie man leicht nachrechnet, durch die Formel

$$\varphi(t) = e^{\lambda(e^{iat} - 1) + ibt}$$

gegeben. Wir sehen, daß bei beliebigem n die n-te Wurzel aus $\varphi(t)$ wiederum die charakteristische Funktion eines POISSONschen Gesetzes mit den Parametern a, $\frac{\lambda}{n}$ und $\frac{1}{n}b$ ist.

Satz 1. *Die charakteristische Funktion eines unbeschränkt teilbaren Gesetzes ist nirgends gleich* 0.

Beweis. Es sei $\Phi(x)$ ein unbeschränkt teilbares Gesetz und $\varphi(t)$ seine charakteristische Funktion. Dann gilt nach Definition bei beliebigem n die Gleichung

$$\varphi(t) = \{\varphi_n(t)\}^n \tag{2}$$

mit einer gewissen charakteristischen Funktion $\varphi_n(t)$. Auf Grund der Stetigkeit der Funktion $\varphi(t)$ gibt es einen Argumentbereich $|t| \leqq a$, in dem $\varphi(t) \neq 0$

ist; natürlich ist in diesem Gebiet auch $\varphi_n(t) \neq 0$. Für hinreichend großes n unterscheidet sich die Größe $|\varphi_n(t)| = \sqrt[n]{|\varphi(t)|}$ gleichmäßig in t ($|t| \leqq a$) beliebig wenig von Eins.

Wir nehmen nun zwei unabhängige Zufallsgrößen η_1 und η_2 her, die nach irgendeinem Gesetz $F(x)$ verteilt sind und betrachten ihre Differenz $\eta = \eta_1 - \eta_2$. Die charakteristische Funktion der Größe η ist gleich

$$f^*(t) = \mathsf{M}\, e^{it(\eta_1 - \eta_2)} = |\mathsf{M}\, e^{it\eta_1}|^2 = |f(t)|^2 .$$

Wir sehen also, daß das Quadrat des absoluten Betrages einer beliebigen charakteristischen Funktion wieder eine charakteristische Funktion ist.

Da ferner jede reelle charakteristische Funktion die Gestalt

$$f(t) = \int \cos x t \, dF(x)$$

hat, gilt die Ungleichung

$$\begin{aligned} 1 - f(2t) &= \int (1 - \cos 2xt)\, dF(x) \\ &= 2 \int \sin^2 xt\, dF(x) = 2 \int (1 - \cos xt)(1 + \cos xt)\, dF(x) \\ &\leqq 4 \int (1 - \cos xt)\, dF(x) = 4\big(1 - f(t)\big) . \end{aligned}$$

Aus dem Gesagten ersehen wir, daß die Funktion $|\varphi_n(t)|^2$ der Ungleichung

$$1 - |\varphi_n(2t)|^2 \leqq 4 (1 - |\varphi_n(t)|^2)$$

genügt.

Aus dieser Ungleichung folgt: Wenn n so groß gewählt ist, daß $1 - |\varphi_n(t)| < \varepsilon$ für $|t| \leqq a$ gilt, so ist in diesem Gebiet

$$1 - |\varphi_n(2t)| \leqq 1 - |\varphi_n(2t)|^2 \leqq 4(1 - |\varphi_n(t)|^2) \leqq 8(1 - |\varphi_n(t)|) < 8\varepsilon .$$

Damit haben wir im Gebiet $|t| \leqq 2a$ die Abschätzung

$$1 - |\varphi_n(t)| < 8\varepsilon .$$

Für hinreichend große n verschwindet also $\varphi_n(t)$ und damit auch $\varphi(t)$ nirgends im Gebiet $|t| \leqq 2a$.

Ähnlich beweisen wir, daß $\varphi(t) \neq 0$ auch im Gebiet $|t| < 4a$ gilt usw. Damit ist unser Satz bewiesen.

Satz 2. *Die Verteilungsfunktion einer Summe von unabhängigen Zufallsgrößen, die unbeschränkt teilbare Verteilungsfunktionen besitzen, ist ebenfalls unbeschränkt teilbar.*

Beweis. Offenbar kann man sich beim Beweis des Satzes auf den Fall zweier Summanden beschränken. Sind $\varphi(t)$ und $\psi(t)$ die charakteristischen Funktionen der Summanden, so gilt auf Grund der Bedingung des Satzes für beliebiges n

$$\varphi(t) = \{\varphi_n(t)\}^n , \quad \psi(t) = \{\psi_n(t)\}^n ,$$

wobei $\varphi_n(t)$ und $\psi_n(t)$ charakteristische Funktionen sind. Daher genügt die charakteristische Funktion der Summe bei beliebigem n der Gleichung

$$\chi(t) = \varphi(t) \cdot \psi(t) = \{\varphi_n(t) \cdot \psi_n(t)\}^n .$$

Satz 3. *Eine Verteilungsfunktion, die Grenzwert (im Sinne der Konvergenz im wesentlichen) einer Folge unbeschränkt teilbarer Verteilungsfunktionen ist, ist selbst unbeschränkt teilbar.*

Beweis. Eine Folge $\Phi^{(k)}_{(x)}$ unbeschränkt teilbarer Verteilungsfunktionen konvergiere im wesentlichen gegen die Verteilungsfunktion $\Phi(x)$. Dann ist

$$\lim_{k\to\infty} \varphi^{(k)}(t) = \varphi(t) \tag{3}$$

gleichmäßig in jedem endlichen Intervall t. Nach der Bedingung des Satzes sind bei beliebigem n die Funktionen

$$\varphi_n^{(k)}(t) = \sqrt[n]{\varphi^{(k)}(t)} \tag{4}$$

(unter $\sqrt[n]{\ }$ ist der Hauptwert zu verstehen) charakteristische Funktionen. Aus (3) schließen wir, daß für jedes n die Beziehung

$$\lim_{k\to\infty} \varphi_n^{(k)}(t) = \varphi_n(t) \tag{5}$$

besteht. Aus der Stetigkeit von $\varphi_n^{(k)}(t)$ folgt die Stetigkeit von $\varphi_n(t)$. Auf Grund des Grenzwertsatzes für charakteristische Funktionen ist $\varphi_n(t)$ eine charakteristische Funktion. Aus (3), (4) und (5) finden wir, daß für jedes n die Gleichung

$$\varphi(t) = \{\varphi_n(t)\}^n$$

besteht, was zu beweisen war.

§ 45. Kanonische Darstellung der unbeschränkt teilbaren Gesetze

Im folgenden beschränken wir uns auf die Untersuchung unbeschränkt teilbarer Gesetze mit endlicher Dispersion. Ziel dieses Paragraphen ist der Beweis des folgenden im Jahre 1932 von A. N. Kolmogoroff gefundenen Satzes, der eine vollständige Charakterisierung der uns interessierenden Klasse von Verteilungsgesetzen gibt.

Satz. *Eine Verteilungsfunktion $\Phi(x)$ mit endlicher Dispersion ist dann und nur dann unbeschränkt teilbar, wenn der Logarithmus ihrer charakteristischen Funktion die Gestalt*

$$\log \varphi(t) = i\,\gamma\,t + \int \{e^{itx} - 1 - i\,t\,x\} \frac{1}{x^2}\, dG(x) \tag{1}$$

hat; γ bezeichnet dabei eine reelle Konstante und $G(x)$ eine nicht abnehmende Funktion mit beschränkter Variation.

Beweis. Wir setzen zunächst voraus, daß $\Phi(x)$ ein unbeschränkt teilbares Gesetz und $\varphi(t)$ seine charakteristische Funktion sei. Dann ist bei beliebigem n

$$\varphi(t) = \{\varphi_n(t)\}^n$$

mit einer gewissen charakteristischen Funktion $\varphi_n(t)$. Da $\varphi(t) \neq 0$ ist, ist diese Gleichung mit der folgenden äquivalent:

$$\log \varphi(t) = n \log \varphi_n(t) = n \log [1 + (\varphi_n(t) - 1)]. ^{1})$$

Bei beliebigem T gilt für $n \to \infty$ gleichmäßig im Intervall $|t| < T$ die Beziehung

$$\varphi_n(t) \to 1 ,$$

daher läßt sich in jedem beliebigen endlichen Werteintervall von t die Größe $|\varphi_n(t) - 1|$ kleiner als jede vorgegebene Zahl machen, wenn nur n hinreichend groß ist. Wir dürfen also die Gleichung

$$\log [1 + (\varphi_n(t) - 1)] = (\varphi_n(t) - 1)(1 + o(1))$$

benutzen, mit deren Hilfe wir die Beziehung

$$\log \varphi(t) = \lim_{n\to\infty} n(\varphi_n(t) - 1) = \lim_{n\to\infty} n \int (e^{itx} - 1)\, d\Phi_n(x) \tag{2}$$

erhalten; dabei bezeichnet $\Phi_n(x)$ die Verteilungsfunktion, deren charakteristische Funktion $\varphi_n(t)$ ist. Aus der Definition der mathematischen Erwartung folgt in Verbindung mit der Beziehung zwischen $\Phi_n(x)$ und $\Phi(x)$ die Gleichung

$$n \int x\, d\Phi_n(x) = \int x\, d\Phi(x) .$$

Wir bezeichnen diese Größe mit γ; dann läßt sich die Gleichung (2) folgendermaßen schreiben:

$$\log \varphi(t) = i\gamma t + \lim_{n\to\infty} n \int \{e^{itx} - 1 - itx\}\, d\Phi_n(x) .$$

Wir setzen jetzt

$$G_n(x) = n \int_{-\infty}^{x} u^2\, d\Phi_n(u) .$$

Die Funktionen $G_n(x)$ nehmen offensichtlich mit wachsendem Argument nicht ab, und es ist $G_n(-\infty) = 0$. Außerdem sind die Funktionen $G_n(x)$ gleichmäßig beschränkt. Letztere Behauptung folgt aus der Eigenschaft der Dispersion und aus dem Zusammenhang zwischen den Funktionen $\Phi(x)$ und $\Phi_n(x)$. Es ist nämlich

$$\begin{aligned} G_n(+\infty) &= n \int u^2\, d\Phi_n(u) \\ &= n\left[\int u^2\, d\Phi_n(u) - \left(\int u\, d\Phi_n(u)\right)^2\right] + n\left(\int u\, d\Phi_n(u)\right)^2 = \sigma^2 + \frac{1}{n}\gamma^2 , \end{aligned} \tag{3}$$

wobei σ^2 die Dispersion des Gesetzes $\Phi(x)$ bezeichnet.

[1]) Der Logarithmus ist hier im Sinne des Hauptwertes zu verstehen.

In den neuen Bezeichnungen ist (siehe die Eigenschaft 6 des STIELTJES-Integrals in § 25)

$$\log \varphi(t) = i\gamma t + \lim_{n\to\infty} \int (e^{itx} - 1 - itx) \frac{1}{x^2}\, dG_n(x)\,.$$

Auf Grund des ersten HELLYschen Satzes läßt sich aus der Folge der Funktionen $G_n(x)$ eine Teilfolge herausgreifen, die gegen eine gewisse Grenzfunktion $G(x)$ konvergiert. Sind $A < 0$ und $B > 0$ Stetigkeitsstellen der Funktion $G(x)$, so gilt auf Grund des zweiten HELLYschen Satzes für $k \to \infty$

$$\int_A^B (e^{itx} - 1 - itx) \frac{1}{x^2}\, dG_{n_k}(x) \to \int_A^B (e^{itx} - 1 - itx) \frac{1}{x^2}\, dG(x)\,. \tag{4}$$

Wir wissen, daß

$$|e^{itx} - 1 - itx| \leqq |e^{itx} - 1| + |tx| \leqq |tx| + |tx| = 2\,|t| \cdot |x|$$

ist, und daher ist

$$\left| \int_{-\infty}^{A} + \int_{B}^{\infty} (e^{itx} - 1 - itx) \frac{1}{x^2} dG_{n_k}(x) \right| \leqq \int_{-\infty}^{A} + \int_{B}^{\infty} \frac{|e^{itx} - 1 - itx|}{x^2}\, dG_{n_k}(x)$$

$$\leqq 2\,|t| \left(\int_{-\infty}^{A} + \int_{B}^{\infty} \frac{1}{|x|}\, dG_{n_k}(x) \right) \leqq \frac{2\,|t|}{\Gamma} \left(\int_{-\infty}^{A} + \int_{B}^{\infty} dG_{n_k}(x) \right) \leqq \frac{|2\,t|}{\Gamma} \max_{1 \leqq k < \infty} \int dG_{n_k}(x)$$

mit $\Gamma = \min(|A|, B)$. Da die Variationen der Funktionen $G_{n_k}(u)$ gleichmäßig beschränkt sind, kann man es bei beliebig vorgegebenem $\varepsilon > 0$ erreichen, daß die Ungleichung

$$\left| \int_{-\infty}^{A} + \int_{B}^{\infty} (e^{itx} - 1 - itx) \frac{1}{x^2}\, dG_{n_k}(x) \right| < \frac{\varepsilon}{2} \tag{5}$$

für alle in einem beliebigen endlichen Intervall gelegenen Werte t und für alle k erfüllt ist. Man braucht nur A und B genügend groß zu wählen.

Aus (4) und (5) folgt, daß bei beliebigem $\varepsilon > 0$ für alle t aus einem beliebigen endlichen Intervall für hinreichend große k die Ungleichung

$$\left| \int (e^{itx} - 1 - itx) \frac{1}{x^2}\, dG_{n_k}(x) - \int (e^{itx} - 1 - itx) \frac{1}{x^2}\, dG(x) \right| < \varepsilon$$

besteht, das heißt mit anderen Worten, es gilt die Beziehung

$$\lim_{k\to\infty} \int (e^{itx} - 1 - itx) \frac{1}{x^2}\, dG_{n_k}(x) = \int (e^{itx} - 1 - itx) \frac{1}{x^2} dG(x)\,.$$

Wir haben auf diese Weise bewiesen, daß der Logarithmus der charakteristischen Funktion eines beliebigen unbeschränkt teilbaren Gesetzes sich in der Form (1) schreiben läßt. Uns verbleibt nun noch der Beweis der umgekehrten Behauptung, daß jede Funktion, deren Logarithmus sich in der Form (1) darstellen läßt, die charakteristische Funktion eines unbeschränkt teilbaren Gesetzes ist.

Bei beliebigem ε $(0 < \varepsilon < 1)$ ist das Integral

$$\int_{\varepsilon}^{\frac{1}{\varepsilon}} (e^{itx} - 1 - itx) \frac{1}{x^2} \, dG(x) \tag{6}$$

nach Definition des STIELTJES-Integrals der Grenzwert von Summen

$$\sum_{s=1}^{n} (e^{it\bar{x}_s} - 1 - it\bar{x}_s) \frac{1}{\bar{x}_s^2} \left(G(x_{s+1}) - G(x_s)\right),$$

wobei $x_1 = \varepsilon$, $x_{n+1} = \frac{1}{\varepsilon}$, $x_s \leqq \bar{x}_s \leqq x_{s+1}$ und $\max(x_{s+1} - x_s) \to 0$. Jeder Summand in dieser Summe ist der Logarithmus der charakteristischen Funktion eines POISSONschen Gesetzes. Auf Grund der Sätze 2 und 3 ist das Integral (6) der Logarithmus der charakteristischen Funktion eines unbeschränkt teilbaren Gesetzes. Wenn wir für $\varepsilon \to 0$ zum Grenzwert übergehen, so überzeugen wir uns davon, daß das gleiche auch für das Integral

$$\int_{x>0} (e^{itx} - 1 - itx) \frac{1}{x^2} \, dG(x) \tag{7}$$

zutrifft. Analog beweisen wir, daß auch das Integral

$$\int_{x<0} (e^{itx} - 1 - itx) \frac{1}{x^2} \, dG(x) \tag{8}$$

der Logarithmus der charakteristischen Funktion eines unbeschränkt teilbaren Gesetzes ist. Das Integral auf der rechten Seite der Formel (1) ist gleich der Summe der Integrale (7) und (8) und der Größe

$$i\gamma t - \frac{1}{2} t^2 \left(G(+0) - G(-0)\right).$$

Der letzte Summand ist der Logarithmus der charakteristischen Funktion eines Normalgesetzes. Aus Satz 2, § 44, folgt, daß jede in der Form (1) darstellbare Funktion $\varphi(t)$ die charakteristische Funktion eines unbeschränkt teilbaren Gesetzes ist.[1]) Wir müssen uns nun nur noch davon überzeugen, daß die Darstellung von $\log \varphi(t)$ durch die Formel (1) eindeutig ist, d. h., daß die Funktion $G(x)$ und die Konstante γ durch Vorgabe von $\varphi(t)$ eindeutig bestimmt sind.

Durch Differentiation der Formel (1) finden wir

$$\frac{d^2}{dt^2} \log \varphi(t) = -\int e^{itx} \, dG(x). \tag{9}$$

[1]) Wir haben soeben bewiesen, daß jedes unbeschränkt teilbare Gesetz entweder die Faltung endlich vieler POISSONscher oder normaler Gesetze oder Grenzwert einer gleichmäßig konvergenten Folge solcher Gesetze ist. Wir sehen also, daß die normalen und die POISSONschen Gesetze die Hauptelemente sind, aus denen jedes unbeschränkt teilbare Gesetz zusammengesetzt ist.

Aus der Theorie der charakteristischen Funktionen wissen wir, daß die Funktion $G(x)$ in dieser Formel eindeutig durch $\frac{d^2}{dt^2} \log \varphi(t)$ bestimmt ist. Im Verlauf des Beweises sehen wir, daß die Konstante γ die mathematische Erwartung ist und damit ebenfalls eindeutig durch die Funktion $\varphi(t)$ bestimmt ist.

Zum Schluß notieren wir die wahrscheinlichkeitstheoretische Bedeutung der Totalvariation der Funktion $G(x)$. Wir wissen: Wenn eine Zufallsgröße ξ nach einem Gesetz $\Phi(x)$ verteilt ist, so ist (siehe (5), § 35)

$$\mathsf{D}\,\xi = -\left[\frac{d^2}{dt^2} \log \varphi(t)\right]_{t=0} ;$$

folglich ergibt sich aus (9) die Beziehung

$$\mathsf{D}\,\xi = \int dG(x) = G(+\infty) .$$

Als Beispiel führen wir die kanonische Darstellung des Normalgesetzes und des POISSONschen Gesetzes an.

Für das Normalgesetz mit der Dispersion σ^2 und der mathematischen Erwartung a gilt

$$\gamma = a \qquad \text{und} \qquad G(x) = \begin{cases} 0 & \text{für } x < 0 , \\ \sigma^2 & \text{für } x > 0 . \end{cases}$$

Diese Funktion und die Konstante γ führen wieder auf das gegebene Gesetz, denn es ist

$$\int \{e^{itx} - 1 - i\,t\,x\} \frac{1}{x^2}\, dG(x) = \lim_{u \to 0} \frac{e^{itu} - 1 - i\,t\,u}{u^2} [G(+0) - G(-0)] = -\frac{t^2 \sigma^2}{2} ,$$

und auf Grund der Eindeutigkeit der kanonischen Darstellung können keine anderen Funktionen $G(x)$ das Normalgesetz ergeben.

Ähnlich überzeugt man sich leicht davon, daß dem POISSONschen Gesetz mit der charakteristischen Funktion

$$\varphi(t) = e^{\lambda(e^{ita} - 1) + ibt}$$

eine Funktion $G(x)$ mit einem einzigen Sprung an der Stelle a entspricht,

$$G(x) = \begin{cases} 0 & \text{für } x < a , \\ a^2 \lambda & \text{für } x > a , \end{cases}$$

und $\gamma = b + a\lambda$.

§ 46. Ein Grenzwertsatz für unbeschränkt teilbare Gesetze

Wenn eine Folge unbeschränkt teilbarer Verteilungsgesetze gegen ein Grenzverteilungsgesetz strebt, so ist, wie wir bereits wissen, dieses Grenzgesetz selbst unbeschränkt teilbar. Wir geben nun Bedingungen dafür an, unter denen eine vorgelegte Folge unbeschränkt teilbarer Verteilungsfunktionen gegen eine Grenzverteilungsfunktion strebt.

Satz. *Notwendig und hinreichend dafür, daß eine Folge* $\{\Phi_n(x)\}$ *unbeschränkt teilbarer Verteilungsfunktionen für* $n \to \infty$ *gegen eine Verteilungsfunktion* $\Phi(x)$ *konvergiert und ihre Dispersionen gegen die Dispersion des Grenzgesetzes konvergieren, ist die Existenz einer Konstante* γ *und einer Funktion* $G(x)$, *so daß für* $n \to \infty$

1. $G_n(x)$ *im wesentlichen gegen* $G(x)$ *konvergiert,*
2. $G_n(\infty) - G_n(-\infty) \to G(\infty) - G(-\infty)$,
3. $\gamma_n \to \gamma$.

γ_n *und* $G_n(x)$ *sind dabei durch die Formel* (1), § 45, *für das Gesetz* $\Phi_n(x)$ *gegeben, die Konstante* γ *und die Funktion* $G(x)$ *bestimmen nach derselben Formel das Grenzgesetz* $\Phi(x)$.

Beweis. Die Bedingungen des Satzes sind hinreichend: Dies ist eine direkte Folgerung des zweiten Hellyschen Satzes. Aus den Bedingungen des Satzes und aus Formel (1), § 45, folgt nämlich, daß für $n \to \infty$

$$\log \varphi_n(t) \to \log \varphi(t)$$

gleichmäßig in jedem endlichen Intervall von t.

Im vorigen Paragraphen sahen wir, daß die Integrale

$$\int dG_n(u) \quad \text{und} \quad \int dG(u)$$

gleich den Dispersionen der Gesetze $\Phi_n(x)$ und $\Phi(x)$ sind; die zweite Bedingung des Satzes ist daher nichts anderes, als die Folgerung nach der Konvergenz der Dispersionen.

Es sei nun bekannt, daß für $n \to \infty$

$$\Phi_n(x) \to \Phi(x) \tag{1}$$

strebt und daß die Dispersionen der Gesetze $\Phi_n(x)$ gegen die Dispersion des Grenzgesetzes $\Phi(x)$ konvergieren. Wir beweisen, daß dann die Bedingungen des Satzes erfüllt sind. Bezüglich der Bedingung 2 erfordert dies keine zusätzlichen Überlegungen, wie wir eben bemerkten. Hieraus folgt, daß die Totalvariationen der Funktionen $G_n(u)$ gleichmäßig beschränkt sind. Wir können also den ersten Hellyschen Satz benutzen und aus der Folge der Funktionen $G_n(u)$ eine Teilfolge $G_{n_k}(u)$ auswählen, die für $k \to \infty$ gegen irgendeine Grenzfunktion $G_\infty(u)$ konvergiert. Unser Ziel ist nun der Beweis der Gleichung

$$G_\infty(u) = G(u) .$$

Dazu stellen wir zunächst fest, daß die Konvergenz

$$J_k = \int \{e^{itu} - 1 - i t u\} \frac{1}{u^2}\, dG_{n_k}(u) \to J_\infty = \int \{e^{itu} - 1 - i t u\} \frac{1}{u^2}\, dG_\infty(u) \tag{2}$$

für $k \to \infty$ statthat. Es seien $A < 0$ und $B > 0$ Stetigkeitsstellen der Funktion $G_\infty(u)$; dann gilt nach dem zweiten Hellyschen Satz für $k \to \infty$ die Beziehung

$$\int_A^B \{e^{itu} - 1 - i t u\} \frac{1}{u^2}\, dG_{n_k}(u) \to \int_A^B \{e^{itu} - 1 - i t u\} \frac{1}{u^2}\, dG_\infty(u) . \tag{3}$$

Andererseits ersehen wir aus der Ungleichung

$$|e^{itx} - 1 - i\,t\,x| \leqq 2\,|t\,x|\,,$$

daß

$$L_k = \left| \int\limits_{-\infty}^{A} + \int\limits_{B}^{\infty} \{e^{itu} - 1 - i\,t\,u\} \frac{1}{u^2}\, dG_{n_k}(u) \right| \leqq 2\,|t| \left| \int\limits_{-\infty}^{A} + \int\limits_{B}^{\infty} \frac{1}{|u|}\, dG_{n_k}(u) \right|$$

$$\leqq \frac{2\,|t|}{\Gamma} \left(\int\limits_{-\infty}^{A} + \int\limits_{B}^{\infty} dG_{n_k}(u) \right) \leqq \frac{2\,|t|}{\Gamma} \int dG_{n_k}(u)$$

ist mit $\Gamma = \min(-A, B)$. Da die Variationen der Funktionen $G_n(u)$ gleichmäßig beschränkt sind, kann man bei beliebigem $\varepsilon > 0$ dem Betrag nach genügend große A und B so wählen, daß die Ungleichung

$$L_k < \varepsilon \tag{4}$$

erfüllt ist. Ebenso gilt bei beliebigem $\varepsilon > 0$ für dem Betrage nach hinreichend große A und B die Ungleichung

$$\left| \int\limits_{-\infty}^{A} + \int\limits_{B}^{\infty} \{e^{itu} - 1 - i\,t\,u\} \frac{1}{u^2}\, dG_{\infty}(u) \right| < \varepsilon\,. \tag{5}$$

Aus den Beziehungen (3), (4) und (5) schließen wir, daß bei beliebigem $\varepsilon > 0$ für hinreichend große Werte k

$$|J_k - J_\infty| < 3\,\varepsilon$$

ist. Die Beziehung (2) ist damit bewiesen.

Aus (1) folgt

$$\lim_{n\to\infty} \log \varphi_n(t) = \lim_{n\to\infty} \left(i\,\gamma_n\,t + \int \{e^{itu} - 1 - i\,t\,u\} \frac{1}{u^2}\, dG_n(u) \right)$$

$$= \log \varphi(t) = i\,\gamma\,t + \int \{e^{itu} - 1 - i\,t\,u\} \frac{1}{u^2}\, dG(u)$$

oder

$$\lim_{k\to\infty} \left(i\,\gamma_{n_k} + \int \{e^{itu} - 1 - i\,t\,u\} \frac{1}{t\,u^2}\, dG_{n_k}(u) \right)$$

$$= i\,\gamma + \int \{e^{itu} - 1 - i\,t\,u\} \frac{1}{t\,u^2}\, dG(u)\,. \tag{6}$$

Aus der Ungleichung

$$|e^{itu} - 1 - i\,t\,u| \leqq \frac{t^2\,u^2}{2}$$

und der gleichmäßigen Beschränktheit der Totalvariationen der Funktionen $G_{n_k}(u)$ schließen wir, daß für $t \to 0$ gleichmäßig in n die Beziehung

$$\left| \int (e^{itu} - 1 - i\,t\,u)\, \frac{1}{t\,u^2}\, dG_{n_k}(u) \right| \leqq \left| t \int dG_{n_k}(u) \right| \to 0$$

besteht. (6) ergibt daher für $t \to 0$ die Beziehung

$$\lim_{k\to\infty} \gamma_{n_k} = \gamma\,, \tag{7}$$

und andererseits ist nach (2) und (7)

$$\log \varphi(t) = i\,\gamma\,t + \int \{e^{iut} - 1 - i\,u\,t\} \frac{1}{u^2}\,dG_\infty(u)\,.$$

Da die Darstellung der unbeschränkt teilbaren Gesetze mit Hilfe der Formel (1), § 45, eindeutig ist, folgt $G_\infty(u) = G(u)$. Jede beliebige konvergente Teilfolge von Funktionen $G_{n_k}(u)$ konvergiert also gegen die Funktion $G(u)$, und gleichzeitig konvergieren die Konstanten γ_{n_k} gegen γ. Man kann nun leicht beweisen, daß die ganze Folge $G_n(u)$ ebenfalls gegen $G(u)$ konvergiert, und daß gleichzeitig $\lim\limits_{n\to\infty} \gamma_n = \gamma$ ist. Wäre dies nicht so, so ließe sich eine Stetigkeitsstelle der Funktionen $G(u)$ finden — wir wollen sie c nennen — und eine Teilfolge von Funktionen $G_{n_k}(u)$ auswählen, die im Punkt $u = c$ für $k \to \infty$ gegen eine von $G(c)$ verschiedene Zahl konvergiert. Nach dem ersten HELLYschen Satz können wir aus dieser Teilfolge eine konvergente Teilfolge $G_{n_{k_r}}(u)$ auswählen. Aus dem vorigen folgt, daß in allen Stetigkeitsstellen von $G(u)$

$$\lim_{r\to\infty} G_{n_{k_r}}(u) = G(u)$$

ist. Dies widerspricht unserer Annahme. Folglich ist in allen Stetigkeitsstellen der Funktion $G(u)$

$$\lim_{n\to\infty} G_n(u) = G(u)\,;$$

wie wir sahen, folgt hieraus sofort die Beziehung

$$\lim_{n\to\infty} \gamma_n = \gamma\,.$$

Der Satz ist damit bewiesen.

§ 47. Aufgabenstellung für die Grenzwertsätze für Summen

Gegeben sei eine Folge von Serien

$$\left.\begin{array}{l} \xi_{11}, \xi_{12}, \ldots, \xi_{1k_1}\,, \\ \xi_{21}, \xi_{22}, \ldots, \xi_{2k_2}\,, \\ \cdots\cdots\cdots\cdots \\ \xi_{n1}, \xi_{n2}, \ldots, \xi_{nk_n}\,, \\ \cdots\cdots\cdots\cdots \end{array}\right\} \tag{1}$$

von in jeder Serie unabhängigen Zufallsgrößen. Gefragt ist, gegen welche Grenzverteilungsfunktionen die Verteilungsfunktionen der Summen

$$\xi_n = \xi_{n1} + \xi_{n2} + \cdots + \xi_{nk_n}$$

für $n \to \infty$ streben können und welche Bedingungen es für diese Konvergenz gibt.

Des weiteren beschränken wir uns auf die Untersuchung *elementarer Systeme*, d. h. auf Folgen von Serien (1), für die folgende Bedingungen erfüllt sind:

1. Die Größen ξ_{nk} besitzen endliche Dispersionen,

2. die Dispersionen der Summen ζ_n sind durch eine von n nicht abhängende Konstante C beschränkt,

3. $\beta_n = \max_{1 \leq k \leq k_n} \mathsf{D}\, \xi_{nk} \to 0$ für $n \to \infty$.

Die letzte Forderung besagt, daß der Einfluß der einzelnen Summanden auf die Summe mit wachsendem n immer kleiner werden soll.

Die von uns früher betrachteten Grenzwertsätze für Summen genügen offenbar diesen Bedingungen. So hatten wir in den Sätzen von MOIVRE-LAPLACE und LJAPUNOW die Folge von Serien

$$\xi_{n1}, \xi_{n2}, \ldots, \xi_{nn}$$

mit

$$\xi_{nk} = \frac{\xi_k - \mathsf{M}\,\xi_k}{\sqrt{\sum_{k=1}^{n} \mathsf{D}\,\xi_k}} \qquad (1 \leqq k \leqq n, n = 1, 2, \ldots) .$$

In den Sätzen von BERNOULLI, TSCHEBYSCHEW und MARKOW über das Gesetz der großen Zahlen hatten wir es auch mit einer Folge von Serien zu tun, in denen für ξ_{nk} die Größen

$$\xi_{nk} = \frac{\xi_k - \mathsf{M}\,\xi_k}{n}$$

angesetzt waren.

§ 48. Grenzwertsätze für Summen

Gegeben sei ein elementares System; wir bezeichnen mit $F_{nk}(x)$ die Verteilungsfunktion der Zufallsgröße ξ_{nk} und mit $\overline{F}_{nk}(x)$ die Verteilungsfunktion der Größe $\overline{\xi}_{nk} = \xi_{nk} - \mathsf{M}\,\xi_{nk}$; offenbar ist

$$\overline{F}_{nk}(x) = F_{nk}(x + \mathsf{M}\,\xi_{nk}) .$$

Satz 1. *Die Verteilungsfunktionen der Summen*

$$\zeta_n = \xi_{n1} + \xi_{n2} + \cdots + \xi_{nk_n} \tag{1}$$

konvergieren dann und nur dann für $n \to \infty$ gegen eine Grenzverteilungsfunktion, wenn unbeschränkt teilbare Gesetze, deren Logarithmen ihrer charakteristischen Funktionen durch die Formel

$$\psi_n(t) = \sum_{k=1}^{k_n} \{i\, t\, \mathsf{M}\,\xi_{nk} + \int (e^{itx} - 1)\, d\overline{F}_{nk}(x)\} \tag{2}$$

definiert sind, gegen ein Grenzgesetz streben.[1]) *Die Grenzgesetze beider Folgen sind identisch.*

Beweis. Die charakteristische Funktion der Summe (1) ist gleich

$$f_n(t) = \prod_{k=1}^{k_n} f_{nk}(t) = e^{it\sum_{k=1}^{k_n} \mathsf{M}\xi_{nk}} \prod_{k=1}^{k_n} \overline{f}_{nk}(t), \tag{3}$$

dabei bezeichnet $f_{nk}(t)$ die charakteristische Funktion der Zufallsgröße ξ_{nk} und $\overline{f}_{nk}(t)$ die charakteristische Funktion der Größe $\overline{\xi}_{nk}$.

Wir wissen, daß die Verteilungsfunktionen der Summen (1) dann und nur dann gegen eine Grenzfunktion $\Phi(x)$ konvergieren, wenn für $n \to \infty$ die Funktionen $f_n(t)$ gegen eine stetige Funktion $\varphi(t)$ konvergieren; $\varphi(t)$ ist dann die charakteristische Funktion des Gesetzes $\Phi(x)$.

Wir setzen

$$\alpha_{nk} = \overline{f}_{nk}(t) - 1 .$$

Für die Größen α_{nk} gilt gleichmäßig in jedem endlichen Intervall von t die Beziehung

$$\alpha_n = \max_{1 \leq k \leq k_n} |\alpha_{nk}| \to 0 . \tag{4}$$

Es ist nämlich

$$\alpha_{nk} = \int (e^{itx} - 1)\, d\overline{F}_{nk}(x) = \int (e^{itx} - 1 - itx)\, d\overline{F}_{nk}(x) ,$$

weil

$$\mathsf{M}\,\xi_{nk} = \int x\, d\overline{F}_{nk}(x) = 0 .$$

Wir wissen, daß für alle reellen α die Abschätzung

$$|e^{i\alpha} - 1 - i\alpha| \leq \frac{\alpha^2}{2}$$

besteht; daher ist auch

$$|\alpha_{nk}| \leq \frac{t^2}{2} \int x^2\, d\overline{F}_{nk}(x) = \frac{t^2}{2} \mathsf{D}\,\xi_{nk} . \tag{5}$$

Aus (5) und aus der dritten Bedingung für elementare Systeme folgt (4).

[1]) Führt man die Bezeichnungen

$$\gamma_n = \sum_{k=1}^{k_n} \mathsf{M}\,\xi_{nk}, \qquad G_n(u) = \sum_{k=1}^{k_n} \int_{-\infty}^{u} x^2\, d\overline{F}_{nk}(x)$$

ein und beachtet, daß $\int x\, d\overline{F}_{nk}(x) = 0$ ist, so kann man die Funktionen $\psi_n(t)$ in der Form

$$\psi_n(t) = i\gamma_n t + \int \{e^{itu} - 1 - itu\} \frac{1}{u^2} dG_n(u)$$

schreiben. Wie wir wissen, besagt dies, daß $\psi_n(t)$ der Logarithmus der charakteristischen Funktion eines unbeschränkt teilbaren Gesetzes ist.

Wir bemerken, daß die Dispersionen von ζ_n und der unbeschränkt teilbaren Gesetze (2) zusammenfallen.

Aus (4) schließen wir vor allem, daß bei beliebigen T für hinreichend große n und alle $|t| \leqq T$ die Abschätzung

$$|\alpha_{nk}| < \frac{1}{2} \tag{6}$$

besteht. Daher können wir die Entwicklung

$$\log \overline{f}_{nk}(t) = \log(1 + \alpha_{nk}) = \alpha_{nk} - \frac{\alpha_{nk}^2}{2} + \frac{\alpha_{nk}^3}{3} - \cdots$$

ansetzen. Offenbar ist

$$\begin{aligned} R_n &= \left| \log f_n(t) - \sum_{k=1}^{k_n} (i\, t\, \mathsf{M}\, \xi_{nk} + \alpha_{nk}) \right| \\ &= \left| \sum_{k=1}^{k_n} (\log \overline{f}_{nk}(t) - \alpha_{nk}) \right| \leqq \sum_{k=1}^{k_n} \sum_{s=2}^{\infty} \frac{|\alpha_{nk}|^s}{s} \leqq \frac{1}{2} \sum_{k=1}^{k_n} \frac{|\alpha_{nk}|^2}{1 - |\alpha_{nk}|}. \end{aligned} \tag{7}$$

Die Formeln (5) und (6) führen uns auf die Ungleichung

$$R_n \leqq \max_{1 \leqq k \leqq k_n} |\alpha_{nk}| \sum_{k=1}^{k_n} |\alpha_{nk}| \leqq \frac{t^2}{2} C \max_{1 \leqq k \leqq k_n} |\alpha_{nk}| .$$

Auf Grund von (4) schließen wir, daß gleichmäßig in jedem endlichen Intervall von t für $n \to \infty$ die Konvergenz

$$|\log f_n(t) - \psi_n(t)| \to 0 \tag{8}$$

statthat.

Damit haben wir nachgewiesen, *daß sich in jedem elementaren System die Verteilungsfunktionen der Summen* ζ_n *und die unbeschränkt teilbaren Verteilungsfunktionen, die durch die Formel* (2) *definiert sind, für* $n \to \infty$ *unbeschränkt nähern*; damit ist der Satz 1 bewiesen.

Dieser Satz gestattet es, die Untersuchung der Summen (1) von Zufallsgrößen mit im allgemeinen beliebigen Verteilungsfunktionen durch die Untersuchung unbeschränkt teilbarer Gesetze zu ersetzen. Letzteres erweist sich — wie wir sehen werden — in vielen Fällen als äußerst einfach.

Satz 2. *Jedes Verteilungsgesetz, das sich als Grenzgesetz von Verteilungsfunktionen von Summen eines elementaren Systems ergibt, ist unbeschränkt teilbar und besitzt eine endliche Dispersion, umgekehrt ist jedes unbeschränkt teilbare Gesetz mit endlicher Dispersion ein Grenzgesetz für die Verteilungsfunktionen der Summen eines gewissen elementaren Systems.*

Beweis. Aus dem vorigen Satz wissen wir, daß das Grenzgesetz von Verteilungsfunktionen der Summen (1) ein Grenzgesetz unbeschränkt teilbarer Gesetze und nach Satz 3, § 44, unbeschränkt teilbar ist; seine Dispersion ist endlich, da die Dispersionen der Summen nach der zweiten Bedingung für elementare Systeme gleichmäßig beschränkt sind. Die umgekehrte Aussage, daß jedes unbeschränkt teilbare Gesetz mit einer endlichen Dispersion Grenzgesetz von Summen ist, ergibt sich direkt aus der Definition der unbeschränkt teilbaren Gesetze.

Satz 3. *Notwendig und hinreichend dafür, daß die Verteilungsfunktionen von Summen* (1) *für* $n \to \infty$ *gegen irgendeine Grenzverteilungsfunktion konvergieren und ihre Dispersionen gegen die Dispersion dieses Grenzgesetzes konvergieren, ist die Existenz einer Funktion* $G(u)$ *und einer Konstante* γ, *so daß für* $n \to \infty$

1. $\sum_{k=1}^{k_n} \int_{-\infty}^{u} x^2\, d\overline{F}_{nk}(x) \to G(u)$

in allen Stetigkeitsstellen der Funktion $G(u)$,

2. $\sum_{k=1}^{k_n} \int x^2\, d\overline{F}_{nk}(x) \to G(+\infty)$,

3. $\sum_{k=1}^{k_n} \int x\, dF_{nk}(x) \to \gamma$.

Der Logarithmus der charakteristischen Funktion des Grenzgesetzes ist durch die Formel (1), § 45, *mit der eben bestimmten Funktion* $G(u)$ *und der Konstanten* γ *definiert.*

Beweis. Wenn wir die Bezeichnungen

$$G_n(u) = \sum_{k=1}^{k_n} \int_{-\infty}^{u} x^2\, d\overline{F}_{nk}(x)$$

und

$$\gamma_n = \sum_{k=1}^{k_n} \int x\, dF_{nk}(x)$$

einführen, so erhalten wir die Bedingungen des Satzes aus § 46. Der Satz ist damit bewiesen.

Wenn wir die Formulierung des letzten Satzes etwas abändern, so können wir außer den Bedingungen für die Existenz eines Grenzgesetzes auch Bedingungen der Konvergenz gegen jedes vorgegebene Grenzgesetz gewinnen.

Satz 4. *Notwendig und hinreichend dafür, daß die Verteilungsfunktionen der Summen* (1) *für* $n \to \infty$ *gegen eine vorgelegte Verteilungsfunktion* $\Phi(x)$ *konvergieren und die Dispersionen der Summen gegen die Dispersion des Grenzgesetzes konvergieren, sind die folgenden Limesbeziehungen* ($n \to \infty$):

1. $\sum_{k=1}^{k_n} \int_{-\infty}^{u} x^2\, d\overline{F}_{nk}(x) \to G(u)$

in den Stetigkeitsstellen der Funktion $G(u)$,

2. $\sum_{k=1}^{k_n} \int x^2\, d\overline{F}_{nk}(x) \to G(\infty)$,

3. $\sum_{k=1}^{k_n} \int x\, dF_{nk}(x) \to \gamma$.

Die Funktion $G(u)$ *und die Konstante* γ *sind dabei durch die Formel* (1), § 45, *für die Funktion* $\Phi(x)$ *bestimmt.*

§ 49. Bedingungen für die Konvergenz gegen das normale und das POISSONsche Gesetz

Die Ergebnisse des vorigen Paragraphen wenden wir nun zur Ableitung von Bedingungen an, unter denen die Verteilungsfunktionen von Summen gegen das normale und das POISSONsche Gesetz konvergieren.

Satz 1. *Gegeben sei ein elementares System unabhängiger Zufallsgrößen. Die Verteilungsfunktionen der Summen*

$$\zeta_n = \xi_{n1} + \xi_{n2} + \cdots + \xi_{nk_n} \tag{1}$$

konvergieren für $n \to \infty$ dann und nur dann gegen das Gesetz

$$\Phi(x) = \frac{1}{\sqrt{2\pi}} \int_{-\infty}^{x} e^{-\frac{x^2}{2}} dx ,$$

wenn für $n \to \infty$ die folgenden Bedingungen erfüllt sind:

1. $\sum_{k=1}^{k_n} \int x \, dF_{nk}(x) \to 0$,

2. $\sum_{k=1}^{k_n} \int_{|x|>\tau} x^2 \, d\overline{F}_{nk}(x) \to 0$,

3. $\sum_{k=1}^{k_n} \int_{|x|<\tau} x^2 \, d\overline{F}_{nk}(x) \to 1$;

τ ist dabei eine beliebige positive Konstante.

Beweis. Aus Satz 4, § 48, folgt, daß für $n \to \infty$ die Beziehungen

$$\sum_{k=1}^{k_n} \int x \, dF_{nk}(x) \to 0 ,$$

$$\sum_{k=1}^{k_n} \int_{-\infty}^{u} x^2 \, d\overline{F}_{nk}(x) \to \begin{cases} 0 & \text{für } u < 0 , \\ 1 & \text{für } u > 0 , \end{cases}$$

$$\sum_{k=1}^{k_n} \int x^2 \, d\overline{F}_{nk}(x) \to 1$$

erfüllt sein müssen. Die erste von ihnen ist mit der ersten Bedingung des Satzes identisch, die Gleichwertigkeit der beiden übrigen mit der zweiten und dritten Bedingung des Satzes ist evident.

Eine besonders einfache Form nimmt dieser Satz an, wenn das betrachtete elementare System von vornherein durch die Bedingungen

$$\sum_{k=1}^{k_n} \int x^2 \, dF_{nk}(x) = 1 ,$$

$$\int x \, dF_{nk}(x) = 0 \qquad (1 \leqq k \leqq k_n, \quad n = 1, 2, \ldots) \tag{2}$$

normiert ist.

Satz 2. *Wenn ein elementares System durch die Beziehungen* (2) *normiert ist, so ist für die Konvergenz der Verteilungsfunktionen der Summen* (1) *gegen das Normalgesetz notwendig und hinreichend, daß für alle* $\tau > 0$ *für* $n \to \infty$ *die Beziehung*

$$\sum_{k=1}^{k_n} \int_{|x|>\tau} x^2\, dF_{nk}(x) \to 0 \tag{3}$$

besteht.

Der Beweis des Satzes ist evident.

Die Forderung (3) nennt man die LINDEBERGsche Bedingung, da LINDEBERG im Jahre 1923 bewies, daß sie für die Konvergenz der Verteilungsfunktionen von Summen gegen das Normalgesetz hinreichend ist. 1935 beswies W. FELLER die Notwendigkeit dieser Bedingungen.

Als weiteres Beispiel der Anwendung der allgemeinen Sätze des vorigen Paragraphen betrachten wir die Konvergenz der Verteilungsfunktionen elementarer Systeme gegen das POISSONsche Gesetz

$$P(x) = \begin{cases} 0 & \text{für } x \leqq 0\,, \\ \sum\limits_{0 \leqq k < x} e^{-\lambda} \dfrac{\lambda^k}{k!} & \text{für } x > 0\,. \end{cases} \tag{4}$$

Ist ξ eine nach dem Gesetz (4) verteilte Zufallsgröße, so ist, wie wir bereits wissen, $\mathsf{M}\,\xi = \mathsf{D}\,\xi = \lambda$.

Wir beschränken uns auf elementare Systeme, für die

$$\left.\begin{aligned} \sum_{k=1}^{k_n} \mathsf{M}\,\xi_{nk} \to \lambda\,, \\ \sum_{k=1}^{k_n} \mathsf{D}\,\xi_{nk} \to \lambda \end{aligned}\right\} \tag{5}$$

gilt.

Satz 3. *Gegeben sei ein elementares System, das den Bedingungen* (5) *unterworfen ist. Die Verteilungsfunktionen der Summen*

$$\zeta_n = \xi_{n1} + \xi_{n2} + \cdots + \xi_{nk_n}$$

konvergieren genau dann gegen das Gesetz (4), *wenn bei beliebigem* $\tau > 0$ *die Beziehung*

$$\sum_{k=1}^{k_n} \int_{|x-1|>\tau} x^2\, dF_{nk}(x + \mathsf{M}\,\xi_{nk}) \to 0 \quad (n \to \infty)$$

besteht.

Den Beweis dieses Satzes überlassen wir dem Leser.

In § 15 haben wir den Satz von POISSON bewiesen. Man überzeugt sich leicht davon, daß er für $n\,p_n = \lambda$ ein Spezialfall des eben bewiesenen Satzes ist. Sei nämlich ξ_{nk} $(1 \leqq k \leqq n)$ eine Zufallsgröße, die die Werte 0 oder 1 annimmt, je nachdem ob beim k-ten Versuch der n-ten Serie das von uns beobachtete Ereignis A eintritt oder nicht. Dabei ist

$$\mathsf{P}\{\xi_{nk} = 1\} = \frac{\lambda}{n} \quad \text{und} \quad \mathsf{P}\{\xi_{nk} = 0\} = 1 - \frac{\lambda}{n}\,.$$

Offenbar stellt die Summe

$$\mu_n = \xi_{n1} + \xi_{n2} + \cdots + \xi_{nn}$$

die Anzahl des Eintretens des Ereignisses A in der n-ten Versuchsserie dar.

Nach dem POISSONschen Satz konvergieren die Verteilungsfunktionen der Größen μ_n für $n \to \infty$ gegen das POISSONsche Gesetz (4). Dieses Resultat folgt auch aus dem soeben formulierten Satz, da alle seine Forderungen im vorliegenden Falle erfüllt sind.

Die allgemeinen Sätze über die Annäherung der Verteilungsfunktionen der Summen (1) an gewisse unbeschränkt teilbare Verteilungsfunktionen, die unter viel allgemeineren Voraussetzungen als bei uns bewiesen werden, gestatten es, auch eine notwendige und hinreichende Bedingung für das Gesetz der großen Zahlen (im Falle unabhängiger Summanden) zu gewinnen. Siehe darüber die bereits erwähnte Monographie von W. B. GNEDENKO und A. N. KOLMOGOROFF.

Übungen

1. Man beweise, daß die folgenden Verteilungen unbeschränkt teilbar sind:
   a) die PASCALsche Verteilung (Übungsaufgabe 1 a, Kapitel V),
   b) die POLYAsche Verteilung (Übungsaufgabe 1 b, Kapitel V),
   c) die CAUCHYsche Verteilung (Beispiel 5, § 24).
2. Man beweise, daß eine Zufallsgröße mit der Verteilungsdichte

$$p(x) = \begin{cases} 0 & \text{für } x \leqq 0, \\ \dfrac{\beta^\alpha}{\Gamma(\alpha)} x^{\alpha-1} e^{-\beta x} & \text{für } x > 0 \end{cases}$$

   ($\alpha > 0$ und $\beta > 0$ sind dabei Konstanten) unbeschränkt teilbar ist.
   Anmerkung: Hieraus folgt insbesondere, daß die MAXWELLsche Verteilung und die χ^2-Verteilung (bei beliebigem n) unbeschränkt teilbar sind.
3. Man beweise, daß bei beliebigen Konstanten $\alpha > 0$ und $\beta > 0$

$$\varphi(t) = \left(1 + \frac{t^2}{\beta^2}\right)^{-\alpha}$$

   die charakteristische Funktion einer unbeschränkt teilbaren Verteilung ist.
   Anmerkung: Hieraus folgt insbesondere, daß die LAPLACEsche Verteilung unbeschränkt teilbar ist.
4. Man bestimme die Funktion $G(x)$ und den Parameter γ in der KOLMOGOROFFschen Formel für den Logarithmus einer unbeschränkt teilbaren charakteristischen Funktion für die
   a) Verteilung der Aufgabe 2,
   b) LAPLACEsche Verteilung.
5. Man beweise: Wenn die Summe zweier unabhängigen unbeschränkt teilbaren Zufallsgrößen
   a) nach dem POISSONschen Gesetz,
   b) nach dem Normalgesetz
   verteilt ist, so ist jeder Summand im Fall a) nach dem POISSONschen Gesetz und im Fall b) nach dem Normalgesetz verteilt.
6. Man stelle die Bedingungen dafür auf, daß die Verteilungsfunktionen von Summen von Zufallsgrößen, die ein elementares System bilden,
   a) gegen die Verteilung der Aufgabe 2,
   b) gegen die LAPLACEsche Verteilung
   konvergieren.

X.

DIE THEORIE DER STOCHASTISCHEN PROZESSE

§ 50. Einleitende Bemerkungen

Die Vervollkommnung der physikalischen Statistik sowie eine Reihe von Gebieten der Technik stellten der Wahrscheinlichkeitsrechnung eine große Anzahl neuer Aufgaben, die nicht in den Rahmen der klassischen Theorie fallen. Während die Physik und die Technik die Untersuchung von Prozessen interessierte, d. h. die Untersuchung von Erscheinungen, die mit der Zeit ablaufen, besaß die Wahrscheinlichkeitsrechnung weder allgemeine Verfahren, noch ausgearbeitete spezielle Schemata zur Lösung von Aufgaben, die sich bei der Untersuchung solcher Erscheinungen ergeben. Es entstand die dringende Notwendigkeit, eine allgemeine Theorie der zufälligen Prozesse auszuarbeiten, d. h. eine Theorie, die Zufallsgrößen untersucht, die von sich stetig ändernden Parametern abhängen.

Wir stellen nun eine Reihe von Aufgaben zusammen, welche die Notwendigkeit vor Augen führen, eine Theorie der zufälligen Prozesse zu entwickeln. Stellen wir uns vor, wir hätten uns zum Ziel gesetzt, die Bewegung irgendeines Gas- oder Flüssigkeitsmoleküls zu verfolgen. Dieses Molekül stößt in zufälligen Augenblicken mit anderen Molekülen zusammen und ändert dabei seine Geschwindigkeit und seine Lage. Der Zustand des Moleküls ist also in jedem Zeitpunkt zufälligen Veränderungen unterworfen. Zur Untersuchung vieler physikalischer Erscheinungen muß man die Wahrscheinlichkeit dafür berechnen können, daß sich eine bestimmte Anzahl von Molekülen in dem einen oder anderen Zeitabschnitt um eine gewisse Strecke fortbewegt. Werden z. B. zwei Gase oder zwei Flüssigkeiten in Berührung gebracht, so werden gegenseitig die Moleküle der einen Flüssigkeit in die andere eindringen: Es findet eine Diffusion statt. Wie schnell und nach welchen Gesetzen geht der Diffusionsvorgang vor sich, wann stellt sich bei dieser Durchmischung praktisch Gleichgewicht ein? Auf alle diese und viele andere Fragen gibt die statistische Theorie der Diffusion, der die Theorie der zufälligen Prozesse, oder wie man gewöhnlich sagt, die Theorie der *stochastischen Prozesse* zugrunde liegt, eine Antwort. Offensichtlich ergeben sich in der Chemie ähnliche Aufgaben, wenn man z. B. den Prozeß einer chemischen Reaktion untersucht. Welcher Teil der Moleküle ist schon in Reaktion getreten, wie ist der zeitliche Ablauf der Reaktion, wann ist die Reaktion praktisch schon beendet?

Eine überaus wichtige Gruppe von Erscheinungen verläuft nach dem Prinzip des radioaktiven Zerfalls. Diese Erscheinung besteht darin, daß die Atome einer radioaktiven Substanz zerfallen, indem sie sich in Atome eines anderen Elements verwandeln. Der Zerfall eines jeden Atoms geht wie eine Explosion momentan vor sich, wobei ein gewisses Energiequantum frei wird. Zahlreiche Beobachtungen zeigen, daß der Zerfall der verschiedenen Atome in Zeitpunkten erfolgt, die für den Beobachter ganz zufällig sind. Dabei ist die Lage dieser Zeitpunkte im Sinne der Wahrscheinlichkeitsrechnung voneinander unabhängig. Bei der Untersuchung eines radioaktiven Zerfalls erhebt sich nun die folgende Frage: Wie groß ist die Wahrscheinlichkeit dafür, daß in einem bestimmten Zeitabschnitt eine gewisse Anzahl von Atomen zerfällt? Wenn man nur die mathematische Struktur des Prozesses betrachtet, sind viele andere Prozesse ganz gleich geartet: Die Anzahl der Anrufe, die in einer Telefonzentrale während eines bestimmten Zeitintervalls erfolgen (die Belastung der Telefonzentrale), das Reißen der Fäden an einer Spinnmaschine oder die Änderung der Anzahl der Teilchen, die sich bei einer BROWNschen Bewegung zu irgendeinem Zeitpunkt in einem vorgegebenen Gebiet des Raumes befinden. Wir geben in diesem Kapitel eine einfache Lösung der mathematischen Aufgaben an, auf die man durch die erwähnten Erscheinungen geführt wird.

Einige einfache angewandte Aufgaben, in denen konkrete zufällige Prozesse auftreten, haben wir schon früher studiert (s. Kap. I, § 10, Beispiele 2, 3, 4 und Übungen 21, 22 zu Kap. I, ferner §§ 15, 16 von Kap. II).

Zu dem, was wir schon kennengelernt haben, fügen wir das folgende hinzu. In der Einleitung zu diesem Buch wurde darauf hingewiesen, daß die ersten Beispiele zufälliger Prozesse zu Beginn unseres Jahrhunderts von einer Reihe hervorragender Physiker studiert worden sind. Wir wollen hier kurz darlegen, wie von ihnen, ausgehend von der Betrachtung eines sehr schematischen Bewegungsproblems die Differentialgleichung der Diffusion erhalten wurde. Das Schema der Überlegung ist das folgende: Das Teilchen möge zu den Zeitpunkten $k\tau$ $(k = 1, 2, 3, \ldots)$ unabhängige zufällige Stöße erleiden, die jedesmal eine Verschiebung des Teilchens um die Größe h nach rechts mit der Wahrscheinlichkeit p oder nach links mit der Wahrscheinlichkeit $q = 1 - p$ zur Folge haben. Wir bezeichnen mit $f(x, t)$ die Wahrscheinlichkeit dafür, daß das Teilchen nach n Stößen, ausgehend vom Punkt $x = 0$ zur Zeit $t = 0$ im Punkt x auftritt (nach einer geraden Anzahl von Stößen kann x natürlich nur gleich einem geradzahligen Vielfachen von h, bei ungeradem n nur gleich einem ungeradzahligen Vielfachen von h sein). Wenn wir mit m die Anzahl der Schritte bezeichnen, die das Teilchen nach rechts unternimmt (entsprechend sei $n - m$ die Zahl der Schritte, in denen das Teilchen nach links schreitet), so gilt nach der Formel von BERNOULLI

$$f(x, t) = C_n^m p^m q^{n-m} \qquad (t = n\tau).$$

Natürlich sind die Größen m, n, x, τ durch die Gleichung

$$m - (n - m) = \frac{x}{h}$$

miteinander verknüpft. Durch eine kurze Rechnung kann man sich leicht davon überzeugen, daß $f(x, t)$ der Differenzengleichung

$$f(x, t+\tau) = p f(x-h, t) + q f(x+h, t) \tag{1}$$

und den Anfangsbedingungen

$$f(0, 0) = 1\,, \quad f(x, 0) = 0 \quad \text{für } x \neq 0$$

genügt.

Wir betrachten das Verhalten dieser Differenzengleichung, wenn wir h und τ gleichzeitig gegen 0 streben lassen. Die physikalische Natur der Aufgabe erfordert es, dem Verhalten von h und τ gewisse Beschränkungen aufzuerlegen. Ebenso dürfen die Größen p und q nicht ganz beliebig gewählt werden. Sind die Bedingungen, von denen hier die Rede ist, nicht erfüllt, so gelangt das Teilchen in einem endlichen Zeitintervall mit der Wahrscheinlichkeit 1 ins Unendliche. Um diese Möglichkeit auszuschließen, stellen wir folgende Forderung auf: Bei $n \to \infty$ gelte

$$x = n h\,, \quad t = n\tau\,, \quad \frac{h^2}{\tau} \to 2D\,, \quad \frac{p-q}{h} \to \frac{c}{D}\,, \tag{2}$$

wo c und D gewisse Konstanten sind. Die Größe c heißt *Strömungsgeschwindigkeit*, während D *Diffusionskoeffizient* genannt wird. Ziehen wir von beiden Seiten der Gleichung (1) die Größe $f(x, t)$ ab, so erhalten wir

$$f(x, t+\tau) - f(x, t) = p\,[f(x-h, t) - f(x, t)] + q\,[f(x+h, t) - f(x, t)]. \tag{3}$$

Wir setzen voraus, daß $f(x, t)$ einmal nach t und zweimal nach x differenzierbar ist. Dann finden wir

$$f(x, t+\tau) - f(x, t) = \tau \frac{\partial f(x, t)}{\partial t} + o(\tau)\,,$$

$$f(x-h, t) - f(x, t) = -h \frac{\partial f(x, t)}{\partial x} + \frac{1}{2} h^2 \frac{\partial^2 f(x, t)}{\partial x^2} + o(h^2)\,,$$

$$f(x+h, t) - f(x, t) = h \frac{\partial f(x, t)}{\partial x} + \frac{1}{2} h^2 \frac{\partial^2 f(x, t)}{\partial x^2} + o(h^2)\,.$$

Setzen wir dies in (3) ein, so erhalten wir

$$\tau \frac{\partial f(x, t)}{\partial t} + o(\tau) = -(p-q)\,h \frac{\partial f(x, t)}{\partial x} + \frac{h^2}{2} \frac{\partial^2 f(x, t)}{\partial x^2} + o(h^2)\,.$$

Auf Grund der Beziehungen (2) finden wir, daß im Limes

$$\frac{\partial f(x, t)}{\partial t} = -2c \frac{\partial f(x, t)}{\partial x} + D \frac{\partial^2 f(x, t)}{\partial x^2}$$

gilt. Damit haben wir die Gleichung gefunden, die in der Diffusionstheorie die Fokker-Planck*sche Diffenrentialgleichung* genannt wird.

Interessanterweise erhält man bei genügend künstlicher Aufgabenstellung ein physikalisch sinnvolles Resultat, das den Diffusionsvorgang recht gut widerspiegelt. Weiter unten werden wir allgemeine Gleichungen herleiten, denen die Verteilungen zufälliger Prozesse unter sehr allgemeinen Bedingungen über die Art ihres Ablaufes unterworfen sind.

Der Grundstein einer allgemeinen Theorie der stochastischen Prozesse wurde durch die fundamentalen Arbeiten von A. M. KOLMOGOROFF und A. J. CHINTSCHIN zu Beginn der 30iger Jahre gelegt. In dem Artikel „Über die ana' tischen Methoden in der Wahrscheinlichkeitsrechnung" gab A. N. KOLMOGOROFF einen systematischen und strengen Aufbau der Grundlagen der Theorie der *stochastischen Prozesse ohne Nachwirkung* oder, wie man häufig sagt, der *Prozesse vom* MARKOW*schen Typus*. In einer Reihe von Arbeiten schuf CHINTSCHIN die Grundlage der Theorie der sogenannten *stationären Prozesse*.

Wir bemerken, daß man vor einer mathematischen Behandlung irgendeiner Naturerscheinung oder gewisser technischer Prozesse diese schematisieren muß. Dies liegt daran, daß eine mathematische Behandlung eines Prozesses, bei dem man es mit Zustandsänderungen eines Systems zu tun hat, nur dann möglich ist, wenn vorausgesetzt wird, daß sich jeder mögliche Zustand dieses Systems eindeutig in mathematischer Form festlegen läßt. Es ist klar, daß ein solches mathematisch bestimmbares System nicht die Wirklichkeit selbst ist, sondern nur ein zu ihrer Beschreibung geeignetes Schema. So steht es z. B. in der Mechanik, wenn wir voraussetzen, daß die realen Bewegungen eines Systems materieller Punkte zu einem beliebigen Zeitpunkt durch Angabe dieses Zeitpunktes und des Zustandes des Systems zu einem beliebigen vorhergehenden Zeitpunkt t_0 vollständig beschrieben werden können. Mit anderen Worten besteht das Schema, das man in der theoretischen Mechanik zur Beschreibung der Bewegung benutzt, in folgendem: Man nimmt an, daß zu einem beliebigen Zeitpunkt t der Zustand y des Systems vollständig durch den Zustand x zu einem beliebigen früheren Zeitpunkt t_0 bestimmt sei. Dabei versteht man in der Mechanik unter dem Zustand eines Systems die Lage der Punkte des materiellen Systems und ihrer Geschwindigkeiten.

Außerhalb der klassischen Mechanik, eigentlich in der ganzen modernen Physik, sieht die Lage sehr viel komplizierter aus, wenn z. B. die Kenntnis des Zustandes eines Systems zu irgendeinem Zeitpunkt t_0 nicht mehr den Zustand des Systems in den folgenden Zeitpunkten eindeutig bestimmt, sondern nur die Wahrscheinlichkeit dafür angibt, daß sich das System in einem Zustand einer gewissen Menge von möglichen Zuständen des Systems befinden wird. Bezeichnet x den Zustand des Systems im Augenblick t_0, E eine Menge von möglichen Zuständen des Systems, so ist für die eben beschriebenen Prozesse die Wahrscheinlichkeit

$$\mathsf{P}\{t_0, x; t, E\}$$

dafür definiert, daß das System, das sich zur Zeit t_0 im Zustand x befunden hat, im Augenblick t in einen der Zustände der Menge E übergeht.

Wenn sich diese Wahrscheinlichkeit nicht ändert, wenn man außerdem noch die Zustände des Systems in den Zeitpunkten $t < t_0$ kennt, so nennt man einen solchen Prozeß einen *Prozeß ohne Nachwirkung* oder — auf Grund seiner Analogie mit den MARKOWschen Ketten — einen MARKOW*schen Prozeß*.

Der allgemeine Begriff eines zufälligen Prozesses — aufgebaut auf der früher dargelegten Axiomatik — läßt sich folgendermaßen einführen. Es sei U die Menge der elementaren Ereignisse e und t ein stetiger Parameter. Ein zufälliger Prozeß ist dann eine Funktion zweier Argumente

$$\xi(t) = \varphi(e, t) \qquad (e \in U) .$$

Für jeden Wert des Parameters t ist die Funktion $\varphi(e, t)$ nur eine Funktion von e, ist also demnach eine Zufallsgröße. Für jeden festen Wert des Arguments e (d. h. für jedes elementare Ereignis) hängt $\varphi(e, t)$ nur von t ab, ist also einfach eine Funktion eines reellen Arguments. Jede solche Funktion nennt man eine *Realisierung* des zufälligen Prozesses $\xi(t)$. Ein zufälliger Prozeß läßt sich auffassen entweder als eine Gesamtheit von Zufallsgrößen $\xi(t)$, die von einem Parameter t abhängen, oder als die Gesamtheit der Realisierung des Prozesses $\xi(t)$. Natürlich muß zur Definition eines Prozesses notwendig im Funktionsraum seiner Realisierungen ein Wahrscheinlichkeitsmaß vorgegeben werden.

Wir beschäftigen uns in diesem Kapitel nur mit der Untersuchung der Prozesse ohne Nachwirkung und der stationären Prozesse.

§ 51. Der Poissonsche Prozeß

Wir beginnen mit der Darlegung einiger allgemeiner Resultate, die jetzt schon als klassisch gelten können und studieren ausführlich ein Beispiel für einen zufälligen Prozeß ohne Nachwirkung, der sowohl in der Theorie wie auch in den Anwendungen eine große Rolle spielt.

In zufälligen Zeitpunkten möge ein gewisses Ereignis M eintreten. Uns interessiert die Anzahl des Eintretens von M im Zeitintervall $(0, t)$. Wir bezeichnen diese Zahl mit $\xi(t)$. Über den Prozeß des Auftretens von M setzen wir voraus, daß er 1. stationär, 2. ohne Nachwirkung und 3. ordinär sei. Diese Begriffe wollen wir sogleich erklären.

Stationarität bedeutet, daß die Wahrscheinlichkeit für das k-fache Auftreten ($k = 1, 2, \ldots$) von M in irgendeiner Gruppe von endlichen sich nicht überschneidenden Zeitintervallen nur von k und von der Länge dieser Zeitintervalle abhängt, sich aber bei einer Verschiebung aller dieser Intervalle um ein und dieselbe Größe nicht ändert. Insbesondere hängt die Wahrscheinlichkeit für das k-fache Auftreten von M im Intervall $(T, T + t)$ nicht von T ab, sondern ist nur eine Funktion von k und t.

Das *Fehlen von Nachwirkung* bedeutet, daß die Wahrscheinlichkeit für das k-fache Eintreten des Ereignisses M im Verlauf des Zeitintervalls $(T, T + t)$ unabhängig davon ist, wie viele Male und wann M vorher eintrat. Mit anderen Worten soll die bedingte Wahrscheinlichkeit für das k-fache Auftreten von M im Intervall $(T, T + t)$ unter beliebigen Voraussetzungen über das Eintreten von M vor dem Zeitpunkt T gleich der unbedingten Wahrscheinlichkeit sein. Insbesondere bedeutet das Fehlen von Nachwirkung die gegenseitige Unabhängigkeit des k-fachen und l-fachen Auftretens von M in sich nicht überschneidenden Zeitintervallen.

Die *Ordinarität* drückt aus, daß das zwei- oder mehrfache Auftreten von M in einem sehr kleinen Zeitintervall Δt praktisch nicht vorkommen kann. Wir bezeichnen mit $P_{>1}(\Delta t)$ die Wahrscheinlichkeit für das mehr als einmalige Auftreten von M im Intervall Δt. Dann drückt sich die Bedingung der Ordinarität in der Gleichung

$$P_{>1}(\Delta t) = o(\Delta t)$$

aus.

Unsere erste Aufgabe besteht darin, die Wahrscheinlichkeiten $P_k(t)$ dafür zu bestimmen, daß das Ereignis M k-mal in einem Intervall der Länge t eintritt. Wegen unserer Voraussetzungen hängen diese Wahrscheinlichkeiten nicht davon ab, wo sich dieses Zeitintervall befindet. Wir werden zunächst zeigen, daß bei kleinem Δt die Gleichung

$$P_1(\Delta t) = \lambda \, \Delta t + o(\Delta t)$$

gilt, wo λ eine Konstante ist. Dazu betrachten wir ein Zeitintervall der Länge 1 und bezeichnen mit p die Wahrscheinlichkeit dafür, daß das Ereignis M in diesem Intervall nicht auftritt. Wir unterteilen unser Zeitintervall in n sich nicht überschneidende gleiche Zeitintervalle. Wegen der Stationarität und dem Fehlen von Nachwirkung gilt die Gleichung

$$p = \left[P_0\left(\frac{1}{n}\right)\right]^n,$$

und daraus folgt

$$P_0\left(\frac{1}{n}\right) = p^{\frac{1}{n}}.$$

Die Nachwirkungsfreiheit führt uns jetzt bei beliebigem ganzzahligem k auf

$$P_0\left(\frac{k}{n}\right) = p^{\frac{k}{n}}.$$

Es sei t eine gewisse positive Zahl. Bei beliebigem n kann man ein solches k finden, daß

$$\frac{k-1}{n} \leqq t < \frac{k}{n}.$$

Da die Wahrscheinlichkeit $P_0(t)$ eine nicht zunehmende Funktion der Zeit ist, folgt

$$P_0\left(\frac{k-1}{n}\right) \geqq P_0(t) \geqq P_0\left(\frac{k}{n}\right).$$

Deshalb genügt $P_0(t)$ den Ungleichungen

$$p^{\frac{k-1}{n}} \geqq P_0(t) \geqq p^{\frac{k}{n}}.$$

Es mögen jetzt k und n derart gegen unendlich streben, daß

$$\lim_{n\to\infty} \frac{k}{n} = t.$$

Nach dem vorangehenden gilt natürlich

$$P_0(t) = p^t .$$

Da p als Wahrscheinlichkeit den Ungleichungen

$$0 \leqq p \leqq 1$$

genügt, können die folgenden drei Fälle auftreten: 1. $p = 0$, 2. $p = 1$, 3. $0 < p < 1$. Die ersten beiden Fälle verdienen wenig Interesse. Im ersten gilt bei beliebigem t die Gleichung $P_0(t) = 0$, d. h., die Wahrscheinlichkeit dafür, daß das Ereignis M in einem Zeitintervall beliebiger Länge mindestens einmal auftritt, ist gleich 1. Dann ist aber auch die Wahrscheinlichkeit für das unendlichfache Auftreten von M in einem Zeitintervall beliebiger Länge gleich 1. Im zweiten Fall ist $P_0(t) = 1$, und folglich tritt M in einem Zeitintervall beliebiger Länge nicht auf. Interesse verdient nur der dritte Fall, in dem wir $p = e^{-\lambda}$ setzen, wo λ eine gewisse positive Zahl ist ($\lambda = -\ln p$).

Wir haben also aus den Voraussetzungen der Stationarität und dem Fehlen von Nachwirkung erschlossen, daß bei beliebigem $t \geqq 0$

$$P_0(t) = e^{-\lambda t} . \tag{1}$$

Die Voraussetzung der Ordinarität wurde bisher noch nicht benutzt.

Für kleine t folgt daraus

$$P_0(t) = 1 - \lambda t + o(t) .$$

Da für beliebige t offensichtlich die Gleichung

$$P_0(t) + P_1(t) + P_{>1}(t) = 1$$

besteht, folgt für kleine t

$$P_1(t) = \lambda t + o(t) . \tag{2}$$

Jetzt können wir dazu übergehen, die Formel für die Wahrscheinlichkeit $P_k(t)$ für $k \geqq 1$ herzuleiten. Zu diesem Zweck bestimmen wir die Wahrscheinlichkeit dafür, daß in der Zeit $t + \Delta t$ das Ereignis M genau k-mal eintritt. Dies ist auf $k + 1$ verschiedene Weisen möglich, nämlich: 1. Im Zeitintervall t tritt M k-mal auf und während der Zeit Δt ereignet sich nichts; 2. im Zeitintervall t tritt M $(k-1)$-mal auf und während der Zeit Δt einmal; ...; $k+1$). im Zeitintervall t ereignet sich nichts und während der Zeit Δt k-mal.

Nach der Formel von der totalen Wahrscheinlichkeit gilt

$$P_k(t + \Delta t) = \sum_{j=0}^{k} P_{k-j}(t)\, P_j(\Delta t)$$

(hierbei werden die Voraussetzungen der Stationarität und der Nachwirkungsfreiheit benutzt). Wir setzen jetzt

$$P_k = \sum_{j=2}^{k} P_{k-j}(t)\, P_j(\Delta t) .$$

Offensichtlich ist wegen der Ordinarität

$$P_k \leqq \sum_{j=2}^{k} P_j(\Delta t) \leqq \sum_{j=2}^{\infty} P_j(\Delta t) = P_{>1}(\Delta t) = o(\Delta t) .$$

Daher ist

$$P_k(t + \Delta t) = P_k(t)\, P_0(\Delta t) + P_{k-1}(t)\, P_1(\Delta t) + o(\Delta t)\,.$$

Wir haben aber früher bewiesen

$$P_0(\Delta t) = e^{-\lambda \Delta t} = 1 - \lambda\, \Delta t + o(\Delta t)\,.$$

Weiter gilt nach (2)

$$P_1(\Delta t) = \lambda\, \Delta t + o(\Delta t)\,,$$

und so finden wir

$$P_k(t + \Delta t) = (1 - \lambda\, \Delta t)\, P_k(t) + \lambda\, \Delta t\, P_{k-1}(t) + o(\Delta t)\,.$$

Hieraus ergibt sich

$$\frac{P_k(t + \Delta t) - P_k(t)}{\Delta t} = -\lambda\, P_k(t) + \lambda\, P_{k-1}(t) + o(1)\,.$$

Bei $\Delta t \to 0$ existiert der Limes der rechten Seite dieser Gleichung, und daher hat auch die linke Seite einen Limes. Wir erhalten daher die Gleichung

$$\frac{dP_k(t)}{dt} = -\lambda\, P_k(t) + \lambda\, P_{k-1}(t) \tag{3}$$

zur Bestimmung von $P_k(t)$. Offensichtlich führt die Voraussetzung der Ordinarität und der von uns gefundene Ausdruck für $P_0(t)$ zu den Anfangsbedingungen

$$P_0(0) = 1\,, \qquad P_k(0) = 0 \qquad \text{für } k \geqq 1\,. \tag{4}$$

Die Lösung der Gleichung (3) wird sehr einfach, wenn wir setzen

$$P_k(t) = e^{-\lambda t}\, v_k(t)\,, \tag{5}$$

wo $v_k(t)$ eine neue unbekannte Funktion ist. Wegen (1) ist $v_0(t) = 1$. Die Beziehung (4) führt uns auf die Anfangsbedingungen

$$v_0(0) = 1 \quad \text{und} \quad v_k(0) = 0 \qquad \text{für } k \geqq 1\,. \tag{6}$$

Das Einsetzen von (5) in (3) liefert

$$v_k'(t) = \lambda\, v_{k-1}(t)\,. \tag{7}$$

Insbesondere gilt

$$v_1'(t) = \lambda\,. \tag{7'}$$

Die schrittweise Lösung der Gleichungen (7′) und (7) führt uns unter Berücksichtigung der Anfangsbedingungen auf die Gleichungen

$$v_1(t) = \lambda\, t\,, \quad v_2(t) = \frac{(\lambda\, t)^2}{2!}\,, \quad v_3(t) = \frac{(\lambda\, t)^3}{3!}\,,$$

und allgemein

$$v_k(t) = \frac{(\lambda\, t)^k}{k!}\,.$$

Es gilt daher die Gleichung

$$P_k(t) = \frac{(\lambda t)^k}{k!} e^{-\lambda t} \tag{8}$$

bei beliebigem $k \geqq 0$. [1]) Damit ist unsere Aufgabe vollständig gelöst.

Die Forderungen, denen der Prozeß des Auftretens von M unterworfen war, sind in guter Näherung bei einer großen Zahl von Naturvorgängen und technischen Prozessen erfüllt. Zum Beispiel kann M der Zerfall eines Atoms eines radioaktiven Präparates oder das Auftreffen eines kosmischen Teilchens auf eine bestimmte Fläche bedeuten. Betrachten wir irgendein kompliziertes radiotechnisches System, das aus einer großen Anzahl von Elementen besteht, so gibt es für jedes dieser Elemente eine kleine Wahrscheinlichkeit dafür, daß es in der Zeiteinheit versagt, und diese Wahrscheinlichkeit ist unabhängig vom Zustand der anderen Elemente; in diesem Fall ist die Anzahl der Elemente, die im Zeitintervall $(0, t)$ versagen, ein zufälliger Prozeß, der in vielen Fällen gut durch den POISSONschen Prozeß beschrieben werden kann. Die Anzahl solcher Beispiele kann man buchstäblich unbeschränkt vergrößern.

Wir wollen hier noch bei zwei einfachen Eigenschaften des POISSONschen Prozesses verweilen.

Das Zeitintervall, das von dem einen Auftreten des Ereignisses M an bis zum unmittelbar folgenden Auftreten vergeht, ist eine zufällige Größe, die wir mit τ bezeichnen. Wir suchen die Wahrscheinlichkeitsverteilung von τ. Offensichtlich ist das Ereignis $\tau > t$ gleichbedeutend damit, daß im Zeitintervall t kein Ereignis M auftritt, d. h.

$$\mathsf{P}\{\tau > t\} = e^{-\lambda t}.$$

Die gesuchte Verteilungsfunktion ist daher durch die Formel

$$\mathsf{P}\{\tau < t\} = 1 - e^{-\lambda t} \tag{9}$$

gegeben.

Dieses Resultat können wir physikalisch in sehr verschiedener Weise deuten. Z. B. können wir diese Formel als die Verteilung der Laufzeit auf der freien Weglänge eines Moleküls oder als Verteilung der Zeit ansehen, die zwischen zweimaligem Versagen der Elemente eines komplizierten radiotechnischen Systems vergeht.

Es sei bekannt, daß im Zeitintervall t das Ereignis M unseres Prozesses n-mal $(n > 0)$ aufgetreten ist. Wie sind unter dieser Voraussetzung diese Ereignisse M in dem Zeitintervall verteilt? Es wird sich zeigen, daß die bedingte Verteilung der Zeitpunkte des Auftretens von M in diesem Zeitintervall eine gleichmäßige ist. Außerdem sind die Zeitpunkte des Auftretens aller n Ereignisse M gegenseitig unabhängig.

Wir bezeichnen mit B das Ereignis, das im n-maligen Auftreten von M im Zeitintervall $(0, t)$ besteht. Wie aus obigem hervorgeht, ist die Wahrscheinlichkeit des Ereignisses B gleich

$$P_M(B) = \frac{(\lambda t)^n}{n!} e^{-\lambda t}.$$

[1]) Der Parameter λ heißt *Intensität* des Prozesses (Anm. d. Red.).

Da die n Ereignisse M im Intervall $(0, t)$ bereits eingetreten sind, können wir sie individualisieren und unsere Aufmerksamkeit auf ein bestimmtes von ihnen lenken, das wir M_1 nennen. Wir bezeichnen mit A das Ereignis, das darin besteht, daß M_1 im Zeitintervall (a, b) eingetreten ist, das im Intervall $(0, t)$ liegt. Unsere Aufgabe besteht darin, die Wahrscheinlichkeit $P(A/B)$ zu bestimmen. Nach dem Produktsatz ist

$$P(A/B) = \frac{P(A\,B)}{P(B)}.$$

Wir müssen die Wahrscheinlichkeit für das gleichzeitige Auftreten der Ereignisse A und B bestimmen. Zu diesem Zweck betrachten wir das Ereignis C_{rs}, das darin besteht, daß a) in $(0, a)$ irgendwelche r Ereignisse M eintreten, jedoch nicht das uns interessierende, b) in (a, b) s Ereignisse M eintreten, unter denen sich das uns interessierende befindet, c) in (b, t) die übrigen $n - r - s$ Ereignisse M eintreten. Für verschiedene Zahlenpaare (r, s) sind die Ereignisse C_{rs} unvereinbar, und daher gilt

$$A\,B = \sum_{r=0}^{n-1} \sum_{s=1}^{n-r} C_{rs}.$$

Die Wahrscheinlichkeit, im Intervall $(0, a)$ r Ereignisse M, in (a, b) s Ereignisse M und in (b, t) $n - r - s$ Ereignisse M zu erhalten, ist wegen der Nachwirkungsfreiheit gegeben durch

$$\frac{(\lambda a)^r}{r!} e^{-\lambda a} \frac{[\lambda (b-a)]^s}{s!} e^{-\lambda(b-a)} \frac{[\lambda (t-b)]^{n-r-s}}{(n-r-s)!} e^{-\lambda(t-b)}. \tag{10}$$

Dieser Ausdruck ist jedoch nicht die Wahrscheinlichkeit des Ereignisses C_{rs}, denn in ihm ist noch nicht die Bedingung berücksichtigt, daß M_1 im Intervall (a, b) liegt. Um diesen Umstand zu berücksichtigen, müssen wir (10) noch mit der Wahrscheinlichkeit dafür multiplizieren, daß unter den im Intervall (a, b) eingetretenen Ereignissen M auch M_1 ist. Diese Wahrscheinlichkeit ist gleich dem Quotienten der Anzahlen von Möglichkeiten, in denen man $s - 1$ Elemente aus $n - 1$, beziehungsweise s Elemente aus n herausgreifen kann, d. h. gleich

$$\frac{C_{n-1}^{s-1}}{C_n^s} = \frac{s}{n}.$$

Daher gilt

$$P(A\,B) = e^{-\lambda t} \lambda^n \sum_{r=0}^{n-1} \sum_{s=1}^{n-r} \frac{s}{n} \frac{a^r}{r!} \frac{(b-a)^s}{s!} \frac{(t-b)^{n-r-s}}{(n-r-s)!}.$$

Einfache algebraische Umformungen führen uns auf die Gleichung

$$P(A\,B) = \frac{b-a}{t} \frac{(\lambda t)^n}{n!} e^{-\lambda t}.$$

Nach dem obigen gilt daher

$$P(A/B) = \frac{b-a}{t}. \tag{11}$$

Diese Gleichung beweist das behauptete Resultat.

Die hier entwickelte Theorie kann übrigens auch in den Fällen angewendet werden, in denen der Parameter t nicht die Rolle der Zeit spielt. Wir geben dafür folgendes Beispiel.

Beispiel. Im Raum seien Punkte unter Berücksichtigung der folgenden Forderungen verstreut:

1. Die Wahrscheinlichkeit, daß sich k Punkte in einem Gebiet G befinden, hängt nur von dem Volumen v dieses Gebietes, aber weder von seiner Form noch von seiner Lage im Raum ab. Wir bezeichnen diese Wahrscheinlichkeit mit $p_k(v)$.

2. Die Anzahl der Punkte, die in disjunkte Gebiete fallen, sind unabhängige Zufallsgrößen.

3. $$\sum_{k=2}^{\infty} p_k(\Delta v) = o(\Delta v) .$$

Diese Bedingungen drücken nichts anderes aus als Stationarität, Fehlen von Nachwirkung und Ordinarität. Daher gilt

$$p_n(v) = \frac{(a\, v)^n}{n!} e^{-a v} .$$

Bringt man in irgendeine Flüssigkeit kleine Teilchen irgendeines Stoffes, so befinden sich diese Teilchen unter dem Einfluß der Stöße der umgebenden Moleküle in ständiger ungeordneter Bewegung (BROWNsche Bewegung). Daher erhalten wir in jedem Zeitpunkt eine zufällige Verteilung der Teilchen im Raum, von der wir eben sprachen. Nach der Theorie müssen wir annehmen, daß in unserem Beispiel die Anzahl der Teilchen, die in irgendein bestimmtes Gebiet fallen, dem POISSONschen Gesetz unterworfen ist.

In Tabelle 12 werden die Versuchsergebnisse mit Goldteilchen in Wasser mit den Rechenergebnissen nach dem POISSONschen Gesetz verglichen. Die Zahlen stammen aus einem Artikel von SMOLUCHOWSKI.

Tabelle 12

Anzahl der Teilchen	Zahl der beobachteten Fälle	relative Häufigkeit $\frac{m}{518}$	$\frac{\lambda^n e^{-\lambda}}{n!}$	Zahl der berechneten Fälle
0	112	0,216	0,213	110
1	168	0,325	0,328	173
2	130	0,251	0,253	131
3	69	0,133	0,130	67
4	32	0,062	0,050	26
5	5	0,010	0,016	8
6	1	0,002	0,004	2
7	1	0,002	0,001	1

Die Konstante $\lambda = a\,v$, durch die das POISSONsche Gesetz bestimmt wird, ist gleich dem arithmetischen Mittel aus den beobachteten Teilchenzahlen gewählt, d. h.

$$\lambda = \frac{0 \cdot 112 + 1 \cdot 168 + 2 \cdot 130 + 3 \cdot 69 + 4 \cdot 32 + 5 \cdot 5 + 6 \cdot 1 + 7 \cdot 1}{518} \approx 1{,}54 \,.$$

§ 52. Bedingte Verteilungsfunktionen und die BAYESsche Formel

Für das Folgende müssen wir den im ersten Kapitel eingeführten Begriff der bedingten Wahrscheinlichkeit auf den Fall einer unendlichen Menge möglicher Bedingungen verallgemeinern. Insbesondere müssen wir den Begriff der bedingten Verteilungsfunktion bezüglich einer Zufallsgröße einführen.

Wir betrachten ein Ereignis B und eine Zufallsgröße ξ mit der Verteilungsfunktion $F(x)$. Wir bezeichnen mit $A_{\alpha\beta}$ das Ereignis

$$x - \alpha \leqq \xi < x + \beta \,.$$

Nach den Definitionen des ersten Kapitels ist

$$\mathsf{P}\{B\,A_{\alpha\beta}\} = \mathsf{P}\{A_{\alpha\beta}\} \cdot \mathsf{P}\{B/A_{\alpha\beta}\} = [F\,(x+\beta) - F\,(x-\alpha)]\,\mathsf{P}\{B/A_{\alpha\beta}\}\,,$$

woraus man

$$\mathsf{P}\{B/A_{\alpha\beta}\} = \frac{\mathsf{P}\{B\,A_{\alpha\beta}\}}{F(x+\beta) - F\,(x-\alpha)}$$

erhält. Der Grenzwert

$$\lim_{\alpha,\,\beta\to 0} \frac{\mathsf{P}\{B\,A_{\alpha\beta}\}}{F(x+\beta) - F\,(x-\alpha)}$$

heißt, falls er existiert[1]), die *bedingte Wahrscheinlichkeit des Ereignisses B unter der Bedingung $\xi = x$* und wird mit dem Symbol $\mathsf{P}\{B/x\}$ bezeichnet. Offenbar ist $\mathsf{P}\{B/x\}$ *bei festem x* eine endlich-additive Funktion des Ereignisses B, die auf einem gewissen Ereignisfeld definiert ist.

Unter gewissen Bedingungen, die praktisch immer erfüllt sind, besitzt $\mathsf{P}\{B/x\}$ alle Eigenschaften einer gewöhnlichen Wahrscheinlichkeit, die den Axiomen 1 — 3, § 8, genügt.

Ist η eine Zufallsgröße und bezeichnet B das Ereignis $\eta < y$, so heißt die Funktion $\Phi(y/x) = \mathsf{P}\,\{\eta < y/x\}$ — die, wie man leicht sieht, eine Verteilungsfunktion ist —, die *bedingte Verteilungsfunktion der Größe η unter der Bedingung $\xi = x$*. Ist $F(x, y)$ die Verteilungsfunktion der Zufallsgrößen ξ und η, so ist offensichtlich

$$\Phi(y/x) = \lim_{\alpha,\,\beta\to 0} \frac{F\,(x+\beta, y) - F\,(x-\alpha, y)}{F(x+\beta, \infty) - F(x-\alpha, \infty)}\,,$$

wenn dieser Grenzwert existiert.

[1]) Dieser Grenzwert existiert für fast alle Werte x im Sinne des durch die Funktion $F(x)$ bestimmten Maßes.

Wenn die Funktion $\mathsf{P}\{B/x\}$ bezüglich $F(x)$ integrierbar ist, so gilt die *Formel der totalen Wahrscheinlichkeit*

$$\mathsf{P}\{B\} = \int \mathsf{P}\{B/x\}\, dF(x) .$$

Zum Beweis dieser Formel zerlegen wir das Variationsintervall der Größe ξ durch die Punkte x_i $(i = 0, \pm 1, \pm 2, \ldots)$ in Intervalle $x_i \leqq \xi < x_{i+1}$. Wir bezeichnen mit A_i das Ereignis $x_i \leqq \xi < x_{i+1}$. Nach dem erweiterten Additionsaxiom erhalten wir

$$\mathsf{P}\{B\} = \sum_{i=-\infty}^{\infty} \mathsf{P}\{BA_i\} = \sum_{i=-\infty}^{\infty} \mathsf{P}\{B/A_i\}\, [F(x_{i+1}) - F(x_i)] .$$

Nun teilen wir die Intervalle $(x_i\, x_{i+1})$ in immer kleinere ein, so daß die maximale Länge der so gewonnenen Intervalle gegen Null strebt. Nach der Definition der bedingten Wahrscheinlichkeit und des STIELTJES-Integrals erhalten wir hieraus

$$\mathsf{P}\{B\} = \int \mathsf{P}\{B/x\}\, dF(x) .$$

Insbesondere ist

$$\Phi(y) = \mathsf{P}\,\{\eta < y\} = \int \Phi(y/x)\, dF(x) . \tag{1}$$

Wenn die Wahrscheinlichkeitsdichte der Größe η existiert, so ist

$$\varphi(y) = \int \varphi(y/x)\, dF(x) , \tag{1'}$$

wobei $\varphi(y/x)$ die *bedingte Verteilungsdichte* der Größe η ist.

Beispiel. Als Beispiel für die Anwendung der Formel (1) betrachten wir die folgende Aufgabe aus der Ballistik. Bei einem Schuß auf irgendein Ziel können Fehler von zweierlei Art auftreten:

1. in der Bestimmung der Lage des Ziels,

2. Schießfehler, die aus einer großen Anzahl verschiedener Ursachen entstehen können (einer Schwankung in der Größe der Geschoßladung, einer Ungenauigkeit in der Form des Geschosses, in einem Zielfehler, unwesentlichen Schwankungen der atmosphärischen Bedingungen usw.).

Fehler der zweiten Art bezeichnet man als technische Streuung. Es werden n unabhängige Schüsse bei einer bestimmten Lage des Ziels abgegeben. Man soll die Wahrscheinlichkeit dafür bestimmen, daß wenigstens einer von ihnen ins Ziel trifft.

Der Einfachheit halber beschränken wir uns auf die Betrachtung eines eindimensionalen Zieles der Länge 2α. Das Geschoß sehen wir als einen Punkt an. Wir bezeichnen mit $f(x)$ die Wahrscheinlichkeitsdichte der Lage des Ziels und mit $\varphi_i(x)$ die Wahrscheinlichkeitsdichte für die Treffpunkte des i-ten Geschosses.

Wenn der Mittelpunkt des Ziels sich im Punkt z befindet, so ist die Wahrscheinlichkeit, ins Ziel zu treffen, beim i-ten Schuß gleich der Wahrscheinlichkeit, in das Intervall $(z-\alpha, z+\alpha)$ zu treffen, d. h. gleich[1])

$$\int_{z-\alpha}^{z+\alpha} \varphi_i(x)\, dx\,.$$

Die bedingte Wahrscheinlichkeit eines Fehlschusses beim i-ten Schuß unter der Bedingung, daß sich der Mittelpunkt des Zieles im Punkt z befindet, ist gleich

$$1 - \int_{z-\alpha}^{z+\alpha} \varphi_i(x)\, dx\,.$$

Die bedingte Wahrscheinlichkeit, daß alle n Schüsse (unter derselben Bedingung) nur Fehlschüsse sind, ist gleich

$$\prod_{i=1}^{n}\left(1 - \int_{z-\alpha}^{z+\alpha} \varphi_i(x)\, dx\right).$$

Hieraus schließen wir, daß die Wahrscheinlichkeit, wenigstens einen Treffer zu erzielen, unter der Bedingung, daß sich der Mittelpunkt des Zieles im Punkt z befindet, gleich

$$1 - \prod_{i=1}^{n}\left(1 - \int_{z-\alpha}^{z+\alpha} \varphi_i(x)\, dx\right)$$

ist.

Die unbedingte Wahrscheinlichkeit wenigstens eines Treffers ist also (nach Formel (1)) gleich

$$P = \int f(z)\left[1 - \prod_{i=1}^{n}\left(1 - \int_{z-\alpha}^{z+\alpha} \varphi_i(x)\, dx\right)\right] dz\,.$$

Wenn sich die Schießbedingungen von Schuß zu Schuß nicht ändern, so ist $\varphi_i(x) = \varphi(x)$ $(i = 1, 2, \ldots, n)$ und somit

$$P = \int f(z)\left[1 - \left(1 - \int_{z-\alpha}^{z+\alpha} \varphi(x)\, dx\right)^n\right] dz\,.$$

Wie früher bezeichne A_i das Ereignis $x_i \leqq \xi < x_{i+1}$. Nach dem klassischen Satz von BAYES ist

$$\mathsf{P}\{A_i/B\} = \frac{\mathsf{P}\{A_i\}\ \mathsf{P}\{B/A_i\}}{\mathsf{P}\{B\}}\,.$$

Wenn $F(x) = \mathsf{P}\,\{\xi < x\}$ und $\mathsf{P}\,\{\xi < x/B)\}$ stetige Ableitungen nach x besitzen, so erhalten wir unter Benutzung des Mittelwertsatzes die Formel

$$\mathsf{P}\,\{A_i/B\} = p_\xi(\overline{x}_i/B)\,(x_{i+1} - x_i) = \frac{F'(\overline{x}_i')\ \mathsf{P}\{B/A_i\}}{P\{B\}}(x_{i+1} - x_i)$$

[1]) Wir setzen hierbei voraus, daß die Bestimmung der Lage des Zieles und die technische Streuung voneinander unabhängig sind.

mit $x_i < \overline{x}_i < x_{i+1}$, $x_i < \overline{x}'_i < x_{i+1}$. In der Grenze erhalten wir für $x_i \to x$, $x_{i+1} \to x$

$$p_\xi(x/B) = \frac{p(x)\ \mathsf{P}\{B/x\}}{\mathsf{P}\{B\}}$$

oder

$$p_\xi(x/B) = \frac{p(x)\ \mathsf{P}\{B/x\}}{\int \mathsf{P}\{B/x\}\ p(x)\ dx}. \tag{2}$$

Diese Gleichung nennt man die BAYESsche *Formel.*

Das Ereignis B bestehe nun darin, daß eine Zufallsgröße η einen Wert zwischen $y - \alpha$ und $y + \beta$ annimmt, und die bedingte Verteilungsfunktion $\Phi(y/x)$ der Größe η besitze bei jedem x eine stetige Verteilungsdichte $p_\eta(y/x)$. Strebt dann $\frac{1}{\beta + \alpha}\ \mathsf{P}\{B/x\}$ für $\alpha \to 0$ und $\beta \to 0$ gleichmäßig bezüglich x gegen $p_\eta(y/x)$, so gilt, wie aus der Formel (2) folgt, die Gleichung

$$p_\xi(x/y) = \frac{p(x)\ p_\eta(y/x)}{\int p_\eta(y/x)\ p(x)\ dx}.$$

Diese Formel werden wir im folgenden Kapitel viel benutzen.

§ 53. Die verallgemeinerte MARKOWsche Gleichung

Wir kommen nun zur Untersuchung der zufälligen Prozesse ohne Nachwirkung, beschränken uns aber nur auf die *einfachsten* Probleme. Insbesondere werden wir voraussetzen, daß die Menge der möglichen Zustände eines Systems die Menge der reellen Zahlen ist. Ein *zufälliger Prozeß* ist also für uns eine Gesamtheit von Zufallsgrößen $\xi(t)$, die von einem reellen Parameter t abhängen. Den Parameter t nennen wir die Zeit und sprechen vom Zustand des Systems im einen oder anderen Zeitpunkt.

Eine vollständige wahrscheinlichkeitstheoretische Charakterisierung eines Prozesses ohne Nachwirkung erhalten wir durch Angabe einer Funktion $F(t, x; \tau, y)$, welche die Wahrscheinlichkeit dafür anzeigt, daß im Zeitpunkt τ die Zufallsgröße $\xi(\tau)$ einen Wert kleiner als y annimmt, wenn bekannt ist, daß im Zeitpunkt t $(t < \tau)$ die Gleichung $\xi(t) = x$ bestand. Die zusätzliche Kenntnis der Zustände des Systems in früheren Zeitpunkten als t hat im Falle der Prozesse ohne Nachwirkung auf die Funktion $F(t, x; \tau, y)$ keinen Einfluß.

Wir geben nun einige Bedingungen an, denen die Funktion $F(t, x; \tau, y)$ genügen muß.

Zunächst müssen für sie, wie für jede Verteilungsfunktion, bei beliebigen x, t und τ, y die Gleichungen

$$\lim_{y \to -\infty} F(t, x; \tau, y) = 0\,, \quad \lim_{y \to +\infty} F(t, x; \tau, y) = 1$$

erfüllt sein.[1])

[1]) Wir bemerken, daß der Parameter t (die Zeit) gewöhnlich auf einer Halbgeraden $(t \geqq t_0)$ vorgegeben wird.

Zweitens muß die Funktion $F(t, x; \tau, y)$ bezüglich des Arguments y linksseitig stetig sein.

Wir setzen jetzt voraus, daß die Funktion $F(t, x; \tau, y)$ in t, τ und in x stetig ist.

Wir betrachten die Zeitpunkte t, s, τ $(t < s < \tau)$. Zur Zeit t möge sich das System im Zustand x befinden. Dann geht es mit der Wahrscheinlichkeit $d_z F(t, x; s, z)$ im Augenblick s in einen der Zustände aus dem Intervall $(z, z + dz)$ über. Da es ferner aus einem Zustand z, in dem es sich zur Zeit s befindet, mit der Wahrscheinlichkeit $F(s, z; \tau, y)$ im Zeitpunkt τ in einen Zustand kleiner als y übergeht, finden wir nach der Formel (1) des vorigen Paragraphen

$$F(t, x; \tau, y) = \int F(s, z; \tau, y) \, d_z F(t, x; s, z) \, .$$

Diese Gleichung nennt man die verallgemeinerte MARKOWsche Gleichung, da sie eine Übertragung der Gleichung (1), § 17, aus der Theorie der MARKOWschen Ketten auf die Theorie der zufälligen Prozesse darstellt und in dieser Theorie eine ebenso große Rolle spielt, wie die erwähnte Identität in der Theorie der MARKOWschen Ketten.

Die Wahrscheinlichkeit $F(t, x; \tau, y)$ ist bis jetzt nur für $\tau > t$ definiert. Wir vervollständigen diese Definition, indem wir

$$\lim_{\tau \to t+0} F(t, x; \tau, y) = \lim_{t \to \tau - 0} F(t, x; \tau, y) = E(x, y) = \begin{cases} 0 & \text{für} \quad y \leqq x \, , \\ 1 & \text{für} \quad y > x \end{cases}$$

setzen.

Wenn die Dichte

$$f(t, x; \tau, y) = \frac{\partial}{\partial y} F(t, x; \tau, y)$$

existiert, so gelten für sie folgende evidente Gleichungen:

$$\int_{-\infty}^{y} f(t, x; \tau, z) \, dz = F(t, x; \tau, y) \, ,$$

$$\int f(t, x; \tau, z) \, dz = 1 \, .$$

In diesem Fall muß die verallgemeinerte MARKOWsche Gleichung folgendermaßen geschrieben werden:

$$f(t, x; \tau, y) = \int f(s, z; \tau, y) \, f(t, x; s, z) \, dz \, .$$

§ 54. Stetige zufällige Prozesse und die KOLMOGOROFFschen Gleichungen

Wir nennen einen zufälligen Prozeß $\xi(t)$ *stetig*, wenn $\xi(t)$ in kleinen Zeitabschnitten nur mit einer kleinen Wahrscheinlichkeit einen merklichen Zuwachs erhält. Wir fordern hier von einem Prozeß $\xi(t)$ die starke Stetigkeit: Für jede Konstante δ $(\delta > 0)$ gilt die Beziehung

$$\lim_{\Delta t \to 0} \frac{1}{\Delta t} \int_{|y-x| \geqq \delta} d_y F(t - \Delta t, x; t, y) = 0 \, . \tag{1}$$

Unsere nächste Aufgabe besteht in der Ableitung von Differentialgleichungen, denen unter gewissen Bedingungen die Funktion $F(t, x; \tau, y)$ genügt, die den stetigen zufälligen Prozeß ohne Nachwirkung festlegt. Diese Gleichungen wurden zuerst von A. N. KOLMOGOROFF streng bewiesen (obwohl die zweite von ihnen bis dahin bereits in den Arbeiten der Physiker aufgetreten war), und heißen die KOLMOGOROFFschen Gleichungen.

Wir setzen voraus, daß

1. die partiellen Ableitungen

$$\frac{\partial F(t, x; \tau, y)}{\partial x} \quad \text{und} \quad \frac{\partial^2 F(t, x; \tau, y)}{\partial x^2}$$

existieren und bei beliebigen Werten t, x und $\tau > t$ stetig sind;

2. für jedes $\delta > 0$ die Grenzwerte

$$\lim_{\Delta t \to 0} \frac{1}{\Delta t} \int\limits_{|y-x|<\delta} (y - x)\, d_y F\,(t - \Delta t, x; t, y) = a(t, x) \tag{2}$$

und

$$\lim_{\Delta t \to 0} \frac{1}{\Delta t} \int\limits_{|y-x|<\delta} (y - x)^2\, d_y F\,(t - \Delta t, x; t, y) = b(t, x) \tag{3}$$

existieren[1]) und diese Konvergenz bezüglich x gleichmäßig ist.

Die linken Seiten der Gleichung (2) und (3) hängen von δ ab. Diese Abhängigkeit ist jedoch auf Grund der Definition der Stetigkeit eines Prozesses (d. h. nach (1)) nur scheinbar.

Die erste KOLMOGOROFFsche Gleichung. *Wenn die eben formulierten Bedingungen* 1. *und* 2. *erfüllt sind, so genügt die Funktion* $F(t, x; \tau, y)$ *der Gleichung*

$$\frac{\partial F(t, x; \tau, y)}{\partial t} = -\, a(t, x) \frac{\partial F(t, x; \tau, y)}{\partial x} - \frac{b(t, x)}{2} \frac{\partial^2 F(t, x; \tau, y)}{\partial x^2}. \tag{4}$$

---

[1]) A. N. KOLMOGOROFF bewies die Existenz der Grenzwerte $a(t, x)$ und $b(t, x)$ unter der Voraussetzung, daß bei vorgegebenen x und s die Determinante

$$\begin{vmatrix} \frac{\partial}{\partial x} f(s, x, t', y') & \frac{\partial}{\partial x} f(s, x, t'', y'') \\ \frac{\partial^2}{\partial x^2} f(s, x, t', y') & \frac{\partial^2}{\partial x^2} f(s, x, t'', y'') \end{vmatrix}$$

für beliebige t', t'', y', y'' nicht identisch verschwindet. Wenn man wörtlich die Überlegungen von A. N. KOLMOGOROFF wiederholt, kann man folgendes beweisen: Aus (1) und der Voraussetzung, daß bei vorgegebenen x und s die Determinante

$$\begin{vmatrix} \frac{\partial}{\partial x} F(s, x, t', y') & \frac{\partial}{\partial x} F(s, x, t'', y'') \\ \frac{\partial^2}{\partial x^2} F(s, x, t', y') & \frac{\partial^2}{\partial x^2} F(s, y, t'', y'') \end{vmatrix}$$

für beliebige t', t'', y', y'' nicht identisch verschwindet, folgt die Existenz der Grenzwerte $a(t, x)$ und $b(t, x)$.

Die anschauliche Bedeutung der Funktionen a und b erklären wir am Ende des Paragraphen.

Beweis. Nach der verallgemeinerten MARKOWschen Gleichung ist

$$F(t-\Delta t, x; \tau, y) = \int F(t, z; \tau, y)\, d_z F(t-\Delta t, x; t, z).$$

Außerdem ist auf Grund der Eigenschaft einer Verteilungsfunktion

$$F(t, x; \tau, y) = \int F(t, x; \tau, y)\, d_z F(t-\Delta t, x; t, z).$$

Aus diesen Gleichungen schließen wir auf die Beziehung

$$\frac{F(t-\Delta t, x; \tau, y) - F(t, x; \tau, y)}{\Delta t} = \frac{1}{\Delta t}\int [F(t, z; \tau, y) - F(t, x; \tau, y)]\, d_z F(t-\Delta t, x; t, z).$$

Nach der TAYLORschen Formel gilt unter unseren Voraussetzungen die Gleichung

$$F(t, z; \tau, y) = F(t, x; \tau, y) + (z-x)\frac{\partial F(t, x; \tau, y)}{\partial x} + \frac{1}{2}(z-x)^2\frac{\partial^2 F(t, x; \tau, y)}{\partial x^2} + o\left((z-x)^2\right).$$

Die folgenden analytischen Umformungen erfordern keine weiteren Erklärungen:

$$\begin{aligned}
\frac{F(t-\Delta t, x; \tau, y) - F(t, x; \tau, y)}{\Delta t}
&= \frac{1}{\Delta t}\int\limits_{|z-x|\geqq\delta} [F(t, z; \tau, y) - F(t, x; \tau, y)]\, d_z F(t-\Delta t, x; t, z) \\
&\quad + \frac{1}{\Delta t}\int\limits_{|z-x|<\delta} [F(t, z; \tau, y) - F(t, x; \tau, y)]\, d_z F(t-\Delta t, x; t, z) \\
&= \frac{1}{\Delta t}\int\limits_{|z-x|\geqq\delta} [F(t, z; \tau, y) - F(t, x; \tau, y)]\, d_z F(t-\Delta t, x; t, z) \\
&\quad + \frac{\partial F(t, x; \tau, y)}{\partial x}\cdot\frac{1}{\Delta t}\int\limits_{|z-x|<\delta} (z-x)\, d_z F(t-\Delta t, x; t, z) \\
&\quad + \frac{1}{2}\frac{\partial^2 F(t, x; \tau, y)}{\partial x^2}\cdot\frac{1}{\Delta t}\int\limits_{|z-x|<\delta} [(z-x)^2 + o\left((z-x)^2\right)]\, d_z F(t-\Delta t, x; t, z).
\end{aligned} \tag{5}$$

Wir gehen nun zur Grenze $\Delta t \to 0$ über. Der erste Summand der rechten Seite besitzt nach (1) den Grenzwert 0. Der zweite Summand ist nach (2) in der Grenze gleich $a(t, x)\frac{\partial F}{\partial x}$. Schließlich kann sich der dritte Summand von $\frac{1}{2} b(t, x)\frac{\partial^2 F}{\partial x^2}$ nur um einen Summanden unterscheiden, der für $\delta \to 0$ gegen Null strebt. Da aber die linke Seite der letzten Gleichung von δ nicht abhängt, und die eben angeführten Grenzwerte von δ nicht abhängen, so existiert der Limes der rechten Seite und ist gleich

$$a(t, x)\frac{\partial F(t, x; \tau, y)}{\partial x} + \frac{1}{2} b(t, x)\frac{\partial^2 F(t, x; \tau, y)}{\partial x^2}.$$

Hieraus schließen wir auf die Existenz des Grenzwertes

$$\lim_{\Delta t \to 0} \frac{F(t - \Delta t, x; \tau, y) - F(t, x; \tau, y)}{\Delta t} = -\frac{\partial F(t, x; \tau, y)}{\partial t}.$$

Die Gleichung (5) führt uns auf die Gleichung (4).

Wenn man die Existenz der Verteilungsdichte

$$f(t, x; \tau, y) = \frac{\partial}{\partial y} F(t, x; \tau, y)$$

voraussetzt, so zeigt eine einfache Differentiation von (4), daß die Dichte $f(t, x; \tau, y)$ der Gleichung

$$\frac{\partial f(t, x; \tau, y)}{\partial t} + a(t, x) \frac{\partial f(t, x; \tau, y)}{\partial x} + \frac{1}{2} b(t, x) \frac{\partial^2 f(t, x; \tau, y)}{\partial x^2} = 0 \tag{4'}$$

genügt.

Wir kommen nun zur Ableitung der zweiten KOLMOGOROFFschen Gleichung. Dabei streben wir nicht die allgemeinste Formulierung an, sondern machen einige Annahmen, die mit dem Wesen der Sache an sich nichts zu tun haben. Neben den bereits gemachten Voraussetzungen legen wir der Funktion $F(t, x; \tau, y)$ noch folgende Beschränkungen auf:

3. Es existiere die Verteilungsdichte

$$f(t, x; \tau, y) = \frac{\partial F(t, x; \tau, y)}{\partial y};$$

4. es mögen die stetigen Ableitungen

$$\frac{\partial f(t, x; \tau, y)}{\partial \tau}, \quad \frac{\partial}{\partial y}[a(\tau, y) f(t, x; \tau, y)], \quad \frac{\partial^2}{\partial y^2}[b(\tau, y) f(t, x; \tau, y)]$$

existieren.

Die zweite KOLMOGOROFFsche Gleichung[1]). *Wenn die Bedingungen 1 bis 4 erfüllt sind, so genügt für einen stetigen zufälligen Prozeß ohne Nachwirkung die Dichte $f(t, x; \tau, y)$ der Gleichung*

$$\frac{\partial f(t, x; \tau, y)}{\partial \tau} = -\frac{\partial}{\partial y}[a(\tau, y) f(t, x; \tau, y)] + \frac{1}{2} \frac{\partial^2}{\partial y^2}[b(\tau, y) f(t, x; \tau, y)]. \tag{6}$$

Beweis. Es seien a und b ($a < b$) irgendwelche Zahlen und $R(y)$ eine nicht negative stetige Funktion, die stetige Ableitungen bis zur zweiten Ordnung einschließlich besitzt. Außerdem fordern wir, daß

$$R(y) = 0 \quad \text{für } y < a \quad \text{und} \quad y > b$$

ist. Aus der Bedingung der Stetigkeit der Funktion $R(y)$ und ihrer Ableitungen schließen wir, daß

$$R(a) = R(b) = R'(a) = R'(b) = R''(a) = R''(b) = 0 \tag{7}$$

[1]) Die zweite KOLMOGOROFFsche Gleichung wurde schon früher von den Physikern FOKKER und PLANCK im Zusammenhang mit der Entwicklung der Diffusionstheorie aufgestellt.

ist. Wir gehen aus von den Gleichungen

$$\int_a^b \frac{\partial f(t, x; \tau, y)}{\partial \tau} R(y)\, dy = \frac{\partial}{\partial \tau} \int_a^b f(t, x; \tau, y)\, R(y)\, dy$$

$$= \lim_{\Delta\tau \to 0} \int \frac{f(t, x; \tau + \Delta\tau, y) - f(t, x; \tau, y)}{\Delta\tau} R(y)\, dy\,.$$

Nach der verallgemeinerten MARKOWschen Gleichung gilt

$$f(t, x; \tau + \Delta\tau, y) = \int f(t, x; \tau, z)\, f(\tau, z; \tau + \Delta\tau, y)\, dz\,,$$

und daher

$$\int_a^b \frac{\partial f(t, x; \tau, y)}{\partial \tau} R(y)\, dy$$

$$= \lim_{\Delta\tau \to 0} \frac{1}{\Delta\tau}\Big[\int\int f(t, x; \tau, z)\, f(\tau, z; \tau + \Delta\tau, y)\, R(y)\, dz\, dy - \int f(t, x; \tau, y)\, R(y)\, dy\Big]$$

$$= \lim_{\Delta\tau \to 0} \frac{1}{\Delta\tau}\Big[\int f(t, x; \tau, z)\, f(\tau, z; \tau + \Delta\tau, y)\, R(y)\, dy\, dz - \int f(t, x; \tau, y)\, R(y)\, dy\Big]$$

$$= \lim_{\Delta\tau \to 0} \frac{1}{\Delta\tau} \int f(t, x; \tau, y) \Big[\int f(\tau, y; \tau + \Delta\tau, z)\, R(z)\, dz - R(y)\Big] dy\,.$$

Die ausgeführten Umformungen sind evident: Das erste Mal vertauschten wir die Reihenfolge der Integrationen, beim zweiten Mal änderten wir die Bezeichnungen der Integrationsveränderlichen (y in z und z in y).

Nach der TAYLORschen Formel ist

$$R(z) = R(y) + (z - y)\, R'(y) + \frac{1}{2}(z - y)^2\, R''(y) + o\,[(z - y)^2]\,.$$

Wegen der Beschränktheit der Funktion $R(z)$ und wegen der Bedingung (1) gilt

$$\int_{|y-z| \geqq \delta} f(\tau, y; \tau + \Delta\tau, z)\, R(z)\, dz = o(\Delta\tau)$$

und

$$\int_{|y-z| < \delta} f(\tau, y; \tau + \Delta\tau, z)\, dz = 1 + o(\Delta\tau)\,.$$

Daher erhalten wir

$$\int f(\tau, y; \tau + \Delta\tau, z)\, R(z)\, dz - R(y) = R'(y) \int_{|y-z|<\delta} (z - y)\, f(\tau, y; \tau + \Delta\tau, z)\, dz$$

$$+ \frac{1}{2} R''(y) \int_{|y-z|<\delta} [(z - y)^2 + o\left((z - y)^2\right)]\, f(\tau, y; \tau + \Delta\tau, z)\, dz + o(\Delta\tau)\,.$$

Es ist also

$$\int_a^b \frac{\partial f(t, x; \tau, y)}{\partial \tau} R(y)\, dy$$

$$= \lim_{\Delta\tau \to 0} \frac{1}{\Delta\tau} \int f(t, x; \tau, y) \Bigg\{ R'(y) \int\limits_{|y-z|<\delta} (z-y) f(\tau, y; \tau + \Delta\tau, z)\, dz$$

$$+ \frac{1}{2} R''(y) \int\limits_{|y-z|<\delta} [(z-y)^2 + o(z-y)^2] f(\tau, y; \tau + \Delta\tau, z)\, dz + o(\Delta\tau) \Bigg\} dy\,.$$

Wir gehen nun zur Grenze $\Delta\tau \to 0$ über. Auf Grund der Voraussetzungen über die gleichmäßige Konvergenz gegen die Grenzwerte in (2) und (3) schließen wir, daß sich die letzte Gleichung in der Form

$$\int_a^b \frac{\partial f(t, x; \tau, y)}{\partial \tau} R(y)\, dy = \int f(t, x; \tau, y) \left[a(\tau, y)\, R'(y) + \frac{1}{2} b(\tau, y)\, R''(y) \right] dy$$

schreiben läßt.

Da $R'(y) = R''(y) = 0$ für $y \leqq a$ und $y \geqq b$ ist, so erhalten wir

$$\int_a^b \frac{\partial f(t, x; \tau, y)}{\partial \tau} R(y)\, dy = \int_a^b f(t, x; \tau, y) \left[a(\tau, y)\, R'(y) + \frac{1}{2} b(\tau, y)\, R''(y) \right] dy\,. \tag{8}$$

Durch partielle Integration und unter Benutzung der Gleichungen (7) finden wir

$$\int_a^b f(t, x; \tau, y)\, a(\tau, y)\, R'(y)\, dy = -\int_a^b R(y) \frac{\partial}{\partial y} [a(\tau, y) f(t, x; \tau, y)]\, dy\,,$$

$$\int_a^b f(t, x; \tau, y)\, b(\tau, y)\, R''(y)\, dy = \int_a^b R(y) \frac{\partial^2}{\partial y^2} [b(\tau, y) f(t, x; \tau, y)]\, dy\,.$$

Nach Einsetzen der gewonnenen Ausdrücke in (8) erhalten wir

$$\int_a^b \frac{\partial f(t, x; \tau, y)}{\partial \tau} R(y)\, dy$$

$$= \int_a^b \left\{ -\frac{\partial}{\partial y} [a(\tau, y) f(t, x; \tau, y)] + \frac{1}{2} \frac{\partial^2}{\partial y^2} [b(\tau, y) f(t, x; \tau, y)] \right\} R(y)\, dy\,.$$

Diese Gleichung läßt sich offenbar folgendermaßen schreiben

$$\int_a^b \Bigg\{ \frac{\partial f(t, x; \tau, y)}{\partial \tau} + \frac{\partial}{\partial y} [a(\tau, y) f(t, x; \tau, y)]$$

$$- \frac{1}{2} \frac{\partial^2}{\partial y^2} [b(\tau, y) f(t, x; \tau, y)] \Bigg\} R(y)\, dy = 0\,. \tag{9}$$

Da die Funktion $R(y)$ beliebig ist, so folgt aus der letzten Identität die Gleichung (6). Angenommen, dies wäre nicht so, dann existiere ein Quadrupel von Zahlen (t, x, τ, y), für das der in (9) in geschweiften Klammern stehende Ausdruck von Null verschieden ist. Unter unseren Voraussetzungen stellt dieser Ausdruck eine stetige Funktion dar; folglich ließe sich ein Intervall $\alpha < y < \beta$ finden, in dem sich sein Vorzeichen nicht ändert. Ist $a \leqq \alpha$ und $b \geqq \beta$, so setzen wir $R(y) = 0$ für $y \leqq \alpha$ und $y \geqq \beta$ und $R(y) > 0$ für $\alpha < y < \beta$. Bei einer solchen Wahl von $R(y)$ müßte das auf der linken Seite der Gleichung (9) stehende Integral von Null verschieden sein. Wir kämen so zu einem Widerspruch. Folglich ist unsere Annahme falsch, und aus (9) folgt (6).

Das Hauptproblem besteht natürlich nicht darin nachzuweisen, daß eine vorgegebene Funktion $f(t, x; \tau, y)$ den KOLMOGOROFFschen Gleichungen genügt, sondern darin, eine unbekannte Funktion $f(t, x; \tau, y)$ auf Grund dieser Gleichungen zu bestimmen, wobei die Koeffizienten $a(t, x)$ und $b(t, x)$ als bekannt vorausgesetzt werden. Außerdem sucht man dabei nicht irgendeine Lösung der KOLMOGOROFFschen Gleichungen, sondern nur die, die den folgenden Forderungen genügen:

$$\left.\begin{array}{l} 1.\ f(t, x; \tau, y) \geqq 0 \quad \text{für alle} \quad t, x, \tau, y, \\ 2.\ \int f(t, x; \tau, y)\, dy = 1\,, \\ \text{und für beliebiges } \delta > 0 \\ 3.\ \lim\limits_{\tau \to t} \int\limits_{|y-x| \geqq \delta} f(t, x; \tau, y)\, dy = 0\,. \end{array}\right\} \tag{10}$$

Wir halten uns nicht dabei auf, die Bedingungen zu untersuchen, die man den Funktionen $a(t, x)$ und $b(t, x)$ auferlegen muß, damit eine Lösung der KOLMOGOROFFschen Gleichungen existiert, die den aufgestellten Forderungen genügt und überdies eindeutig ist.

Wir verschärfen etwas die Stetigkeitsforderung, um die physikalische Bedeutung der Koeffizienten $a(t, x)$ und $b(t, x)$ zu erläutern. An Stelle von (1) wollen wir voraussetzen, daß bei beliebigem $\delta > 0$ die Beziehung

$$\lim_{\Delta t \to 0} \frac{1}{\Delta t} \int\limits_{|y-x| > \delta} (y - x)^2\, d_y F\,(t - \Delta t, x; t, y) = 0 \tag{1'}$$

besteht. Man sieht leicht ein, daß aus (1′) die Formel (1) folgt. Die Forderungen (2) und (3) lassen sich nun in der Form

$$\lim_{\Delta t \to 0} \frac{1}{\Delta t} \int (y - x)\, d_y F\,(t - \Delta t, x; t, y) = a(t, x) \tag{2'}$$

und

$$\lim_{\Delta t \to 0} \frac{1}{\Delta t} \int (y - x)^2\, d_y F\,(t - \Delta t, x; t, y) = b(t, x) \tag{3'}$$

schreiben.

Die übrigen Forderungen sowie die Schlußfolgerungen ändern sich nicht, wenn man (1) durch (1′) ersetzt hat. Da

$$\int (y - x)\, d_y F\,(t - \Delta t, x; t, y) = \mathsf{M}\,[\xi(t) - \xi\,(t - \Delta t)]$$

die mathematische Erwartung der Änderung von $\xi(t)$ in der Zeit Δt ist und

$$\int (y - x)^2 \, d_y F(t - \Delta t, x; t, y) = \mathsf{M}\,[\xi(t) - \xi(t - \Delta t)]^2$$

die mathematische Erwartung des Quadrats der Änderung von $\xi(t)$ und somit proportional der kinetischen Energie ist (unter der Voraussetzung, daß $\xi(t)$ die Koordinate eines sich auf Grund von zufälligen Einwirkungen bewegenden Punktes ist), so ergibt sich aus (2′) und (3′), daß $a(t, x)$ die mittlere Geschwindigkeit von $\xi(t)$ und $b(t, x)$ proportional der mittleren kinetischen Energie des von uns untersuchten Systems ist.

Wir schließen diesen Paragraphen ab mit der Betrachtung eines Spezialfalles der KOLMOGOROFFschen Gleichungen, in dem die Funktion $f(t, x; \tau, y)$ von t, τ und $y - x$, nicht aber von x und y selbst abhängt. Physikalisch bedeutet dies, daß der Prozeß im Raum homogen verläuft. Die Wahrscheinlichkeit, daß ein Zuwachs $\Delta = y - x$ erfolgt, hängt nicht davon ab, in welcher Lage x sich das System im Zeitpunkt t befindet. Offenbar hängen in diesem Fall die Funktionen $a(t, x)$ und $b(t, x)$ nicht von x ab, sondern sind nur Funktionen des einzigen Arguments t:

$$a(t) = a(t, x)\,, \qquad b(t) = b(t, x)\,.$$

Die KOLMOGOROFFschen Gleichungen schreiben sich in diesem Falle folgendermaßen:

$$\left.\begin{aligned} \frac{\partial f}{\partial t} &= -\,a(t)\frac{\partial f}{\partial x} - \frac{1}{2}\,b(t)\,\frac{\partial^2 f}{\partial x^2}\,, \\ \frac{\partial f}{\partial \tau} &= -\,a(\tau)\frac{\partial f}{\partial y} + \frac{1}{2}\,b(\tau)\,\frac{\partial^2 f}{\partial y^2}\,. \end{aligned}\right\} \tag{11}$$

Wir betrachten zunächst den Spezialfall, daß $a(t) = 0$ und $b(t) = 1$ ist. Die Gleichungen (11) gehen dann in die Wärmeleitungsgleichung

$$\frac{\partial f}{\partial \tau} = \frac{1}{2}\frac{\partial^2 f}{\partial y^2}$$

und in die dazu konjugierte (12)

$$\frac{\partial f}{\partial t} = -\frac{1}{2}\frac{\partial^2 f}{\partial x^2}$$

über.

Aus der allgemeinen Theorie der Wärmeleitungsgleichung weiß man, daß die einzige Lösung dieser Gleichungen, die den Bedingungen (10) genügt, durch die Funktion

$$f(t, x; \tau, y) = \frac{1}{\sqrt{2\pi(\tau - t)}}\, e^{-\frac{(y-x)^2}{2(\tau - t)}}$$

gegeben ist. Durch die Variablensubstitution

$$x' = x - \int_a^t a(z)\,dz\,, \qquad y' = y - \int_a^\tau a(z)\,dz\,,$$

$$t' = \int_a^t b(z)\,dz\,, \qquad \tau' = \int_a^\tau b(z)\,dz$$

gehen die Gleichungen (11) in die Gleichungen (12) über. Dies ermöglicht es, die gesuchte Lösung der Gleichungen (11) in der Form

$$f(t, x; \tau, y) = \frac{1}{\sigma\sqrt{2\pi}} e^{-\frac{(y-x-A)^2}{2\sigma^2}}$$

zu schreiben, wobei

$$A = \int_t^\tau a(z)\, dz\,, \qquad \sigma^2 = \int_A^\tau b(z)\, dz$$

gesetzt ist.

§ 55. Der rein unstetige Prozeß. Die KOLMOGOROFF-FELLERschen Gleichungen

In der modernen Naturwissenschaft spielen die Prozesse eine große Rolle, bei denen die Änderungen eines Systems nicht stetig, sondern sprunghaft vor sich gehen. Beispiele dieser Art von Aufgaben sind in dem einleitenden Paragraphen dieses Kapitels angeführt.

Wir nennen einen zufälligen Prozeß $\xi(t)$ rein unstetig, wenn die Größe $\xi(t)$ im Verlaufe eines beliebigen Zeitintervalls $(t, t + \Delta t)$ mit der Wahrscheinlichkeit $1 - p(t, x)\,\Delta t + o(\Delta t)$ ungeändert und gleich x bleibt und nur mit der Wahrscheinlichkeit $p(t, x)\,\Delta t + o(\Delta t)$ eine Änderung erfahren kann (wir nehmen dabei an, daß die Wahrscheinlichkeit mehr als einer Änderung von $\xi(t)$ im Zeitintervall Δt gleich $o(\Delta t)$ ist). Da wir uns auf die Betrachtung von Prozessen ohne Nachwirkung beschränken, hängt natürlich die Verteilungsfunktion der weiteren nach einem Sprung erfolgenden Änderungen von $\xi(t)$ nicht mehr davon ab, welchen Wert $\xi(t)$ in den Augenblicken vor dem Sprung besaß.

Wir bezeichnen mit $P(t, x, y)$ die bedingte Verteilungsfunktion von $\xi(t)$ unter der Bedingung, daß im Zeitpunkt t ein Sprung vorlag, und daß bis unmittelbar vor dem Sprung $\xi(t)$ gleich x (d. h. $\xi\,(t - 0) = x$) war.

Die Verteilungsfunktion $F(t, x; \tau, y)$ läßt sich leicht durch die Funktionen $p(t, x)$ und $P(t, x, y)$, nämlich in der Form

$$F(t, x; \tau, y) = [1 - p(t, x)\,(\tau - t)]\, E(x, y) + (\tau - t)\, p(t, x)\, P(t, x, y) + o\,(\tau - t)\,, \quad (1)$$

ausdrücken.

Im Sinne der Definition der Funktionen $p(t, x)$ und $P(t, x, y)$ sind diese nicht negativ, und $P(t, x, y)$ genügt als Verteilungsfunktion den Gleichungen

$$P\,(t, x, -\infty) = 0\,, \quad P\,(t, x, +\infty) = 1\,.$$

Außerdem setzen wir voraus, daß $p(t, x)$ beschränkt ist und daß die Funktionen $p(t, x)$ und $P(t, x, y)$ bezüglich t und x stetig sind (es genügt vorauszusetzen, daß sie bezüglich x BOREL-meßbar sind).

In bezug auf die Funktion $F(t, x; \tau, y)$ machen wir keine weiteren Voraussetzungen, sichern nur ihre Definition im Punkt $t = \tau$:

$$\lim_{\tau \to t+0} F(t, x; \tau, y) = \lim_{t \to \tau - 0} F(t, x; \tau, y) = E(x, y) = \begin{cases} 0 & \text{für } y \leqq x\,, \\ 1 & \text{für } y > x\,. \end{cases}$$

Eine der Aufgaben dieses Paragraphen ist der Beweis des folgenden Satzes.

Satz. *Die Verteilungsfunktion $F(t, x; \tau, y)$ eines rein unstetigen Prozesses ohne Nachwirkungen genügt den beiden folgenden Integrodifferentialgleichungen:*

$$\frac{\partial F(t, x; \tau, y)}{\partial t} = p(t, x)\,[F(t, x; \tau, y) - \int F(t, z; \tau, y)\, d_z P(t, x, z)]\,, \tag{2}$$

$$\frac{\partial F(t, x; \tau, y)}{\partial \tau} = -\int_{-\infty}^{y} p(t, z)\, d_z F(t, x; \tau, y) + \int p(\tau, z)\, P(\tau, z, y)\, d_z F(t, x; \tau, z)\,. \tag{3}$$

Die Gleichung (2) fand A. N. Kolmogoroff im Jahre 1931; unter unseren Voraussetzungen wurden beide Gleichungen (2) und (3) von W. Feller im Jahre 1937 aufgestellt. Wir wollen daher die Gleichungen (2) und (3) die Kolmogoroff-Feller*schen Gleichungen* nennen.

Beweis. Auf Grund der verallgemeinerten Markowschen Gleichung ist

$$F(t, x; \tau, y) = \int F\,(t + \Delta t, z; \tau, y)\, d_z F\,(t, x; t + \Delta t, z)\,.$$

Setzen wir hier den Wert von $F\,(t, x; t + \Delta t, z)$ nach der Formel (1) ein, so finden wir die Gleichung

$$F(t, x; \tau, y) = \int F\,(t + \Delta t, z; \tau, y)\, d_z[1 - p(t, x)\,\Delta(i) + o(\Delta t)]\, E(x, z)$$
$$+ \int F\,(t + \Delta t, z; \tau, y)\, d_z[p(t, x)\,\Delta t + o(\Delta t)]\, P(t, x, z)\,.$$

Da

$$\int F\,(t + \Delta t, z; \tau, y)\, d_z E(x, z) = F\,(t + \Delta t, x; \tau, y)$$

ist, erhalten wir

$$F(t, x; \tau, y) = [1 - p(t, x)\,\Delta t]\, F\,(t + \Delta t, x; \tau, y)$$
$$+ \Delta t\, p(t, x) \int F\,(t + \Delta t, z; \tau, y)\, d_z P(t, x, z) + o(\Delta t)\,.$$

Hieraus gewinnen wir die Beziehung

$$\frac{F\,(t + \Delta t, x; \tau, y) - F(t, x; \tau, y)}{\Delta t} = p(t, x)\, F\,(t + \Delta t, x; \tau, y)$$
$$- p(t, x) \int F\,(t + \Delta t, z; \tau, y)\, d_z P(t, x, z) + o(1)\,.$$

Der Grenzübergang führt uns auf die Gleichung (2).

Mit Hilfe der Markowschen Gleichung und der Gleichung (1) sowie mit Hilfe der Definition der Funktion $E(x, z)$ kann man die folgende Kette von Gleichungen aufschreiben:

$$F\,(t, x; \tau + \Delta\tau, y) = \int F\,(\tau, z; \tau + \Delta\tau, y)\, d_z F(t, x; \tau, z)$$
$$= \int \{[1 - p(\tau, z)\,\Delta\tau]\, E(z, y) + \Delta\tau\, p(\tau, z)\, P(\tau, z, y) + o(\Delta\tau)\}\, d_z F(t, x; \tau, z)$$
$$= \int_{-\infty}^{y} d_z F(t, x; \tau, z) - \Delta\tau \int_{-\infty}^{y} p(\tau, z)\, d_z F(t, x; \tau, z)$$
$$+ \Delta t \int p(\tau, z)\, P(\tau, z, y)\, d_z F(t, x; \tau, z) + o(\Delta\tau)\,.$$

Auf dem üblichen Wege folgt hieraus die Existenz der Ableitung $\frac{\partial F}{\partial \tau}$ sowie die Gleichung (3).

Wir lösen nun noch eine für die Anwendungen wichtige Aufgabe: Mit welcher Wahrscheinlichkeit kann ein System im Verlauf des Zeitintervalls von t bis τ $(\tau > t)$ seinen Zustand n-mal $(n = 0, 1, 2, \ldots)$ ändern?

Wir bezeichnen mit $p_n(t, x, \tau)$ die Wahrscheinlichkeit dafür, daß, ausgehend von einem Zustand x im Zeitpunkt t, das System bis zum Zeitpunkt τ n-mal seinen Zustand ändert. Wir beginnen die Lösung der Aufgabe mit dem Fall $n = 0$.

Zu diesem Zweck stellen wir die folgende Gleichung auf:

$$p_0(t, x, \tau) = p_0(t, x, \tau + \Delta\tau) + p_0(t, x, \tau)\,[1 - p_0(\tau, x, \tau + \Delta\tau)]\,. \tag{4}$$

Sie besagt, daß es auf die beiden folgenden, miteinander unvereinbaren Arten vorkommen kann, daß sich der Zustand des Systems im Zeitintervall (t, τ) nicht ändert:

1. Das System ändert seinen Zustand in einem größeren Zeitintervall $(t, \tau + \Delta\tau)$ nicht.

2. Das System ändert seinen Zustand bis zum Zeitpunkt τ nicht, jedoch ändert sich sein Zustand im Zeitintervall $(\tau, \tau + \Delta\tau)$.

Da nach Definition des rein unstetigen Prozesses

$$p_0(\tau, x, \tau + \Delta\tau) = 1 - p(\tau, x)\,\Delta\tau + o(\Delta\tau)$$

ist, so läßt sich die Gleichung (4) auch noch anders schreiben:

$$\frac{p_0(t, x, \tau + \Delta\tau) - p_0(t, x, \tau)}{\Delta\tau} = -\,p_0(t, x, \tau)\,p(\tau, x) + o(1)\,.$$

Lassen wir hier $\Delta\tau \to 0$ gehen, so finden wir, daß die Ableitung $\dfrac{\partial p_0(t, x, \tau)}{\partial\tau}$ existiert und daß

$$\frac{\partial p_0(t, x, \tau)}{\partial\tau} = -\,p_0(t, x, \tau)\,p(\tau, x)$$

ist. Wenn wir diese Gleichung integrieren, so finden wir

$$p_0(t, x, \tau) = C\,e^{-\int_t^\tau p(u,\,x)\,du}\,.$$

Wegen

$$p_0(\tau, x, \tau) = 1$$

ist $C = 1$ und

$$p_0(t, x, \tau) = e^{-\int_t^\tau p(u,x)\,du}\,. \tag{5}$$

Wenn wir $p_0(t, x, \tau)$ sowie die oben definierte Funktion $P(t, x, y)$ kennen, so können wir — wie wir jetzt sehen werden — jede beliebige Wahrscheinlichkeit $p_n(t, x, \tau)$ berechnen. Eine n-malige Änderung des Zustandes tritt folgendermaßen ein:

1. Bis zum Zeitpunkt s $(t < s < \tau)$ ändert das System seinen Zustand nicht (die Wahrscheinlichkeit dieses Ereignisses ist gleich $p_0(t, x, s)$),

2. im Intervall $(s, s + \Delta s)$ ändert das System seinen Zustand (die Wahrscheinlichkeit dafür ist gleich $p_1(s, x, s + \Delta s) = p(s, x)\,\Delta s + o(\Delta s)$),

3. die Wahrscheinlichkeit dafür, daß der neue Zustand des Systems zwischen y und $y + \Delta y$ liegt, ist gleich $P(s, x, y + \Delta y) - P(s, x, y) = \Delta_y P(s, x, y)$,

4. schließlich ändert das System in der Zeit $(s + \Delta s, \tau)$ seinen Zustand $(n - 1)$-mal; die Wahrscheinlichkeit dieses Ereignisses ist gleich $p_{n-1}(s + \Delta s, y, \tau)$.

Die Wahrscheinlichkeit dafür, daß alle vier aufgezählten Ereignisse eintreten, ist auf Grund des Multiplikationssatzes gleich

$$p_0(t, x, s)\,[p(s, x) + o(1)]\,\Delta s \cdot \Delta_y P(s, x, y) \cdot p_{n-1}(s + \Delta s, y, \tau)\,.$$

Da s und y beliebig sein können ($t < s < \tau$ und $-\infty < y < \infty$), so ist nach der Formel der totalen Wahrscheinlichkeit

$$\begin{aligned} p_n(t, x, \tau) &= \int_t^\tau \int p_0(t, x, s)\,p(s, x)\,p_{n-1}(s, y, \tau)\,d_y P(s, x, y)\,ds \\ &= \int_t^\tau p_0(t, x, s)\,p(s, x) \int p_{n-1}(s, y, \tau)\,d_y P(s, x, y)\,ds\,. \qquad (6) \end{aligned}$$

Hieraus ergibt sich insbesondere

$$p_1(t, x, \tau) = \int_t^\tau p_0(t, x, s)\,p(s, x) \int p_0(s, y, \tau)\,d_y P(s, x, y)\,ds\,. \qquad (7)$$

Das Verfahren zur Bestimmung von $p_n(t, x, \tau)$ ist nun klar: Nach der Formel (5) finden wir $p_0(t, x, \tau)$, nach der Formel (7) berechnen wir $p_1(t, x, \tau)$ und dann nacheinander $p_2(t, x, \tau)$, $p_3(t, x, \tau)$ und schließlich $p_n(t, x, \tau)$.

Beispiel 1. Die uns interessierende Größe $\xi(t)$ sei die Anzahl der Zustandsänderungen in der Zeit von 0 bis τ. Unter der Voraussetzung $p(t, x) = a$ mit einer Konstanten $a > 0$ bestimme man $p_n(t, x, \tau)$.

Mögliche Zustände des Systems sind in unserem Fall alle nicht negativen ganzen Zahlen ($x = 0, 1, 2, \ldots$) und nur diese.[1] Da bei jeder Zustandsänderung die Größe $\xi(t)$ um genau Eins wächst, so ist

$$P(t, x, y) = \begin{cases} 0 & \text{für } y \leqq x + 1\,, \\ 1 & \text{für } y > x + 1\,. \end{cases}$$

Nach Formel (5) haben wir

$$p_0(t, x, \tau) = e^{-a(\tau - t)}\,;$$

nach (7) ist

$$\begin{aligned} p_1(t, x, \tau) &= \int_t^\tau p_0(t, x, s)\,p(s, x)\,p_0(s, x + 1, \tau)\,ds \\ &= a \int_t^\tau e^{-(s-t)a}\,e^{-(\tau - s)a}\,ds = a\,(\tau - t)\,e^{-a(\tau - t)}\,. \end{aligned}$$

---

[1] Man sieht leicht ein, daß dieses Beispiel und der Inhalt von § 51 nur ihrer Formulierung nach verschieden sind.

Nach (6) bekommen wir

$$p_2(t, x, \tau) = \int_t^\tau p_0(t, x, s)\, p(s, x)\, p_1(s, x+1, \tau)\, ds = \frac{[a(\tau - t)]^2}{2!} e^{-a(\tau - t)} .$$

Wir setzen nun voraus, es sei

$$p_{n-1}(t, x, \tau) = \frac{[a(\tau - t)]^{n-1}}{(n-1)!} e^{-a(\tau - t)} .$$

Nach Formel (6) ergibt sich dann die Gleichung

$$p_n(t, x, \tau) = \int_t^\tau p_0(t, x, s)\, p(s, x)\, p_{n-1}(s, x+1, \tau)\, ds$$

$$= \int_t^\tau \frac{a\,[a(\tau - s)]^{n-1}}{(n-1)!} e^{-a(\tau - t)}\, ds = \frac{[a(\tau - t)]^n}{n!} e^{-a(\tau - t)} .$$

Damit ist bewiesen, daß bei beliebigem ganzen $n \geqq 0$

$$p_n(t, x, \tau) = \frac{[a(\tau - t)]^n}{n!} e^{-a(\tau - t)}$$

ist. Die Lösung unserer Aufgabe ist also das POISSONsche Gesetz. Insbesondere ist

$$p_n(0, 0, \tau) = \frac{(a\tau)^n}{n!} e^{-a\tau} .$$

Man überlegt leicht, daß die Funktion

$$F(t, x; \tau, y) = \begin{cases} 0 & \text{für } y \leqq x , \\ \sum\limits_{n < y - x} \dfrac{[a(\tau - t)]^n}{n!} e^{-a(\tau - t)} & \text{für } y > x \end{cases}$$

eine Lösung der Integrodifferentialgleichungen (2) und (3) ist.

Beispiel 2. Im Zeitpunkt $t = 0$ seien N radioaktive Atome vorhanden. Die Wahrscheinlichkeit des Zerfalls eines Atoms im Zeitintervall $(t, t + \Delta t)$ ist gleich $a\,N(t)\,\Delta t + o(\Delta t)$, wobei $a > 0$ eine Konstante ist. $N(t)$ bezeichnet die Anzahl der Atome, die bis zum Zeitpunkt t noch nicht zerfallen sind. Man bestimme die Wahrscheinlichkeit dafür, daß in der Zeit von t bis τ n Atome zerfallen.[1])

Hier liegt ein typischer rein unstetiger zufälliger Prozeß vor. Die Größe n kann natürlich nur die Werte $0, 1, 2, \ldots, N(t)$ annehmen.

Nach der Bedingung der Aufgabe ist

$$p(t, x) = \begin{cases} 0 & \text{für } x \leqq 0 \text{ und } x \geqq N , \\ a(N - x) & \text{für } 0 < x \leqq N \end{cases}$$

[1]) Wir setzen dabei voraus, daß die Zerfallprodukte eines Atoms selbst nicht mehr zerfallen und in jedem Falle nicht auf die noch nicht zerfallenen Atome einwirken.

und

$$P(t, x, y) = \begin{cases} 0 & \text{für} \quad y \leqq x + 1\,, \\ 1 & \text{für} \quad y > x + 1\,. \end{cases}$$

Wir bestimmen zunächst die Wahrscheinlichkeit dafür, daß in der Zeit von 0 bis τ n Atome zerfallen. Nach der Formel (5) ist

$$p_0(0, 0, \tau) = e^{-\int\limits_0^\tau p(t,0)\,dt} = e^{-aN\tau}\,.$$

Ebenso erhält man

$$p_0(t, k, \tau) = e^{-a(N-k)(\tau-t)}\,.$$

Ferner ist nach Formel (7)

$$\begin{aligned} p_1(0, 0, \tau) &= \int\limits_0^\tau p_0(0, 0, s)\, p(s, 0)\, p_0(s, 1, \tau)\, ds \\ &= \int\limits_0^\tau e^{-aNs}\, a\, N\, e^{-a(N-1)(\tau-s)}\, ds \\ &= N\, e^{-aN\tau} \int\limits_0^\tau a\, e^{a(\tau-s)}\, ds = N\, e^{-aN\tau}\, [e^{a\tau} - 1]\,. \end{aligned} \tag{8}$$

Nach Formel (6) findet man leicht nacheinander $p_2(0, 0, \tau)$, $p_3(0, 0, \tau)$ usw. Der Leser möge beweisen:

$$p_n(0, 0, \tau) = C_N^n\, e^{-aN\tau}\, [e^{a\tau} - 1]^n\,. \tag{9}$$

Offenbar gilt für $0 \leqq n \leqq N - k$ die Gleichung

$$p_n(t, k, \tau) = C_{N-k}^n\, e^{-a(N-k)(\tau-t)}\, [e^{a(\tau-t)} - 1]^n\,. \tag{9'}$$

Wir können nun zur Bestimmung der uns interessierenden Wahrscheinlichkeit übergehen, die wir mit $p_n(t, \tau)$ bezeichnen wollen. Nach der Formel der totalen Wahrscheinlichkeit finden wir unter Benutzung von (9) und (9') die Beziehung

$$\begin{aligned} p_n(t, \tau) &= \sum_{k=0}^{N-n} p_k(0, 0, t) \cdot p_n(t, k, \tau) \\ &= \sum_{k=0}^{N-n} C_N^k\, e^{-aNt}\, [e^{at} - 1]^k\, C_{N-k}^n\, e^{-a(N-k)(\tau-t)}\, [e^{a(\tau-t)} - 1]^n \\ &= e^{-aN\tau}\, [e^{a(\tau-t)} - 1]^n \sum_{k=0}^{N-n} C_N^k\, C_{N-k}^n\, e^{ak(\tau-t)}\, [e^{at} - 1]^k\,. \end{aligned}$$

Da

$$C_N^k\, C_{N-k}^n = C_N^n\, C_{N-n}^k$$

und

$$\sum_{k=0}^{N-n} C_{N-n}^k\, [e^{a(\tau-t)}\, (e^{at} - 1)]^k = [1 + e^{a\tau} - e^{a(\tau-t)}]^{N-n}$$

ist, so ist schließlich

$$p_n(t,\tau) = C_N^m\,[e^{-at} - e^{-a\tau}]^n\,[e^{-a\tau} + 1 - e^{-at}]^{N-n}\,.$$

Man prüft leicht nach, daß die Funktion

$$F(t, x; \tau, y) = \begin{cases} 0 & \text{für } y \leqq x\,, \\ \sum\limits_{n<y} p_n(t, x, \tau) & \text{für } y < N - x\,, \\ 1 & \text{für } y > N - x \end{cases}$$

eine Lösung der Integrodifferentialgleichungen (2) und (3) ist.

§ 56. Homogene zufällige Prozesse mit unabhängigem Zuwachs

Wir betrachten nun eine wichtige Klasse von zufälligen Prozessen, deren vollständige Charakterisierung mit Hilfe von charakteristischen Funktionen erfolgen wird.

Unter einem *homogen zufälligen Prozeß mit unabhängigem Zuwachs* versteht man die Gesamtheit aller von einem reellen Parameter t abhängenden Zufallsgrößen $\xi(t)$, die den beiden folgenden Bedingungen genügen:

1. Die Verteilungsfunktion der Größe $\xi\,(t + t_0) - \xi(t_0)$ hängt nicht von t_0 ab (Homogenität des Prozesses in der Zeit);

2. für eine beliebige endliche Anzahl sich nicht überlappender Intervalle (a, b) des Parameters t sind die Differenzen $\xi(b) - \xi(a)$ voneinander unabhängig (Unabhängigkeit des Zuwachses).

Unter den homogenen zufälligen Prozessen mit unabhängigem Zuwachs hat man mit besonderer Sorgfalt den Prozeß der Brown*schen Bewegung* studiert, der später auch die Bezeichnung Wiener*scher Prozeß* erhielt. Für Prozesse dieser Art macht man außer den beiden angeführten noch die folgenden Voraussetzungen:

3. Die Größe $\xi(t) - \xi(s)$ ist normal verteilt.

4. $\mathsf{M}\,[\xi(t) - \xi(s)] = 0$, $\mathsf{D}\,[\xi(t) - \xi(s)] = \sigma^2\,|t - s|$,

wo σ eine Konstante ist. Wir haben oben schon einen homogenen Prozeß mit unabhängigem Zuwachs betrachtet, nämlich den Poissonschen Prozeß.

Bevor wir allgemeine Resultate ableiten, betrachten wir einige Beispiele. In diesen Beispielen können die Bedingungen, von denen wir eben sprachen, als Arbeitshypothese angenommen werden. Natürlich läßt sich ihre Zulässigkeit nur durch die Übereinstimmung der Resultate mit der Erfahrung rechtfertigen.

Beispiel 1. Diffusion der Gase. Wir betrachten irgendein Gasmolekül, das sich unter den anderen Molekülen desselben Gases bei konstanter Temperatur und konstanter Dichte bewegt. Wir führen im Raum kartesische Koordinaten ein und verfolgen, wie sich im Laufe der Zeit eine der Koordinaten, sagen wir die x-Koordinate, des herausgegriffenen Moleküls ändert. Infolge der zufälligen Zusammenstöße des gegebenen Moleküls mit anderen Molekülen ändert sich diese Koordinate mit der Zeit, indem sie jeweils einen zufälligen Zuwachs erhält.

Die Forderung der Konstanz der äußeren Bedingungen, unter denen sich das Gas befindet, bedeutet offensichtlich die Homogenität des untersuchten Prozesses in der Zeit. Im Hinblick auf die große Zahl der sich bewegenden Moleküle und der schwachen Abhängigkeit ihrer Bewegungen ist der Prozeß ein Prozeß mit unabhängigem Zuwachs.

Beispiel 2. Die Geschwindigkeiten der Moleküle. Wir betrachten wieder ein beliebiges Gasmolekül, das sich in einem mit Molekülen ein und desselben Gases konstanter Dichte und konstanter Temperatur angefüllten Volumen bewegt. Wir beziehen den ganzen Raum wieder auf kartesische Koordinatenachsen und verfolgen, wie sich die Geschwindigkeitskomponente in bezug auf eine der Koordinatenachsen mit der Zeit ändert. In seiner Bewegung ist das Molekül zufälligen Zusammenstößen mit anderen Molekülen ausgesetzt. Infolge dieser Stöße erhält die Geschwindigkeitskomponente jeweils einen zufälligen Zuwachs. Es liegt wieder ein homogener zufälliger Prozeß mit unabhängigem Zuwachs vor.

Beispiel 3. Radioaktiver Zerfall. Bekanntlich besteht die Radioaktivität eines Elements darin, daß sich seine Atome in Atome eines anderen Elements verwandeln, wobei große Energien frei werden. Beobachtungen an verhältnismäßig großen Mengen eines radioaktiven Elements zeigen, daß der Zerfall der verschiedenen Atome unabhängig voneinander vor sich geht, so daß die Anzahlen der zerfallenen Atome in sich nicht überdeckenden Zeitintervallen, voneinander unabhängig sind. Außerdem hängen die Wahrscheinlichkeiten dafür, daß innerhalb eines Zeitintervalls von bestimmter Länge eine gewisse Anzahl von Atomen zerfällt, nur von der Länge dieses Intervalls und praktisch nicht davon ab, wo es zeitlich liegt. In Wirklichkeit nimmt natürlich die Radioaktivität eines Elements in dem Maße allmählich ab, wie sich die Masse des Elements vermindert. In verhältnismäßig kleinen Zeitintervallen (und für nicht zu große Mengen des Elements) ist jedoch diese Änderung so unbedeutend, daß man sie völlig vernachlässigen kann.

Man kann leicht eine große Anzahl weiterer Beispiele anführen, in denen die uns interessierende Naturerscheinung oder der betreffende technische Prozeß als ein homogener zufälliger Prozeß mit unabhängigem Zuwachs angesehen werden kann. Wir weisen ergänzend noch auf einige solcher Beispiele hin: die kosmische Strahlung (die Anzahl der kosmischen Teilchen, die in einem bestimmten Zeitintervall auf ein bestimmtes Flächenstück niederfallen), das Reißen des Fadens an einer Spinnmaschine, die Belastung eines Telefonisten (die Anzahl der Anrufe während eines bestimmten Zeitintervalls).

Wir gehen nun dazu über, die charakteristische Eigenschaft der homogenen zufälligen Prozesse mit unabhängigem Zuwachs aufzufinden.

Die Verteilungsfunktion des Zuwachses der Größe $\xi(t)$ im Zeitintervall τ bezeichnen wir mit $F(x, \tau)$. Sind dann die Zeitintervalle τ_1 und τ_2 disjunkt, so ist

$$F(x; \tau_1 + \tau_2) = \int F(x - y; \tau_1)\, d_y F(y, \tau_2)\,. \tag{1}$$

Ist $f(z, \tau)$ die charakteristische Funktion, d. h. ist

$$f(z, \tau) = \int e^{izx}\, d_x F(x; \tau)\,,$$

so schreibt sich die Gleichung (1) mit Hilfe der charakteristischen Funktionen in der folgenden Form:

$$f(z; \tau_1 + \tau_2) = f(z, \tau_1) \cdot f(z, \tau_2)\,. \tag{1'}$$

Sind allgemein $\tau_1, \tau_2, \ldots, \tau_n$ disjunkte Zeitintervalle, so ist

$$f(z; \sum_{k=1}^{n} \tau_k) = \prod_{k=1}^{n} f(z; \tau_k)\,.$$

Ist insbesondere $\tau_1 = \tau_2 = \cdots = \tau_n$ und $\sum_{k=1}^{n} \tau_k = \tau$, so ist

$$f(z, \tau) = \left[f\left(z; \frac{\tau}{n}\right)\right]^n.$$

Die Verteilungsfunktion eines beliebigen homogenen zufälligen Prozesses mit unabhängigem Zuwachs ist unbeschränkt teilbar.

Man muß bemerken, daß man zur Betrachtung der unbeschränkt teilbaren Verteilungsgesetze in der Wahrscheinlichkeitsrechnung gerade durch die Untersuchung der homogenen Prozesse mit unabhängigem Zuwachs kam. Wir sahen, daß die Theorie der unbeschränkt teilbaren Verteilungsgesetze auf die Entwicklung der klassischen Probleme der Wahrscheinlichkeitsrechnung hinsichtlich der Summierung von Zufallsgrößen einen entscheidenden Einfluß nahm. Während früher — worauf wir bereits hingewiesen haben — das Interesse der Forscher auf die Bestimmung der allgemeinsten Bedingungen konzentriert war, unter denen das Gesetz der großen Zahlen gilt und die normierten Summen gegen das Normalgesetz konvergieren, ergaben sich, nachdem A. N. Kolmogoroff die Klasse der Gesetze vollständig charakterisiert hatte, welche die homogenen zufälligen Prozesse ohne Nachwirkung beherrschen, die allgemeineren Aufgaben, die wir im vorigen Kapitel betrachtet haben. Es zeigte sich dabei, daß die Verteilungsgesetze, die sich bei der Summation von Zufallsgrößen als asymptotische Gesetze ergaben, in der Theorie der zufälligen Prozesse die Rolle exakter Lösungen entsprechender Funktionalgleichungen spielen. Darüber hinaus gestattet dieser neue Gesichtspunkt die Gründe aufzudecken, weshalb in der klassischen Wahrscheinlichkeitsrechnung nur zwei Grenzverteilungsfunktionen — das Normalgesetz und das Poissonsche Gesetz — betrachtet wurden.

Da für homogene Prozesse mit unabhängigem Zuwachs bei beliebigem $\tau > 0$

$$f(z, \tau) = [f(z, 1)]^\tau$$

ist, sind sie durch Vorgabe der charakteristischen Funktionen der Größe $\xi(1) - \xi(0)$ vollständig bestimmt. In § 45 sahen wir, daß für unbeschränkt teilbare Gesetze mit endlicher Dispersion

$$\log f(z, 1) = i \gamma z + \int \{e^{izu} - 1 - i z u\} \frac{1}{u^2} dG(u) \tag{2}$$

ist, wobei γ eine reelle Konstante und $G(u)$ eine nicht fallende Funktion mit beschränkter Variation ist. Wir beschränken uns auf die Betrachtung dieses Spezialfalls homogener Prozesse.

Wir führen in der Formel (2) folgende Bezeichnung ein:

$$M(u) = \int_{-\infty}^{u} \frac{1}{x^2} dG(x) \quad \text{für } u < 0,$$

$$N(u) = -\int_{u}^{\infty} \frac{1}{x^2} dG(x) \quad \text{für } u > 0,$$

$$\sigma^2 = G(+0) - G(-0);$$

(2) geht dann über in

$$\log f(z, 1) = i \gamma z - \frac{\sigma^2 z^2}{2} + \int_{-\infty}^{0} \{e^{izu} - 1 - i z u\} \, dM(u)$$

$$+ \int_{0}^{\infty} \{e^{izu} - 1 - i z u\} \, dN(u). \tag{2'}$$

Wir wollen nun die wahrscheinlichkeitstheoretische Bedeutung der Funktionen $M(u)$ und $N(u)$ erklären.

In § 45 führten wir bei der Ableitung der Formel für die kanonische Darstellung der unbeschränkt teilbaren Gesetze die Funktion

$$G_n(u) = n \int_{-\infty}^{u} x^2 \, d\Phi_n(x)$$

ein. Wir setzen nun

$$M_n(u) = \int_{-\infty}^{u} \frac{1}{x^2} dG_n(x) = n \, \Phi_n(u) \quad \text{für } u < 0$$

und

$$N_n(u) = -\int_{u}^{\infty} \frac{1}{x^2} dG_n(x) = -n \, [1 - \Phi_n(u)] \quad \text{für } u > 0.$$

Da für $n \to \infty$ in allen Stetigkeitsstellen der Funktion $G(u)$

$$G_n(u) \to G(u)$$

gilt, schließen wir nach dem zweiten HELLYschen Satz, daß in den Stetigkeitsstellen der Funktion $M(u)$

$$M_n(u) = n \, \Phi_n(u) \to M(u)$$

gilt.

Vom Standpunkt der zufälligen Prozesse ist $\Phi_n(x)$ $(x < 0)$ die Wahrscheinlichkeit dafür, daß die Größe $\xi(\tau)$ im Variationsintervall $\left(\frac{k}{n}, \frac{k+1}{n}\right)$ des Parameters τ einen negativen Zuwachs erhält, der dem Betrage nach größer als x ist. $M_n(x)$ ist also die über alle k von 0 bis $n - 1$ erstreckte Summe der Wahrscheinlichkeiten dafür, daß die Größe $\xi(t)$ im Variationsintervall $\left(\frac{k}{n}, \frac{k+1}{n}\right)$ des Parameters τ einen negativen Zuwachs durch einen Sprung erhält, der dem Betrage nach größer als x ist. Da $M(u)$ und $N(u)$ für $n \to \infty$ die entsprechenden Grenzfunktionen der Funktionen $M_n(u)$ und $N_n(u)$ sind, so erhielten sie die Bezeichnung *Sprungfunktionen.*

Ist (für $u < 0$) $M(u) \equiv 0$ und (für $u > 0$) $N(u) \equiv 0$, d. h. wenn die Sprungfunktionen fehlen, so ersieht man aus der Formel (2'), daß in diesem Fall der stochastische Prozeß durch das Normalgesetz beherrscht wird. Wir sehen, daß ein durch das Normalgesetz beherrschter zufälliger Prozeß im Sinne der Wahrscheinlichkeitsrechnung ein stetiger Prozeß ist. Wir beweisen nun eine noch schärfere Behauptung.

Satz. *Ein homogener zufälliger Prozeß mit unabhängigem Zuwachs und einer endlichen Dispersion*[1]) *wird dann und nur dann durch das Normalgesetz*[2]) *beherrscht, wenn bei beliebigem* $\varepsilon > 0$ *die Wahrscheinlichkeit dafür, daß der absolute Betrag des Zuwachses von* $\xi(\tau)$ *im Intervall* $\left(\frac{k-1}{n}, \frac{k}{n}\right)$ $(k = 1, 2, \ldots, n)$ *die Größe* ε *übertrifft, zusammen mit* $\frac{1}{n}$ *gegen Null strebt.*[3])

Beweis. Wir sahen eben, daß ein homogener zufälliger Prozeß mit unabhängigem Zuwachs dann und nur dann durch das Normalgesetz geregelt wird, wenn für $x > 0$

$$M(-x) \equiv N(x) \equiv 0 \tag{3}$$

ist. Wegen

$$M(u) = \lim_{n\to\infty} M_n(u) \quad \text{und} \quad N(u) = \lim_{n\to\infty} N_n(u)$$

ist die Bedingung (3) mit der folgenden gleichwertig:

$$\lim_{n\to\infty} n\, \Phi_n(-u) \equiv \lim_{n\to\infty} n\,[1 - \Phi_n(u)] \equiv 0\,. \tag{4}$$

Wir bezeichnen den Zuwachs von $\xi(\tau)$ im Intervall $\left(\frac{k-1}{n}, \frac{k}{n}\right)$ mit ξ_{nk}; dann ist

$$p_{nk} = \Phi_n(-x) + 1 - \Phi_n(x+0) = P\,\{|\xi_{nk}| > x\}\,.$$

[1]) Dieser Satz ist auch ohne die Voraussetzung einer endlichen Dispersion richtig.

[2]) Insbesondere auch durch das Normalgesetz mit der Dispersion 0, d. h. ein Gesetz der Form $F(x) = 0$ für $x \leqq a$, $F(x) = 1$ für $x > a$.

[3]) Die durch das Normalgesetz regulierten Prozesse und nur diese sind also im Sinne der Wahrscheinlichkeitsrechnung „gleichmäßig stetig".

Offenbar sind die Beziehungen (4) mit der folgenden äquivalent:

$$\lim_{n\to\infty} \sum_{k=1}^{n} p_{nk} = 0 .$$

Aus den Ungleichungen

$$1 - \sum_{k=1}^{n} p_{nk} \leqq \prod_{k=1}^{n} (1 - p_{nk}) \leqq e^{-\sum\limits_{k=1}^{n} p_{nk}} \leqq 1$$

ersehen wir, daß die Beziehungen (4) mit der Behauptung

$$\lim_{n\to\infty} \prod_{k=1}^{n} (1 - p_{nk}) = 1$$

äquivalent ist; diese besagt, daß die Wahrscheinlichkeit der Ungleichungen $|\xi_{nk}| < x$ für alle $k\,(1 \leqq k \leqq n)$ für $n \to \infty$ gegen Eins strebt. Anders ausgedrückt, wir haben bewiesen, daß die Beziehungen (3) dann und nur dann gelten, wenn für $n \to \infty$

$$\mathsf{P}\left\{\max_{1\leqq k\leqq n} |\xi_{kn}| \geqq \varepsilon\right\} \to 0 ,$$

q. e. d.

§ 57. Der Begriff des stationären zufälligen Prozesses. Der Satz von Chintschin über die Korrelationsfunktion

Die Prozesse vom Markowschen Typus oder, anders ausgedrückt, die Prozesse ohne Nachwirkung, die wir in den letzten Paragraphen untersuchten, werden bei weitem nicht allen Anforderungen der Naturwissenschaft an die Wahrscheinlichkeitsrechnung gerecht. In vielen Fällen haben die früheren Zustände eines Systems einen sehr starken Einfluß auf die Wahrscheinlichkeiten seiner zukünftigen Zustände, und man kann diese Einwirkung der Vergangenheit bei approximativer Behandlung der Fragen nicht vernachlässigen. Prinzipiell kann man sich in einer solchen Lage helfen, indem man den Begriff des Zustandes eines Systems durch Einführung neuer Parameter abändert. Wenn wir z. B. die Lageänderung eines Teilchens bei Diffusionserscheinungen oder bei der Brownschen Bewegung als einen Prozeß ohne Nachwirkung betrachten, so bedeutet dies, daß wir die Trägheit des Teilchens nicht berücksichtigen, die selbstverständlich in diesen Erscheinungen eine wesentliche Rolle spielt. Indem man die Geschwindigkeitskomponenten des Teilchens neben seinen Lagekoordinaten in den Begriff des Zustandes mit hineinnahm, konnte man in diesem Falle die Situation meistern. Es gibt jedoch Fälle, in denen ein solcher Kunstgriff bei der Lösung der gestellten Aufgaben keinerlei Erleichterungen bietet. In erster Linie muß man hier auf die statistische Mechanik hinweisen, in der die Angabe, daß ein Punkt in dem einen oder anderen Bereich des Phasenraumes liegt, nur ein Wahrscheinlichkeitsurteil über seinen zukünftigen Zustand zuläßt. Dabei ändert die Kenntnis der früheren Lage des Punktes wesentlich unser Urteil bezüglich seines zukünftigen Verhaltens. In diesem Zusammenhang sonderte A. J. CHINTSCHIN eine wichtige Klasse von zufälligen Prozessen mit Nachwirkung, die sog. *stationären Prozesse*, aus, die sich bezüglich der Zeit homogen verhalten.

Ein stochastischer Prozeß $\xi(t)$ heißt *stationär*, wenn die Wahrscheinlichkeitsverteilungen der beiden endlichen Gruppen von Veränderlichen $\xi(t_1), \xi(t_2), \ldots, \xi(t_n)$ und $\xi(t_1 + u), \xi(t_2 + u), \ldots, \xi(t_n + u)$ identisch sind, also nicht von u abhängen. Die Zahlen n und u sowie die Zeitpunkte $t_1, t_2, \ldots, t_n$ sollen dabei ganz beliebig gewählt sein. Führt man die Bezeichnung

$$F(x_1, x_2, \ldots, x_n; t_1, t_2, \ldots, t_n) = \mathsf{P}\{\xi(t_1) < x_1, \xi(t_2) < x_2, \ldots, \xi(t_n) < x_n\} \quad (1)$$

ein, so gilt nach der eben angegebenen Definition bei beliebigen u und n die Gleichung

$$F(x_1, x_2, \ldots, x_n; t_1 + u, t_2 + u, \ldots, t_n + u) = F(x_1, x_2, \ldots, x_n; t_1, t_2, \ldots, t_n)\,. \quad (1')$$

Die Verteilungsfunktionen $F(x_1, x_2, \ldots, x_n; t_1, t_2, \ldots, t_n)$ eines jeden zufälligen Prozesses müssen offenbar den beiden folgenden Bedingungen genügen:

1. Der *Symmetriebedingung*: Bei einer beliebigen Permutation $i_1, i_2, \ldots, i_n$ der Zahlen $1, 2, \ldots, n$ gilt die Gleichung

$$F(x_{i_1}, x_{i_2}, \ldots, x_{i_n}; t_{i_1}, t_{i_2}, \ldots, t_{i_n}) = F(x_1, x_2, \ldots, x_n; t_1, t_2, \ldots, t_n)\,.$$

2. Der *Verträglichkeitsbedingung*: Ist $m < n$, so gilt bei beliebigen $t_{m+1}, t_{m+2}, \ldots, t_n$

$$F(x_1, x_2, \ldots, x_m; t_1, t_2, \ldots, t_m)$$
$$= F(x_1, x_2, \ldots, x_m; \infty, \ldots, \infty; t_1, t_2, \ldots, t_m, t_{m+1}, \ldots, t_n)\,. \quad (2)$$

In den letzten Jahren wurde die Theorie der stationären Prozesse in bedeutendem Maße in Physik und Technik angewandt. Auf stationäre Prozesse führt z. B. die Untersuchung einer Reihe akustischer Erscheinungen, darunter die in der Radiotechnik auftretenden zufälligen Geräusche, ferner die Auffindung verborgener Periodizitäten, die den Astronomen, den Geophysikern und den Meteorologen interessieren.

Häufig kann man in einem technologischen Prozeß leicht Erscheinungen feststellen, die nach dem Schema der stationären Prozesse verlaufen. Als Beispiel betrachten wir den Prozeß des Spinnens. Sehr ungleichmäßige Eigenschaften, des zu verspinnenden Materials (z. B. die Länge der Fasern, ihre Festigkeit, die Größe ihres Querschnitts usw.), Schwankungen in der Geschwindigkeit und in der Gleichmäßigkeit des Transports des Produktes an den Maschinen zu verschiedenen Etappen des Spinnprozesses und verschiedene andere Ursachen führen dazu, daß sich die Eigenschaften des Fadens ständig ändern. Dabei zeigt es sich, daß die Kenntnis der einen oder anderen Eigenschaft des Fadens in irgendeinem Teil der Docke uns noch keine Kenntnis seiner Eigenschaften in irgendeinem anderen Teil vermittelt. Da man jedoch den Spinnprozeß als eingelaufen ansehen kann, bilden die wahrscheinlichkeitstheoretisch-charakteristischen Eigenschaften des Fadens einen stationären Prozeß.

Verständlicherweise hängt ein beliebiges quantitatives Merkmal des stationären Prozesses $\xi(t)$ nicht vom Zeitpunkt t ab, und wenn z. B. $\xi(t)$ eine endliche Dispersion besitzt, so gelten offenbar die folgenden Gleichungen:

$$\mathsf{M}\,\xi\,(t+u) = \mathsf{M}\,\xi(t) = \mathsf{M}\,\xi(0) = a\,,$$
$$\mathsf{D}\,\xi\,(t+u) = \mathsf{D}\,\xi(t) = \mathsf{D}\,\xi(0) = \sigma^2\,,$$
$$\mathsf{M}\,\{\xi\,(t+u)\,\xi(t)\} = \mathsf{M}\,\{\xi(u)\,\xi(0)\}\,.$$

Dieser Umstand gestattet es, ohne Einschränkungen der Allgemeinheit der folgenden Resultate $a = 0$ und $\sigma = 1$ anzunehmen (dazu genügt es offenbar, an Stelle von $\xi(t)$ den Quotienten $\dfrac{\xi(t) - a}{\sigma}$ zu betrachten).

Als wichtiges Beispiel betrachten wir den normalen stationären Prozeß. Bei beliebigem n $(n = 1, 2, \ldots)$ sei der Vektor $\Xi_n = \{\xi(t_1), \ldots, \xi(t_n)\}$ normal verteilt. Wir setzen voraus, daß

$$\mathsf{M}\,\xi(t_j) = 0\,, \qquad \mathsf{D}\,\xi(t_j) = 1 \qquad (-\infty < t_j < \infty)$$

sei, und setzen

$$\mathsf{M}\,\xi(t_i)\,\xi(t_j) = R\,(t_i - t_j)\,.$$

Dabei ist $R(0) = 1$ und $R(t)$ eine gerade Funktion von t. Die Funktion $R(t)$ besitzt die Eigenschaft, daß die quadratische Form

$$\sum_{j=1}^{n} \sum_{i=1}^{n} R\,(t_i - t_j)\, x_i\, x_j$$

positiv definit ist.

Da die charakteristische Funktion des Vektors Ξ_n gleich

$$f_n(u_1, \ldots, u_n; t_1, \ldots, t_n) = \exp\left\{- \sum_{i=1}^{n} \sum_{j=1}^{n} R\,(t_i - t_j)\, u_i\, u_j\right\}$$

und die charakteristische Funktion des Vektors $\Xi_k = \{\xi(t_1), \ldots, \xi(t_k)\}$ bei beliebigem $k < n$ gleich

$$\begin{aligned} f_n(u_1, \ldots, u_k; t_1, \ldots, t_k) &= \exp\left\{- \sum_{i=1}^{k} \sum_{j=1}^{k} R\,(t_i - t_j)\, u_i\, u_j\right\} \\ &= f_n(u_1, \ldots, u_k, 0, 0, \ldots, 0; t_1, \ldots, t_k, t_{k+1}, \ldots, t_n) \end{aligned}$$

ist, können wir schließen, daß der von uns definierte zufällige Prozeß der Verträglichkeitsbedingung genügt.[1]) Außerdem sieht man unmittelbar, daß dieser Prozeß stationär ist.

Ein homogener MARKOWscher Prozeß, d. h. ein MARKOWscher Prozeß, bei dem für jedes t die Verteilung der Zufallsgröße $\xi(t)$ ein und dieselbe ist und bei dem die Übergangswahrscheinlichkeit $F(t, x; \tau, y)$ nur eine Funktion der drei Argumente x, y und $\tau - t$ ist, stellt ebenfalls einen stationären Prozeß dar.

---

[1]) Darunter wollen wir die Verträglichkeit aller Verteilungsfunktionen des Prozesses verstehen.

In vielen theoretischen Fragen und in den praktischen Anwendungen werden die mehrdimensionalen Verteilungen (1) nicht betrachtet, und von der Stationarität des Prozesses wird nur benutzt, daß die mathematische Erwartung und die Dispersion konstant sind und daß der Korrelationskoeffizient nur von der Differenz der Parameterwerte t abhängt. Es ist daher naturgemäß, den Begriff der Stationarität zu verallgemeinern. Wir wollen sagen, ein zufälliger Prozeß sei *stationär im weiteren Sinne*, wenn die mathematische Erwartung und die Dispersion von $\xi(t)$ existieren und nicht von t abhängen und wenn der Korrelationskoeffizient von $\xi(t)$ und $\xi(t+u)$ eine Funktion von u allein ist.

Doch läßt sich allein aus der Kenntnis der zweiten Momente noch nicht der Prozeß $\xi(t)$ bestimmen; diese Kenntnis kann daher eine Theorie der zufälligen Prozesse nicht vollständig ersetzen, die auf der Betrachtung der Wahrscheinlichkeitsverteilungen aufgebaut ist.

Dennoch zeigt es sich in vielen Fragen, daß die Theorie, die allein auf der Betrachtung der zweiten Momente beruht — oder, wie man sagt, die *Korrelationstheorie* —, völlig hinreichend ist und diese Probleme befriedigend löst.

Im vorliegenden Paragraphen beschränken wir uns auf die Untersuchung der Korrelationsfunktion, d. h. des Korrelationskoeffizienten zwischen $\xi(t)$ und $\xi(t+u)$

$$R(u) = \frac{\mathsf{M}\{[\xi(t+u) - \mathsf{M}\,\xi(t+u)]\,[\xi(t) - \mathsf{M}\xi(t)\}}{\sqrt{\mathsf{D}\,\xi(t)\,\mathsf{D}\,\xi(t+u)}} .$$

Auf Grund der Voraussetzung $a = 0$ und $\sigma = 1$ vereinfacht sich unser Ausdruck für $R(u)$ sehr wesentlich:

$$R(u) = \mathsf{M}\{\xi(u)\,\xi(0)\} .$$

In der Korrelationstheorie nennt man gewöhnlich einen stationären zufälligen Prozeß *stetig*, wenn

$$\mathsf{M}\,[\xi(t+u) - \xi(t)]^2 \to 0$$

gilt für $u \to 0$. Wie aus der TSCHEBYSCHEWschen Ungleichung folgt, gilt für einen stetigen Prozeß bei beliebigem $\varepsilon > 0$ und beliebigem t insbesondere die Beziehung

$$\mathsf{P}\,\{|\xi(t+u) - \xi(t)| \geqq \varepsilon\} \to 0 \qquad (u \to 0) .$$

Wie aus der Gleichung

$$\mathsf{M}\,\{\xi(t+u) - \xi(t)\}^2 = 2\,(1 - R(u))$$

folgt, gilt für stetige stationäre Prozesse die Beziehung

$$\lim_{u\to 0} R(u) = 1 .$$

Im Falle eines stetigen stationären Prozesses ist $R(u)$ eine stetige Funktion von u. Es ist nämlich

$$\begin{aligned} |R(u+\Delta u) - R(u)| &= |\mathsf{M}\,\xi(u+\Delta u)\,\xi(0) - \mathsf{M}\,\xi(u)\,\xi(0)| \\ &= |\mathsf{M}\,\{\xi(0)\,[\xi(u+\Delta u) - \xi(u)]\}| . \end{aligned}$$

Doch auf Grund der CAUCHY-SCHWARZschen Ungleichung ist

$$|\mathsf{M}\,\{\xi(0)\,[\xi\,(u+\Delta u)-\xi(u)]\}\,|\leqq\sqrt{\mathsf{M}\,\xi^2(0)\,\mathsf{M}\,[\xi\,(u+\Delta u)-\xi(u)]^2}\,.$$

Da aber

$$\mathsf{M}\,\xi^2(0)=1$$

ist und bei stetigen Prozessen für $\Delta u\to 0$

$$\mathsf{M}\,[\xi\,(u+\Delta u)-\xi(u)]^2\to 0$$

gilt, folgt für $\Delta u\to 0$

$$|R\,(u+\Delta u)-R(u)|\to 0\,.$$

Damit ist unsere Behauptung bewiesen.

In dem nun zu beweisenden Satz kann die Stationarität sowohl im weiteren als auch im engeren Sinne aufgefaßt werden.

Satz von CHINTSCHIN. *Eine Funktion $R(u)$ ist dann und nur dann eine Korrelationsfunktion eines stetigen stationären Prozesses, wenn sie sich in der Form*

$$R(u)=\int\cos u\,x\,dF(x) \tag{3}$$

mit einer gewissen Verteilungsfunktion $F(x)$ darstellen läßt.

Beweis. Die Bedingung des Satzes ist notwendig. Ist nämlich $R(u)$ die Korrelationsfunktion eines stetigen stationären Prozesses, so ist sie stetig und beschränkt. Wir können außerdem beweisen, daß sie sogar positiv definit ist. Denn wie auch immer die reellen Zahlen $u_1, u_2, \ldots, u_n$, die komplexen Zahlen $\eta_1, \eta_2, \ldots, \eta_n$ und eine ganze Zahl n gewählt sein mögen, stets gilt die folgende Beziehung

$$0\leqq\mathsf{M}\,|\sum_{k=1}^{n}\eta_k\,\xi(u_k)|^2=\mathsf{M}\left\{\sum_{i=1}^{n}\sum_{j=1}^{n}\eta_i\,\overline{\eta}_j\,\xi(u_i)\,\xi(u_j)\right\}=\sum_{j=1}^{n}\sum_{i=1}^{n}R\,(u_i-u_j)\,\eta_i\,\overline{\eta}_j\,.$$

Auf Grund des Satzes von BOCHNER-CHINTSCHIN (§ 39) folgt hieraus, daß $R(u)$ sich in der Form

$$R(u)=\int e^{iux}\,dF(x)$$

darstellen läßt, wobei $F(x)$ eine nicht abnehmende Funktion mit beschränkter Variation bezeichnet. Da die Funktion $R(u)$ reell ist, erhalten wir hieraus

$$R(u)=\int\cos u\,x\,dF(x)\ ^{1)}\,.$$

Beachtet man schließlich noch die Bedingung

$$R\,(+0)=1\,,$$

so findet man $F\,(+\infty)-F\,(-\infty)=1$, d. h., $F(x)$ ist eine Verteilungsfunktion.

Die Bedingung ist hinreichend. Es sei bekannt, daß $R(u)$ eine Funktion der Form (3) ist. Es ist zu beweisen, daß ein stationärer Prozeß $\xi(t)$ existiert, dessen Korrelationsfunktion gerade $R(u)$ ist. Dazu betrachten wir zu jedem ganzen n und jeder Gruppe von reellen Zahlen $t_1, t_2, \ldots, t_n$ einen normal ver-

[1]) Auf Grund des Resultates des Beispiels 3, § 36, ist die Funktion $F(x)$ symmetrisch, d. h. $F\,(x+0)=1-F(-x)$.

teilten n-dimensionalen Vektor $\xi(t_1), \xi(t_2), \ldots, \xi(t_n)$, der die Eigenschaften

$$\mathsf{M}\,\xi(t_1) = \mathsf{M}\,\xi(t_2) = \cdots = \mathsf{M}\,\xi(t_n) = 0\,,$$
$$\mathsf{D}\,\xi(t_1) = \mathsf{D}\,\xi(t_2) = \cdots = \mathsf{D}\,\xi(t_n) = 1$$

besitzt; für beliebige i und j sei der Korrelationskoeffizient zwischen $\xi(t_i)$ und $\xi(t_j)$ gleich $R\,(t_i - t_j)$, d. h.

$$\mathsf{M}\,\xi(t_i)\,\xi(t_j) = R(t_i - t_j)\,.$$

Die Gestalt der Funktion $R(u)$ garantiert die positive Definitheit der quadratischen Form, die im Exponenten des n-dimensionalen Normalgesetzes steht. Der so definierte normale zufällige Prozeß ist sowohl im engeren als auch im weiteren Sinne stationär.

Der bewiesene Satz spielt in der Theorie der stationären Prozesse und in deren physikalischen Anwendungen eine grundlegende Rolle. Für Einzelheiten verweisen wir auf die Spezialliteratur, fürs erste auf die am Ende des Buches angegebene Literatur.

Beispiel 1. Es sei

$$\xi(t) = \xi\,\cos\lambda\,t + \eta\,\sin\lambda\,t\,,$$

ξ und η seien dabei nicht korrelierende[1]) Zufallsgrößen mit $\mathsf{M}\,\xi = \mathsf{M}\,\eta = 0$, $\mathsf{D}\,\xi = \mathsf{D}\,\eta = 1$, λ sei eine Konstante. Wegen

$$\begin{aligned}
R(u) &= \mathsf{M}\,\xi\,(t+u)\,\xi(t)\\
&= \mathsf{M}\,[\xi\,\cos\lambda\,t + \eta\,\sin\lambda\,t]\,[\xi\,\cos\lambda\,(t+u) + \eta\,\sin\lambda\,(t+u)]\\
&= \mathsf{M}\,[\xi^2\cos\lambda\,t\cos\lambda\,(t+u) + \xi\,\eta\,(\sin\lambda\,t\,\cos\lambda\,(t+u) + \cos\lambda\,t\sin\lambda\,(t+u))\\
&\quad + \eta^2\sin\lambda\,t\sin\lambda\,(t+u)] = \cos\lambda\,t\cos\lambda\,(t+u) + \sin\lambda\,t\sin\lambda\,(t+u) = \cos\lambda\,u
\end{aligned}$$

ist der Prozeß $\xi(t)$ stationär im weiteren Sinne. Für ihn müssen wir in der Formel (3)

$$F(x) = \begin{cases} 0 & \text{für } x \leqq -\lambda\,,\\ \dfrac{1}{2} & \text{für } -\lambda < x \leqq \lambda\,,\\ 1 & \text{für } x > \lambda \end{cases}$$

setzen.

Beispiel 2. Es sei

$$\xi(t) = \sum_{k=1}^{n} b_k\,\xi_k(t)$$

mit $\xi_k(t) = \xi_k\cos\lambda_k\,t + \eta_k\sin\lambda_k\,t$. λ_k seien Konstante, es sei $\sum\limits_{k=1}^{n} b_k^2 = 1$ und die Zufallsgrößen ξ_k und η_k mögen den Bedingungen

$$\mathsf{M}\,\xi_k = \mathsf{M}\,\eta_k = 0\,, \quad \mathsf{D}\,\xi_k = \mathsf{D}\,\eta_k = 1 \quad (k = 1, \ldots, n)\,,$$
$$\mathsf{M}\,\xi_i\,\xi_j = \mathsf{M}\,\eta_i\,\eta_j = 0 \text{ für } i \neq j\,, \quad \mathsf{M}\,\xi_i\,\eta_j = 0 \text{ für } i, j = 1, \ldots, n$$

genügen.

---

[1]) Zwei Zufallsgrößen ξ und η heißen *nicht korrelierend*, wenn $\mathsf{M}\,\xi\,\eta = \mathsf{M}\,\xi\,\mathsf{M}\,\eta$.

Man rechnet leicht nach, daß die Korrelationsfunktion des Prozesses $\xi(t)$ gleich

$$R(u) = \sum_{k=1}^{n} b_k^2 \cos \lambda_k u$$

ist, daß also der Prozeß $\xi(t)$ im weiteren Sinne stationär ist. Die Funktion $F(x)$ in der Formel (3) wächst nur in den Punkten $\pm \lambda_n$ und besitzt dort Sprünge der Größe $\frac{1}{2} b_k^2$.

Zufällige Prozesse, bei denen die Funktion $F(x)$ nur sprunghaft wächst, heißen *Prozesse mit diskretem Spektrum.*

Man sieht leicht ein, daß jeder Prozeß der Gestalt

$$\xi(t) = \sum_{k=1}^{\infty} b_k \xi_k(t) \tag{4}$$

mit $\sum_{1}^{\infty} b_k^2 < \infty$, wo die $\xi_k(t)$ die gleiche Bedeutung wie im Beispiel 2 haben, stationär im weiteren Sinne ist und ein diskretes Spektrum besitzt. Es ist wichtig festzustellen, daß E. E. SLUTSKI die tiefliegende Umkehrung dieses Satzes bewies: *Jeder stationäre Prozeß mit einem diskreten Spektrum ist in der Form* (4) *darstellbar.* Eine Verallgemeinerung dieses Satzes von E. E. SLUTSKI auf den Fall eines beliebigen Spektrums wird im folgenden Paragraphen formuliert.

Parallel mit der Entwicklung der Theorie der stationären Prozesse entwickelte sich die Theorie der stationären Folgen. Eine Folge von Zufallsgrößen

$$\ldots, \xi_{-2}, \xi_{-1}, \xi_0, \xi_1, \xi_2, \ldots \tag{5}$$

heißt *stationär*, wenn bei beliebigen ganzen n, u und t_j $(1 \leqq j \leqq n)$ die Bedingung (1′) erfüllt ist. Entsprechend heißt eine Folge (5) *stationär im weiteren Sinne*, wenn für alle Glieder der Folge die mathematischen Erwartungen und die Dispersionen konstante Zahlen sind, die nicht von der Stelle in der Folge abhängen,

$$\cdots = \mathsf{M}\,\xi_{-2} = \mathsf{M}\,\xi_{-1} = \mathsf{M}\,\xi_0 = \mathsf{M}\,\xi_1 = \mathsf{M}\,\xi_2 = \cdots = a\,,$$

$$\cdots = \mathsf{D}\,\xi_{-2} = \mathsf{D}\,\xi_{-1} = \mathsf{D}\,\xi_0 = \mathsf{D}\,\xi_1 = \mathsf{D}\,\xi_2 = \cdots = \sigma^2\,,$$

und wenn der Korrelationskoeffizient zwischen ξ_i und ξ_j nur eine Funktion von $|i - j|$ ist.

Als Übung schlagen wir dem Leser vor, den folgenden Satz zu beweisen: *Wenn für eine stationäre Folge*

$$\lim_{s \to \infty} R(s) = 0$$

ist, wobei $R(s)$ *der Korrelationskoeffizient zwischen* ξ_i *und* ξ_{i+s} *ist, so gilt*

$$\mathsf{P}\left\{\left|\frac{1}{n} \sum_{k=1}^{n} \xi_k - a\right| < \varepsilon\right\} \to 1$$

für jedes $\varepsilon > 0$.

§ 58. Der Begriff des stochastischen Integrals. Spektralzerlegung der stationären Prozesse

Für das Folgende müssen wir den Begriff des stochastischen Integrals einführen.

Im Intervall $a \leqq t \leqq b$ seien ein zufälliger Prozeß und eine Zahlenfunktion $f(t)$ vorgegeben. Wir unterteilen das Intervall $[a, b]$ durch die Punkte $a = t_0 < t_1 < \cdots < t_n = b$ und betrachten die Summe

$$I_n = \sum_{i=1}^{n} f(t_i)\, \xi(t_i)\, (t_i - t_{i-1}) .$$

Wenn diese Summe für $\max\limits_{1 \leqq i \leqq n} (t_i - t_{i-1}) \to 0$ gegen einen Grenzwert strebt (der im allgemeinen selbst wieder eine Zufallsgröße ist), so heißt dieser Grenzwert ein *Integral des zufälligen Prozesses* $\xi(t)$; er wird mit

$$I = \int_a^b f(t)\, \xi(t)\, dt$$

bezeichnet. Das uneigentliche Integral (für $a = -\infty$, $b = +\infty$) wird wie üblich als Grenzwert der eigentlichen Integrale für $a \to -\infty$, $b \to +\infty$ definiert.

Die Konvergenz der Integralsummen I_n wollen wir in folgendem Sinne verstehen: Es existiert eine Zufallsgröße I derart, daß für $n \to \infty$

$$\mathsf{M}\,(I_n - I)^2 \to 0 \tag{1}$$

gilt.

Gestützt auf bekannte Sätze aus der Theorie der Funktionen einer reellen Veränderlichen kann man leicht beweisen, daß die Folge der Zufallsgrößen I_n dann und nur dann gegen den Grenzwert I im Sinne von (1) konvergiert, wenn für $\min(m, n) \to \infty$

$$\mathsf{M}\,(I_n - I_m)^2 \to 0 \tag{2}$$

gilt. Mit dem Beweis dieser Tatsache wollen wir uns hier nicht aufhalten.

Satz 1. *Hinreichend für die Existenz des Integrals*

$$I = \int_a^b f(t)\, \xi(t)\, dt$$

ist die Existenz des Integrals

$$A = \int_a^b \int_a^b R\,(t - s)\, f(t)\, f(s)\, ds\, dt .$$

Dabei ist

$$A = \mathsf{M}\left[\int_a^b f(t)\, \xi(t)\, dt\right]^2 .$$

Beweis. Zum Beweis der ersten Hälfte des Satzes brauchen wir nur folgendes zu zeigen: Wenn das Integral A existiert, so gilt die Beziehung (2).

Wir haben

$$\mathsf{M}(I_n - I_m)^2 = \mathsf{M}\left[\sum_{i=1}^{n} f(t_i)\,\xi(t_i)\,\Delta t_i\right]^2 - 2\,\mathsf{M}\sum_{i=1}^{n}\sum_{j=1}^{m} f(t_i)\,f(s_j)\,\xi(t_i)\,\xi(s_j)\,\Delta t_i\,\Delta s_j$$

$$+ \mathsf{M}\left[\sum_{j=1}^{m} = f(s_j)\,\xi(s_j)\,\Delta s_j\right]^2$$

$$= \sum_{i=1}^{n}\sum_{k=1}^{n} f(t_i)\,f(\tau_k)\,R\,(t_i - \tau_k)\,\Delta t_i\,\Delta\tau_k - 2\sum_{i=1}^{n}\sum_{j=1}^{m} f(t_i)\,f(s_j)\,R\,(t_i - s_j)\,\Delta t_i\,\Delta s_j$$

$$+ \sum_{j=1}^{m}\sum_{k=1}^{m} f(s_j)\,f(\sigma_k)\,R\,(s_j - \sigma_k)\,\Delta s_j\,\Delta\sigma_k.$$

Hier fallen die Zahlenwerte t_k und τ_k sowie s_k und σ_k zusammen.

Auf Grund der Voraussetzung über die Existenz des Integrals A ist

$$A = \lim \sum_i \sum_k f(t_i)\,f(\tau_k)\,R\,(t_i - \tau_k)\,\Delta t_i\,\Delta\tau_k$$

$$= \lim \sum_i \sum_j f(t_i)\,f(s_j)\,R\,(t_i - s_j)\,\Delta t_i\,\Delta s_j$$

$$= \lim \sum_j \sum_k f(s_j)\,f(\sigma_k)\,R\,(s_j - \sigma_k)\,\Delta s_j\,\Delta\sigma_k\,,$$

wenn nur $\max\,[\Delta t_i, \Delta\sigma_j] \to 0$. Also gilt für $\min\,(m, n) \to \infty$

$$\mathsf{M}(I_m - I_n)^2 \to 0\,.$$

Zum Beweis der zweiten Hälfte des Satzes bemerken wir, daß

$$\mathsf{M}\left[\sum_i f(t_i)\,\xi(t_i)\,\Delta t\right]^2 = \mathsf{M}\sum_i\sum_j f(t_i)\,f(\tau_j)\,\xi(t_i)\,\xi(\tau_j)\,\Delta t_i\,\Delta\tau_j$$

$$= \sum_i\sum_j f(t_i)\,f(\tau_j)\,R\,(t_i - \tau_j)\,\Delta t_i\,\Delta\sigma_j$$

ist; für $\max\limits_{1 \leq i \leq n} \Delta t_i \to 0$ strebt die letzte Summe gegen das Integral A.

Zugleich mit dem soeben eingeführten Begriff des stochastischen Integrals kann man auch das *stochastische* STIELTJES-*Integral* betrachten; wir definieren es als Grenzwert der Summen

$$\sum_{k=1}^{n} f(t_k)\,[\xi(t_k) - \xi(t_{k-1})] \tag{3}$$

für $\max\,(t_i - t_{i-1}) \to 0$. Hier ist wie oben $a = t_0 < \cdots < t_n = b$, und der Limes ist im Sinne von (1) zu verstehen. Wenn der Grenzwert der Summen (3) existiert, so wollen wir ihn mit dem Symbol

$$\int_a^b f(t)\,d\xi(t)$$

bezeichnen.

Am Ende des letzten Paragraphen formulierten wir den Satz von E. E. SLUTSKI, der den Zusammenhang aufklärt, der zwischen den stationären Prozessen mit diskretem Spektrum und den FOURIER-Reihen mit zufälligen, aber nicht korrelierenden Koeffizienten besteht. Es läßt sich beweisen, daß jeder im weiteren Sinne stationäre Prozeß die folgende Eigenschaft besitzt: Bei beliebigem $\varepsilon > 0$ und für jedes (noch so große) T gibt es paarweise nicht korrelierende Zufallsgrößen $\xi_1, \xi_2, \ldots, \xi_n; \eta_1, \eta_2, \ldots, \eta_n$ und reelle Zahlen $\lambda_1, \lambda_2, \ldots, \lambda_n$[1]), so daß bei beliebigem t aus dem Intervall $-T \leqq t \leqq T$ die Ungleichung

$$\mathsf{M}\,[\xi(t) - \sum (\xi_k \cos \lambda_k t + \eta_k \sin \lambda_k t)]^2 < \varepsilon$$

besteht. Hieraus ergibt sich insbesondere, daß unter den angegebenen Bedingungen

$$\mathsf{P}\,\{|\xi(t) - \sum (\xi_k \cos \lambda_k t + \eta_k \sin \lambda_k t)| > \eta\} \leqq \frac{\varepsilon}{\eta^2}$$

ist, dabei ist η eine vorgegebene positive Zahl. Wir führen ohne Beweis den folgenden wichtigen Satz an.

Satz 2. *Jeder im weiteren Sinne stationäre Prozeß läßt sich in der Form*

$$\xi(t) = \int_0^\infty \cos \lambda t \, dZ_1(\lambda) + \int_0^\infty \sin \lambda t \, dZ_2(\lambda) \tag{4}$$

darstellen, wobei die zufälligen Prozesse $Z_1(\lambda)$ und $Z_2(\lambda)$ (mit $\lambda \geqq 0$) die folgenden Eigenschaften besitzen:

a) $\mathsf{M}\,[Z_i(\lambda_1 + \Delta\lambda_1) - Z_i(\lambda_1)]\,[Z_j(\lambda_2 + \Delta\lambda_2) - Z_j(\lambda_2)] = 0 \qquad (i, j = 1, 2)$

falls $i \neq j$ ist; wenn jedoch die Intervalle $(\lambda_1, \lambda_1 + \Delta\lambda_1)$ und $(\lambda_2, \lambda_2 + \Delta\lambda_2)$ disjunkt sind, so können i und j auch gleich sein;

b) $\mathsf{M}\,[Z_1(\lambda + \Delta\lambda) - Z_1(\lambda)]^2 = \mathsf{M}\,[Z_2(\lambda + \Delta\lambda) - Z_2(\lambda)]^2 .$

Die Formel (4) nennt man *Spektralzerlegung des Prozesses $\xi(t)$*. Die in der Formel (4) auftretenden Prozesse $Z_1(\lambda)$ und $Z_2(\lambda)$ lassen sich mit Hilfe der Gleichungen

$$Z_1(\lambda) = \lim_{T \to \infty} \frac{1}{2\pi} \int_{-T}^{T} \frac{\sin \lambda t}{t} \xi(t)\, dt$$

und

$$Z_2(\lambda) = \lim_{T \to \infty} \frac{1}{2\pi} \int_{-T}^{T} \frac{1 - \cos \lambda t}{t} \xi(t)\, dt$$

bestimmen. Man kann leicht beweisen, daß die beiden angegebenen Integrale existieren (dies geschieht mit der im vorigen Paragraphen bewiesenenen Formel von CHINTSCHIN). Man kann auch zeigen, daß

$$F(\lambda + \Delta\lambda) - F(\lambda) = \mathsf{M}\,[Z_1(\lambda + \Delta\lambda) - Z_1(\lambda)]^2$$

ist, wo $F(x)$ die durch den Satz von CHINTSCHIN definierte Funktion ist.

Auf die Möglichkeit der Zerlegung (4) für beliebige im weiteren Sinne stationäre zufällige Prozesse wies im Jahre 1940 A. N. KOLMOGOROFF hin. Er formulierte dieses Ergebnis in der Terminologie der Geometrie des HILBERT-

[1]) Die Zahlen n und $\lambda_1, \ldots, \lambda_n$ sowie die Größen ξ_i und η_i hängen von ε und T ab.

Raumes und bewies es mit Hilfe der Spektraltheorie der Operatoren. Der wahrscheinlichkeitstheoretischen Deutung und Ableitung dieser Zerlegung wurden in der Folgezeit die Arbeiten vieler Autoren gewidmet — unter ihnen H. CRAMÉR, KARHUNEN, M. LOÈVE, A. BLANC-LAPIERRE.

Wir werden hier nicht über die Anwendungen der Spektralzerlegung auf die Probleme der Schwingungslehre und der Geophysik sprechen, sondern verweisen den Leser auf die Arbeiten von A. M. JAGLOM, A. BLANC-LAPIERRE und R. FORTET, die im Literaturverzeichnis am Ende des Buches angegeben sind.

§ 59. Der Ergodensatz von BIRKHOFF-CHINTSCHIN

Im Jahre 1931 bewies der amerikanische Mathematiker GEORGE BIRKHOFF einen allgemeinen Satz der Mechanik, der — wie drei Jahre später A. J. CHINTSCHIN zeigte — eine weitreichende wahrscheinlichkeitstheoretische Verallgemeinerung zuläßt. Dieser Satz besteht in folgendem: *Wenn ein stetiger stationärer Prozeß eine endliche mathematische Erwartung besitzt, so existiert mit der Wahrscheinlichkeit Eins der Grenzwert*

$$\lim_{T\to\infty} \frac{1}{T} \int_0^T \xi(t)\, dt\,.$$

Die Stationarität des Prozesses wird hier im engeren Sinn verstanden.

Da dieser Satz eine eigenartige Form des starken Gesetzes der großen Zahlen darstellt, beweisen wir ihn — um sofort an die Formulierungen des Kapitels VI anzuknüpfen — nicht für stationäre Prozesse, sondern für stationäre Folgen.

Satz. *Vorgegeben sei eine stationäre Folge von Zufallsgrößen*

$$\ldots, \xi_{-1}, \xi_0, \xi_1, \ldots$$

mit endlichen mathematischen Erwartungen $\mathsf{M}\,\xi_i$. *Dann konvergiert mit der Wahrscheinlichkeit Eins die Folge der arithmetischen Mittel*

$$\frac{1}{n} \sum_{k=1}^{n} \xi_k$$

gegen einen Grenzwert.

Beweis.[1]) Wir setzen

$$h_{a\,b} = \frac{\xi_a + \xi_{a+1} + \cdots + \xi_{b-1}}{b-a}.$$

Wir müssen beweisen, daß mit der Wahrscheinlichkeit Eins die Größen $h_{0\,b}$ für $b \to \infty$ gegen einen Grenzwert streben. Das zufällige Ereignis, das in der Existenz dieses Grenzwertes besteht, wollen wir mit dem Buchstaben $\overline{K}$ bezeichnen. Wir müssen beweisen, daß $P(\overline{K}) = 1$ oder, was dasselbe ist, $P(K) = 0$ ist.

[1]) Dieser Beweis stammt von B. W. GNEDENKO (Anm. d. Red.).

Wir wollen das Gegenteil annehmen, das Ereignis K (d. h., daß die Größen h_{0b} für $b \to \infty$ divergieren) besitze eine positive Wahrscheinlichkeit, und wir wollen zeigen, daß diese Annahme zu einem Widerspruch führt.

Dazu betrachten wir alle Intervalle $[\alpha_n, \beta_n]$ mit rationalen Endpunkten, $\alpha_n < \beta_n$. Die Menge aller dieser Intervalle ist abzählbar. Wenn $\lim\limits_{b\to\infty} h_{0b}$ nicht existiert, so läßt sich sicher ein Intervall $[a_n, \beta_n]$ finden, so daß $\limsup\limits_{b\to\infty} h_{0b} > \beta_n$ und $\liminf\limits_{b\to\infty} h_{0b} < \alpha_n$ ist (das Ereignis K_n). Somit ist das Ereignis K die Vereinigung von abzählbar vielen Teilereignissen K_n. Da nach Annahme $P(K) > 0$ ist, läßt sich sicher ein n finden mit $P(K_n) > 0$.

Damit haben wir folgendes bewiesen: Ist $P(K) > 0$, so gibt es zwei Zahlen α und β $(\alpha < \beta)$, für die gleichzeitig die Ungleichungen

$$\left.\begin{aligned} &\limsup h_{0b} > \beta\,, \\ \text{und}\qquad &\liminf h_{0b} < \alpha \end{aligned}\right\} \tag{1}$$

mit einer Wahrscheinlichkeit > 0 erfüllt sind. Dieses Ereignis nennen wir E.

Wir wollen nun annehmen, die ξ_j hätten irgendwelche bestimmten Werte angenommen. Ist das Intervall $[a, b]$ so gewählt, daß $h_{ab} > \beta$, aber für alle b' mit $a < b' < b$ $h_{ab'} \leqq \beta$ ist, so wollen wir dieses Intervall ausgezeichnet (bezüglich β) nennen.

Man prüft leicht nach, daß sich zwei ausgezeichnete Intervalle nicht überlappen. Sind nämlich $[a, b]$ und $[a_1, b_1]$ zwei ausgezeichnete Intervalle mit $a < a_1 < b < b_1$, so ergibt sich aus der Gleichung

$$h_{ab} = \frac{(a_1 - a)\, h_{a a_1} + (b - a_1)\, h_{a_1 b}}{b - a}$$

und der Ungleichung $h_{ab} > \beta$, daß entweder $h_{a a_1} > \beta$ oder $h_{a_1 b} > \beta$ ist. Die erste dieser Ungleichungen ist jedoch unmöglich, denn das Intervall $[a, b]$ ist ausgezeichnet, aber auch die zweite Ungleichung ist unmöglich, denn das Intervall $[a_1, b_1]$ ist ausgezeichnet.

Die Differenz $b - a$ nennen wir die *Länge des Intervalls* $[a, b]$. Wenn das Intervall $[a, b]$

1. ausgezeichnet ist,

2. eine Länge nicht größer als s besitzt und

3. nicht in einem ausgezeichneten Intervall mit einer Länge $\leqq s$ liegt,

so nennen wir ein solches Intervall *s-ausgezeichnet.*

Unter den ausgezeichneten Intervallen, die ein beliebiges Intervall $[A, B]$ von einer Länge nicht größer als s überdecken und die selbst eine Länge besitzen, die nicht größer als s ist, muß es ein größtes geben; denn gäbe es zwei solche, so müßten sie sich überlappen, was nach dem soeben Bewiesenen unmöglich ist. Jedes ausgezeichnete Intervall von einer Länge nicht größer als s kann sich also nur innerhalb eines s-ausgezeichneten Intervalls befinden (oder mit ihm zusammenfallen). Aus der Definition folgt, daß je zwei verschiedene s-ausgezeichnete Intervalle disjunkt sind.

Wir bezeichnen mit K_s das Ereignis, das darin besteht, daß die Ungleichungen (1) erfüllt sind und daß außerdem ein $t \leqq s$ existiert mit $h_{0t} > \beta$. Da E der Limes der Ereignisse K_s ist, wird

$$P(E) = \lim_{s \to \infty} P(K_s) .$$

Hieraus folgt, daß für alle hinreichend großen s die Ungleichung $P(K_s) > 0$ besteht. Im folgenden beschränken wir uns in unserer Betrachtung nur auf solche Werte s.

Das Ereignis K_s trete ein. Dann existiert unter den $t \leqq s$ mit $h_{0t} > \beta$ ein kleinstes t'. Das Intervall $[0, t']$ ist ausgezeichnet. Folglich liegt es in einem s-ausgezeichneten Intervall $[a, b]$ (oder ist selbst ein solches), für das $a \leqq 0 < b$. Es gilt auch das Umgekehrte: Wenn es ein s-ausgezeichnetes Intervall $[a, b]$ gibt mit $a \leqq 0 < b$, so gibt es auch ein $t \leqq s$ mit $h_{0t} > \beta$. Für $a = 0$ ist dies evident: Man braucht nur $t = b$ zu setzen. Ist aber $a < 0$, so folgt aus der Gleichung

$$h_{ab} = \frac{-a\, h_{a0} + b\, h_{0b}}{b - a}$$

und aus den Ungleichungen $h_{ab} > \beta$, $h_{a0} \leqq \beta$ auch $h_{0b} > \beta$. Daher kann man auch in diesem Falle $t = b$ setzen.

Wir bezeichnen $-a$ mit p, $b - a$ mit q. Da nur ein s-ausgezeichnetes Intervall $(-p, -p + q)$ existieren kann, zerfällt das Ereignis K_s in unvereinbare Fälle K_{pq}, die dem Auftreten der verschiedenen möglichen s-ausgezeichneten Intervalle $(-p, -p + q)$ entsprechen:

$$K_s = \sum_{p,q} K_{pq} \quad (q = 1, \ldots, s, p = 0, 1, \ldots, q - 1) .$$

Eine Abänderung in der fortlaufenden Numerierung $i' = i + p$ führt den Fall K_{0q} in den Fall K_{pq} über. Daher ist auf Grund der Stationarität $P(K_{pq}) = P(K_{0q})$ und $\mathsf{M}\, \xi_0/K_{pq} = \mathsf{M}\, \xi_p/K_{0q}$.[1])
Es ist

$$\begin{aligned} P(K_s)\, \mathsf{M}\, (\xi_0/K_s) = \sum_{p,q} P(K_{pq})\, \mathsf{M}(\xi_0/K_{pq}) &= \sum_p P(K_{0q}) \sum_q \mathsf{M}(\xi_p/K_{0q}) \\ &= \sum_q P(K_{0q})\, \mathsf{M}(q\, h_{0q}/K_{0q}) . \end{aligned}$$

Beachtet man ferner, daß im Falle K_{0q} die Ungleichung $h_{0q} > \beta$ besteht, so findet man die Beziehung

$$P(K_s)\, \mathsf{M}(\xi_0/K_s) > \sum_q P(K_{0q})\, q\, \beta = \beta \sum_{p,q} P(K_{pq}) = \beta\, P(K_s) .$$

[1]) Wir weisen darauf hin, daß wir nur an dieser Stelle die Voraussetzung der Stationarität benutzen.

Da nach Voraussetzung $P(K_s) \neq 0$ ist, ergibt sich hieraus

$$\mathsf{M}(\xi_0/K_s) > \beta .$$

Wegen $K_s \to K$ wird

$$\mathsf{M}(\xi_0/K) \leqq \beta .$$

Ähnlich läßt sich beweisen (wenn wir die ausgezeichneten Segmente bezüglich α betrachten), daß

$$\mathsf{M}(\xi_0/K) \geqq \alpha$$

ist. Wir sind damit zu einem Widerspruch gelangt. Hieraus folgt $P(K) = 0$ usw.

Die Frage, wie dieser Grenzwert aussieht, gegen den die Größen h_{0n} für $n \to \infty$ streben, muß gesondert betrachtet werden. Wir beschränken uns hier lediglich auf den Beweis des folgenden Satzes.

Satz. *Wenn die Zufallsgrößen ξ_k stationär sind, endliche Dispersionen besitzen und wenn die Korrelationsfunktion $R(j)$ für $j \to \infty$ gegen 0 konvergiert, so ist*

$$\mathsf{P}\left\{h_{0n} \underset{n\to\infty}{\to} a\right\} = 1 \qquad (a = \mathsf{M}\,\xi_k) .$$

Beweis. Wir betrachten die Dispersion der Zufallsgröße h_{0n}. Auf Grund der Stationarität haben wir

$$\mathsf{D}\,h_{0n} = \mathsf{M}\left[\frac{1}{n}\sum_{k=1}^{n}(\xi_k - a)\right]^2 = \frac{\mathsf{D}\,\xi_k}{n^2}\left[n + 2\sum_{1\leqq i<j\leqq n} R(j-i)\right].$$

Offenbar ist

$$\sum_{1\leqq i<j\leqq n} R(j-i) = \sum_{k=1}^{n-1}(n-k)\,R(k) .$$

Wir betrachten nun ein so großes m, daß für $k > m$ die Ungleichung

$$|R(k)| \leqq \varepsilon \qquad (\varepsilon > 0)$$

besteht. Hieraus ergibt sich die Beziehung

$$\mathsf{D}\,h_{0n} \leqq \frac{\mathsf{D}\,\xi_n}{n^2}\left[n + 2\sum_{k=1}^{m}(n-k)\,R(k) + 2\,\varepsilon\sum_{k=m+1}^{n-1}(n-k)\right].$$

Diese Ungleichung läßt sich offenbar folgendermaßen noch vergröbern

$$\mathsf{D}\,h_{0n} \leqq \frac{\mathsf{D}\,\xi_k}{n^2}\,[n + 2\,m\,(n-1) + \varepsilon\,(n-m-1)\,(n-m)] .$$

Ist n genügend groß, so ist klar, daß die rechte Seite dieser Ungleichung kleiner als $3\,\varepsilon$ gemacht werden kann. Für $n \to \infty$ konvergieren also die Größen h_{0n} in Wahrscheinlichkeit gegen a. Da aber die h_{0n} für $n \to \infty$ mit der Wahrscheinlichkeit Eins konvergieren, so schließen wir hieraus auf die Richtigkeit der Aussage des Satzes.

Der bewiesene Satz ist nicht nur von bedeutendem theoretischen Interesse, sondern findet auch weitgehend Anwendung in der statistischen Physik und in der technischen Praxis. Der Grund dafür besteht darin, daß man zur Bestimmung so wichtiger charakteristischer Größen einer Erscheinung wie $\mathsf{M}\,\xi(t)$, $\mathsf{D}\,\xi(t)$, $R(n)$ im Falle stationärer Prozesse nicht die Wahrscheinlichkeitsverteilungen der möglichen Werte zu kennen und diese Größen nach entsprechenden Formeln auszurechnen braucht. Die Bestimmung dieser — wie man in der Physik sagt — räumlichen Mittel erfordert vom Forscher Daten, die er häufig nicht hat. Auf jeden Fall erfordert die praktische experimentelle Abschätzung dieser Größen eine mehrfache Verwirklichung der Versuche an dem Prozeß (d. h., es müssen experimentell viele Realisierungen der Funktion $\xi(t)$ gewonnen werden). Der Ergodensatz von BIRKHOFF-CHINTSCHIN zeigt, daß man sich dabei mit der Wahrscheinlichkeit Eins (unter bestimmten Bedingungen) auf eine einzige Realisierung des Prozesses $\xi(t)$ beschränken kann.

XI.

ELEMENTE DER THEORIE DER MASSENBEDIENUNG

§ 60. Allgemeine Charakteristik der Aufgaben der Theorie

Von den zahlreichen und tiefen Anwendungen der Theorie der zufälligen Prozesse auf verschiedene Aufgaben der Physik, der Biologie, der Technik und der Wirtschaft betrachten wir hier nur eine, die in den letzten Jahren unter dem Einfluß verschiedenartiger Erfordernisse der Praxis eine beträchtliche Entwicklung genommen hat. Die erste spezifische Aufgabe, die zur Entstehung der Theorie der Massenbedienung (in der englischen Literatur sagt man oft auch Theorie der Warteschlangen oder Bedienungstheorie) beitrug, entstand im Zusammenhang mit dem Telefonverkehr. Später zeigte es sich, daß ähnliche Aufgaben auch bei der rationellen Führung einer Verkaufsorganisation (Berechnung der Anzahl der Geschäfte, der Verkäufer in den Geschäften, der Kassen, der Warenbestände usw.) entstehen, aber auch bei der zweckmäßigen Ausnutzung von Produktionsanlagen, bei der Berechnung der Durchlaßfähigkeit von Straßen, Brücken, Bahnübergängen, Flugplätzen, Schleusen, Seehäfen usw. Die erste mathematische Aufgabenstellung, bei deren Formulierung und Lösung der dänische Gelehrte A. K. Erlang, der langjährige Mitarbeiter einer Kopenhagener Telefongesellschaft, eine wesentliche Rolle spielte, stellt heute nur einen bescheidenen Anteil an den ausgearbeiteten Problemen dar. Das Interesse an der Theorie der Massenbedienung wuchs schnell auf der ganzen Welt, und die Menge der theoretischen und angewandten Arbeiten, die zu ihrer Entwicklung beitrug, übersteigt beträchtlich die Zahl 1000.

Um die Besonderheiten der Aufgabenstellungen in der Theorie der Massenbedienung zu erfassen, betrachten wir zuerst einige angewandte Aufgaben und verweilen dabei auf einem rein qualitativen Niveau. Danach werden wir an Hand einer geeigneten Aufgabe (unter einfachsten Voraussetzungen) klassische Methoden von Erlang studieren. Die weiteren Ausführungen sind aus dem Inhaltsverzeichnis ersichtlich.

Wir nehmen an, daß in einer Telefonzentrale Anrufe von Teilnehmern eintreffen. Wenn zum Zeitpunkt des Eintreffens eines Anrufes in der Zentrale freie Leitungen verfügbar sind, so wird der Teilnehmer an eine von ihnen angeschlossen und beginnt das Gespräch, dessen Länge in seinem Belieben steht. Wenn aber alle Leitungen besetzt sind, so gibt es mehrere Systeme zur Bedienung des Teilnehmers. Gegenwärtig sind ganz besonders zwei Verfahren gut ausgearbeitet: *Wartesysteme* und *Verlustsysteme*. Bei dem ersten Bedienungssystem reiht sich ein Anruf, der bei der Zentrale eintrifft und alle Leitungen besetzt findet, in eine Schlange ein und wartet, bis alle vor ihm eingegangenen Anrufe bedient worden sind. Bei der zweiten Methode erhält ein Anruf, der bei der Zentrale eingeht, wenn alle Leitungen besetzt sind, eine Absage, und der gesamte weitere Verlauf der Bedienung vollzieht sich so, als wenn der Anruf gar nicht eingegangen wäre (man sagt dann, der Anruf sei verloren gegangen).

Wir wollen hier zwei Besonderheiten betonen, mit denen man bei der Betrachtung der hier entstehenden Probleme notwendigerweise rechnen muß. Die erste besteht darin, daß die Anrufe bei der Zentrale in zufälligen Zeitpunkten eintreffen und eine Voraussage, wann eine Warteschlange entstehen wird, unmöglich ist. Ebenso ist die Gesprächslänge keine Konstante, sondern eine Zufallsgröße. Wir werden bald zu einer genaueren Untersuchung dieser beiden Besonderheiten übergehen, mit denen die gesamte Theorie der Massenbedienung verknüpft ist.

Warte- und Verlustsysteme unterscheiden sich nicht nur in den technischen Besonderheiten der Anlagen, in denen sie verwirklicht sind, sondern auch in den mathematischen Aufgabenstellungen, die bei ihrem Studium entstehen. In der Tat ist es für die qualitative Abschätzung eines Wartesystems besonders wichtig, die mittlere Wartezeit bis zum Beginn der Bedienung, d. h. die mittlere Aufenthaltszeit in der Schlange zu bestimmen. Für ein Verlustsystem dagegen besitzt die Wartezeit weder ein technisches noch ein mathematisches Interesse. Hier ist die Wahrscheinlichkeit einer Absage (des Verlustes eines Anrufes) wichtig. Während aber im zweiten Bedienungssystem die Wahrscheinlichkeit einer Absage eine ziemlich gute Vorstellung darüber gibt, womit man bei einer gegebenen Organisation und Bedienungstechnik rechnen muß, erweist sich bei Wartesystemen die Untersuchung als schwieriger. Die mittlere Wartezeit ist zwar sehr wichtig, gibt jedoch keine erschöpfende Charakteristik der Eigenschaften der Bedienung. Sehr wichtig ist auch die Streuung der Wartezeiten um den Mittelwert. Weiter besteht ein Interesse an der Verteilung der Schlangenlänge, dem Ausnutzungsgrad des Bedienungsgeräts, der Verteilung eines zufälligen Zeitintervalls, in dem das Gerät ununterbrochen arbeitet (Bedienungsperiode).

Die Situation, die an einem Fahrkartenschalter entsteht, wenn man Fahrkarten kaufen will, ähnelt einem Bedienungssystem bei einer Telefonzentrale mit Warteschlangenbildung. In gewissen großen Betrieben gibt es Ausgabestellen für Instrumente. Bedient eine solche Stelle zu viele Arbeiter, so müssen qualifizierte Arbeiter viel Zeit beim Warten auf die Instrumente verbringen; gibt es aber zu viele Ausgabestellen, so sind ihre Arbeiter schwach ausgelastet. Ein ähnliches Problem entsteht bei der Arbeitsorganisation in Seehäfen. Frachtschiffe gelangen nicht nach einem festen Zeitplan in die Häfen und erfordern beim Be- und Entladen nichtkonstante Zeiten. Sind nicht genügend Anlegestellen vorhanden, an denen die Bearbeitung eines Frachtschiffes vorgenommen werden kann, so muß des öfteren ein Schiff eine beträchtliche Zeit warten, ehe seine Bearbeitung beginnt. Das führt zu ernsten ökonomischen Verlusten. Sind andererseits zu viele Anlegestellen vorhanden, so gibt es lange Stillstandszeiten für die Geräte und das Personal. So entsteht die ökonomisch wichtige Aufgabe, die optimale Anzahl der Anlegestellen zu bestimmen, die einen gegebenen Warenumschlag gewährleistet und die Zeitverluste für Schiffe und Hafenanlagen auf einem Minimum hält.

In den dreißiger Jahren ging man im Zusammenhang mit der Automatisierung von Produktionsmaschinen in der Industrie dazu über, mehrere Maschinen durch einen Arbeiter beaufsichtigen zu lassen. Die Maschinen erleiden zu zufälligen Zeitpunkten aus diesem oder jenem Grunde Störungen und erfordern die Aufmerksamkeit des Arbeiters. Die Länge des Zeitintervalls, das der Arbeiter zur Behebung der Störung benötigt, ist nicht konstant, sondern eine Zufallsgröße. Man fragt sich also, wie groß ist die Wahrscheinlichkeit dafür, daß in einem bestimmten Augenblick diese oder jene Anzahl m von Maschinen auf Bedienung warten? Eine weitere natürliche und für die Praxis wichtige Frage ist die folgende: Wie groß ist die mittlere Stillstandszeit der Maschinen, die von einem Arbeiter betreut werden? Wieviele Maschinen überläßt man bei einer gegebenen Arbeitsorganisation vernünftigerweise einem einzigen Arbeiter?

Für viele Fragen der Naturwissenschaften, der Produktion und der Wirtschaft genügt es nicht, nur Warte- und Verlustsysteme zu untersuchen. Wir wissen aus eigener Erfahrung, wie oft es vorkommt, daß man auf eine Bedienung nur wegen der Möglichkeit verzichtet, daß die Wartezeit bis zum Beginn der Bedienung zu lang wird. Geben wir etwa einen Auftrag im Telefonfernverkehr auf, so sind wir oft genötigt, die Wartezeit zu beschränken und anzukündigen, daß wir den Auftrag zurückziehen, wenn die gewünschte Verbindung nicht bis zu einem gewissen Zeitpunkt zustandegekommen ist. Solchen Aufgabenstellungen begegnet man auch beim Verkauf von schnellverderbenden Lebensmitteln, bei der Organisation ärztlicher Hilfe, beim Betrieb von großen Flugplätzen usw.

Daher ist es völlig natürlich, die Aufgaben in die folgenden Gruppen einzuteilen. Bei einem Bedienungssystem mögen gewisse Forderungen eintreffen. Wenn in dem System ein Bedienungsgerät frei ist, so wird die Forderung sogleich bedient. Sind aber alle Geräte besetzt, so verbleibt die eintreffende Forderung in der Schlange:

a) wenn in der Schlange nicht mehr als eine gegebene Anzahl m von Forderungen enthalten sind;

b) nicht länger als die Zeit τ, die eine Konstante oder auch eine Zufallsgröße sein kann;

c) so lange wie nötig, jedoch darf die Bedienungszeit nicht die Zahl τ überschreiten (nach Ablauf der Zeit τ verläßt die Forderung das System, auch wenn sie nicht vollständig bedient wurde);

d) nur so lange, daß die Verweilzeit im System (die Summe von Warte- und Bedienungszeit) nicht größer als τ ist.

Bei den eben umrissenen Aufgaben gingen wir von der Voraussetzung aus, daß die Bedienungsgeräte eine absolute Zuverlässigkeit besitzen und somit stets arbeitsfähig sind. Natürlich ist eine solche Voraussetzung eine starke

Idealisierung der wirklichen Geräte. Daher entsteht die natürliche und wichtige Aufgabe, den Einfluß der Störung von Bedienungsgeräten auf die Effektivität des ganzen Bedienungssystems zu berechnen.

Wir gehen jetzt näher auf die Bedienungsforderungen und auf die zu bedienenden Geräte ein. Die Menge der Zeitpunkte, in denen Bedienungsforderungen eintreffen, bilden einen zufälligen Prozeß. Wir werden diesen Prozeß den *Eingangsstrom* der Forderungen nennen. Er kann durch einen Prozeß $k(t)$ charakterisiert werden, der die Anzahl der Forderungen bezeichnet, die im Zeitintervall $(0, t)$ eintreffen. Bei der überwältigenden Mehrheit der Arbeiten zur Theorie der Massenbedienung wird angenommen, daß der Eingangsstrom der Forderungen einen POISSON*schen Prozeß* (oder, wie man auch sagt, einen POISSON*schen* oder *einfachsten Strom*) bildet, den wir in § 51 beschrieben haben. Dort haben wir auch Bedingungen angegeben, unter denen ein POISSONscher Strom vorliegt. Wir werden später in § 63 andere Bedingungen darlegen, die das Vorhandensein eines POISSONschen Stroms garantieren.

Die Bedienungszeit ist eine zufällige Größe mit einer gewissen Verteilungsfunktion $H(x)$. Man nimmt sowohl in theoretischen als auch in angewandten Untersuchungen sehr oft an, daß $H(x) = 0$ bei $x \leqq 0$ und $H(x) = 1 - e^{-\nu x}$ bei $x > 0$, wobei $\nu > 0$ eine Konstante ist. Diese Auswahl ist nicht zufällig, sondern durch eine Reihe von Umständen bedingt, die mit der Einfachheit der sich ergebenden Lösungen zusammenhängen, worüber wir unten noch sprechen werden. Hier beschränken wir uns darauf, den Beweis einer wichtigen Eigenschaft der negativ-exponentiellen Verteilungsfunktion zu geben.

Satz. *Wenn die Bedienungszeit eine negativ-exponentielle Verteilungsfunktion besitzt,*

$$H(x) = 1 - e^{-\nu x} \quad (x > 0)\,, \tag{1}$$

wo $\nu > 0$ eine Konstante ist, so hängt die Verteilung der restlichen Bedienungszeit nicht davon ab, wie lange die laufende Bedienung sich schon vollzog.

Beweis. Es möge $h_a(t)$ die Wahrscheinlichkeit dafür bezeichnen, daß eine Bedienung, die schon eine Zeit a im Gang ist, noch mindestens die Zeit t erfordert. Unter der Voraussetzung (1) ist offensichtlich

$$h_0\,(a + t) = e^{-(a+t)\nu}\,, \qquad h_0(a) = e^{-\nu a}\,.$$

Infolge des Multiplikationstheorems haben wir

$$h_0\,(a + t) = h_0(a)\,h_a(t)$$

und somit

$$e^{-\nu(a+t)} = e^{-\nu a}\,h_a(t)\,.$$

Folglich ist

$$h_a(t) = e^{-\nu t}\,,$$

und dies war zu beweisen.

Als Beispiel für eine Aufgabe aus der Theorie der Massenbedienung betrachten wir ein Verlustsystem unter Voraussetzungen, die schon von ERLANG getroffen worden sind.

Gegeben seien n Bedienungsapparate, und es treffe bei ihnen ein POISSONscher Forderungsstrom mit dem Parameter λ ein. Jedes gerade freistehende Gerät kann eine beliebige eintreffende Forderung bedienen. Jede Forderung wird nur von einem Gerät bedient, jedes Gerät bedient nur eine Forderung (wenn es besetzt ist). Jede Forderung, die eintrifft, wenn alle Geräte besetzt sind, geht verloren. Die Bedienungszeit sei bei jedem Gerät negativ-exponentiell (mit dem Parameter ν) verteilt, und alle Bedienungszeiten seien unabhängig voneinander. Unsere Aufgabe besteht in der Berechnung der Wahrscheinlichkeit für eine Absage.

Wir betrachten den Prozeß der Zustandsänderungen unseres Bedienungssystems. In jedem Zeitpunkt kann sich unser System in einem der folgenden Zustände befinden: E_0 — alle Geräte sind frei, E_1 — genau ein Gerät arbeitet, ..., E_n — alle Geräte arbeiten. Welche Eigenschaften hat dieser Prozeß unter unseren Voraussetzungen?

In einem gewissen Augenblick t_0 möge sich unser System im Zustand E_k befinden. Wie wir sogleich sehen werden, sind die Wahrscheinlichkeiten für den weiteren Verlauf des Prozesses dadurch vollständig bestimmt; sie hängen also nicht davon ab, was sich vor dem Zeitpunkt t_0 ereignete. Wir haben also mit anderen Worten einen MARKOWschen Prozeß vor uns. In der Tat wird das weitere Verhalten des Prozesses vollständig durch die folgenden drei Faktoren bestimmt:

1. Die Zeitpunkte, in denen die k Bedienungen enden, die zur Zeit t_0 im Gange waren;

2. die Zeitpunkte, in denen neue Forderungen eintreffen;

3. die Bedienungszeit der Forderungen, die nach dem Zeitpunkt t_0 eintreffen.

Infolge der oben bewiesenen Eigenschaft der negativ-exponentiellen Verteilungsfunktion ist die Länge der restlichen Bedienungszeit unabhängig davon, wie lange eine zur Zeit t_0 laufende Bedienung schon im Gange ist.

Da wir einen POISSONschen Eingangsstrom haben, wird sein Verhalten nach t_0 nicht durch die Anzahl der Forderungen beeinflußt, die vor t_0 eintrafen.

Schließlich ist die Länge der Bedienungszeit für Forderungen, die nach dem Augenblick t_0 eintreffen, unabhängig davon, was vor diesem Augenblick geschah.

Hiermit ist bewiesen, daß der Prozeß der Veränderungen unseres Systems ein MARKOWscher ist. Dieser Umstand spielt eine grundlegende Rolle, denn er gestattet es, übersichtliche Gleichungen für die uns interessierenden Charakteristiken des Prozesses aufzustellen.

Wir bezeichnen mit $p_k(t)$ die Wahrscheinlichkeit dafür, daß sich das System zur Zeit t im Zustand E_k befindet und stellen Gleichungen für die Funktionen $p_k(t)$ auf.

Zunächst bestimmen wir die Wahrscheinlichkeit dafür, daß alle Geräte zur Zeit $t + h$ freistehen. Dies kann auf die folgenden miteinander unvereinbaren

Weisen geschehen: Zur Zeit t sind alle Geräte frei, und im folgenden Zeitintervall h treten keine neuen Forderungen auf; zur Zeit t ist genau ein Gerät besetzt und die Bedienung endet im folgenden Zeitintervall der Länge h, während neue Forderungen nicht auftreten; die übrigen Möglichkeiten (es sind genau zwei Geräte besetzt und die Bedienung endet in der darauf folgenden Zeitspanne h usw.) haben eine Wahrscheinlichkeit von der Ordnung $o(h)$. Die Wahrscheinlichkeit des ersten der genannten Ereignisse ist

$$p_0(t)\, e^{-\lambda h} = p_0(t)\, \big(1 - \lambda\, h + o\,(h)\big)\,;$$

die Wahrscheinlichkeit des zweiten Ereignisses ist

$$p_1(t)\, e^{-\lambda h}\, (1 - e^{-\nu h}) = p_1(t)\, \nu\, h + o(h)\,.$$

Daher haben wir

$$p_0\,(t + h) = p_0(t)\,(1 - \lambda\, h) + \nu\, h\, p_1(t) + o(h)\,,$$

woraus beim Grenzübergang $h \to 0$ das Vorhandensein der Ableitung $p_0'(t)$ folgt, und zugleich ergibt sich die Gleichung

$$p_0'(t) = -\lambda\, p_0(t) + \nu\, p_1(t)\,. \tag{2}$$

Durch ähnliche Überlegungen erhalten wir bei $1 \leqq k < n$

$$p_k'(t) = \lambda\, p_{k-1}(t) - (\lambda + k\,\nu)\, p_k(t) + (k+1)\,\nu\, p_{k+1}(t) \tag{3}$$

und bei $k = n$

$$p_n'(t) = \lambda\, p_{n-1}(t) - n\,\nu\, p_n(t)\,. \tag{4}$$

Das so erhaltene System von linearen Differentialgleichungen gestattet es, die gesuchten Funktionen $p_k(t)$ zu berechnen. Die Integrationskonstanten werden mit Hilfe der Anfangsbedingungen bestimmt, denen wir die folgende Form geben

$$p_0(0) = 1\,, \qquad p_k(0) = 0 \quad \text{bei } k \geqq 1\,.$$

Diese Gleichungen bedeuten, daß zum Anfangszeitpunkt alle Geräte frei sind. Natürlich müssen die Wahrscheinlichkeiten $p_k(t)$ zusätzlich der Normierungsbedingung

$$\sum_{k=0}^{n} p_k(t) = 1 \tag{5}$$

genügen.

Gewöhnlich interessiert vor allem das Studium des stationären Prozesses, d. h., man betrachtet die Lösungen für $t \to \infty$. Wie wir im folgenden Paragraphen sehen werden, existieren unter unseren Voraussetzungen die Grenzwerte

$$p_k = \lim_{t\to\infty} p_k(t)\,.$$

Diese Grenzwahrscheinlichkeiten genügen offensichtlich dem folgenden algebraischen Gleichungssystem, das man aus (2)—(5) erhält, indem man die Funktionen $p_k(t)$ durch die Konstanten p_k und die Ableitungen $p_k'(t)$ durch 0 ersetzt:

$$-\lambda p_0 + \nu p_1 = 0\,,$$

$$\lambda p_{k-1} - (\lambda + k\nu) p_k + (k+1)\nu p_{k+1} = 0 \quad (1 \leqq k < n)\,,$$

$$\lambda p_{n-1} - n\nu p_n = 0\,,$$

$$\sum_{k=0}^{n} p_k = 1\,. \tag{6}$$

Mit den Abkürzungen $z_k = \lambda p_{k-1} - k\nu p_k$ bringen wir unser System in die Form

$$z_1 = 0\,, \quad z_k - z_{k+1} = 0 \quad \text{bei} \quad 1 \leqq k < n,\, z_n = 0\,,$$

und wir finden daraus

$$k\nu p_k = \lambda p_{k-1}\,, \qquad k = 1, 2, \ldots, n\,.$$

Nun ergeben sich leicht die Gleichungen

$$p_k = \frac{\varrho^k}{k!} p_0 \quad \left(k \geqq 1, \varrho = \frac{\lambda}{\nu}\right).$$

Jetzt gestattet es (6), den Normierungsfaktor p_0 zu bestimmen:

$$p_0 = \left[\sum_{k=0}^{n} \frac{\varrho^k}{k!}\right]^{-1}.$$

Schließlich erhalten wir

$$p_k = \frac{\varrho^k}{k!}\left[\sum_{j=0}^{n} \frac{\varrho^j}{j!}\right]^{-1}. \tag{7}$$

Diese Formeln wurden von ERLANG gefunden und tragen den Namen ERLANGsche *Formeln.*

Bei $k = n$ erhalten wir die Wahrscheinlichkeit dafür, daß alle Geräte besetzt sind, d. h. die Wahrscheinlichkeit dafür, daß eine neue Forderung, die in dem System eintrifft, verloren geht. Als Wahrscheinlichkeit für eine Absage haben wir somit

$$p_n = \frac{\frac{1}{n!}\varrho^n}{\sum\limits_{k=0}^{n} \frac{1}{k!}\varrho^k}.$$

Als Beispiel für die Geschwindigkeit, mit der die Wahrscheinlichkeit eines Verlusts bei wachsendem ϱ (das ist die Belastung für ein einzelnes Gerät) anwächst, führen wir kleine Tabellen an. Dabei beschränken wir uns auf die Fälle $n = 2$ und $n = 4$ und solche Werte von ϱ, für die auf jedes Gerät im Mittel gleiche Intensitäten des Eingangsstroms entfallen.

Tabelle 13

$n = 2$

ϱ	0,1	0,3	0,5	1,0	2,0	3,0	4,0
p_n	0,0045	0,0335	0,0769	0,2000	0,4000	0,5294	0,6054

$n = 4$

ϱ	0,2	0,6	1,0	2,0	4,0	6,0	8,0
p_n	0,0001	0,0030	0,0154	0,0952	0,3107	0,4696	0,5746

Wie aus der Tabelle 13 ersichtlich ist, wird die Wahrscheinlichkeit eines Verlusts bei kleinen Belastungen wesentlich kleiner, wenn die Anzahl der Geräte vergrößert wird, denn die Wahrscheinlichkeit dafür, daß alle Geräte besetzt sind, wird klein, wenn die Anzahl der Geräte groß ist. Außerdem erkennt man, wie die Wahrscheinlichkeiten eines Verlusts sich ausgleichen, wenn die Belastung eines jeden Geräts wächst.

§ 61. Geburts- und Todesprozesse

Das Erlangsche Problem und viele andere Aufgaben der Theorie der Massenbedienung, die unter den einfachsten Voraussetzungen betrachtet werden, die wir soeben besprochen haben, ordnen sich einem Schema unter, das den Namen *Geburts- und Todesprozesse* erhalten hat. Diese Klasse von Prozessen wurde anfangs im Zusammenhang mit biologischen Aufgabenstellungen über den Umfang von Populationen, die Ausbreitung von Epidemien usw. studiert. Das mathematische Schema, das den Geburts- und Todesprozessen zu Grunde liegt, trägt einen hinreichend allgemeinen Charakter, um der entwickelten Theorie einen umfangreichen Anwendungskreis bei vielen praktischen Problemen zu ermöglichen.

Unser System möge sich in jedem Zeitpunkt in einem der Zustände E_0, E_1, $E_2, \ldots$ befinden, deren Menge endlich oder abzählbar unendlich sei. Im Verlauf der Zeit ändert sich der Zustand des Systems. Ist es im Moment t in dem Zustand E_n, so kann es im folgenden Zeitintervall der Länge h mit der Wahrscheinlichkeit $\lambda_n h + o(h)$ in den Zustand E_{n+1} und mit der Wahrscheinlichkeit $\nu_n h + o(h)$ in den Zustand E_{n-1} übergehen. Die Wahrscheinlichkeit dafür, daß das System im Zeitintervall $(t, t + h)$ in Zustände $E_{n \pm k}$ mit $k > 1$ übergeht, sei von der Ordnung $o(h)$. Folglich ist die Wahrscheinlichkeit dafür, daß das System im betrachteten Zeitintervall im Zustand E_n verweilt, gleich $1 - \lambda_n h - \nu_n h + o(h)$. Dabei sollen die Konstanten λ_n und ν_n zwar von n, aber nicht von der Zeit t und auch nicht davon abhängen, auf welchem Wege das System in den Zustand E_n gelangt ist. Dieser letzte Umstand bedeutet, daß wir einen MARKOWschen Prozeß betrachten. Die Theorie, die wir hier darlegen, kann auch auf den Fall ausgedehnt werden, in dem die Größen λ_n und ν_n von t abhängen.

Der eben beschriebene zufällige Prozeß trägt den Namen *Geburts- und Todesprozeß*. Wenn wir unter E_n das Ereignis verstehen, welches darin besteht, daß der Umfang der Population gleich n ist, so bedeutet der Übergang $E_n \to E_{n+1}$, daß die Anzahl der Elemente in der Population um 1 größer geworden ist. Entsprechend deuten wir den Übergang $E_n \to E_{n-1}$ als den Tod eines Gliedes der Population.

Wenn bei beliebigem $n \geqq 1$ die Gleichung $\nu_n = 0$ besteht, d. h., wenn nur Übergänge der Form $E_n \to E_{n+1}$ möglich sind, so haben wir einen *Geburtsprozeß* (man sagt auch manchmal einen *reinen Geburtsprozeß*) vor uns. Wenn dagegen alle $\lambda_n = 0$ $(n = 0, 1, 2, \ldots)$, so liegt ein *Todesprozeß* vor.

Der POISSONsche Prozeß, den wir in § 51 studiert haben, erscheint dann als Geburtsprozeß; bei ihm ist $\lambda_n = \lambda$ für alle $n \geqq 0$.

Das ERLANGsche Problem, das wir im vorangegangenen Paragraphen betrachtet haben, führt ebenfalls auf einen Geburts- und Todesprozeß. Dabei ist $\lambda_k = \lambda$ für $0 \leqq k < n$, $\lambda_k = 0$ für $k \geqq n$ und $\nu_k = 0$ bei $k > n$, $\nu_k = k\nu$ bei $1 \leqq k \leqq n$.

Wir bezeichnen mit $p_k(t)$ die Wahrscheinlichkeit dafür, daß sich unser System zur Zeit t im Zustand E_k befindet. Mit Überlegungen, wie wir sie in § 51 und im Zusammenhang mit dem ERLANGschen Problem durchgeführt haben, gelangen wir zu dem System von Differentialgleichungen, das die Geburts- und Todesprozesse beherrscht:

$$p_0'(t) = -\lambda_0 p_0(t) + \nu_1 p_1(t) \tag{1}$$

und bei $k \geqq 1$

$$p_k'(t) = -(\lambda_k + \nu_k) p_k(t) + \lambda_{k-1} p_{k-1}(t) + \nu_{k+1} p_{k+1}(t)\,. \tag{2}$$

Unsere Bezeichnungsweise ist nicht ganz korrekt, weil sie nicht erkennen läßt, in welchem Zustand E_i der Prozeß seinen Anfang nimmt. Erschöpfend wäre die folgende Bezeichnungsweise: $p_{ij}(t)$ sei die Wahrscheinlichkeit dafür, daß sich unser System zur Zeit t im Zustand E_j befindet, wenn es sich bei $t = 0$ im Zustand E_i befunden hat. In § 51 und beim ERLANGschen Problem haben wir angenommen, daß der Ausgangszustand E_0 war.

Die Gleichungen (1) und (2) nehmen eine besonders einfache Form für reine Todes- und reine Geburtsprozesse an. Im zweiten Fall erhalten wir, wenn wir die Integrationen nacheinander ausführen, falls alle λ_k voneinander verschieden sind,

$$p_0(t) = e^{-\lambda_0 t}\,,$$

$$p_1(t) = \frac{\lambda_0}{\lambda_1 - \lambda_0}\left(e^{-\lambda_0 t} - e^{-\lambda_1 t}\right),$$

$$p_2(t) = \frac{\lambda_0 \lambda_1}{\lambda_1 - \lambda_0}\left[\frac{1}{\lambda_2 - \lambda_0}\left(e^{-\lambda_0 t} - e^{-\lambda_2 t}\right) + \frac{1}{\lambda_2 - \lambda_1}\left(e^{-\lambda_1 t} - e^{-\lambda_2 t}\right)\right].$$

Dabei nehmen wir an, daß sich das System für $t = 0$ im Zustand E_0 befindet. Man kann mühelos auch die allgemeine Lösung aufschreiben und sich davon überzeugen, daß die Funktionen $p_k(t)$ für alle k und t nichtnegativ sind. Wenn jedoch die Zahlen λ_k bei wachsendem k genügend schnell anwachsen, kann der Fall $\sum_{k=0}^{\infty} p_k(t) < 1$ eintreten.

Satz von Feller. *Notwendig und hinreichend dafür, daß die Lösungen $p_k(t)$ der Gleichungen des reinen Geburtsprozesses für alle $t \geqq 0$ der Beziehung*

$$\sum_{k=0}^{\infty} p_k(t) = 1 \tag{3}$$

genügen, ist die Divergenz der Reihe

$$\sum_{k=0}^{\infty} \lambda_k^{-1} . \tag{4}$$

Beweis. Wir betrachten die Partialsummen der Reihe (3)

$$S_n(t) = p_0(t) + p_1(t) + \cdots + p_n(t) . \tag{5}$$

Aus den Geburtengleichungen folgt

$$S_n'(t) = -\lambda_n p_n(t) .$$

Folglich haben wir

$$1 - S_n(t) = \lambda_n \int_0^t p_n(z)\, dz \tag{6}$$

(wenn wir an Stelle der Anfangsbedingung $p_0(0) = 1$ eine andere, etwa $p_i(0) = 1$ nehmen, so gilt die Gleichung (6) für $n \geqq i$). Da alle Glieder der Summe (5) nichtnegativ sind, nimmt die Summe $S_n(t)$ bei jedem festen t und wachsendem n nicht ab. Daher existiert der Limes

$$\lim_{n\to\infty} \big(1 - S_n(t)\big) = \mu(t) . \tag{7}$$

Aus (6) erschließen wir

$$\lambda_n \int_0^t p_n(z)\, dz \geqq \mu(t) .$$

Daraus folgt

$$\int_0^t S_n(z)\, dz \geqq \mu(t) \left(\frac{1}{\lambda_0} + \frac{1}{\lambda_1} + \cdots + \frac{1}{\lambda_n}\right).$$

Da bei beliebigem t und n die Ungleichung $S_n(t) \leqq 1$ besteht, gilt auch

$$t \geqq \mu(t) \left(\frac{1}{\lambda_0} + \frac{1}{\lambda_1} + \cdots + \frac{1}{\lambda_n}\right).$$

Wenn die Reihe (4) divergiert, muß zufolge der letzten Ungleichung $\mu(t) = 0$ für alle t gelten. Aus (7) ersieht man jetzt, daß die Divergenz der Reihe (4) auf (3) führt.

Wir kommen jetzt zur Umkehrung des Satzes. Dazu folgern wir zunächst aus (6)

$$\lambda_n \int_0^t p_n(z)\,dz \leqq 1$$

und

$$\int_0^t S_n(z)\,dz \leqq \frac{1}{\lambda_0} + \frac{1}{\lambda_1} + \cdots + \frac{1}{\lambda_n}.$$

Beim Grenzübergang $n \to \infty$ erhalten wir

$$\int_0^t [1 - \mu(z)]\,dz \leqq \sum_{n=0}^{\infty} \lambda_n^{-1}.$$

Wenn $\mu(t) = 0$ für alle t, so ist die linke Seite dieser Ungleichung gleich t, und da t beliebig ist, muß die Reihe auf der rechten Seite divergieren. Damit ist der Satz bewiesen.

In § 51 hatten wir $\lambda_n = \lambda$ für $n \geqq 0$. Daher divergiert die Reihe (4), und wir haben für alle t die Gleichung $\sum_{n=0}^{\infty} p_n(t) = 1$. Die Summe $\sum_{n=0}^{\infty} p_n(t)$ kann man als Wahrscheinlichkeit dafür ansehen, daß in der Zeit t nur endlich viele Zustandsänderungen des Systems erfolgen. Daher ist die Differenz

$$1 - \sum_{n=0}^{\infty} p_n(t)$$

als Wahrscheinlichkeit für eine unendliche Anzahl von Zustandsänderungen in der Zeit t zu interpretieren. Bei der Erscheinung des Atomkernzerfalls bedeutet diese Möglichkeit eine Kettenreaktion.

Beispiel 1. Reservenbildung ohne Reparatur. Wir stellen uns ein System vor, das aus einem Hauptgerät und n Reservegeräten besteht. Das erstere kann im Zeitintervall $(t, t + h)$ mit der Wahrscheinlichkeit $\lambda h + o(h)$ versagen, während jedes Gerät, das sich in Reserve befindet, mit der Wahrscheinlichkeit $\lambda' h + o(h)$ versagt. Versagt ein Reservegerät, so hat dies auf die Tätigkeit des Systems keinen Einfluß; versagt das Hauptgerät, so wird es unmittelbar durch eines der Reservegeräte ersetzt. Das ganze System versagt nur dann, wenn sowohl das Hauptgerät, als auch die Reservegeräte ausfallen. Es gilt nun, die Wahrscheinlichkeit dafür zu finden, daß das System zur Zeit t k ausgefallene Geräte enthält (Ereignis E_k).

Wir haben einen reinen Geburtsprozeß vor uns. Dabei ist

$$\lambda_k = \lambda + (n - k)\,\lambda' \quad (0 \leqq k \leqq n), \qquad \lambda_{n+k} = 0 \quad (k \geqq 1).$$

Eine leichte Rechnung führt auf die Gleichungen

$$p_0(t) = e^{-\lambda_0 t},$$

$$p_k(t) = \frac{\lambda_0 \lambda_1 \ldots \lambda_{k-1}}{k!\,\lambda'^k}\, e^{-\lambda_k t}\,(1 - e^{-\lambda' t})^k \qquad (0 < k \leqq n)$$

und

$$p_{n+1}(t) = \frac{\lambda_0 \lambda_1 \ldots \lambda_{n-1} \lambda}{n! \, \lambda'^n} \int_0^t e^{-\lambda z} (1 - e^{-\lambda' z})^n \, dz \,.$$

Ist insbesondere $\lambda' = 0$ (unbelastete Reserve, bei der die Geräte nicht ausfallen), so haben wir die Gleichungen

$$p_k(t) = \frac{\lambda^k t^k}{k!} e^{-\lambda t} \quad (0 \leq k \leq n) \,, \qquad p_{n+1}(t) = 1 - \sum_{k=0}^{n} \frac{(\lambda t)^k}{k!} e^{-\lambda t} \,.$$

Bei $\lambda' = \lambda$ (belastete Reserve, bei der die in Reserve befindlichen Geräte ebenso wie das Hauptgerät belastet sind) gilt

$$p_k(t) = C_{n+1}^k \, e^{-(n+1-k)\lambda t} \, (1 - e^{-\lambda t})^k \,.$$

Wir bezeichnen mit ξ_k die Lebensdauer des k-ten Elements in der betrachteten Arbeitsperiode. Bei der unbelasteten Reserve ist die gesamte Lebensdauer des Systems gleich

$$\xi_1 + \xi_2 + \cdots + \xi_{n+1} \,.$$

Nun ist aber die mittlere Lebensdauer eines Geräts

$$\int_0^\infty e^{-\lambda t} \, dt = \frac{1}{\lambda} \,,$$

und daher ist die mittlere Lebensdauer des Systems bei unbelasteter Reservenbildung gleich $\frac{n+1}{\lambda}$, d. h. proportional der Gesamtzahl der Geräte im System.

Die mittlere Zeit, in der das System störungsfrei arbeitet, wenn die Reserven belastet sind, berechnen wir auf folgendem Wege: Mit $t_1, t_2, \ldots, t_{n+1}$ bezeichnen wir die Folge der Zeitpunkte, in der die einzelnen Geräte versagen; weiter führen wir die Bezeichnungen $\tau_1 = t_1, \tau_2 = t_2 - t_1, \tau_3 = t_3 - t_2, \ldots, \tau_{n+1} = t_{n+1} - t_n$ ein. Im ersten Intervall arbeiten alle Geräte, und die Wahrscheinlichkeit dafür, daß in der Zeit t keines von ihnen versagt, ist daher gleich $e^{-\lambda(n+1)t}$; die Wahrscheinlichkeit dafür, daß nach dem Zeitpunkt t_1 in der Zeit t kein Gerät versagt, ist gleich $e^{-n\lambda t}$ [1]) usw.; schließlich ist die Wahrscheinlichkeit dafür, daß während des $(n+1)$-ten Intervalls in der Zeit t kein Versagen eintritt, gleich $e^{-\lambda t}$. Die mittlere Lebensdauer des Systems ist daher

$$\sum_{k=1}^{n+1} \mathsf{M} \tau_k = \frac{1}{\lambda} \left(1 + \frac{1}{2} + \cdots + \frac{1}{n+1}\right).$$

Bei sehr großen n gilt also

$$1 + \frac{1}{2} + \cdots + \frac{1}{n} \sim \ln n + C \,,$$

wo C die EULERsche Konstante bezeichnet.

[1]) Beachte den Satz aus § 60, denn die Lebensdauerverteilung ist auch hier $1 - e^{-\lambda x}$ $(x > 0)$, wie aus $p_0(t) = e^{-(n+1)\lambda t}$ folgt (Anm. d. Red.).

Wie wir sehen, wächst die mittlere störungsfreie Arbeitszeit eines Systems, falls die Reserven unbelastet sind, bei wachsender Anzahl der Reservegeräte beträchtlich schneller als wenn die Reservegeräte belastet sind.

Im Fall eines reinen Geburtsprozesses ist das System der Gleichungen (1) und (2) durch aufeinanderfolgende Integrationen sehr leicht lösbar, weil die Differentialgleichungen die Gestalt von Rekursionsformeln haben. Die allgemeinen Gleichungen eines Geburten- und Todesprozesses haben eine andere Struktur, und daher ist die schrittweise Bestimmung der Funktion $p_k(t)$ nicht möglich. Gegenwärtig sind Bedingungen, die die Existenz und Eindeutigkeit der Lösung eins solchen Systems garantieren, auf Grund von Arbeiten von FELLER, REUTER, MACGREGOR und KARLIN gut untersucht. Es zeigte sich, daß die Gleichung

$$\sum_{k=0}^{\infty} p_k(t) = 1$$

für alle t besteht, wenn die Reihe

$$\sum_{k=1}^{\infty} \prod_{i=1}^{k} \frac{\nu_i}{\lambda_i} \tag{8}$$

divergiert. Wenn außerdem die Reihe

$$\sum_{k=1}^{\infty} \prod_{i=1}^{k} \frac{\lambda_{i-1}}{\nu_i} \tag{9}$$

konvergiert, so existiert für alle k der Grenzwert

$$p_k = \lim_{t\to\infty} p_k(t)\,. \tag{10}$$

Diese Bedingung ist insbesondere immer dann erfüllt, wenn von einem gewissen k_0 an bei $k \geqq k_0$ die Ungleichung

$$\frac{\lambda_k}{\nu_{k+1}} \leqq \alpha < 1$$

erfüllt ist. Ihre intuitive Bedeutung ist klar: Sie besagt, daß das Eintreffen der Forderungen im Bedienungssystem die Geschwindigkeit der Abfertigung nicht übersteigen darf.

Um die Grenzwerte (10) zu bestimmen, müssen wir das algebraische Gleichungssystem lösen, das wir aus dem System (1)—(2) erhalten, wenn wir darin $p_k'(t) = 0$ setzen und $p_k(t)$ durch p ersetzen. Dieses System hat folglich diese Gestalt:

$$\begin{gathered} -\lambda_0 p_0 + \nu_1 p_1 = 0\,, \\ -(\lambda_k + \nu_k)\, p_k + \lambda_{k-1} p_{k-1} + \nu_{k+1} p_{k+1} = 0 \qquad (k \geqq 1)\,. \end{gathered} \tag{11}$$

Wir benutzen die Abkürzungen

$$z_k = -\lambda_k p_k + \nu_{k+1} p_{k+1}\,, \qquad k = 0, 1, 2, \ldots\,.$$

Mit ihrer Hilfe nehmen unsere Gleichungen die folgende Gestalt an:

$$z_0 = 0\,, \quad z_{k-1} - z_k = 0 \quad (\text{bei } k \geqq 1)\,.$$

Daraus folgt, daß für alle k

$$z_k = 0 .$$

Also haben wir

$$p_k = \frac{\lambda_{k-1}}{\nu_k} p_{k-1} = \prod_{i=1}^{k} \frac{\lambda_{i-1}}{\nu_i} p_0 . \tag{12}$$

Die Konstante p_0 bestimmen wir aus der Normierungsbedingung $\sum_{k=0}^{\infty} p_k = 1$ und gewinnen

$$p_0 = \left[1 + \sum_{k=1}^{\infty} \prod_{i=1}^{k} \frac{\lambda_{i-1}}{\nu_i}\right]^{-1} . \tag{13}$$

Offensichtlich ist in diesen Formeln der früher behandelte ERLANGsche Spezialfall enthalten.

Zur Veranschaulichung der dargelegten Theorie betrachten wir Beispiele.

Beispiel 2. Ein Wartesystem. Bei einem System von n gleichen Bedienungsgeräten möge ein POISSONscher Forderungsstrom mit dem Parameter (der Intensität) λ eintreffen. Eine Forderung, die an irgendein Gerät gelangt, benötigt zu ihrer Bedienung eine zufällige Zeit mit der Wahrscheinlichkeitsverteilung $H(x) = 1 - e^{-\nu x}$. Wenn zu dem Zeitpunkt, in dem eine Forderung eintrifft, Geräte freistehen, so beginnt eines von ihnen sofort mit der Bedienung dieser Forderung. Sind aber alle Geräte besetzt, so tritt eine neu eingehende Forderung in eine Warteschlange ein. Wenn eine solche Schlange vorhanden ist, so beginnt jedes Gerät, nachdem es eine Bedienung beendet hat, unmittelbar mit der Bedienung der nächsten Forderung in der Schlange. Wir wollen die Wahrscheinlichkeit dafür bestimmen, daß sich im Bedienungssystem diese oder jene Anzahl von Forderungen befindet.

Es liegen die Bedingungen der in diesem Paragraphen entwickelten Theorie vor. In unserem Fall ist $\lambda_k = \lambda$ für alle k, $\nu_k = k\,\nu$ bei $k \leqq n$ und $\nu_k = n\,\nu$ bei $k \geqq n$.

Gemäß den Formeln (12) und (13) hat die stationäre Lösung für unsere Aufgabe die folgende Gestalt: Bei $k \leqq n$ ist

$$p_k = \frac{\varrho^k}{k!} p_0$$

und bei $k \geqq n$ ist

$$p_k = \frac{\varrho^k}{n!\, n^{k-n}} p_0 ,$$

wo $\varrho = \lambda/\nu$, und bei $\varrho < n$ ist

$$p_0 = \left[1 + \sum_{k=1}^{n} \frac{\varrho^k}{k!} + \frac{\varrho^{n+1}}{n!\,(n-\varrho)}\right]^{-1} .$$

Bei $\varrho \geqq n$ findet man $p_0 = 0$ und daher auch $p_k = 0$ für alle k. Dieses Resultat ist sehr wichtig, und man muß es auch im Hinblick auf praktische Fälle im Auge behalten. Wir formulieren es in Worten: *Wenn $\varrho \geqq n$, wächst die Schlange im Laufe der Zeit unbegrenzt.*

Beispiel 3. Bedienung von Produktionsmaschinen durch eine Arbeitsbrigade. Eine Brigade mit r Arbeitern möge n ($r \leqq n$) gleichartige Maschinen bedienen. Jede dieser Maschinen erfordert in zufälligen Zeitpunkten die Aufmerksamkeit eines Arbeiters. Die Störungen der Maschine treten unabhängig voneinander auf; die Wahrscheinlichkeit für das Auftreten einer Störung an einer bestimmten Maschine im Zeitintervall $(t, t + h)$ ist gleich $\lambda h + o(h)$. Die Wahrscheinlichkeit dafür, daß im Intervall $(t, t + h)$ eine Reparatur an einer gestörten Maschine beendet wird, ist gleich $\nu h + o(h)$. Jeder Arbeiter kann nur eine Maschine auf einmal bedienen; jede Reparatur einer Maschine erfordert nur einen Arbeiter. Die Parameter λ und ν sind unabhängig von t und n und auch unabhängig von der Anzahl der gestörten Maschinen.

Wir wollen die Wahrscheinlichkeit dafür finden, daß bei dem beschriebenen Bedienungsprozeß zu einem gegebenen Zeitpunkt diese oder jene Anzahl von Maschinen gestört sind.

Wir bezeichnen mit E_k das Ereignis, welches darin besteht, daß zu einem gegebenen Zeitpunkt k Maschinen gestört sind. Offensichtlich kann sich unser System nur in einem der Zustände $E_0, E_1, \ldots, E_n$ befinden. Wie man sich leicht überlegt, haben wir es mit einem Geburts- und Todesprozeß zu tun, bei dem $\lambda_k = (n - k)\lambda$ bei $0 \leqq k < n$, $\lambda_k = 0$ bei $k \geqq n$; $\nu_k = k\nu$ bei $1 \leqq k \leqq r$, $\nu_k = r\nu$ bei $k \geqq r$. Die Formeln (12) und (13) führen auf die folgenden Gleichungen: bei $1 \leqq k \leqq r$ $\left(\varrho = \frac{\lambda}{\nu}\right)$

$$p_k = \frac{n!}{k!\,(n-k)!}\varrho^k p_0,$$

bei $r \leqq k \leqq n$

$$p_k = \frac{n!}{r^{n-k}\,r!\,(n-k)!}\varrho^k p_0$$

und

$$p_0 = \left[\sum_{k=0}^{r} \frac{n!}{k!\,(n-k)!}\varrho^k + \sum_{k=r+1}^{n} \frac{n!}{r!\,r^{n-k}\,(n-k)!}\varrho^k\right]^{-1}.$$

Insbesondere ist bei $r = 1$

$$p_k = \frac{n!}{(n-k)!}\varrho^k p_0,$$

$$p_0 = \left[\sum_{k=0}^{n} \frac{n!}{(n-k)!}\varrho^k\right]^{-1}.$$

Wir veranschaulichen die erhaltenen Formeln durch einfache Zahlenrechnungen. Unser System bestehe aus 8 Maschinen und 2 Arbeitern. Wie soll man die Arbeit rationell organisieren? Soll man alle Maschinen durch beide Arbeiter betreuen lassen, oder soll jeder Arbeiter 4 bestimmte Maschinen betreuen?

Die Berechnungen wurden für den Fall $\varrho = 0{,}2$ ausgeführt. Die Resultate sind in den folgenden Tabellen 14 und 15 enthalten.

Tabelle 14

$n = 8, \quad r = 2$

Anzahl der nichtarbeitenden Maschinen	Anzahl der Maschinen, die auf Bedienung warten	Anzahl der freien Arbeiter	p_k
0	0	2	0,2048
1	0	1	0,3277
2	0	0	0,2294
3	1	0	0,1417
4	2	0	0,0687
5	3	0	0,0275
6	4	0	0,0083
7	5	0	0,0017
8	6	0	0,0002

Die mittlere Anzahl der Maschinen, die in jedem Augenblick auf Bedienung warten, weil die Arbeiter mit anderen Maschinen beschäftigt sind, ist gleich

$$\sum_{k=2}^{8} (k-2)\, p_k = 0{,}3045 .$$

Die gesamte Stillstandszeit der Maschinen (Reparaturzeit plus Zeit des Wartens auf Bedienung) ist

$$\sum_{k=2}^{8} k\, p_k = 1{,}6875 .$$

Die mittlere Länge der freien Zeit der Arbeiter ist

$$2 \cdot 0{,}2048 + 1 \cdot 0{,}3277 = 0{,}7373 .$$

Mit anderen Worten, jeder Arbeiter steht 0,3686 Arbeitstage frei.

Tabelle 15

$n = 4, r = 1$

Anzahl der nichtarbeitenden Maschinen	Anzahl der Maschinen, die auf Bedienung warten	Anzahl der freien Arbeiter	p_k
0	0	1	0,3984
1	0	0	0,3189
2	1	0	0,1914
3	2	0	0,0760
4	3	0	0,0153

Die mittlere Zeit, in der die Maschinen auf den Beginn der Reparatur warten, ist

$$1 \cdot 0{,}1914 + 2 \cdot 0{,}0760 + 3 \cdot 0{,}0153 = 0{,}3893 .$$

Die ganze Gruppe von 8 Maschinen erleidet einen Verlust von 0,7886 Arbeitstagen. D. h., der Arbeitszeitverlust der Maschinen beim Warten auf Reparatur ist mehr als doppelt so groß als bei der ersten Arbeitsorganisation. Der gesamte Zeitverlust von 4 Maschinen (Reparaturzeit plus Zeit des Wartens auf Bedienung) beträgt

$$1 \cdot 0{,}3189 + 2 \cdot 0{,}1914 + 3 \cdot 0{,}0760 + 4 \cdot 0{,}0153 = 0{,}9909\,.$$

Alle 8 Maschinen erleiden somit einen Zeitverlust von 1,9818 Arbeitstagen. Ein Arbeiter ist im Mittel 0,3984 Arbeitstage frei, d. h., er ist weniger besetzt als im obigen Fall, während die Maschinen öfter stillstehen.

§ 62. Einlinige Wartesysteme

Wenn das Bedienungssystem nur aus einem einzigen Gerät besteht, kann das Warteproblem unter beträchtlich allgemeineren Bedingungen gelöst werden als denen, die auf der Benutzung eines Geburts- und Todesprozesses beruhen. Bei den Anwendungen spielt dieser Fall eine große Rolle, weil man es oft mit einem einzigen Bedienungsgerät zu tun hat, oder auch der Strom der Forderungen im voraus auf die Geräte aufgeteilt wird, und zwar nach einem bestimmten Verfahren, das nicht von der zur Zeit des Eintreffens einer Forderung vorliegenden Auslastung der Geräte abhängt. Der beim Telefonverkehr entwickelten Terminologie folgend nennt man den Fall eines einzelnen Gerätes ein *einliniges System.*

Wir bezeichnen mit $t_1, t_2, \ldots, t_n, \ldots$ die Zeitpunkte, zu denen Forderungen eintreffen. Wir nehmen an, daß die Größen $z_0 = t_1, z_1 = t_2 - t_1, \ldots, z_n = t_{n+1} - t_n, \ldots$ insgesamt unabhängig und gleichverteilt sind. Es sei

$$F(t) = \mathsf{P}\,\{z_r < t\}$$

und

$$a = \mathsf{M}\, z_r = \int_0^\infty t\, dF(t) < +\infty\,.$$

Eine im System eintreffende Forderung wird sofort bedient, wenn das Gerät freisteht, und tritt in eine Schlange, wenn es mit einer früher eingegangenen Forderung beschäftigt ist. Die Bedienung der Forderungen nimmt zufällige Zeiten γ_r in Anspruch, wo r die Nummer der Forderung in der Reihenfolge ihres Erscheinens ist. Es sei

$$G(x) = \mathsf{P}\,\{\gamma_r < x\}$$

und

$$b = \mathsf{M}\,\gamma_r = \int_0^\infty x\, dG(x) < +\infty\,.$$

Unsere Aufgabe besteht darin, die Verteilung der Zeit zu finden, die eine Forderung auf den Anfang der Bedienung warten muß. Wir nennen diese Wartezeit w_r für die r-te Forderung. Der Einfachheit halber sei $w_1 = 0$, d. h., wenn das Gerät zu arbeiten beginnt, liege keine Forderung vor.

Wie man leicht sieht, bestehen die folgenden Gleichungen:

$$w_{r+1} = \begin{cases} w_r + \gamma_r - z_r\,, & \text{wenn } w_r + \gamma_r - z_r > 0\,, \\ 0\,, & \text{wenn } w_r + \gamma_r - z_r \leqq 0\,. \end{cases} \tag{1}$$

Die erste dieser Gleichungen kann man sehr gut graphisch veranschaulichen (Abb. 21).

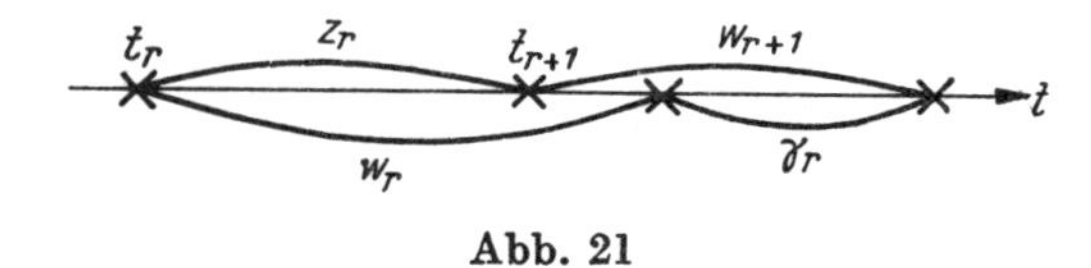

Abb. 21

Wir setzen $u_r = \gamma_r - z_r$ und führen die Bezeichnung

$$U(x) = \mathsf{P}\,\{u_r < x\}$$

ein. Weil die Verteilungen von γ_r und z_r für $r \geqq 1$ nicht von r abhängen, ist auch die Verteilung $U(x)$ von u_r für $r \geqq 1$ unabhängig von r.

Weiter bezeichnen wir die Verteilungsfunktion von w_r mit $L_r(x)$. w_r ist eine nichtnegative Größe, und folglich besteht für alle r und $x \leqq 0$ die Gleichung

$$L_r(x) = 0\,.$$

Da wir $w_1 = 0$ angenommen hatten, haben wir für $x > 0$ die Gleichung

$$L_1(x) = 1\,.$$

Die Beziehung (1) gestattet es, den Zusammenhang darzulegen, der zwischen $L_r(x)$ und $L_{r+1}(x)$ besteht. Tatsächlich haben wir vermöge (1) bei $x > 0$

$$\begin{aligned} L_{r+1}(x) &= \mathsf{P}\{w_{r+1} < x\} = \mathsf{P}\{w_{r+1} = 0\} + \mathsf{P}\{0 < w_{r+1} < x\} \\ &= \mathsf{P}\{w_r + u_r \leqq 0\} + \mathsf{P}\{0 < w_r + u_r < x\} \\ &= \mathsf{P}\{w_r + u_r < x\}\,. \end{aligned} \tag{2}$$

Die Größen w_r und u_r sind unabhängig, und daher gilt

$$L_{r+1}(x) = \int_{-\infty}^{\infty} L_r\,(x - v)\, dU(v) = \int_{-\infty}^{x} L_r\,(x - v)\, dU(v)\,. \tag{3}$$

Folglich können wir, da wir $L_1(x)$ und $U(x)$ kennen, die Funktionen $L_2(x)$, $L_3(x), \ldots$ nacheinander bestimmen. Insbesondere ist bei $x > 0$

$$L_2(x) = \int_{-\infty}^{x} L_1\,(x - v)\, dU(v) = U(x)$$

und

$$L_3(x) = \int_{-\infty}^{x} L_2\,(x - v)\, dU(x) = \int_{-\infty}^{x} U\,(x - v)\, dU(v)\,.$$

Die letzten Gleichungen gestatten es, das folgende Resultat zu formulieren: *Die Verteilung der Wartezeit hängt nicht von den einzelnen Verteilungen $F(x)$ und $G(x)$ ab, sondern nur von der Verteilung $U(x)$.*

Es ist wichtig zu bemerken, daß die Verteilungen $L_2(x)$ und $U(x)$ nicht vollständig übereinstimmen, weil $L_2(x) = 0$ bei $x \leqq 0$, während man solche $x < 0$ finden kann, für die $U(x) > 0$. Die Wahrscheinlichkeit dafür, daß die in der Reihenfolge der Forderungen als zweite erscheinende sofort bedient wird, ist $L_2(+0) - L_2(-0) = U(+0)$. Die Beziehung (2) liefert uns noch etwas mehr. Weil nämlich $w_r \geqq 0$ bei beliebigem r, können wir die folgenden Gleichungen für $x > 0$ aufschreiben:

$$
\begin{aligned}
L_2(x) &= \mathsf{P}\{u_1 < x\}\,, \\
L_3(x) &= \mathsf{P}\{u_1 + u_2 < x,\, u_2 < x\}\,, \\
L_4(x) &= \mathsf{P}\{u_1 + u_2 + u_3 < x,\, u_2 + u_3 < x,\, u_3 < x\}\,, \\
&\dots\dots\dots\dots\dots\dots\dots\dots \\
L_{r+1}(x) &= \mathsf{P}\left\{\sum_{j=s}^{r} u_j < x, \quad s = 1, 2, \dots, r\right\} \\
&= \mathsf{P}\left\{\sum_{j=1}^{s} u_j < x, \quad s = 1, 2, \dots, r\right\}.
\end{aligned}
$$

Wir betrachten jetzt das Verhalten der $L_r(x)$ bei $r \to \infty$. Wie man leicht erkennt, streben die Funktionen $L_r(x)$ bei $r \to \infty$ einem Grenzwert zu. Um dies zu zeigen, betrachten wir die Ereignisse E_r, die darin bestehen, daß

$$\sum_{j=1}^{s} u_j < x \qquad \text{für alle } s \leqq r\,.$$

Offensichtlich zieht jedes E_r die Ereignisse E_i mit kleinerem Index nach sich. Bezeichnen wir das Ereignis

$$\sum_{j=1}^{s} u_j < x \qquad \text{für alle } s \geqq 1$$

mit E, so gilt[1])

$$\lim_{r\to\infty} L_{r+1}(x) = \lim_{r\to\infty} \mathsf{P}\{E_r\} = \mathsf{P}\{E\}\,.$$

Führen wir die Bezeichnung

$$L(x) = \mathsf{P}\{E\} = \mathsf{P}\left\{\sum_{j=1}^{s} u_j < x,\, s \geqq 1\right\}$$

ein, so geht hiernach die Gleichung (3) in die Gleichung

$$L(x) = \int_{-\infty}^{x} L(x - z)\, dU(z) \tag{4}$$

[1]) Dies beruht auf der folgenden Tatsache, die in früheren Auflagen als Hilfssatz 1 in § 62 bewiesen wurde. *Wenn für eine Folge* $E_1, E_2, \dots$ *von Ereignissen* $E_1 \supset E_2 \supset E_3 \supset \dots$ *gilt, so ist* $\lim_{n\to\infty} p\{E_n\} = p\{E_1 E_2 E_3 \dots\}$ (Anm. d. Red.).

über, die wir durch eine einfache Variablentransformation in die Form

$$L(x) = \int_0^\infty L(y)\, dU\,(x - y) \tag{5}$$

bringen können.

Wir studieren jetzt die Eigenschaften der Funktion $L(x)$ unter verschiedenen Voraussetzungen über die Funktion $U(x)$, genauer gesagt, über ihr erstes Moment (die mathematische Erwartung der Größe $u_i = \gamma_i - z_i$). Nach dem starken Gesetz der großen Zahlen besteht, wie wir wissen, die Gleichung

$$\mathsf{P}\left\{\lim_{n\to\infty} \frac{1}{n} \sum_{i=1}^{n} u_i = \mathsf{M}\, u_1 = b - a\right\} = 1\,. \tag{6}$$

Bei $\mathsf{M}\, u_i > 0$ schließen wir daraus, daß man mit Wahrscheinlichkeit 1 ein solches n_0 finden kann, daß für alle $n > n_0$ die Ungleichung

$$\frac{1}{n} \sum_{i=1}^{n} u_i > \frac{1}{2} \mathsf{M}\, u_1$$

besteht.

Für jedes $x > 0$ gibt es ein so großes n, daß $\frac{n}{2} \mathsf{M}\, u_1 > x$. Die voraufgehende Ungleichung lehrt nun, daß bei beliebigem x mit Wahrscheinlichkeit 1 für alle genügend großen n die Ungleichung $\sum_{i=1}^{n} u_i > x$ erfüllt ist.

Die Bedeutung dieser Tatsache ist die folgende: Die Wartezeit der n-ten im System eingehenden Forderung übersteigt mit Wahrscheinlichkeit 1 jedes beliebige $x > 0$, wenn n gegen unendlich strebt (mit anderen Worten, wenn die Arbeitszeit des Bedienungsgeräts gegen unendlich strebt).

Als einfache Folgerung erhalten wir nun

$$L(x) = 0\,.$$

Es möge jetzt $\mathsf{M}\, u_1 < 0$, d. h. $b < a$ sein; im Mittel ist also die Bedienungszeit kleiner als die Zeitintervalle zwischen den Ankünften von aufeinanderfolgenden Bedienungsforderungen[1]). Wir werden beweisen, daß $L(x)$ in diesem Fall eine Verteilungsfunktion ist; mit anderen Worten wir werden $L(+\infty) = 1$ zeigen. Tatsächlich gibt es infolge von (6) ein solches n_0, so daß

$$\mathsf{P}\left\{\sum_{i=1}^{n} u_i < 0 \quad \text{für } n > n_0\right\} > 1 - \frac{\delta}{2}\,.$$

Nun kann man aber zu jedem $\delta > 0$ ein x finden, daß

$$L_{n_0+1}(x) = \mathsf{P}\left\{\sum_{i=1}^{n} u_i < x \quad \text{für } 1 \leqq n \leqq n_0\right\} > 1 - \frac{\delta}{2}\,.$$

---

[1]) Diese Zeitintervalle nennen wir kurz *Pausenzeiten.*

Folglich gibt es bei jedem $\delta > 0$ ein x, so daß

$$\mathsf{P}\left\{\sum_{i=1}^{n} u_i < x \quad \text{für} \quad n \geqq 1\right\} > 1 - \delta .$$

Daraus folgt

$$L(+\infty) = \lim_{x\to\infty} \mathsf{P}\left\{\sum_{i=1}^{n} u_i < x;\, n \geqq 1\right\} = 1.$$

Der Fall $\mathsf{M}\, u_i = 0$ erfordert tiefere Hilfsmittel als das starke Gesetz der großen Zahlen. Schließt man die Möglichkeit $u_i = 0$ aus, bei der die Bedienungszeit genau gleich der Pausenzeit ist, so zeigt sich, daß auch hier bei beliebigem $x > 0$ die Gleichung $L(x) = 0$ besteht. Jedoch strebt die Wartezeit in diesem Fall nicht gegen unendlich, sondern ist sehr großen Schwankungen unterlegen, so daß mit Wahrscheinlichkeit 1 auch der Wert 0 immer wieder vorkommt. Dies ist ein theoretisch sehr wichtiges Ergebnis.

Wir wollen nun die Gleichung (5) lösen. Zu diesem Zweck berechnen wir die charakteristische Funktion des Integrals

$$S(x) = \int_{-\infty}^{x} L\,(x - y)\, dU(y)$$

auf zwei verschiedenen Wegen. Dabei machen wir die Zusatzvoraussetzung, wonach bei $x > 0$

$$F(x) = 1 - e^{-\lambda x} .$$

Es soll also ein Poissonscher Strom von Bedienungsforderungen mit dem Parameter λ vorliegen.

Da $S(x)$ die Verteilung der algebraischen Summe $w - z_1 + \gamma_1$ ist, lautet die charakteristische Funktion von $S(x)$

$$s(t) = \frac{\lambda}{\lambda + i\,t}\, g(t)\, l(t) .$$

Hier sind $g(t)$ und $l(t)$ bzw. die charakteristischen Funktionen der Verteilungen $G(x)$ und $L(x)$, während $\frac{\lambda}{\lambda + it}$, wie man leicht erkennt, die charakteristische Funktion der Zufallsgröße $-z$ ist.

Nach Definition ist

$$U(x) = \mathsf{P}\,\{\gamma - z < x\} = \lambda \int_{0}^{\infty} G\,(x + y)\, e^{-\lambda y}\, dy .$$

Vermöge (5) haben wir bei $x > 0$

$$S(x) = L(x) .$$

Bei $x \leqq 0$ dagegen ist

$$S(x) = \int_{-\infty}^{0} L(-z)\, d_z U\,(x + z) = \lambda \int_{-\infty}^{0} L(-z)\, d \int_{0}^{\infty} G\,(x + y + z)\, e^{-\lambda y}\, dy .$$

Hier sind aber x und y negativ, und daher ist $G\,(x + y + z) = 0$ im Intervall $0 \leqq y \leqq -(x + z)$.

Folglich gilt

$$S(x) = \lambda \int_{-\infty}^{0} L(-z)\, d \int_{-(x+z)}^{\infty} G(x+y+z)\, e^{-\lambda y}\, dy$$
$$= \lambda \int_{-\infty}^{0} L(-z)\, d \int_{0}^{\infty} G(v)\, e^{-\lambda (v-z-x)}\, dy = c\, e^{\lambda x},$$

wo

$$c = \int_{-\infty}^{0} L(-z)\, \lambda^2 e^{\lambda z}\, dz \int_{0}^{\infty} G(v)\, e^{-\lambda v}\, dv .$$

Jetzt finden wir

$$s(t) = \int_{-\infty}^{\infty} e^{itx}\, dS(x) = c\,\lambda \int_{-\infty}^{0} e^{itx+\lambda x}\, dx + \int_{0}^{\infty} e^{itx}\, dL(x) - c$$
$$= \frac{c\,\lambda}{\lambda + i\,t} + l(t) - c .$$

Setzen wir nun die beiden für $s(t)$ gefundenen Ausdrücke gleich, so ergibt sich

$$l(t) = \frac{c\,t\,i}{i\,t + \lambda\,(1 - g(t))} = \frac{c}{1 + \lambda \frac{1 - g(t)}{i\,t}}.$$

Wir berechnen jetzt die Konstante c. Zu diesem Zweck beachten wir

$$l(0) = 1 = \lim_{t \to 0} \frac{c}{1 + \lambda \frac{1 - g(t)}{i\,t}} = \frac{c}{1 + \lambda \frac{g'(0)}{i}} = \frac{c}{1 - b\,\lambda}.$$

So ergibt sich schließlich

$$l(t) = \frac{1 - \lambda\, b}{1 + \lambda \frac{1 - g(t)}{i\,t}}.$$

Differenziert man diese Formel, so findet man Formeln für die mathematische Erwartung und die Dispersion der Zeit des Wartens auf den Beginn der Bedienung:

$$\mathsf{M}\, w = \frac{\lambda\, \mu_2}{2\,(1 - \lambda\, b)} \qquad \left(\mu_2 = \int_0^{\infty} x^2\, dG(x)\right)$$

und

$$\mathsf{D}\, w = (\mathsf{M}\, w)^2 + \frac{\lambda\, \mu_3}{3(1 - \lambda\, b)} \qquad \left(\mu_3 = \int_0^{\infty} x^3\, dG(x)\right).$$

Wie diese Formeln zeigen, ist $\sqrt{\mathsf{D}\, w} > \mathsf{M}\, w$; hiernach gibt es beträchtliche Schwankungen der Wartezeit.

Die abgeleitete Formel stammt von A. J. CHINTSCHIN; die Überlegungen aus dem 1. Teil dieses Paragraphen gehen auf D. V. LINDLEY zurück.[1])

§ 63. Ein Grenzwertsatz für Forderungsströme

Wir haben schon davon gesprochen, daß man gegenwärtig bei der überwältigenden Mehrzahl aller Untersuchungen zur Bedienungs- und zur Zuverlässigkeitstheorie von der Voraussetzung ausgeht, daß der Eingangsstrom der Forderungen (in der Zuverlässigkeitstheorie der Versagerstrom) einen POISSONschen Prozeß bildet. In einer Reihe von praktisch wichtigen Fällen folgen die Grundvoraussetzungen, die in § 51 unseren Ausgangspunkt für die Untersuchung des POISSONschen Prozesses bildeten, nicht aus dem physikalischen Bild der Erscheinungen. Tatsächlich gibt es in gewissen Fällen beträchtliche Abweichungen der wirklichen Ströme von einem POISSONschen Prozeß. Solche Abweichungen sind darauf zurückzuführen, daß die Ablaufsbedingungen für reale Vorgänge oft ganz andere sind. Andererseits gibt es mit einem POISSONschen Prozeß beschreibbare Beobachtungen öfter, als man sie erwartet, wenn man ohne Erfahrung an die Dinge herangeht. Es entsteht folglich die Aufgabe, die Ursachen dafür aufzuklären, daß der POISSONsche Prozeß so oft eine gute Näherung für den Ablauf realer Ströme darstellt. Der Aufklärung dieser Ursachen wurde in den letzten Jahren eine große Anzahl von Arbeiten gewidmet. Wir beschränken uns hier nur auf die Behandlung eines Modells, das auf einen POISSONschen Strom führt.

Wir nehmen an, daß der betrachtete Strom die Summe einer großen Anzahl unabhängiger Ströme von kleiner Intensität ist. Wie wir zeigen werden, erweist sich ein solcher Summenstrom unter sehr allgemeinen Bedingungen nahezu als POISSONscher Strom. Solchen Summenströmen begegnet man sehr oft. Der Strom der Anrufe in einer Telefonzentrale kann als Summe der Ströme aufgefaßt

---

[1]) Eine allgemeinere Behandlung der Integralgleichung (5), die ziemlich einfache funktionentheoretische Überlegungen benutzt, findet man in der im Literaturverzeichnis angegebenen Arbeit von H.-J. ROSSBERG. Dort wird u. a. für die Verteilungsfunktion $V(x)$ der Verweilzeit (Wartezeit + Bedienungszeit) bewiesen: *Es gilt bei beliebigem* $F(x)$

$$V(x) = \sum_{\varrho=1}^{n} V_\varrho (1 - e^{-v_\varrho x}) \qquad (0 < v_1 < \cdots < v_n; \quad V_\varrho > 0, \quad \sum_1^n V_\varrho = 1)$$

genau dann, wenn

$$G(x) = \sum_{\varrho=1}^{n} G_\varrho (1 - e^{-g_\varrho x}) \qquad (0 < g_1 < \cdots < g_n; \quad G_\varrho > 0, \quad \sum_1^n G_\varrho = 1)\,.$$

Den Fall

$$G(x) = \int_0^\infty (1 - e^{-ux})\, d\hat{G}(u)\,,$$

wo $\hat{G}(u)$ eine Verteilungsfunktion mit $\hat{G}(0) = 0$ ist, hat derselbe Verf. in „Erhaltungssätze für vollmonotone Verteilungsdichten beim Lindleyschen Warteschlangenmodell" (Math. Nachr. (1967)) behandelt (Anm. d. Red.).

werden, die von den einzelnen Teilnehmern ausgehen. Der Strom der Frachtschiffe, die irgendeinen Hafen anlaufen, ist die Summe der Ströme von Schiffen, die aus den verschiedenen anderen Häfen herkommen. Der Versagerstrom eines komplizierten Geräts ist die Summe der Versagerströme der einzelnen Elemente. Der Strom der Forderungen nach schneller ärztlicher Hilfe setzt sich ebenso aus einer großen Anzahl von Forderungsströmen einzelner Personen zusammen. Das Aufzählen konkreter Beispiele könnten wir fortsetzen. Jedoch ist dies überflüssig, weil jeder, der Beziehungen zur Praxis hat, leicht selbst eine große Anzahl von anderen Beispielen aus dem ihm übersichtlichen Teil der Wirklichkeit hinzufügen kann. Es sei noch erwähnt, daß die Betrachtung solcher Summenströme besonderes Interesse verdient, deren einzelne Ströme in einem gewissen Sinne gleichmäßig klein sind. Wir werden einen Grenzwertsatz für Summenströme beweisen, wobei wir Ideen und Methoden benutzen, die wir in Kap. IX dargelegt haben.

Von dem zufälligen Prozeß $X(t)$ sagen wir, er sei *stufenförmig*, wenn der Zuwachs $X(t) - X(s)$ bei beliebigem s und t $(0 < s < t)$ nur nichtnegative ganzzahlige Werte annimmt. Wir nehmen weiterhin $X(0) = 0$ an. Der Prozeß soll also zur Zeit $t = 0$ beginnen. Die Werte des Prozesses $X(t)$ kann man als die Anzahl des Auftretens eines gewissen Ereignisses im Zeitintervall $(0, t)$ deuten. Solche Ereignisse können etwa die Anrufe von Teilnehmern sein, die in einer Telefonzentrale eingehen, oder aber das Eintreffen von Kunden beim Friseur oder das Versagen eines elektronischen Geräts. Ein stufenförmiger Prozeß kann sich nur in einzelnen Zeitpunkten sprunghaft um ganzzahlige Vielfache der Einheit ändern. Ist die Änderung größer als eins, so kann man sie als gleichzeitiges Eintreffen mehrerer Bedienungsforderungen deuten. Solche Fälle treten in der Wirklichkeit ziemlich oft auf: Denken wir etwa an das gleichzeitige Eintreffen gewisser Lastkähne, die mit einem Schlepper in einen Binnenhafen zur Entladung gebracht werden, oder aber an die gleichzeitige Beförderung mehrerer Personen ins Krankenhaus, die in einen Verkehrsunfall verwickelt worden sind usw.

Wir setzen

$$X_n(t) = \sum_{r=1}^{k_n} X_{nr}(t) ,$$

wo $X_{nr}(t)$ voneinander unabhängige stufenförmige Prozesse sind. Offensichtlich ist auch der Prozeß $X_n(t)$ stufenförmig.

Wir sagen, *eine Folge $X_n(t)$ konvergiere schwach gegen den Prozeß $X(t)$*, wenn die Verteilungsfunktion der Vektoren

$$X_n(t_1) , X_n(t_2), \ldots, X_n(t_k)$$

bei beliebiger Wahl von $k, t_1, t_2, \ldots, t_k$ in jedem Stetigkeitspunkt gegen die Verteilungsfunktion des Vektors

$$X(t_1), X(t_2), \ldots, X(t_k)$$

konvergiert.

Von dem Prozeß $X(t)$ sagt man, er sei ein POISSON*scher Prozeß mit der Führungsfunktion* $\Lambda(t)$, wenn er folgende Eigenschaften besitzt: 1. In sich nicht überschneidenden Intervallen sind die Zuwächse unabhängig; 2. Für alle $s < t$ und jedes nichtnegative ganze k besteht die Gleichung

$$\mathsf{P}\,\{X(t) - X(s) = k\} = \frac{[\Lambda(t) - \Lambda(s)]^k}{k!}\, e^{-[\Lambda(t)-\Lambda(s)]}\,.$$

Die Führungsfunktion $\Lambda(t)$ ist nichtnegativ, linksseitig, bei jedem t endlich und verschwindet für alle $t \leqq 0$. Beim Poissonschen Prozeß, wie wir ihn in § 51 studiert haben, ist $\Lambda(t) = \lambda\, t$.

Wir führen die folgenden Bezeichnungen ein:

$$p_{nr}(k; s, t) = \mathsf{P}\,\{X_{nr}(t) - X_{nr}(s) = k\}\,, \qquad k = 0, 1, 2, \ldots, \tag{1}$$

$$\Lambda_n(s, t) = \sum_{r=1}^{k_n} p_{nr}(1; s, t)\,, \tag{2}$$

$$B_n(s, t) = \sum_{r=1}^{k_n} [1 - p_{nr}(0; s, t) - p_{nr}(1; s, t)]\,. \tag{3}$$

Von dem Prozeß $X_{nr}(t)$ $(1 \leqq r \leqq k_n)$ sagen wir, er sei *unendlich klein*, wenn bei beliebigem festen t

$$\lim_{n\to\infty} \max_{1\leqq r\leqq k_n} [1 - p_{nr}(0; 0, t)] = 0\,. \tag{4}$$

Mit anderen Worten, der Prozeß $X_{nr}(t)$ ist unendlich klein, wenn man bei beliebigem $\varepsilon > 0$ und willkürlich festgehaltenem t eine solche ganze Zahl n finden kann, daß für $1 \leqq r \leqq k_n$ gleichzeitig

$$\mathsf{P}\,\{X_{nr}(t) > \varepsilon\} < \varepsilon\,.$$

Wir formulieren und beweisen jetzt den folgenden Grenzwertsatz unter den Bedingungen von B. I. GRIGELIONIS.

Satz. *Die Summen*

$$X_n(t) = \sum_{r=1}^{k_n} X_{nr}(t)$$

von insgesamt unabhängigen und unendlich kleinen Prozessen $X_{nr}(t)$ *konvergieren dann und nur dann gegen einen* POISSON*schen Prozeß mit der Führungsfunktion* $\Lambda(t)$, *wenn bei beliebigem festen* s *und* t $(s < t)$ *die Beziehungen*

$$\lim_{n\to\infty} \Lambda_n(s, t) = \Lambda(t) - \Lambda(s) \tag{5}$$

und

$$\lim_{n\to\infty} B_n(0, t) = 0 \tag{6}$$

erfüllt sind.

Beweis. Wir beweisen die Notwendigkeit der Bedingungen des Satzes, indem wir das folgende Resultat aus der Theorie von Summen unabhängiger Zufallsgrößen benutzen.[1])

Wenn die unabhängigen zufälligen Größen $x_{n1}, x_{n2}, \ldots, x_{nk_n}$ unendlich klein sind, d. h., wenn bei beliebigem $\varepsilon > 0$ und $n \to \infty$

$$\sup_{1 \leq k \leq k_n} \mathsf{P}\,\{|x_{nk}| > \varepsilon\} \to 0\,,$$

so konvergieren die Verteilungsfunktionen der Summen

$$s_n = x_{n1} + x_{n2} + \cdots + x_{nk_n}$$

bei $n \to \infty$ dann und nur dann gegen die Poisson-Verteilung

$$P(x) = \sum_{0 \leq k < x} \frac{\lambda^k}{k!} e^{-\lambda}\,,$$

wenn die folgenden Bedingungen erfüllt sind: Bei jedem ε $(0 < \varepsilon < 1)$ und $n \to \infty$ gilt

$$1.\quad \sum_{k=1}^{k_n} \int_{R_\varepsilon} dF_{nk}(x) \to 0\,,$$

$$2.\quad \sum_{k=1}^{k_n} \int_{|x-1|<\varepsilon} dF_{nk}(x) \to \lambda\,,$$

$$3.\quad \sum_{k=1}^{k_n} \int_{|x|<\varepsilon} x\, dF_{nk}(x) \to 0\,,$$

$$4.\quad \sum_{k=1}^{k_n} \left[\int_{|x|<\varepsilon} x^2\, dF_{nk}(x) - \left(\int_{|x|<\varepsilon} x\, dF_{nk}(x)\right)^2\right] \to 0\,.$$

Hierbei haben wir die folgenden Abkürzungen benutzt: $F_{nk}(x) = \mathsf{P}\,\{x_{nk} < x\}$, R_ε ist das Gebiet, das man erhält, wenn man aus der Zahlengeraden die Intervalle $|x| < \varepsilon$ und $|x-1| < \varepsilon$ herausnimmt.

Es sei jetzt $x_{nk} = X_{nk}(t) - X_{nk}(s)$. Offensichtlich müssen wir im Satz von Grigelionis

$$\lambda = \Lambda(t) - \Lambda(s)\,,$$
$$p_{nk}(1; s, t) = \int_{|x-1|<\varepsilon} dF_{nk}(x)\,,$$
$$1 - p_{nk}(0; s, t) - p_{nk}(1; s, t) = \int_{R_\varepsilon} dF_{nk}(x)$$

setzen.

Wie jetzt klar wird, ist die erste und zweite Bedingung des eben zitierten Satzes über die Konvergenz gegen die Poisson-Verteilung gleichbedeutend mit den Bedingungen (5) und (6). Die dritte und vierte Bedingung des angeführten Satzes aber sind für stufenförmige Prozesse von selbst erfüllt, weil ihre Ver-

[1]) Dies ist eine Verallgemeinerung von Satz 3 (§ 49) (Anm. d. Red.).

teilungsfunktionen im Intervall $|x| < \varepsilon$ nur den einzigen Wachstumspunkt $x = 0$ haben.

Die Notwendigkeit der Bedingungen von GRIGELIONIS ergibt sich nun sofort, denn wenn die betrachteten Prozesse konvergieren, so müssen auch die entsprechenden eindimensionalen Verteilungsfunktionen konvergieren.

Wir wollen jetzt die Bedingungen des Satzes als hinreichend erweisen. Dazu genügt es offensichtlich zu zeigen, daß die Bedingungen (5) und (6) sowohl die asymptotische Unabhängigkeit der Zuwächse des Prozesses $X_n(t)$, als auch die Konvergenz der eindimensionalen Verteilungen gegen die entsprechende POISSON-Verteilung gewährleisten. Der zweite Teil unseres Programms aber ergibt sich sofort aus dem von uns wiedergegebenen Satz über die Konvergenz der Verteilungsfunktionen von Summen gegen die POISSON-Verteilung.

Wir betrachten die Vektoren

$$\begin{aligned}
\overline{l} &= (l_1, l_2, \ldots, l_m), \qquad \text{wo } l_\nu \geqq 0 \text{ ganze Zahlen sind,}\\
\overline{0} &= \underbrace{(0, 0, \ldots, 0)}_{m},\\
\overline{l}_\nu &= (\underbrace{0. 0, \ldots, 0}_{\nu-1}, 1, \underbrace{0, 0, \ldots, 0}_{m-\nu}),\\
\overline{T} &= (t_0, t_1, \ldots, t_m),
\end{aligned}$$

wo $0 \leqq t_0 < t_1 < \cdots < t_m$ beliebige reelle Zahlen sind,

$$\begin{aligned}
\overline{\alpha} &= (\alpha_1, \alpha_2, \ldots, \alpha_m),\\
\overline{X}_{nr}(\overline{T}) &= \big(X_{nr}(t_1) - X_{nr}(t_0), \ldots, X_{nr}(t_m) - X_{nr}(t_{m-1})\big),\\
\overline{X}_n(\overline{T}) &= \sum_{r=1}^{k_n} \overline{X}_{nr}(\overline{T}).
\end{aligned}$$

Außerdem führen wir die folgenden Bezeichnungen ein:

$$\begin{aligned}
(\overline{\alpha}, \overline{\beta}) &= \sum_{i=1}^{m} \alpha_i \beta_i,\\
p_{nr}(\overline{l}, \overline{T}) &= \mathsf{P}\,\{\overline{X}_{nr}(\overline{T}) = \overline{l}\},\\
f_{nr}(\overline{\alpha}, \overline{T}) &= \mathsf{M} \exp i\big(\overline{\alpha}, \overline{X}_{nr}(\overline{T})\big),\\
f_n(\overline{\alpha}, \overline{T}) &= \mathsf{M} \exp i\big(\overline{\alpha}, \overline{X}_n(\overline{T})\big).
\end{aligned}$$

Für die Konvergenz ($n \to \infty$) der Verteilungen der Vektoren $\overline{X}_{nr}(\overline{T})$ gegen die entsprechende Verteilung des POISSON-Prozesses genügt die Konvergenz ihrer charakteristischen Funktionen. Wir wollen diese nachweisen:

Infolge der Unabhängigkeit der Prozesse $\overline{X}_{nr}(\overline{T})$ haben wir

$$f_n(\overline{\alpha}, \overline{T}) = \prod_{k=1}^{k_n} f_{nr}(\overline{\alpha}, \overline{T}).$$

Es ist aber

$$f_{nr}(\bar{\alpha}, \bar{T}) = \sum_{\bar{l}} p_{nr}(\bar{l}, \bar{T})\, e^{i(\bar{\alpha}, \bar{l})} = 1 + \sum_{\bar{l} \neq \bar{0}} p_{nr}(\bar{l}, \bar{T})\, (e^{i(\bar{\alpha}, \bar{l})} - 1)\,,$$

wo das Symbol $\sum_{\bar{l}}$ die Summierung über alle ganzzahligen Vektoren $\bar{l}$ mit nicht-negativen Komponenten bezeichnet. Bei kleinem x ist

$$1 + x = \exp\,[x + O(x^2)]\,,$$

so daß

$$\begin{aligned} f_{nr}(\bar{\alpha}, \bar{T}) &= \exp\left\{\sum_{\bar{l} \neq \bar{0}} p_{nr}(\bar{l}, \bar{T})\, (e^{i(\bar{\alpha}, \bar{l})} - 1) + O\left[\left(\sum_{\bar{l} \neq \bar{0}} p_{nr}(\bar{l}, \bar{T})\right)^2\right]\right\} \\ &= \exp\left\{\sum_{\nu=1}^{m} p_{nr}(\bar{l}_\nu, \bar{T})\, (e^{i\alpha_\nu} - 1) + O\left(\sum_{\substack{\bar{l} \neq \bar{0},\, \bar{l}_\nu \\ \nu = 1, \ldots, m}} p_{nr}(\bar{l}, \bar{T})\right)\right. \\ &\qquad \left. + O\left[\left(\sum_{\bar{l} \neq \bar{0}} p_{nr}(\bar{l}, \bar{T})\right)^2\right]\right\}. \end{aligned}$$

Man erkennt aber leicht

$$\left.\begin{aligned} \sum_{\bar{l} \neq \bar{0}} p_{nr}(\bar{l}, \bar{T}) &= 1 - \mathsf{P}\,\{X_{nr}(t_m) - X_{nr}(t_0) = 0\} \\ &\leqq 1 - \mathsf{P}\,\{X_{nr}(t_m) = 0\} = 1 - p_{nr}(0; 0, t_m)\,, \\ \sum_{\substack{\bar{l} \neq \bar{0},\, \bar{l}_\nu \\ \nu = 1, \ldots, m}} p_{nr}(\bar{l}, \bar{T}) &= \mathsf{P}\,\{X_{nr}(t_m) - X_{nr}(t_0) \geqq 2\} \leqq \mathsf{P}\{X_{nr}(t_m) \geqq 2\}\,, \\ \sum_{\bar{l} \neq \bar{0}} p_{nr}(\bar{l}, \bar{T}) &\leqq \sum_{\nu=1}^{m} p_{nr}(\bar{l}_\nu, \bar{T}) + \mathsf{P}\,\{X_{nr}(t_m) \geqq 2\}\,. \end{aligned}\right\} \tag{7}$$

Außerdem bemerken wir

$$\left.\begin{aligned} p_{nr}(1; t_{\nu-1}, t_\nu) - p_{nr}(\bar{l}_\nu, \bar{T}) &= \mathsf{P}\,\{X_{nr}(t_\nu) - X_{nr}(t_{\nu-1}) = 1, \\ X_{nr}(t_{\nu-1}) - X_{nr}(t_0) + X_{nr}(t_m) - X_{nr}(t_\nu) &\neq 0\} \leqq \mathsf{P}\,\{X_{nr}(t_m) \geqq 2\}. \end{aligned}\right\} \tag{8}$$

Die Beziehungen (7) und (8) gestatten es uns, die o. a. Darstellung der Funktion $f_{nr}(\bar{\alpha}, \bar{T})$ anders zu schreiben. Es ist nämlich

$$\begin{aligned} f_{nr}(\bar{\alpha}, \bar{T}) = \exp\Bigg\{&\sum_{\nu=1}^{m} p_{nr}(1; t_{\nu-1}, t_\nu)\, (e^{i\alpha_\nu} - 1) + O\,[\mathsf{P}\,\{X_{nr}(t_m) \geqq 2\}] \\ &+ O\left[(1 - p_{nr}(0; 0, t_m)) \sum_{\nu=1}^{m} p_{nr}(1; t_{\nu-1}, t_\nu)\right]\Bigg\}. \end{aligned}$$

Nunmehr erschließen wir

$$\begin{aligned} f_n(\bar{\alpha}, \bar{T}) = \exp\Bigg\{&\sum_{\nu=1}^{m} \Lambda_n(t_{\nu-1}, t_\nu)\, (e^{i\alpha_\nu} - 1) \\ &+ O[B_n(0, t_m)] + O\left[\max_{1 \leqq r \leqq k_n} (1 - p_{nr}(0; 0, t_m))\right]\Bigg\}. \end{aligned}$$

Jetzt führen uns die Bedingungen des Satzes zur folgenden Limesbeziehung: Bei $n \to \infty$ konvergiert

$$f_n(\bar{\alpha}, \bar{T}) \to \prod_{\nu=1}^{m} \exp \{[\Lambda(t_\nu) - \Lambda(t_{\nu-1})] (e^{i\alpha_\nu} - 1)\} ,$$

und damit ist der Satz bewiesen.

Der bewiesene Satz gestattet es, eine große Anzahl von Folgerungen zu gewinnen, wenn man die Voraussetzungen bzgl. der einzelnen Summandenprozesse spezialisiert. A. J. Chintschin und G. A. Ososkow haben vor B. J. Grigelionis Bedingungen über die Summenprozesse untersucht, die die Konvergenz gegen einen Poissonschen Prozeß gewährleisten; sie trafen dabei die Voraussetzung, daß die einzelnen Summandenprozesse ordinär sind, und stationäre Zuwächse haben. Das von diesen beiden Autoren erzielte Resultat bedeutet qualitativ, daß es für unabhängige, ordinäre und stationäre Summandenprozesse genügt, vorauszusetzen, sie seien unendlich klein, um (unter gewissen allgemeinen Zusatzbedingungen quantitativer Art) sicherzustellen, daß der Summenprozeß asymptotisch einem Poisson-Prozeß benachbart ist. Dieses Ergebnis besitzt sowohl für die Theorie als auch für die Anwendungen Interesse.

§ 64. Elemente der Theorie der Reservenbildung

In der modernen Technik benutzt man, um die Zuverlässigkeit eines Geräts zu erhöhen, weithin die Methode der Reservenbildung, d. h., man führt Elemente und sogar ganze Aggregate ein, die zunächst überflüssig sind. Die Bedeutung dieser zusätzlichen Geräte besteht darin, daß sie die erforderliche Belastung in dem Maße auf sich nehmen, wie die Hauptgeräte im Verlaufe ihrer Tätigkeit versagen. Je nachdem, in welchem Zustand sich die Reserveanlagen befinden, betrachtet man voll belastete, belastete und unbelastete Reserven. Im ersteren Fall befindet sich das Reservegerät im selben Zustand wie das Hauptgerät und kann daher mit derselben Intensität versagen. Im zweiten Fall ist das Reservegerät zwar belastet, aber nicht so, wie das Hauptgerät und besitzt daher eine andere Versagerintensität. Unbelastete Reservegeräte tragen keine Belastung und können daher nicht versagen. Das Reserverad beim Auto ist ein typisches Beispiel für eine unbelastete Reserve. Natürlich sind die vollbelastete und die unbelastete Reserve Spezialfälle der belasteten Reserve.

In der Theorie der Reservenbildung entstehen eine Menge von Aufgaben, die sich nur in der Terminologie von gewissen Aufgaben aus der Bedienungstheorie unterscheiden. Es ist daher natürlich, in einem kurzen Kapitel, das der Bedienungstheorie gewidmet ist, auch Aufgaben aus der Theorie der Reservenbildung zu betrachten.

Um die Wirksamkeit der Reservenbildung zu veranschaulichen, betrachten wir einige Zahlenbeispiele. Wir nehmen an, die Wahrscheinlichkeit dafür, daß ein Gerät im Verlaufe einer bestimmten Zeitspanne störungsfrei arbeitet, sei 0,9, und es müssen vier derartige Geräte unabhängig voneinander arbeiten. Die Wahrscheinlichkeit dafür, daß alle vier störungsfrei arbeiten, ist dann $0{,}9^4 = 0{,}6561$. Jetzt fügen wir ein Gerät in voll belasteter Reserve hinzu. Die Wahrscheinlichkeit für störungsfreie Arbeit von mindestens vier Geräten im Verlauf der gegebenen Zeitspanne ist dann gleich $0{,}9^5 + 5 \cdot 0{,}9^4 \cdot 0{,}1 = 0{,}91854$. Fügt man ein zweites Reservegerät hinzu, so erhöht sich die Wahrscheinlichkeit für fehlerfreie Arbeit des Systems auf 0,98415 (dies ist die Wahrscheinlichkeit für die Erhaltung der Arbeitsfähigkeit von mindestens vier Geräten im Verlaufe der gegebenen Zeitspanne).

In der im Literaturverzeichnis genannten Arbeit von A. D. Slovjev, die der Reservenbildung ohne Reparaturen gewidmet ist, werden viele interessante Resultate dargelegt. Wir geben hier eins von ihnen wieder.

Man kann umfangreiche Geräte, wie etwa einen Generator in einem Elektrizitätswerk oder eine Diesellokomotive auf einem Eisenbahnknotenpunkt, in Reserve halten; man kann aber auch geeignete Teilblöcke so großer Geräte oder auch die einfachsten Bestandteile (Elemente) auf Lager nehmen. Es fragt sich nun, wie soll man vorteilhaft verfahren: Soll man die Elemente oder größere Blöcke reservieren?

Satz. *Wenn das Einschalten der reservierten Geräte (Blöcke oder Elemente) mit völliger Sicherheit vor sich geht, so verkleinert — bei voll belasteter und auch bei unbelasteter Reserve — eine Maßstabsvergrößerung bei der Reservebildung die Störungsfreiheit des ganzen Systems.*

Beweis. Wie man sich schnell überzeugt, brauchen wir uns nur auf den Fall zu beschränken, in dem das umfangreiche Gerät aus zwei Teilen besteht und man für jedes dieser Teile genau ein Ersatzteil hat. In Abb. 22a ist die Reservierung eines aus fünf Teilen zusammengesetzten Systems, in Abb. 22b die Reservierung der Einzelteile skizziert. Jedes dieser Einzelteile nennen wir Element. Wir bezeichnen mit τ_1 und τ_2 die Länge der störungsfreien Arbeit der Hauptelemente und mit τ_1' und τ_2' die Länge der entsprechenden Zeiten der Reserven. Die Verteilungen dieser Größen seien beliebig.

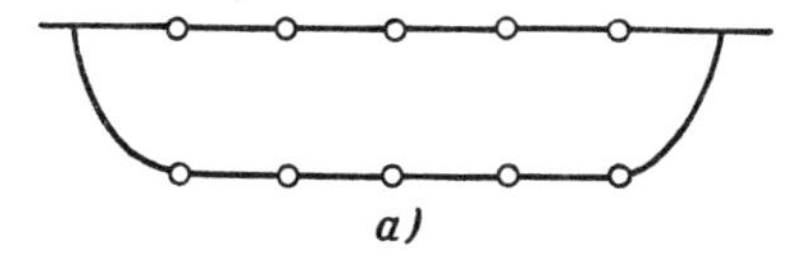

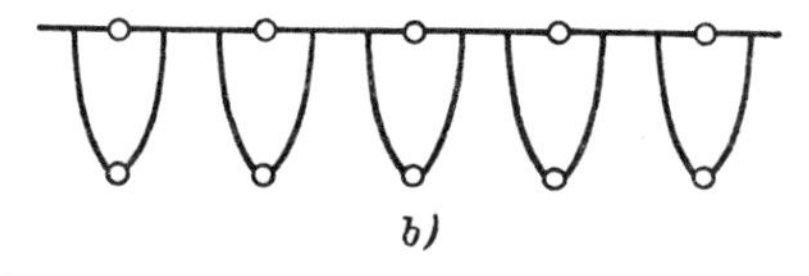

Abb. 22

Mit T_1 bezeichnen wir die Länge der störungsfreien Arbeitszeit des Systems mit Reserve, falls diese Reserve aus einem einzigen großen Block gebildet ist, und mit T_2 die entsprechende Zeit, falls die Reserve aus einzelnen Elementen gebildet wird.

Offensichtlich gelten bei voll belasteter Reserve die Gleichungen

$$T_1 = \max\,[\min(\tau_1, \tau_2), \min(\tau_1', \tau_2')]$$

und

$$T_2 = \min\,[\max(\tau_1, \tau_1'), \max(\tau_2, \tau_2')]\,.$$

Folglich haben wir

$$T_1 \leqq \max(\tau_1, \tau_1')\,, \qquad T_1 \leqq \max(\tau_2, \tau_2')$$

und somit

$$T_1 \leqq \min\,[\max(\tau_1, \tau_1'), \max(\tau_2, \tau_2')] = T_2\,.$$

Für voll belastete Reserven ist damit die Behauptung des Satzes bewiesen.

Sind die Reserven unbelastet, so haben wir

$$T_1 = \min(\tau_1, \tau_2) + \min(\tau_1', \tau_2')$$

und

$$T_2 = \min\,[\tau_1 + \tau_1', \tau_2 + \tau_2']\,.$$

Demnach ist

$$T_1 \leqq \tau_1 + \tau_1'\,, \qquad T_1 \leqq \tau_2 + \tau_2'\,,$$

und es gelten die Ungleichungen

$$T_1 \leqq \min\,[\tau_1 + \tau_1', \tau_2 + \tau_2'] = T_2\,.$$

Damit ist der Satz auch für die unbelasteten Reserven bewiesen.

Oftmals repariert man die ausgefallenen Anlagen, um die Wirksamkeit einer Reservenbildung zu erhöhen. Wir untersuchen jetzt den Einfluß von Reparaturen auf die Erhöhung der Zuverlässigkeit und beschränken uns dabei auf den Fall eines Haupt- und eines Reservegeräts.

Es mögen die folgenden Voraussetzungen erfüllt sein:

1. Sobald das Hauptgerät gestört ist, übernimmt das Reservegerät die Belastung des Hauptgeräts.

2. Unmittelbar nach Auftreten der Störung beginnt die Reparatur.

3. Die Reparatur erneuert das gestörte Gerät vollständig.

4. Die Reparaturzeit ist eine zufällige Größe mit der Verteilungsfunktion $G(x)$.

5. Das wiederhergestellte Gerät geht in Reserve.

6. Die Länge der störungsfreien Arbeitszeit eines Geräts ist zufällig und dem Verteilungsgesetz $F(x) = 1 - \exp(-\lambda x)$ $(\lambda > 0)$ für das Hauptgerät bzw. $F_1(x) = 1 - \exp(-\lambda_1 x)$ $(\lambda_1 \geqq 0)$ für das Reservegerät unterworfen. Ist insbesondere die Reserve voll belastet, so ist $\lambda_1 = \lambda$, ist sie unbelastet, so haben wir $\lambda_1 = 0$.

Wir sagen, unser (aus Haupt- und Reservegerät bestehendes) System versage, wenn sich beide Geräte nicht im arbeitsfähigen Zustand befinden. Mit $R(x)$

bezeichnen wir die Wahrscheinlichkeit dafür, daß das System länger als die Zeit x störungsfrei arbeitet. Sodann führen wir die LAPLACE-Transformationen

$$g(s) = \int_0^\infty e^{-sx}\, dG(x)\,, \qquad \varphi(s) = -\int_0^\infty e^{-sx}\, dR(x)$$

ein.

Satz. *Die Funktion $R(x)$ erfüllt unter den Bedingungen 1—6 die Integralgleichung*

$$R(x) = \exp\left[-(\lambda + \lambda_1)\, x\right] + (\lambda + \lambda_1)\, e^{-\lambda x} \int_0^x e^{-\lambda_1 z}\, [1 - G(x - z)]\, dz$$

$$+ (\lambda + \lambda_1) \int_0^x \int_0^{x-y} e^{-(\lambda+\lambda_1) y - \lambda z}\, R(x - y - z)\, dG(z)\, dy\,. \tag{1}$$

Durch LAPLACE-Transformationen ausgedrückt lautet die Lösung dieser Gleichung

$$\varphi(s) = \frac{\lambda(\lambda + \lambda_1)\, [1 - g(\lambda + s)]}{(\lambda + s)\, [s + (\lambda + \lambda_1)(1 - g(\lambda + s))]}\,. \tag{2}$$

Beweis. Uns interessiert das Ereignis „Das System arbeitet störungsfrei im Zeitintervall von 0 bis x". Es läßt sich in die folgenden drei unvereinbaren Ereignisse zerlegen:

1. Im Intervall $(0, x)$ versagen weder das Haupt- noch das Reserveelement; die Wahrscheinlichkeit dafür ist gleich $e^{-(\lambda+\lambda_1)x}$.

2. Das erste Versagen tritt vor dem Zeitpunkt x ein und das eingesetzte Element arbeitet störungsfrei bis zum Zeitpunkt x. Die Reparatur des gestörten Elements endet bis zur Zeit x nicht. Die Wahrscheinlichkeit für dieses Ereignis ist

$$\int_0^x (\lambda + \lambda_1)\, e^{-(\lambda+\lambda_1) z}\, e^{-\lambda(x-z)}\, [1 - G(x - z)]\, dz\,.$$

3. Das erste Versagen tritt vor dem Zeitpunkt x ein, die Reparatur des Elements endet noch vor dem Zeitpunkt x und während der Reparaturzeit bleibt das eingesetzte Element arbeitsfähig. Vom Ende der Reparatur an bis zum Zeitpunkt x bleibt das ganze System arbeitsfähig. Die Wahrscheinlichkeit dieses Ereignisses ist

$$\iint_{y+z<x} (\lambda + \lambda_1)\, e^{-(\lambda+\lambda_1) y}\, e^{-\lambda z}\, R(x - y - z)\, dy\, dG(z)\,.$$

Setzen wir nun $R(x)$ gleich der Summe der eben aufgeführten drei Wahrscheinlichkeiten, so erhalten wir die Gleichung (1).

Indem wir einige einfache Eigenschaften der LAPLACE-Transformationen benutzen, erhalten wir aus (1) die Gleichung

$$\varphi(s) = \frac{\lambda + \lambda_1}{s + (\lambda + \lambda_1)} \left[\frac{\lambda}{\lambda + s} - \frac{\lambda}{s + \lambda}\, g(\lambda + s) + \varphi(s)\, g(\lambda + s)\right],$$

woraus unmittelbar (2) folgt.

Infolge der besonderen Eigenschaften der negativ-exponentiellen Verteilungsfunktion überträgt sich unser Resultat unmittelbar auf den Fall, in dem man n arbeitende Geräte und ein Reservegerät hat. Alle Geräte besitzen gleiche Eigenschaften, d. h., die Länge der Zeitintervalle mit störungsfreier Arbeit und der Reparaturzeiten haben ein und dieselbe Verteilungsfunktion. In den Formeln (1) und (2) brauchen wir dann nur λ durch $n\lambda$ zu ersetzen.

Wie man leicht nachrechnet, ist die mathematische Erwartung für die Länge der störungsfreien Zeitintervalle des ganzen Systems gleich

$$a = -\left[\frac{d\varphi(s)}{ds}\right]_{s=0} = \frac{\lambda + (\lambda + \lambda_1)(1 - g(\lambda))}{\lambda(\lambda + \lambda_1)(1 - g(\lambda))}. \tag{3}$$

Insbesondere haben wir für die unbelastete Reserve

$$a_1 = \frac{2 - g(\lambda)}{\lambda(1 - g(\lambda))} \tag{3'}$$

und für die voll belastete Reserve

$$a_2 = \frac{3 - 2g(\lambda)}{2\lambda(1 - g(\lambda))}. \tag{3''}$$

Bei den Anwendungen besteht für den Fall ganz besonderes Interesse, in dem die mittlere Reparaturzeit sehr klein gegenüber der mittleren störungsfreien Arbeitszeit eines Gerätes ist. Um den Resultaten, die man in diesem Fall erhalten kann, einen genauen Sinn zu geben, beweisen wir einen Grenzwertsatz.

Die Funktion $G(x)$ möge von einem gewissen Parameter ν abhängen, und es gelte für beliebiges $\varepsilon > 0$ und $\nu \to \infty$

$$1 - G_\nu(\varepsilon) \to 0. \tag{4}$$

Aus (4) folgt dann unmittelbar für $\nu \to \infty$ die Beziehung

$$g_\nu(\lambda) \to 1. \tag{5}$$

Es gilt auch die Umkehrung: Wenn bei beliebigem $s > 0$ und $\nu \to \infty$ die Beziehung $g_\nu(s) \to 1$ besteht, so gilt bei beliebigem $x > 0$ und $\nu \to \infty$ auch $G_\nu(x) \to 1$.

Satz. *Es mögen die Bedingungen 1—6 erfüllt sein. Wenn dann die Beziehung* (4) *gilt, so strebt der Versagerstrom des verdoppelten Systems bei passender Wahl der Einheit des Zeitmaßstabes gegen einen* POISSON*schen Strom mit Parameter* λ.

Beweis. Wir setzen

$$\alpha_\nu = \left(1 + \frac{\lambda_1}{\lambda}\right)(1 - g_\nu(\lambda))$$

und erhalten vermöge (2)

$$\varphi_\nu(\alpha_\nu s) = \frac{\lambda^2 \dfrac{1 - g_\nu(\lambda + \alpha_\nu s)}{1 - g_\nu(\lambda)}}{(\lambda + \alpha_\nu s)\left(s + \lambda \dfrac{1 - g_\nu(\lambda + \alpha_\nu s)}{1 - g_\nu(\lambda)}\right)}. \tag{6}$$

Nun ist aber

$$\frac{1 - g_\nu(\lambda + \alpha_\nu s)}{1 - g_\nu(\lambda)} = 1 + \frac{g_\nu(\lambda) - g_\nu(\lambda + \alpha_\nu s)}{1 - g_\nu(\lambda)}$$

und bei $s > 0$

$$0 \leqq g_\nu(\lambda) - g_\nu(\lambda + \alpha_\nu s) = \int_0^\infty e^{-\lambda x}(1 - e^{-\alpha_\nu x s})\, dG_\nu(x)$$

$$\leqq s\,\alpha_\nu \int_0^\infty x\, e^{-\lambda x}\, dG_\nu(x)\,.$$

Infolge von (4) gilt

$$\int_0^\infty x\, e^{-\lambda x}\, dG_\nu(x) = \int_0^\varepsilon x\, e^{-\lambda x}\, dG_\nu(x) + \int_\varepsilon^\infty x\, e^{-\lambda x}\, dG_\nu(x)$$

$$\leqq \varepsilon + \max_x x\, e^{-\lambda x} \int_\varepsilon^\infty dG_\nu(x) \leqq \varepsilon + \frac{\varepsilon}{\lambda e} = A\,\varepsilon\,.$$

Daher haben wir gleichmäßig für alle s aus einem beliebigen endlichen Intervall

$$\frac{1 - g_\nu(\lambda + \alpha_\nu s)}{1 - g_\nu(\lambda)} = 1 + o(1)\,. \tag{7}$$

Aus (6) und (7) erkennen wir nun, daß gleichmäßig bezüglich s bei $\nu \to \infty$ die Limesbeziehung

$$\varphi_\nu(\alpha_\nu s) \to \frac{\lambda}{\lambda + s}$$

besteht. Infolge eines bekannten Satzes über LAPLACE-Transformationen bedeutet dies, daß die Verteilung der Zufallsgrößen γ_ν/α_ν gegen die Verteilung $1 - e^{-\lambda x}$ konvergiert; dabei bezeichnet γ_ν die Länge eines Intervalls zwischen zwei aufeinanderfolgenden Versagern des Systems vorausgesetzt, daß die Verteilungsfunktion der Reparaturzeit $G_\nu(x)$ ist. Das aber bedeutet die Behauptung des Satzes.

Wir wollen den Einfluß der Reparaturen auf die Arbeitseffektivität des Systems abschätzen. Dazu betrachtet man das Verhältnis der mittleren Länge der störungsfreien Arbeitszeit des Systems mit Reparaturen und der entsprechenden Größe ohne Reparaturen.

Die erstere berechnet sich aus Formel (3), die zweite gemäß

$$a_0 = \frac{1}{\lambda + \lambda_1} + \frac{1}{\lambda} = \frac{2\lambda + \lambda_1}{\lambda(\lambda + \lambda_1)}\,.$$

Als Effektivität der Reparaturen ergibt sich

$$e_\nu = \frac{\lambda + (\lambda + \lambda_1)(1 - g_\nu(\lambda))}{(2\lambda + \lambda_1)(1 - g_\nu(\lambda))}\,. \tag{8}$$

Jetzt klären wir, welchen Einfluß die Wahl der Funktion $G_\nu(x)$ auf die Größe e_ν hat. Es ist natürlich, daß wir dabei zum Vergleich nur solche $G_\nu(x)$ heranziehen, die ein und dieselbe mathematische Erwartung besitzen; wir wählen für diese den Wert $1/\nu$. Wir betrachten dazu die folgenden Verteilungsfunktionen:

I. $$G_\nu(x) = \begin{cases} 0 & \text{für } x \leqq 0, \\ \frac{1}{2} & \text{für } 0 < x \leqq \frac{2}{\nu}, \\ 1 & \text{für } x > \frac{2}{\nu}. \end{cases}$$

II. $$G_\nu(x) = \begin{cases} 0 & \text{für } x \leqq 0, \\ 1 - e^{-\nu x} & \text{für } x > 0. \end{cases}$$

III. $$G_\nu(x) = \begin{cases} 0 & \text{für } x \leqq 0, \\ \frac{\nu}{2} x & \text{für } 0 < x \leqq \frac{2}{\nu}, \\ 1 & \text{für } x > \frac{2}{\nu}. \end{cases}$$

IV. $$G_\nu(x) = \begin{cases} 0 & \text{für } x \leqq 0, \\ \frac{1}{2} (3\nu)^3 \int\limits_0^x z^2 e^{-3\nu z}\, dz & \text{für } x > 0. \end{cases}$$

V. $$G_\nu(x) = \begin{cases} 0 & \text{für } x \leqq \frac{1}{\nu}, \\ 1 & \text{für } x > \frac{1}{\nu}. \end{cases}$$

Wir beschränken uns auf den Fall der unbelasteten Reserve und stellen die Resultate, die Auskunft über die Effektivität der Reparaturen bei den aufgezählten Verteilungsfunktionen geben, in Tabelle 16 zusammen.

Tabelle 16

$G_\nu(x)$	e_ν				
		$\nu/\lambda = 1$	2	4	10
I	$1 + \frac{1 + e^{-2\lambda/\nu}}{2(1 - e^{-2\lambda/\nu})}$	1,66	2,08	3,04	6,02
II	$1 + \frac{\nu}{2\lambda}$	1,50	2,00	3,00	6,00
III	$1 + \frac{\nu(1 - e^{-2\lambda/\nu})}{2[2\lambda - \nu(1 - e^{-2\lambda/\nu})]}$	1,38	1,86	2,85	5,84
IV	$1 + \frac{(3\nu)^3}{2[(\lambda + 3\nu)^3 - (3\nu)^3]}$	1,36	1,85	2,84	5,84
V	$1 + \frac{e^{-\lambda/\nu}}{2(1 - e^{-\lambda/\nu})}$	1,29	1,77	2,76	5,75

Diese Tabelle zeigt eine überraschend kleine Streuung in der Effektivität der Reparaturen für so verschiedene Verteilungen der Reparaturdauer, wie wir sie gewählt haben. Die ziemlich große Effektivität, die wir für die beiden ersten Verteilungen ablesen, rührt daher, daß für sie eine beträchtliche Möglichkeit für Reparaturen sehr kurzer Dauer besteht. Dagegen erfordert im letzteren Fall jede Reparatur ein und dieselbe Zeit, und daher erhält man eine ziemlich kleine Effektivität. Die geringe Streuung der Zahlen in unserer Tabelle ist eine Folge des nachstehenden Satzes.

Wir nehmen an, daß

$$m_1(\nu) = \int_0^\infty x\, dG_\nu(x) = \frac{1}{\nu}, \qquad m_2(\nu) = \int_0^\infty x^2\, dG_\nu(x) < +\infty$$

und bei $\nu \to \infty$

$$\frac{m_2(\nu)}{m_1(\nu)} \to 0\,. \tag{9}$$

Satz. *Es mögen die Bedingungen* 1—6 *erfüllt sein. Gilt darüber hinaus noch* (9), *so ist die mittlere Länge der störungsfreien Arbeitszeit des Systems mit Reserve für große Werte von ν asymptotisch gleich dem entsprechenden Mittelwert für den Fall, daß $G_\nu(x) = 1 - e^{-\nu x}$ $(x \geqq 0)$ ist.*

Beweis. Da bei beliebigem $x > 0$

$$\left|e^{-x} - (1 - x)\right| \leqq \frac{x^2}{2}\,,$$

gilt offenbar

$$\int_0^\infty \left|e^{-\lambda x} - 1 + \lambda x\right| dG_\nu(x) \leqq \frac{\lambda^2\, m_2(\nu)}{2}\,.$$

Nun ist aber

$$1 - g_\nu(\lambda) = \int_0^\infty \lambda\, x\, dG_\nu(x) - \int_0^\infty (e^{-\lambda x} - 1 + \lambda\, x)\, dG_\nu(x)\,.$$

Vermöge (9) gilt

$$1 - g_\nu(\lambda) = \lambda\, m_1(\nu)\,[1 + o(1)] = \frac{\lambda}{\nu}\big(1 + o(1)\big) = \frac{\lambda}{\lambda + \nu}\big(1 + o(1)\big)\,.$$

Setzen wir diese Abschätzung in (8) ein, so finden wir

$$e_\nu = \frac{2\,\lambda + \lambda_1 + \nu}{2\,\lambda + \lambda_1}\big(1 + o(1)\big)\,. \tag{10}$$

Für die Verteilung $G_\nu(x) = 1 - e^{-\nu x}$ lehrt eine einfache Rechnung

$$e_\nu = \frac{2\,\lambda + \lambda_1 + \nu}{2\,\lambda + \lambda_1}\,. \tag{11}$$

Vergleicht man (10) und (11), so hat man den Beweis des Satzes.

Offensichtlich ist die Bedingung (9) von selbst erfüllt für alle Verteilungen mit endlicher Dispersion, für die die Gleichung

$$G_\nu(x) = G_1(\nu x)$$

gilt. Diese Beziehung wird von vielen in den Anwendungen wichtigen Verteilungen erfüllt, z. B. von der WEIBULL-Verteilung

$$G(x) = 1 - e^{-\lambda x^\alpha} \qquad (\lambda > 0, \alpha > 0),$$

der Gamma-Verteilung

$$G'(x) = c\, x^\alpha\, e^{-\beta x} \qquad (\alpha > -1, \beta > 0)$$

und anderen.

AUS DEN ANFÄNGEN DER GESCHICHTE DER WAHRSCHEINLICHKEITSRECHNUNG

(Kurzer Abriß)

In der Einleitung sowie in den einzelnen Kapiteln dieses Buches machten wir bereits einige kurze historische Bemerkungen. Jetzt wollen wir, ohne auf Vollständigkeit Anspruch zu erheben, einen ganz gedrängten, aber zusammenhängenden Abriß der Entwicklung der Wahrscheinlichkeitsrechnung geben. Die Wahrscheinlichkeitsrechnung untersucht, wie jede eigentliche wissenschaftliche Disziplin, die Gesetzmäßigkeiten der realen Welt. Hieraus wird klar, daß die Grundbegriffe der Wahrscheinlichkeitsrechnung sowie die Ausgangsvoraussetzungen bei der Entwicklung der einen oder anderen Teile der Theorie nicht aus dem Kopf der Gelehrten stammen, sondern das Ergebnis eines komplizierten Prozesses der Abstraktion von den Erscheinungen der äußeren Welt darstellen. Obwohl sich bei der Entstehung der Wahrscheinlichkeitsrechnung ihr Anwendungsgebiet auf Glücksspiele beschränkte, muß man bedenken, daß die größten Gelehrten dieser Zeit — HUYGENS, PASCAL, FERMAT, J. BERNOULLI — in ihr ein Mittel zur Erforschung der „Zufallserscheinungen" sahen. Die Entdeckung klarer Gesetzmäßigkeiten, die beim Vorhandensein einer großen Anzahl von individuellen Einflüssen auftreten, welche nicht oder fast nicht miteinander zusammenhängen, wurde als die grundlegende naturphilosophische Rolle der Wahrscheinlichkeitsrechnung vorhergesehen. In diesem Zusammenhang ist es ganz interessant, einmal HUYGENS eigene Worte aus seinem Buch „Über Berechnungen an Glücksspielen" zu zitieren: „Auf jeden Fall halte ich dafür, daß der Leser bei einem aufmerksamen Studium des Gegenstandes bemerkt, daß es hier nicht nur um Spiele geht, sondern daß hier die Grundlagen einer sehr interessanten und ergiebigen Theorie entwickelt werden."

In der Folge wurde die Entwicklung der Wahrscheinlichkeitsrechnung in erster Linie durch Probleme der Naturwissenschaft und nicht durch logische Spekulationen der Vertreter des Idealismus gelenkt. Die Theorie der Beobachtungsfehler und die Ballistik, Probleme der Astronomie und der Physik leiteten LAPLACE, POISSON, C. F. GAUSS, LOBATSCHEWSKI und viele andere beim Aufbau der Wahrscheinlichkeitsrechnung. Häufig auftretende Probleme der Naturwissenschaft leiteten P. E. TSCHEBYSCHEW und A. A. MARKOW beim Aufbau der Theorie der Summierung unabhängiger Summanden und der Theorie der MARKOWschen Ketten.

Gegenwärtig beobachtet man ein Aufblühen der Wahrscheinlichkeitsrechnung in vielen Ländern der Welt, und wieder waren es dringende Probleme der Naturwissenschaft, die die führenden Gelehrten zur Schaffung neuer Gebiete der Wissenschaft anregten. Probleme der Physik riefen die Theorie der zufälligen Prozesse ins Leben, Fragen der Naturwissenschaft ergaben die Notwendigkeit, die logischen Grundlagen der Wahrscheinlichkeitsrechnung zu überprüfen.

Verschiedenartige Probleme der Praxis, in erster Linie Probleme der Verkehrstheorie, haben zum Entstehen der Informationstheorie geführt, die durch K. SHANNON ein faszinierendes Aussehen und die Gestalt einer wissenschaftlichen Disziplin erhalten hat.

Die Anzahl der Arbeiten und die Vielfalt der in ihnen angeschnittenen Fragen ist in den letzten Jahrzehnten derart groß geworden, daß es schon nicht mehr möglich ist, in einer kurzen Übersicht eine, wenn auch nur kleine, objektive Vorstellung von der Mannigfaltigkeit der wesentlichen Richtungen in der Entwicklung der Wahrscheinlichkeitsrechnung und ihrer Anwendungen zu vermitteln. Daher mußte ich mich hier darauf beschränken, nur wenig Worte über die Anfangsentwicklung der Wahrscheinlichkeitsrechnung zu verlieren in der Hoffnung, daß es in nicht zu ferner Zukunft gelingen wird, eine spezielle Arbeit über die Geschichte der Wahrscheinlichkeitsrechnung zu verfassen, in der auch die Aspekte ihrer modernen Entwicklung berührt werden müßten.

Die Wahrscheinlichkeitsrechnung entstand in der Mitte des 17. Jh., die ersten vorbereitenden Schritte wurden jedoch schon sehr viel früher gemacht. So berechnete schon CARDANO (1501—1576) in seinem Werk „De ludo aleae", auf wieviele verschiedene Arten man aus der Gesamtzahl aller möglichen Fälle beim Wurf zweier oder dreier Würfel die eine oder andere Anzahl von Augen erhalten kann. Ähnliche Berechnungen, die jedoch nicht die Anzahl der gleichmöglichen Fälle angeben, machte bereits TARTALI (1499—1557), noch früher beschäftigte sich LUCCA PACCIOLO (1445—1514) mit der später berühmt gewordenen Aufgabe über die Verteilung eines Kartenspiels; über diese Aufgabe werden wir unten sprechen. Wissenschaftlich weniger begründete Versuche zur Berechnung der, wie wir jetzt sagen würden, Wahrscheinlichkeit zufälliger Ereignisse unternahm man auch früher im Zusammenhang mit Glücksspielen sowie bei der Bestimmung der Lebensdauer, bei der Volkszählung und bei Problemen der Versicherung, lange vor den oben genannten Arbeiten der Italiener. Hierzu bemerken wir, daß selbst das Wort *Hasard* aus einer eigentümlichen Abschätzung des Erwartungsgrades des Auftretens der einen oder anderen Anzahl von Augen hervorging. Das arabische Wort *Asar* bedeutet in der Übersetzung *schwierig*; mit diesem Wort bezeichnete man eine Kombination der Augen, die nur auf eine Weise möglich ist. So sind beim Wurf von drei Würfeln „schwierige" Fälle das Auftreten von insgesamt 3 oder 18 Augen. Von der Benennung dieses einen für die Spieler sehr ungünstigen Falles ist der Name Hasard später auf alle Glücksspiele übergegangen.

Das Interesse PASCALS und FERMATS an den Aufgaben der Wahrscheinlichkeitsrechnung entstand im Zusammenhang mit Glückspielen. Der CHEVALIER DE MERÉ, der ein leidenschaftlicher Spieler war, legte einmal PASCAL (1623 bis 1662) eine Aufgabe vor, mit der er sich lange herumgequält hatte und die für ihn offensichtlich eine „praktische" Bedeutung hatte. Diese Aufgabe bestand im folgenden: Zwei Spieler verabreden sich, eine Reihe von Partien zu spielen. Gewinner soll derjenige sein, der als erster s Partien gewinnt. Das Spiel wird nun in dem Augenblick abgebrochen, wo einer der Spieler a ($a < s$), der andere b ($b > s$) Partien gewonnen hat. Wie ist der Einsatz unter die beiden Spieler zu teilen?

LUCCA PACCIOLO schlug lange vor dieser Zeit vor, den Einsatz proportional der Anzahl der bereits gewonnenen Partien zu teilen. CARDANO macht den begründeten Einwand, daß auf diese Weise überhaupt nicht die Anzahl der Partien berücksichtigt wird, die jeder der Spieler noch gewinnen müßte. Wenn auch CARDANO den Fehler richtig angab, so vermochte er jedoch nicht, eine richtige Lösung zu finden.

Richtige Lösungen wurden, ausgehend von verschiedenen Überlegungen, von PASCAL, FERMAT (1601–1665) und HUYGENS (1629–1695) angegeben. PASCAL löste die ihm gestellte Aufgabe und teilte sie FERMAT in einem Brief vom 29. Juli 1654 mit. Dieser gab PASCAL seine Lösung an. Schließlich schlug im Jahre 1657 HUYGENS in seinem Werk „De ratiociniis in ludo aleae" eine Lösung vor, in der, wie in der PASCALschen Lösung, zum ersten Mal der Begriff der mathematischen Erwartung auftritt. Alle Lösungen beruhen auf dem Prinzip der Teilung des Einsatzes proportional der Wahrscheinlichkeit, das ganze Spiel zu gewinnen.

Die Methoden von PASCAL und FERMAT wollen wir an dem von ihnen betrachteten Spezialfall $s = 3$ veranschaulichen.

PASCAL beginnt mit dem Fall, daß von drei erforderlichen Partien der erste Spieler (A) zwei Partien, der zweite (B) nur eine Partie gewonnen hat. Wenn die Spieler noch eine Partie spielen würden, so würde der Spieler A entweder das ganze Spiel gewinnen, oder im ungünstigen Fall wäre die Anzahl der von ihm gewonnenen Partien gleich der gewonnenen Partien des Spielers B. Im ersten dieser Fälle erhält der Spieler A den ganzen Einsatz, im zweiten kann er nur die Hälfte verlangen. A kann daher 3/4 und B nur 1/4 des Einsatzes erhalten. In seiner Arbeit „Traité du triangle arithmétique" gibt PASCAL die allgemeine Lösung an. Zur Vereinfachung der Schreibweise setzen wir $m = s - a$, $n = s - b$; dann muß der Einsatz unter die Spieler A und B im Verhältnis

$$\frac{C^0_{n+m-1} + C^1_{m+n-1} + \cdots + C^{n-1}_{m+n-1}}{C^0_{m+n-1} + C^1_{m+n-1} + \cdots + C^{m-1}_{m+n-1}}$$

aufgeteilt werden.

FERMAT verfährt in demselben Spezialfall folgendermaßen: Zur Beendigung des Spieles sind nicht mehr als $s - a + s - b - 1$, d. h. in dem betrachteten Beispiel nicht mehr als zwei, Partien erforderlich. Dabei können die folgenden vier verschiedenen gleichmöglichen Fälle eintreten:

1	2	3	4
A	B	A	B
A	A	B	B.

Berücksichtigt man die Resultate der früheren Partien, so gewinnt der Spieler A in 3 Fällen und der Spieler B nur in einem Fall. Hieraus schließt FERMAT, daß der Spieler A auf $\frac{3}{4}$ des Einsatzes Anspruch erheben kann.

HUYGENS ging ungefähr von denselben Begründungen wie PASCAL aus, nämlich: Wenn von $u + v$ gleichwahrscheinlichen Fällen u Fälle einen Gewinn α, v Fälle einen Gewinn β bedeuten, so wird der zu erwartende Gewinn durch die Zahl

$$\frac{u\alpha + v\beta}{u + v}$$

abgeschätzt. Man sieht leicht, daß hier in noch genauerer Form als bei PASCAL der Begriff der mathematischen Erwartung in die Betrachtung einbezogen wird.

Später kehrte PASCAL noch einige Male zu der Aufgabe der Aufteilung des Einsatzes, darunter auch auf mehrere Spieler, zurück.

In dem angegebenen Buch von HUYGENS sind alle Aufgaben gesammelt, die seinerzeit gelöst waren, außerdem wurden einige neue Aufgaben gestellt und die Auffindung ihrer Lösungen angeregt.

Eine wichtige Etappe in der Entwicklung der Wahrscheinlichkeitsrechnung ist mit dem Namen JACOB BERNOULLI (1654—1705) verbunden. Er gab die Lösung einiger Aufgaben von HUYGENS an. Ferner bemerkte er, daß die Anzahl der Fälle, in denen beim Wurf von n Würfeln die Summe der Augen gleich m ist, gleich dem Koeffizienten von x^m in der Entwicklung von

$$(x + x^2 + x^3 + x^4 + x^5 + x^6)$$

nach Potenzen von x ist. Damit war der Anfang für die Betrachtung von erzeugenden Funktionen gegeben. JACOB BERNOULLI hat auch das Problem über den Ruin eines Spielers formuliert und gelöst. Die von uns in Kapitel I betrachtete Differenzgleichung wurde im allgemeinen Falle von BERNOULLI aufgestellt; den Spezialfall $p = q = \frac{1}{2}$ untersuchte bereits HUYGENS.

Mit diesem speziellen Resultat hängt jedoch in der Geschichte der Wissenschaft der Name JAKOB BERNOULLIS nicht in erster Linie zusammen. Sein Hauptbeitrag zur Wissenschaft besteht im Beweis des Satzes, der jetzt seinen Namen trägt und als Ausgangspunkt vieler späterer Untersuchungen diente. Einige Autoren behaupten, daß eigentlich das Gesetz der großen Zahlen schon lange vor BERNOULLI ausgesprochen wurde, zum Beispiel finden sich bei CARDANO Betrachtungen über die Approximation empirischer Daten an gewisse Konstanten bei einer großen Anzahl von Beobachtungen. Übrigens sagt auch BERNOULLI selbst in seiner „Ars Conjectandi" über die Tatsache, daß die Methode der Bestimmung der Wahrscheinlichkeit nach der relativen Häufigkeit „nicht neu und nicht ungewöhnlich" sei, folgendes: „Jedem ist auch klar, daß es zur Beurteilung irgendeiner Erscheinung nicht ausreicht, eine oder zwei Beobachtungen zu machen, sondern es ist eine große Anzahl von Beobachtungen erforderlich. Aus diesem Grunde weiß selbst der beschränkteste Mensch aus einem natürlichen Instinkt heraus von selbst und ohne jegliche vorherige Belehrung (was sehr erstaunlich ist), daß, je mehr Beobachtungen in Betracht gezogen werden, desto kleiner die Gefahr ist, das Ziel nicht zu erreichen." Wir wissen jedoch, daß von den empirisch festgestellten Tatsachen bis zur Formulierung der Gesetzmäßigkeiten und bis zu ihrem Beweis aus den Voraussetzungen über die Struktur der zu beobachtenden Erscheinung ein langer und komplizierter Weg zurückgelegt werden muß. Das Verdienst BERNOULLIS besteht darin, daß er es als erster verstand, der beobachteten Tatsache der Annäherung der relativen Häufigkeit an die Wahrscheinlichkeit eine theoretische Erklärung zu geben.

Später, aber auch gleichzeitig mit BERNOULLI bemerkten verschiedene Autoren, daß sich die Faktoren, die nicht mit dem Wesen des Prozesses als Ganzem zusammenhängen, sondern nur in einzelnen Realisierungen auftreten, bei der Betrachtung des Mittels aus einer großen Anzahl von Beobachtungen auslöschen. Dieser Umstand wurde als empirische Tatsache vermerkt, und in der Regel wurde noch nicht einmal der Versuch unternommen, eine theoretische Erklärung dafür zu finden. Übrigens war dies für viele Autoren im Unterschied zu BERNOULLI gar nicht erforderlich, da das Vorhandensein von Gesetzmäßigkeiten sowohl in den Erscheinungen der Natur, wie auch in den gesellschaftlichen Erscheinungen für sie nichts anderes als eine Offenbarung der göttlichen Ordnung war. So schrieb das Mitglied der Londoner Königl. Gesellschaft, JOHN ARBUTHNOT, daß die in der Gesellschaft zu beobachtende zahlenmäßige „Gleichheit von Männern und Frauen nicht das Ergebnis eines Zufalls, sondern der göttlichen Vorsehung ist, die auf ein gutes Ende hinarbeitet".

(„Ein Beweis für die göttliche Vorsehung, genommen aus der konstanten Gesetzmäßigkeit, die sich bei der Geburt der beiden Geschlechter beobachten läßt", Philosophical Transaction 27, 1710–1712).

Ein anderes Mitglied der Londoner Königl. Gesellschaft, WILLIAM DERHAM (1657–1735), schrieb in seinem Buch „Physikotheologie oder der Beweis der Existenz und der Eigenschaften Gottes auf Grund seiner Erschaffung der Welt" (London 1713), daß die Knaben und Mädchen nicht in zufälligen Proportionen geboren werden, sondern so, daß stets ein kleiner Überfluß an Knaben vorhanden ist, durch den „das höchste Wesen die größeren Gefahren ausgleicht, denen die Männer ausgesetzt sind". Der in der Geschichte der Völkerkunde bekannt gewordene deutsche Statistiker des 18. Jh., Pastor SÜSSMILCH, behauptete in seinem Buch „Die göttliche Ordnung", daß „im Kleinen alles ohne jegliche Ordnung vor sich zu gehen scheint. Man muß erst eine Menge von einzelnen und kleinen Zufällen mehrere Jahre hindurch sammeln und viele Einzelheiten zusammenfassen, um auf diese Weise die verborgenen Regeln der göttlichen Ordnung ans Licht zu bringen".

Später wurden diese Standpunkte der Kritik von LAPLACE unterworfen; wir kommen darauf zurück, wenn wir über dessen Arbeiten sprechen.

Den nächsten Erfolg nach BERNOULLI erzielte der französische Mathematiker MOIVRE (1667–1754), der den größten Teil seines Lebens in England verbrachte. Im Jahre 1718 erschien sein Werk „The Doctrine of Chances", das drei Auflagen (1718, 1738, 1756) erlebte. In ihm ist eine systematische Darstellung und eine Weiterentwicklung der Methoden zur Lösung von Aufgaben enthalten, die im Zusammenhang mit den Glücksspielen auftraten. In einem anderen Werk von ihm („Miscellanea Analytica"), herausgegeben im Jahre 1730, ist der Beweis der uns bekannten Sätze von MOIVRE-LAPLACE für den Fall $p = q \frac{1}{2}$ sowie der STIRLINGschen Formel enthalten.

In dem im Jahre 1740 herausgegebenen Buch „The Nature and Laws of Chance" von SIMPSON (1710—1761) findet sich unter anderen Problemen eine Aufgabe, die für die Kontrolle der Produktion und der Feststellung der Ausschußquote wichtig ist. Gegeben sei eine Anzahl n von Dingen verschiedener Sorten: n_1 Dinge der ersten Sorte, n_2 der zweiten, ... Es werden auf gut Glück m Dinge herausgegriffen. Gesucht ist die Wahrscheinlichkeit dafür, daß dabei m_1 Dinge der ersten Sorte, m_2 der zweiten usw. herausgegriffen werden.

Mit einer Reihe von Aufgaben über Glücksspiele, mit theoretischen Problemen der Völkerkunde und der Versicherung beschäftigte sich das berühmte Mitglied der Petersburger Akademie der Wissenschaften LEONHARD EULER (1710—1783).

Besonders berühmt wurde eine Aufgabe von NIKOLAUS BERNOULLI (1687 bis 1759), die unter dem Namen des „Petersburger Spiels" in die Geschichte der Wissenschaft eingegangen ist. Seine Zeitgenossen — DANIEL BERNOULLI, D'ALEMBERT, BUFFON, CONDORCET u. a. — später die Mathematiker des 19. und 20. Jh., kehrten noch viele Male zu dem Paradoxon des „Petersburger Spiels" zurück.

Das Spiel besteht in folgendem. Peter wirft eine Münze so lange, bis der Kopf erscheint, danach wird das Spiel als beendet angesehen. Paul bezahlt Peter einen Rubel, wenn der Kopf beim ersten Wurf erscheint, zwei Rubel, wenn er erst beim zweiten Wurf erscheint, vier Rubel, wenn der Kopf beim dritten Wurf fällt. Allgemein, wenn der Kopf zum ersten Mal beim n-ten Wurf erscheint, so zahlt Paul dem Peter 2^{n-1} Rubel aus. Welche Summe muß Peter dem Paul vor Beginn des Spiels als Teilnahmegebühr zahlen, damit das Spiel gerecht ist? Ein Spiel heißt dabei gerecht, wenn die mathematische Erwartung des Gewinns gleich den Teilnahmekosten ist.

Die mathematische Erwartung des Gewinns von Peter ist gleich

$$\sum_{n=1}^{\infty} \frac{1}{2^n} \cdot 2^{n-1} = \sum_{n=1}^{\infty} \frac{1}{2} = \infty .$$

Damit das Spiel gerecht ist, müßte Peter dem Paul eine unendlich große Summe geben. Vom Standpunkt des gesunden Menschenverstandes aus ist dieses Resultat reiner Unsinn: Kein vernünftig denkender Mensch würde an so einem Spiel teilnehmen.

Zur Lösung dieses Paradoxons wurden viele verschiedene Lösungen vorgeschlagen. Das Petersburger Akademiemitglied DANIEL BERNOULLI (der Neffe von NIKOLAUS BERNOULLI) zog die sog. „moralische Erwartung" in Betracht.

Wir wollen nicht bei der Definition dieses Begriffes verweilen, da er keine wissenschaftliche Bedeutung erlangte, und, nebenbei gesagt, das Paradoxon des Petersburger Spiels nicht löst. Größere Aufmerksamkeit verdient eine von POISSON ausgesprochene Überlegung. Der Gedanke der von ihm vorgeschlagenen Lösung besteht in folgendem: Es gibt keine natürlichen oder juristischen Personen, die ein unendliches Kapital besitzen. Wenn daher Paul verspricht, eine beliebig große Summe zu zahlen, wenn nur der Kopf lange nicht erscheinen wird, so nimmt er damit eine unerfüllbare Verpflichtung auf sich. Berücksichtigt man dies und formt die Bedingungen des Petersburger Spiels etwas um, so erhält das Resultat schon eine vernünftigere Bedeutung. Diese Umformung läuft auf folgendes hinaus: Paul zahlt die Summe 2^{n-1} solange, wie diese Zahl sein Kapital nicht übersteigt, aber von dem n ab, bei dem 2^{n-1} sein Kapital übertrifft, zahlt er sein ganzes Kapital aus. Sei z. B. Pauls Kapital gleich 10000 Rubel, dann ist $2^{13} < 10000 < 2^{14}$. Die erste Bedingung ist also für $n < 15$ anwendbar, die zweite Bedingung von $n = 15$ ab. Folglich ist die mathematische Erwartung von Peters Gewinn gleich

$$\sum_{n=1}^{14} \frac{1}{2^n} \cdot 2^{n-1} + \sum_{n=15}^{\infty} \frac{1}{2^n} \cdot 10000 < 8{,}25 .$$

Beträgt Pauls Kapital 1000000000, so ist Peters Einsatz, der ja gleich der mathematischen Erwartung seines Gewinns sein soll, trotzdem immer noch kleiner als 16 Rubel. Sogar in dem Fall, wo Pauls Kapital 10^{15} Rubel beträgt, ist die mathematische Erwartung von Peters Gewinn nicht größer als 26 Rubel.

DANIEL BERNOULLI (1700—1782) — eines der ersten russischen Akademiemitglieder — beschäftigte sich mit der Theorie der Beobachtungsfehler, er stellte als erster die Frage nach der Berechnung der Wahrscheinlichkeit von Hypothesen unter der Bedingung, daß die Beobachtung schon einige Ergebnisse gezeitigt habe. Diese Aufgabe fand erst im Jahre 1764 in einer Arbeit von BAYES ihre Lösung.

BAYES (gestorben 1763) gewann neben den in unserem Buch angeführten Formeln noch eine Reihe von Formeln[1]), die verschiedene Aufgaben spezieller Natur lösen. Als Beispiel führen wir die Lösung der folgenden Frage an: Ein Ereignis A besitze die Wahrscheinlichkeit p, deren Wert unbekannt sei. Gesucht ist die Wahrscheinlichkeit dafür, daß p im Intervall von a bis b eingeschlossen ist, wenn im Resultat von n unabhängigen Versuchen das Ereignis m-mal eingetreten ist und $(n - m)$-mal nicht eingetreten ist und wenn außerdem die Wahrscheinlichkeitsverteilung der Größe p vor den Versuchen im Intervall (0, 1) gleichmäßig ist. Eine leichte Rechnung führt uns zu der Gleichung

$$\mathsf{P}\left\{a \leq p < b \;\middle|\; \begin{matrix}\text{das Ereignis } A\\ \text{tritt } m\text{-mal ein}\end{matrix}\right\} = \frac{\int_a^b x^m (1-x)^{n-m}\,dx}{\int_0^1 x^m (1-x)^{n-m}\,dx}\,.$$

[1]) „An Essay towards solving a Problem in the Doctrine of Chances", Philosoph. Trans., 1764, 1765.

Dieselbe Aufgabe interessierte später lebhaft den französischen Gelehrten CONDORCET (1743—1794) — einen der führenden Köpfe der französischen bürgerlichen Revolution von 1789. Insbesondere interessierte ihn das Problem der Anwendung der Wahrscheinlichkeitsrechnung auf die Analyse der Fällung von Gerichtsurteilen durch Stimmenmehrheit.

Eine Reihe interessanter Aufgaben, die den Begriff der Wahrscheinlichkeit verallgemeinert, wurde von dem französischen Naturforscher BUFFON (1707 bis 1788) betrachtet. In dem Aufsatz „Essai d'Arithmetique morale", der im Jahre 1777 gedruckt wurde (nach Aussagen seiner Freunde jedoch bereits 1760 geschrieben war), wurden geometrische Wahrscheinlichkeiten in die Betrachtung einbezogen und viele Aufgaben mit ihrer Hilfe gelöst. Insbesondere ist die Aufgabe über den Wurf einer Nadel zum ersten Mal in dieser Arbeit BUFFONS betrachtet worden. BUFFON hat auch Experimente ausgeführt mit dem Ziel, das Gesetz der großen Zahlen an Beispielen einfachster Art nachzuweisen (Wurf einer Münze usw.). Später sind solche Versuche mehrfach ausgeführt worden, insbesondere auch für die von uns im ersten Kapitel betrachtete BUFFONsche Aufgabe.

Hier einige Resultate, die, nebenbei gesagt, zur experimentellen Bestimmung der Zahl π benutzt wurden.

Tabelle 17

Experimentator	Jahr	Anzahl der Nadelwürfe	Experimenteller Wert von π
WOLF	1850	5000	3,1596
SMITH	1855	3204	3,1553
FOX	1894	1120	3,1419
LAZZARINI	1901	3408	3,1415929

Da in der BUFFONschen Aufgabe

$$p = \frac{2\,l}{\pi\,a}$$

ist, so ist ungefähr

$$\pi \approx \frac{2\,l\,n}{a\,m}\;;$$

n bezeichnet dabei die Anzahl der Nadelwürfe, m die Anzahl der dabei beobachteten Fälle, in denen die Nadel eine der Geraden schneidet. Wir bemerken, daß die Resultate von FOX und LAZZARINI wenig glaubwürdig sind. In dem Experiment von LAZZARINI wird der Wert von π bis auf sechs Stellen hinter dem Komma richtig gewonnen. Eine Änderung der Zahl m um Eins hat aber mindestens eine Änderung der vierten Stelle hinter den Komma zur Folge, wenn n nicht größer als 5000 ist, denn es ist ($a \geqq l$)

$$\frac{a\,(m+1)}{2\,l\,n} - \frac{a\,m}{2\,l\,n} = \frac{a}{2\,l\,n} \geqq \frac{1}{2\,n} \geqq 0{,}0001\,.$$

Es gibt also überhaupt nur einen Wert m, bei dem man den von LAZZARINI gefundenen Wert von π erhalten kann. Die Wahrscheinlichkeit aber dafür, daß die Nadel genau m-mal die Geraden schneidet, ist nach dem lokalen Satz von MOIVRE-LAPLACE gleich

$$P_n(m) \approx \frac{1}{\sqrt{2\pi n p q}} e^{-\frac{(m-np)^2}{2npq}}.$$

Es ist aber bei beliebigen m, n und p

$$\frac{1}{\sqrt{2\pi n p q}} e^{-\frac{(m-np)^2}{2npq}} \leqq \frac{1}{\sqrt{2\pi n p q}}.$$

Die Wahrscheinlichkeit dafür, daß man das Resultat von LAZZARINI bekommt, ist also bei einer noch so günstigen Wahl des Verhältnisses $\frac{1}{a}$ kleiner als $\frac{1}{75}$.

Viele wertvolle Resultate veröffentlichte BUFFON über die Statistik der Bevölkerung von Paris und von ganz Frankreich.

Die größten Fortschritte in der Wahrscheinlichkeitsrechnung sind mit dem Namen des bedeutenden französischen Mathematikers und Mechanikers PIERRE LAPLACE (1749—1827) verbunden, der übrigens auch ein ausländisches Mitglied der Russischen Akademie der Wissenschaften war. Die ersten Arbeiten von LAPLACE über die Wahrscheinlichkeitsrechnung wurden im Jahre 1774 gedruckt; seit dieser Zeit gab er das Interesse an dieser Disziplin sein ganzes Leben lang nicht auf. In der Arbeit „Mémoire sur la probabilité des causes par les evenements“ (M.A.S.P., Savantes etrangers, VI) beschäftigte er sich mit der klassischen Aufgabe über die Verteilung des Einsatzes, gab als erster eine klare Formulierung der Resultate von BAYES an und beschäftigte sich mit der Bestimmung des Mittels aus einer großen Anzahl von Beobachtungen an ein und derselben Erscheinung. Wesentlicher ist der Umstand, daß in dieser Arbeit zum ersten Mal viele Gedanken ausgesprochen wurden, mit denen sich LAPLACE bis an sein Lebensende beschäftigte. In den folgenden Arbeiten kehrte LAPLACE mehrmals zu der Aufgabe der approximativen Darstellung der Wahrscheinlichkeit von Ereignissen zurück, die von einer großen Anzahl von Ursachen abhängen. Der erste Versuch einer Lösung dieser Aufgabe wurde von ihm anscheinend in der Arbeit „Mémoire sur les probabilités“ (M.A.S.P., 1778—1781) veröffentlicht. Zur gleichen Zeit entwickelte er in seiner Arbeit „Mémoire sur les suites“ (M.A.S.P., 1779—1782) die Theorie der erzeugenden Funktionen, die, wie wir bereits erwähnten, zum ersten Mal bei J. BERNOULLI bei der Lösung einer speziellen Aufgabe erschien. Die Bevölkerungsstatistik, Aufgaben der Fehlerrechnung, die Anwendung der Wahrscheinlichkeitsrechnung auf astronomische Probleme — dies ist der Kreis der Probleme, die LAPLACE interessierten. Wir wollen nicht bei der Analyse jeder dieser Arbeiten verweilen, da er selbst über seine Untersuchungen sowie die Forschungen der ganzen vorhergehenden Periode in seinem klassischen Werk „Théorie analytique des probalités“ (1812,

1814, 1820, 1886) Bilanz zog. Als Einleitung zu diesem Buch bringt LAPLACE seine in der „École Normale" im Jahre 1795 gehaltenen Vorlesungen, die unter dem Namen „Essai philosophique sur les probabilites" bekannt sind.

In seiner „Theorie analytique des probabilites" entwickelte LAPLACE als erster systematisch die Hauptsätze der Wahrscheinlichkeitsrechnung. Er gab eine genaue Definition der Wahrscheinlichkeit an, die wir heute die klassische nennen; er erbrachte den Beweis der Sätze, die später die Sätze von MOIVRE-LAPLACE genannt wurden; er schuf die Fehlerrechnung und die Methode der kleinsten Quadrate und benutzte die grundlegenden theoretischen Resultate für die Zwecke der Bevölkerungsstatistik. Dabei beschränkte sich LAPLACE nicht auf die Gewinnung allgemeiner mathematischer Resultate, sondern betrachtete auch umfassende statistische Tabellen, die oft auf seine Anforderung hin angefertigt wurden. Dies alles war begleitet von der Betrachtung oder zumindest der Formulierung dem Inhalt nach interessanter oder der Form nach unerwarteter Beispiele. So wies er darauf hin, daß die Anzahl der Briefe, die wegen fehlender Adresse von der französischen Post nicht zugestellt werden konnten, im Verlaufe einer Reihe von Jahren fast unverändert blieb. Wir besitzen nicht die statistischen Daten der französischen Post, daher wollen wir dieses Beispiel von LAPLACE an den Angaben der russischen vorrevolutionären Statistik illustrieren (Tabelle 18).

Ein bedeutendes Interesse verdient die allgemeine philosophische Einstellung von LAPLACE, die von ihm in seinem „Essai philosophique sur les probabilités" klar ausgedrückt ist. Ich glaube nicht fehlzugehen, wenn ich diese Anschauungen mechanistisch-materialistisch nenne. An einigen Stellen führt er zweifellos den Kampf mit theologischen und teleologischen Erklärungen der Naturerscheinungen. In dem er auf die Versuche von LEIBNIZ zu sprechen kommt, durch mathematische Spekulationen die Existenz Gottes zu beweisen, bemerkt LAPLACE: „Ich erinnere hieran nur aus dem Grunde, um zu zeigen, in welchem Maße Vorurteile der Kindheit selbst die größten Leute irreführen können." An anderer Stelle sagt er, daß „das ständige Übergewicht der Geburten von Knaben über die Geburten von Mädchen sowohl in Paris wie auch in

Tabelle 18

Jahr	Gesamtanzahl der Briefe in Millionen	Ganz ohne Adresse	Ohne Angabe des Ortes	Auf eine Million	
				ohne Adresse	ohne Angabe des Ortes
1906	983	26112	28749	27	29
1907	1076	26977	26523	25	25
1908	1214	33515	26112	27	21
1909	1357	33643	28445	25	21
1910	1507	40101	36513	27	24

London durch die ganze Beobachtungsperiode hindurch einigen Gelehrten als ein Eingriff der Vorsehung erschien ...". Jedoch bemerkt er später, ist dies „ein neues Beispiel dafür, wie häufig endliche[1]) Ursachen mißbraucht werden, die stets bei einer tieferen Untersuchung der Fragen verschwinden ...".

Seine eigentliche Weltanschauung formuliert LAPLACE folgendermaßen: „... Wir müssen den jetzigen Zustand des Weltalls als eine Folge des vorhergehenden Zustandes und als Ursache für den folgenden ansehen.

Ein Geist, dem zu einem vorgegebenen Zeitpunkt alle Kräfte bekannt wären, welche die Natur beleben, und der die relative Lage aller ihrer Bestandteile kennen würde, der außerdem hinreichend groß ist, um diese Angaben einer Analyse unterziehen zu können, würde in einer einzigen Formel die Bewegung der größten Körper des Weltalls zugleich mit den Bewegungen der kleinsten Atome zusammenfassen können: Es bliebe nichts, was für ihn zweifelhaft wäre, und sowohl in die Zukunft wie auch in die Vergangenheit hätte er einen vollständigen Einblick. Der menschliche Geist vermittelt uns in der Vollkommenheit, die er der Astronomie zu geben verstand, eine schwache Vorstellung eines solchen allumfassenden Geistes" ... „Es kommt der Tag, an dem dank der Forschung mehrerer Jahrhunderte Dinge, die uns heute noch verborgen sind, in ihrer ganzen Klarheit vor uns erscheinen; und unsere Nachkommen werden sich wundern, daß so offensichtliche Wahrheiten uns entgangen sind."

Wir erinnern noch an zwei große Gelehrte, die die Wahrscheinlichkeitsrechnung ein großes Stück vorwärts gebracht haben. Es handelt sich um GAUSS (1777—1855) und POISSON (1781—1840). Während GAUSS fast ausschließlich im Zusammenhang mit der Ausarbeitung der Methode der kleinsten Quadrate genannt werden muß — nebenbei gesagt, ist diese gleichzeitig und unabhängig davon von LEGENDRE (1752—1833) und LAPLACE entwickelt worden —, ist der Name von POISSON mit der Verallgemeinerung des Gesetzes der großen Zahlen in der Form von BERNOULLI auf den Fall unabhängiger Versuche verknüpft, wobei die Wahrscheinlichkeit für das Eintreten eines Ereignisses von der Nummer des Versuches abhängt. POISSON erweiterte die Sätze von LAPLACE-MOIVRE auf diesem Fall und gewann eine neue wichtige Verteilung — das POISSONsche Gesetz. POISSON erhielt sein Verteilungsgesetz als erster auf demselben Weg, den wir im zweiten Kapitel einschlugen. Die Hauptresultate POISSONS sind in seinem großen Werk „Recherches sur la probabilité des jugements, en matiére criminelle et en matiére civile" (1837) enthalten.[2]) Die Anwendung dieser Resultate in der Ballistik schilderte er in der Arbeit „Mémoires sur la probabilité du tir à la cible".

Wir verweilen noch bei einem berühmten Problem, das GAUSS in einem Brief vom 30. Januar 1812 LAPLACE mitteilte. Dieses Problem fand im Verlauf von über 100 Jahren keine Lösung, erst im Jahre 1928 gelang es dem sowjetischen Mathematiker R. O. KUSMIN (1891—1949), die vollständige Lösung anzu-

[1]) Das ist die teleologische Erklärung der Erscheinungen.

[2]) In dieser Arbeit wird zum ersten Mal der Begriff *Gesetz der großen Zahlen* eingeführt.

geben. Die Aufgabe besteht in folgendem: Man bestimme die Wahrscheinlichkeit dafür, daß bei der Entwicklung einer aus dem Intervall (0, 1) beliebig herausgegriffenen Zahl in einen gewöhnlichen Kettenbruch der n-te Nenner einen Rest zwischen 0 und x $(0 < x < 1)$ besitzt. KUSMIN gewann im Jahre 1928 für diese Wahrscheinlichkeit — sie sei mit $P_n(x)$ bezeichnet — die Gleichung

$$P_n(x) = \frac{\ln(1+x)}{\ln 2} + O\left(e^{-\alpha\sqrt{n}}\right)$$

(α konstant). Im Jahre 1948 konnte er zeigen, daß das Restglied dieser Formel sich in der Form $O(\alpha^n)$ $(0 < \alpha < 1$ eine Konstante) schreiben und sich nicht besser abschätzen läßt. Wir können jedoch nicht an der Tatsache vorbeigehen, daß LAPLACE und POISSON, die einen großen Einfluß auf die Entwicklung der Wahrscheinlichkeitsrechnung nahmen, gleichzeitig die indirekte Ursache ihrer späteren Stagnation waren, die für Westeuropa in der zweiten Hälfte des 19. und in den ersten Jahrzehnten des 20. Jh. charakteristisch waren. Beide Wissenschaftler empfahlen die Anwendung der Wahrscheinlichkeitsrechnung auf „moralische Wissenschaften". LAPLACE motivierte die Notwendigkeit solcher Anwendung damit, daß doch „der größte Teil unserer Urteile auf der Wahrscheinlichkeit von Zeugenaussagen beruht und es daher sehr wichtig ist, diese zu berechnen". Eine der wichtigsten Aufgaben der „moralischen Wissenschaften" besteht nach LAPLACE in der Bestimmung der Wahrscheinlichkeit dafür, daß „ein Gerichtsurteil, das ja ein Mehrheitsbeschluß ist, richtig ist, d. h. der wahren Lösung des gestellten Problems entspricht".

Der Lösung ähnlicher Aufgaben wurde am Ende des 18. und im Anfang des 19. Jh. eine große Anzahl von Arbeiten gewidmet. Eines der Hauptprinzipien, die zu ihrer Lösung angewendet wurden, war die Voraussetzung, daß die einzelnen Richter unabhängig voneinander urteilen und daß die Wahrscheinlichkeit, mit der sie zur richtigen Lösung eines Problems kommen, konstant ist. Nehmen an der Lösung eines Problems eine große Anzahl von Richtern teil, so würde das Gericht, das die Probleme durch einfache Stimmenmehrheit löst, nach dem Satz von BERNOULLI bei der Fällung eines Urteils praktisch keinen Fehler machen. Wie S. N. BERNSTEIN (Wahrscheinlichkeitsrechnung, S. 192, 4. Aufl.) bemerkt, „ist diese Behauptung offensichtlich falsch, denn hier wird nicht beachtet, daß alle Richter auf der Grundlage derselben Indizienbeweise und Zeugenaussagen urteilen, so daß sie sich mehr oder weniger an dem gleichen Material informieren, und wenn die verwickelten Umstände den einen in die Irre führen, so ist auch für die anderen Richter ein Fehlurteil sehr wahrscheinlich, anders ausgedrückt, bei einem Gerichtsurteil ist die Bedingung der Unabhängigkeit zwischen den Richtsprüchen der einzelnen Richter nicht erfüllt, und dies ändert wesentlich die Lage der Dinge".

Die Begeisterung für „Anwendungen" dieser Art ohne genügende Berücksichtigung des Wesens der gesellschaftlichen Erscheinungen, ohne Berücksichtigung der sie determinierenden Seiten hat sich auf die Entwicklung der Wahrscheinlichkeitsrechnung hemmend ausgewirkt. Alle diese grundfalschen Anwendungen sind später als ein „mathematischer Skandal" eingeschätzt worden. Als Ergebnis dieser Mißerfolge machte die Begeisterung für die Wahrscheinlichkeitsrechnung einer Enttäuschung Platz, und unter den westeuropäischen Mathematikern war die Meinung weit verbreitet, daß die Wahrscheinlichkeitsrechnung nur eine Art mathematischer Unterhaltung sei, die keine wesentlichen wissenschaftlich begründeten Anwendungen zuläßt und nicht die Aufmerksamkeit ernsthafter Gelehrter verdient. Sogar die Erfolge der Wahrscheinlichkeitsrechnung in ihren erntshaften Anwendungen — der kinetischen Gastheorie, der Fehlerrechnung der Ballistik u. a. — konnten in Westeuropa nicht diese fehlerhaften Einschätzungen korrigieren.

Es waren der Geist eines Tschebyschew und die stürmische Entwicklung der Physik erforderlich, die an die Mathematik im allgemeinen und die Wahrscheinlichkeitsrechnung im besonderen höchste Anforderungen stellte, um die Wahrscheinlichkeitsrechnung auf den Weg einer großen Wissenschaft zurückzuführen, die mit speziellen Methoden große Gruppen von Erscheinungen der materiellen Welt untersucht. Unter dem reichen wissenschaftlichen Erbe des Schöpfers der nichteuklidischen Geometrie, N. I. Lobatschewskis (1792—1856), sind zwei Arbeiten vorhanden, die sich auf die Wahrscheinlichkeitsrechnung beziehen. Lobatschewski hat sich nicht speziell mit der Wahrscheinlichkeitsrechnung befaßt, er interessierte sich für sie nur im Zusammenhang mit der Frage nach der Geometrie der uns umgebenden Welt.

In seiner „Pangeometrie" schrieb Lobatschewski, daß man sich zur Erklärung der Eigenschaften des realen Raumes auf die Erfahrung stützen müsse, „. . . die in der gewöhnlichen Geometrie offen oder verborgen angenommene Voraussetzung, daß die Summe der Winkel eines jeden geradlinigen Dreiecks konstant ist, ist keine Folgerung aus unseren Begriffen über den Raum. Allein die Erfahrung kann die Wahrheit dieser Voraussetzung bestätigen, z. B. durch eine Messung der Winkel eines geradlinigen Dreiecks . . .".

Da bei praktischen Beobachtungen zur Verkleinerung des Einflusses von Beobachtungsfehlern mehrere Messungen ausgeführt werden und ihr arithmetisches Mittel genommen wird, stellte Lobatschewski folgende Aufgabe: Bekannt seien die Verteilungsfunktionen der einzelnen Fehler in n Messungen, man bestimme die Wahrscheinlichkeitsverteilung ihres arithmetischen Mittels. Wir sprachen bereits im Haupttext des Buches davon, daß Lobatschewski diese Aufgabe löste unter der Voraussetzung der Unabhängigkeit der Beobachtungen und der gleichmäßigen Verteilung der Meßfehler im Intervall $-1, +1$.

Einen wichtigen Schritt, der ein neues Feld der Wissenschaft eröffnete, tat P. L. Tschebyschew (1821—1894). Tschebyschew hat über das Gebiet der Wahrscheinlichkeitsrechnung im ganzen vier Arbeiten veröffentlicht; ihren Einfluß auf die weitere Entwicklung der Wissenschaft kann man schwerlich überschätzen. Seine Ideen wirken bis in unsere Zeit fort, und eine vollständige Lösung der von ihm gestellten Aufgaben gelang erst in den letzten zehn bis fünfzehn Jahren.

Von der methodologischen Seite her besteht die von TSCHEBYSCHEW vollzogene Umwälzung nicht darin, daß er als erster mit voller Konsequenz die Forderung nach absoluter Strenge in den Beweisen der Grenzwertsätze durchsetzte (die Beweise von MOIVRE, LAPLACE und POISSON waren von der formallogischen Seite aus nicht ganz überzeugend, übrigens im Unterschied zu dem BERNOULLIschen Satz, den BERNOULLI selbst mit erschöpfender arithmetischer Strenge bewies). Sein großes Verdienst besteht hauptsächlich darin, daß er überall danach strebte, genaue Abschätzungen der Abweichungen von den Grenzgesetzmäßigkeiten zu gewinnen, die bei einer, wenn auch großen, so doch endlichen Anzahl von Versuchen möglich sind, und zwar in der Form von Ungleichungen, die bei einer beliebigen Anzahl von Versuchen unbedingt richtig sind.

Ferner schätzte TSCHEBYSCHEW als erster die Begriffe der Zufallsgröße und der mathematischen Erwartung einer Zufallsgröße richtig ein und nutzte sie vollständig aus. Diese Begriffe waren auch schon früher bekannt und sind abgeleitet von den Begriffen des Ereignisses und der Wahrscheinlichkeit. Jedoch genügen die Zufallsgrößen und ihre mathematischen Erwartungen einem sehr viel bequemeren und geschmeidigeren Algorithmus. Dies geht so weit, daß wir heute ständig an Stelle eines Ereignisses A seine charakteristische Zufallsgröße ξ_A betrachten, die gleich Eins ist, wenn das Ereignis A eintritt, und gleich Null ist, wenn es nicht eintritt. Die Wahrscheinlichkeit $\mathsf{P}\{A\}$ des Ereignisses A ist nichts anderes als die mathematische Erwartung $\mathsf{M}\,\xi_A$ der Größe ξ_A. Die entsprechende Methode der charakteristischen Mengenfunktion begann man systematisch in der Theorie der reellen Funktionen erst sehr viel später anzuwenden (A. N. KOLMOGOROFF, Die Rolle der Russischen Wissenschaft in der Entwicklung der Wahrscheinlichkeitsrechnung).

Die TSCHEBYSCHEWschen Ideen fanden unter den ausländischen Wissenschaftlern nicht sofort einen Widerhall, doch dienten sie als Anstoß zur Schaffung der russischen Schule der Wahrscheinlichkeitsrechnung. Dem Charakter der Untersuchungen nach läßt sich die Tätigkeit dieser Schule in zwei Perioden einteilen. Die erste ist mit den Namen von Mathematikern verbunden, die hauptsächlich in Petersburg lebten — P. L. TSCHEBYSCHEW, A. A. MARKOW (1856–1922), A. M. LJAPUNOW (1857–1918) und später S. N. BERNSTEIN und W. I. ROMANOWSKI. Diese Periode ist dadurch charakterisiert, daß sich die Hauptuntersuchungen um zwei Schemata konzentrierten — um das Schema einer Folge unabhängiger Zufallsgrößen und später um das Schema der MARKOWschen Ketten. Die zweite Periode begann nach der Großen Sozialistischen Oktoberrevolution und ist mit der Arbeit einer Gruppe Moskauer Mathematiker verknüpft — es sind dies A. J. CHINTSCHIN, A. N. KOLMOGOROFF, E. E. SLUTZKI (1880–1948), N. W. SMIRNOW und ihre Schüler. Diese Periode ist dadurch charakterisiert, daß man in die Wahrscheinlichkeitsrechnung die Ideen und Methoden der Theorie der reellen Funktionen heranzog, daß man weitgehend die Mittel der Analysis benutzte, die Problematik wesentlich erweiterte und die Untersuchung einer Reihe von klassischen Aufgaben zum Abschluß brachte.

Wir sahen, daß die wahrscheinlichkeitstheoretischen Probleme in engem Zusammenhang mit zahlreichen Aufgaben der Naturwissenschaft, in erster Linie der Physik und der Technik, stehen. Im Hinblick darauf führt eine Untersuchung auf dem Gebiet der Wahrscheinlichkeitsrechnung und insbesondere auf dem Gebiet ihrer Anwendungen auf die Lösung einzelner spezieller Aufgaben, die bisweilen eine virtuosenhafte Beherrschung des mathematischen Apparates erfordern. Aus dem Chaos einzelner angewandter Probleme wurden die grundlegenden wahrscheinlichkeitstheoretischen Schemata herausgeschält die es gestatten, eine große Anzahl vielfältiger konkreter Aufgaben mit allgemeinen Methoden zu behandeln. Diese Schemata verdienen auf Grund ihrer Allgemeinheit auch an und für sich eine tiefgehende und erschöpfende Untersuchung. Zu diesen besonders wichtigen Richtungen der modernen Wahrscheinlichkeitsrechnung muß man die folgenden Gebiete zählen:

1. die Grenzwertsätze für Summen unabhängiger Zufallsgrößen;
2. die MARKOWschen Ketten;
3. die allgemeine Theorie der zufälligen Prozesse;
4. die Zufallsfunktionen und zufällige Vektorfelder mit Verteilungen, die in bezug auf irgendeine Transformationsgruppe invariant sind;
5. die Informationstheorie.

WERTETABELLEN EINIGER IN DER WAHRSCHEINLICHKEITSRECHNUNG AUFTRETENDER FUNKTIONEN

1. Wertetabelle der Funktion $\varphi(x) = \frac{1}{\sqrt{2\pi}} e^{-\frac{x^2}{2}}$

x	0	1	2	3	4	5	6	7	8	9
0,0	0,3989	3989	3989	3988	3986	3984	3982	3980	3977	3973
0,1	3970	3965	3961	3956	3951	3945	3939	3932	3925	3918
0,2	3910	3902	3894	3885	3976	3867	3857	3947	3836	3825
0,3	3814	3802	3790	3778	3765	3752	3739	3726	3712	3697
0,4	3683	3668	3653	3637	3621	3605	3589	3572	3555	3538
0,5	3521	3503	3485	3467	3448	3429	4410	3391	3372	3352
0,6	3332	3312	3292	3271	3251	3230	3209	3187	3166	3144
0,7	3123	3101	3079	3056	3034	3011	2989	2966	2943	2920
0,8	2897	2874	2850	2827	2803	2780	2756	2732	2709	2685
0,9	2661	2637	2613	2589	2565	2541	2516	2492	2468	2444
1,0	0,2420	2320	2371	2347	2323	2299	2275	2251	2227	2203
1,1	2179	2155	2131	2107	2083	2059	2036	2012	1989	1965
1,2	1942	1919	1895	1872	1849	1826	1804	1781	1758	1736
1,3	1714	1691	1669	1647	1626	1604	1582	1561	1539	1518
1,4	1497	1476	1456	1435	1415	1394	1374	1354	1334	1315
1,5	1295	1276	1257	1238	1219	1200	1182	1163	1145	1127
1,6	1109	1092	1074	1057	1040	1023	1006	0989	0973	0957
1,7	0940	0925	0909	0893	0878	0863	0848	0883	0818	0804
1,8	0790	0775	0761	0748	0734	0721	0707	0694	0681	0669
1,9	0656	0644	0632	0620	0608	0596	0584	0573	0562	0551
2,0	0,0540	0529	0519	0508	0498	0488	0478	0468	0459	0449
2,1	0440	0431	0422	0413	0404	0396	0387	0379	0371	0363
2,2	0355	0347	0339	0332	0325	0317	0310	0303	0297	0290
2,3	0283	0277	0270	0264	0258	0252	0246	0241	0235	0229
2,4	0224	0219	0213	0203	0203	0198	0194	0189	0184	0180
2,5	0175	0171	0167	0163	0158	0154	0151	0147	0143	0139
2,6	0136	0132	0129	0126	0122	0119	0116	0113	0110	0107
2,7	0104	0101	0099	0096	0093	0091	0088	0086	0084	0081
2,8	0079	0077	0075	0073	0071	0069	0067	0065	0063	0061
2,9	0060	0058	0056	0055	0053	0051	0050	0048	0047	0046
3,0	0,0044	0043	0042	0040	0039	0038	0037	0036	0035	0034
3,1	0033	0032	0031	0030	0039	0028	0027	0026	0025	0025
3,2	0024	0023	0022	0022	0021	0020	0020	0019	0018	0018
3,3	0017	0017	0016	0016	0015	0015	0014	0014	0013	0013
3,4	0012	0012	0012	0011	0011	0010	0010	0010	0009	0009
3,5	0009	0008	0008	0008	0008	0007	0007	0007	0007	0006
3,6	0006	0006	0006	0005	0005	0005	0005	0005	0005	0004
3,7	0004	0004	0004	0004	0004	0004	0003	0003	0003	0003
3,8	0003	0003	0003	0003	0003	0002	0002	0002	0002	0002
3,9	0002	0002	0002	0002	0002	0002	0002	0002	0001	0001

2. Wertetabelle der Funktion $\Phi(x) = \frac{1}{\sqrt{2\pi}} \int\limits_0^x e^{-\frac{z^2}{2}} dz$

x	0	1	2	3	4	5	6	7	8	9
0,0	0,00000	00399	00798	01197	01595	01994	02392	02790	03188	03586
0,1	03983	04380	04776	05172	05567	05962	06356	06749	07142	07535
0,2	07926	08317	08706	09095	09483	09871	10257	11026	10642	11409
0,3	11791	12172	12552	12930	13307	13683	14058	14431	14803	15173
0,4	15542	15910	16276	16640	17003	17364	17724	18082	18439	18793
0,5	19146	19497	19847	20194	20540	20884	21226	21566	21904	22240
0,6	22575	22907	23237	23565	23891	24215	24537	24857	25175	25490
0,7	25804	26115	26424	26730	27035	27337	27637	27935	28230	28524
0,8	28814	29103	29389	29673	29955	30234	30511	30785	31057	31327
0,9	31594	31859	32121	32381	32639	32894	33147	33398	33646	33891
1,0	34134	34375	34614	34850	35083	35314	35543	35769	35993	36214
1,1	36433	36650	36864	37076	37286	37493	37698	37900	38100	38298
1,2	38493	38686	38877	39065	39251	39435	39617	39796	39973	40147
1,3	40320	40490	40658	40824	40988	41149	41309	41466	41621	41774
1,4	41924	42073	42220	42364	42507	42647	42786	42922	43056	43189
1,5	43319	43448	43574	43699	43822	43943	44062	44179	44295	44408
1,6	44520	44630	44738	44845	44950	45053	45154	45254	45452	45449
1,7	45543	45637	45728	45818	45907	45994	46080	46164	46246	46327
1,8	46407	46485	46562	46638	46712	46784	46856	46926	46995	47062
1,9	47128	47193	47257	47320	47381	47441	47500	47558	47615	47670
2,0	47725	47778	47831	47882	47932	47982	48030	48077	48124	48169
2,1	48214	48257	48300	48341	48382	48422	48461	48500	48537	48574
2,2	48610	48645	48679	48713	48745	48778	48809	48840	48870	48899
2,3	48928	48956	48983	49010	49036	49061	49086	49111	49134	49158
2,4	49180	49202	49224	49245	49266	49286	49305	49324	49343	49361
2,5	49379	49396	49413	49430	49446	49461	49477	49492	49506	49520
2,6	49534	49547	49560	49573	49585	49598	49609	49621	49632	49643
2,7	49653	49664	49674	49683	49693	49702	49711	49720	49728	49736
2,8	49744	49752	49760	49767	49774	49781	49788	49795	49801	49807
2,9	49813	49819	49825	49831	49836	49841	49846	49851	49856	49861
3,0	0,49865		3,1	49903	3,2	49931	3,3	49952	3,4	49966
3,5	49977		3,6	49984	3,7	49989	3,8	49993	3,9	49995
4,0	499968									
4,5	499997									
5,0	49999997									

3. Wertetabelle der Funktion $P_k(a) = \frac{a^k e^{-a}}{k!}$

k \ a	0,1	0,2	0,3	0,4	0,5	0,6
0	0,904837	0,818731	0,740818	0,670320	0,606531	0,548812
1	0,090484	0,163746	0,222245	0,268128	0,303265	0,329287
2	0,004524	0,016375	0,033337	0,053626	0,075816	0,098786
3	0,000151	0,001091	0,003334	0,007150	0,012636	0,019757
4	0,000004	0,000055	0,000250	0,000715	0,001580	0,002964
5		0,000002	0,000015	0,000057	0,000158	0,000356
6			0,000001	0,000004	0,000013	0,000035
7					0,000001	0,000003

k \ a	0,7	0,8	0,9	1,0	2,0	3,0
0	0,496585	0,449329	0,406570	0,367879	0,135335	0,049787
1	0,347610	0,359463	0,365913	0,367879	0,270671	0,149361
2	0,121663	0,143785	0,164661	0,183940	0,270671	0,224042
3	0,028388	0,038343	0,049398	0,061313	0,180447	0,224042
4	0,004968	0,007669	0,011115	0,015328	0,090224	0,168031
5	0,000695	0,001227	0,002001	0,003066	0,036089	0,100819
6	0,000081	0,000164	0,000300	0,000511	0,012030	0,050409
7	0,000008	0,000019	0,000039	0,000073	0,003437	0,021604
8		0,000002	0,000004	0,000009	0,000859	0,008101
9				0,000001	0,000191	0,002701
10					0,000038	0,000810
11					0,000007	0,000221
12					0,000001	0,000055
13						0,000013
14						0,000003
15						0,000001

(Fortsetzung)

k \ a	4,0	5,0	6,0	7,0	8,0	9,0
0	0,018316	0,006738	0,002479	0,000912	0,000335	0,000123
1	0,073263	0,033690	0,014873	0,006383	0,002684	0,001111
2	0,146525	0,084224	0,044618	0,022341	0,010735	0,004998
3	0,195367	0,140374	0,089235	0,052129	0,028626	0,014994
4	0,195367	0,175467	0,133853	0,091226	0,057252	0,033737
5	0,156293	0,175467	0,160623	0,127717	0,091604	0,060727
6	0,104194	0,146322	0,160623	0,149003	0,122138	0,091090
7	0,059540	0,104445	0,137677	0,149003	0,139587	0,117116
8	0,029770	0,065278	0,103258	0,130377	0,139587	0,131756
9	0,013231	0,036266	0,068838	0,101405	0,124077	0,131756
10	0,005292	0,018133	0,041303	0,070983	0,099262	0,118580
11	0,001925	0,008242	0,022529	0,045171	0,072190	0,097020
12	0,000642	0,003434	0,011262	0,026350	0,048127	0,072765
13	0,000197	0,001321	0,005199	0,014188	0,029616	0,050376
14	0,000056	0,000472	0,002228	0,007094	0,016924	0,032384
15	0,000015	0,000157	0,000891	0,003311	0,009026	0,019431
16	0,000004	0,000049	0,000334	0,001448	0,004513	0,010930
17	0,000001	0,000014	0,000118	0,000596	0,002124	0,005786
18		0,000004	0,000039	0,000232	0,000944	0,002893
19		0,000001	0,000012	0,000085	0,000397	0,001370
20			0,000004	0,000030	0,000159	0,000617
21			0,000001	0,000010	0,000061	0,000264
22				0,000003	0,000022	0,000108
23				0,000001	0,000008	0,000042
24					0,000003	0,000016
25					0,000001	0,000006
26						0,000002
27						0,000001

4. Wertetabelle der Funktion $\sum P_m(a) = \sum_{m=0}^{k} \frac{a^m e^{-a}}{m!}$

k \ a	0,1	0,2	0,3	0,4	0,5	0,6
0	0,904837	0,818731	0,740818	0,670320	0,606531	0,548812
1	0,995321	0,982477	0,963063	0,938448	0,909796	0,878099
2	0,999845	0,998852	0,996390	0,992074	0,985612	0,977885
3	0,999996	0,999943	0,999724	0,999224	0,998248	0,997642
4	1,000000	0,999998	0,999974	0,999939	0,999828	0,999606
5	1,000000	1,000000	0,999999	0,999996	0,999986	0,999962
6	1,000000	1,000000	1,000000	1,000000	0,999999	0,999997
7	1,000000	1,000000	1,000000	1,000000	1,000000	1,000000

k \ a	0,7	0,8	0,9	1,0	2,0	3,0
0	0,496585	0,449329	0,406570	0,367879	0,135335	0,049787
1	0,844195	0,808792	0,772483	0,735759	0,406006	0,199148
2	0,965858	0,952577	0,937144	0,919699	0,676677	0,423190
3	0,994246	0,990920	0,988542	0,981012	0,857124	0,647232
4	0,999214	0,998589	0,997657	0,996340	0,947348	0,815263
5	0,999909	0,999816	0,999658	0,999406	0,983437	0,916082
6	0,999990	0,999980	0,999958	0,999917	0,995467	0,966491
7	0,999998	0,999999	0,999997	0,999990	0,998904	0,988095
8	1,000000	1,000000	1,000000	0,999999	0,999763	0,996196
9				1,000000	0,999954	0,998897
10					0,999992	0,999707
11					0,999999	0,999928
12					1,000000	0,999983
13						0,999996
14						0,999999
15						1,000000

(Fortsetzung)

k \ a	4,0	5,0	6,0	7,0	8,0	9,0
0	0,018316	0,006738	0,002479	0,000912	0,000335	0,000123
1	0,091579	0,040428	0,017352	0,007295	0,003019	0,001234
2	0,238105	0,124652	0,061970	0,029636	0,013754	0,006232
3	0,433472	0,265026	0,151205	0,081765	0,042380	0,021226
4	0,628839	0,440493	0,285058	0,172991	0,099632	0,054963
5	0,785132	0,615960	0,445681	0,300708	0,191236	0,115690
6	0,889326	0,762183	0,606304	0,449711	0,313374	0,206780
7	0,948866	0,866628	0,743981	0,598714	0,452961	0,323896
8	0,978636	0,931806	0,847239	0,729091	0,592548	0,455652
9	0,991867	0,968172	0,916077	0,830496	0,716625	0,587408
10	0,997159	0,986205	0,957380	0,901479	0,815887	0,705988
11	0,999084	0,994547	0,979909	0,946650	0,888077	0,803008
12	0,999726	0,997981	0,991173	0,973000	0,936204	0,875773
13	0,999923	0,999202	0,996372	0,987188	0,965820	0,926149
14	0,999979	0,999774	0,998600	0,994282	0,982744	0,958533
15	0,999994	0,999931	0,999491	0,997593	0,991770	0,977964
16	0,999998	0,999980	0,999825	0,999041	0,996283	0,988894
17	0,999999	0,999993	0,999943	0,999637	0,998407	0,994680
18	0,999999	0,999998	0,999982	0,999869	0,999351	0,997573
19	0,999999	0,999999	0,999994	0,999955	0,999748	0,998943
20	1,000000	0,999999	0,999998	0,999985	0,999907	0,999560
21		1,000000	0,999999	0,999995	0,999967	0,999824
22			0,999999	0,999998	0,999989	0,999932
23			1,000000	0,999999	0,999997	0,999974
24				0,999999	0,999999	0,999990
25				1,000000	0,999999	0,999996
26					1,000000	0,999998
27						0,999999
28						1,000000

LITERATURVERZEICHNIS

Populärwissenschaftliche Literatur

BOREL, E. — Борель, Э.

(1) Le Hasard, Paris 1914; 2. Aufl. 1948.

(2) Wahrscheinlichkeit und Sicherheit (Вероятность и достоверность), Fismatgis, Moskau 1961.

GNEDENKO, B. W. — Гнеденко, Б. В.

(1) Wie die Mathematik die zufälligen Erscheinungen studiert (Как математика изучает случайные явления), Kiew 1947.

GNEDENKO, B. W., und CHINTSCHIN, A. J.

(1) Elementare Einführung in die Wahrscheinlichkeitsrechnung, VEB Deutscher Verlag der Wissenschaften, Berlin 1955.

JAGLOM, A. M., und JAGLOM, J. M.

(1) Wahrscheinlichkeit und Information, VEB Deutscher Verlag der Wissenschaften, Berlin 1960.

Lehrbücher und Monographien

BARTLETT, M. S. — Бартлетт, М. С.

(1) Einführung in die Theorie zufälliger Prozesse (Введение в теорию случайных процессов), Moskau 1958.

BERNSTEIN, S. N. — Бернштейн, С. Н.

(1) Wahrscheinlichkeitsrechnung (Теория вероятностей), 4. Aufl., Gostechisdat, Moskau 1952.

BLACKWELL, D., und GIRSHIK, M. Блэкуэлл, Д., и Гиршик, М.

(1) Theorie der Spiele und statistische Lösungen (Теория игр и статистических решений), Moskau 1958.

BLANC-LAPIERRE, A., et FORTET, R.

(1) Théorie des fonctions aléatoires, Paris 1953.

CHINTSCHIN, A. J. — Хинчин, А. Я.

(1) Grundgesetze der Wahrscheinlichkeitsrechnung (Основные законы теории вероятностей), Moskau 1932.

(2) Asymptotische Gesetze der Wahrscheinlichkeitsrechnung, Berlin 1933.

(3) Mathematical foundations of statistical mechanics (Математические основания статистической механики), New York 1949.

(4) Mathematische Grundlagen der Quantenstatistik, Akademie-Verlag, Berlin 1956.

(5) Grenzgesetze für Summen unabhängiger zufälliger Größen (Предельные законы для сумм независимых случайных величин), ONTI 1938.

(6) Mathematische Methoden in der Theorie der Massenbedienung (Математические методы теории массового обслуживания), Arbeiten des Steklow-Institutes **49** (1955).

CHUNG, KAI LAI
(1) Markov chains with stationary transition probabilities, Springer-Verlag, Berlin/Göttingen/Heidelberg 1960.

CRAMER, H.
(1) Random variables and probability distributions, Cambridge 1937.
(2) Mathematical methods of statistics, Princeton 1946.

DOOB, J. L.
(1) Stochastic processes, New York 1953.

DUNIN-BARKOWSKI, I. W., und SMIRNOW, N. W. — Дунин-Барковский, И. В., и Смирнов, Н. В.
(1) Wahrscheinlichkeitsrechnung und mathematische Statistik (allgemeiner Teil) (Теория вероятностей и математическая статистика (общая часть)), GTTI, 1955.

DYNKIN, E. B. — Дынкин, Е. Б.
(1) Grundlegende Theorie der Markowschen Prozesse (Основания теории марковских процессов), Fismatgis, Moskau 1959.
(2) Markowsche Prozesse (Марковские процесси), Bd. I und II, Fismatgis, Moskau 1963 (engl. Übersetzung 1965).

EINSTEIN, A., und SMOLUCHOWSKI — Эйнштейн и Смолуховский
(1) Artikel-Sammlung zur Theorie der Brownschen Bewegung (Сборник статей по теории броуновского движения), ONTI 1936.

FELLER, W.
(1) An introduction to probability theory and its applications, Vol. I, 2-nd ed., John Wiley and Sons, 1950; Vol. II, 1966.

FISZ, M.
(1) Wahrscheinlichkeitsrechnung und mathematische Statistik, VEB Deutscher Verlag der Wissenschaften, Berlin 1958.

FRÉCHET, M.
(1) Récherches theoriques modernes. Traité du calcul des probabilitis, Paris 1937.

GILENKO, N. D. — Гиленко, Н. Д.
(1) Aufgabensammlung zur Wahrscheinlichkeitsrechnung (Задачник по теории вероятностей), Utschpedgis 1943.

GLIWENKO, W. I. — Гливенко, В. И.
(1) Lehrbuch der Wahrscheinlichkeitsrechnung (Курс теории вероятностей), GONTI 1939.
(2) Das Stieltjes-Integral (Интеграл Стилтьеса), ONTI 1936.

GNEDENKO, B. W., und KOLMOGOROFF, A. N.
(1) Grenzverteilungen von Summen unabhängiger Zufallsgrößen, 2. Aufl., Akademie-Verlag, Berlin 1960.

GONTSCHAROW, W. L. — Гончаров, В. Л.
(1) Wahrscheinlichkeitsrechnung (Теория вероятностей), Oborongis 1939.

GRENANDER, U.
(1) Probabilities on algebraic structures, John Wiley and Sons, Inc., 1963 (russ. Übersetzung 1965).

HALD, A. — Хальд, А.
(1) Mathematische Statistik und Anwendungen in der Technik (Математическая статистика с техническими приловежиями), Moskau 1956.

HANNAN, E. J.
(1) Time series analysis, Methuen and C°, London 1960.

HARRIS, T. E.
(1) The theory of branching processes, Springer-Verlag, Berlin/Göttingen/Heidelberg 1963.

ITO, K. — Ито, К.
(1) Stochastische Prozesse (Вероятностные процесси) (Bibliothek der Sammlung „Matematika"), Verlag für ausländische Literatur, Moskau, Bd. I, 1960; Bd. II, 1963.

KOLMOGOROFF, A. N.
(1) Grundbegriffe der Wahrscheinlichkeitsrechnung, Berlin 1933.

KUBILUS, I. — Кубилюс, И.
(1) Wahrscheinlichkeitstheoretische Methoden in der Zahlentheorie (Вероятностные методы в теории чисел), 1959.

LANING, J., und BETTIN, R. G. — Лэнинг, Д. Х., и Бэттин, Р. Г.
(1) Zufällige Prozesse bei den Problemen automatischer Steuerung (Случайные процессы в задачах автоматического управления), Moskau 1958.

LEHMANN, E. L.
(1) Testing Statistical Hypotheses, a Wiley Publication in Mathematical statistics, New York 1959.

LEVY, P.
(1) Processes stochastiques et mouvement brownien, Paris 1948.
(2) Théorie de l'addition des variables aléatoires, Paris 1937.

LINNIK, J. W. — Линник, Ю. В.
(1) Zerlegung von Wahrscheinlichkeitsgesetzen (Разложение вероятностных законов), Leningrad 1960.

LOÈVE, M. — Лоэв, М.
(1) Wahrscheinlichkeitsrechnung (Теория вероятностей), Moskau 1961.

MARKOW, A. A. — Марков, А. А.
(1) Wahrscheinlichkeitsrechnung (Исчисление вероятностей), 4. Aufl., GIS 1924.

MESCHALKIN, L. D. — Мешалкин, Л. Д.
(1) Aufgabensammlung zur Wahrscheinlichkeitsrechnung (Сборник задач по теории вероятностей) MGU, 1964.

MISES, R. v.
(1) Wahrscheinlichkeit, Statistik und Wahrheit, 3. Aufl., Wien 1953.
(2) Wahrscheinlichkeitsrechnung und ihre Anwendung in der theoretischen Physik, 1931.

ONICESCU, O., MIHOC, G., IONESCU-TULCEA, C. T.
(1) Calculul Probabitătilor şi aplicatii, Bukarest 1956.

PARZEN, E.
(1) Modern probability theory and its applications. John Wiley and Sons, Inc., 1960.

Rényi, A.
(1) Wahrscheinlichkeitsrechnung mit einem Anhang über Informationstheorie, VEB Deutscher Verlag der Wissenschaften, Berlin 1962.

Richter, H.
(1) Wahrscheinlichkeitstheorie, Springer-Verlag, Berlin/Göttingen/Heidelberg 1956.

Romanowski, W. I. — Романовский, В. И.
(1) Diskrete Markowsche Ketten (Дискретные цепи Маркова), Gostechisdat 1949.

Rosanow, J. A. — Розанов, Ю. А.
(1) Stationäre Zufallsprozesse (Стационарные случайные процессы), Fismatgis, Moskau 1963.

Rosenblatt, M.
(1) Random processes, Oxford University Press, New York 1962.

Saati, T. L.
(1) Elements of queueing theory. With applications, New York 1961 (russ. Übersetzung 1965).

Sarymsakow, T. A. — Сарымсаков, Т. А.
(1) Grundlagen der Markowschen Prozesse (Основы теории процессов Маркова), Gostechisdat, Moskau 1954.

Sirashdinow, S. C. — Сираждинов, С. Х.
(1) Grenzwertsätze für homogene Markowsche Ketten (Предельные теоремы для однородных цепей Маркова), 1955.

Skorochod, A. V. — Скороход, А. В.
(1) Untersuchungen zur Theorie der Zufallsprozesse (Исследования по теории случайных процессов), Verlag der Kiewer Universität, 1961.
(2) Zufallsprozesse mit unabhängigen Zuwächsen (Случайные процессы независимыми приращениями) Verlag „Nauka“, Moskau 1964.

Chandrasekhar, S.
(1) Stochastic Problems in Physics and Astronomy, Reviews of Modern Physics, Vol. 15, Nr. 1 (1943).

Todhunter, I.
(1) A history of the mathematical theory of probability, 1865.

Tortrat, A.
(1) Calcul des probabilités. Masson et Cie, 1963.

Uspensky, I. V.
(1) Introduction to Mathematical Probability, 1937.

Wentzel, E. S. — Вентцель, Е. С.
(1) Wahrscheinlichkeitsrechnung (Теория вероятностей), Fismatgis, Moskau 1958.

Zeitschriften

Zum I. Kapitel

Bernstein, S. N. — Бернштейн, С. Н.
(1) Versuch einer axiomatischen Begründung der Wahrscheinlichkeitsrechnung (Опыт аксиоматического обоснования теории вероятностей), Soobschtschenija Chark. mat. obschtschestwa **15** (1917).

CHINTSCHIN, A. J. — Хинчин, А. Я.
(1) Frequenztheorie von R. von Mises und die modernen Ideen der Wahrscheinlichkeitsrechnung (Частотная теория Р. Мизеса и современные идеи теории вероятностей), Fragen der Philosophie 1/2 (1961).
(2) Die v. Misessche Lehre über die Wahrscheinlichkeit und die Prinzipien der physikalischen Statistik (Учение Мизеса о вероятностях и принципы физической статистики), Usp. fis. nauk 9 (1929) H. 2.
(3) Die Methode der willkürlichen Funktionen und der Kampf gegen den Idealismus in der Wahrscheinlichkeitsrechnung. Sowjetwissenschaft, naturwissenschaftliche Abteilung, 2 (1954).

KOLMOGOROFF, A. N. — Колмогоров, А. Н.
(1) Die Rolle der russischen Wissenschaft bei der Entwicklung der Wahrscheinlichkeitsrechnung (Роль русской науки в развитии теории вероятностей), Utsch sap. MGU 91 (1947).

Zum II. Kapitel

BERNSTEIN, S. N. — Бернштейн, С. Н.
(1) Eine Bemerkung zur Frage der Genauigkeit der Grenzformel von Laplace (Возврат к вопросу о точности предельной формулы Лапласа), Iswestija 7 (1943).

CHINTSCHIN, A. J.
(1) Über einen neuen Grenzwertsatz der Wahrscheinlichkeitsrechnung, Math. Ann. 101 (1929).

FELLER, W.
(1) On the normal approximation to the binomial distribution, Ann. Math. Statistics 16 (1945).

PROCHOROW, J. W. — Прохоров, Ю. В.
(1) Asymptotisches Verhalten der Binomialzerlegung (Асимптотическое поведение биномиального распределения), Usp. mat. nauk 8 (1953) 136—142.

SMIRNOW, N. W. — Смирнов, Н. В.
(1) Über die Wahrscheinlichkeit großer Abweichungen (О вероятностях больших уклонений), Mat. Sborn. 40, Nr. 4 (1933).

Zum III. Kapitel

DOBRUSCHIN, R. L. — Добрушин, Р. Л.
(1) Grenzwertsätze für Markowsche Ketten aus zwei Zuständen (Предельные теоремы для цепи Маркова из двух состояний), Iswestija, Serie Math., 17 (1953) 291—330.
(2) Zentraler Grenzwertsatz für inhomogene Markowsche Ketten (Центральная предельная теорема для неоднородных цепей Маркова), Wahrscheinlichkeitsrechnung und ihre Anwendungen 1 (1956) 72—89; 365—425.

DOEBLIN, W.
(1) Exposé de la théorie des chaînes simples constante de Markoff a un nombre fini d'états, Rev. math. de l'Union Interbalkanique II, 1 (1938).

KOLMOGOROFF, A. N. — Колмогоров, А. Н.
(1) Markowsche Ketten mit einer abzählbaren Menge von möglichen Zuständen (Цепи Маркова со счетным множеством возможных состояний), Bull. MGU 1 (1937) 3.

Markow, A. A. — Марков, А. А.
(1) Untersuchung eines bemerkenswerten Falles abhängiger Versuche (Исследование замечательного случая зависимых испытаний), Isw. Ros. Akad. Nauk **1** (1907).

Außerdem sind zu beachten:
Die entsprechenden Kapitel der Bücher von S. N. Bernstein und W. Feller, die im Verzeichnis der Lehrbücher und Monographien angegeben sind, ferner die in diesem Verzeichnis genannten Bücher von W. I. Romanowski und M. Fréchet. In den Büchern von Doob und Sarymsakow findet man ausführliche Verzeichnisse der Arbeiten, die den Markowschen Ketten gewidmet sind.

Zum IV. Kapitel

Cramer, H.
(1) Über eine Eigenschaft der normalen Verteilungsfunktion, Math. Zeitschr. **41** (1936).

Rajkow, D. A. — Райков, Д. А.
(1) Über eine Zerlegung des Gaußschen und Poissonschen Gesetzes (О разложении законов Гаусса и Пуассона), Iswestija, Serie Math., (1938) 91—124.

Skitowitsch, W. P. — Скитович, В. П.
(1) Lineare Formen von unabhängigen zufälligen Größen und das normale Verteilungsgesetz (Линейные формы от независимых случайных величин и нормальный закон распределения), Iswestija, Serie Math., **18** (1954).

Zum VI. Kapitel

Bernstein, S. N. — Бернштейн, С. Н.
(1) Über das Gesetz der großen Zahlen (О законе больших чисел), Soobschtschenija Chark. mat. Obschtschestwa **16** (1918).

Hàjek, I., and Renyi, A.
(1) Generalization of an inequality of Kolmogorov, Acta Math. Acad. Sc. Hungarical. **6**, fasc. 3—4 (1955) 281—283.

Kolmogoroff, A. N.
(1) Sur la loi fort des grands nombres, C. R. Acad. Sci., Paris, **191** (1930) 910—912.

Prochorow, J. W. — Прохоров, Ю. В.
(1) Über das starke Gesetz der großen Zahlen (Об усиленном законе больших чисел), Doklady **69**, Nr. 5 (1949).

Slutzki, E. E.
(1) Über stochastische Asymptoten und Grenzwerte, Metron **5** (1925).

Tschebyschew, P. L. — Чебышев, П. Л.
(1) Über Mittelwerte (О средних величинах), Mat. Sborn. **2** (1867); polnoje sobr. sotsch. **2** (1948).

Zum VII. Kapitel

Chintschin, A. J. — Хинчин, А. Я.
(1) Über ein Kennzeichen für charakteristische Funktionen (Об одном признаке для характеристических функций), Bull. MGU **1** (1937) 5.

GNEDENKO, B. W. — Гнеденко, Б. В.
(1) Über charakteristische Funktionen (О характеристических функциях), Bull. MGU **1** (1937) 5.

KREIN, M. G. — Крейн, М. Г.
(1) Über die Darstellung von Funktionen durch Fourier-Stieltjessche Integrale (О представлении функций интегралами Фурье—Стилтьеса), Utschony sap. Kuibischewskowo ped. inst. **7** (1943).

RAJKOW, D. A. — Райков, Д. А.
(1) Über positiv-definite Funktionen (О положительно-определенных функциях), Doklady **26** (1940) 857—862.

Zum VIII. Kapitel

BERNSTEIN, S. N. — Бернштейн, С. Н.
(1) Verallgemeinerung eines Grenzwertsatzes der Wahrscheinlichkeitsrechnung auf Summen abhängiger Größen (Распространение предельной теоремы теории вероятностей на суммы зависимых величин), Usp. mat. nauk **10** (1944).

ESSEEN, G. G.
(1) Fourier analysis of distribution functions. A mathematical study of the Laplace-Gaussian law, Acta Mathematica **77** (1945).

FELLER, W.
(1) Über den zentralen Grenzwertsatz der Wahrscheinlichkeitsrechnung, Math. Zeitschr. **40** (1935).

GNEDENKO, B. W. — Гнеденко, Б. В.
(1) Elemente der Theorie der Verteilungsfunktionen für zufällige Vektoren (Элементы теории функций распределения случайных векторов), Usp. mat. nauk **10** (1944).
(2) Über einen lokalen Grenzwert der Wahrscheinlichkeitsrechnung (О локальной предельной теореме теории вероятностей), Usp. mat. nauk **3** (1948).
(3) Ein lokaler Grenzwert für Dichten (Локальная предельная теорема для плотностей), Doklady **95**, Nr. 1 (1954).

LINDEBERG, J. W.
(1) Eine neue Herleitung des Exponentialgesetzes in der Wahrscheinlichkeitsrechnung, Math. Zeitschr. **15** (1922).

LINNIK, J. W. — Линник, Ю. В.
(1) Über die Genauigkeit der Annäherung an die Gaußsche Verteilung bei Summen unabhängiger zufälliger Größen (О точности приближения к гауссову распределению сумм независимых случайных величин), Isw. Akad. Nauk SSSR **2** (1947).

LJAPUNOW, A. M.
(1) Sur une proposition de la théorie des Probabilités, Bull. Acad. Sc. Péter. **13** (1900).
(2) Nouvelle forme du théorème sur la limite des Probabilités, ebenda (1901).

PROCHOROW, J. W. — Прохоров, Ю. В.
(1) Ein lokaler Satz für Dichten (Локальная теорема для плотностей), Doklady **83**, Nr. 6 (1952).

TSCHEBYSCHEW, P. L. — Чебышев, П. Л.
(1) Über zwei Sätze bezüglich Wahrscheinlichkeiten (О двух теоремах относительно вероятностей), Sap. Akad. Nauk (1887); Polnoje sobr. sotsch. **2** (1948).

Zum IX. Kapitel

Bawli, G. M.

(1) Über einige Verallgemeinerungen der Grenzwertsätze der Wahrscheinlichkeitsrechnung, Mat. sborn. **1** (43) Nr. 6 (1936).

Chintschin, A. J. — Хинчин, А. Я.

(1) Neue Herleitung einer Formel von P. Lévy (Новый вывод одной формулы П. Леви), Bull. MGU **1** (1937) 1.

Gnedenko, B. W. — Гнеденко, Б. В.

(1) Über eine charakteristische Eigenschaft unbeschränkt teilbarer Verteilungsgesetze (Об одном характеристическом свойстве безгранично-делимых законов распределения), Bull. MGU **1** (1937) 5.

(2) Grenzwertgesetze für Summen unabhängiger zufälliger Größen (Предельные законы для сумм независимых случайных величин), Usp. mat. nauk **10** (1944).

Zum X. Kapitel

Chintschin, A. J.

(1) Korrelationstheorie stationärer stochastischer Prozesse, Math. Ann. **109** (1934).

Cramer, H.

(1) On harmonic analysis in certain continuous functional spaces, Ark. Mat. Astr. Fys. 28 B, Nr. 12 (1942).

Dubrowski, W. M. — Дубровский, В. М.

(1) Verallgemeinerung der Theorie der rein unstetigen zufälligen Prozesse (Обобщение теории чисто разрывных случайных процессов), Doklady **19** (1938).

(2) Untersuchung rein unstetiger zufälliger Prozesse mit der Methode der Integro-Differentialgleichungen (Исследование чисто разрывных случайных процессов методом интегро-дифференциальных уравнений), Isw. Akad. Nauk SSSR **8** (1944).

Feller, W.

(1) Zur Theorie der stochastischen Prozesse, Math. Ann. **113** (1936).

Jaglom, A. M. — Яглом, А. М.

(1) Zur Frage der linearen Interpolation von stationären zufälligen Folgen und Prozessen (К вопросу о линейном интерполировании стационарных случайных последовательностей и процессов), Usp. mat. nauk **4** (1949).

(2) Einführung in die Theorie der stationären zufälligen Funktionen (Введение в теорию стационарных случайных функций), Usp. mat. nauk **7** (1951).

Karhunen, K.

(1) Über lineare Methoden in der Wahrscheinlichkeitsrechnung, Ann. Acad. Sci. Fennicae, AI, Nr. 37 (Helsinki 1947).

Kolmogoroff, A. N. — Колмогоров, А. Н.

(1) Ein vereinfachter Beweis des Ergodensatzes von Birkhoff-Chintschin (Упрощенное доказательство эргодической теоремы Биркгофа—Хинчина), Usp. mat. nauk **5** (1938).

(2) Über die analytischen Methoden in der Wahrscheinlichkeitsrechnung, Math. Ann. **104** (1931).

(3) Interpolation und Extrapolation stationärer zufälliger Folgen (Интерполирование и экстраполирование стационарных случайных последовательностей), Isw. Akad. Nauk SSSR (1941).

(4) Statistische Theorie der Schwingungen mit stetigem Spektrum (Статистическая теория колебаний с непрерывным спектром), Jubil. Sborn. Akad. Nauk SSSR **1** (1947).

KOLMOGOROFF, A. N., und DMITRIJEW, N. A. — Колмогоров, А. Н., и Дмитриев, Н. А.
(1) Verzweigte zufällige Prozesse (Ветвящиеся случайные процессы), Doklady 56, Nr. 1 (1947).

KOLMOGOROFF, A. N., und SEWASTJANOW, B. A. — Колмогоров, А. Н., и Севастьянов, Б. А.
(1) Berechnung von Grenzwahrscheinlichkeiten für verzweigte zufällige Prozesse (Вычисление финальных вероятностей для ветвящихся случайных процессов), Doklady 56, Nr. 8 (1947).

LOÉVE, M.
(1) Sur les fonctions aléatoires stationnaires de second ordre, Rev. Sci. 83, Nr. 5 (1945).
(2) Fonctions aléatoires à décomposition orthogonale exponentielle, Rev. Sci. 84, Nr. 3 (1946).

MARUYAMA, G.
(1) The harmonic analysis of stationary stochastic processes, Mem. Fac. Sc. Kyusyu Univ. (A) 4, Nr. 1 (1949).

ROSANOW, J. A. — Розанов, Ю. А.
(1) Spektraltheorie mehrdimensionaler stationärer Prozesse mit diskreten Zeiten (Спектральная теория многомерных стационарных процессов с дискретным временем), Usp. mat. nauk 2 (1958).

SEWASTJANOW, B. A. — Севастьянов, Б. А.
(1) Verzweigte zufällige Prozesse (Теория ветвящихся случайных процессов), Usp. mat. nauk 6 (1951).

Zum XI. Kapitel

BELJAJEW, J. K. — Беляев, Ю. К.
(1) Geregelte Markowsche Prozesse und ihre Anwendung auf Probleme der Zuverlässigkeitstheorie (Линейчатые марковские процессы и их приложение к задачам теории надежности), Trudy VI. Vsesojusn. soveschtsch. po teorii verojatn. i matem. statistike, Vilnjus, (1962) 309—323.

BELJAJEW, J. K., B. W. GNEDENKO und I. N. KOWALENKO — Беляев, Ю. К., Б. В. Гнеденко и И. Н. Коваленко
(1) Grundrichtungen der Forschung in der Theorie der Massenbedienung (Основные направления исследований в теории массового обслуживания), Trudy VI. Vsesojusn. soveschtsch. po teorii verojatn. i matem. statistike, Vilnjus, (1962) 341—355.

CHINTSCHIN, A. J. — Хинчин, А. Я.
(1) Mathematische Theorie der stationären Warteschlangen (Математическая теория стационарной очереди), Matem. Sbornik 39 (1932) 73—84.
(2) Arbeiten zur Theorie der Massenbedienung (Работы по теории массового обслуживания), Fismatgis, Moskau 1963.

GNEDENKO, B. W. — Гнеденко, Б. В.
(1) Über die unbelastete Verdoppelung (О ненагруженном дублировании), Techn. kibernetika Nr. 4 (1964) 3—12.
(2) Über die Verdoppelung mit Reparatur (О дублировании с восстановлением), Techn. kibernetika Nr. 4 (1964) 111—118.

GRIGELIONIS, B. — Григелионис, Б.
(1) Über die Konvergenz der Summen stufenförmiger Zufallsprozesse gegen den Poisson-Prozeß (О сходимости сумм ступенчатых случайных процессов к пуассоновскому), Teor. Verojatn. Primen. **8** (1963) 189—194 und Theor. Probab. Appl. **8** (1963) 177—182.

KENDALL, D. G.
(1) Stochastic processes occurring in the theory of queues and their analysis by the method of the imbedded Markov chain, Ann. Math. Statistics **24** (1953) 338—354.
(2) Some recent work and further problems in the theory of queues, Teor. Verojatn. Primen. **9** (1964) 3—15 und Theor. Probab. Appl. **9** (1964) 1—13.

KIEFER, J., und J. WOLFOWITZ
(1) On the theory of queues with many servers, Trans. Amer. Math. Soc. **78** (1955) 1—18.

KLIMOW, G. P. — Климов, Г. П.
(1) Extremalaufgaben in der Theorie der Massenbedienung (Екстремальные задачи в теории массового обслуживания), Sbornik „Kibernetika na službu kommunismu“, Isd. „Energetika“ **2** (1964) 325—338.

KOWALENKO, I. N. — Коваленко, И. Н.
(1) Gewisse Aufgaben der Theorie der Massenbedienung mit Beschränkungen (Некоторые задачи теории массового обслуживания с ограничением), Teor. Verojatn. Primen. **6** (1961) 222—228 und Theor. Probab. Appl. **6** (1961) 204—208.
(2) Gewisse analytische Methoden in der Theorie der Massenbedienung (Некоторые аналитические методы в теории массового облужи-ания), Sbornik „Kibernetika na službu kommunismu“, Isd „Energetika“ **2** (1964) 325—338.

LINDLEY, D. V.
(1) The theory of queues with a single server, Proc. Cambridge Phil. Soc. **48** (1952) 227—289.

MILLER, R. G.
(1) Priority queues, Ann. Math. Statistics **31** (1960) 86—106.

OSOSKOW, G. A. — Ососков, Г. А.
(1) Ein Grenzwertsatz für Ströme von gleichartigen Ereignissen (Одна предельная теорема для потоков однородных событий) Teor. Verojatn. Primen. **1** (1956) 274—282 und Theor. Probab. Appl. **1** (1956) 248—255.

ROSSBERG, H.-J.
(1) Eine neue Methode zur Behandlung der Lindleyschen Integralgleichung und ihrer Verallgemeinerung durch Finch, EIK **3** (1967) 215—238.

SCHACHBASOW, A. A. und E. G. SAMANDAROW — Шахбазов, А. А. и Самандаров, Е. Г.
(1) Über die Bedienung nicht gleichförmiger Ströme (Об обслуживании неординарного потока), Sbornik „Kibernetika na službu kommunismu“, Isd. „Energetika“ **2** (1964) 338—353.

SEWASTJANOW, B. A. — Севастьянов, Б. А.
(1) Ein Ergodensatz für Markowsche Prozesse und seine Anwendung auf Telefonsysteme mit Verlusten (Ергодическая теорема для марковских процессов и её приложение к телефонным системам с отказами) Teor. Verojatn. Primen. **2** (1957) 106—116 und Theor. Probab. Appl. **2** (1957) 104—112.

SMITH, W. L.
(1) Renewal theory and its ramifications, J. Roy. Statist. Soc., Ser. B **20** (1958) 243–302.

SOLOWJEW, A. D. – Соловьев, А. Д.
(1) Über Reservenbildung ohne Reparatur (О резервировании без восстановления), Sbornik „Kybernetika na službu kommunismu", Isd. „Energetika" 2 (1964) 83–122.

TAKÁCS, L.
(1) On some probability problems concerning the theory of counters, Acta Math. Acad. Sci. Hungar. 8 (1957) 127–138.

LÖSUNGEN ZU DEN ÜBUNGSAUFGABEN

Kapitel I

2. a) $B + AC$, b) A, c) AB

4. 1/12

5. 2/5

6. $\binom{M}{m}\binom{N-M}{n-m}\Big/\binom{N}{n}$

7. $(n - b)(2m + n - b - 1)/(m + n - b)(m + n - b - 1)$

9. $\dfrac{2n}{m + n}$

10. $\sum_{j=1}^{n} (-1)^{j+1}/j!$

11. Antwort wie in Übung 10.

12. $\sum_{j=1}^{n} \binom{n}{j}^2 \Big/ \sum_{j=1}^{n} \binom{2n}{2j} = [(2n)!/(n!)^2 - 1]/(2^{2n-1} - 1)$

13. P {mindestens eine Eins} $= 1 - (5/6)^4 = 0{,}518$,
    P {mindestens zwei Einsen} $= 1 - (35/36)^{24} = 0{,}491$

14. 1/2

15. 1/4

16. $a/2b \ (a \leqq b)$

17. a) $(1 - r^3/R^3)^N$, b) $\exp(-4\pi\lambda r^3/3)$

18. a) $1 - (1 - p_1)(1 - p_2)\cdots(1 - p_n)$,
    b) $(1 - p_1)(1 - p_2)\cdots(1 - p_n)$,
    c) $\sum_{i=1}^{n} p_i(1 - p_1)\cdots(1 - p_{i-1})(1 - p_{i+1})\cdots(1 - p_n)$

21. $\exp(-\lambda t)$

22. Zeige zuerst, daß $p_i(t)$ dem Differentialgleichungssystem $p'_i(t) = -a\,i\,p_i(t) + a\,(i-1)\,p_{i-1}\,(t)$ $(i = 1, 2, \ldots, n)$ genügt. Erschließe dann mit Hilfe der Anfangsbedingungen $p_1(0) = 1$ und $p_i(0) = 0$ für $i > 1$ das Lösungssystem $p_i(t) = e^{-at}\,(1 - e^{-at})^{i-1}$ $(i = 1, 2, \ldots, n)$

Kapitel II

1. a) 0,238, b) 0,752

2. a) 63/256, b) 957/1024

3. a) $1/12^4$, b) $11/12^3$

4. $1 - 2\,\Phi(3{,}8) = 0{,}00014$

5. a) $\sum_{m=0}^{N} \binom{n}{m} p^m q^{n-m}$, wo $N = n\,p - 1$ oder $N = [n\,p]$ je nachdem, ob $n\,p$ eine ganze Zahl ist oder nicht.

   b) Für $r \geqq 1/p$ ist die gesuchte Wahrscheinlichkeit Null; für $r < 1/p$ und ein großes $n\,p$ wird sie gegeben durch

   $$1 - \Phi\,(n\,p\,(r-1)/\sqrt{n\,p\,q}) - \Phi(n\,p/\sqrt{n\,p\,q})$$

6. a) 2, b) $\dfrac{730!}{1!\,3!\,(2!)^{363}} \cdot \dfrac{365!}{1!\,1!\,363!} \cdot 365^{-730}$

7. a) 0,133, b) 0,858,

   c) 104. Es sei $x + 100$ die Anzahl der in einer Schachtel befindlichen Bohrer. Dann kann man schreiben: P {höchstens x fehlerhafte Bohrer}

   $$= \sum_{m=0}^{x} \binom{100+x}{m} (0{,}02)^m\,(0{,}98)^{100+x-m} \sim \sum_{m=0}^{x} 2^m e^{-2}/m! \geqq 0{,}9$$

8. a) P {121 oder mehr Verstorbene} $\sim 1 - 2\,\Phi\,(7{,}77)$,

   b) P {80 oder mehr Verstorbene} $\sim \Phi(2{,}59) + \Phi(7{,}77) = 0{,}995$,
   P {60 oder mehr Verstorbene} $\sim \Phi(7{,}77) = 0{,}50$,
   P {40 oder mehr Verstorbene} $\sim \Phi(7{,}77) - \Phi(2{,}59) = 0{,}005$

10. a) Beweis durch vollständige Induktion.

    b) Benutze den lokalen Grenzwertsatz

14. $\binom{2n-r}{n} 2^{-2n-r}$

15. Für $r = 1, 2, \ldots, n-1$,

    $$P_r'(t) = -\,[\beta\,(n-r) + \alpha\,r]\,P_r(t) + \alpha\,(r+1)\,P_{r+1}(t) + \beta\,(n-r+1)\,P_{r-1}(t),$$

    für $r = 0$, $P_0'(t) = -\,\beta\,n\,P_0(t) + \alpha\,P_1(t)$,

    für $r = n$, $P_n'(t) = -\,\alpha\,n\,P_n(t) + \beta\,P_{n-1}(t)$

16. Für $r = 1, 2, \ldots, n-1$,

$P_r'(t) = -[\alpha(n-r)+\beta] P_r(t) + \beta P_{r+1}(t) + \alpha(n-r+1) P_{r-1}(t)$,

für $r = 0$, $P_0'(t) = -\alpha n P_0(t) + \beta P_1(t)$,

für $r = n$, $P_n'(t) = -\beta P_n(t) + \alpha P_{n-1}(t)$

Kapitel III

1. $\pi_n = \pi_1$

2. a) $P_{ij}(2) = c_i \sum_{k=1}^{\infty} c_k \exp\{-\alpha(|i-k|+|k-j|)\}$,

   b) $(e^a - 1)/(e^a + 1 - e^{(1-i)a})$

3. $2P_{ij}(n) = 1 - P_{ij}(n-1)$ für alle i und j; $p_j = 1/3$ für alle j

Kapitel IV

2. a) $F[(x-b)/a]\ (a > 0)$, $1 - F[(x-b)/a]\ (a < 0)$, $|a|^{-1} p[(x-b)/a]$,

   b) $F(0) - F(1/x)\ (x < 0)$, $F(0) + 1 - F(1/x)\ (x > 0)$; $x^{-2} p(1/x)$,

   c) $F(\arctan x)$, $p(\arctan x)/(1+x^2)$,

   d) $0\ (x \leqq -1)$, $1\ (x > 1)$, $1 - F(\arccos x)\ (-1 < x \leqq 1)$,

   $p(\arccos x)/\sqrt{1-x^2}\ (|x| < 1)$, 0 (sonst),

   e) es sei $a \leqq f(x) \leqq b$. Dann ist $F_\eta(x) = 0\ (x \leqq a)$, $1\ (x > b)$, und $F(f^{-1}(x))$ oder $1 - F(f^{-1}(x))\ (a < x \leqq b)$ je nachdem, ob $f(x)$ wächst oder fällt; in beiden Fällen ist $p_\eta(x) = p(f^{-1})\,|df^{-1}/dx|\ (a < x < b)$, und 0 sonst.

3. a) $2\pi^{-1} \arctan(x/a)\ (0 \leqq x)$, b) $1/2 + \pi^{-1} \arctan(x/a)\ (|x| < \infty)$

4. a) $1/\pi \sqrt{R^2 - y^2}\ (|y| < R)$, 0 (sonst),

   b) $2/\pi \sqrt{4R^2 - y^2}\ (0 < y < 2R)$, 0 (sonst)

5. $0\ (z \leqq 0)$, $1 - \sqrt{4R^2 - z^2}/2R\ (0 \leqq z \leqq 2R)$, $1\ (z \geqq 2R)$

6. $0\ (x \leqq \pi a^2/4)$, $(\sqrt{4x/\pi} - a)/(b-a)\ (\pi a^2/4 \leqq x \leqq \pi b^2/4)$, und $1\ (x \geqq \pi b^2/4)$

7. a) $2/\pi$, b) $(2 \arctan e)^2/\pi^2$

8. a) $F_3 = -F_2(-\infty) F_1(x)$. ξ und η sind unabhängig, wenn $F_1(x)$ und $F_2(y) - F_2(-\infty)$ beziehungsweise ihre Verteilungsfunktionen sind,

   b) $F_4(y) = -F_3(-\infty) - F_1(-\infty) F_2(y)$,

   $F_3(x) = -F_2(-\infty)[F_1(x) - F_1(-\infty)] + F_3(-\infty)$ und somit

   $F(x, y) = [F_1(x) - F_1(-\infty)][F_2(y) - F_2(-\infty)]$

9. $0\ (x \leqq 0)$, $x(2a - x)/a^2\ (0 \leqq x \leqq a)$, $1\ (x \geqq a)$,

10. a) $p(x_k) = \begin{cases} \dfrac{n!}{a^n (k-1)!\,(n-k)!}\, x_k^{k-1}(a - x_k)^{n-k} & (0 \leqq x_k \leqq a), \\ 0 & \text{(sonst)}, \end{cases}$

b) $p(x_k, x_m) = \begin{cases} \dfrac{n!}{a^n (k-1)!\,(m-k-1)!\,(n-m)!}\, x_k^{k-1}(x_m - x_k)^{m-k-1} \\ \qquad \times (a - x_m)^{n-m} \quad (0 \leqq x_k < x_m < a), \\ 0 \qquad \text{(sonst)} \end{cases}$

11. a) $(F(x))^n$, b) $1 - (1 - F(x))^n$,

c) $F_{\xi_k}(x) = B(F(x);\, n-k+1,\, k)/B(n-k+1)$, wo der Zähler und der Nenner die unvollständige bzw. die vollständige Beta-Funktion ist; ξ_1 ist der größte beobachtete Wert,

d) $F_{(\xi_k, \xi_m)}(x, y) = [B(k, m-k)\, B(m, n-m+1)]^{-1} \cdot \int\limits_0^{F(y)} o^{n-k}(1-o)^{k-1}$

$\times\, B(F(x)/o;\, n-m+1,\, m-k)\, do$

$(-\infty < x < y < +\infty)$.

12. a) $F(x, x, \ldots, x)$,

b) $\sum\limits_{i=1}^{n} p_i - \sum\limits_{1 \leqq i < j \leqq n} p_{ij} + \cdots + (-1)^{n+1} F(x, x, \ldots, x)$, dabei ist $p_{ij\ldots k}$ wie in (1), § 23 (mit $b_s = \infty$ und $a_s = x$) definiert.

13. Gleichmäßig in (0, 1)

14. a) $c_1 = \beta^{\alpha+1}/\Gamma(\alpha+1)$,

b) $(\beta^{\alpha+\gamma+2} e^{-\beta x} x^{\alpha+\gamma+1}) / \Gamma(\alpha+\gamma+2)$ für $x > 0$, und 0 sonst

15. $(2h)^{-1} \int\limits_{x-h}^{x+h} F(z)\, dz$

16. $x^3/(1+x)^3\ (x \geqq 0)$, $0\ (x \leqq 0)$

17. a) $1/2 + \pi^{-1} \arctan(x/2)$,

b) $0\ (x \leqq -4)$, $(x+4)^2/48\ (-4 \leqq x \leqq 0)$,
$(x+2)/6\ (0 \leqq x \leqq 2)$, $1 - (6-x)^2/48\ (2 \leqq x \leqq 6)$,
$1\ (x \geqq 6)$,

c) $(1/2 - x/4a) \exp(x/a)$ für $x \leqq 0$,
$1 - (1/2 + x/4a) \exp(-x/a)$ für $x \geqq 0$

18. a) $(x+1)^{-2}\ (x > 0)$, $0\ (x < 0)$,

b) $0\ (x < 0)$, $1/2\ (0 < x \leqq 1)$, $1/2\, x^2\ (x \geqq 1)$

19. $\int\limits_0^{\infty} F_1(x/z)\, dF_2(z) + \int\limits_{-\infty}^{0} \{1 - F_1(x/z)\}\, dF_2(z)$

20. a) $0\ (x \leqq -a^2)$, $(2a^2)^{-1}\{x \log(a^2/|x|) + a^2 + x\}\ (|x| \leqq a^2)$, $1\ (x \geqq a^2)$,

b) $2\pi^{-1} \int_0^{\frac{\pi}{4}} \exp(x/\sin 2\varphi)\, d\varphi \quad (x \leqq 0)$,

c) $1 - 2\pi^{-1} \int_0^{\frac{\pi}{4}} \exp(-x/\sin 2\varphi)\, d\varphi \quad (x \geqq 0)$

21. Für $\alpha \leqq \pi/2$,

$$F_\xi(x) = \begin{cases} 0 \quad (x \leqq 0)\,, \\ \int_0^x F_\xi(A+B)\, dF_\eta(u) + \int_x^{x \csc \alpha} [F_\xi(A+B) - F_\xi(A-B)]\, dF_\eta(u)\ (x \geqq 0), \end{cases}$$

wo $B = \sqrt{x^2 - u^2 \sin^2\alpha}$, $A = u \cos\alpha$. Das zweite Integral fällt weg, wenn $\alpha > \pi/2$

25. $[1/2\pi\sigma^2 \sqrt{m(n-m)}]$
$$\times \exp[-(x - ma)^2/2m\sigma^2 - (x - y - (n-m)a)^2/2(n-m)\sigma^2]$$

27. $\binom{m+\mu}{\mu} \cdot \binom{M - m + N - \mu - 1}{N - \mu} \Big/ \binom{M+N}{N}$

28. $(n-2)\,x^{n-3}\ (0 < x < 1)$, 0 (sonst). Hinweis: Benutze das Verfahren von Übung 11d und das Ergebnis von Übung 13, um zunächst die gemeinsame Verteilung der Zufallsgrößen $F(x_1)$, $F(x_2)$, und $F(x_3)$ zu finden

Kapitel V

1. a) Zeige z. B., daß $f(x) = (1 + a - a e^x)^{-1}$ eine momentenerzeugende Funktion ist, d. h., $\mathsf{E}\,\xi^n = f^{(n)}(0)$; $\mathsf{E}\,\xi = f'(0) = a$, $\mathsf{E}\,\xi^2 = f''(0) = a + 2a^2$ usw.; $\mathsf{D}\,\xi = a(a+1)$,

b) $\mathsf{E}\,\xi = \alpha$; $\mathsf{D}\,\xi = \alpha(\alpha\beta + 1)$

2. a) $n(n-1)(n-2)p^3 + 3n(n-1)p^2 + np$,

b) $n(n-1)(n-2)(n-3)p^4 + 6n(n-1)(n-2)p^3 + 7n(n-1)p^2 + np$,

c) $2 \sum_{k=0}^{[np]} (np - k) \binom{n}{k} p^k q^{n-k}$

3. c) $\sum_{i=1}^{n} p_i q_i (q_i - p_i)$,

d) $\sum_{i=1}^{n} (p_i q_i - 3 p_i^2 q_i^2) + 6 \sum_{1 \leq i < j \leq n} p_i q_i p_j q_j$

5. $\sum_{k=0}^{N} \binom{n}{2k+1} p^{2k+1} q^{n-2k-1}$, wo $N = [(n-1)/2]$

6. $\mathsf{E}\,\xi = a, \quad \mathsf{D}\,\xi = 2\,a^2$

7. $\mathsf{E}\,v = 2\,a/\sqrt{\pi}, \quad \mathsf{E}\,(\text{k.e.}) = 3\,m\,a^2/4,$
$\mathsf{D}\,v = 3\,a^2/2 - 4\,a^2/\pi, \quad \mathsf{D}\,(\text{k.e.}) = 3\,m^2\,a^4/8$

8. $\mathsf{E}\,s = (2\,x_0\,\Phi(x_0/2\sqrt{Dt}) + 2\sqrt{Dt}\exp(-x_0^2/4\,Dt))/\sqrt{\pi},$
$\mathsf{E}\,s^2 = x_0^2 + 2\,Dt$

12. $\mathsf{E}\,\xi = l/3, \quad \mathsf{D}\,\xi = l^2/18, \quad \mathsf{E}\,\xi^n = 2\,l^n/(n+1)\,(n+2)$

13. $\mathsf{E}\,\xi = \exp(\alpha + \beta^2/2), \quad \mathsf{D}\,\xi = \{\exp(\beta^2) - 1\}\exp(2\,\alpha + \beta^2)$

14. $(k+1)^{-1}\,(b/2)^k$

15. $\mathsf{E}\,s = m\,n/2, \quad \mathsf{D}\,s = m\,n\,(2^n - m)/(2^{n+2} - 4)$

16. $(n - m)/n$

17. $r = (\alpha^2 - \beta^2)/(\alpha^2 + \beta^2),$
$(4\,\pi\,\alpha\,\beta\,\sigma^2)^{-1}\exp[-Q(x,y)\,(\alpha^2+\beta^2)/8\,\alpha^2\,\beta^2\,\sigma^2],$
wo
$$Q(x,y) = [x - (\alpha+\beta)\,a]^2 - 2\,r\,[x - (\alpha+\beta)\,a]\,[y - (\alpha-\beta)\,a] + [y - (\alpha-\beta)\,a]^2$$

21. a) $\mathsf{E}\,|\xi - a| = a\,(\lambda - 1) + 2\,a\,F_\xi(a),$
b) $a\,\lambda = \sigma\sqrt{2/\pi}$

Kapitel VI

3. Benutze den Satz von Chintschin
4. Benutze den Satz von Markow

Kapitel VII

1.a)
$$F(x) = \begin{cases} \sum_{j=k+1}^{\infty} a_j/2 & (-k-1 < x \leqq -k) \\ \left(1 + \sum_{j=0}^{k} a_j\right)\Big/2 & (k < x \leqq k+1) \end{cases} \qquad (k = 0, 1, \ldots),$$

b) $0\ (x \leqq \lambda_0), \quad \sum_{j=0}^{k} a_j \quad (\lambda_k < x \leqq \lambda_{k+1}) \quad (k = 0, 1, \ldots)$

2. a) $a^2/(a^2 + t^2)$, b) $e^{-a|t|}$,
c) $(4/a^2\,t^2)\sin^2(a\,t/2)$,
d) $0\ (|t| \geqq a), \quad (a - |t|)/a \quad (|t| \leqq a)$

4. a) $0\ (x \leqq -1)$, $1/2\ (-1 < x \leqq 1)$, $1\ (x > 1)$,

b) $0\ (x \leqq -2)$, $1/4\ (-2 < x \leqq 0)$, $3/4\ (0 < x \leqq 2)$, $1\ (x > 2)$,

c) $e^x\ (x \leqq 0)$, $1\ (x \geqq 0)$,

d) $0\ (x \leqq -a)$, $(x + a)/2a\ (|x| \leqq a)$, $1\ (x \geqq a)$

Kapitel IX

1. a) $\varphi_n(t) = (1 + \alpha\beta - \alpha\beta e^{it})^{-1/\beta}$, mit $\alpha = a/n, \beta = n$ [siehe b)],

b) $\varphi_n(t) = (1 + \alpha'\beta' - \alpha'\beta' e^{it})^{-1/\beta'}$, mit $\beta' = \beta n$, $\alpha' = \alpha/n$,

c) $\varphi_n(t) = e^{-a|t|/n}$

2. $\varphi_n(t) = \beta^{\alpha'}/(\beta - i t)^{\alpha'}$, mit $\alpha' = \alpha/n$

3. Benutze das Ergebnis von Übung 2 und den Satz 2 aus § 44. Die charakteristische Funktion der LAPLACE-Verteilung ist $e^{iat}(1 + \alpha^2 t^2)$

4. a) $\gamma = \alpha/\beta$, $G(x) = \alpha\,[1 - e^{-\beta x}(\beta x + 1)]/\beta^2 \quad (x > 0)$
$G(x) = 0 \quad (x \leqq 0)$

b) $$\gamma = a,\ G(x) = \begin{cases} -\alpha x e^{-x/\alpha} - \alpha^2 e^{-x/\alpha} + \alpha^2 & (x \geqq 0), \\ -\alpha x e^{x/\alpha} + \alpha^2 e^{x/\alpha} - \alpha^2 & (x \leqq 0) \end{cases}$$

SACHVERZEICHNIS